全国科学技术名词审定委员会

公　布

# 农学名词

(第二版)

CHINESE TERMS IN AGRONOMY

(Second Edition)

2025

农学名词审定委员会

国家自然科学基金资助项目

科学出版社

北　京

## 内 容 简 介

本书是全国科学技术名词审定委员会审定公布的农学名词，内容包括：总论、粮食作物、饲用作物、经济作物、园艺作物、作物基因组学与遗传育种、作物生理生态、作物栽培与耕作、土壤肥料、植物保护、农业环境保护、农业水利、农业气象、农业工程、农业生物技术、农业信息、农产品贮运与加工、农产品质量安全和农业经济与管理，共19个学科，总计5517条名词，均给出了定义或注释。这些名词是科研、教学、生产、经营以及新闻出版等部门应遵照使用的农学规范名词。

**图书在版编目(CIP)数据**

农学名词 / 农学名词审定委员会审定. -- 2版. 北京：科学出版社，2025. 7. --（全国科学技术名词审定委员会公布）. -- ISBN 978-7-03-082732-6

Ⅰ. S3-61

中国国家版本馆CIP数据核字第2025HR5904号

责任编辑：霍春雁 李 迪/责任校对：严 娜
责任印制：肖 兴/封面设计：刘新新

科学出版社出版
北京东黄城根北街16号
邮政编码：100717
http://www.sciencep.com
北京中科印刷有限公司印刷
科学出版社发行 各地新华书店经销
*
1994年12月第 一 版 开本：787×1092 1/16
2025年7月第 二 版 印张：35 1/4
2025年7月第一次印刷 字数：835 000

定价：368.00 元
（如有印装质量问题，我社负责调换）

# 全国科学技术名词审定委员会
# 第八届委员会委员名单

# 第二届农学名词审定委员会名单

主　任：刘　旭

副主任：吴孔明　孙其信　康绍忠　梅旭荣　胡义萍

委　员（以姓氏笔画为序）：

王　璞　王志敏　毛培胜　白由路　刘布春　刘荣志　刘瑞明

许世卫　李云开　李付广　李国学　李培武　何秀荣　谷晓峰

张扬勇　张爱民　陈　阜　周雪平　莫广刚　钱永忠　徐明岗

隋　斌　韩鲁佳　廖小军

秘书长：莫广刚（兼）

秘　书：刘荣志（兼）　马　晶　陈鹏飞

# 第二届农学名词编写委员会委员名单

主　编：梅旭荣　刘瑞明

副主编：张爱民　许世卫　陈　阜　韩鲁佳　莫广刚

编　委(各分支学科成员排名不分先后)：

总论负责人　许世卫　隋　斌

成　员　成升魁　王道龙　孙素芬　刘佳佳　陈　军　唐志强　李建萍

张建军　王晓鸣

粮食作物负责人　王　璞

成　员　杨建昌　王振林　薛吉全　黄收兵

饲用作物负责人　毛培胜

成　员　王学敏　张蕴薇　张新全　伏兵哲　王小山

经济作物负责人　李付广

成　员　熊和平　耿　贵　伍晓明　刘全义　杨伟华　毛树春　匡　猛

张　健　高三基　易克贤　张　玉

园艺作物负责人　张扬勇　张友军

成　员　杜永臣　韩振海　高俊平　江用文

作物基因组学与遗传育种负责人　张爱民

成　员　张学勇　路铁刚

作物生理生态负责人　王志敏

成　员　王　东　康国章　张英华

作物栽培与耕作负责人　陈　阜

成　员　任华中　尹小刚

土壤肥料负责人　白由路

成　员　王敬国　孙　波　李保国　卢艳丽　周建斌　徐明岗　田有国

樊小林　杜昌文　胡克林

植物保护负责人　周雪平

成　员　陆宴辉　刘文德　董丰收　张　蕾　刘晓辉　葛蓓孛　刘万学
崔海兰

农业环境保护负责人　李国学

成　员　周立祥　沈玉君　周顺桂　张　颖　罗文海　袁　京　李扬阳

农业水利负责人　李云开

成　员　吴文勇　伍靖伟　胡笑涛　熊云武

农业气象负责人　刘布春

成　员　杨晓光　霍治国　刘　园　陈　迪　韩　锐　白慧卿

农业工程负责人　韩鲁佳

成　员　丁为民　周长吉　刘荣厚　张　漫　盛奎川

农业生物技术负责人　谷晓峰

成　员　梁成真　李慧慧　汪　海　张莉莉　郭惠明

农业信息负责人　许世卫

成　员　李民赞　郑国清　吴文斌

农产品贮运与加工负责人　廖小军

成　员　黄凤洪　陈复生　罗自生　魏新林　赵　靓

农产品质量安全负责人　钱永忠

成　员　李培武　金发忠　金　芬　许彦阳　金茂俊　汤晓艳　杨桂玲
翁　瑞　郭林宇

农业经济与管理负责人　何秀荣

成　员　钱文荣　徐志刚　穆月英　宗义湘　何　婧　王成军　李　军
田国强

秘书长：刘荣志

秘书处：陈鹏飞　杨韵龙　王宏伟　鲁　宁　欧阳宇琦

# 第一届农学名词审定委员会名单

主　任：卢良恕

副主任：石元春　李怀志　李怀尧

委　员（以姓氏笔画为序）：

卜慕华　方中达　过益先　庄巧生　刘　红　刘　晨　刘后利

江爱良　许运天　严泰来　李君凯　李曙轩　沈　隽　张乃凤

张诚彬　陈　仁　陈子元　陈有民　陈华癸　周明牂　徐冠仁

高亮之　陶鼎来　黄宗道　曹仁林　蔡同一　蔡盛林

秘　书：李玉兰　刘　晨（兼）

# 白春礼序

科技名词伴随科技发展而生,是概念的名称,承载着知识和信息。如果说语言是记录文明的符号,那么科技名词就是记录科技概念的符号,是科技知识得以传承的载体。我国古代科技成果的传承,即得益于此。《山海经》记录了山、川、陵、台及几十种矿物名;《尔雅》19篇中,有16篇解释名物词,可谓是我国最早的术语词典;《梦溪笔谈》第一次给“石油”命名并一直沿用至今;《农政全书》创造了大量农业、土壤及水利工程名词;《本草纲目》使用了数百种植物和矿物岩石名称。延传至今的古代科技术语,体现着圣哲们对科技概念定名的深入思考,在文化传承、科技交流的历史长河中作出了不可磨灭的贡献。

科技名词规范工作是一项基础性工作。我们知道,一个学科的概念体系是由若干个科技名词搭建起来的,所有学科概念体系整合起来,就构成了人类完整的科学知识架构。如果说概念体系构成了一个学科的“大厦”,那么科技名词就是其中的“砖瓦”。科技名词审定和公布,就是为了生产出标准、优质的“砖瓦”。

科技名词规范工作是一项需要重视的基础性工作。科技名词的审定就是依照一定的程序、原则、方法对科技名词进行规范化、标准化,在厘清概念的基础上恰当定名。其中,对概念的把握和厘清至关重要,因为如果概念不清晰、名称不规范,势必会影响科学研究工作的顺利开展,甚至会影响对事物的认知和决策。举个例子,我们在讨论科技成果转化问题时,经常会有“科技与经济‘两张皮’”“科技对经济发展贡献太少”等说法,尽管在通常的语境中,把科学和技术连在一起表述,但严格说起来,会导致在认知上没有厘清科学与技术之间的差异,而简单把技术研发和生产实际之间脱节的问题理解为科学研究与生产实际之间的脱节。一般认为,科学主要揭示自然的本质和内在规律,回答“是什么”和“为什么”的问题,技术以改造自然为目的,回答“做什么”和“怎么做”的问题。科学主要表现为知识形态,是创造知识的研究,技术则具有物化形态,是综合利用知识于需求的研究。科学、技术是不同类型的创新活动,有着不同的发展规律,体现不同的价值,需要形成对不同性质的研发活动进行分类支持、分类评价的科学管理体系。从这个角度来看, 科技名词规范工作是一项必不可少的基础性工作。我非常同意老一辈专家叶笃正的观点,他认为:“科技名词规范化工作的作用比我们想象的还要大，是一项事关我国科技事业发展的基础设施建设工作！”

科技名词规范工作是一项需要长期坚持的基础性工作。我国科技名词规范工作已经有110年的历史。1909年清政府成立科学名词编订馆，1932年南京国民政府成立国立编译馆，是为了学习、引进、吸收西方科学技术，对译名和学术名词进行规范统一。中华人民共和国成立后，随即成立了“学术名词统一工作委员会”。1985年，为了更好促进我国科学技术的发展，推动我国从科技弱国向科技大国迈进，国家成立了“全国自然科学名词审定委员会”，主要对自然科学领域的名词进行规范统一。1996年，国家批准将“全国自然科学名词审定委员会”改为“全国科学技术名词审定委员会”，是为了响应科教兴国战略，促进我国由科技大国向科技强国迈进，而将工作范围由自然科学技术领域扩展到工程技术、人文社会科学等领域。科学技术发展到今天，信息技术和互联网技术在不断突进，前沿科技在不断取得突破，新的科学领域在不断产生，新概念、新名词在不断涌现，科技名词规范工作仍然任重道远。

110年的科技名词规范工作，在推动我国科技发展的同时，也在促进我国科学文化的传承。科技名词承载着科学和文化，一个学科的名词，能够勾勒出学科的面貌、历史、现状和发展趋势。我们不断地对学科名词进行审定、公布、入库，形成规模并提供使用，从这个角度来看，这项工作又有几分盛世修典的意味，可谓“功在当代，利在千秋”。

在党和国家重视下，我们依靠数千位专家学者，已经审定公布了65个学科领域的近50万条科技名词，基本建成了科技名词体系，推动了科技名词规范化事业协调可持续发展。同时，在全国科学技术名词审定委员会的组织和推动下，海峡两岸科技名词的交流对照统一工作也取得了显著成果。两岸专家已在30多个学科领域开展了名词交流对照活动，出版了20多种两岸科学名词对照本和多部工具书，为两岸和平发展作出了贡献。

作为全国科学技术名词审定委员会现任主任委员，我要感谢历届委员会所付出的努力。同时，我也深感责任重大。

十九大的胜利召开具有划时代意义，标志着我们进入了新时代。新时代，创新成为引领发展的第一动力。习近平总书记在十九大报告中，从战略高度强调了创新，指出创新是建设现代化经济体系的战略支撑，创新处于国家发展全局的核心位置。在深入实施创新驱动发展战略中，科技名词规范工作是其基本组成部分，因为科技的交流与传播、知识的协同与管理、信息的传输与共享，都需要一个基于科学的、规范统一的科技名词体系和科技名词服务平台作为支撑。

我们要把握好新时代的战略定位，适应新时代新形势的要求，加强与科技的协同发展。一方面，要继续发扬科学民主、严谨求实的精神，保证审定公布成果的权威性和规范性。科技名词审定是一项既具规范性又有研究性，既具协调性又有长期性的综合性工作。在长期的科技名词审定工作实践中，全国科学技术名词审定委员会积累了丰富的经验，形成了一套完整的组织和审定流程。这一流程，有利于确立公布名词的权威性，有利于保证公布名词的规范性。但是，我们仍然要创新审定机制，高质高效地完成科技名词审定公布任务。另一方面，在做好科技名词审定公布工作的同时，我们要瞄准世界科技前沿，服务于前瞻性基础研究。习总书记在报告中特别提到“中国天眼”、“悟空号”暗物质粒子探测卫星、“墨子号”量子科学实验卫星、天宫二号和“蛟龙号”载人潜水器等重大科技成果，这些都是随着我国科技发展诞生的新概念、新名词，是科技名词规范工作需要关注的热点。围绕新时代中国特色社会主义发展的重大课题，服务于前瞻性基础研究、新的科学领域、新的科学理论体系，应该是新时代科技名词规范工作所关注的重点。

未来，我们要大力提升服务能力，为科技创新提供坚强有力的基础保障。全国科学技术名词审定委员会第七届委员会成立以来，在创新科学传播模式、推动成果转化应用等方面作了很多努力。例如，及时为113号、115号、117号、118号元素确定中文名称，联合中国科学院、国家语言文字工作委员会召开四个新元素中文名称发布会，与媒体合作开展推广普及，引起社会关注。利用大数据统计、机器学习、自然语言处理等技术，开发面向全球华语圈的术语知识服务平台和基于用户实际需求的应用软件，受到使用者的好评。今后，全国科学技术名词审定委员会还要进一步加强战略前瞻，积极应对信息技术与经济社会交汇融合的趋势，探索知识服务、成果转化的新模式、新手段，从支撑创新发展战略的高度，提升服务能力，切实发挥科技名词规范工作的价值和作用。

使命呼唤担当，使命引领未来，新时代赋予我们新使命。全国科学技术名词审定委员会只有准确把握科技名词规范工作的战略定位，创新思路，扎实推进，才能在新时代有所作为。

是为序。

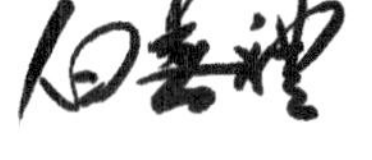

2018年春

# 路甬祥序

我国是一个人口众多、历史悠久的文明古国，自古以来就十分重视语言文字的统一，主张“书同文、车同轨”，把语言文字的统一作为民族团结、国家统一和强盛的重要基础和象征。我国古代科学技术十分发达，以四大发明为代表的古代文明，曾使我国居于世界之巅，成为世界科技发展史上的光辉篇章。而伴随科学技术产生、传播的科技名词，从古代起就已成为中华文化的重要组成部分，在促进国家科技进步、社会发展和维护国家统一方面发挥着重要作用。

我国的科技名词规范统一活动有着十分悠久的历史。古代科学著作记载的大量科技名词术语，标志着我国古代科技之发达及科技名词之活跃与丰富。然而，建立正式的名词审定组织机构则是在清朝末年。1909 年，我国成立了科学名词编订馆，专门从事科学名词的审定、规范工作。到了新中国成立之后，由于国家的高度重视，这项工作得以更加系统地、大规模地开展。1950 年政务院设立的学术名词统一工作委员会，以及 1985 年国务院批准成立的全国自然科学名词审定委员会（现更名为全国科学技术名词审定委员会，简称全国科技名词委），都是政府授权代表国家审定和公布规范科技名词的权威性机构和专业队伍。他们肩负着国家和民族赋予的光荣使命，秉承着振兴中华的神圣职责，为科技名词规范统一事业默默耕耘，为我国科学技术的发展做出了基础性的贡献。

规范和统一科技名词，不仅在消除社会上的名词混乱现象，保障民族语言的纯洁与健康发展等方面极为重要，而且在保障和促进科技进步，支撑学科发展方面也具有重要意义。一个学科的名词术语的准确定名及推广，对这个学科的建立与发展极为重要。任何一门科学（或学科），都必须有自己的一套系统完善的名词来支撑，否则这门学科就立不起来，就不能成为独立的学科。郭沫若先生曾将科技名词的规范与统一称为“乃是一个独立自主国家在学术工作上所必须具备的条件，也是实现学术中国化的最起码的条件”，精辟地指出了这项基础性、支撑性工作的本质。

在长期的社会实践中，人们认识到科技名词的规范和统一工作对于一个国家的科技发展和文化传承非常重要，是实现科技现代化的一项支撑性的系统工程。没有这样一个系统的规范化的支撑条件，不仅现代科技的协调发展将遇到极大困难，而且在科技日益渗透人们生活各方面、各环节的今天，还将给教育、传播、交流、经贸等多方面带来困难和损害。

全国科技名词委自成立以来，已走过近20年的历程，前两任主任钱三强院士和卢嘉锡院士为我国的科技名词统一事业倾注了大量的心血和精力，在他们的正确领导和广大专家的共同努力下，取得了卓著的成就。2002年，我接任此工作，时逢国家科技、经济飞速发展之际，因而倍感责任的重大；及至今日，全国科技名词委已组建了60个学科名词审定分委员会，公布了50多个学科的63种科技名词，在自然科学、工程技术与社会科学方面均取得了协调发展，科技名词蔚成体系。而且，海峡两岸科技名词对照统一工作也取得了可喜的成绩。对此，我实感欣慰。这些成就无不凝聚着专家学者们的心血与汗水，无不闪烁着专家学者们的集体智慧。历史将会永远铭刻着广大专家学者孜孜以求、精益求精的艰辛劳作和为祖国科技发展做出的奠基性贡献。宋健院士曾在1990年全国科技名词委的大会上说过："历史将表明，这个委员会的工作将对中华民族的进步起到奠基性的推动作用。"这个预见性的评价是毫不为过的。

科技名词的规范和统一工作不仅仅是科技发展的基础，也是现代社会信息交流、教育和科学普及的基础，因此，它是一项具有广泛社会意义的建设工作。当今，我国的科学技术已取得突飞猛进的发展，许多学科领域已接近或达到国际前沿水平。与此同时，自然科学、工程技术与社会科学之间交叉融合的趋势越来越显著，科学技术迅速普及到了社会各个层面，科学技术同社会进步、经济发展已紧密地融为一体，并带动着各项事业的发展。所以，不仅科学技术发展本身产生的许多新概念、新名词需要规范和统一，而且由于科学技术的社会化，社会各领域也需要科技名词有一个更好的规范。另一方面，随着香港、澳门的回归，海峡两岸科技、文化、经贸交流不断扩大，祖国实现完全统一更加迫近，两岸科技名词对照统一任务也十分迫切。因而，我们的名词工作不仅对科技发展具有重要的价值和意义，而且在经济发展、社会进步、政治稳定、民族团结、国家统一和繁荣等方面都具有不可替代的特殊价值和意义。

最近，中央提出树立和落实科学发展观，这对科技名词工作提出了更高的要求。我们要按照科学发展观的要求，求真务实，开拓创新。科学发展观的本质与核心是以人为本，我们要建设一支优秀的名词工作队伍，既要保持和发扬老一辈科技名词工作者的优良传统，坚持真理、实事求是、甘于寂寞、淡泊名利，又要根据新形势的要求，面向未来、协调发展、与时俱进、锐意创新。此外，我们要充分利用网络等现代科技手段，使规范科技名词得到更好的传播和应用，为迅速提高全民文化素质做出更大贡献。科学发展观的基本要求是坚持以人为本，全面、协调、可持续发展，因此，科技名词工作既要紧密围绕当前国民经济建设形势，着重开展好科技领域的学科名词审定工作，同时又要在强调经济社会以及人与自然协调发展的思想指导下，开展好社会科学、文化教育和资源、生态、环境领域的科学名词审定工作，促进各个学科领域的相互融合和共同繁荣。科学发展观非常注重可持续发展的理念，因此，我们在不断丰富和发展已建立的科技名词体系的同时，还要进一步研究具有中国特色的术语学理论，以创建中国的术语学派。研究和建立中国特色的术语学理论，也是一种知识创新，是实现科技名词工作可持续发展的必由之路，我们应当为此付出更大的努力。

当前国际社会已处于以知识经济为走向的全球经济时代，科学技术发展的步伐将会越来越快。我国已加入世贸组织，我国的经济也正在迅速融入世界经济主流，因而国内外科技、文化、经贸的交流将越来越广泛和深入。可以预言，21 世纪中国的经济和中国的语言文字都将对国际社会产生空前的影响。因此，在今后 10 到 20 年之间，科技名词工作就变得更具现实意义，也更加迫切。“路漫漫其修远兮，吾将上下而求索”，我们应当在今后的工作中，进一步解放思想，务实创新、不断前进。不仅要及时地总结这些年来取得的工作经验，更要从本质上认识这项工作的内在规律，不断地开创科技名词统一工作新局面，做出我们这代人应当做出的历史性贡献。

2004 年深秋

# 卢嘉锡序

科技名词伴随科学技术而生,犹如人之诞生其名也随之产生一样。科技名词反映着科学研究的成果,带有时代的信息,铭刻着文化观念,是人类科学知识在语言中的结晶。作为科技交流和知识传播的载体,科技名词在科技发展和社会进步中起着重要作用。

在长期的社会实践中,人们认识到科技名词的统一和规范化是一个国家和民族发展科学技术的重要的基础性工作,是实现科技现代化的一项支撑性的系统工程。没有这样一个系统的规范化的支撑条件,科学技术的协调发展将遇到极大的困难。试想,假如在天文学领域没有关于各类天体的统一命名,那么,人们在浩瀚的宇宙当中,看到的只能是无序的混乱,很难找到科学的规律。如是,天文学就很难发展。其他学科也是这样。

古往今来,名词工作一直受到人们的重视。严济慈先生60多年前说过,“凡百工作,首重定名;每举其名,即知其事”。这句话反映了我国学术界长期以来对名词统一工作的认识和做法。古代的孔子曾说“名不正则言不顺”,指出了名实相副的必要性。荀子也曾说“名有固善,径易而不拂,谓之善名”,意为名有完善之名,平易好懂而不被人误解之名,可以说是好名。他的“正名篇”即是专门论述名词术语命名问题的。近代的严复则有“一名之立,旬月踟躇”之说。可见在这些有学问的人眼里,“定名”不是一件随便的事情。任何一门科学都包含很多事实、思想和专业名词,科学思想是由科学事实和专业名词构成的。如果表达科学思想的专业名词不正确,那么科学事实也就难以令人相信了。

科技名词的统一和规范化标志着一个国家科技发展的水平。我国历来重视名词的统一与规范工作。从清朝末年的科学名词编订馆,到1932年成立的国立编译馆,以及新中国成立之初的学术名词统一工作委员会,直至1985年成立的全国自然科学名词审定委员会(现已改名为全国科学技术名词审定委员会,简称全国名词委),其使命和职责都是相同的,都是审定和公布规范名词的权威性机构。现在,参与全国名词委领导工作的单位有中国科学院、科学技术部、教育部、中国科学技术协会、国家自然科学基金委员会、新闻出版署、国家质量技术监督局、国家广播电影电视总局、国家知识产权局和国家语言文字工作委员会，这些部委各自选派了有关领导干部担任全国名词委的领导，有力地推动科技名词的统一和推广应用工作。

全国名词委成立以后，我国的科技名词统一工作进入了一个新的阶段。在第一任主任委员钱三强同志的组织带领下，经过广大专家的艰苦努力，名词规范和统一工作取得了显著的成绩。1992 年三强同志不幸谢世。我接任后，继续推动和开展这项工作。在国家和有关部门的支持及广大专家学者的努力下，全国名词委 15 年来按学科共组建了 50 多个学科的名词审定分委员会，有 1800 多位专家、学者参加名词审定工作，还有更多的专家、学者参加书面审查和座谈讨论等，形成的科技名词工作队伍规模之大、水平层次之高前所未有。15 年间共审定公布了包括理、工、农、医及交叉学科等各学科领域的名词共计 50 多种。而且，对名词加注定义的工作经试点后业已逐渐展开。另外，遵照术语学理论，根据汉语汉字特点，结合科技名词审定工作实践，全国名词委制定并逐步完善了一套名词审定工作的原则与方法。可以说，在 20 世纪的最后 15 年中，我国基本上建立起了比较完整的科技名词体系，为我国科技名词的规范和统一奠定了良好的基础，对我国科研、教学和学术交流起到了很好的作用。

在科技名词审定工作中，全国名词委密切结合科技发展和国民经济建设的需要，及时调整工作方针和任务，拓展新的学科领域开展名词审定工作，以更好地为社会服务、为国民经济建设服务。近些年来，又对科技新词的定名和海峡两岸科技名词对照统一工作给予了特别的重视。科技新词的审定和发布试用工作已取得了初步成效，显示了名词统一工作的活力，跟上了科技发展的步伐，起到了引导社会的作用。两岸科技名词对照统一工作是一项有利于祖国统一大业的基础性工作。全国名词委作为我国专门从事科技名词统一的机构，始终把此项工作视为自己责无旁贷的历史性任务。通过这些年的积极努力，我们已经取得了可喜的成绩。做好这项工作，必将对弘扬民族文化，促进两岸科教、文化、经贸的交流与发展做出历史性的贡献。

科技名词浩如烟海，门类繁多，规范和统一科技名词是一项相当繁重而复杂的长期工作。在科技名词审定工作中既要注意同国际上的名词命名原则与方法相衔接，又要依据和发挥博大精深的汉语文化，按照科技的概念和内涵，创造和规范出符合科技规律和汉语文字结构特点的科技名词。因而，这又是一项艰苦细致的工作。广大专家学者字斟句酌，精益求精，以高度的社会责任感和敬业精神投身于这项事业。可以说，全国名词委公布的名词是广大专家学者心血的结晶。这里，我代表全国名词委，向所有参与这项工作的专家学者们致以崇高的敬意和衷心的感谢！

审定和统一科技名词是为了推广应用。要使全国名词委众多专家多年的劳动成果——规范名词，成为社会各界及每位公民自觉遵守的规范，需要全社会的理解和支持。国务院和4个有关部委［国家科委（今科学技术部）、中国科学院、国家教委（今教育部）和新闻出版署］已分别于1987年和1990年行文全国，要求全国各科研、教学、生产、经营以及新闻出版等单位遵照使用全国名词委审定公布的名词。希望社会各界自觉认真地执行，共同做好这项对于科技发展、社会进步和国家统一极为重要的基础工作，为振兴中华而努力。

值此全国名词委成立15周年、科技名词书改装之际，写了以上这些话。是为序。

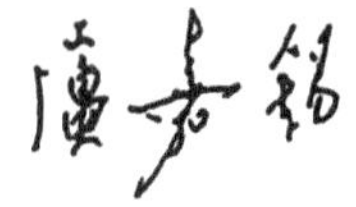

2000年夏

# 钱三强序

科技名词术语是科学概念的语言符号。人类在推动科学技术向前发展的历史长河中,同时产生和发展了各种科技名词术语,作为思想和认识交流的工具,进而推动科学技术的发展。

我国是一个历史悠久的文明古国,在科技史上谱写过光辉篇章。中国科技名词术语,以汉语为主导,经过了几千年的演化和发展,在语言形式和结构上体现了我国语言文字的特点和规律,简明扼要,蓄意深切。我国古代的科学著作,如已被译为英、德、法、俄、日等文字的《本草纲目》《天工开物》等,包含大量科技名词术语。从元、明以后,开始翻译西方科技著作,创译了大批科技名词术语,为传播科学知识,发展我国的科学技术起到了积极作用。

统一科技名词术语是一个国家发展科学技术所必须具备的基础条件之一。世界经济发达国家都十分关心和重视科技名词术语的统一。我国早在 1909 年就成立了科学名词编订馆,后又于 1919 年中国科学社成立了科学名词审定委员会,1928 年大学院成立了译名统一委员会。1932 年成立了国立编译馆,在当时教育部主持下先后拟订和审查了各学科的名词草案。

新中国成立后,国家决定在政务院文化教育委员会下,设立学术名词统一工作委员会,郭沫若任主任委员。委员会分设自然科学、社会科学、医药卫生、艺术科学和时事名词五大组,聘任了各专业著名科学家、专家,审定和出版了一批科学名词,为新中国成立后的科学技术的交流和发展起到了重要作用。后来,由于历史的原因,这一重要工作陷于停顿。

当今,世界科学技术迅速发展,新学科、新概念、新理论、新方法不断涌现,相应地出现了大批新的科技名词术语。统一科技名词术语,对科学知识的传播,新学科的开拓,新理论的建立,国内外科技交流,学科和行业之间的沟通,科技成果的推广、应用和生产技术的发展,科技图书文献的编纂、出版和检索,科技情报的传递等方面,都是不可缺少的。特别是计算机技术的推广使用,对统一科技名词术语提出了更紧迫的要求。

为适应这种新形势的需要,经国务院批准,1985 年 4 月正式成立了全国自然科学名词审定委员会。委员会的任务是确定工作方针,拟定科技名词术语审定工作计划、实施方案和步骤，组织审定自然科学各学科名词术语，并予以公布。根据国务院授权，委员会审定公布的名词术语，科研、教学、生产、经营以及新闻出版等各部门，均应遵照使用。

全国自然科学名词审定委员会由中国科学院、国家科学技术委员会、国家教育委员会、中国科学技术协会、国家技术监督局、国家新闻出版署、国家自然科学基金委员会分别委派了正、副主任担任领导工作。在中国科协各专业学会密切配合下，逐步建立各专业审定分委员会，并已建立起一支由各学科著名专家、学者组成的近千人的审定队伍，负责审定本学科的名词术语。我国的名词审定工作进入了一个新的阶段。

这次名词术语审定工作是对科学概念进行汉语订名，同时附以相应的英文名称，既有我国语言特色，又方便国内外科技交流。通过实践，初步摸索了具有我国特色的科技名词术语审定的原则与方法，以及名词术语的学科分类、相关概念等问题，并开始探讨当代术语学的理论和方法，以期逐步建立起符合我国语言规律的自然科学名词术语体系。

统一我国的科技名词术语，是一项繁重的任务，它既是一项专业性很强的学术性工作，又涉及亿万人使用习惯的问题。审定工作中我们要认真处理好科学性、系统性和通俗性之间的关系；主科与副科间的关系；学科间交叉名词术语的协调一致；专家集中审定与广泛听取意见等问题。

汉语是世界五分之一人口使用的语言，也是联合国的工作语言之一。除我国外，世界上还有一些国家和地区使用汉语，或使用与汉语关系密切的语言。做好我国的科技名词术语统一工作，为今后对外科技交流创造了更好的条件，使我炎黄子孙，在世界科技进步中发挥更大的作用，做出重要的贡献。

统一我国科技名词术语需要较长的时间和过程，随着科学技术的不断发展，科技名词术语的审定工作，需要不断地发展、补充和完善。我们将本着实事求是的原则，严谨的科学态度做好审定工作，成熟一批公布一批，提供各界使用。我们特别希望得到科技界、教育界、经济界、文化界、新闻出版界等各方面同志的关心、支持和帮助，共同为早日实现我国科技名词术语的统一和规范化而努力。

钱三强

1992年2月

# 第二版前言

农学名词审定是农业科学研究和农业知识普及的一项重大基础性工作。1993 年全国自然科学名词审定委员会公布的《农学名词》(3077 条),由卢良恕院士领衔农学名词审定委员会审定,对适应学科融合发展、规范农学名词使用和促进教学科研都发挥了重要作用。此后几十年来,农学无论是在理论、技术或是生产实践上都有了巨大发展,与第一版《农学名词》审定时相比,不仅农学科技名词的数量增加了很多,而且随着网络和信息技术的发展,检索和收集名词的渠道也大大增加,但是由此收集而来的名词在定名和释义方面都不尽相同,容易引起混淆,更需要加以规范和审定。于是在全国科学技术名词审定委员会(以下简称全国科技名词委)的支持下,中国农学会曾分别于 2006 年 12 月和 2015 年 12 月依次组成以洪绂曾、刘旭为主任委员的第二届农学名词审定委员会,开展第二版《农学名词》的审定工作,虽然对分支学科设置和拟收录名词已提出了初步方案,但终因时间跨度过长、参编人员及组织变化较大而未能最终完成审定任务。2021 年 8 月,鉴于数、理、化、天、地、生等基础科学对农业科学的渗透和交叉融合日趋明显,新的边缘学科、交叉学科和综合学科不断涌现,原有名词的概念内涵和外延都发生了重大变化,新概念、新名词层出不穷,中国农学会决定组成以刘旭为主任委员,吴孔明、孙其信、康绍忠、梅旭荣、胡义萍为副主任委员的第二届农学名词审定委员会。该委员会以及后续组建的编写委员会,囊括了百余位农学领域的权威专家,在 2006 年和 2015 年工作的基础上,优化调整学科分支、制定名词收录框架、审定名词名称、增写名词释义,以确保高质量完成第二版《农学名词》的审定工作。

第二版《农学名词》在审定过程中,保留了第一版的部分分支学科的设置,如经济作物、园艺作物、植物保护、农业工程等;对另一些分支学科进行了合并与调整,如作物基因组学与遗传育种、作物生理生态、作物栽培与耕作等;此外,还增加了一些分支学科,如农产品贮运与加工、农产品质量安全、农业经济与管理等;最终形成了 19 个分支学科,包括:总论、粮食作物、饲用作物、经济作物、园艺作物、作物基因组学与遗传育种、作物生理生态、作物栽培与耕作、土壤肥料、植物保护、农业环境保护、农业水利、农业气象、农业工程、农业生物技术、农业信息、农产品贮运与加工、农产品质量安全、农业经济与管理。整个审定工作(包括组内审议、同行评议、组间审议等),也都是按照以上 19 个分支学科分组进行的。总论由中国农业科学院研究员许世卫和中国农业博物馆研究员隋斌牵头负责;粮食作物由中国农业大学教授王璞牵头负责;饲用作物由中国农业大学教授毛培胜牵头负责;经济作物由中国农业科学院研究员李付广牵头负责;园艺作物由中国农业科学院研究员张扬勇和张友军牵头负责;作物基因组学与遗传育种由河北农业大学教授张爱民牵头负责;作物生理生态由中国农业大学教授王志敏牵头负责;作物栽培与耕作由中国农业大学教授陈阜牵头负责;土壤肥料由中国农业科学院研究员白由路牵头负责;植物保护由中国农业科学院研究员周雪平牵头负责;农业环境保护由中国农业大学教授李国学牵头负责;农业水利由中国农业大学教授李云开牵头负责;农业气象由中国农业科学院研究员刘布春牵头负责;农业工程由中国农业大学教授韩鲁佳牵头负责;农业生物技术由中国农业科学院研究员谷晓峰牵头负责;农业信息由中国农业科学院研究员许世卫牵头负责;农产品贮运与加工由中国农业大学教授廖小军牵头负责;农产品质量安全由中国农业科学院研究员钱永忠牵头负责;农业经济与管理由中国农业大学教授何秀荣牵头负责。

第二版《农学名词》审定工作,于 2022 年 1 月召开工作启动会,此后历经七次全体委员会议、百余次分支学科组讨论会和大量的线下线上交流会,于 2022 年 10 月完成了农学名词的初审工作和二审工作,形成了 19 个分支学科的名词及释义审议稿。2023 年 2 月,主任委员刘旭主持召开农学名词终审会,全国科技名词委事务中心负责同志,审定委员会副主任委员及全体委员、各分支学科共 50 位核心专家参加了会议,并由审定委员会副主任委员牵头分成 5 个小组,依照大会确定的审定原则,对审议稿的名词及其释义进行逐条审定,后经修改于 2023 年 3 月形成送审稿报全国科技名词委。2023 年 3 月至 2024 年 1 月,全国科技名词委对送审稿进行了审核,经过专家修改,最终形成定稿。2024 年 4 月经全国科技名词委主任审核批准,予以预公布,并在全国科技名词委网站及媒体公示征求意见,预公布期限为 3 个月。

第二版《农学名词》共收词 5517 条,比第一版增加了 2440 条。本版《农学名词》在审定过程中,着重把握了以下特点:一是结构严谨性。把握 19 个分支学科组内和组间的整体逻辑结构,分支学科组内最多细分至四级目录,分支学科组间突出局部和整体关系,避免交叉重复,使收录的整版农学名词系统且严谨。二是分支学科完整性。覆盖了除畜牧、兽医、草学、水产之外的所有大农学专业学科,在第一版《农学名词》的基础上,将二十四节气的词条调至总论部分,增加农业环境保护等分支学科的相关词条,确保农业领域专有、常用、新生名词应收尽收。三是内容先进性。吸收了大量反映农业科技最新、最前沿的名词,如智慧农业(smart agriculture)、太阳光型植物工厂(solar plant factory)等,体现时代感的同时,特别注重将现在已经达成共识的最新结论体现到词条中,确保词条的定名和释义与时俱进、反映学科发展的新态势。四是科学规范性。审定过程严格按照科技名词审定标准规范进行,参考国内外权威资料为词条定名,并与已公布的词条相匹配,词条释义追求准确简洁,采用第三人称释义,不作主观评判,确保经得起历史检验。

第二版《农学名词》在审定过程中,得到了许多专家的指点和帮助。特别要感谢那些参与了分别开始于 2006 年 12 月和 2015 年 12 月农学名词审定工作的专家教授和秘书处的同志,他们在分支学科和名词收录中奠定了一定的工作基础。感谢全国科技名词委事务中心副主任张晖及项目负责人霍春雁在历时两年半的审定工作中给予的大量指导和支持。感谢 19 个分支学科的审定和编写专家们所给予的密切协作。还要感谢各位委员和秘书处同志们付出的辛劳。

由于学科的快速发展和我们现有水平的局限,难免可能存在一些认识上的不足,有些名词的释义还需进一步完善。敬请读者在使用中提出宝贵意见和建议,发现不妥和问题,以便今后修订时进行补充和完善。

第二届农学名词审定委员会

2025 年 3 月

# 第一版前言

农学是一门综合性学科。特别是近 40 年来，农业科技得到广泛而深入的发展，学科领域不断扩展，专业划分越来越细，与其他相关学科的交叉与渗透也日益加深，新兴学科与新的名词不断涌现，加之过去对农学名词从未作过审定，农学名词存在着不同程度的混乱现象，迫切需要审定和统一。这对农业科研、教育的发展，新科技的推广应用，以及国内外的学术交流，均有重要意义。

1985 年 8 月，中国农学会受全国自然科学名词审定委员会(以下简称全国科技名词委)的委托，组建了农学名词审定委员会，开始了农学名词的审定工作。为集思广益，农学名词审定委员会曾将初稿和二审稿分别函送全国有关单位和专家，广泛征求意见。经过三次农学名词审定委员会审定会议和多次专业小型会议，反复审议修改，并与土壤学、大气科学、遗传学等有关学科进行协调，于 1992 年 2 月完成农学名词的审定稿，上报全国科技名词委。裘维蕃、刘更另、韩湘玲、周山涛、吴景锋五位先生受全国科技名词委委托，对报批名词进行了复审，提出了宝贵意见。农学名词审定委员会对他们的意见进行了认真讨论，再次作了修改。现经全国科技名词委批准，予以公布。

这次审定的是农学名词中的基本词。全文分十五部分，共收词 3077 条。每条词都给出了国外文献中常用的相应的英文名。汉文名词按学科分类和相关概念排列。类别的划分主要是为了从学科概念体系进行审定，并非严谨的学科分类。同一词条可能与多个分支学科相关，但作为公布的规范词编排时只出现一次，不重复列出。

在审定中，根据全国科技名词委名词审定工作条例的要求，对某些名词作了更动，原习惯用名作为异名列出，如“农学”曾用名“农艺学”，“耕作制”又称“农作制”，“联合收割机”又称“康拜因”等。

在整个审定过程中，得到农学界有关学科专家教授的热情支持，提出了许多宝贵意见和建议；在各专业组的审定工作中，我们还邀请了下列专家参加审定工作(按姓氏笔画为序)：王在德、王前忠、王福钧、戈福元、冯鼎复、过兴先、吕世简、刘瑞征、许成文、杨景尧、何礼元、余树勋、闵久康、汪琢成、沈再春、张伟、陈俊瑜、宗振寰等先生，谨此一并致谢。希望各界使用者继续提出意见，以便今后讨论修订。

农学名词审定委员会

1993 年 5 月

# 编排说明

一、本书公布的是农学名词，共 5517 条，每条名词均给出了定义或注释。

二、全书分 19 部分：总论、粮食作物、饲用作物、经济作物、园艺作物、作物基因组学与遗传育种、作物生理生态、作物栽培与耕作、土壤肥料、植物保护、农业环境保护、农业水利、农业气象、农业工程、农业生物技术、农业信息、农产品贮运与加工、农产品质量安全和农业经济与管理。

三、正文按汉文名所属学科的相关概念体系排列。汉文名后给出了与该词概念相对应的英文名。

四、每个汉文名都附有相应的定义或注释。定义一般只给出其基本内涵，注释则扼要说明其特点。当一个汉文名有不同的概念时，则用(1)、(2)等表示。

五、一个汉文名对应几个英文同义词时，英文词之间用“,”分开，其他语种用“(　)”注出。

六、凡英文词的首字母大、小写均可时，一律小写；英文除必须用复数者，一般用单数形式。

七、“[ ]”中的字为可省略的部分。

八、主要异名和释文中的条目用楷体表示。“全称”“简称”是与正名等效使用的名词；“又称”为非推荐名，只在一定范围内使用；“俗称”为非学术用语；“曾称”为被淘汰的旧名。

九、正文后所附的英汉索引按英文字母顺序排列；汉英索引按汉语拼音顺序排列。所示号码为该词在正文中的序码。索引中带“ * ”者为规范名的异名或在释文中出现的条目。

# 目　录

# 01. 总　　论

## 01.01　农业类型

**01.001　农业**　agriculture
以生产植物、动物和微生物产品为主的产业。广义上包括种植业、林业、畜牧业和渔业。

**01.002　原始农业**　primitive agriculture
主要利用石器进行生产活动的最初级农业形态。产品主要供自用。

**01.003　古代农业**　ancient agriculture
主要采用简单金属农具,以人力和畜力为基本动力,凭借初步经验从事生产活动的农业形态。

**01.004　传统农业**　traditional agriculture
主要采用传统农具和机械,以人力和畜力为基本动力,凭借精耕细作和经验知识体系从事生产活动的农业形态。

**01.005　现代农业**　modern agriculture
应用现代科学技术、现代工业装备和现代管理方式进行生产的高效率商品化农业形态。

**01.006　蓝色农业**　blue agriculture
利用沿海滩涂和海洋资源,以发展种植业、近海养殖业和海洋捕捞业等为基本特征的农业类型。

**01.007　粗放农业**　extensive agriculture
在单位面积上投入少量的生产资料,以广种薄收、粗放管理为特征的农业生产方式。

**01.008　集约农业**　intensive agriculture
在单位面积上投入较多的生产资料,以高产高效、精细管理为特征的农业生产方式。

**01.009　自然农业**　natural agriculture
主要利用自然资源,实行自我循环的农业生产方式。

**01.010　无机农业**　inorganic agriculture
又称“石油农业(petroleum agriculture)”。主要靠投入化肥、农药和化石能源等无机物质来提高产量的农业生产方式。

**01.011　有机农业**　organic agriculture
主要依靠有机肥和生物防治,基本不用化肥、农(兽)药、添加剂等人工合成的生产资料来生产农产品的农业生产方式。

**01.012　特色农业**　characteristic agriculture
依据区域农业资源优势,突出地域特色,围绕市场需求,高效配置各种生产要素,形成特色突出、附加值高的产品的农业类型。

**01.013　外向型农业**　export-oriented agriculture
面向国际市场需求,以生产出口农产品为导向的农业类型。

**01.014　订单农业**　contract farming
农业生产者按照与产品收购方事前议定的合同要求定向生产的农业类型。

**01.015　多功能农业**　multifunctional agriculture
能够充分发挥生产、生态、经济和社会功能,且具有产品生产、生态保护、社会服务和文化传承等多种功能的农业类型。

**01.016　营养导向型农业**　nutrition-sensitive agriculture
以满足居民营养健康目标为主要导向,调整

农业结构和生产方式，达到生产营养强化与平衡农产品的农业类型。

**01.017 可持续农业** sustainable agriculture
通过合理使用、管理和保护自然资源，调整农作制度和技术，持续满足人类对农产品需求的农业生产方式。

**01.018 生态农业** ecological agriculture
按照生态学和经济学原理，运用现代科技成果和管理手段，实现环境友好、生态平衡的农业生产方式。

**01.019 绿色农业** green agriculture
通过合理的生产要素配置，实现少投入、多产出、低碳化的农业生产方式。

**01.020 立体农业** multi-storied agriculture
在一定区域范围内，进行种养业时间和空间优化布局，建立多物种共栖、多层次配置、多时序交错、多级质能转化的农业生产方式。

**01.021 设施农业** facility agriculture
利用一定的设施条件，在局部范围内营造适宜的生长环境，进行高效生产的农业生产方式。

**01.022 工厂化农业** industrialized farming
利用工厂化设施、先进技术和管理手段，进行可控制、程序化、流程化生产的农业生产方式。

**01.023 灌溉农业** irrigation farming
通过灌溉满足作物水分需求的农业生产方式。

**01.024 旱地农业** dryland farming
主要依靠自然降水和农业技术措施，最大限度地发挥有限的水资源作用进行生产的农业生产方式。

**01.025 雨养农业** rainfed farming, rainfed agriculture
依靠自然降水进行生产的农业生产方式。

**01.026 山地农业** mountain farming
利用山地资源进行生产的农业生产方式。

**01.027 草地农业** grassland farming, grassland agriculture
利用草地资源进行生产的农业生产方式。

**01.028 高原农业** plateau agriculture
在高海拔地区进行生产的农业生产方式。

**01.029 城郊农业** suburban farming
在城市郊区，以满足城市居民需求为主的商品化、集约化和应时性产品生产的农业生产方式。

**01.030 都市农业** urban agriculture
在都市区域，以满足城市居民生活和生态需求为主的多功能统筹农业生产方式。

**01.031 精准农业** precision agriculture
利用现代信息技术和智能装备，开展精准决策、精细管理、精确操作的农业生产方式。

**01.032 数字农业** digital agriculture
利用数字化技术，对农业所涉及的对象和全过程进行数字化表达、设计、控制的农业管理方式。

**01.033 智慧农业** smart agriculture
利用现代信息技术和智能装备，对农业全产业链过程进行智能化信息感知、分析、决策、控制和管理等，实现多目标协同的农业管理方式。

**01.034 低碳农业** low-carbon agriculture
以适应气候变化和减排固碳为目标，通过产业结构调整、技术与制度创新、可再生能源利用等多种手段，实现高效率、低能耗、低排放、高碳汇的农业模式。

**01.035 创意农业** creative agriculture
以农业为基础，自然、生态、文化、科技、艺术、民俗等要素创意融合、优化配置，实现农业生产模式和功能转换，提升农业价值的农业模式。

**01.036　休闲农业**　agritourism

以农业生产为基础、提供休闲服务为主要功能，实现农业与旅游业融合发展的农业模式。

## 01.02　作物种类

**01.037　作物**　crop

又称“农作物”。农业上栽培的各种植物。包括粮食作物、经济作物和园艺作物等。

**01.038　根**　root

作物生长在地面以下的具有吸收、固着、贮藏和繁殖等功能的营养器官。

**01.039　茎**　stem

作物的根和叶之间，具有输导、支持、贮藏等功能的营养器官。

**01.040　叶**　leaf

作物着生于茎节上具有光合、蒸腾和吸收等功能的扁平侧生器官。通常由叶片和叶柄组成。

**01.041　花**　flower

作物生殖生长过程中形成的由花梗、花托、花被（花萼和花冠）、花蕊（雌蕊和雄蕊）群等组成的器官。

**01.042　果实**　fruit

雌蕊经过传粉受精，由子房或花的其他部分（如花托和萼片等）参与发育而成的生殖器官。一般包括果皮和种子两部分。

**01.043　果皮**　pericarp

雌蕊受精后，由子房壁的组织分化、发育而成的多层不同的组织。成熟的果皮一般可分为外果皮、中果皮和内果皮三层。

**01.044　种子**　seed

由子房中的胚珠受精后发育形成的结构。一般包括胚、胚乳和种皮三部分。

**01.045　粮食作物**　grain crop

为人类提供基本食粮的作物。主要包括禾谷类作物、豆类作物和薯类作物等。

**01.046　饲用作物**　feed crop

为动物提供饲料的作物。

**01.047　经济作物**　economic crop

具有特定经济用途的作物。主要包括纤维作物、油料作物、糖料作物等。

**01.048　纤维作物**　fiber crop, textile crop

纤维可作为工业原料的作物。主要包括棉花和麻类等。

**01.049　油料作物**　oil crop

以提取油脂供食用或工业原料等用途的作物。主要包括油菜、花生、芝麻和向日葵等。

**01.050　糖料作物**　sugar crop

以制糖为主要用途的作物。主要包括甘蔗和甜菜等。

**01.051　香料作物**　aromatic crop

又称“芳香作物”。具有芳香气味，可作为香料或提取芳香物质的作物。如薄荷和薰衣草等。

**01.052　调料作物**　spice crop

以种子、果实、根、茎、叶、花蕾或皮层等为原料作为调味品的作物。如八角、茴香和花椒等。

**01.053　染料作物**　dye crop

可提取色素，使纤维和其他材料着色的作物。如红花、蓝草和紫草等。

**01.054　药用作物**　medicinal crop

植株的全部或部分供药用或作为制药工业原料的作物。如红花、天麻、甘草等。

**01.055 园艺作物** horticultural crop

为人类提供果蔬和观赏等用途的作物。主要包括果树、蔬菜和观赏植物等。

**01.056 蔬菜作物** vegetable crop

生食、烹饪或加工成食品供佐餐的植物。以草本植物为主,也包括一些木本植物及某些食用菌类和藻类等。

**01.057 水生作物** aquatic crop

在水体里生长的可供人类利用的作物。如莲藕、海带、紫菜和睡莲等。

**01.058 热带作物** tropical crop

适于热带地区栽培的各类作物的统称。如可可、杧果和榴梿等。

**01.059 块茎作物** tuber crop

以地下茎膨大形成的块茎为主要收获产品的作物。如马铃薯等。

**01.060 块根作物** root crop

以侧根或不定根局部膨大形成的块根为主要收获产品的作物。如甘薯等。

**01.061 大田作物** field crop

在农田大面积栽培的作物。如水稻、小麦和玉米等。

**01.062 先锋作物** pioneer crop

在不利种植环境中,具有较强适应能力,并被优先选择用于开拓环境的作物。

**01.063 覆盖作物** cover crop

主栽作物之外附加种植的,用于防止土壤侵蚀和杂草蔓延的作物。

**01.064 工业原料作物** industrial crop

收获物经济价值较高,主要用作工业原料的作物。

**01.065 绿肥作物** green manure crop

以其新鲜植物体就地翻压或沤制成堆制肥为主要用途的作物。

**01.066 固氮作物** nitrogen-fixing crop

能将空气中的游离氮转化为有机氮的作物。如豆科作物等。

**01.067 设施作物** facility crop

在生长环境可控的设施条件下种植的作物。

**01.068 一年生作物** annual crop

1 年内能完成生命周期(播种、发芽、生长、开花、结果、收获)的作物。

**01.069 多年生作物** perennial crop

连续多年生长,可一次或多次收获的作物。

**01.070 春播作物** spring sown crop

在春季播种的作物。

**01.071 夏播作物** summer sown crop

在夏季播种的作物。

**01.072 秋播作物** autumn sown crop

在秋季播种的作物。

**01.073 夏收作物** summer harvesting crop

在夏季收获的作物。

**01.074 秋收作物** autumn harvesting crop

在秋季收获的作物。

**01.075 越冬作物** overwintering crop

第一年播种,经过冬季,第二年收获的作物。

**01.076 耐旱作物** drought tolerant crop

在干旱缺水的条件下,仍能维持生长并收获较高产量的作物。如谷子、糜子和胡麻等。

**01.077 耐涝作物** waterlogging tolerant crop

在渍水或淹水条件下,仍能维持生长并收获较高产量的作物。

**01.078 耐盐作物** salt tolerant crop

在含盐量较高的土壤条件下,仍能维持生长并收获较高产量的作物。

## 01.03 农田类型

**01.079 农田** farmland
可用于种植农作物的耕地。

**01.080 高产农田** high yield farmland
土壤质量高,具有高产潜力的耕地。

**01.081 中低产农田** medium-low yield field
存在各种障碍因素,产量相对低而不稳的耕地。

**01.082 高标准农田** well-facilitated farmland
与现代农业生产和经营方式相适应的旱涝保收、稳产高产的耕地。基本特征为田块平整、集中连片、设施完善、节水高效、农电配套、宜机作业、土壤肥沃、生态友好及抗灾能力强。

**01.083 永久基本农田** permanent basic farm
按照一定时期人口和社会经济发展对农产品的需求,依据土地利用总体规划确定的不得他用的耕地。

**01.084 水田** paddy land
筑有田埂,能够蓄水和种植作物的耕地。

**01.085 旱地** dryland
无灌溉条件,主要靠自然降水种植农作物的耕地。

**01.086 粮田** grainfield
用于种植水稻、小麦、玉米等粮食作物的耕地。

**01.087 菜田** vegetable field
用于种植蔬菜的耕地。

**01.088 果园** orchard
用于种植果树的园地。

**01.089 砂田** rubble land
用不同粒径的砾石和粗砂覆盖土表,具有明显的蓄水、保墒、增温、压碱和保持地力作用的田地。我国主要分布在西北干旱地区。

**01.090 梯田** terrace
为保持水土,将坡地改造成台阶式或波浪式断面的田地。

**01.091 坝地** dam field
在山区沟道周围,采用筑坝和修堰等方法拦截泥沙淤出的田地。

**01.092 平坝地** flat dam field
位于山间盆地或开阔河谷上地势较为平坦的连片平地。

**01.093 台地** platform
高出邻近地面、四周有沟、形如台状的田地。

**01.094 后备耕地** reserve farmland
通过开垦或改造可以转化为耕地的潜在土地。

**01.095 水浇地** irrigated land
可以利用灌溉系统浇水的耕地。

**01.096 盐碱地** saline-alkali land
土壤里含有较多的可溶性盐分,不利于作物生长的土地。

**01.097 林地** forest land
主要生长林木的土地。

**01.098 草地** grassland
以生长草本植物为主的土地。

## 01.04 农业科学

**01.099 农学** agronomy
研究作物生长发育、产量品质形成、资源有效利用规律、与生态环境关系，以及探索作物高产、优质、高效生产理论与技术的一门综合性学科。

**01.100 基础农学** basic agronomy
研究生物、环境、技术与农业发展的基本规律，提供农学基本理论、方法和技术的学科。

**01.101 作物学** crop science
研究作物重要性状的遗传规律、生理机制，育种与种子生产，以及栽培调控理论和技术的一门综合性学科。

**01.102 作物遗传学** crop genetics
研究作物遗传和变异规律的学科。是作物育种学的基础。

**01.103 作物育种学** principle of crop breeding
研究改良现有作物品种和培育新品种的原理与方法的学科。

**01.104 作物形态学** crop morphology
研究作物形态特征、器官建成及系统发育过程规律的学科。

**01.105 作物生理学** crop physiology
研究作物生长发育规律、农艺性状形成的生理生化机制及与环境的关系，探索作物高产、优质高效和抗逆栽培调控理论的学科。

**01.106 [作物]种子学** crop seed science
研究作物种子的生物学特性、生产、加工、贮藏、检疫检测等基本理论和技术的应用型学科。

**01.107 作物生态学** crop ecology
研究作物与环境的关系、生态适应性、种群分布规律和资源生产力的学科。

**01.108 耕作与栽培学** crop cultivation and geoponics
基于作物生长发育、产量品质形成规律及与外界环境的关系，应用系统思想，研究探索作物持续高产、优质、高效耕作制度和栽培调控理论与技术的应用学科。

**01.109 园艺学** horticulture
研究园艺作物起源与分类、种质资源、遗传育种、栽培管理、病虫害防治、采后处理、贮藏加工等应用技术与原理的一门综合性学科。

**01.110 果树学** pomology, fruit science
研究果树作物种质资源、遗传育种、栽培管理、病虫害防治、采后贮藏与加工等应用技术与原理的一门综合性学科。

**01.111 蔬菜学** vegetable science
研究蔬菜作物起源与分类、种质资源、遗传育种、栽培管理、病虫害防治、采后处理、贮藏加工等应用技术与原理的一门综合性学科。

**01.112 杂草学** weed science
研究杂草的生物学特性、分类鉴别、生长发育规律、农田分布特征与危害机理，以及综合防治技术的学科。

**01.113 农业生物学** agricultural biology, agrobiology
研究农业生物的生物学特征、遗传发育规律、生理生化特性、与环境的相互作用及生长调控理论与技术的基础学科。

**01.114 农业微生物学** agricultural microbiology
研究农业微生物的种群分类、生物学特征、生长发育规律及与环境的关系，探索农业生态系统中的微生物作用机制及调控理论与技术的学科。

**01.115 植物保护学** plant protection
研究植物病原物、害虫、农田杂草和害鼠等有害生物的鉴定与识别、发生与危害的生物学和生态学特性、种群演化与成灾规律，以及高效监测、预警和防控技术的学科。

**01.116 植物病理学** plant pathology
研究植物病原物的生物学特性、与植物的互作关系、致病机理、病害发生和流行规律等，进行有效防控的学科。

**01.117 农业昆虫学** agricultural entomology
研究农业昆虫的生物学特性、活动规律、有效控制和利用的理论与技术的学科。

**01.118 农业环境学** agro-environmentology
研究农业自然环境变化及与农业生物关系，探索环境保护与资源高效利用理论与技术的学科。

**01.119 农业生态学** agricultural ecology, agroecology
研究农业生物之间、生物与环境之间的互作关系，揭示农业系统物质循环与能量转化机制，探索农业生态平衡和提高生态生产力理论与技术的学科。

**01.120 农业土壤学** agrology
研究农业土壤分类分布、土壤肥力及其演变、土壤障碍因素形成和消减，以及土壤资源利用与改良理论和技术的学科。

**01.121 农业物理学** agricultural physics
应用物理学原理与技术方法来调控农业生物、农业环境和生产过程，以提高农业生产力的交叉学科。

**01.122 农业化学** agricultural chemistry, agrochemistry
研究植物营养、土壤养分、肥料性质、施用技术及相互关系，应用化学原理、技术与产品提高农业生产力的交叉学科。

**01.123 农业物候学** agricultural phenology
研究农业生物生长发育特征与自然环境(季节、气候、水文、土壤)周期性变化之间关系的学科。

**01.124 农业气象学** agricultural meteorology, agrometeorology
研究农业生产与气象条件之间相互关系及规律的学科。

**01.125 农业水利学** agricultural water conservancy
研究农田(包括林地、草地)水循环及其伴生过程的变化规律与调节措施，改变和调节地区水情变化，消除农业旱涝盐渍灾害，改善水土生态环境，实现区域水土平衡和水资源高效利用，为农业可持续发展和美丽乡村建设服务的学科。

**01.126 农业地理学** agricultural geography, agrogeography
研究农业生产的地域差异特征及其表现形式、形成条件与发展变化规律的学科。

**01.127 农业工程学** agricultural engineering science
综合利用工程、生物、信息和管理科学的理论知识，研究机械、装备、设施与农业生物生产环境互作机制，以及农业生物生产系统的工程原理、技术、装备、设施和应用的交叉学科。

**01.128 农业机械学** agricultural machinery science
研究农业生产中所使用的机械设备的基本构造、作用原理、工作过程、功能设计、性能分析、试验方法和使用技术的学科。

**01.129 农业信息学** agricultural informatics, agro-informatics
研究农业系统中信息获取、处理、管理和利用的原理、关键技术及相关应用的学科。

**01.130　生物信息学**　bioinformatics

以信息科学原理和方法对生物基因组、转录组、表观组、代谢组、表型组等生物大数据信息进行获取、加工、检索、分析、解释及挖掘利用,并开发新的数据分析工具的学科。

**01.131　农业信息分析学**　agricultural information analytics

研究农业生产、管理、服务的过程,以及农产品生产、消费、流通、市场等产业链中农业信息流规律和信息的监测、分析、预警理论与技术的学科。

**01.132　农业模型学**　agricultural modeling

研究农业系统、农业行为过程的特征和数量依存关系,采用数学语言和计算机语言进行模拟、分析、计算的理论、方法与技术的学科。

**01.133　农业系统工程**　agricultural system engineering

应用系统工程的理论和技术,对农业系统的规划、设计、试验、研究、调控应用过程进行科学管理的工程技术学科。

**01.134　农业区划学**　agricultural regional planning

研究农业地域条件因素、结构、体系变化规律及区划方法的学科。

**01.135　农业区域发展学**　agricultural regional development

研究农业生产综合条件地域空间和时间动态变化特征,优化农业产业空间布局,科学引导农业区域分工,提升农业资源整体配置效率的学科。

**01.136　农业经济管理**　management of agricultural economy

研究农业生产、经营、管理,农产品流通、消费过程中经济特征和运行规律,对农业经济系统进行高效管理的学科。

**01.137　农业经济学**　agricultural economics

研究农业中生产关系和生产力运动规律的学科。

**01.138　农村经济学**　rural economics

研究农村经济关系和经济活动规律的学科。

**01.139　农村金融学**　rural finance

研究农村领域货币信用关系以及信贷资金的组织、分配、使用和管理规律的学科。

**01.140　农业统计学**　agricultural statistics

研究农业生产、农业经济、农业科技系统中的数据分析与统计理论和方法的学科。

**01.141　农村财政学**　rural public finance

研究政府管理部门、企业、组织及居民之间的涉农收入分配关系的学科。

**01.142　农村人口学**　rural demography

研究农村人口变化及其与社会、经济、生态环境间相互关系、互作规律和合理调控的学科。

**01.143　农村社会学**　rural sociology

研究农村社会结构、社会关系及社会发展规律和有效治理的学科。

**01.144　农业合作经济学**　rural cooperative economics

研究以农民专业合作组织为主要形式的农业经济及其发展规律的学科。

**01.145　农业技术经济学**　agricultural technology economics

研究农业技术应用经济效果的学科。

**01.146　农业推广学**　agricultural extension

研究农业知识、技术和成果等推广应用的机制、效率和效果,以及推广者和受众行为变化相互影响的学科。

**01.147　农业企业经营管理学**　agribusiness operation and management

研究农业企业经营管理理论和实践的学科。

**01.148　农业保险学**　agricultural insurance

研究农业生产经营中因遭遇自然灾害、意外事故、市场波动等因素造成的损失评估补偿机制和方法的学科。

**01.149　农业情报学**　agricultural intelligence science

研究农业情报产生、加工、传递和利用的一般规律，以及农业情报系统管理基本原理的学科。

## 01.05　二十四节气

**01.150　二十四节气**　Twenty-Four Solar Terms

中国人观察太阳周年运动所形成的时间知识体系及其实践。以太阳在黄道上的位置确定节气时段，反映我国一定地区（以黄河中下游地区为代表）一年中的气候、物候变化规律，指导农业生产和日常生活。每个节气又细分三候。2016 年被列入人类非物质文化遗产代表作名录。

**01.151　立春**　Beginning of Spring

第 1 个节气，太阳运行至黄经 315°～330°区间，通常于 2 月 3 日至 5 日时进入。“立”表示开始。“立春”是春季和又一个农业生产周期的开始。立春三候包括东风解冻（Spring Thaw Starts）、蛰虫始振（Hibernator Twitches）、鱼陟负冰（Fish Swims Upward to Thawing Ice）。

**01.152　雨水**　First Rainfall

第 2 个节气，太阳运行至黄经 330°～345°区间，通常于每年 2 月 18 日至 20 日进入。预示一年中降雨的开始，有利于春耕和冬小麦返青。雨水三候包括獭祭鱼（Otter Hunts Fish）、候雁北（Swan Goose Migrates North）、草木萌动（Grass and Tree Sprout）。

**01.153　惊蛰**　Hibernator Awakening

第 3 个节气，太阳运行至黄经 345°～360°区间，通常于 3 月 5 日至 6 日时进入。预示蛰虫复苏，是消灭越冬害虫，适时春耕春播的时机。惊蛰三候包括桃始华（Peach Tree Starts to Bloom）、鸧鹒鸣（Oriole Begins to Sing）、鹰化为鸠（Turtle-Dove is Seen Instead of Hawk）。

**01.154　春分**　Spring Equinox

第 4 个节气，太阳运行至黄经 0°～15°区间，通常于 3 月 19 日至 22 日时进入。太阳直射赤道，昼夜等长。全国大部分地区进入春耕、春管、春种时节。春分三候包括元鸟至（Swallows Arrives）、雷乃发声（First Thunder）、始电（First Lightning）。

**01.155　清明**　Fresh Green

第 5 个节气，太阳运行至黄经 15°～30°区间，通常于每年 4 月 4 日至 6 日时进入。预示天气晴朗温暖，草木向荣，长江中下游地区开始种稻、养蚕，黄河中下游地区浇拔节水、植树造林。清明三候包括桐始华（Empress Tree Starts to Bloom）、田鼠化为鴽（Quail is Seen Instead of Vole）、虹始见（First Rainbow）。

**01.156　谷雨**　Grain Rain

第 6 个节气，太阳运行至黄经 30°～45°区间，通常于每年 4 月 19 日至 21 日时进入。预示霜冻寒潮天气结束，降水增多，有利于作物生长。谷雨三候包括萍始生（Duckweed Starts to Grow）、鸣鸠拂其羽（Cuckoo Coos and Preens Itself）、戴胜降于桑（Hoopoe Falls on Mulberry Tree）。

**01.157　立夏**　Beginning of Summer

第 7 个节气，太阳运行至黄经 45°～60°区间，通常于每年 5 月 5 日至 7 日时进入。预示夏季开始，雷雨增多，农作物长势旺盛。立夏三候包括蝼蝈鸣（Mole Cricket Chirps）、蚯蚓出（Earthworm Crawls out of the Ground）、王瓜生（Cucurbit Flourishes）。

**01.158　小满**　Approaching Fullness

第8个节气,太阳运行至黄经60°~75°区间,通常于每年5月20日至22日进入。由温转暑,光照强度大、降水增多,小麦等有芒作物籽粒逐渐饱满。小满三候包括苦菜秀(Sow-Thistle Flourishes)、靡草死(Slender Grass Withers)、麦秋至(Wheat is Ready for Harvest)。

**01.159　芒种**　Harvesting and Sowing

第9个节气,太阳运行至黄经75°~90°区间,通常于每年6月5日至7日进入。开始出现高温天气,长江中下游地区进入梅雨期,防渍排涝。黄河中下游地区抢收抢种有芒作物。芒种三候包括螳螂生(Mantis Hatches)、鵙始鸣(Shrike Starts to Tweet)、反舌无声(Black Bird falls silent)。

**01.160　夏至**　Summer Solstice

第10个节气,太阳运行至黄经90°~105°区间,通常于每年6月20日至22日时进入。太阳直射北回归线,北半球白昼最长、夜晚最短。长江中下游地区防虫除草,高原牧区草肥畜旺。夏至三候包括鹿角解(Deer Antlers Need a Trim)、蜩始鸣(Cicada Starts to Buzz)、半夏生(Crow-dipper Regenerates)。

**01.161　小暑**　Minor Heat

第11个节气,太阳运行至黄经105°~120°区间,通常于每年7月6日至8日时进入。天气开始炎热,农作物进入茁壮成长阶段。小暑三候包括温风至(Hot Wind Reaches its Peak)、蟋蟀居壁(Cricket Hides in Crevice)、鹰始击(Eyas Learns to Fly)。

**01.162　大暑**　Major Heat

第12个节气,太阳运行至黄经120°~135°区间,通常在每年7月22日至24日进入。天气最热的时节,是喜温作物生长最快的时期。大暑三候包括腐草为萤(Firefly Hatches in Decaying Grass)、土润溽暑(Earth is Soaked in Sweltering Heat)、大雨时行(Downpour Prevails)。

**01.163　立秋**　Beginning of Autumn

第13个节气,太阳运行至黄经135°~150°区间,通常于每年8月6日至9日进入。昼夜温差变大,农作物营养物质逐渐积累。立秋三候包括凉风至(Cool Breeze Blows)、白露降(Mist Hangs in the Air)、寒蝉鸣(Late-Summer Cicada Calls)。

**01.164　处暑**　Heat Whithdrawing

第14个节气,太阳运行至黄经150°~165°区间,通常于每年8月22日至24日进入。天气由炎热转向凉爽。全国大部分地区林果和农作物陆续进入成熟期。处暑三候包括鹰乃祭鸟(Eyas Learns to Hunt)、天地始肃(Everything Turns Gloomy)、禾乃登(Millet Ripens)。

**01.165　白露**　White Dew

第15个节气,太阳运行至黄经165°~180°区间,通常于每年9月7日至9日进入。预示夜凉,出现露水,进入秋收、秋耕、秋种时节。白露三候包括鸿雁来(Swan Goose Flies South)、元鸟归(Swallow Departs)、群鸟养羞(Resident Bird Stocks Food)。

**01.166　秋分**　Autumn Equinox

第16个节气,太阳运行至黄经180°~195°区间,通常于每年9月22日至24日进入。太阳直射赤道,昼夜等长。日均气温下降。秋分日被确定为中国农民丰收节。秋分三候包括雷始收声(No More Thunder)、蛰虫坯户(Hibernator Seals its Burrow)、水始涸(Shore Starts to Dry Up)。

**01.167　寒露**　Cold Dew

第17个节气,太阳运行至黄经195°~210°区间,通常于每年10月7日至9日进入。预示天气转寒,露水结霜,双季晚稻采用日排夜灌保温。寒露三候包括鸿雁来宾(Last Swan Goose Flies South)、雀入大水为蛤(Clam is Seen Instead of Bird)、菊有黄华(Chrysanthemum Blooms)。

**01.168　霜降**　First Frost

第18个节气，太阳运行至黄经210°~225°区间，通常于每年10月22日至24日进入。昼夜温差大，冬季即将到来，是秋收即将结束，越冬作物播种、御寒管理的时节。霜降三候包括豺乃祭兽(Jackals Stocks Up For Winter)、草木黄落(Grass and Tree Wither)、蛰虫咸俯(Hibernator Sleeps for Winter)。

**01.169　立冬**　Beginning of Winter

第19个节气，太阳运行至黄经225°~240°区间，通常于每年11月6日至8日进入。预示进入冬季，黄河中下游地区农林作物全面进入越冬期。立冬三候包括水始冰(Water Starts to Freeze)、地始冻(Land Starts to Freeze)、雉入大水为蜃(Big Clam is Seen Instead of Pheasant)。

**01.170　小雪**　First Snowfall

第20个节气，太阳运行至黄经240°~255°区间，通常于每年11月21日至23日进入。预示开始降雪，雪量不大，是黄河中下游地区收储大白菜的时节。小雪三候包括虹藏不见(No More Rainbow)、天气上升地气下降(Convection Vanishes)、闭塞而成冬(Land Freezes Completely)。

**01.171　大雪**　First Snow Cover

第21个节气，太阳运行至黄经255°~270°区间，通常于每年12月6日至8日进入。预示气温低，降雪量大，积雪覆盖可使大田作物免受冻害。大雪三候包括鹖鴠不鸣(Flying Squirrel Falls Silent)、虎始交(Tiger Starts Courtship)、荔挺出(Chinese Iris Sprouts)。

**01.172　冬至**　Winter Solstice

第22个节气，太阳运行至黄经270°~285°区间，通常于每年12月21日至23日进入。太阳直射南回归线，北半球昼最短、夜最长。表示天气进入最寒冷的一段时间，也就是人们常说的“进九”。冬至三候包括蚯蚓结(Earthworm Curls up)、麋角解(Elk Sheds Antler)、水泉动(Ice-Covered Spring Surges)。

**01.173　小寒**　Minor Cold

第23个节气，太阳运行至黄经285°~300°区间，通常于每年1月5日至7日进入。天气进入最冷时段，是农牧业防寒防冻的关键期。小寒三候包括雁北乡(Swan Goose Heads North)、鹊始巢(Magpie Starts to Nest)、雉始雊(Pheasant Starts a Mating Call)。

**01.174　大寒**　Major Cold

第24个节气，太阳运行至黄经300°~315°区间，通常于每年1月19日至21日进入。预示天气严寒，是积肥沤肥的时机。大寒三候包括鸡始乳(Hen Starts to Hatch Eggs)、征鸟厉疾(Raptor Keeps Agile and Fierce)、水泽腹坚(Ice Layer is Completely Solid)。

## 01.06　农业试验统计

**01.175　农业试验**　agricultural test

为获取农业生产活动需求的准确数据和信息而设计的一种试验。要求有代表性、可靠性和重复性。

**01.176　农业试验点**　agricultural test site

进行农业试验时选择的能代表试验结果应用地区的条件和生产水平等特点的试验地点。

**01.177　农业试验区**　agricultural test region

进行农业试验时选择的能代表所在农业生态类型区条件和生产水平等特点的典型区域。

**01.178　农业试验小区**　agricultural experimental plot

农业试验处理的一个小块土地。

**01.179 农业试验设计** agricultural experimental design

为消除因各种环境因子对试验结果可能造成的系统误差，按照随机、重复和局部控制原则，进行试验处理（或处理组合）时空布置的方法。

**01.180 本底调查** background survey

对特定区域的资源、生态环境等进行的基础性和系统性调查。农业本底调查主要是指对耕地等农业资源、农田生态环境、种质资源、农作物空间分布等进行的基础性和系统性调查。

**01.181 田间试验** field trial

在田间条件下，以农作物为研究对象进行的各种试验的总称。其特点是在田间自然条件下进行，要求具有代表性、准确性和重演性。

**01.182 处理** treatment

全称"试验处理（experimental treatment）"。一个试验单元内的水平的总称。单因素试验中，每一个水平就是一个处理；多因素试验中，不同因素的水平相互组合构成一个处理。

**01.183 对照试验** control test

在试验过程中设置的一个用于观察、直接比较和衡量试验处理结果的试验类型。

**01.184 比较试验** comparative test

用于比较不同试验之间或同一试验组内试验对象优劣的试验类型。

**01.185 品种比较试验** varietal yield test

将供试验的品种与对照品种在相对一致的试验条件下进行比较的试验。

**01.186 裂区试验** split-plot test

在多因素试验中，以一个因素为主因素处理（主区），并在主因素处理内设置一个或多个副因素处理（副区）的试验。

**01.187 区域试验** regional test

全称"区域化鉴定试验（regional identification test）"。将供试验品种在同一生态区内多个年份、多个试验地点进行多年多点品种登记或审定试验的试验类型。

**01.188 试验重复** duplicate test

在试验中，同一处理出现的次数。

**01.189 区组** block

试验设计中保持农业试验操作条件相同或相似的各试验组的集合。

**01.190 随机区组** randomized block

根据局部控制的原则，将试验区划分为与处理重复次数相同的若干个区组。区组内各处理小区完全随机排列。

**01.191 小区排列** plot arrangement

在试验区组中把每一个处理小区按照一定顺序进行排列的设计方法。

**01.192 顺序排列** systematic arrangement

在试验区组中把每一个处理小区按照编号或名称等顺序进行排列的设计方法。

**01.193 随机排列** randomized arrangement

用随机数字表、抽签、计算机生成随机数等方法，确定每一个处理小区在试验区组中的排列位置，使每一个处理小区具有同等机会设置在任意一个试验小区上的排列方式。

**01.194 边际效应** marginal effect

全称"作物边际效应（crop marginal effect）"，又称"边行优势（marginal superiority）"。处于作物群体边缘的植株或整行材料由于辐射、通风、养分等条件较作物群体内优越而产生的效应。

**01.195 随机模型** stochastic model

描述受随机因素支配的现象或过程的定量化关系表达。一般由一个或若干个随机变量和（或）随机过程组成。其中各个处理的效应不是一个常量,而是从平均数为零的正态总体中得到的一个随机样本。

**01.196 固定模型** fixed model
描述受固定因素支配的现象或过程的定量化关系表达。除随机误差外,仅包含固定效应。其中各个处理的平均效应是一个固定的常量。

**01.197 混合模型** mixed model
描述试验因素在两个或两个以上时,受随机因素和固定因素支配的现象或过程的定量化关系表达。除总体平均数和随机残差外,既有固定效应又有随机效应。

**01.198 数学模拟** mathematical simulation
在对农业对象或过程进行数理分析或统计基础上,运行所建立数学模型并输出结果的过程。

**01.199 随机定律** law of chance
在一系列重复的测试中,每个可能的事件都以一个相对频率出现,且这个频率大约等于其概率。

## 01.07 其　　他

**01.200 农艺性状** agronomic character
农作物生长发育过程中表现的生物学性状。如生育期、株高、分蘖、结实率等。

**01.201 农业资源** agricultural resources
人们从事农业生产或农业经济活动时所利用的自然、环境、经济资源的总称。

**01.202 虚拟农业资源** virtual agricultural resources
应用虚拟现实技术对农业资源进行模拟计算和抽象表述而形成的资源形式。

**01.203 农业规划** agricultural planning
对农业生产等作出系统性筹划与安排的活动。

**01.204 农业区划** agricultural zoning
根据自然、经济、技术等因素以及农业资源和农业生产特点的差异,划分不同类型和等级的农业分区。

**01.205 农业园区** agriculture industrial park
围绕农业主导产业,通过集约土地、资金、劳动力等形成的具有一定规模的农业区域类型。

**01.206 农业示范区** agriculture demonstration zone
具有先进的生产条件、技术、模式等要素,并能发挥样板、展示、拓展、培训等功能的农业区域。

**01.207 农业公园** agriculture park
聚合农业生产场所、农民生活场面、乡村美丽景观及休闲旅游于一体的园区。是一种新型农业、休闲、旅游业态的场所。

**01.208 农业机械化** agricultural mechanization
运用先进适用的农业机械设备或技术,装备农业、改善农业生产经营条件、提高农业作业效率的过程。

**01.209 农业产业化** agricultural industrialization
以市场为导向,以专业化、规模化、系列化方式优化各种生产要素,实现农业产前、产中、产后各环节协同化发展的过程。

**01.210 农业信息化** agriculture informatization
现代信息技术在农业各领域各环节普遍应用的过程。

**01.211 农业现代化** agricultural modernization

应用现代科技支撑农业、现代装备武装农业、现代理念管理农业,把传统农业逐步改造成为既具有高度生产力水平又能保持和提高环境质量可持续发展的现代农业的过程。

**01.212 农业工程** agricultural engineering

为改善农业生产手段、生态环境和农村生活设施而进行的基本建设与工程措施的总称。

**01.213 农业基础设施** agriculture infrastructure

支撑农业生产持续发展,具有公共性和长久性特征的基本设施。如农田道路、灌溉工程和防护林网等。

**01.214 农业科技创新** agricultural science and technology innovation

为农业新理论的发现、新知识的发明、新技术的突破、新模式的应用等进行的各类科技活动。

**01.215 农业技术推广** agrotechnology popularization

通过试验、示范、培训以及咨询服务等,把农业新技术与新成果等应用于实际的活动。

**01.216 农产品** agriculture products

广义的农产品是指农业各行业(农、林、牧、渔、微生物)生产的直接产品,也包括渔猎和采集的副业产品。狭义的农产品是指种植业生产的直接产品。

**01.217 农业投入品** agricultural inputs

在农产品生产过程中使用或添加的物质。包括农药、兽药、农作物种子、水产苗种、种畜禽、饲料和饲料添加剂、肥料、兽医器械、植保机械等农用生产资料产品。

**01.218 农产品供需** agriculture products supply and demand

一定时期内在特定价格水平下,市场上某种农产品在数量、质量、结构等方面的供给和需求关系。

**01.219 粮食安全** food security

反映一个国家或地区的粮食供给能力,以及所有人能够获得所需粮食的能力及状态。

**01.220 食物数量安全** food quantitative security

反映一个国家或地区的食物数量保障能力,以及人们能够获得足够数量食物的能力及状态。

**01.221 食物质量安全** food qualitative security

反映一个国家或地区的食物结构、食物质量保障能力,以及人们能够获得具有充分质量保障食物的能力及状态。

**01.222 食物营养安全** food nutritional security

反映一个国家或地区食物与营养来源保障能力,以及人们能够获得充分合理营养的能力及状态。

**01.223 农业风险** agricultural risk

农业生产经营过程中遭受不确定事件和不利结果的可能性和可能损失的程度。

**01.224 农业生物多样性** agrobiodiversity

一定地区农业系统中的各种生物及其所构成的生命综合体的丰富程度。

**01.225 农田生态系统** ecosystem of cropland

一定农田范围内,作物和其他生物及环境通过复杂的相互作用和相互依存形成的统一整体。

**01.226 耕地红线** arable land red line

为保障粮食及主要农产品安全供给而确定的耕地面积最低保有量和区域耕地质量平均等级极限。

**01.227 耕地生态补偿** ecological compensation for cultivated land

为保护耕地资源及生态环境,通过资金、物资、技术、减免赋税等形式为耕地生态功能保护者或利益受损者提供的补偿。

**01.228　农业绿色发展**　green development of agriculture
按照优化农业空间布局、节约利用资源、保护产地环境等要求，提升农业生态服务功能，构建人与自然和谐共生格局的农业发展方式。

**01.229　碳循环**　carbon cycle
碳元素在大气、土壤和生物体中迁移和转化的往返过程。

**01.230　氮循环**　nitrogen cycle
氮元素在大气、土壤和生物体中迁移和转化的往返过程。

**01.231　水循环**　water cycle
全称“水文循环(hydrologic cycle)”。地球上各种形态的水在大气、土壤、生物体及水体中迁移和转化的往返过程。

**01.232　农业经营主体**　agricultural management entity
直接或间接从事农产品生产、加工、销售和服务的农户或组织。

**01.233　农业合作组织**　Agricultural Cooperation Organization
农业生产者在自愿互助和平等互利的基础上，遵守相关法律和规则，联合从事特定农业生产经营活动所组成的合作组织形式。

**01.234　土地流转**　rural land transfer
拥有土地承包经营权的农户将土地的经营权按照一定规则转让给其他农户或经济组织的行为。

**01.235　耕作制度**　farming system
又称“农作制度”。种植农作物的土地利用方式以及有关的技术措施的总称。主要包括作物种植制度和与种植制度相适应的技术措施。

**01.236　乡村振兴**　rural revitalization
一种产业兴旺、生态宜居、乡风文明、治理有效、生活富裕的全面协调的乡村发展状态。

**01.237　农业文化遗产**　agricultural cultural heritage
人类与其所处环境长期协同发展过程中，创造并传承至今具有丰富农业内涵、传统知识与技术体系、显著生态与农业文化景观等特征的独特农业系统。

# 02. 粮 食 作 物

## 02.01　谷 类 作 物

**02.001　谷类作物**　cereal crop
以为人类提供食物原料和为牲畜提供饲料为栽培目标的作物总称。以禾本科作物为主。

**02.002　水稻**　rice
禾本科稻属(*Oryza*)作物的统称。染色体组为AA型，$2n = 2x = 24$，基因组大小约为389Mb，原产于中国。秆直立，分蘖。圆锥花序，颖果，喜湿喜温，主要分布在东南亚及中国南方水多、温度高的地区及北方水源充足地区。中国及世界主要粮食作物之一。

**02.003　野生稻**　wild rice
稻属野生种的统称。在自然环境中生长，未经过人工驯化的水稻，目前有21个野生种，中国有普通野生稻、药用野生稻及疣粒野生稻3个。

**02.004　普通野生稻**　common wild rice, *Oryza rufipogon* Griff.
禾本科稻属多年生作物，普通栽培稻的祖先。

染色体组为 AA 型，$2n=2x=24$。株高 100～150cm，匍匐茎，地上分枝。穗枝分散，着粒疏，小穗有长芒。成熟籽粒呈黑褐色或黄褐色，易落粒。主要分布在广东、广西、云南和台湾等地。

**02.005　药用野生稻**　medicinal wild rice, *Oryza officinalis* Wall. ex G. Watt

禾本科稻属多年生作物。染色体组为 CC 型，$2n=2x=24$。秆直立或下部匍匐，高 150～300cm。圆锥花序，疏散，内稃有疣基硬毛。分布于广西、广东和海南等地，在印度也有分布。对病虫害有较强抗性。

**02.006　疣粒野生稻**　wild rice with warts, *Oryza meyeriana* Baill.

禾本科稻属多年生作物。染色体组为 GG 型，$2n=2x=24$。秆高 30～75cm，5～9 节。叶片长 5～20cm，基部圆形。圆锥花序，外稃无芒。主要分布于南亚、东南亚，温暖潮湿具蔽阴生境，在中国分布于北回归线以内的热带地区。

**02.007　栽培稻**　cultivated rice

由野生稻演化而来，适用于栽培的稻种。有亚洲栽培稻和非洲栽培稻两个种。

**02.008　亚洲栽培稻**　Asian cultivated rice, *Oryza sativa* L.

又称“普通栽培稻”。起源于亚洲的栽培稻。是世界上最古老的农作物物种之一。分布于世界各地，占栽培稻种植面积的 99%以上。

**02.009　非洲栽培稻**　African cultivated rice, *Oryza glaberrima* Steud.

又称“光稃稻”。起源于非洲的栽培稻。分布于西非。丰产性差，耐瘠性强。

**02.010　深水稻**　deep water rice

生长于季节性淹水河湖滩涂或水田，耐水淹能力较强，茎能随水上涨而伸长的水稻类型。

**02.011　浮水稻**　floating rice

简称“浮稻”。田里淹水较深时浮生于水中，地上茎节能发根和分蘖，并随水涨而伸长的水稻类型。水退后横卧地面，匍匐生长，株高可达 5m 以上。

**02.012　旱稻**　aerobic rice, upland rice

又称“陆稻”。耐旱且适于旱地种植的水稻变异型。全世界有 1/6 的稻田面积种植。

**02.013　早稻**　early rice

春种夏收，生育期较短、成熟期较早的一种栽培稻类型。从播种到成熟在 125d 以内。感光性弱，在长日照或短日照条件下，只要满足温度条件就可正常抽穗成熟。

**02.014　中稻**　semilate rice

生育期中等，从播种到成熟为 125～150d 的一种栽培稻类型。中籼稻的感光性较弱或中等，中粳稻的感光性较强。

**02.015　晚稻**　late rice

生育期较长，从播种到成熟在 150d 以上的一种栽培稻类型。感光性强，需短日照才能出穗。是野生稻演化的基本型，早稻和中稻都是晚稻的变异型。

**02.016　单季稻**　single cropping rice

在同一块地一年只种植和收获一季的稻作类型。

**02.017　双季稻**　double cropping rice

在同一块地，一年种植和收获两季的稻作类型。以早稻加中晚稻为主。

**02.018　再生稻**　ratoon rice

利用收割后稻桩上的腋芽萌发成苗，抽穗结实，再收获一季的稻作类型。

**02.019　多年生水稻**　perennial rice

种一次连续收割二次或三次，实现多年生长的水稻。以地下茎发达的多年生野生稻为父本，以一年生栽培稻为母本，进行种间远缘杂交，培育出的创新型水稻类型。

**02.020　籼稻**　hsien rice, indica rice, *Oryza sativa* ssp. *hsien* Ting

栽培稻籼亚种。适于高温、多湿的热带和亚热带气候生长,耐寒性较弱。株型较散,米粒细长、黏性弱、胀性大。分布于南亚次大陆和东南亚各地,中国主要在淮河以南稻区种植。

**02.021　粳稻**　keng rice, japonica rice, *Oryza sativa* subsp. *keng* Ting

栽培稻粳亚种。起源于中国,适于温带气候生长,耐寒性较强。株型较紧凑,米粒短圆、黏性较强、胀性小。中国主要分布于东北、华北、西北,长江中下游平原及华南等地。

**02.022　糯稻**　glutinous rice, *Oryza sativa* var. *glutinosa* Matsum.

栽培稻中米质黏性特强的一种类型。米粒中支链淀粉含量在98%以上,不含或很少有直链淀粉。干燥胚乳呈乳白色,不透明,胀性小。

**02.023　杂交稻**　hybrid rice

由两个遗传性状不同的亲本进行杂交产生的杂种一代水稻。比双亲具有更强的生活力、生长势、适应性和丰产性。

**02.024　三系杂交稻**　three-line hybrid rice

全称"三系法杂交水稻"。利用雄性不育系、恢复系和保持系生产的杂交稻。雄性不育系接受恢复系的花粉后受精结实,产生杂交种子。雄性不育系接受保持系的花粉后受精结实,产生不育系种子。

**02.025　两系杂交稻**　two-line hybrid rice

全称"两系法杂交水稻"。利用光温敏核不育系和恢复系生产的杂交稻。光温敏核不育系在温度较高和日照较长条件下表现为不育,可作为不育系;在温度较低和日长较短条件下表现为可育,可作为保持系。

**02.026　移栽稻**　transplanting rice

采用育苗和移栽两个重要环节生产的水稻。

**02.027　直播稻**　direct-seeding rice

不经过育苗移栽过程,直接播种收获的水稻。

**02.028　小麦**　wheat

禾本科小麦属(*Triticum*)多种作物的统称,通常指栽培最广的普通小麦。

**02.029　一粒小麦**　einkorn wheat, *Triticum boeoticum* Boiss.

小麦属二倍体小麦。染色体组为AA型,$2n=2x=14$。茎秆细,光滑。穗细长、扁平,穗轴易折断,每小穗2~3小花,一般仅一个有芒小花结实。籽粒带皮,两端尖锐。包括野生一粒小麦和栽培一粒小麦。

**02.030　二粒小麦**　emmer wheat, *Triticum dicoccoides* Koern.

小麦属四倍体小麦。染色体组为AABB型,$2n=4x=28$。穗细长,具粗糙长芒,护颖质硬,颖脊明显;穗轴脆,易断落;每小穗2~3小花,结实2粒。籽粒带皮,两端稍尖。包括野生二粒小麦和栽培二粒小麦。

**02.031　圆锥小麦**　turgidum wheat, *Triticum turgidum* L.

小麦属四倍体小麦。染色体组为AABB型,$2n=4x=28$。穗短粗密聚,有分枝和不分枝两种,呈圆锥形、椭圆形或纺锤形等;穗轴不易折断;穗大多花多实,每小穗结实3~5粒;分枝型籽粒较小,不分枝型籽粒较大。

**02.032　硬粒小麦**　durum wheat, *Triticum durum* Desf.

小麦属四倍体小麦。染色体组为AABB型,$2n=4x=28$。穗大,小穗排列紧密、多花,结实性好;穗轴不易折断,芒长,多为黑芒。籽粒长椭圆形,硬质,适于制作通心面及同类制品。全世界种植分布广,生态类型多。

**02.033　提莫菲维小麦**　timopheevi wheat, *Triticum timopheevii* Zhuk.

小麦属四倍体小麦。染色体组为AAGG型,

$2n=4x=28$。茎节、叶片、叶鞘均具粗硬茸毛。穗扁平，短宽，有茸毛，小穗排列密；穗轴易折断；每小穗 3~4 小花，一般结实 2 粒。籽粒带皮（颖），粒较长，两端尖锐，硬质。

**02.034 斯卑尔脱小麦** spelt wheat, *Triticum spelta* L.

小麦属六倍体小麦。染色体组为 AABBDD 型，$2n=6x=42$。穗长，小穗排列稀。籽粒带皮（颖），长形，两端稍尖，顶端冠毛明显，硬质。

**02.035 密穗小麦** club wheat, *Triticum compactum* Host.

小麦属六倍体小麦。染色体组为 AABBDD 型，$2n=6x=42$。穗短而宽，侧面宽于正面，呈椭圆形或棍棒形；小穗排列极密。粒多，软质，蛋白质含量较低，适于制作饼干等食品。

**02.036 普通小麦** common wheat, *Triticum aestivum* L.

小麦属六倍体小麦。染色体组为 AABBDD 型，$2n=6x=42$，基因组大小为 16~17Gb。穗长 5~10cm，每小穗 3~9 小花，一般结实 2~5 粒。籽粒腹面有深纵沟，易脱粒。世界种植分布最广和最主要的粮食作物，中国主要的粮食作物。

**02.037 冬小麦** winter wheat

简称"冬麦"。秋、冬季播种，翌年春末至夏季收获的越年生小麦。多为冬性和半冬性品种，春化适宜温度分别为 0~3℃和 0~7℃，历时分别为 35d 以上和 15~35d。具有较强的抗寒性。

**02.038 春小麦** spring wheat

简称"春麦"。春季播种，夏秋收获的一年生小麦。多为春性或偏春性品种。春性品种春化适宜温度 5~20℃，历时 5~15d；有的无明显春化反应。分蘖力较弱，生育期较短。

**02.039 硬质小麦** hard wheat

籽粒中以角质胚乳为主，硬度指数不低于 60 的小麦类型。"硬度指数（wheat hardness index）"是在规定条件下粉碎小麦样品，留存在筛网上的样品占试样的质量分数。

**02.040 软质小麦** soft wheat

籽粒中以粉质胚乳为主，硬度指数不高于 45 的小麦类型。

**02.041 强筋小麦** strong gluten wheat

籽粒硬质，蛋白质含量和湿面筋含量高的小麦。面筋强度强，粗蛋白含量高（干基≥14%），面团稳定时间长（≥8 分钟），弹性好，延伸性好，适用于制作面包、方便面、面条、水饺、馒头等。

**02.042 中筋小麦** medium gluten wheat

籽粒硬质或半硬质，蛋白质含量和面筋强度中等的小麦。延伸性好，适于制作馒头或面条。

**02.043 弱筋小麦** weak gluten wheat

籽粒软质，蛋白质含量和湿面筋含量低的小麦。面筋强度弱，粗蛋白含量低（干基≤12.5%），面团稳定时间较短（≤3 分钟），适用于制作饼干、糕点等食品。

**02.044 糯小麦** waxy wheat

籽粒中不含直链淀粉或直链淀粉含量低的小麦。

**02.045 彩色小麦** colored-grain wheat

籽粒果种皮或糊粉层颜色多样（紫、黑、蓝、紫蓝和绿色）的小麦。主要含有花青素类等特定的天然色素。

**02.046 大麦** barley, *Hordeum vulgare* (L.) Bowden

禾本科大麦属作物。一年生或越年生。染色体组为 HH 型，$2n=2x=14$，基因组大小约 5Gb。穗状花序。分为二棱大麦、中间型大麦和多棱大麦 3 个亚种。根据成熟时颖果与颖壳粘连程度，分为皮大麦和裸大麦。粮饲酿造兼用。

**02.047　二棱大麦**　two-rowed barley, *Hordeum vulgare* subsp. *distichon* (L.) Koern.

大麦属大麦种二棱大麦亚种。穗状花序,穗形呈扁平状;穗轴结片上着生3个小穗,仅中间小穗结实,侧小穗退化不结实只存护颖。籽粒淀粉含量高,制做的麦芽质量好。

**02.048　中间型大麦**　intermedium barley, *Hordeum vulgare* subsp. *intermedium* (L.) Koern.

大麦属大麦种中间型大麦亚种。穗状花序,穗轴结片上着生3个小穗,中间小穗结实,侧小穗部分结实。

**02.049　多棱大麦**　multi-rowed barley, *Hordeum vulgare* subsp. *vulgare* (L.) Orlov.

大麦属大麦种多棱大麦亚种。穗状花序,穗轴结片上着生3个小穗,全部结实。按小穗排列疏密和穗的横断面性状可分为四棱大麦和六棱大麦。

**02.050　皮大麦**　hulled barley

又称"带壳大麦""有稃大麦"。成熟时,颖果与颖壳粘连的大麦。

**02.051　裸大麦**　naked barley

又称"青稞""元麦"。成熟时,颖果与颖壳分离的大麦。

**02.052　啤酒大麦**　malting barley, beer barley

酿造啤酒的专用大麦。

**02.053　黑麦**　rye, *Secale cereale* L.

禾本科黑麦属作物。一年生或越年生。染色体组为RR型,$2n=2x=14$,基因组大小约为7.86Gb。根系发达,分蘖力强。穗状花序,小穗有茸毛和芒。颖果稃壳褐色、黑色或红色,籽粒狭长。抗寒性强,耐瘠耐旱,喜冷凉气候。粮饲兼用。

**02.054　小黑麦**　triticale, *Secale sylvestre* Host

人工将小麦和黑麦进行属间杂交,使染色体加倍得到的新物种。有四倍体(AARR,$2n=4x=28$)、六倍体(AABBRR,$2n=6x=42$)和八倍体(AABBDDRR,$2n=8x=56$)3个类型。抗逆性强。粮饲兼用。

**02.055　燕麦**　oat

禾本科燕麦属(*Avena*)栽培种的统称。一年生或越年生。染色体组为AACCDD型,$2n=6x=42$,基因组大小为10.76Gb。根系发达。秆粗而软,无叶耳,圆锥花序,周散或侧散。每穗有4~9节,节上枝梗半轮生,枝梗顶端着生一至多个小穗。粮饲兼用。

**02.056　皮燕麦**　common oat, *Avena sativa* L.

又称"雀麦""野麦"。成熟时,颖果与颖壳粘连的栽培燕麦。

**02.057　裸燕麦**　naked oat, *Avena nuda* L.

又称"莜麦""玉麦"。成熟时,颖果与颖壳分离的燕麦。

**02.058　玉米**　corn, maize, *Zea mays* L.

又称"玉蜀黍""苞谷""苞米"。禾本科玉蜀黍属作物。一年生。原产于中南美洲。二倍体,$2n=2x=20$,基因组大小约2500Mb。株形高大,叶片宽长,雌雄同株异花异位,雌穗位于中部。适应性强、分布广。种植面积和总产在国内均居首位。用作饲料、粮食和加工原料。

**02.059　硬粒玉米**　flint corn, *Zea mays* var. *indurata* Sturt.

又称"燧石形玉米"。籽粒圆形,质地坚硬平滑的玉米。籽粒顶部和四周为致密、半透明的角质淀粉,中间为疏松、不透明的粉质淀粉。黄白两种粒色。果穗长锥和圆锥形,出籽率低,抗逆性强,产量稳定,食用品质优良。

**02.060　马齿玉米**　dent corn, *Zea mays* var. *indentata* Sturt.

又称“马牙形玉米”。籽粒顶部凹陷,扁平呈长方形,类马齿状的玉米。籽粒四周为一薄层角质淀粉,中间和顶部为粉质淀粉。果穗粗大呈筒形,出籽率高,产量高,为种植面积最广的玉米,适宜制造淀粉和乙醇,可作饲料。

**02.061 半马齿玉米** semi-dent corn, *Zea mays semindentata* Kulesh

又称“中间型玉米”。由硬粒型和马齿型杂交而来的玉米。籽粒顶部凹陷程度小,或不凹陷。果穗长锥形或圆柱形,出籽率高,产量较高,品质较好。

**02.062 爆裂玉米** pop corn, *Zea mays* var. *everta* Sturt.

又称“爆花玉米”。用于爆制玉米花的玉米。籽粒小,坚硬光亮,胚乳全部由角质淀粉组成,遇热爆裂膨胀。分为圆形和尖形两种。果穗小,产量低。

**02.063 甜玉米** sweet corn, *Zea mays* var. *saccharata* Sturt.

又称“甜质型玉米”。由隐性基因控制阻碍蔗糖转化为淀粉,使籽粒糖分含量高、淀粉含量低的玉米。成熟后籽粒呈皱缩或凹陷状,几乎全部为角质胚乳。分普通甜玉米和超甜玉米两种。用于鲜食或加工玉米罐头。

**02.064 糯玉米** waxy corn, *Zea mays* var. *ceratina* Kulesh.

又称“蜡质型玉米”“黏玉米”。由硬粒玉米基因突变,经人工选择形成,籽粒不透明,无光泽,外观近似蜡状,胚乳全部由支链淀粉组成的玉米。可用于鲜食、饲料和工业原料。

**02.065 甜加糯玉米** sweet plus waxy corn

由甜质基因和糯质基因重组纯合培育出的,果穗上同时具有甜粒和糯粒的新玉米类型。

**02.066 粉质玉米** soft corn, *Zea mays* var. *amylacea* Sturt.

又称“软质型玉米”。胚乳淀粉几乎完全由粉质淀粉组成,或仅在外层有一薄层角质淀粉的玉米。籽粒顶端呈圆形,外表平整,呈不透明状。胚乳松软,有利于碾磨。作为畜类饲料利用率高,易糊化,适口性较好。

**02.067 高油玉米** high oil corn

一种籽粒含油量高、附加值高的玉米。籽粒粗脂肪(干基)含量≥7.5%,含油量比普通玉米高50%以上。

**02.068 笋玉米** baby corn

以采收幼嫩果穗为目的的玉米。营养丰富、清脆可口,是一种高档蔬菜,可制作成不同风味的罐头。

**02.069 春玉米** spring corn

春季播种的玉米。苗期生长缓慢,基部节间较短,植株健壮,抗倒伏能力较强。生育期长,单株产量高。栽培方式有单作、间作和套作。

**02.070 夏玉米** summer corn

夏季播种的玉米。生长发育较快,生育期较短,可通过密植提高产量。以直播为主。

**02.071 杂交玉米** hybrid corn

由两个遗传性状不同的亲本进行杂交产生的杂种一代玉米。比双亲具有更强的生活力、生长势、适应性和丰产性。

**02.072 机械粒收玉米** mechanical grain harvesting corn

适合于玉米收获机摘穗和脱粒一次完成收获作业的玉米。早熟、耐密、抗倒,成熟时籽粒含水率低。

**02.073 青贮玉米** silage corn

用于加工青贮饲料的玉米。在乳熟末期至蜡熟前期收获包括果穗在内的地上全部绿色植株,经切碎压实后青贮利用。

**02.074 高粱** sorghum, *Sorghum bicolor* (L.)

Moench

又称"蜀黍""蜀秫"。禾本科高粱属作物。一年生。二倍体，$2n=2x=20$，基因组大小约750Mb。茎秆直立，叶片厚而窄，被蜡粉，中脉呈白色，耐旱，耐瘠。种子卵圆形，微扁。粮饲酿造兼用。

**02.075 糯高粱** glutinous sorghum

米质糯性，淀粉全部为支链淀粉的高粱。籽粒饱满、粒小皮厚、角质率高、耐蒸煮。食用味道香甜，是酿酒的优质原料，也可制作食品。

**02.076 甜高粱** sweet sorghum, *Sorghum bicolor* cv. *dochna* (Forssk.) Snowden

又称"糖高粱""芦粟"。茎秆粗壮、多汁液、味甜的高粱。可作粮食、糖料或饲料，也可作能源作物。

**02.077 杂交高粱** hybrid sorghum

由两个遗传性状不同的亲本进行杂交产生的杂种一代高粱。比双亲具有更强的生活力、生长势、适应性和丰产性。

**02.078 谷子** millet, foxtail millet, *Setaria italica* (L.) Beauv.

又称"粟"。禾本科狗尾草属作物。一年生。二倍体，$2n=2x=18$，基因组大小约470Mb。原产中国。茎秆粗壮，有分蘖。圆锥花序，自花授粉，颖果，稃壳红、橙、黄等。喜温、耐旱，适应性强。籽粒卵圆形，脱糠后称为小米。主要用作粮食。

**02.079 珍珠粟** pearl millet, *Pennisetum glaucum* L.

又称"蜡烛稗""御谷""美洲狼尾草"。禾本科狼尾草属作物。一年生。二倍体，$2n=2x=14$，基因组大小约1.79Gb。茎秆实髓、粗壮，中部有分枝。叶缘有细小锯齿。圆锥花序，异花授粉，穗轴周围密生小穗。适应性广。粮饲兼用。

**02.080 黍** broomcorn millet, *Panicum miliaceum* L.

禾本科黍属作物。一年生。异源四倍体，$2n=36$。起源于中国。茎直立，有分蘖，叶长披针形，叶鞘有茸毛。圆锥花序，主要穗型有侧穗、密穗和散穗。籽粒颜色有红、黄、白、褐(黑)多种，分糯性和非糯性两类。喜温耐旱，播种期可塑性强。粮饲兼用。花序散穗型、子实非糯性或粳性的为糜子，又称"糜"或"稷"，碾成的米颜色暗黄，不具黏性，常被磨成面用来制作馒头等主食；花序偏穗型、子实糯性的为"黍子"，碾成的米颜色亮黄，具有黏性，可磨面作黏糕、糕点，也用于酿酒。

**02.081 龙爪稷** finger millet, *Eleusine coracana* (L.) Gaertn.

又称"䅟子"，俗称"鸡爪谷"。禾本科䅟属作物。一年生。粒小、耐旱、耐贮存。穗状花序，呈指状排列于茎顶，弓状弯曲，形似鸡爪。用作粮食，兼作饲料。

**02.082 薏苡** job's tears, *Coix lacrymajobi* L.

禾本科薏苡属作物。一年生。二倍体($2n=2x=10$)和四倍体为主要栽培种，二倍体基因组大小为1.73Gb。茎秆直立丛生，叶片扁平宽大。总状花序腋生成束，具长梗。雌小穗外面包被念珠状总苞。颖果小，含淀粉少。粮饲药兼用。

**02.083 荞麦** buckwheat

蓼科荞麦属(*Fagopyrum*)多种作物的统称，起源于中国。通常指栽培最广的普通荞麦，即甜荞麦。

**02.084 甜荞麦** common buckwheat, *Fagopyrum esculentum* Moench

又称"普通荞麦""乌麦""三角麦"。蓼科荞麦属作物。一年生。有二倍体和四倍体类型，$2n=2x=16$ 或 $2n=4x=32$。茎直立，多分枝，光滑，淡绿色或红褐色。叶心形、卵状三角形。花序总状或伞房状，异型花，花白色或粉红色，异花授粉，虫媒花。瘦果三棱形，果皮光滑。粮饲兼用。

**02.085　苦荞麦**　tartary buckwheat, *Fagopyrum tataricum* (L.) Gaertn.

又称“鞑靼荞麦”。蓼科荞麦属作物。一年生。二倍体，$2n=2x=16$，基因组大小为489.3Mb。茎直立、光滑、绿色。叶三角形。总状花序，花排列稀疏，花淡黄绿色，雌雄蕊等长，自花授粉。瘦果较小，三棱形，棱脊圆钝，棱之间有纵沟，果实表面粗糙，果实味苦。粮饲兼用。

**02.086　金荞麦**　perennial buckwheat, *Fagopyrum dibotrys* (D. Don) Hara

又称“万年荞”“老虎荞”。蓼科荞麦属作物。多年生。有二倍体和四倍体类型，$2n=2x=16$或$2n=4x=32$。茎直立或斜生，多分枝，光滑，淡绿色或红褐色，地下茎膨大呈块状或球状。叶三角形或戟状三角形。总状花序呈伞房状，花多为白色，异型花，异花授粉。瘦果三角状三棱形，黑色或褐色，果皮光滑。药饲兼用。

**02.087　藜麦**　quinoa, *Chenopodium quinoa* Willd.

又称“藜谷”。藜科藜属作物。一年生。栽培种主要为四倍体，$2n=4x=36$，基因组大小为1.438Gb。起源于南美洲。株形差异大，茎直立、上部分叉，花序多样，瘦果。根据种子颜色分白、黑、红三种类型。喜冷凉，是全营养食品。

**02.088　白藜麦**　white quinoa

无种皮，种子呈现白色的藜麦类型。产量高，口感软糯，易消化，味道清香、甜。

**02.089　红藜麦**　red quinoa

种皮为红色的藜麦类型。籽粒小、口感脆糯、有嚼劲，味道麦香浓厚。

**02.090　黑藜麦**　black quinoa

种皮为黑色的藜麦类型。籽粒小、粗纤维含量高、口感较脆，味道浓郁香甜。

**02.091　籽粒苋**　grain amaranth, *Amaranthus hypochondriacus* L.

苋科苋属作物。一年生。茎直立，多分枝，叶宽大而繁茂，主根粗壮，茎顶生多穗状花序。籽粒小，颜色丰富，产量高，含有较高的蛋白质、淀粉和脂肪。适应性强，种植范围广。粮饲蔬多用，也用于观赏植物。

## 02.02　豆类作物

**02.092　豆类作物**　legume crop

以籽粒作为食用的豆科栽培作物。籽粒蛋白质、脂肪和淀粉含量比较高。栽培遍布世界各地。世界第一大植物蛋白来源和第二大油脂来源。

**02.093　大豆**　soybean

豆科大豆属(*Glycine*)作物的统称。一年生。二倍体，$2n=2x=40$，基因组大小在986.1～1025Mb。起源于中国。茎直立或半蔓生，三出复叶，短总状花序，花白色或紫色。结荚习性分为有限结荚和无限结荚两种。喜温、短日照。粮油饲蔬兼用。

**02.094　野生大豆**　wild soybean, *Glycine soja* Sieb. et Zucc.

自然界中生长的大豆，一年生缠绕性草本。细茎蔓生，主茎与分枝分化不明显。荚果多弯镰形，少数直筒形，成熟时极易炸裂。抗逆性强。

**02.095　半野生大豆**　semi-wild soybean, *Glycine gracilis* Skvortsov

兼有栽培大豆和野生大豆特征的，形态最丰富的一个类型。可能由栽培大豆和野生大豆杂交而来。

**02.096　栽培大豆**　cultivated soybean, *Glycine max* (L.) Merr.

由野生大豆经过长期人工选择和自然选择而

来的大豆类型。与野生大豆缺少种的区别，无生殖隔离现象，但性状差异很大。

**02.097 春大豆** spring soybean
春季播种的大豆。属光照反应较弱的类型。植株茎秆粗壮，分枝能力强。结荚多，单株产量高。一年一熟栽培。单作、间作和套作种植。

**02.098 夏大豆** summer soybean
夏季播种的大豆。属光照反应较强的类型。生育期短，花期早。植株矮小，营养体不繁茂。单株生物产量积累少，经济系数高。单作、间作和套作种植。

**02.099 黄豆** yellow soybean
种皮为黄色的大豆。多为有限结荚，产量高、种植面积大、分布广。粮油饲蔬兼用。

**02.100 黑豆** black soybean
种皮为褐色至黑色的大豆。多为无限结荚或半有限结荚，抗逆性强。蛋白质含量高，营养丰富。粮油饲蔬兼用。

**02.101 蚕豆** broad bean, field bean, faba bean, *Vicia faba* L.
又称“胡豆”“罗汉豆”。豆科野豌豆属作物。染色体数为 $2n = 12$。一年生。茎方形中空，有棱。羽状复叶。花一至数朵腋生，花冠白色或淡紫色，带有紫斑。荚果。种子椭圆扁平。喜清凉湿润气候。粮饲蔬兼用。

**02.102 豌豆** pea, *Pisum sativum* L.
又称“小寒豆”。豆科豌豆属作物。一年生或越年生。二倍体，$2n = 2x = 14$，基因组大小为 4.45Gb。全株光滑无毛，被白色蜡粉。茎蔓生或矮生。羽状复叶，顶端有卷须。荚果。种子圆形。耐寒，不耐高温。粮饲蔬兼用。

**02.103 紫花豌豆** pink-flowered pea, *Pisum sativum* subsp. *arvense* L.
豆科豌豆属作物。一年生。花瓣紫色。营养生长期较长，生物量大，固氮能力强，耐寒，适应性强。粮饲蔬兼用。

**02.104 白花豌豆** white-flowered pea, *Pisum sativum* var. *sativum* L.
豆科豌豆属作物。一年生。花瓣白色。早熟，耐寒，适应性强。粮饲蔬兼用。

**02.105 豇豆** cowpea, *Vigna unguiculata* (L.) Walp.
又称“豆角”。豆科豇豆属作物。一年生。二倍体，$2n = 2x = 22$，基因组大小约为 587Mb。茎缠绕、草质藤本或近直立。三出复叶。总状花序腋生，具长梗。长线形豆荚。粮蔬兼用。

**02.106 绿豆** mung bean, *Phaseolus radiatus* L.
豆科豇豆属作物。一年生。二倍体，$2n = 2x = 22$，基因组大小约 55Mb。茎直立或蔓生，被稀长硬毛。三出复叶，花绿黄色。荚果圆而细长。种子短矩形，绿色或黄绿色。性喜温暖，耐旱，生长期短。粮蔬兼用。

**02.107 饭豆** rice bean, *Phaseolus calcaratus* Roxb.
又称“米豆”“蔓豆”。豆科豇豆属作物。一年生。二倍体，$2n = 22$。有分枝，蔓生、半蔓生和直立三种类型。三出复叶。腋生总状花序。荚簇生，种子呈细长圆筒形。粮食、绿肥和饲料兼用。

**02.108 赤豆** red bean, adsuki bean, *Phaseolus angularis* Wight
又称“小豆”“红豆”。豆科豇豆属作物。一年生。二倍体，$2n = 2x = 22$，基因组大小约 542Mb。茎直立或蔓生，有毛或无毛。三出复叶，花黄色或淡灰色。荚果无毛。种子椭圆或长椭圆形，有多种颜色。性喜温暖干燥。粮饲兼用。

**02.109 芸豆** bean, kidney bean, *Phaseolus vulgaris* L.

又称"菜豆""四季豆"。豆科菜豆属作物。一年生。二倍体,$2n=22$。茎缠绕或近直立。茎被短柔毛。三出复叶。总状花序比叶短,花冠蝶形。营养丰富,蛋白质含量高,粮蔬兼用。

**02.110 利马豆** lima bean, *Phaseolus lunatus* L.
又称"棉豆"。豆科菜豆属作物。一年生或多年生。二倍体,$2n=2x=22$,基因组大小为542Mb。茎无毛或被微柔毛。三出羽状复叶。总状花序腋生。荚果镰状长圆形。种子近菱形或肾形。喜温。粮蔬饲兼用。

**02.111 小扁豆** lentil, *Lens culinaris* Medic.
又称"兵豆""滨豆"。豆科兵豆属作物。一年生。二倍体,$2n=2x=14$。植株矮小。偶数羽状复叶。夏季开花,花单生或数朵成总状花序,蝶形花冠,白色。荚果短扁,种子凸镜形。粮饲兼用。

**02.112 羽扇豆** lupine, *Lupinus micranthus* Guss.
又称"多叶羽扇豆""鲁冰花"。豆科羽扇豆属作物。一年生。二倍体,25对染色体,基因组大小约为451Mb。茎基部分枝。掌状复叶。总状花序顶生,花冠蓝色。荚果长圆状线形,种子卵形、扁平、斑纹、光滑。粮饲观赏兼用。

**02.113 鹰嘴豆** chickpea, *Cicer arietinum* L.
又称"桃豆""鸡头豆"。豆科鹰嘴豆属作物。一年生或越年生。二倍体,$2n=2x=16$,基因组大小为738Mb。株形直立、丛生,分枝性强。奇数羽状复叶。单花,腋生。荚果膨大,种子有一尖角,如鹰嘴。抗逆性强。粮饲兼用。

**02.114 黧豆** velvet bean, *Mucuna sempervirens* Hems L.
又称"虎豆"。豆科黧豆属作物。一年生。二倍体,$2n=22$。茎棕色或黄棕色,小枝纤细,光滑无毛。三出复叶。总状花序。荚果扁平。种子圆形,黄色或黑黄色。喜温,不耐霜冻。粮蔬药兼用。

**02.115 木豆** pigeonpea, *Cajanus cajan* (L.) Millsp.
豆科木豆属作物。二倍体,$2n=2x=22$,基因组大小为833Mb。直立灌木。多分枝,小枝有明显纵棱,三出复叶。总状花序。荚果线状长圆形。种子近圆形,稍扁,种皮暗红色。耐瘠薄干旱,适应性广。粮饲药兼用。

## 02.03 薯芋类作物

**02.116 薯芋类作物** root and tuber crop
具有可供食用的块根或地下块茎的作物。食用部分多含大量淀粉和糖,可用作蔬菜、粮食、饲料以及制作淀粉、乙醇等的原料。

**02.117 马铃薯** potato, *Solanum tuberosum* L.
又称"土豆""洋芋"。茄科茄属作物。一年生。多倍体,有不同倍性的品种,普通栽培种为四倍体($2n=4x=48$),基因组大小为3.1Gb。地上茎呈菱形,有毛,叶多为羽状复叶。伞房花序顶生。地下匍匐茎膨大为块茎,供食用。适应性广。粮蔬兼用。

**02.118 甘薯** sweet potato, *Dioscorea esculenta* (Lour.) Burkill
又称"红薯""地瓜"。薯蓣科薯蓣属作物。一年生或多年生。栽培品种为六倍体($2n=6x=90$)且无性繁殖,具有自交不亲和性,基因组大小为2.7Gb。茎蔓生,叶片心脏形至掌状深裂。抗风、耐旱和耐瘠,高产稳产,适应性强,是重要的抗旱救灾作物。粮饲兼用。

**02.119 薯蓣** common yam, *Dioscorea polystachya* Turcz.
又称"山药"。薯蓣科薯蓣属作物。一年生或多年生。缠绕藤本。茎细长、有棱、右旋。

单叶,在茎下部互生,中部以上对生。地下块茎肉质、表面密生须根、富含淀粉。耐旱,不耐涝。粮蔬药兼用。

**02.120 田薯** winged yam, *Dioscorea alata* L.
又称“大薯”“毛薯”。薯蓣科薯蓣属作物。多年生。缠绕草质藤本。起源于中国。地上茎右旋。单叶,在茎下部互生,中上部对生。雌雄异株,穗状花序,蒴果。地下块茎呈多种形状。食用和药用。

**02.121 豆薯** yam bean, *Pachyrhizus erosus* (L.) Urb.
又称“沙葛”“凉薯”“土瓜”。豆科豆薯属作物。一年生或多年生。缠绕草质藤本。茎粗壮、缠绕。三出复叶。总状花序。荚果带形,种子含鱼藤酮可做杀虫剂。块根肥大,脆嫩多汁。性喜高温、不耐寒。粮蔬兼用。

**02.122 香芋** fragrant taro, *Colocasia esculenta* (L.) Schoot
又称“地栗子”“黄栗”。豆科芋属栽培作物。一年生或多年生。有不同倍性的栽培种,二倍体的染色体数目为 $2n=2x=28$。茎细长,奇数羽状复叶,互生。复总状花序,花冠蝶形。根系发达,块根呈近球状,表面黄褐色,肉洁白,供食用。

**02.123 芋** dasheen, *Colocasia escalenta* (L.) Schoff.
天南星科芋属作物。多年生,常作一年生蔬菜栽培。有二倍体和三倍体,基因组大小为2.08~2.38Gb。块茎椭圆形或卵形,叶子略呈卵形,有长柄,花黄绿色。块茎近球状,富含淀粉。粮蔬兼用。

**02.124 魔芋** konjac, *Amorphophallus konjac* Durieu
天南星科魔芋属作物。多年生。二倍体,$2n=2x=26$,基因组大小为5.6Gb。掌状复叶,小叶羽状分裂,花紫褐色,地下茎球形,富含葡甘露聚糖和淀粉。全株有毒,以球茎为最,不可生食。加工后可食用和药用。

**02.125 菊芋** jerusalem artichoke, *Helianthus tuberosus* L.
又称“洋姜”“鬼子姜”。菊科向日葵属作物。多年生。六倍体,$2n=6x=102$。地上茎直立,有分枝。叶通常对生,上部叶互生。头状花序,单生于枝端。再生性和抗逆性强。地下块茎粮蔬饲兼用。

# 03. 饲用作物

## 03.01 豆科饲用作物

**03.001 豆科饲用作物** forage crop of legume family
作为家畜饲用的栽培豆科作物。直根系,双子叶草本或灌木,具有固氮能力的根瘤,植株蛋白质含量高。兼做绿肥和蜜源植物。

**03.002 平托落花生** pinto peanut, *Arachis pintoi* L.
落花生属饲用作物。多年生匍匐型草本。具根状茎和匍匐茎,腋生总状花序,花单生,花萼与花托合生成萼管。适于青饲,加工青贮。

**03.003 沙打旺** erect milkvetch, *Astragalus adsurgens* Pall.
又称“直立黄芪”“斜茎黄芪”。黄芪属饲用作物。多年生丛生草本。奇数羽状复叶,总状花序,荚果长圆形。抗逆性强。适于青饲。

**03.004 草木樨状黄芪** sweetclover-like milk-

vetch, *Astragalus melilotoides* Pall.
黄芪属饲用作物。多年生草本。羽状复叶,托叶彼此离生,总状花序,荚果宽倒卵状球形或椭圆形。抗逆性强。适于青饲。

**03.005 紫云英** Chinese milkvetch, *Astragalus sinicus* L.
黄芪属饲用作物。二年生草本。茎匍匐,奇数羽状复叶,总状花序;荚果线状长圆形,具短喙,黑色;种子肾形,栗褐色。适于青饲,可用作绿肥。

**03.006 中间锦鸡儿** intermediate peashrub, *Caragana liouana* Zhao Y. Chang & Yakovlev
锦鸡儿属饲用灌木。托叶在长枝上呈硬化针刺,小叶密被长柔毛,花单生,荚果披针形或长圆状披针形。抗旱性强。适于青饲,加工草粉、草颗粒。

**03.007 柠条锦鸡儿** korshinskii peashrub, *Caragana korshinskii* Kom.
锦鸡儿属饲用灌木。托叶硬化成针刺;老枝金黄色,有光泽;花单生;荚果扁,披针形。抗旱性强。适于青饲,加工草粉、草颗粒。

**03.008 小叶锦鸡儿** microphylla peashrub, *Caragana microphylla* Lam.
锦鸡儿属饲用灌木。嫩枝被毛;羽状复叶,托叶宿存硬化成针刺状;花单生;荚果圆筒形,具锐尖头。抗旱性强。适于青饲,加工草粉、草颗粒。

**03.009 羽叶决明** *Cassia nictitans* (L.) Moench
决明属饲用作物。多年生草本。花腋生;荚果扁平状;种子棕黑色,呈不规则扁平长方形。抗旱性强,耐瘠、耐酸。适于青饲,也用作绿肥作物。

**03.010 圆叶决明** roundleaf sensitive pea, *Cassia rotundifolia* (Pers.) Greene
决明属饲用作物。多年生草本。茎半直立或匍匐,单生花腋生,荚果扁长条形,种子呈不规则扁平四方形。喜高温、耐旱、耐瘠、耐酸。适于青饲,加工干草。

**03.011 翅荚决明** emperor's candlesticks, *Senna alata* (L.) Roxb.
决明属饲用作物。灌木。偶数羽状复叶;具顶生或腋生总状花序,荚果带翅,种子扁平,呈三角形。用于青饲,加工青贮、草粉。

**03.012 蝴蝶豆** butterfly pea, *Centrosema pubescens* Benth.
又称“巨瓣豆”。蝴蝶豆属饲用作物。多年生缠绕性草本。具腋生总状花序,荚果细长条形,种子矩圆形。适应热带气候。适于青饲,加工干草,也作绿肥和覆盖作物。

**03.013 多变小冠花** crown vetch, *Coronilla varia* L.
小冠花属饲用作物。多年生草本。具腋生伞形花序,花冠有明显紫色条纹;荚果圆柱形,种子长圆状倒卵形,黄褐色。抗寒性强。适于加工青贮、干草和草粉。

**03.014 卵叶山蚂蝗** zarzabacoa galana, *Desmodium ovalifolium* (Schum.) Walp.
山蚂蝗属饲用作物。多年生灌木状草本。分枝细而多;具顶生总状花序,花冠初开时粉红色,后转蓝紫色;荚果长密被锈色柔毛,种子扁肾形。适于青饲,加工干草、草粉。

**03.015 东方山羊豆** east goat's rue, *Galega orientalis* Lam.
山羊豆属饲用作物。多年生根蘖型草本。具总状花序;荚果,似马刀形;种子肾形,黄色或黄褐色。抗寒强。适于青饲,加工青贮、干草和草粉。

**03.016 秣食豆** wild soybean, *Glycine max* (L.) Merr.
又称“饲用大豆”。大豆属饲用作物。一年

生草本。茎初直立,后上部蔓生;总状花序腋生;荚果矩圆形,种子扁椭圆形。适于青饲,加工青贮、草粉。

**03.017 须弥葛** himalaya Kudzu, *Haymondia wallichii* (DC.) A. N. Egan & B. Pan bis
又称“喜马拉雅葛藤”。须弥葛属饲用作物。多年生灌木状藤本。总状花序常簇生或圆锥花序;荚果直、无毛。适于青饲。

**03.018 山竹岩黄芪** shrubby sweetvetch, *Hedysarum fruticosum* Pall.
岩黄芪属饲用作物。半灌木。具强壮的根状茎;总状花序;荚果 2~3 节,节荚椭圆形;种子肾形。适于青饲,加工干草。

**03.019 塔落岩黄芪** smooth shrubby sweetvetch, *Hedysarum laeve* Maxim.
又称“羊柴”。岩黄芪属饲用作物。灌木。具腋生总状花序;荚果通常具 2~3 荚节,无毛具缘;种子圆形。适生于砂质土壤,抗旱性强。适于青饲,加工干草。

**03.020 细枝岩黄芪** slenderbranch sweetvetch, *Hedysarum scoparium* Fisch. et Mey.
岩黄芪属饲用作物。半灌木。具总状花序;荚果具 2~4 荚节,宽卵形;种子圆肾形。适于青饲,加工干草。

**03.021 多花木蓝** pink-flower indigo, *Indigofera amblyantha* Craib
木蓝属饲用作物。灌木。总状花序腋生;荚果线状圆柱形,棕褐色,种子长圆形。适于青饲,加工青贮、干草和草粉。

**03.022 二色胡枝子** shrub lespedeza, *Lespedeza bicolor* Turcz.
胡枝子属饲用作物。灌木。总状花序腋生;荚果斜倒卵形,具网纹,密被短柔毛。耐旱性和耐寒性强。适于青饲,可加工草粉。

**03.023 达乌里胡枝子** dahurian bushclover, *Lespedeza davurica* (Laxm.) Schindl.
胡枝子属饲用作物。半灌木。总状花序腋生;荚果倒卵状矩形,有白色柔毛。耐旱、耐瘠薄。适于青饲,加工干草。

**03.024 尖叶胡枝子** rush bushclove, *Lespedeza hedysaroides* (Pall.) Kitag.
胡枝子属饲用作物。半灌木。总状花序腋生;荚果宽卵形,两面被白色贴伏柔毛。耐旱、耐贫瘠。适于青饲,加工干草。

**03.025 美丽胡枝子** beautiful bushclover, *Lespedeza thunbergii* subsp. *formosa* (Vogel) H. Ohashi
胡枝子属饲用作物。灌木。总状花序腋生;荚果卵形、椭圆形、倒卵形或披针形。适于青饲。

**03.026 银合欢** white leadtree, *Leucaena leucocephala* (Lam.) de Wit
银合欢属饲用作物。灌木或小乔木。二回羽状复叶,具腋生头状花序;荚果条形,种子卵形。适于青饲,加工草粉。

**03.027 罗顿豆** baines lotononis, *Lotononis bainesii* Baker
罗顿豆属饲用作物。多年生草本。掌状三出复叶,总状花序聚集成伞形;荚果条形。适于青饲,加工青贮、干草。

**03.028 大翼豆** purple bean, *Macroptilium atropurpureum* (DC.) Urban
大翼豆属饲用作物。多年生缠绕性草本。羽状三出复叶,总状花序,翼瓣特大;荚果直、扁圆形。用于青饲,加工干草。

**03.029 硬皮豆** horse gram, *Macrotyloma uniflorum* (Lam.) Verdc.
硬皮豆属饲用作物。多年生或一年生攀缘草本。羽状三出复叶,花 2~3 朵腋生成簇,荚果线状长圆形。用于青饲,加工干草。

**03.030 黄花苜蓿** sickle alfalfa, *Medicago*

*falcata* L.

又称“野苜蓿”“黄苜蓿”。苜蓿属饲用作物。多年生草本。茎斜生或平卧,花黄色,荚果镰刀形。耐寒、耐旱、耐盐碱。用于青饲。

**03.031　天蓝苜蓿**　black medick, *Medicago lupulina* L.

苜蓿属饲用作物。一年生或二年生草本。花序小头状,荚果肾形,种子卵形、褐色。耐旱、耐寒、耐贫瘠、不耐水淹。用于青饲。

**03.032　南苜蓿**　burclover, *Medicago polymorpha* L.

又称“金花菜”。苜蓿属饲用作物。一年或二年生草本。总状花序腋生,荚果螺旋形,种子肾形、棕褐色。用于青饲,加工青贮、草粉,也用作蔬菜。

**03.033　紫花苜蓿**　alfalfa, *Medicago sativa* L.

苜蓿属饲用作物。多年生草本。花紫色或蓝紫色,荚果螺旋形,种子肾形。用于青饲,加工青贮、干草、草粉,嫩尖和种芽可做蔬菜。

**03.034　杂花苜蓿**　variegated alfalfa, *Medicago varia* Martyn.

又称“杂交苜蓿”。苜蓿属饲用作物。多年生草本。由紫花苜蓿与黄花苜蓿杂交而成。花冠具紫色、黄色等杂色,种子肾形。耐旱、耐寒。用于青饲,加工青贮、干草、草粉。

**03.035　扁蓿豆**　ruthenica medaning, *Medicago ruthenica* (L.) Trautv.

又称“花苜蓿”。苜蓿属饲用作物。多年生草本。茎平卧或直立,多分枝;花冠黄褐色,中央有深色条纹。抗逆性好。用于青饲。

**03.036　白花草木樨**　white sweet clover, *Melilotus albus* Desr.

草木樨属饲用作物。二年生草本。羽状三出复叶;总状花序,花白色;荚果小,种子肾形,黄色或褐黄色。用于青饲,加工青贮、干草,也作蜜源植物。

**03.037　黄花草木樨**　yellow sweet clover, *Melilotus officinalis* (L.) Pall.

又称“草木樨”。草木樨属饲用作物。二年生草本。羽状三出复叶;总状花序,花黄色;荚果椭圆形。抗逆性强。用于加工干草,也作绿肥和蜜源植物。

**03.038　狗爪豆**　velvetbean, *Mucuna pruriens* (L.) DC.

又称“刺毛黧豆”。油麻藤属饲用作物。一年生缠绕草质藤本。羽状三出复叶,总状花序,荚果有纵棱1~2条。耐旱、耐贫瘠。用于青饲,也作绿肥或覆盖作物。

**03.039　红豆草**　sainfoin, *Onobrychis viciifolia* Scop.

又称“驴食豆”。红豆草属饲用作物。多年生草本。茎直立中空具纵条棱,荚果半圆形,种子肾形。耐旱、耐寒。用于青饲,加工干草,也作绿肥、观赏、蜜源植物。

**03.040　蓝花棘豆**　*Oxytropis coerulea* (Pall.) DC.

棘豆属饲用作物。多年生草本。无地上茎或茎缩短,花冠天蓝色或蓝紫色,种子椭圆形。极耐干旱、耐寒、耐践踏。用于青饲,加工干草。

**03.041　葛**　kudzu , *Pueraria montana* var. *lobata* (Willd.) Maesen et al.

又称“野葛”“葛藤”。葛属饲用作物。多年生草质藤本。块根肥大鲜嫩,羽状三出复叶;荚果长椭圆形,种子肾形或圆形。藤蔓和叶用于青饲,根可食用和药用。

**03.042　爪哇葛藤**　topical kudzu, *Pueraria phaseoloides* (Roxb.) Benth.

又称“热带葛藤”“三裂叶野葛”。葛属饲用作物。多年生缠绕性草本。花冠浅蓝或淡紫色;荚果近圆柱形,种子小,深褐色。用于加工干草、青贮,可作绿肥和覆盖作物。

**03.043 白刺花** vetchleaf sophora, *Sophora davidii* (Franch.) Skeels

苦参属饲用作物。灌木或乔木。不育枝末端明显变成刺;羽状复叶,托叶钻状,部分变成刺;荚果非典型串珠状,种子卵球形。用于青饲,可作观赏和蜜源植物。

**03.044 圭亚那柱花草** Guyana stylo, *Stylosanthes guianensis*(Aubl)Sw.

柱花草属饲用作物。多年生丛生草本。茎直立或半匍匐,粗糙型茎密被茸毛;复穗状花序;荚果棕黄至暗褐色,种子椭圆形。耐贫瘠酸性土壤。用于青饲,加工青贮,可作绿肥。

**03.045 有钩柱花草** Caribbean stylo, *Stylosanthes hamata* (L.) Taub.

又称"有钩笔花豆"。柱花草属饲用作物。一年生或二年生草本。穗状花序;种子褐色,肾形,顶端一节有 3~5mm 长环状小钩。耐贫瘠、耐酸、抗病虫。用于青饲,加工草粉。

**03.046 灌木状柱花草** shrubby stylo, *Stylosanthes scabra* Vogel

又称"西卡柱花草"。柱花草属饲用作物。多年生亚灌木状草本。穗状花序顶生或腋生;荚果褐色,种子肾形。耐瘠薄和酸性瘦土。用于青饲,加工干草。

**03.047 山毛豆** white tephrosia, *Tephrosia candida* DC.

又称"白灰毛豆"。灰毛豆属饲用作物。多年生灌木状草本。茎具纵棱,总状花序疏散多花,种子椭圆形。对土壤要求不严。用于青饲,可作绿肥和蜜源植物。

**03.048 绛三叶** crimson clover, *Trifolium incarnatum* L.

车轴草属饲用作物。一年生草本。掌状三出复叶,全株具柔毛,花序圆筒状顶生,种子褐色。用于青饲,可作地被和蜜源植物。

**03.049 野火球** wild clover, *Trifolium lupinaster* L.

车轴草属饲用作物。多年生草本。掌状复叶,小叶 5 枚;头状花序,种子阔卵形。耐寒性强。用于青饲,可作观赏植物和蜜源植物。

**03.050 红三叶** red clover, *Trifolium pratense* L.

车轴草属饲用作物。多年生草本。茎直立或斜生,三出复叶,具头状花序,种子扁圆形。用于青饲,加工干草,可作绿肥和观赏植物。

**03.051 白三叶** white clover, *Trifolium repens* L.

车轴草属饲用作物。多年生草本。叶面具"V"字形白斑;茎匍匐蔓生;具头状花序,总花梗比叶柄长近 1 倍;荚果长圆形。用于青饲,可作绿肥。

**03.052 山野豌豆** broadleaf vetch, *Vicia amoena* Fisch. ex DC.

野豌豆属饲用作物。多年生草本。茎攀缘,具四棱;偶数羽状复叶;荚果长圆形。耐寒、耐旱性强。用于青饲,加工干草,也可药用。

**03.053 肋脉野豌豆** ribbed vetch, *Vicia costata* Ledeb.

又称"新疆野豌豆"。野豌豆属饲用作物。多年生攀缘草本。具短根状茎;偶数羽状复叶;花冠淡黄色或白色;荚果扁平,种子近球形。用于青饲。

**03.054 广布野豌豆** bird vetch, *Vicia cracca* L.

野豌豆属饲用作物。多年生草本。茎攀缘或蔓生,偶数羽状复叶,总状花序腋生,种子扁圆形。用于青饲,也可作绿肥和早春蜜源植物。

**03.055 东方野豌豆** oriental vetch, *Vicia japonica* A. Gray

野豌豆属饲用作物。多年生攀缘草本。偶数羽状复叶,二深裂;总状花序腋生;荚果扁平。用于青饲,加工干草。

**03.056 箭筈豌豆** common vetch, *Vicia sativa* L.

又称“救荒野豌豆”。野豌豆属饲用作物。一年或二年生草本。茎具棱;羽状复叶;荚果条形,种子具大理石花纹。耐寒、耐旱、耐贫瘠。用于青饲、加工干草,可作绿肥。

**03.057 狭叶野豌豆** narrow leaved vetch, *Vicia sativa* subsp. *nigra* Ehrhart

又称“窄叶野豌豆”。野豌豆属饲用作物。一年生或二年生草本。羽状复叶;荚果条形,种子黑褐色。耐寒性强。用于青饲,可作绿肥。

**03.058 歪头菜** two-leaved vetch, *Vicia unijuga* A. Br.

野豌豆属饲用作物。多年生草本。茎丛生具棱,根状茎粗壮,小叶一对,总状花序腋生或顶生。喜阴湿、微酸性土。用于青饲,可作绿肥和早春蜜源植物。

**03.059 光叶紫花苕** winter vetch, *Vicia villosa* var. *glabrescens* Koch

野豌豆属饲用作物。一年生或二年生草本。总状花序腋生,小花 20~30 朵排列于花序一侧;荚果矩形或长椭圆形。耐寒性强。用于青饲,加工干草、青贮,可作绿肥与覆盖作物。

## 03.02 禾本科饲用作物

**03.060 禾本科饲用作物** forage crop of grass family

作为家畜饲用的禾本科栽培植物。多数为单子叶须根系草本植物。营养繁殖能力及抗寒、抗旱、抗盐碱性强。

**03.061 远东芨芨草** far east achnatherum, *Achnatherum extremiorientale* (Hara) Keng ex P. C. Kuo

芨芨草属饲用作物。多年生疏丛型草本。具疏散圆锥花序,小穗含 1 小花,外稃背部被白色柔毛。生态适应较广,耐践踏。用于青饲,加工干草。

**03.062 扁穗冰草** crested wheatgrass, *Agropyron cristatum* (L.) Gaertn.

冰草属饲用作物。多年生疏丛型草本。具直立穗状花序,小穗含 4~7 小花,小穗水平排列成篦齿状。抗寒、抗旱性较强。用于青饲,加工干草。

**03.063 杂种冰草** hybrid wheatgrass, *Agropyron cristatum* × *A. desertorum*

冰草属饲用作物。多年生疏丛型草本。穗状花序排列紧密。抗寒、抗旱性强,耐瘠薄。成熟期茎叶仍保持绿色。用于青饲,加工干草。

**03.064 沙生冰草** desert wheatgrass, *Agropyron desertorum* (Fisch.) Schult.

冰草属饲用作物。多年生疏丛型草本。根系具砂套,有横走或下伸的根状茎;具直立穗状花序,小穗含 4~6 小花。抗寒、抗旱性较强;用于青饲,加工干草。

**03.065 根茎冰草** michno wheatgrass, *Agropyron michnoi* Roshev.

又称“米氏冰草”。冰草属饲用作物。多年生根茎疏丛型草本。根状茎发达;具直立穗状花序,小穗紧密地呈覆瓦状排列,含 5~7 小花。抗寒、抗旱性较强。用于青饲。

**03.066 蒙古冰草** Mongolian wheatgrass, *Agropyron mongolicum* Keng

又称“沙芦草”。冰草属饲用作物。多年生丛生草本。根系具砂套和根状茎;具直立穗状花序,小穗排列疏松,含 3~8 小花。抗旱、抗寒性较强,耐风沙,用于青饲。

**03.067 白羊草** yellow bluestem, *Bothriochloa ischaemum* (Linn.) Keng

孔颖草属饲用作物。多年生疏丛型草本。具短根茎;总状花序4至多数簇生于茎顶,小穗成对生于各节。适宜于温暖和湿润的沙壤土种植。用于青饲。

**03.068 珊状臂形草** palisade signalgrass, *Brachiaria brizantha* Stapf

臂形草属饲用作物。多年生丛生草本。圆锥花序由2~8个总状花序组成,小穗具短柄,交互成两行排列于穗轴的一侧,含1~2小花。用于青饲,加工干草、青贮。

**03.069 俯仰臂形草** decumbent signalgrass, *Brachiaria decumbens* Stapf

又称“伏生臂形草”。臂形草属饲用作物。多年生匍匐型草本。花序由2~4个总状花序组成,小穗单生常排列成2列,颖果卵形。用于青饲,加工干草。

**03.070 网脉臂形草** *Brachiaria dictyoneura* (Fig. & De Not.) Stapf

臂形草属饲用作物。多年生匍匐型草本。圆锥花序由3~8个总状花序组成,小穗椭圆形,具2小花,颖果卵形。用于青饲,加工干草。

**03.071 刚果臂形草** palisade grass, *Brachiaria ruziziensis* G. & E.

臂形草属饲用作物。多年生匍匐型草本。圆锥花序顶生,由3~9个穗状花序组成,小穗具短柄,含2小花,颖果卵形。用于青饲,加工干草。

**03.072 扁穗雀麦** rescuegrass, *Bromus catharticus* Vahl.

雀麦属饲用作物。多年生草本。具疏松开展圆锥花序,小穗含6~12小花。再生性和分蘖能力较强。用于青饲。

**03.073 缘毛雀麦** fringed bromegrass, *Bromus ciliatus* L.

雀麦属饲用作物。多年生草本。短根茎;具下垂圆锥花序,小穗绿色具黄褐色先端,含6~12小花。抗寒、耐旱强。适于加工干草。

**03.074 无芒雀麦** smooth bromegrass, *Bromus inermis* Leyss.

雀麦属饲用作物。多年生草本。根茎发达;具疏松圆锥花序,小穗绿色具黄褐色先端,含6~7小花。适宜冷凉干燥的地区种植。适于加工干草。

**03.075 无芒隐子草** awnless cleistogenes, *Cleistogenes songorica* (Roshev.) Ohwi

隐子草属饲用作物。多年生草本。具开展圆锥花序,小穗含3~6小花,绿色或带紫色。适宜于荒漠、沙地等干旱地区种植,不耐盐碱。用于青饲。

**03.076 狗牙根** bermudagrass, *Cynodon dactylon* (L.) Pers.

狗牙根属饲用作物。多年生草本。具根状茎或匍匐茎,穗状花序绿色或稍带紫色,颖果长圆柱形。用于青饲。

**03.077 鸭茅** orchardgrass, *Dactylis glomerata* L.

又称“鸡脚草”“果园草”。鸭茅属饲用作物。多年生疏丛型草本。圆锥花序,小穗着生在穗轴的一侧,簇生于穗轴顶端,形似鸡足,种子较小。耐阴性强。适于青饲。

**03.078 稗** barnyard grass, *Echinochloa crus-galli* (L.) P. Beauv.

又称“稗子”“稗草”。稗属饲用作物。一年生草本。叶舌缺,圆锥花序,颖果椭圆形。用于青饲,加工干草,籽实可食用或用作精饲料。

**03.079 短芒披碱草** shortawn wildryegrass, *Elymus breviaristatus* (Keng) Keng f.

披碱草属饲用作物。多年生根茎疏丛型草本。具疏松下垂穗状花序,每小穗含4~6小花。在海拔3400m以上生长良好,茎秆粗蛋白质含量较高,粗纤维含量较低。适于加工干草。

**03.080 垂穗披碱草** drooping wild rye, *Elymus nutans* Griseb.

又称"钩头草""弯穗草"。披碱草属饲用作物。多年生根茎疏丛型草本。具先端下垂穗状花序,每小穗含3~4小花。开花前茎秆幼嫩,粗蛋白含量较高。适于加工青贮、干草。

**03.081 老芒麦** Siberian wild rye, *Elymus sibiricus* L.

又称"西伯利亚披碱草"。披碱草属饲用作物。多年生疏丛型草本。具疏松下垂穗状花序,每小穗含4~5小花。成熟种子易脱落。用于青饲,加工干草。

**03.082 偃麦草** quackgrass, *Elytrigia repens* (L.) Nevski

偃麦草属饲用作物。多年生根茎疏丛型草本。根茎发达,具直立穗状花序,小穗单生于穗轴之每节,含6~10小花。抗逆性强。用于加工干草。

**03.083 梅氏画眉草** maire lovegrass, *Eragrostis mairei* Hack.

画眉草属饲用作物。多年生丛生草本。圆锥花序开展,分枝纤细并呈波浪状弯曲向上或平展,小穗含4~7小花,小花排列松散。抗旱、抗寒性强。用于青饲,加工青贮。

**03.084 墨西哥类玉米** teosinte, *Euchlaena mexicana* Schrad.

又称"大刍草"。类蜀黍属饲用作物。一年生草本。雌雄同株异花,雄穗为圆锥花序着生茎秆顶部,雌穗为肉穗花序着生于下部。喜温暖,耐高温。用于青饲,加工青贮、干草。

**03.085 苇状羊茅** tall fescue, *Festuca arundinacea* Schreb.

又称"高羊茅"。羊茅属饲用作物。多年生疏丛型草本。具开展圆锥花序,小穗含4~5小花。抗寒、耐干旱。用于青饲,加工干草。

**03.086 中华羊茅** Chinese fescue, *Festuca sinensis* Keng

羊茅属饲用作物。多年生疏丛型草本。具开展圆锥花序,小穗含3~4小花。抗寒、抗旱性强。用于青饲。

**03.087 变绿异燕麦** south-western helictotrichon, *Helictotrichon virescens* (Nees ex Steud.) Henr.

异燕麦属饲用作物。多年生丛生草本。具疏松开展圆锥花序,小穗含2~5小花,芒自稃体近中部以上伸出,近1/2处稍反曲,下部多为1~2股扭曲成紧绳状。抗逆性强。用于青饲。

**03.088 扁穗牛鞭草** compressed hemarthria, *Hemarthria compressa* (L. f.) R. Br.

牛鞭草属饲用作物。多年生疏丛型草本。茎秆基部横卧地面,着土后节部易生根,具直立压扁总状花序。适宜温暖湿润地区种植。用于青饲,加工青贮。

**03.089 绒毛草** common velvetgrass, *Holcus lanatus* L.

绒毛草属饲用作物。多年生丛生草本。全株茎叶被柔毛,具紧密圆锥花序,雄性小花外稃具膝曲而扭转的钩状芒。喜温暖湿润气候。用于青饲。

**03.090 梭罗草** thoroldiana, *Kengyilia thoroldiana* (Oliver) J. L. Yang et al.

仲彬草属饲用作物。多年生草本。具下伸或横走根茎,小穗紧密排列且偏于一侧,含4~6小花,外稃密生柔毛。抗旱、耐寒、耐盐碱。用于青饲。

**03.091 硬秆仲彬草** rigidula, *Kengyilia rigidula* (Keng) J. L. Yang et al.

仲彬草属饲用作物。多年生草本。穗状花序弯曲,小穗含4~6小花,外稃长圆状披针形,全部疏生柔毛。抗寒、抗旱性强。用于青饲。

**03.092 羊草** sheepgrass, *Leymus chinensis* (Trin.) Tzvel.

赖草属饲用作物。多年生根茎型草本。根茎发达,具直立穗状花序,小穗含 5~10 小花。耐旱、耐寒、耐盐碱。用于青饲,加工干草。

**03.093 毛穗赖草** pabo leymus, *Leymus paboanus* (Claus) Pilger

赖草属饲用作物。多年生根茎型草本。根茎下伸,具直立穗状花序,小穗含 3~5 小花,穗轴较细弱,上部密被柔毛。喜湿润,耐盐碱。用于青饲,加工干草。

**03.094 羊茅黑麦草** festulolium, *Lolium perenne×Festuca arundinacea*

多年生疏丛草本作物。苇状羊茅与黑麦草杂交得到的远缘杂交种。穗状花序,每小穗含 7~11 小花。抗逆性强。用于青饲。

**03.095 多花黑麦草** Italian ryegrass, *Lolium multiflorum* Lam.

又称"一年生黑麦草"。黑麦草属饲用作物。一年生或二年生草本。具穗状花序,每小穗含 10~20 小花,外稃具短芒。用于青饲,加工干草和青贮。

**03.096 多年生黑麦草** perennial ryegrass, *Lolium perenne* L.

又称"宿根黑麦草"。黑麦草属饲用作物。多年生丛生草本。叶鞘近地面红色或紫红色,穗状花序,小穗含 5~11 小花,颖果扁平。用于青饲,加工干草。

**03.097 糖蜜草** molassesgrass, *Melinis minutiflora* Beauv.

糖蜜草属饲用作物。多年生疏丛型草本。根系浅,茎秆稠密,具圆锥花序,每穗含 2000~3000 小花。植株糖蜜气味浓。用于青饲,加工干草和青贮。

**03.098 坚尼草** Guinea grass, *Panicum maximum* Jacq.

黍属饲用作物。多年生簇生高大草本。茎秆光滑,节上密生柔毛;具大而开展的圆锥花序,分枝纤细,下部轮生。用于青饲,加工青贮、干草。

**03.099 圆果雀稗** ditch millet, *Paspalum orbiculare* Forst.

雀稗属饲用作物。多年生丛生草本。总状花序长,2~10 枚花序排列于主轴上,小穗成两行排列在穗轴的一侧。用于青饲。

**03.100 毛花雀稗** Dallis grass, *Paspalum dilatatum* Poir.

雀稗属饲用作物。多年生丛生草本。茎秆粗壮直立,分蘖力强,总状花序呈穗状,种子成熟期极易脱落。耐热、耐旱、耐湿、耐酸性强。用于青饲,加工青贮、干草。

**03.101 狼尾草** Chinese fountaingrass, *Pennisetum alopecuroides* (L.) Spreng.

又称"狗尾巴草"。狼尾草属饲用作物。多年生丛生草本。圆锥花序直立,花序绿色或紫色,小穗常单生,颖果长圆形。喜温暖湿润气候。用于青饲,加工青贮、干草。

**03.102 杂交狼尾草** pennisetum, *Pennisetum americanum* × *P. purpureum*

多年生丛生草本饲用作物。美洲狼尾草和象草的杂交种。具穗状圆锥花序,穗黄褐色,花药不能形成花粉或者柱头发育不良。用于青饲,加工干草、青贮。

**03.103 东非狼尾草** kikuyu grass, *Pennisetum clandestinum* Hochst. ex Chiov.

狼尾草属饲用作物。多年生草本。根状茎粗壮发达;圆锥花序顶生或腋生,退化为具 2~4 小穗的花穗,颖果包被于叶鞘内。喜温暖湿润气候,耐酸碱。用于青饲。

**03.104 多穗狼尾草** mission grass, *Pennisetum polystachion* (L.) Schult.

狼尾草属饲用作物。一年生草本。须根系发达,茎上部多分枝,圆锥花序呈圆柱状,紫红色,种子纺锤形。喜温,耐旱、耐阴性较强。

用于青饲。

**03.105 象草** napiergrass, *Pennisetum purpureum* Schum.

又称"紫狼尾草"。狼尾草属饲用作物。多年生丛生草本。具地下茎,圆锥花序圆柱状,主轴密生长柔毛。耐酸,耐高温。用于青饲,加工青贮、干草。

**03.106 虉草** reed canarygrass, *Phalaris arundinacea* L.

又称"草芦"。虉草属饲用作物。多年生草本。根状茎,圆锥花序呈穗状,小穗含1枚两性花。抗旱、耐涝、耐寒。用于青饲,加工干草、青贮。

**03.107 猫尾草** timothygrass, *Phleum pratense* L.

又称"梯牧草"。猫尾草属饲用作物。多年生草本。根状茎,圆锥花序呈圆柱状,小穗长圆形,含1小花。喜冷凉湿润气候,抗寒性较强。用于青饲,加工干草。

**03.108 新麦草** Russian wildrye, *Psathyrostachys juncea* (Fisch.) Nevski

新麦草属饲用作物。多年生疏丛型草本。具有短而粗的根状茎,穗状花序直立,小穗含1~2小花。抗寒、耐旱、耐盐碱。用于青饲,加工干草。

**03.109 朝鲜碱茅** Korean alkaligrass, *Puccinellia chinampoensis* Ohwi

碱茅属饲用作物。多年生丛生草本。圆锥花序疏松,金字塔形,小穗含5~7小花,颖果,纺锤形。抗寒性和耐盐碱性强。用于青饲,加工干草。

**03.110 小花碱茅** thinflower alkaligrass, *Puccinellia tenuiflora* (Turcz.) Scribn. et Merr.

又称"星星草"。碱茅属饲用作物。多年生丛生草本。圆锥花序疏松开展,颖果纺锤形,棕色。抗寒性和耐盐碱性强。用于青饲,加工干草。

**03.111 纤毛鹅观草** ciliate roegneria, *Roegneria ciliaris* (Trin.) Nevski

又称"缘毛鹅观草"。鹅观草属饲用作物。多年生草本。穗状花序直立或稍下垂,小穗通常绿色,含7~12小花,颖果椭圆状披针形,先端常具短尖头。用于青饲,加工干草。

**03.112 鹅观草** common roegneria, *Roegneria kamoji* (Ohwi) S. L. Chen

又称"弯穗鹅观草"。鹅观草属饲用作物。多年生丛生草本。穗状花序弯曲或下垂,小穗绿色或带紫色,含3~10小花,颖果扁平。赤霉病抗性强。用于青饲、加工干草。

**03.113 贫花鹅观草** oliganthous roegneria, *Roegneria pauciflora* (Schwein.) Hylander

鹅观草属饲用作物。多年生草本。穗状花序细长直立,小穗灰绿色或带黄色,含3~6小花。耐盐碱。用于青饲。

**03.114 肃草** strict roegneria, *Roegneria stricta* Keng

鹅观草属饲用作物。多年生丛生草本。叶片较坚硬,内卷,穗状花序直立,小穗灰绿色,含5~8小花,颖先端渐尖或具小尖头。抗寒性强,耐瘠薄。用于青饲,加工干草。

**03.115 直穗鹅观草** roegneria, *Roegneria gmelinii* (Ledeb.) Kitag.

鹅观草属饲用作物。多年生丛生草本。穗状花序直立,小穗黄绿色或微带蓝紫色,含5~7小花,常偏于一侧。用于青饲,加工干草。

**03.116 非洲狗尾草** African bristlegrass, *Setaria anceps* Stapf

又称"卡松古鲁狗尾草"。狗尾草属饲用作物。多年生丛生草本。茎粗直立,分蘖多,圆锥花序紧密呈圆柱状,小穗椭圆形。喜温暖湿润气候。用于青饲,加工干草、青贮。

**03.117　高丹草**　sorghum sudangrass hybrid, *Sorghum bicolor* × *S. sudanense*

高粱和苏丹草杂交的一年生饲用作物。茎高可达 3m,叶片中脉和茎秆呈褐色或淡褐色,具疏散圆锥花序,种子扁卵形。抗旱、耐瘠性强。用于青饲,加工干草、青贮。

**03.118　苏丹草**　sudangrass, *Sorghum sudanense* (Piper) Stapf

高粱属饲用作物。一年生丛生草本。茎秆较细,高可达 2.5m,圆锥花序狭长卵形至塔形,花药长圆形,花柱柱头帚状。用于青饲,加工青贮、干草。

**03.119　结缕草**　zoysiagrass, *Zoysia japonica* Steud.

结缕草属饲用作物。多年生草本。根状茎和匍匐茎发达,具总状花序,小穗含 1 小花。耐旱、耐热、耐盐碱性较强。用于青饲。

## 03.03　其他饲用作物

**03.120　其他饲用作物**　other forage crop

豆科和禾本科以外的饲用作物。

**03.121　红苋**　red amaranth, *Amaranthus cruentus* L.

又称“老鸦谷”。苋科苋属饲用作物。一年生草本。植株红色,具直立顶生圆锥花序,圆柱形;种子粒大而白。粮饲兼用用于青饲。

**03.122　绿穗苋**　slim amaranth, *Amaranthus hybridus* L.

苋科苋属饲用作物。一年生草本。具顶生圆锥花序,细长,由穗状花序组成,种子近球形,紫黑色。耐干旱、瘠薄、盐碱。用于青饲,加工干草,也可药用。

**03.123　千穗谷**　prince's feather, *Amaranthus hypochondriacus* L.

苋科苋属饲用作物。一年生草本。叶宽大而繁茂,主根粗壮。直立圆锥花序顶生,由多数穗状花序形成,种子近球形,淡黄色或棕黄色。产量高,含有较高的蛋白质、淀粉和脂肪。粮饲兼用,用于青饲。

**03.124　繁穗苋**　rajgeera, *Amaranthus paniculatus* L.

苋科苋属饲用作物。一年生草本。具顶生或腋生圆锥花序,由多数穗状花序组成,种子棕黑色或黄白色。耐瘠薄、耐盐碱、耐酸。粮饲蔬兼用,用于青饲,也可作为观赏植物用。

**03.125　铺地锦竹草**　creeping inchplant, *Callisia repens* L.

鸭跖草科锦竹草属饲用作物。多年生草本。聚伞花序,花瓣白色,披针形,蒴果长圆形,种子棕色。扩展能力强。用于青饲和药用。

**03.126　饲用甜菜**　fodder beet, *Beta vulgaris* var. *lutea* DC.

藜科甜菜属饲用作物。二年生草本。块根肥大,浅橙黄色,大型圆锥花序,胞果,种子双凹镜状,红褐色。用于青饲。

**03.127　华北驼绒藜**　eurotia arborescens, *Ceratoides arborescens* (Losinsk.) Czerep.

藜科驼绒藜属饲用作物。半灌木。圆锥花序,雄花序细长而柔软,雌花管倒卵形,果实狭倒卵形。耐寒、抗旱,耐瘠薄。用于青饲。

**03.128　心叶驼绒藜**　cordate leaf ceratoides, *Ceratoides ewersmanniana* (Stschegl. ex Losina-Losinskaj) Grubov

藜科驼绒藜属饲用作物。半灌木。穗状花序,雄花序细长而柔软,雌花管椭圆形,胞果椭圆形,密被毛。用于青饲。

**03.129　驼绒藜**　winter fat, *Ceratoides latens*

(J. F. Gmel.) Reveal et Holmgren
藜科驼绒藜属饲用作物。半灌木。雄花生于枝端集成穗状花序,雌花腋生,花管椭圆形,胞果椭圆形,被毛。抗旱、耐寒、耐瘠薄。适于青饲。

**03.130 木地肤** forage kochia, *Kochia prostrata* (L.) Schrad.
藜科地肤属饲用作物。半灌木。花单生或成穗状花序,花被球形,有毛,果期具膜质翅状物,胞果扁球形,种子近圆形,黑褐色。抗旱、耐寒、耐瘠薄。用于青饲。

**03.131 蓝花子** raphanistrum-like radish, *Raphanus sativus* var. *raphanistroides* (Makino) Makino
十字花科萝卜属饲用作物。一年生或二年生草本。总状花序顶生,花淡红紫色,长角果直立,圆柱形。耐旱、耐瘠薄、耐酸碱。用于青饲,也作绿肥。

**03.132 杂交酸模** rumex, *Rumex patientia* × *R. tianschanicus*
蓼科酸模属饲用作物。巴天酸模和天山酸模杂交的多年生草本。圆锥花序顶生,花两性,瘦果三棱形,褐色。用于青饲,加工青贮、草粉,也可作蔬菜。

**03.133 串叶松香草** perfoliate rosinweed, *Silphium perfoliatum* L.
菊科松香草属饲用作物。多年生草本。茎四棱,茎生叶无柄对生,基部相连,茎似从中穿过,有特异松香味;头状花序于茎顶呈伞房状。用于青饲,加工青贮、草颗粒。

**03.134 菊苣** chicory, *Cichorium intybus* L.
又称“欧洲菊苣”“苦苣”。菊科菊苣属饲用作物。多年生草本。头状花序,或沿花枝排列成穗状花序,花冠舌状,青蓝色,瘦果楔形,褐色。用于青饲,用作蔬菜和药用植物。

**03.135 苦荬菜** polycephalous ixeris, *Ixeris polycephala* Cass.
菊科苦荬菜属饲用作物。一年生草本。头状花序,舌状花黄色,瘦果长椭圆形,顶端喙细丝状,褐色。用于青饲,可用作药用植物。

**03.136 翅果菊** Indian lettuce, *Pterocypsela indica* (Linn.) Shih
又称“山莴苣”。菊科翅果菊属饲用作物。一年或二年生草本。头状花序,舌状花黄色,瘦果椭圆形,黑色,边缘有宽翅。用于青饲,也可作蔬菜。

**03.137 聚合草** comfrey, *Symphytum officinale* L.
紫草科聚合草属饲用作物。多年生草本。主根粗壮,卷伞花序组成圆锥状,坚果斜卵形。用于青饲,加工青贮,可药用。

**03.138 饲用苎麻** feed ramie
从荨麻科苎麻属(*Boehmeria*)植物中选育的适于饲用的苎麻品种。半灌木。雌雄同株异位,圆锥花序腋生。瘦果小,椭圆形。嫩茎叶富含蛋白质与氨基酸,主要饲用方式有放牧、青饲、青贮、制粒等,也可药用。

# 04. 经济作物

## 04.01 纤维作物

**04.001 棉花** cotton
简称“棉”。锦葵科棉属的种子纤维作物。包括陆地棉、海岛棉、亚洲棉、草棉四个栽培种。喜温好光,无限生长。抗逆性强,耐旱耐盐碱,耐涝耐瘠。主产品纤维用,可作纺织原料;副产品棉籽富含脂肪和蛋白质,食饲兼用。

**04.002 陆地棉** upland cotton, *Gossypium hirsutum* L.

又称"细绒棉""高原棉"。锦葵科棉属作物。异源四倍体,染色体组为(AD)1,$2n=4x=52$,基因组大小约为2.50Gb。原产于中美洲墨西哥南部一带。全球种植范围最广,栽培面积最大。植株、叶片大小适中,结铃多,铃大,衣分高,单产高,品质优,适纺中高品质棉纱线。

**04.003 海岛棉** sea-island cotton, *Gossypium barbadense* L.

又称"长绒棉"。锦葵科棉属作物。异源四倍体,染色体组为(AD)2,$2n=4x=52$,基因组大小约为2.50Gb。原产于南美洲、中美洲和加勒比地区。全球种植范围窄,栽培面积小。叶片大,叶柄长;结铃多,铃小;衣分低,单产低于陆地棉,品质更优,适纺高品质棉纱线。

**04.004 亚洲棉** Asiatic cotton, *Gossypium arboreum* L.

又称"中棉"。锦葵科棉属二倍体栽培种作物。染色体组为A2,$2n=2x=26$,基因组大小约为1.64Gb。原产于印度次大陆,在亚洲最早栽培和传播。全球仅零星栽培。叶片小,铃开口向下,铃小,衣分低,产量低,纤维粗而短,品质差。

**04.005 草棉** herbaceous cotton, *Gossypium herbaceum* L.

又称"非洲棉""粗绒棉"。锦葵科棉属二倍体栽培种作物。染色体组为A1,$2n=2x=26$,基因组大小约为1.56 Gb。原产于非洲南部。全球零星栽培。植株、花、铃都较小,产量很低,纤维品质很差。

**04.006 彩色棉** natural color cotton

棉纤维自身具有天然色彩的棉花。常见纤维色彩有棕色和绿色两种系列。

**04.007 转基因抗虫棉** transgenic pest-resistant cotton

通过转入外源抗虫基因而获得抗阻害虫生长、发育和危害能力的棉花品种类型。

**04.008 中国棉区** cotton growing region in China

中国棉花种植区域。划分为华南、长江流域、黄河流域、辽河流域和西北内陆棉区。目前种植规模以西北内陆棉区最大,其次为黄河流域和长江流域棉区,华南和辽河棉区仅零星种植。

**04.009 棉铃** cotton boll

又称"棉桃"。棉花的果实。属蒴果,由铃尖、铃肩和铃基部组成。陆地棉每铃4~5室(瓣),每瓣种子9~11粒,铃重约5g。海岛棉每铃3室(瓣),每瓣种子6~8粒,铃重约3g。

**04.010 三桃** bolls formed at three growth periods

按3个结铃时段划分的棉铃,分为伏前桃、伏桃和秋桃。日期分别为7月15日之前、7月16日至8月15日、8月16日及以后形成的棉铃。

**04.011 籽棉** seed cotton

从棉铃采收所得的带有种子及附着纤维的棉花。

**04.012 皮棉** lint, ginned cotton

籽棉经过轧花加工所得的纤维。

**04.013 锯齿棉** saw ginned cotton

用锯齿轧花机加工出的皮棉。

**04.014 皮辊棉** roller ginned cotton

用皮辊轧花机加工出的皮棉。

**04.015 原棉** raw cotton

皮棉按规格包装且每包一定重量,供工厂纺纱使用的商品棉花纤维。

**04.016 衣分[率]** lint percentage

籽棉经过轧花加工所得皮棉重量与籽棉重量的比例,或皮棉重量占籽棉重量的百分率。

**04.017 棉籽** cotton seed

棉花的种子。包括棉短绒、棉籽壳和棉籽仁部分,由胚珠受精后发育而成。棉短绒可纺织用,棉籽壳可作为食用菌培养基原料,棉籽仁可作为食饲原料。

**04.018 棉短绒** cotton linter

又称"棉籽绒"。籽棉轧花后残留在棉花种子表面的短纤维。

**04.019 棉籽脱绒** cotton seed delinting

清除机械剥绒后残留在棉籽上的短绒过程。主要采用稀硫酸和泡沫酸脱绒方法。

**04.020 棉籽饼** cottonseed cake

棉籽经脱壳或部分脱壳,以压榨法制取油脂后所得的物料。富含蛋白质,可饲用。

**04.021 棉籽粕** cottonseed meal

棉籽经脱壳或部分脱壳,以溶剂浸提法或预压-浸提法制取油脂后所得的物料。

**04.022 棉酚** gossypol

棉花及其近缘植物体内的多酚物质。分子式为 $C_{30}H_{30}O_8$,对哺乳动物和家禽有毒害作用。

**04.023 霜前花** pre-frost harvested cotton

初霜之前及初霜后 5d 内正常吐絮的棉花。纤维生长良好、成熟、可纺织性能好。

**04.024 霜后花** cotton harvested after first frost

初霜 5d 后开裂的棉花。纤维生长不良、不成熟、可纺织性能差。

**04.025 棉花栽培模式** cotton cultivation mode

棉田一年一熟、一年两熟或多熟的栽培方式。前作休耕,春季播种棉花为一年一熟栽培模式。前作油菜、小(大)麦或大蒜、洋葱等棉花套种(栽)或接茬直播为一年两熟模式。在棉田间作、套作瓜菜类为多熟栽培模式。

**04.026 盐碱地植棉** growing cotton in saline-alkali soil

通过一系列工程、耕作和栽培措施,在表层含有较大量可溶性盐类的土壤上种植并获得较高产量的棉花栽培方法。

**04.027 密矮早植棉** dense-short-early cotton planting

绿洲高产棉花的典型栽培方法。窄行密株,高密度播种,高密度收获;全程化学调节,使植株矮化紧凑。在地膜覆盖条件下,提早播种,促进早熟。

**04.028 地膜覆盖植棉** growing cotton with plastic-mulching

采用规定厚度和强度的地膜进行大田覆盖的植棉方法。按覆盖宽度分窄膜覆盖和宽膜覆盖。

**04.029 机采棉** machine picked cotton

采棉机采摘的棉花。按照采棉机采摘头的行距配置棉花种植行距。农艺、农化和农机结合,脱叶、落叶干净,提高采净率,降低籽棉叶屑含杂率。

**04.030 棉花整枝** pruning of cotton plant

去叶枝(营养枝)、抹赘芽、打顶和打边心的统称。是调控棉花株型的重要手段,棉田传统管理中的一项重要措施。去叶枝即除去植株下部的营养枝条,打顶即除去生长点,打边心即除去果枝的生长点。

**04.031 中国棉花生长指数** China cotton growth index, CCG index

棉花生长状况和产量形成过程的数量指标。采用当年棉花农艺性状指标值与上年同期同指标值之比的百分率进行调查测算。

**04.032 清洁度** cleanliness

棉纤维的清洁程度。混入棉花中的有害硬杂

物(如金属、砖石)、非棉纤维和非本色纤维的有害软杂物(如化学纤维、毛发、丝、羽绒、残膜等),以及机采棉花较多的叶屑杂质。

**04.033　棉花公证检验**　cotton notarial inspection

国家专业纤维检验机构按照国家标准和技术规范,对棉花的质量、数量进行检验并出具公证检验证书的制度安排。

**04.034　校准棉花标准样品**　calibration cotton standard sample

简称"校准棉样"。经过专门制备、混合均匀,由国家标准化管理部门认可后作为标准的棉花样品。具有一项或几项物理特性的标准值和相应精度。我国使用的主要有国际校准棉样(ICC)和大容量纤维检测仪校准棉样(HVICC)。

**04.035　轧工质量**　preparation quality

加工皮棉的评价指标。包括皮棉的外观形态粗糙程度及所含疵点种类的多少。

**04.036　颜色级**　color grade

棉花颜色的类型和级别。类型依据黄色深度确定,级别依据明暗程度确定。

**04.037　棉花品级**　cotton grade

根据棉花的成熟程度、色泽特征和轧工质量对皮辊棉划分的等级。共分为 7 个品级,三级为品级标准级。

**04.038　上半部平均长度**　upper half mean length

在照影曲线图中,从纤维数量 50%处作照影曲线的切线,切线与长度坐标轴相交点所显示的长度值。

**04.039　长度整齐度指数**　uniformity index

测试棉纤维长度时,平均长度占上半部平均长度的百分率。

**04.040　线密度**　linear density

纤维或纱线单位长度的质量。

**04.041　断裂比强度**　breaking tenacity

束纤维拉伸至断裂负荷最大时所对应的强度。以未受应变试样每单位线密度所受的力表示,单位为厘牛/特克斯,cN/tex。

**04.042　马克隆值**　micronaire

一定量棉纤维在规定条件下透气阻力的量度。是棉纤维线密度与成熟度的乘积,以马克隆刻度表示。马克隆刻度由国际协议确定具有成套马克隆值的国际校准棉样进行传递。

**04.043　细度**　fineness

棉纤维粗细的程度。以直径、单位长度质量或单位质量长度等指标表示。

**04.044　断裂伸长率**　breaking elongation

束纤维在断裂负荷最大时的相应伸长率。以 3.2 mm 隔距长度的百分率表示。

**04.045　棉纤维成熟度**　cotton maturity

棉纤维胞壁相对发育程度。

**04.046　反射率**　reflectance degree

棉花样品反射光的明暗程度。以 Rd 表示。

**04.047　黄色深度**　yellowness

棉花黄色色调的深浅程度。以+b 表示。

**04.048　纺纱均匀性指数**　spinning consistency index

棉纤维多项物理性能指标按照一定纺纱工艺加工成成纱后的综合反映。

**04.049　棉花价格指数**　cotton price index

表示国内外棉花价格的指数。代表性的指数有中国棉花价格指数(China cotton index,标准级为 CC index3128B)和国际棉花价格指数(Cotlook A、Cotlook B)。

**04.050　棉花期货**　cotton futures

棉花作为标的物的期货交易品种。中国有郑

州商品交易所生成的中国棉花期货和价格，美国有洲际交易所生成的棉花期货和价格。

**04.051 韧皮纤维作物** bast fiber crop
从茎秆韧皮部中提取纤维的麻类作物。包括苎麻、亚麻、大麻、黄麻、红麻、罗布麻和苘麻等。

**04.052 原麻** raw fiber
剥制麻类作物茎秆获得的尚未脱胶的韧皮纤维。如苎麻和大麻。黄麻和红麻一般称为生麻。

**04.053 鲜茎出麻率** fiber content in fresh stem, fiber content in wet stem
原麻占鲜茎的重量比率。

**04.054 叶纤维作物** leaf fiber crop
从叶片中提取纤维的麻类作物。如剑麻和蕉麻等。

**04.055 一麻多用** multi-utilization of bast and leaf fiber crop
麻类作物同时收获纤维、饲料、基料等多种农产品的多用途特性。

**04.056 硬质纤维** hard fiber
质硬而不易弯曲的细长纤维。如剑麻、椰壳麻和棕麻等麻类纤维。

**04.057 苎麻** ramie, *Boehmeria nivea* L.
荨麻科苎麻属作物。二倍体，染色体数为 $2n=14$，基因组约为 268Mb。多年生。起源于中国，主要在东亚、东南亚国家种植。喜温、喜湿、耐旱、忌渍涝。是单细胞纤维长度最长、强度最高的植物纤维。收获的韧皮纤维是纺编织原料，也用于饲料和医药等原料生产。

**04.058 嫩梢扦插** green cutting propagation
取苎麻植株嫩梢或枝扦插生根成苗的繁殖方法。包括土插和水培。

**04.059 破秆** ramie of first cut
苎麻栽植后首次砍收的操作。可促进分枝生长。

**04.060 黑秆** darkened stem
中下部变成黑褐色的苎麻茎秆。一般当茎高度的 1/2 至 2/3 呈黑褐色时，是苎麻的适宜收获期。

**04.061 精干麻** degummed ramie
脱除胶质的苎麻纤维。

**04.062 亚麻** flax, *Linum usitatissimum* L.
亚麻科亚麻属作物。二倍体，染色体数为 $2n=32$，基因组约为 303Mb。起源于近东、地中海沿岸，人类最早驯化的作物之一。主要在欧洲种植，喜凉爽湿润，忌高温，耐盐碱。包括油用、纤维用和油纤兼用等栽培种，籽粒富含亚麻酸，纤维质地柔细强韧，是重要的纺织原料和食用油脂原料。

**04.063 亚麻原茎** flax straw
简称“原茎”。为亚麻收获脱粒后晒干的未沤制或未脱胶茎秆。

**04.064 亚麻干茎** retted flax straw
简称“干茎”。沤制或脱胶后晒干的亚麻茎。

**04.065 麻率** fiber content in straw
亚麻原茎沤制后的纤维得率。

**04.066 雨露沤麻** dew retting
将亚麻茎秆铺放于田间，在适宜的温度和湿度条件下，利用好气性微生物发酵，分解亚麻原茎中的果胶，使纤维脱离木质部的沤麻方法。

**04.067 打成麻** scutched bast fiber
亚麻或大麻的干茎经压碎、去除表皮、木质及杂质后获得的长纤维。

**04.068 二粗** tow
亚麻加工过程中产生的短纤维。

**04.069 大麻** hemp, *Cannabis sativa* L.

又称“火麻”“线麻”“汉麻”。大麻科大麻属作物。二倍体,染色体数为 $2n=20$,基因组约为 534Mb。一年生草本。起源于中国及中南亚等地,种植广泛。包括纤维用、花叶用、籽用、兼用等栽培种。主要用途是纺织、材料、食品和药品。喜光、喜温、喜湿,耐旱,忌渍涝。纤维用大麻茎秆直立,分枝少,韧皮纤维产量高。

**04.070 工业大麻** industrial hemp
植株中四氢大麻酚(tetrahydrocannabinol, THC)干物质百分比含量小于 0.3%的大麻品种。

**04.071 全雌大麻** whole female hemp
群体中 90%以上的植株为雌株的大麻品种。

**04.072 大麻素** cannabinoids
又称“大麻酚类化合物”。大麻植物中含有的萜酚类化合物。主要包括四氢大麻酚(THC)和大麻二酚(cannabidiol, CBD)等具有典型 C21 萜酚类骨架的化合物。也包括由这类化合物衍生和转化的产物。

**04.073 黄麻** jute
又称“络麻”“绿麻”“荚头麻”。锦葵科黄麻属(*Corchorus* L.)作物。包括起源于中国的圆果种黄麻(*C. capsularis* L.)和起源于非洲的长果种黄麻(*C. olitorius* L.)两个栽培种。染色体数均为 $2n=14$,圆果种基因组约为 336Mb,长果种基因组约为 361Mb。一年生草本韧皮纤维。茎秆直立高大,喜温、喜湿,抗盐碱,耐重金属。纤维强韧长柔,耐腐蚀耐磨,吸湿性好,主要用于编织纺织。因用途和种植方式相近,常与红麻并称“黄红麻”。

**04.074 红麻** kenaf, *Hibiscus cannabinus* L.
又称“大麻槿”“洋麻”“槿麻”。锦葵科木槿属作物。染色体数为 $2n=36$,基因组约为 1078Mb。一年生草本韧皮纤维。起源于非洲。茎秆直立高大,喜温、喜湿,抗盐碱,耐水淹,耐重金属。纤维强韧长柔,耐腐蚀耐磨,吸湿性好,主要用于编织纺织。

**04.075 龙舌兰麻** agave
龙舌兰科龙舌兰属(*Agave*)及其近缘属多个种的统称。多年生草本。叶纤维硬长,质地优良,抗静电、耐腐蚀,是重要的工业原料。

**04.076 剑麻** sisal
又称“西沙尔麻”。龙舌兰科龙舌兰属作物。叶片似剑故名。生产中常指普通剑麻(*Agave sisalana* Peer.)及东 1 号麻(*Agave hybrid* No. 11648)品种类型。单倍体染色体数为 $n=30$,大多为多倍体,其中东 1 号为 2 倍体,基因组约为 4.8Gb。多年生叶纤维。原产于墨西哥。热带作物,抗旱性突出、耐贫瘠。其纤维主要用于军工绳缆、抛光轮、电梯钢丝绳芯、地毯等织造。

**04.077 罗布麻** dogbane, *Apocynum venetum* L.
夹竹桃科罗布麻属作物。染色体数为 $2n=22$,基因组约为 233Mb。多年生。分布广泛,主要在伊犁河谷种植。我国主要有罗布红麻和罗布白麻两个种。耐旱耐盐碱。韧皮纤维柔细可用于纺织,叶富含黄酮可做茶。

## 04.02 油料作物

**04.078 油菜** oilseed rape
十字花科芸薹属(*Brassica*)栽培油料作物的统称。包括白菜型油菜、芥菜型油菜、甘蓝型油菜、埃塞俄比亚芥等栽培种。喜温冷凉环境,无限生长。适应性广。主产品为种子榨取的食用植物油;副产品为菜籽饼粕,富含蛋白质,可用作蛋白质原料、饲料、肥料。除油用外,油菜还有菜用、饲用、蜜用、观花等用途。

**04.079 甘蓝型油菜** rapeseed

又称"欧洲油菜(*Brassica napus* L.)"。十字花科芸薹属作物。异源四倍体,染色体组为(AACC),$2n = 4x = 38$,基因组大小约为1.27Gb。一年生或越年生。原产于欧洲地中海沿岸地区,植株高大。角果较长,籽粒较大,多为黑褐色,抗病和抗虫性强,产量高,含油量高,品质优。是全球栽培面积最大的油菜栽培种。

**04.080 芥菜型油菜** oil mustard

又称"芥菜(*Brassica juncea* Coss.)"。十字花科芸薹属作物。异源四倍体,染色体组为(AABB),$2n = 4x = 36$,基因组大小约为0.97Gb。一年生或越年生。我国是芥菜型油菜的分化中心,植株一般较高大。植株或种子具辛辣味,角果较小,籽粒较小,多为红褐色,耐瘠薄、耐旱性强,适于山地和丘陵地带种植。

**04.081 白菜型油菜** turnip rape

又称"芸薹(*Brassica rapa* L.)"。十字花科芸薹属作物。二倍体,染色体组为(AA),$2n = 2x = 20$,基因组大小约为0.50Gb。一年生或越年生。广泛分布于世界各地,株型矮小,分枝较多、种子多为黑褐色或红褐色,生长迅速、生育期短,抗病性和抗虫性较弱,适应性广。可在全国大部分地区种植。

**04.082 埃塞俄比亚芥** ethiopian mustard

又称"埃芥(*Brassica carinata* A. Braun)"。十字花科芸薹属作物。异源四倍体,染色体组为(BBCC),$2n = 4x = 34$,基因组大小约为1.10Gb。一年生或越年生。一般认为起源于非洲埃塞俄比亚高原。分枝多,茎秆强度大,角果较短,每角籽粒数少,种子淡黄色或褐色,耐旱性强,耐裂角,可在干旱地区种植。

**04.083 春性油菜** spring rapeseed

不需要低温春化,可以在15~20℃之间开始花芽分化的油菜生态类型。种植区域多分布在中国青海、甘肃、西藏、新疆、内蒙古等地。

**04.084 冬性油菜** winter rapeseed

需要严格的春化过程才能正常开花的油菜类型。一般需要0~5℃低温下春化15~45d,花芽才能分化。欧洲甘蓝型油菜多为冬性类型。

**04.085 半冬性油菜** semi-winter rapeseed

需要一定时间春化过程才能正常开花的油菜类型。一般需要5~15℃低温下春化20~30d,花芽才能分化。我国甘蓝型油菜多为半冬性类型。

**04.086 观赏型油菜** ornamental rapeseed

用于观花的油菜类型。包括金黄色、红色、紫色、橘黄和白色等花色类型。

**04.087 波里马胞质雄性不育系** polima cytoplasmic male sterile line

不育胞质来源于波兰甘蓝型油菜品种"波里马"的细胞质雄性不育系。

**04.088 直播油菜** direct sowing rapeseed

不经过育苗移栽过程,直接播种、收获的油菜。

**04.089 秋发** establishment in autumn

一种油菜高产栽培模式。油菜在秋末(11月底)发棵,植株绿叶达9~10片,越冬前(12月底)植株绿叶有12~13片,叶面积指数2.5以上。

**04.090 花而不实** flowering with no seed setting

油菜只开花不结实或结实不饱满的现象。是一种硼元素缺乏导致的生理性病害,可以通过施用硼肥解决。

**04.091 人工合成油菜** resynthesized rapeseed

利用两个不同的芸薹属二倍体种,如白菜(AA)与甘蓝(CC),杂交后加倍形成的异源四倍体油菜。

**04.092　芥酸**　erucic acid

油菜籽中富含的一种不饱和脂肪酸。为二十二碳-13-烯酸,降低种子中芥酸含量是油菜油脂品质育种的重要目标。

**04.093　硫苷**　glucosinolate

含硫的葡萄糖苷类植物的次生代谢产物。水解后能生成异硫氰酸酯类与葡萄糖等产物。降低种子中的硫苷含量是油菜籽饼粕品质育种的重要目标。

**04.094　双高油菜**　double high rapeseed

种子中芥酸占脂肪酸组成的 40%以上,且每克菜籽饼粕(水分含量 8.5%)中硫苷含量高于 100μmol 的油菜品种类型。

**04.095　双低油菜**　double low rapeseed

种子中芥酸占脂肪酸组成的 5%以下,每克菜籽饼粕(水分含量 8.5%)中硫苷含量低于 45μmol 的油菜品种类型。

**04.096　高油酸油菜**　high oleic acid rapeseed

种子中油酸含量占总脂肪酸组分 75%以上的油菜品种类型。

**04.097　高油油菜**　high oil content rapeseed

种子中含油量高于 50%的油菜品种类型。

**04.098　耐裂角油菜**　pod shattering resistant rapeseed

油菜成熟期角果的抗裂角指数高于 0.81 的油菜品种类型。

**04.099　耐密植油菜**　high density tolerant rapeseed

大田直播每亩 2 万株以上,产量高于常规种植密度的油菜品种类型。

**04.100　花生**　peanut, groundnut, *Arachis hypogaea* L.

又称"落花生"。豆科花生属的种子油料作物。包括普通型、龙生型、珍珠豆型、多粒型四个变种。喜温好光,喜砂质土。抗逆性强,耐旱耐盐碱,耐涝耐瘠。主产品花生籽仁因富含油脂被用作主要食用植物油原料。也因富含蛋白质、品质优,可直接鲜食或加工成副食品。

**04.101　普通型花生**　*Arachis hypogaea* var. *hypogaea*

豆科花生属花生种的一个变种。异源四倍体,染色体组为 AABB,$2n=4x=40$。基因组大小约为 2.60Gb。一年生。原产于南美洲。交替开花;叶片和茎秆绒毛较少;荚果果壳厚,网纹浅而粗,果嘴与龙骨不突出,典型荚果每荚有 2 粒种子。

**04.102　龙生型花生**　*Arachis hypogaea* var. *hirsuta* Kohler

豆科花生属花生种的一个变种。异源四倍体,染色体组为 AABB,$2n=4x=40$。基因组大小约为 2.60Gb。一年生。原产于南美洲。交替开花;叶片和茎秆绒毛较多;荚果果壳薄,网纹深,果嘴与龙骨突出,典型荚果每荚有 3 粒种子,也有部分荚果每荚只有 2 粒种子。

**04.103　珍珠豆型花生**　*Arachis hypogaea* var. *vulgaris* Harz

豆科花生属花生种的一个变种。异源四倍体,染色体组为 AABB,$2n=4x=40$。基因组大小约为 2.60Gb。一年生。原产于南美洲。连续开花;叶片和茎秆绒毛较少;荚果果壳薄,网纹细,典型荚果每荚有 2 粒种子。

**04.104　多粒型花生**　*Arachis hypogaea* var. *fastigiata* Waldron

豆科花生属花生种的一个变种。异源四倍体,染色体组为 AABB,$2n=4x=40$。基因组大小约为 2.60Gb。一年生。原产于南美洲。连续开花;叶片和茎秆绒毛较少;荚果果壳厚,网纹浅而粗,典型荚果每荚有 3 粒或 3 粒以上种子。

**04.105　春播花生**　spring sown peanut

4 月中下旬至 5 月上旬播种的花生。

**04.106 夏播花生** summer sown peanut
上茬小麦收获后播种的花生。大概5月下旬至6月中旬。

**04.107 果针** peg
花生子房柄连同子房的合称。

**04.108 油亚比** oil-linoleic acid ratio, O/L ratio
花生油脂中油酸含量与亚油酸含量的比值。

**04.109 高油花生** high-oil peanut
种子中含油量高于55%的花生。

**04.110 高油酸花生** high oleic acid peanut
种子中油酸占脂肪酸组成比例高于75%的花生。

**04.111 芝麻** sesame, *Sesamum indicum* L.
又称"脂麻""油麻"。胡麻科芝麻属中唯一的栽培种。二倍体,染色体数 $2n = 2x = 26$。一年生。喜光温,耐旱耐瘠。种子供榨油、食用和工业原料等,芝麻叶也可食用。

**04.112 芝麻蒴果** sesame capsule
芝麻的果实。基部钝圆,顶部有果尖,中间有棱,有4、6、8棱(二心皮、三心皮、四心皮)等类型,每心皮有两个假室,每室有一排种子,着生在胎座上。成熟时,蒴果开裂程度不同,分为闭蒴、高抗裂、抗裂、微裂、裂、易裂等类型;高抗裂和抗裂型种子损失小,适于机械化收获。

**04.113 夏芝麻** summer sesame
5月下旬至6月上旬播种,夏季生长,9月成熟的芝麻。

**04.114 秋芝麻** autumn sesame
7月中下旬播种,秋季生长成熟的芝麻。

**04.115 高油芝麻** high oil content sesame
种子中含油量高于58%的芝麻。

**04.116 芝麻油** sesame oil
又称"麻油"。以芝麻籽为原料制取的油脂。

**04.117 向日葵** sunflower, *Helianthus annuus* L.
又称"葵花"。菊科向日葵属作物。二倍体,染色体数为 $2n = 2x = 34$,基因组大小为3.60Gb。一年生。原产于美洲,种植范围广。主根发达,茎粗壮,直立,头状花序,瘦果。喜温好光,耐旱耐盐碱。可油用、食用、观赏用。

**04.118 油用型向日葵** oilseed sunflower
简称"油葵"。菊科向日葵属中种子供榨油用的栽培类型。植株相对较矮,不分枝或少分枝。籽粒较小、较短,皮壳薄,仁饱满,外壳多为黑色或黑灰条纹。种子含油率高(籽实40%以上),脂肪酸主要为不饱和脂肪酸,以亚油酸和油酸为主(两者占90%)。

**04.119 高油酸向日葵** high oleic acid sunflower
向日葵种子中油酸含量占总脂肪酸组分75%以上的油葵品种类型。

**04.120 食用型向日葵** confectionery sunflower
简称"食葵"。菊科向日葵属中种子供炒食用的栽培类型。植株高大粗壮,无分枝,或部分植株有分枝。叶片和花盘都较大,籽粒大或长且壳厚,皮壳多呈黑白相间的条纹。种仁含油率低,含淀粉、糖分和蛋白质较多,风味好,烘炒后香醇酥脆。

**04.121 观赏型向日葵** ornamental sunflower
又称"彩色向日葵"。向日葵属供观赏的栽培种和部分野生种的总称。二倍体。一年生花卉,株高90~300cm。分单秆型和分枝型。舌状花有黄色、橙色、白色、红色及复色等。可用于切花、盆花、染色花、庭院美化及花境营造等领域。

**04.122 蓖麻** castor, *Ricinus communis* L.

大戟科蓖麻属作物。二倍体,染色体数 $2n=20$。一年或多年生草本植物。原产非洲东部。直根系,主茎圆筒形,总状花序,雌雄同株异花,蒴果。喜温耐盐碱。种子含油量 46%~56%。蓖麻油是不干性油,黏度大,比重高,耐高温,是高级润滑油,饼粕可作肥料。

**04.123　蓖麻油**　castor oil

由蓖麻种子提炼而来的植物油。组成成分有蓖麻油酸(80%以上)、油酸、亚油酸、棕榈酸和硬脂酸。可燃但不易燃,溶于乙醇,略微溶于脂肪烃,几乎不溶于水,有轻微挥发性。

## 04.03　糖料作物

**04.124　甜菜**　beet, *Beta vulgaris* L.

又称"莙荙菜"。藜科甜菜属作物。本属约 10 种,分布于欧洲、亚洲及非洲北部。一、二年生异花授粉草本植物。普通甜菜种普通亚种有 4 个栽培变种,包括糖用甜菜、叶用甜菜、根用甜菜、饲料甜菜。

**04.125　糖用甜菜**　sugar beet, *Beta vulgaris* var. *saccharifera* Alef.

又称"糖萝卜"。藜科甜菜属普通甜菜种普通亚种糖用甜菜变种。染色体组(VV),$2n=18$,基因组大小约为 741Mb。二年生异花授粉草本植物。原产于地中海沿岸,主根为肉质块根,圆锥形、纺锤形和楔形,多汁;茎直立,基生叶矩圆形。喜温作物,耐寒性较强,耐盐碱耐旱。产量高,含糖高,用于工业制糖的原料。

**04.126　滨海甜菜**　sea beet, *Beta vulgaris* subsp. *maritima* (L.) Arcang.

又称"沿海甜菜"。藜科甜菜属普通甜菜种滨海甜菜亚种。染色体组(VV),$2n=18$,基因组大小约为 567Mb。原产于地中海到北欧大西洋的沿海地区。植株较大具有明显的茎,基部叶片呈三角形或心形,白色根且木质化。抗褐斑病、耐寒耐旱。通常被认为是栽培甜菜的起源祖先。

**04.127　甜菜营养生长阶段**　vegetative growth period of sugar beet

甜菜种子发芽生长直至形成块根的营养生长阶段。分为幼苗期、叶丛快速生长期、块根糖分增长期和糖分积累期。

**04.128　甜菜生殖生长阶段**　reproductive growth period of sugar beet

甜菜的叶丛、抽薹、开花和种子形成期的总称。是甜菜母根采种阶段。

**04.129　甜菜块根**　beet root

由主根和胚轴膨大形成的肥大直根。由根头、根颈、根体三部分组成。直径小于 1cm 的尾根不属于块根。主要作为制糖原料。

**04.130　单胚种**　single embryo seed

又称"单粒种"。由一朵花在授粉与受精过程完成后形成的单果内的种子。

**04.131　多胚种**　multi-embryo seed

又称"多粒种"。由多朵花在授粉与受精过程完成后形成的复果内的种子。

**04.132　分段式机械收获**　sectional mechanical harvesting

用切缨机、挖掘机,或者切缨机、挖掘集条机和捡拾机分两段或三段工序完成甜菜切缨、挖掘、清土、装运作业的收获方式。适应性广。

**04.133　联合式机械收获**　combined mechanical harvesting

用联合收获机一次性完成甜菜切缨、挖掘、清土、装运作业等工序的收获方式。自动化程度高。

**04.134　甘蔗**　sugarcane, *Saccharum officinarum* L.

禾本科甘蔗属作物。一年生或多年生热带和亚热带草本植物,分为中国种、热带种、印度种、割手密、大茎野生种和肉质花穗野生种。植株直立、分蘖、丛生、有节;茎节上具有蔗芽、互生、节间圆柱形、实心,外被有蜡粉,有紫、红或黄绿色等;叶互生,有叶鞘和叶枕,缺叶柄,叶片有肥厚白色的中脉;大型圆锥花序顶生,小穗基部有银色长毛,长圆形或卵圆形颖果,细小。

**04.135　糖料甘蔗**　milling cane

主要利用蔗汁中蔗糖成分生产蔗糖的甘蔗品种。其甘蔗蔗糖成分(≥13%)和蔗汁重力纯度(≥80%)都满足制糖工艺要求。

**04.136　能源甘蔗**　energy cane

主要利用甘蔗中可发酵糖(单糖、双糖、纤维素、半纤维素)进行发酵生产乙醇的甘蔗品种。其蔗茎可溶性总糖含量能满足乙醇发酵要求。高产,能源转化率高。

**04.137　果蔗**　chewing cane

专供鲜食的甘蔗。具有易撕、纤维少、糖分适中、汁多味美、口感好以及茎粗、茎脆、节长、茎形美观等特点。

**04.138　宿根甘蔗**　ratoon sugarcane

简称“宿根蔗”。上茬甘蔗收获之后,留在地下的蔗蔸的芽在适宜的环境条件下又萌发出土,经过栽培管理而成的一季甘蔗。生产中宿根年限一般为2~3年,长的可达4~5年或更长。

## 04.04　其　　他

**04.139　红花**　safflower, *Carthamus tinctorius* L.

菊科红花属植物。二倍体,$2n=24$,基因组大小约1.17Gb。一年生草本植物。原产大西洋东部、非洲西北部的加那利群岛及地中海沿岸,我国主要集中在西北、华北和西南地区。茎直立,多分枝;叶互生,卵形、卵状披针形或披针形,抱茎;头状花顶生,瘦果。耐旱、耐瘠薄和耐盐碱。花可作染料,也可药用,种子可榨油。

**04.140　红花油**　safflower oil

又称“红花籽油”。油品呈黄色,根据脂肪酸组成分为干性油和半干性油。油中含维生素E、谷维素、甾醇等营养成分。可药用和食用。

**04.141　香草兰**　vanilla

又称“香荚兰”“香子兰”“香果兰”。兰科香荚兰属(*Vanilla*)植物。二倍体,染色体数$2n=28$,基因组大小约为0.74 Gb。原产于墨西哥,主要种植于印度、马来西亚、中国海南及台湾等热带地区。攀缘藤本;果实为荚果状,肉质,荚果含有2%~3%的香兰素,有“食用香料之王”之称,广泛用于食品工业、烟、酒和高级化妆品。

**04.142　墨西哥香草兰**　*Vanilla planifolia* Andrews

最有经济价值的香草兰栽培种。二倍体,染色体数$2n=28$,基因组大小约为0.74 Gb。原产于墨西哥。腋生总状花序,花朵小、淡黄绿色,果荚长圆柱形。

**04.143　大花香草兰**　*Vanilla pompona* Schiede

又称“西印度瓜德罗普香草兰”。原产于墨西哥。对温度和环境条件要求较低,抗根腐病。花序呈开放型、梗短、轴粗,花被浅黄白色至浅黄绿色,有酸橙气味;荚果较粗,呈三角形。

**04.144　塔西提香草兰**　*Vanilla tahitensis* L.

南太平洋塔西提岛的香草兰本地种。总状花序,花稀少,黄绿色;荚果短,红棕色,扁平,中部较宽,后部逐渐变小。荚果含茴香醇。

**04.145　八角**　star anise, *Illicium verum* Hook. f.

又称“大料”“八角茴香”“大茴香”。八角科八角属植物。主要品种有红花八角、淡红花八角、黄花八角、白花八角。原产于中国南方和中南半岛,主产区为广西。果实紫褐色,呈八角形状,有甜味和强烈的芳香气味,可提取茴香油。著名的调味香料,是加工五香粉的主要原料。

**04.146 肉桂** cinnamon, *Cinnamomum cassia* (L.) D. Don

又称“玉桂”“牡桂”“菌桂”。樟科肉桂属植物。原产于中国,在中国南方、印度、老挝、越南至印度尼西亚等地均有栽培。根据树种的不同可分为红芽肉桂(黄油桂)、白芽肉桂(黑油桂)、砂皮肉桂(糠桂)。常被用作香料、烹饪材料及药材。

**04.147 桂皮** cinnamon bark

肉桂和川桂等树皮的通称。常用中药,还可作食品香料或烹饪调料。

**04.148 胡椒** pepper, *Piper nigrum* L.

胡椒科胡椒属植物攀缘藤本。原产于南亚、东南亚,热带地区广泛栽培。喜荫、耐热、耐旱。根据采收和加工的不同可分为黑胡椒和白胡椒。其种子含有挥发油、胡椒碱、粗脂肪、粗蛋白等,常作香料和药用。

**04.149 烟草** tobacco

茄科烟草属(*Nicotiana*)作物的统称。有66个种,其中多数是野生种,栽培种包括红花烟草和黄花烟草。烟草喜温暖向阳的环境及肥沃疏松的土壤。耐旱、不耐寒、较耐热。可制成卷烟、旱烟、斗烟、雪茄烟等烟草制品。

**04.150 红花烟草** *Nicotiana tabacum* L.

又称“普通烟草”。茄科烟草属作物。异源四倍体,染色体组为SSTT,$2n=24\,\text{II}=48$,基因组大小约为4.50Gb。一年生草本植物。原产于南美洲。茎秆直立,单叶互生,无叶柄或有宽大的翼状柄,叶形多样,常见的有披针形、长卵圆形、长椭圆形或心脏形。为长日照植物。喜肥沃疏松而湿润的土壤。其叶片是卷烟的主要原料,其不同应用类型主要包括烤烟、晒烟、晾烟、香料烟、雪茄烟草、白肋烟和马里兰烟。

**04.151 黄花烟草** *Nicotiana rustica* L.

又称“山烟”。茄科烟草属作物。异源四倍体,染色体组为PPUU,$2n=24\,\text{II}=48$。一年生草本植物。原产于南美洲。花色为黄色的栽培烟草。植株矮小,茎秆直立,叶片较少(多在15片以下),单叶互生,有叶柄,叶卵圆形或心脏形。生育期较短而耐寒性较强,烟叶调制方法以晒为主,晾晒结合,用于卷烟原料。

**04.152 野生烟草** wild tobacco

栽培烟草物种之外的烟草属植物。多为一年生草本。叶形多样,花形和颜色多种。果实较多,形状不一,种子小而多。野生烟草中只有不同类型之分,没有品种之分,用途不一。

**04.153 烤烟** flue-cured tobacco

烟叶采用烘烤设施(如烤房)或设备调制的烟草。将生长成熟的烟叶置于设有热气管道的烤房中,给以适宜的温度和湿度条件,使烟叶内成分进行生物化学变化,待烟叶变黄后烘干。调制后的烟叶是卷烟原料。

**04.154 晒烟** sun-cured tobacco

利用阳光照晒调制的烟草。调制后的烟叶颜色分为晒红烟和晒黄烟等,是斗烟、水烟、嚼烟以及混合型卷烟的原料。

**04.155 晾烟** air-cured tobacco

采用晾制设施或放在阴凉通风的场所调制的烟草。调制后烟叶颜色分为浅色晾烟(白肋烟、马里兰烟)和深色晾烟(雪茄烟)。

**04.156 马里兰烟** Maryland tobacco

茄科烟草属红花烟草的一种。原产于美国马里兰州而得名。属于浅色晾烟,叶片宽大,茎节较密。调制后的烟叶烟气芳香、叶片薄、填充性强、燃烧性好,是混合型卷烟的原料。

**04.157 白肋烟** burley tobacco

茄科烟草属红花烟草的一种,是马里兰型阔叶烟的一个变种。原产地美国俄亥俄州。植株的茎和叶脉呈乳白色,属于浅色晾烟,调制后的烟叶有较强的吸收料液能力和填充性能,是混合型卷烟的主要原料之一。

**04.158 雪茄烟** cigar tobacco

茄科烟草属红花烟草的一种。原产地墨西哥尤卡坦半岛。属于晾烟。调制后烟叶可用作雪茄烟原料。按用途可分为茄衣、茄套和茄芯,其中茄衣多采用遮阴栽培。

**04.159 香料烟** oriental tobacco

又称“土耳其型烟草”“东方型烟草”。茄科烟草属红花烟草的一种。在地中海东部沿海等地驯化而成。植株纤瘦、叶片多而小、叶形为宽卵圆形或心脏形。是多种卷烟调香的重要原料。

**04.160 烟叶品质** tobacco quality

烟叶本身固有特性的优劣程度。包括感官、物理和化学品质等,受部位、颜色、成熟度、叶片结构 、身份、油分、色度、残伤和破损等因素的影响。

**04.161 咖啡** coffee

茜草科咖啡属(*Coffea*)植物。有三个种,分别为小粒种、中粒种和大粒种。染色体倍数有二倍体和四倍体。原产于非洲,在全球热带地区广泛栽培。咖啡树耐阴不耐寒。其果实内藏两粒种子(即咖啡豆),含咖啡因,具有兴奋神经、驱除疲劳等作用。为世界三大饮料(咖啡、茶、可可)之首。

**04.162 小粒种咖啡** arabica coffee, *Coffea arabica* L.

又称“阿拉伯种咖啡”“阿拉比卡咖啡”。四倍体小咖啡种。染色体数 $2n=4x=44$,基因组大小约为 1.09 Gb。原产非洲埃塞俄比亚,种植范围广。喜山地温暖干旱气候。咖啡因成分低,香味浓,品质优。

**04.163 中粒种咖啡** robusta coffee, *Coffea canephora* Pierre ex A. Froehner

又称“罗布斯塔种咖啡”“甘佛拉种咖啡”。二倍体咖啡种。染色体数 $2n=22$,基因组大小约为 0.57 Gb。原产非洲刚果河流域。喜低海拔高温潮湿气候。咖啡因含量较高。

**04.164 大粒种咖啡** liberica coffee, *Coffea liberica* W. Bull ex Hiern

又称“利比里亚种咖啡”。二倍体咖啡种,染色体数 $2n=4x=22$。原产非洲利比里亚。喜低海拔高温潮湿气候。咖啡因含量高,味苦。

**04.165 咖啡豆** coffee bean

又称“咖啡米”“咖啡干果”。咖啡带壳豆经脱壳、抛光、分级后制成的商品。

**04.166 可可** cacao, *Theobroma cacao* L.

梧桐科可可属植物。二倍体,染色体数 $2n=20$,基因组大小约为 0.34 Gb。常绿乔木。原产于美洲中部及南部,世界热带地区广泛种植。喜温暖湿润的气候。根据其果实的外形、大小、色泽、香气和口味,一般分为三个主要类别:克里奥罗(Criollo)、佛拉斯特罗(Forastero)、特立尼达(Trinitario)。可可种子是制造可可粉和巧克力的主要原料。

**04.167 可可豆** cocoa bean

经过发酵和干燥的可可树的种子。加工后用于制作巧克力、糕点和饮料等。

**04.168 橡胶树** natural rubber tree, *Hevea brasiliensis* (Willd. ex A. Juss.) Müll. Arg.

又称“巴西橡胶树”“三叶橡胶树”。大戟科橡胶树属的一个种。二倍体,染色体数 $2n=36$,基因组大小约为 1.37 Gb。原产于南美洲。世界热带地区广泛种植。高大乔木,喜高温、高湿、静风和肥沃土壤,不耐寒。由橡胶树割胶时流出的胶乳经凝固及干燥制得的天然橡胶,具有很强的弹性和良好的绝缘性、可塑性、隔水隔气性、抗拉和耐磨等特点。用途极广,是重要的工业原料和战略物资。

**04.169　木薯**　cassava, *Manihot esculenta* Crantz

大戟科木薯属植物。染色体数 $2n=36$,基因组大小约为 0.71 Gb。原产于热带美洲,世界热带地区广为栽培。适应性强,耐旱耐瘠。块根富含淀粉,可食用、饲用和提取工业淀粉。

**04.170　木薯淀粉**　cassava starch

木薯块根经过提取后脱水干燥而成的淀粉粉末。有原淀粉和各种变性淀粉两大类,广泛应用于食品工业及非食品工业。

**04.171　椰子树**　coconut, *Cocos nucifera* L.

棕榈科椰子属植物。二倍体,染色体数 $2n=32$,基因组大小约为 2.10 Gb。高大乔木状。一般认为椰子树原产于东南亚的马来群岛,世界热带地区广为栽培。喜光、高温、多雨,抗风力强。根据椰子植株高矮,可分为高种椰子、矮种椰子、中间型椰子等。果实称椰子,椰水、椰肉可食用和生产椰子油,椰纤维可制毛刷、地毯、缆绳和床垫等。

**04.172　油棕**　oil palm

棕榈科油棕属(*Elaeis*)植物。二倍体,染色体数 $2n=32$,基因组大小为 1.21~1.40Gb。多年生乔木状。油棕分为原产于西非的非洲油棕和原产于中美洲和南美洲的美洲油棕。油棕喜高温、湿润、强光照。其新鲜的果肉和种仁含油率高,用油棕果制取的油,被称为棕油或油棕油。

**04.173　非洲油棕**　*Elaeis guineensis* Jacq.

油棕的一种。树体为直立单茎,羽状叶,开许多簇状密生小花,花为三萼三瓣。果实在开花 6 个月后成熟,簇生于短枝上,单个果实呈卵圆状,长约 4cm,成熟时为黑色,基部为红色;果肉和果核均含有大量油脂,产量高。

**04.174　美洲油棕**　*Elaeis oleifera* (Kunth) Cortés

油棕的一种。雌花簇位于有纤维围绕的纤维质佛焰苞残留处。果实较小,有明显的单性结实倾向。其直立习性虽可保持 10~15 年之久,但之后是横卧树干。

**04.175　桑**　mulberry

桑科桑属(*Morus*)作物。落叶性多年生木本。叶片是家蚕的饲料。树体中具白色乳汁,叶互生。

**04.176　垂枝桑**　weeping mulberry, *Morus alba* var. *pendula* Dipp.

白桑的变种。小乔木或高干养成,枝条细长而下垂,皮棕褐色,芽小三角形,褐色。叶小,通常分裂。可作观赏。

**04.177　实生桑**　seedling mulberry

又称“草桑”。实生苗长大后的桑树。

**04.178　桑树伐条**　mulberry pruning

树形养成和桑园管理的重要技术措施之一。分为春伐和夏伐。春伐在桑树发芽前进行,主要用于树形养成阶段和成林桑恢复树势,夏伐是在春蚕大蚕期间结合收获桑叶而进行的伐条。

# 05. 园艺作物

## 05.01 果树作物

**05.001 果树** fruit tree

能生产可供食用的果实或种子的多年生木本、草本或藤本植物及其砧木植物的总称。

**05.002 落叶果树** deciduous fruit tree

秋冬季叶片全部脱落,有明显的休眠期和翌年再次萌芽特性的果树类型。

**05.003 常绿果树** evergreen fruit tree

全年叶片常绿,每片叶在树上可保持 2～4 年,一般不会集中脱落的果树类型。

**05.004 果实套袋** fruit bagging

幼果期或主防害虫发生前,对果实套以纸袋或塑料袋,以保护果实和增进果实色泽的技术措施。

**05.005 白梨** Chinese white pear, *Pyrus bretschneideri* Rehd.

蔷薇科梨属果树。染色体数 $2n=34$。多年生落叶乔木。分布在中国黄淮流域。果实为脆肉大果型,不经后熟即可食用,萼片脱落,质脆多汁,石细胞较少,较耐贮藏。

**05.006 沙梨** Chinese sand pear, *Pyrus pyrifolia* F. Nakai

蔷薇科梨属果树。染色体数 $2n=34$。多年生落叶乔木。原产中国西南部。果实多为大果型,不经后熟即可食用,萼片脱落,果点较大,一般无蒂,果肉白,水分多,肉质较细嫩且脆,少香味。

**05.007 洋梨** European pear, *Pyrus communis* L.

又称“西洋梨”。蔷薇科梨属果树。染色体数 $2n=34$。多年生落叶乔木。原产欧洲地中海及中亚一带。果实多为瓢形,绿色或黄色,经后熟变软方可食用,肉质细软润滑、石细胞少,味甜,香气浓。

**05.008 秋子梨** Ussurian pear, *Pyrus ussuriensis* Maxim.

又称“山梨”。蔷薇科梨属果树。染色体数 $2n=34$。多年生落叶乔木。原产中国、朝鲜、俄罗斯。抗寒力强。果实小,经后熟可食,酸甜适口,芳香浓郁,质地粗粝、石细胞多。不耐贮藏。

**05.009 豆梨** Callery pear, *Pyrus calleryana* Dcne.

又称“鹿梨”。蔷薇科梨属野生种果树。染色体数 $2n=34$。多年生落叶乔木。原产中国。耐干旱、耐涝,抗腐烂病和火疫病,抗寒力较差。果实不可食用。是中国东南部主要的梨砧木。

**05.010 杜梨** brichleaf pear, *Pyrus betulifolia* Bge.

又称“棠梨”。蔷薇科梨属野生种果树。染色体数 $2n=34$。多年生落叶乔木。原产中国。耐干旱、耐寒凉、耐盐碱。果实不可食用。是中国普遍应用的梨砧木。

**05.011 苹果** apple, *Malus domestica* Borkh.

蔷薇科苹果属果树。染色体数 $2n=34$。多年生落叶乔木。苹果属中最主要的栽培种,世界上绝大多数栽培苹果品种属于该种及其与其他种的杂交后代。树冠具明显的层性。果实多用于鲜食或加工。

**05.012 花红** crabapple, *Malus asiatica* Nakai.

又称"沙果"。蔷薇科苹果属果树。染色体数 $2n=34$。多年生落叶乔木。广泛分布于中国西北和华北地区。可用于栽培或用作苹果砧木。果实不耐贮运,可鲜食。

**05.013 楸子** pearleaf crabapple, *Malus prunifolia* (Willd.) Borkh.

又称"海棠果"。蔷薇科苹果属果树。染色体数 $2n=34$。多年生落叶乔木。广泛分布于中国北方地区。是优良的苹果砧木。果实大都加工用。

**05.014 山荆子** Siberian crabapple, *Malus baccata* (L.) Borkh.

又称"山定子""山丁子"。蔷薇科苹果属果树。染色体数 $2n=34$。多年生落叶乔木。广泛分布于中国北方及西南地区。抗寒力强。是苹果主要砧木之一。

**05.015 西府海棠** Kaido crabapple, *Malus micromalus* Makino

蔷薇科苹果属果树。染色体数 $2n=34$。多年生落叶乔木。在中国南北方都有广泛分布。耐盐碱能力较强。可用作观赏,也可用作栽培苹果砧木。果实可鲜食。

**05.016 海棠花** Chinese flowering crabapple, *Malus spectabilis* (Ait.) Borkh.

蔷薇科苹果属果树。染色体数 $2n=34$。多年生落叶乔木。粉红色花,有白色重瓣和粉红重瓣两个变种。主要用于观赏。

**05.017 山楂** hawthorn, *Crataegus pinnatifida* Bge.

又称"山里红"。蔷薇科山楂属果树。染色体数 $2n=34$。多年生落叶乔木。广泛分布于中国北方地区及俄罗斯和朝鲜。果实直径约 1.5cm,可供鲜食、加工和入药。

**05.018 枇杷** loquat, *Eriobotrya japonica* Lindl.

蔷薇科枇杷属果树。亚热带多年生常绿小乔木。树冠层性明显。原产中国南方。早熟水果之一,果实近球形或长圆球形,有黄色和白色两种,多鲜食。

**05.019 木瓜** Chinese quince, *Chaenomeles sinensis* (Thouin) Koehne

又称"木梨"。蔷薇科木瓜属果树。落叶灌木或小乔木。叶长圆状卵形,有锯齿,花单生于叶腋,果实长椭圆形,可鲜食或加工。

**05.020 榅桲** quince, *Cydonia oblonga* Mill.

蔷薇科榅桲属果树。多年生落叶乔木。原产中亚和中国河南、山西、陕西及周边地带,果实像梨。可作枇杷等果树的砧木。

**05.021 桃** peach, *Prunus persica* (L.) Batsch.

蔷薇科李属果树。多年生落叶乔木。原产中国西北地区。树冠宽广或平展,叶卵状披针形或长圆状披针形,边缘具细密锯齿。果实用于鲜食或加工。

**05.022 蟠桃** flat peach, *Prunus persica* var. *compressa* (Loud.)

蔷薇科李属果树。多年生落叶乔木。果实扁平,色艳、味佳,肉质有硬溶和不溶等不同类型,肉细、皮韧易剥,味浓香溢,用于鲜食。

**05.023 光核桃** smooth pit peach, *Prunus mira* Koehne

蔷薇科李属果树。落叶小乔木。分布在西藏,自然成片。叶片披针形或卵状披针形,核果近球形,多光滑无核纹,直径 3~4cm,可鲜食。

**05.024 山桃** David peach, *Prunus davidiana* (Carr.) Franch.

蔷薇科李属果树。多年生落叶乔木。分布于华北丘陵坡地。早春叶前开花,树皮暗紫色有光泽,耐寒耐旱,较耐盐碱。常用作桃、梅、李等果树的砧木。

**05.025　油桃**　nectarine, *Prunus persica* var. *nectarina* Maxim.
蔷薇科李属果树。多年生落叶乔木。树势强健,树冠较大,发枝力强;叶长椭圆披针形,叶面平展或略有皱,叶基楔形,叶尖渐尖,深绿色。果实近圆形或短椭圆形,果皮光滑无毛,果实可鲜食。

**05.026　李**　Chinese plum, *Prunus salicina* Lindl.
又称"中国李"。蔷薇科李属果树。落叶小乔木或灌木。原产中国。叶片光滑无毛、互生;结果早,大多数品种自花不实。果实有缝合线,无毛,常被蜡粉,可鲜食。

**05.027　欧洲李**　European plum, *Prunus domestica* L.
又称"洋李""西梅"。蔷薇科李属果树。乔木。原产欧洲和西亚。坐果率高,大小年严重。果实为卵球形至长圆球形,外披蓝色果粉,果皮厚而韧,果肉浅黄色,味酸甜,主要用于鲜食或加工。

**05.028　美洲李**　American plum, *Prunus americana* Marsh.
蔷薇科李属果树。落叶乔木。主要分布在北美东部和北部。生长势旺,自花结实率高,以短果枝和花束状果枝结果为主,多数品种结果成串,较为丰产。果实主要用于鲜食或加工。

**05.029　梅**　mei, *Prunus mume* Sieb. et Zucc.
蔷薇科李属果树。落叶乔木。原产中国四川和湖北交界的山岳地带。花单生或 2 朵簇生,先叶开放,白色或淡红色;核果近球形,两边扁,有纵沟。用于观赏,果实可鲜食或加工用。

**05.030　杏**　apricot, *Prunus armeniaca* L.
蔷薇科李属果树。多年生落叶乔木或灌木。原产中国,栽培范围广,以中国黄河流域各省最为集中。树高为核果类果树中最大的一种,树冠开张或半开张。喜光、耐旱力强。按果实用途可分为鲜用、仁用和仁肉兼用 3 类,也可用于加工。

**05.031　扁桃**　almond, *Prunus dulcis* (Mill.) D. A. Webb
又称"巴旦杏"。蔷薇科李属果树。中型乔木或灌木。原产于西亚干旱或半干旱地区。甜果仁类型,可供食用。

**05.032　樱桃**　cherry, *Prunus pseudocerasus* (Lindl.)
又称"中国樱桃"。蔷薇科李属果树。灌木到小乔木。起源于中国西南部,北至华北各省,南至华中及两广皆有分布。云南、贵州、四川三省的野生资源丰富,在中国南方高温高湿气候条件下栽培优势明显。喜光、怕涝,果实较小,可食。

**05.033　甜樱桃**　sweet cherry, *Prunus avium* L.
又称"欧洲甜樱桃""西洋樱桃"。蔷薇科李属果树。高大乔木。原产于欧洲黑海沿岸和西亚,果实较大,可鲜食,是国内栽培面积最大、经济价值最高的栽培种。

**05.034　酸樱桃**　sour cherry, *Prunus cerasus* L.
又称"欧洲酸樱桃"。蔷薇科李属果树。小乔木。自古栽培于欧洲黑海沿岸及西亚。抗寒。果实较小,味酸,适于加工成果汁、果酱和果酒等。

**05.035　毛樱桃**　nanking cherry, *Prunus tomentosa* Thunb.
又称"山豆子"。蔷薇科李属果树。广泛分布于中国华北、西北及东北各地。树体矮小,根系发达,抗寒、耐旱、耐瘠薄,可作为桃、李等矮化砧木使用,果实小可鲜食。

**05.036　草莓**　strawberry, *Fragaria ananassa* Duch.

又称"洋莓""地莓""红莓"。蔷薇科草莓属果树。八倍体。多年生草本。原产欧洲。有匍匐茎,复叶,小叶3片,椭圆形。浆果可鲜食,也可加工用。

**05.037　智利草莓**　Chilean strawberry, *Fragaria chiloensis* Duch.

蔷薇科草莓属果树。多年生草本。原产南美洲。是目前栽培草莓的主要亲本。浆果可鲜食,也可加工用。

**05.038　树莓**　raspberry, *Rubus idaeus* L.

又称"木莓""覆盆子"。蔷薇科悬钩子属果树。多年生落叶小灌木。聚合果,成熟时可与花托分离而空心,可鲜食,也可加工用。

**05.039　黑莓**　blackberry, *Rubus fruticosus* L.

蔷薇科悬钩子属果树。多年生落叶小灌木。聚合果,成熟时与花托不分离,可鲜食,也可加工用。

**05.040　刺梨**　Roxburgh rose, *Rosa roxburghii* Tratt.

又称"茨梨""木梨子"。蔷薇科蔷薇属果树。落叶小灌木。原产中国。适应性强,适于山地栽培。果实外面有尖且长的刺,果肉中维生素C含量丰富。可鲜食,主要用于加工。

**05.041　穗醋栗**　currant, *Ribes rubrum* L.

茶藨子科醋栗属果树。多年生小灌木。浆果近球形,鲜红亮丽,具有较强的观赏性,可鲜食,也可加工用。

**05.042　醋栗**　gooseberry, *Ribes uva-crispa* L.

茶藨子科醋栗属果树。多年生落叶小灌木。分布在北半球寒带和温带。叶片单叶互生,3~5裂片。果实可鲜食,主要用于加工。

**05.043　宽皮橘**　mandarin, *Citrus reticulata* Blanco

又称"黄果""广橘"。芸香科柑橘属果树。原产东亚和东南亚。砂囊柔软,种子中型或小型,多胚。果实可鲜食。

**05.044　温州蜜柑**　satsuma mandarin, *Citrus unshiu* Marc.

又称"温州蜜橘""无核蜜橘"。芸香科柑橘属果树。常绿小乔木。原产日本,日本人以为原产中国温州,故名温州蜜柑。是宽皮橘中最重要的种。树冠较开张,果实橙黄色或深橙色、扁球形,果皮易剥离,可鲜食。

**05.045　甜橙**　sweet orange, *Citrus sinensis* Osbeck

又称"广柑"。芸香科柑橘属果树。常绿小乔木。原产中国及亚洲中南半岛。果实中大,球形或椭圆球形,果皮难剥,颜色橙黄。油胞密生、凸出,果肉脆嫩或细嫩、化渣或较化渣。按品种特性可分为普通甜橙类、脐橙类、血橙类和无酸甜橙类。可鲜食或加工用。

**05.046　酸橙**　sour orange, *Citrus aurantium* L.

芸香科柑橘属果树。常绿小乔木。原产印度。叶柄的翼叶较宽;果皮红橙色,粗糙,果肉味酸苦。在岭南多湿地带,常用作柑橘类的砧木。

**05.047　宜昌橙**　IChang papeda, *Citrus ichangensis* Swingle

又称"宜昌柑""罗汉柑"。芸香科柑橘属果树。常绿小乔木。分布于中国湖北、湖南、广西、四川、贵州、云南等亚热带及北亚热带地区。花单生,主要着生于去年生的枝条上,花丝联结成束;刺多且长,翼叶稍小于或稍大于叶身;果实圆球或扁球状,有异味,不能食用,可药用;种子较多,单胚。

**05.048　柚**　pummelo, *Citrus maxima* (Burm.) Merril

又称"抛"。芸香科柑橘属果树。树形高大,新梢被毛;叶片大、长椭圆形,翼叶大、心形或倒卵形;果实大,单果可重达两三千克,果皮厚、不易剥离；油胞大、凸出。

**05.049 葡萄柚** grapefruit, *Citrus paradisi* Macf.

芸香科柑橘属果树，橙与柚的杂交种。小乔木。全株无毛；常多果成串，状似葡萄；果皮较柚子薄，果肉柔嫩，多汁爽口，略有香气，味偏酸、带苦味及麻舌味，可鲜食；种子具多胚。

**05.050 柠檬** lemon, *Citrus limon* (L.) Burm. f.

芸香科柑橘属果树。小乔木或枝条开展的灌木。果实顶端有一个宽而矮的乳头状突起，外果皮较厚，中果皮白色、海绵状、基本无味道，果肉味极酸。可鲜食，也可加工。

**05.051 檬檬** canton lemon, *Citrus limonia* Osbeck

又称“广东柠檬”。芸香科柑橘属果树。小乔木或带灌木性。有连续开花、多次结果习性；果实顶端常有乳头状突起，果皮厚薄不等，不易剥离，果肉酸味极重，具有香气。可鲜食，也可加工。

**05.052 来檬** lime, *Citrus aurantifolia* Swingle

又称“赖母”。芸香科柑橘属果树。小乔木。果小，汁胞带绿色，极酸，果皮黄绿色，种子小而光滑，着点褐红色。可鲜食，也可加工。

**05.053 四季橘** calamondin, *Citrus microcarpa* Bunge

又称“月橘”。芸香科柑橘属果树。常绿灌木或小乔木。树性直立，果实常偏斜不正，果顶常有小印圈、油胞密、平生或凸出，果肉酸，难食，种子多胚。观赏性佳。

**05.054 马蜂柑** Mauritius papeda, *Citrus hystrix* DC.

芸香科柑橘属果树。小乔木。翼叶边缘具钝锯齿或锯齿，果实丰满，两端略尖。属大翼橙种，至今处于野生状态。果实可鲜食。

**05.055 红河橙** Honghe papeda, *Citrus hongheensis* YLDL.

芸香科柑橘属果树。常绿乔木。分布于中国云南南部红河流域海拔800~2000m的山地。翼叶长度显著超过本叶；花序总状，着生于当年生枝条上，花大型，花丝分离。果实可鲜食。

**05.056 枸橼** citron, *Citrus medica* L.

又称“香橼”“佛手柑”。芸香科柑橘属果树。常绿灌木或小乔木。果实气味(皮瓤)辛、酸，有特殊香气，可鲜食。

**05.057 佛手** finger citron, *Citrus medica* var. *sarcodactylis*(Noot.) Swingle

芸香科柑橘属果树。枸橼的一个变种，与原种相似。小乔木。果实长形，分裂如拳或张开如指，其裂数即代表心皮之数，果肉几乎完全退化，可供药用。

**05.058 圆金柑** round kumquat, *Fortunella japonica*(Thunb.)Swingle

又称“罗纹”“金橘”。芸香科金橘属果树。灌木。树形低矮，枝纤细，多分枝，枝上有短刺，着生于叶腋；果实圆形，果面粗糙，果皮薄，果肉酸，砂囊长而脆，可鲜食。

**05.059 长金柑** oval kumquat, *Fortunella margarita*(Lour.) Swingle

又称“罗浮”“牛奶金橘”。芸香科金橘属果树。常绿灌木或小乔木。原产中国南部。通常无刺，分枝多；果圆球状或卵状，金黄色，果皮肉质厚，平滑，有许多腺点，有香味，可鲜食。

**05.060 黄皮** wampee, *Clausena lansium* (Lour.) Skeels

又称“黄批”“黄罐子”。芸香科黄皮属果树。常绿小乔木。原产中国南部。品种主要有甜黄皮和酸黄皮两类。圆锥花序，成串结果，果小，具特殊香味，可鲜食或加工用。

**05.061 枳** trifoliate orange, *Poncirus trifoliata*

(L.) Raf.

又称“枸橘”“臭橘”。芸香科枳属果树。落叶小乔木或灌木。原产中国,分布较广。有大花、小花和大叶、小叶等类型。叶柄有狭长的翼叶,通常指状3出复叶;果实酸苦,带涩味,种子多。耐寒、抗衰退病,主要作柑橘类砧木。

**05.062 葡萄** grape

葡萄科葡萄属(*Vitis*)果树。多年生落叶藤本。原产里海、黑海和地中海沿岸。栽培种主要有欧洲葡萄、美洲葡萄及欧美杂交种。果实除鲜食外,可酿酒、制干、制汁等。

**05.063 欧洲葡萄** European grape, *Vitis vinifera* L.

葡萄科葡萄属果树。欧亚种群,原产欧洲、西亚和北非。是栽培最多的葡萄属植物。分为东方、黑海和西欧三个品种群。果实可鲜食或加工用。

**05.064 美洲葡萄** fox grape, *Vitis labrusca* L.

葡萄科葡萄属果树。北美种群,原产美国东部。抗寒和抗病性较强。果实具狐臭味。一般作砧木,少数种内或种间杂种供食用。

**05.065 山葡萄** Ussurian grape, *Vitis amurensis* (Maxim.) Rupr.

葡萄科葡萄属果树。东亚种群。原产中国东北和华北地区。抗寒性和抗旱性强,对白粉病、白腐病、黑痘病有一定抗性,可作育种亲本。果实可酿酒。

**05.066 柿** persimmon, *Diospyros kaki* L.

柿科柿属果树。多年生落叶木本植物。原产中国。分完全甜柿(可自然脱涩)和非完全甜柿(不完全甜柿、不完全涩柿和完全涩柿)。多为六倍体。果有球形和扁球形等;种子褐色,椭圆状。果实可鲜食或加工后食用。

**05.067 君迁子** dateplum, *Diospyros lotus* L.

又称“黑枣”。柿科柿属果树。多年生落叶木本植物。原产中国,分布较广。耐湿热。果实小,近球形,直径1~2cm。一般作砧木,与柿品种嫁接亲和力随其类型不同而有差异。

**05.068 枣** Chinese date, *Ziziphus jujuba* Mill.

鼠李科枣属果树。通常为乔木。枝弯曲度较小,托叶刺通常较弱,老枝常脱落;果实较大,外果皮较薄,中果皮厚,味甜;干后外果皮与中果皮一起明显皱缩。果实可鲜食或加工。

**05.069 酸枣** spine date, *Ziziphus jujube* var. *spinosa* (Bge.) Hu

又称“棘”。鼠李科枣属果树。多为丛生灌木。枝弯曲度较大且节间较短,托叶刺发达,叶花果较小;外果皮较厚,干后不皱缩。多作为砧木应用,果实亦可鲜食或干制食用。

**05.070 毛叶枣** green jujube, *Ziziphus mauritiana* Lam.

又称“滇刺枣”“青枣”。鼠李科枣属果树。原产印度。适应性强,在热带、亚热带地区种植为常绿果树,在温带地区种植为落叶果树。果实可鲜食。

**05.071 沙枣** oleaster, *Elaeagnus angustifolia* L.

又称“桂香柳”。胡颓子科胡颓子属果树。乔木。多野生,适应性强。果可鲜食,果(干)和果仁常做药用。

**05.072 石榴** pomegranate, *Punica granatum* L.

石榴科石榴属果树。多年生落叶灌木或小乔木。有刺,单叶,对生或近对生;花有雌雄两性,聚伞花序或单生;浆果,球形,外种皮可食。

**05.073 无花果** fig, *Ficus carica* L.

又称“映日果”“树地瓜”。桑科榕属果树。

落叶灌木。花单性,隐于花托内,为隐头花序,宛若"无花",故名。果形多样,包括瓮形、陀螺形,卵圆形、梨形等;果实成熟色深浅各异,有黑色、紫色、黄色等;果肉绵软多汁。果实为药食兼用,可加工制干。

**05.074 波罗蜜** Jack fruit, *Artocarpus heterophyllus* Lam.

又称"树波罗"。桑科波罗蜜属果树。常绿乔木。原产印度。雌雄同株异花。是一种老茎开花的树种,主干、主枝、甚至露地的根也可结果。果实可鲜食。

**05.075 猕猴桃** Chinese gooseberry, *Actinidia chinensis* Planch.

猕猴桃科猕猴桃属果树。大型落叶木质攀缘藤本。叶圆形、卵圆形或倒卵形,背面密生灰棕色星状绒毛;果大,常为卵形或长圆形,幼时密生棕色长毛,成熟时脱落或不脱落。果实可鲜食。

**05.076 软枣猕猴桃** kiwi berry, *Actinidia arguta* (Sieb. et Zucc.) Planch. ex Miq.

猕猴桃科猕猴桃属果树。大藤本。分布于阔叶林或针阔混交林中。果实可食,营养价值很高。

**05.077 越橘** blueberry

又称"牙疙瘩"。石楠科越橘属(*Vaccinium*)果树。中国辽宁、吉林、黑龙江和内蒙古等地有野生林。叶可泡茶,果可鲜食或制果酱,也可酿酒。

**05.078 红豆越橘** linberry, *Vaccinium vitisidaea* L.

石楠科越橘属果树。常绿矮灌木。在中国大兴安岭一带分布较为集中。总状花序,顶生,果红色。果实可鲜食或加工食用。

**05.079 笃斯越橘** bog blueberry, *Vaccinium uliginosum* L.

又称"乌丝越橘"。石楠科越橘属果树。落叶灌木。主要分布在中国东北地区,抗寒力强。果皮黑色、被蓝色粉,果汁洋紫红色,可鲜食或做果汁,也可酿酒。

**05.080 核桃** persian walnut, *Juglans regia* L.

又称"胡桃"。胡桃科胡桃属果树。乔木。原产欧洲东南部和亚洲西部。喜光、喜温,深根性果树。雄性葇荑花序,雌性穗状花序;果实近球形,果核具皱曲,有纵棱;内果皮壁内具不规则的空隙或具皱曲。种仁富含脂肪,可食用或加工。

**05.081 山核桃** cathay hickory, *Carya cathayensis* Sarg.

又称"山蟹""小核桃"。胡桃科山核桃属果树。原产中国,喜温暖湿润气候,主要分布于浙江、安徽、贵州等地。多山野自生或作为林木栽种,种仁食用。

**05.082 长山核桃** pecan, *Carya illinoinensis* Koch.

又称"薄壳山核桃""美国山核桃"。胡桃科山核桃属果树。乔木。原产北美洲。喜温暖、土层肥沃深厚、湿润且排水良好的砂质土。种仁可加工食用。

**05.083 板栗** Chinese chestnut, *Castanea mollissima* Blume

简称"栗"。山毛榉科栗属果树。乔木。原产中国,全国各地分布,华北最多。雌雄异花同株,为典型的异花授粉树种。果实为一圆形总苞,苞内有坚果数粒,内种皮易剥离,种子可生食、炒食或煮食。

**05.084 榛子** siberian hazelnut, *Corylus heterophylla* Fisch.

简称"榛"。桦木科榛属果树。灌木或小乔木。原产中国,分布在东北、华北、西北及西南等地。抗寒力强,对光敏感,喜夏季冷凉、冬季较温暖的近海地区。种仁可食。

**05.085 欧洲榛** filbert, *Corylus avellana* L.
简称“欧榛”。桦木科榛属果树。乔木。原产欧洲。是榛属最重要的种,有很多变种和品种。抗寒、抗旱力不及榛子。果个大,品质优,可加工食用。

**05.086 香榧** Chinese torreya, *Torreya grandis* Fort.
又称“榧子”。红豆杉科榧属果树。裸子植物,大乔木。喜温暖湿润,耐阴。种子炒熟可食,是中国特产的干果。

**05.087 银杏** ginkgo, *Ginkgo biloba* L.
又称“白果”“公孙树”“鸭掌树”。银杏科银杏属果树。中国特产的古老的裸子植物,有活化石之称。根深,耐旱。干果可供炒食或煮食。

**05.088 橄榄** white Chinese olive, *Canarium album* Raeusch.
又称“青果”。橄榄科橄榄属果树。常绿大乔木。原产中国南方。果肉黄白色,味涩回甘,可鲜食或加工。

**05.089 乌榄** black Chinese olive, *Canarium pimela* Koenig
橄榄科橄榄属果树。乔木。果熟时果肉紫黑色,可生食,但多腌制或榨油食用。

**05.090 香蕉** banana, *Musa nana* Lour.
又称“矮脚蕉”“香牙蕉”。芭蕉科芭蕉属果树。多年生。单子叶草本植物。是中国栽培最多的香大蕉类水果。由小果野蕉驯化而成的三倍体(AAA)。具单性结实特性,结无籽果实。主要栽培品种有香牙蕉、粉蕉、大蕉、龙牙蕉和贡蕉等。可鲜食。

**05.091 粉蕉** pisang awak banana, pisang awak group
芭蕉科芭蕉属果树。多年生单子叶草本植物。是两种野生蕉杂交产生的三倍体后代(ABB)。果实外形比香蕉的小,富含碳水化合物、膳食纤维和铜元素。用于鲜食。

**05.092 龙牙蕉** silk banana
又称“过沙香”。芭蕉科芭蕉属果树。多年生单子叶草本植物。粉蕉类的一个变种。两种野生蕉杂交产生的三倍体后代(AAB)。果实饱满无棱,有特殊香味,不耐贮运,可鲜食。

**05.093 大蕉** plantain banana, *Musa × paradisiacal* L.
又称“甘蕉”“煮食蕉”。芭蕉科芭蕉属草本果树。是两种野生蕉杂种后代的三倍体(AAB)。原产于印度、马来西亚等地,中国仅有少数品种。果长圆形,较短粗,未成熟时味涩,成熟时味甜或略带酸味,无种子或具少数种子。许多热带国家将其作为粮食。

**05.094 阳桃** carambola, *Averrhoa carambola* L.
又称“洋桃”“五敛子”。酢浆草科阳桃属果树。常绿小乔木。喜高温多湿,耐旱力差。果实可鲜食。

**05.095 杨梅** bayberry, *Myrica rubra* Sieb. et Zucc.
杨梅科杨梅属果树。常绿乔木。较耐寒耐阴,主根不明显,须根发达,与放线菌共生。果实初夏成熟,可鲜食或干制。

**05.096 龙眼** longan, *Dimocarpus longan* Lour.
又称“桂圆”。无患子科龙眼属果树。常绿乔木。原产中国广东、广西、云南等地及越南北部。喜温,较耐旱,根系深广,具菌根。有大小年结果现象,果可食部分为假种皮,鲜食,也可焙制桂圆干。

**05.097 荔枝** litchi, *Litchi chinensis* Sonn.
无患子科荔枝属果树。常绿乔木。偶数羽状复叶,圆锥花序。果球形,果皮多为鳞斑状突起,鲜红或紫红;可食部分为假种皮,半透明凝脂状,味美,鲜食或加工用。

**05.098 红毛丹** rambutan, *Nephelium lappaceum* L.

又称“毛荔枝”。无患子科韶子属果树。大乔木。花序圆锥状。果皮具肉刺,果肉(假种皮)乳白色至淡黄白色,味酸甜。果实可鲜食。

**05.099 文冠果** wood of shinyleaf yellowhorn, *Xanthoceras sorbifolia* Bunge

无患子科文冠果属果树。灌木或小乔木。原产中国。耐干旱和贫瘠,抗风沙,适应性很强。种子可食。

**05.100 棕枣** date palm, *Phoenix dactylifera* L.

又称“海枣”“伊拉克蜜枣”。棕榈科刺葵属热带常绿果树。耐旱、耐盐碱、忌积水。核果圆筒形,似枣,果肉肥厚,甘美可食。

**05.101 菠萝** pineapple, *Ananas comosus* (L.) Merr.

又称“凤梨”。凤梨科凤梨属果树。多年生单子叶草本植物。原产巴西。喜温暖,忌霜冻,根端有菌根共生,叶背茸毛和气生根均可吸收空气中的水分。是果树中少有的景天酸代谢植物。果实鲜食或加工用。

**05.102 番木瓜** papaya, *Carica papaya* L.

又称“万寿果”。番木瓜科番木瓜属果树。常绿小乔木。原产南美洲。单性花或完全花,有雌株、雄株和两性株。喜温热天气和阳光,忌霜冻。果实供鲜食或加工。

**05.103 番荔枝** sugarapple, *Annona squamosa* L.

又称“佛头果”“香梨”。番荔枝科番荔枝属果树。落叶小乔木。原产热带美洲。喜光、喜温暖、耐旱、忌积水、不耐寒。聚合浆果,肉质近球形,果实成熟呈黄绿色,味甘美芳香,可鲜食。

**05.104 榴梿** durian, *Durio zibethinus* Murr.

又称“韶子”。木棉科榴梿属果树。热带大乔木,原产马来西亚。喜高温多湿。果实大,着生于树干或大枝上;果皮厚,上有三角形木质尖刺;种子形如栗,10~30 粒;果肉软,味香浓甘美。果实可鲜食或加工用。

**05.105 番石榴** guava, *Psidium guajava* L.

又称“鸡矢果”“番稔”。桃金娘科番石榴属果树。常绿灌木或小乔木。原产美洲热带地区,适应性很强。果实香气突出,可鲜食。

**05.106 蒲桃** rose-apple, *Syzygium jambos* Alston

又称“香果”。桃金娘科蒲桃属果树。常绿乔木。原产印度及马来西亚群岛。适应性强。核果状浆果,成熟时中空,果肉具特殊的玫瑰香味;种子多胚。果实可鲜食。

**05.107 莲雾** wax apple, *Syzygium samarangense* (Bl.) Merr. et Perry

又称“洋蒲桃”“辇雾”。桃金娘科蒲桃属果树。乔木。原产马来半岛。喜温怕冷,喜湿怕旱。果肉海绵质,有香气,可鲜食。

**05.108 油梨** avocado, *Persea americana* Mill.

又称“鳄梨”。樟科鳄梨属果树。常绿乔木。原产墨西哥至哥伦比亚和西印度群岛。果梨形、球形至茄形,革质;果肉黄色,具樟脑味;种子 1 枚,较大。果实鲜食或加工用。

**05.109 山竹子** mangosteen, *Garcinia mangostana* L.

又称“莽吉柿”“凤果”。藤黄科藤黄属果树。乔木。原产马来西亚群岛。喜高温潮湿而适度荫蔽的环境。花大,粉红色;果实紫红色或紫褐色,果肉白色柔软,半透明,味酸甜,具香气,可鲜食。

**05.110 人心果** sapodilla, *Achras sapota* L.

山榄科铁线子属果树。乔木。原产墨西哥与

中美洲。浆果,果皮薄,锈褐色;果肉柔软,味甜,有石细胞;种子扁圆形,黑色有光泽。果实可鲜食。

**05.111 酸豆** tamarind, *Tamarindus indica* L.

又称"罗望子"。豆科酸豆属果树。热带大乔木。原产非洲,现各热带地区均有栽培。羽状复叶,花黄色,荚果褐色;果肉褐色,味酸甜;种子紫褐色,有光泽,1~12 粒。荚果鲜食或加工用。

**05.112 余甘子** emblic leafflower, *Phyllanthus emblica* L.

又称"油甘子""滇橄榄"。大戟科余甘子属果树。小乔木。起源并分布于中国、印度、巴基斯坦、马来西亚、缅甸、斯里兰卡、印度尼西亚等热带亚热带地区。耐旱、耐瘠,为先锋植物。雌雄异花;果肉质脆,味甜酸带微涩,回味甘甜,鲜食或加工用。

**05.113 腰果** cashew, *Anacardium occidentale* L.

又称"树花生""介寿果"。漆树科腰果属果树。热带乔木。原产巴西。要求高温光照充足的环境。坚果分为两部分:膨大的肉质花托,成熟后橙红色,柔软多汁,味似梨;肾形真果,硬壳棕灰色,果仁白色,鲜食或加工食用。

**05.114 杧果** mango, *Mangifera indica* L.

又称"芒果"。漆树科杧果属果树。常绿乔木。原产印度至东南亚。适宜高温、干湿季明显且光照充足的环境。果实鲜食或加工,按胚性可分为单胚和多胚两大类型。

**05.115 阿月浑子** pistachio, *Pistacia vera* L.

又称"开心果"。漆树科黄连木属果树。小乔木。起源于中亚和西亚山区。抗旱耐热,喜光,适应性强,怕积水。雌雄异株,坚果较大,鲜食或加工用。

**05.116 澳洲坚果** macadamia nut, *Macadamia integrifolia* Maiden et Betche

又称"夏威夷果""澳洲胡桃"。山龙眼科澳洲坚果属果树。乔木。原产于澳洲昆士兰东南海岸雨林和新南威尔士北部河谷地带。总状花序腋生,果实成串丛生;蓇葖果球形,种仁香脆可口、风味独特,鲜食或加工用。

**05.117 罗汉果** fructus momordicae, *Momordica grosvenori* Swingle

又称"拉汗果""假苦瓜"。葫芦科罗汉果属果树。因地下块茎形似罗汉而得名。短日照攀缘草本。原产中国。喜湿润、多雾、阴凉。罗汉果甜味素(三萜皂苷)比蔗糖甜 300 倍,可作为食品添加剂、保健品和调味品等。

**05.118 火龙果** pitaya, *Hylocereus undulatus* Britt.

仙人掌科量天尺属果树。攀缘肉质灌木,具气根,植株无主根。原产中美洲至南美洲北部。花夜间开放。果实可鲜食。

**05.119 西番莲** passion fruit, *Passiflora caerulea* L.

又称"鸡蛋果""百香果"。西番莲科西番莲属果树。常绿攀缘藤本植物。原产巴西。喜光,适应性强。果实用于加工果汁或与其他种类果品的果汁混配。

**05.120 油橄榄** olive, *Olea europaea* L.

又称"齐墩果"。木樨科齐墩果属果树。常绿小乔木。原产小亚细亚。喜光,抗旱力强,要求夏干型亚热带气候环境。果实榨油或盐渍、制蜜饯等。

## 05.02 蔬菜作物

**05.121 蔬菜** vegetable

可以生食、烹饪或加工成食品,供佐餐的植物。以草本植物为主,也包括一些木本植物的嫩茎、嫩芽及某些食用菌和食用藻等。

**05.122 根茎类蔬菜** root and stem vegetable

以植物变态根、茎作为食用部分的蔬菜。包括莴笋、莲藕、胡萝卜、百合、萝卜等。

**05.123 叶菜类蔬菜** leaf vegetable

以植物肥嫩的叶片和叶柄作为食用部位的蔬菜。包括芹菜、甘蓝、白菜、菠菜等。

**05.124 花菜类蔬菜** flower vegetable

以植物幼嫩的正常或变态花器官作为食用部位的蔬菜。包括花椰菜、青花菜、黄花菜等。

**05.125 果菜类蔬菜** fruit vegetable

以一定成熟度的果实及其种子作为食用部分的蔬菜。包括茄子、番茄、黄瓜、菜豆等。

**05.126 香辛类蔬菜** condiment vegetable

含有特殊芳香或辛辣味的蔬菜。包括葱、姜、蒜、芫荽、香芹、罗勒、辣椒等。

**05.127 芽苗菜** sprouting vegetable

以豆类、萝卜、苜蓿、菊苣、香椿、楤木等植物的种子或营养贮存器官,在黑暗或光照条件下培育成的可供蔬食的嫩芽、芽苗、芽球、幼梢或幼茎。

**05.128 野生蔬菜** wild vegetable

自然生长、未经人工栽培驯化的,可作食用的蔬菜(含菌藻类)。

**05.129 稀特蔬菜** rare vegetable

在一定地区和一定时期内生产面积较小、消费较少的特色蔬菜。

**05.130 设施蔬菜** protected vegetable

采用一定的设施,在局部范围内改善或创造出的适宜气候环境下种植的蔬菜。常用的设施包括大棚、温室、小拱棚或者地膜覆盖等。

**05.131 甘蓝类蔬菜** cole vegetable

十字花科芸薹属(*Brassica*)一、二年生草本蔬菜作物。染色体组 CC,$2n=18$,起源于地中海沿岸。叶片肥厚、被蜡粉;总状花序,花黄色或白色,长角果。喜冷凉气候。以叶球、花薹、球茎或侧芽供蔬菜食用。

**05.132 结球甘蓝** cabbage, *Brassica oleracea* var. *capitata*

简称"甘蓝"。又称"卷心菜""包心菜""洋白菜"。十字花科芸薹属二年生草本蔬菜。基因组大小约 650Mb。需要在低温条件下绿体春化才能抽薹开花。营养茎短缩,叶片近圆形或倒卵圆形,弯曲合抱形成叶球。叶球供蔬菜食用。

**05.133 紫甘蓝** red cabbage, *Brassica oleracea* var. *rubra*

十字花科芸薹属二年生草本蔬菜。结球甘蓝的一个栽培类型。富含花青素,叶片等器官呈紫红色。叶球供蔬菜食用。

**05.134 皱叶甘蓝** savoy cabbage, *Brassica oleracea* var. *sabauda*

十字花科芸薹属二年生草本蔬菜。结球甘蓝的一个栽培类型。叶片绿色或灰绿色,布满褶皱。叶球供蔬菜食用。

**05.135 抱子甘蓝** brussels sprouts, *Brassica oleracea* var. *gemmifera*

十字花科芸薹属二年生草本蔬菜。最早出现在欧洲比利时。主根不发达,侧根多;茎直立高大;同化叶呈勺子形,叶柄较长,腋芽形成小叶球,供蔬菜食用。

**05.136 花椰菜** cauliflower, *Brassica oleracea* var. *botrytis*

又称"花菜"。十字花科芸薹属一、二年生草本蔬菜。高 60~90cm,茎直立、粗壮,叶长圆形至椭圆形,主茎上短缩的多级分枝及其顶部未分化的花原基组织增生形成膨大的花球,呈乳白色、白色、橙黄色或紫红色。花球供蔬菜食用。

**05.137 青花菜** broccoli, *Brassica oleracea* var. *italica*

俗称“西蓝花”。十字花科芸薹属一、二年生草本蔬菜。高 60～90cm,根系发达,茎粗壮较短缩、肉质;叶阔卵形至椭圆形;短缩茎分枝及其顶部已分化簇生的花蕾形成膨大的花球,呈绿色、蓝绿色、紫红色等。花球供蔬菜食用。

**05.138 芥蓝** Chinese kale, *Brassica oleracea* var. *alboglabra*

十字花科芸薹属一、二年生草本蔬菜。原产于中国,主要分布在南方各地。根系浅,茎短缩、粗壮,叶卵形或广卵圆形。花薹和嫩茎叶供蔬菜食用。

**05.139 球茎甘蓝** kohlrabi, *Brassica oleracea* var. *gongylodes*

又称“苤蓝”。十字花科芸薹属二年生草本蔬菜。叶宽卵形至长圆形,边缘有不规则裂齿;茎膨大形成长圆或扁圆球体。球茎供蔬菜食用。

**05.140 羽衣甘蓝** kale, *Brassica oleracea* var. *acephala*

十字花科芸薹属二年生草本蔬菜。营养茎短缩;叶片形态及颜色多样,形态有光叶、皱叶、裂叶、波浪叶等,颜色有黄、白、红、紫等。嫩叶供蔬菜食用,亦可作观赏用。

**05.141 西蓝薹** broccolini, *Brassica oleracea* var. *italica* Group × *alboglabra* Group

十字花科芸薹属二年生草本蔬菜。由青花菜和芥蓝杂交而来。叶阔卵形至椭圆形;主茎上侧芽分枝多;花序松散,介于青花菜和芥兰之间。花薹供蔬菜食用。

**05.142 白菜类蔬菜** Chinese cabbage group

十字花科芸薹属(*Brassica*)一、二年生草本蔬菜。染色体组 AA,染色体数 $2n=20$。原产于中国,种植范围广。包含小白菜亚种、大白菜亚种及芜菁亚种。

**05.143 大白菜** Chinese cabbage, *Brassica campestris* ssp. *pekinensis* Olsson

又称“结球白菜”“包心白菜”。十字花科芸薹属芸薹种大白菜亚种。种植范围较广。叶柄两侧有明显的叶翼,中肋与叶柄扁阔,叶片宽大,多数能形成叶球,产量高。叶球供蔬菜食用。

**05.144 小白菜** pakchoi, *Brassica campestris* ssp. *chinensis* var. *chinensis* Tsen et Lee

又称“青菜”“飘儿白”“小油菜”。十字花科芸薹属芸薹种小白菜亚种普通白菜变种。叶柄两侧无叶翼或仅有不明显的边缘,叶片较小,不能形成叶球。生长期短,品质优。绿色叶片和叶柄供蔬菜食用。

**05.145 乌塌菜** Wuta-tsai, *Brassica campestris* ssp. *chinensis* var. *rosularis* Tsen et Lee

又称“塌地菘”“塌棵菜”“黑菜”。十字花科芸薹属芸薹种小白菜亚种乌塌菜变种。植株莲座叶塌地或半塌地生长,叶面皱缩或泡状隆起。耐寒性极强。以绿色叶片和叶柄为产品,产量低,品质优,供蔬菜食用。

**05.146 菜心** choy sum, *Brassica campestris* ssp. *chinensis* var. *parachinensis* Tsen et Lee

又称“菜薹”。十字花科芸薹属芸薹种小白菜亚种菜心变种。包含紫菜薹、白菜薹等栽培类型。植株较小,抽薹较早。产量较低,品质优。幼嫩的花薹及薹叶供蔬菜鲜食。

**05.147 薹菜** tai-tsai, *Brassica campestris* ssp. *chinensis* var. *taitsai* Hort

十字花科芸薹属芸薹种小白菜亚种薹菜变种蔬菜。包括花叶薹菜、板叶薹菜等栽培变种。叶长倒卵形,不规则或大头琴状羽裂、深裂或全裂,肉质直根较粗。耐寒性强。嫩叶、叶柄、嫩薹及肉质根供蔬菜鲜食。

**05.148 芜菁** turnip, *Brassica campestris* ssp. *rapifera* (Matzg) Sinsk

又称“蔓菁”“圆根”。十字花科芸薹属芸薹种芜菁亚种。原产于地中海沿岸及阿富汗、巴基斯坦与外高加索等地。能形成肥硕的肉质根,适应性强。肉质根、嫩叶及嫩薹供蔬菜鲜食、腌渍或用作饲料。

**05.149 芜菁甘蓝** rutabaga, *Brassica napus* var. *napobrassica* (L.) Reichenb

又称“洋蔓菁”“洋大头菜”。十字花科芸薹属甘蓝型油菜种芜菁甘蓝亚种。异源四倍体,染色体组 AACC, $2n=38$。原产欧洲。叶面蜡粉多,根膨大、肉质,适应性强,产量高。肉质根及叶片供蔬菜鲜食、腌渍或用作饲料。

**05.150 芥菜类蔬菜** mustard vegetable

又称“苦菜”“辣菜”。十字花科芸薹属芥菜种蔬菜。异源四倍体,染色体组 AABB, $2n=36$。原产中国。包含根芥、茎芥、叶芥、薹芥4个亚种、变种,类型多样,含辛辣物质。产量高,品质优。适于腌渍及鲜食。

**05.151 茄果类蔬菜** solanaceous vegetable

茄科中以浆果供食用的蔬菜。普遍栽培的有番茄、茄子、辣椒、酸浆等。

**05.152 番茄** tomato, *Solanum lycopersicum* L.

又称“西红柿”“番柿”。茄科茄属一年生草本蔬菜。染色体数 $2n=24$。原产于南美洲地区,在全世界广泛栽培。植株表面生腺毛,浆果扁球形或近球形,肉质多汁液。喜温。果实供蔬菜食用。

**05.153 茄子** eggplant, *Solanum melongena* L.

又称“紫茄”“落苏”。茄科茄属一年生(热带多年生)草本至半灌木蔬菜。染色体数 $2n=24$。起源于东南亚地区。包括圆茄、长茄和矮茄栽培类型。根系发达,假二叉分枝,叶大,浆果圆形至长条形。喜温,产量高,适应性强。幼嫩果实供蔬菜食用。

**05.154 香瓜茄** pepino, *Solanum muricatumn* Aiton

又称“人参果”。茄科茄属蔬菜。染色体数 $2n=24$。原产于南美洲。叶片有绒毛;浆果,成熟时果皮淡黄色,或有紫色斑纹。果实供蔬菜食用。

**05.155 辣椒** pepper, *Capsicum annuum* L.

茄科辣椒属一年生或多年生蔬菜。染色体 $2n=24$。原产于中南美洲,种植广泛。多分枝;花单生或簇生;果实形态多样,表面平滑或皱褶,部分类型果实具有辣味。喜温,产量高。果实供蔬菜食用或加工用。

**05.156 酸浆** physalis, *Physalis alkekengi* L.

又称“红姑娘”。茄科酸浆属多年生草本蔬菜。染色体数为 $2n=24$。广泛分布于欧亚大陆。叶互生,长卵形至阔卵形;浆果球状,橙红色或淡黄色,多汁。耐寒、耐热,喜凉爽。果实供蔬菜食用,植株也可供观赏用。

**05.157 黄秋葵** okra, *Abelmoschus esculentus* (L.) Moench

简称“秋葵”,又称“咖啡黄葵”。锦葵科秋葵属一年生草本蔬菜。有多种染色体组($2n=130$)。原产于印度。叶掌裂,被疏硬毛;蒴果筒状尖塔形,横截面多呈五边形或六边形。喜温,耐热性较强。嫩果供蔬菜食用,植株也可作药用。

**05.158 豆类蔬菜** leguminous vegetable

豆科中以嫩豆荚或嫩豆粒作蔬菜食用的栽培种群。

**05.159 红花菜豆** scarlet runner bean, *Phaseolus coccineus* L.

又称“多花菜豆”“大花芸豆”。豆科菜豆属多年生缠绕性草本蔬菜。原产于墨西哥或中南美洲。三出复叶,互生;腋生总状花序;果荚圆柱形,荚色鲜红;种子宽肾形,种皮花色或黑色。嫩荚和种子可供蔬菜食用。

**05.160 毛豆** vegetable soybean, green soy-

bean, *Glycine max* (L.) Merr.
又称"菜用大豆"。豆科大豆属一年生草本蔬菜。二倍体,染色体数 $2n=40$。原产于中国。高 30~90cm,茎方棱形;荚果矩形、扁平,密生黄色细长硬毛,种子一般 2~4 粒。未成熟、带嫩豆粒的豆荚作为蔬菜食用。

**05.161 长豇豆** asparagus bean, *Vigna unguiculata* subsp. *sesquipedalis* L. Verdc.
又称"长豆角"。豆科豇豆属一年生草本蔬菜。二倍体,染色体数 $2n=22$。原产于西非,种植范围广。总状花序腋生;荚果下垂,线形;种子长椭圆形、圆柱形或近肾形,黄白色、暗红色等。嫩豆荚和豆粒供蔬菜食用。

**05.162 菜用豌豆** sugar pod garden pea, *Pisum sativum* var. *hortense* Poir.
又称"荷兰豆""甜豌豆"。豆科豌豆属一年生或二年生攀缘性草本栽培蔬菜。原产于亚洲西部、地中海地区和埃塞俄比亚。小叶卵圆形;总状花序,花萼钟状;荚果长椭圆形,种子圆形,青绿色,干后变为黄色。嫩荚和籽粒供蔬菜食用。

**05.163 扁豆** hyacinth bean, *Lablab purpureus* (L.) Sweet
又称"峨眉豆""眉豆"。豆科扁豆属一年生或多年生缠绕藤本蔬菜。原产于印度和东南亚。三出复叶,互生,小叶阔卵圆形;腋生总状花序;荚扁平肥大。嫩荚及其嫩豆粒供蔬菜食用。

**05.164 四棱豆** winged bean, *Psophocarpus tetragonolobus* (L.) DC.
又称"翼豆""四角豆"。豆科四棱豆属一年生或多年生缠绕草本栽培蔬菜。染色体数 $2n=18$。原产于热带非洲和东南亚。三出复叶;花腋生,总状花序;荚果四棱形,种子小球状,有光泽。嫩荚和嫩叶作为蔬菜食用。

**05.165 刀豆** sword bean, *Canavalia gladiata* (J.) DC
又称"大刀豆""关刀豆"。豆科刀豆属一年生缠绕性草本蔬菜。原产于西印度、中美洲和加勒比海地区。三出复叶,小叶较大,卵圆形或楔形;总状花序;荚果大呈矩圆舌状,扁平。嫩荚作蔬菜食用。

**05.166 瓜类蔬菜** gourd vegetable
葫芦科中以幼嫩或成熟瓠果作蔬菜食用的栽培种群。一年生或多年生攀缘性草本植物。

**05.167 黄瓜** cucumber, *Cucumis sativus* L.
又称"胡瓜"。葫芦科黄瓜属蔬菜。二倍体,染色体数 $2n=14$。原产于印度,中国是其次生起源中心。茎蔓生,叶掌状;果实圆柱形或棒形,少有圆形。喜温暖,不耐寒冷。可单性结实,产量高。果实作蔬菜食用。

**05.168 甜瓜** muskmelon, *Cucumis melo* L.
葫芦科黄瓜属蔬菜。二倍体,染色体数 $2n=24$。薄皮甜瓜原产于中国,厚皮甜瓜原产于非洲。茎蔓生多分枝,叶片近圆形或肾形;果实球形或长椭圆形。喜高温干旱气候。以适当成熟度的果实供食用。

**05.169 哈密瓜** cantaloupe, *Cucumis melo* var. *saccharinus*
又称"蜜瓜"。葫芦科黄瓜属厚皮甜瓜的栽培类型。二倍体,染色体数 $2n=24$。原产于新疆高温干燥地区。茎、枝有棱,叶片近圆形或肾形;果实橄榄形、子弹形,含糖量高,肉质紧实。果实可生食。

**05.170 菜瓜** snake melon, *Cucumis melo* var. *flexuosus* Naud.
又称"蛇甜瓜"。葫芦科黄瓜属薄皮甜瓜类型之一。二倍体,染色体数 $2n=24$。原产于中国。叶互生,近卵圆形或肾形;果实长圆筒形,有纵长线条。果实适于鲜食、酱渍或炒食。

**05.171 越瓜** oriental pickling melon, *Cucumis melo* var. *conomon* Mark.

又称“梢瓜”。葫芦科黄瓜属薄皮甜瓜类型之一。二倍体,染色体数 $2n=24$。原产非洲,经中东传入印度,再经越南传入中国。具卷须,叶心状或掌状,近 5 角形,叶缘浅裂或深裂;果实筒状或棒状。喜温、耐热、耐湿。果皮极薄,具香气,但无甜味。嫩果可生食。

**05.172 西瓜** watermelon, *Citrullus lanatus* (Thunb.) Matsum & Nakai

葫芦科西瓜属蔬菜。二倍体,染色体数 $2n=22$。一年生蔓性草本。原产于非洲。叶片深缺刻;瓠果,果瓤多汁,红色或黄色。喜温暖干燥的气候,不耐寒。以成熟果实生食为主。

**05.173 南瓜** pumpkin, *Cucurbita moschata* Duch. ex Poir.

又称“倭瓜”“金瓜”。葫芦科南瓜属蔬菜。二倍体,染色体数 $2n=48$。一年生攀缘性草本。原产南美洲。近叶脉具白斑,茎五棱,具刺毛;果梗有棱、横切面呈五角形。耐热性强。果形大,产量高。果实供食用。

**05.174 笋瓜** winter squash, *Cucurbita maxima* Duch. ex Lam.

又称“印度南瓜”。葫芦科南瓜属蔬菜。二倍体,染色体数 $2n=40$。一年生草本。起源于南美洲。叶片肾形,花萼筒钟形。耐热性强。结果数量多,产量高。果实供食用。

**05.175 西葫芦** summer squash, zucchini, *Cucurbita pepo* L.

又称“美洲南瓜”。葫芦科南瓜属蔬菜。二倍体,染色体数 $2n=40$。一年生草本。原产于北美洲南部。叶片直立,无白斑;果实较小,面平滑,果梗粗壮,有明显的棱沟。喜温、较耐寒、不耐高温。果实一般较小,供食用。

**05.176 黑籽南瓜** fig-leaf gourd, melaber gourd, *Cucurbita ficifolia* Bouche.

又称“无花果叶瓜”。葫芦科南瓜属蔬菜。二倍体,染色体数 $2n=40$。一年至多年生宿根草本。原产拉丁美洲中部。根系发达;叶片近圆形,缺刻深裂;成熟果长圆形,外种皮为黑色。嫩果供食用,中国云南作饲料栽培,还可作瓜类嫁接砧木。

**05.177 瓠瓜** bottle gourd, white-flowered gourd, *Lagenaria siceraria* (Molina) Standl.

又称“瓠子”“扁蒲”。葫芦科葫芦属蔬菜。二倍体,染色体 $2n=22$。一年生草本。原产于非洲南部。叶片心脏形;花白色,夕开晨闭;果实形态多样。喜温、喜光、耐热。以嫩果、幼梢供蔬菜食用。

**05.178 冬瓜** wax gourd, *Benincasa hispida* (Thunb.) cogn.

又称“白瓜”。葫芦科冬瓜属蔬菜。二倍体,染色体数 $2n=24$。一年生草本。原产中国南部及印度。茎蔓生,叶片掌状;果实长圆柱形或近球形,单果大,产量高。果实供食用。

**05.179 节瓜** hairy gourd, *Benincasa hispida* var. *chieh-qua* How

又称“毛瓜”。葫芦科冬瓜属冬瓜种的变种。一年生攀缘性草本。原产中国南部。茎蔓较细,叶片小而薄;果实小,成熟时被糙硬毛,无白蜡质粉。喜高温、喜湿润。果实供食用。

**05.180 普通丝瓜** luffa-smooth loofah, *Luffa cylindrica* Roem.

葫芦科丝瓜属蔬菜。二倍体,染色体数 $2n=26$。一年生草本。起源于亚热带地区。掌状裂叶或心脏形叶,互生;果实短圆柱形或长棒形,有数条墨绿色纵纹,无棱。喜高温多湿。产量高。嫩果和茎尖可食。

**05.181 有棱丝瓜** luffa-angled loofah, *Luffa acutangula* (L.) Roxb

葫芦科丝瓜属丝瓜的栽培种之一。二倍体,染色体数 $2n=26$。一年生攀缘性草本蔬菜。起源于亚热带地区。掌状裂叶或心脏形叶,生长势弱于普通丝瓜;果实长棒形,有 7~11

条棱。喜高温多湿,不耐贫瘠,产量高。嫩果可食。

**05.182 苦瓜** bitter gourd, *Momordica charantia* L.

俗称“凉瓜”“癞葡萄”。葫芦科苦瓜属蔬菜。染色体数 $2n=22$。一年生草本。起源于东南亚热带地区。茎蔓生,掌状叶;果实纺锤形或圆锥形,果面多瘤皱,成熟后橙黄色,果肉有苦味。喜温、耐热。结瓜多,产量高。嫩果供蔬菜食用。

**05.183 佛手瓜** chayote, *Sechium edule* (Jacq.) Sw.

俗称“寿瓜”“隼人瓜”。葫芦科佛手瓜属蔬菜。二倍体,染色体数 $2n=28$。多年生植物作一、二年生栽培。分枝能力强,叶片掌状五角形;梨形果,有5条长须状沟。嫩果、块根、嫩叶和嫩茎供食用。

**05.184 蛇瓜** edible snake gourd, *Trichosanthes anguina* L.

葫芦科栝楼属的栽培种。二倍体,染色体数 $2n=22$。一年生攀缘性草本。果实长圆柱形,直或稍弯,表面平滑,通常有深色纵条纹。肉质柔嫩,纤维少,品质优良。嫩果实供蔬菜食用。

**05.185 葱蒜类蔬菜** allium vegetable

又称“鳞茎类蔬菜”。百合科葱属中以嫩叶、假茎、鳞茎或花薹为食用器官的蔬菜。二年生或多年生草本植物。

**05.186 大葱** welsh onion, *Allium fistulosum* var. *gigantum* Makino

又称“青葱”“汉葱”。百合科葱属蔬菜。二倍体,$2n=2x=16$。二、三年生草本。原产中国西部及相邻的中亚地区。弦线状须根,叶鞘组成肥大假茎,伞形花序。假茎和嫩叶具辛辣、芳香味,可作蔬菜食用。

**05.187 洋葱** onion, *Allium cepa* L.

百合科葱属蔬菜。二倍体,$2n=2x=16$。二年生或多年生草本。起源于西亚至中亚一带。须根,茎短缩呈盘状;鳞茎粗大,近球形;叶片圆筒状中空。白皮洋葱甜度高、辛辣味弱,黄皮洋葱味甜、辛辣味居中,紫皮洋葱甜度较低、辛辣味强。鳞茎供食用。

**05.188 胡葱** shallot, *Allium ascalonicum* L.

又称“火葱”“蒜头葱”。百合科葱属的一个栽培种。二年生草本。须根,茎短缩呈盘状。分蘖性强,鳞茎卵形,外皮紫红色、内白色,多个鳞茎密集聚生。喜冷凉、耐寒,不耐炎热。嫩叶做调料,鳞茎可食用。

**05.189 细香葱** chive, *Allium schoenoprasum* L.

又称“冬葱”“四季葱”。百合科葱属的一个栽培种。多年生草本。鳞茎膨大不明显;叶基生,线状,中空而细,成丛生长。栽培条件下一般不抽薹开花,分株繁殖。味清香,主要用于调味。

**05.190 分葱** bunching onion, *Allium fistulosum* var. *caespitosum* Makino

又称“小葱”“青葱”。百合科葱属的一个变种。一年生或多年生草本。植株矮小丛生,分蘖性强,可开花,不易结籽。鳞茎纺锤形,皮紫红色,肉浅紫白色。辛香味浓,常用作调料。

**05.191 楼葱** storey onion, *Allium fisulosum* var. *viviparum* Makino

百合科葱属的一个变种。多年生草本。有些植株能生出3层花茎。鳞茎卵圆至长卵圆形;伞形花序具大量珠芽,花被片白色,具淡红色中脉。葱香味极浓郁,假茎、嫩叶及花茎上较肥大的气生鳞茎可供食用。

**05.192 韭葱** leek, *Allium porrum* L.

又称“扁叶葱”“洋蒜苗”。百合科葱属蔬菜。二年生草本。原产于欧洲,抗逆性强。能产生肥嫩假茎(葱白),鳞茎单生,矩长卵圆至近球形;伞形花序球状,花白色至淡紫色。以嫩苗、鳞茎、假茎和花薹供食用或作调料。

**05.193 沙葱** Mongolian wild onion, *Allium mongolicum* Regel

又称"蒙古葱""麦葱"。百合科葱属植物半栽培种。多年生草本。多生长在荒漠、沙地、沙滩、戈壁及干旱山坡,抗逆性极强。鳞茎小,密集丛生,圆柱形;花淡红色、淡紫色或紫红色。嫩茎叶、花朵和鳞茎均可食用。

**05.194 韭菜** Chinese chive, *Allium tuberosum* Rottler ex Sprengle

百合科葱属蔬菜。多年生宿根草本。原产中国中部地区,现广泛栽培,适应性强。根茎横卧;小鳞茎狭圆锥形,簇生;叶基生、条形、扁平;伞形花序、顶生。具强烈的特殊气味,嫩叶、花薹和花序均可食用,种子、根等可入药。

**05.195 藠头** Chinese onion, *Allium chinense* G. Don

又称"薤"。百合科葱属蔬菜。宿根草本。原产中国。鳞茎聚生,狭卵状,外包裹白色或带红色膜质外皮;叶圆柱状,中空;伞形花序近半球状,花淡紫色至暗紫色。可供食用和药用。

**05.196 大蒜** garlic, *Allium sativum* L.

简称"蒜",又称"胡蒜",俗称"蒜头"。百合科葱属蔬菜。二倍体,$2n=2x=16$。二年生草本。原产西亚或欧洲,喜冷凉。鳞茎扁球形、近球形,由一到多个紧密排列的肉质小鳞芽组成,外包裹膜质外皮。鳞茎、花茎、幼株作蔬菜和调味品食用。

**05.197 薯芋类蔬菜** tuber and tuberous rooted vegetable

以富含碳水化合物的植物地下变态器官(块根、块茎、根茎、球茎)供食用的蔬菜的总称。

**05.198 甘露子** Chinese artichoke, *Stachys sieboldii* Miquel

又称"草石蚕""螺丝菜"。唇形科水苏属蔬菜。多年生草本。原产于中国。茎直立或基部倾斜,基部着生白色根茎,顶端有念珠状或螺丝状的膨大块茎;茎生叶卵圆形;轮伞花序通常6花。块茎适于做酱菜或泡菜。

**05.199 姜** ginger, *Zingiber officinale* Rosc.

又称"生姜""川姜"。姜科姜属多年生植物,作一年生蔬菜栽培。原产于东南亚。地上假茎,由叶鞘组成;根状茎肉质、黄色;叶片披针形、无柄;穗状花序。块茎有独特香辣味,作调味品食用。

**05.200 花魔芋** elephant-foot yam, *Amorphophallus konjac* K. Koch

又称"蒟蒻"。天南星科魔芋属蔬菜。多年生草本。起源于东半球雨林和亚热带季风林。大型掌状复叶,叶柄圆柱状;块茎扁球形,顶芽肥大;肉穗花序。块茎作蔬菜食用。

**05.201 蕉芋** edible canna, *Canna indica* L.

俗称"蕉藕"。美人蕉科美人蕉属蔬菜。多年生草本。起源于美洲热带地区。地下根状茎发达、块状;茎粗壮;叶互生、长圆形;花单生或2朵簇生。块茎作蔬菜食用,还可粮用、饲用。

**05.202 菜用土圞儿** potato bean, *Apios fortunei* Maxim.

豆科土圞儿属多年生蔓生草本植物,作一年生蔬菜栽培。起源于东南亚。块茎呈球状,似小马铃薯;奇数羽状复叶;总状花序。块茎可炒食、还可制淀粉。

**05.203 葛** thomson kudzu, *Pueraria montana* var. *thomsonii* (Benth.) Wiersema ex D. B. Ward

又称"甘葛"。豆科葛属蔬菜。多年生草质藤本。原产于中国。块根肥大,三出复叶,总状花序腋生。地下茎作蔬菜食用或制淀粉,根和花可入药。

**05.204　水生蔬菜**　aquatic vegetable

适宜于淡水或海水环境生长的一类蔬菜。在淡水中栽培的有莲、茭白、慈姑、荸荠、菱、水芹、蒲菜等，在海水中栽培的有海带和紫菜等。

**05.205　莲**　lotus, *Nelumbo nucifera* Gaertn.

又称“莲藕”“藕”“莲菜”。莲科莲属蔬菜。染色体数 $2n=16$，基因组大小约 920Mb。多年生水生草本植物。分布在东亚、南亚及东南亚地区，中国是莲的起源中心之一。根据用途分藕莲、子莲和花莲三个类型。根状茎和果实可食用，花可作观赏用。

**05.206　茭白**　water bamboo, *Zizania latifolia* (Griseb.)

又称“茭笋”“茭瓜”“菰首”。禾本科菰属蔬菜。染色体数 $2n=34$。多年生宿根性水生草本植物。中国是茭白原产地之一。有双季茭和单季茭两个类型。植株被菰黑粉菌(*Ustilago esculenta* P. Hen)侵染后茎尖膨大形成肥大的肉质茎，作蔬菜食用。

**05.207　慈姑**　Chinese arrowhead, *Sagittaria trifolia* var. *sinensis* (Sims) Makino

又称“茨菰”“慈菰”。泽泻科慈姑属蔬菜。染色体数 $2n=22$。多年生水生草本植物。分布在中国南方、日本和朝鲜。植株高大；叶片箭形；根状茎末端膨大形成球茎，卵圆状或球状，富含淀粉。球茎作蔬菜食用。

**05.208　荸荠**　Chinese water chestnut, *Eleocharis dulcis* (Burm. f.) Trin. ex Hensch.

又称“马蹄”“地栗”等。莎草科荸荠属蔬菜。多年生水生草本植物。中国是荸荠原产地之一，长江中下游及以南地区栽培。地上茎叶状；地下茎根状，生长后期根状茎顶端膨大成球茎，富含淀粉，供生食、熟食或提取淀粉。

**05.209　芡**　gordon euryale, *Euryale ferox* Salisb.

又称“鸡头”“鸡头米”等。睡莲科芡属蔬菜。染色体数 $2n=58$。一年生水生草本植物。中国是原产地之一。叶片浮于水面，直径可达 100～150cm；野生种的叶、花、果实表面密布刺，栽培品种仅叶背有刺。种子球形、椭圆形，富含淀粉，供食用、药用，叶柄和花柄作蔬菜食用。

**05.210　菱**　water caltrop, *Trapa natans* L.

又称“菱角”“风菱”。菱科菱属蔬菜。染色体数 $2n=48$ 或 96，基因组大小约 980Mb。一年生水生草本植物。分布在亚洲、非洲、欧洲等地。茎细长，蔓生于水中，长度可达 2～5m；叶片簇生形成菱盘浮于水面；果实具四角、两角或无角，富含淀粉，可生食或熟食。

**05.211　豆瓣菜**　watercress, *Nasturtium officinale* R. Br.

又称“西洋菜”“水田芥”。十字花科豆瓣菜属蔬菜。染色体数 $2n=34$。水生草本植物。原产地中海东部地区。须根系，再生能力强；茎中空，匍匐生长；奇数羽状复叶。栽培品种有结种子和不结种子两个类型。茎叶作蔬菜食用。

**05.212　莼菜**　water shield, *Brasenia schreberi* J. F. Gmel.

又称“马蹄草”“湖菜”。莼菜科莼菜属蔬菜。染色体数 $2n=72$。多年生水生草本植物。分布于亚洲、北美洲、澳洲等地。喜冷凉环境。叶片椭圆形、盾状着生，嫩茎和未张开的叶片被有胶状透明物质。嫩茎叶作蔬菜食用。

**05.213　水芹**　water dropwort

又称“水芹菜”“野芹菜”。伞形花科水芹属(*Oenanthe*)蔬菜。染色体数 $2n=22$。多年生水生草本植物。原产亚洲东部，野生种分布在中国各地。有地上茎和匍匐茎，中空；二回羽状复叶。栽培种有普通水芹[*O. javanica* (Blume) DC.]和中华水芹(*O. sinensis* Dunn)。茎叶作蔬菜食用。

**05.214 香蒲** common cattail

又称“蒲菜”“蒲儿菜”“草芽”。香蒲科香蒲属(*Typha*)蔬菜。染色体数 $2n=22$。多年生水生草本植物。分布广泛。根状茎白色,叶条形、带形,花单性同株。栽培种有狭叶香蒲(*T. angustifolia* L.)和宽叶香蒲(*T. latifolia* L.),以叶鞘中的幼嫩部分或根状茎作蔬菜食用。

**05.215 海带** kelp, *Saccharina japonica* (J. E. Areschoug) C. E. Lane, et al.

又称“纶布”“昆布”“江白菜”。海带科海带属藻类。北太平洋西部特有的冷温性大型褐藻。有典型的异型世代交替生活史。固着器由假根组成,叶片光滑呈革质,单条,片状且不分枝。叶片和柄作蔬菜食用。

**05.216 普通紫菜** laver

简称“紫菜”。红藻门红毛菜科紫菜属(*Porphyra*)藻类。广泛分布于温带海域。生活史有叶状体和丝状体两个阶段。藻体边缘全缘、平整或有皱褶。叶状藻体可作蔬菜食用。

**05.217 萝卜** radish, *Raphanus sativus* L.

又称“莱菔”“芦菔”。十字花科萝卜属蔬菜。染色体数 $2n=18$,基因组大小约530Mb。二年生草本植物。起源于欧亚海岸,种植范围广泛。喜冷凉气候。直根肉质,呈长圆形、球形或圆锥形等;莲座叶全缘、浅裂和羽状深裂;果实为角果。以肥大肉质根和叶作蔬菜食用。

**05.218 荠菜** shepherd's purse, *Capsella bursa pastoris* (L.) Medik.

简称“荠”,又称“花花菜”。十字花科荠菜属蔬菜。染色体数 $2n=32$。一、二年生草本植物。原产于中国。叶面被绒毛,叶柄具叶翼;总状花序,花小、白色;短角果,种子卵圆形。耐寒性强。以嫩叶和花茎作蔬菜食用。

**05.219 辣根** horse-radish, *Armoracia rusticana* G. Gaertn., B. Mey. & Scherb.

又称“马萝卜”。十字花科辣根属蔬菜。多年生草本植物。起源于欧洲东部和土耳其。根肉质肥大、纺锤状、白色;茎粗壮;叶簇生,披针形或长椭圆形。以肉质根为食用器官。

**05.220 蔊菜** rorippa, *Rorippa indica* (L.) Hiern

又称“野油菜”。十字花科蔊菜属蔬菜。一年生草本植物。分布于中国各地,西亚南部和印度。茎直立,具纵棱;叶长椭圆形,羽状浅裂,顶裂片宽卵形;总状花序。以嫩茎作蔬菜食用。

**05.221 沙芥** cornuted pugionium, *Pugionium cornutum* (L.) Gaertn.

又称“山萝卜”。十字花科沙芥属蔬菜。一、二年生草本植物。分布于中国沙漠地区和草原沙地。根肉质;茎直立,多分枝;叶肉质,羽状分裂;总状花序。幼苗茎叶和成株嫩叶作食用、药用。

**05.222 胡萝卜** carrot, *Daucus carota* var. *sativa* Hoffm.

又称“红萝卜”。伞形科胡萝卜属蔬菜。染色体数 $2n=18$。二年生草本植物。起源于中亚阿富汗地区,种植范围广泛。喜冷凉气候。肉质根呈圆柱形、圆锥形;三回羽状复叶,叶全裂;果实为双悬果。肥大肉质根富含类胡萝卜素,作蔬菜食用。

**05.223 芹菜** celery, *Apium graveolens* L.

又称“本芹”“旱芹”。伞形科芹属蔬菜。染色体数 $2n=22$。二年生草本植物。原产于地中海沿岸等地。分为叶用芹菜和根用芹菜两个变种。叶片簇生于短缩茎上,二回羽状奇数复叶,叶柄长而粗,具有芳香气味,作蔬菜食用。

**05.224 根芹菜** celeriac, *Apium graveolens* var. *rapaceum* DC.

又称“根洋芹”。伞形科芹属植物芹菜种的一个变种。染色体数 $2n=22$。二年生草本植物。起源于地中海东部。喜冷凉气候。地上部与叶用芹菜相似,肉质根肥大呈圆球状。肥大肉质根和叶柄均可食用。

**05.225 香芹菜** parsley, *Petroselinum crispum* (Mill.) Fuss

又称“洋芫荽”“欧芹”。伞形科欧芹属蔬菜。一、二年生草本植物。原产地中海沿岸。三回羽状复叶;伞形花序,小花淡绿色或白色。喜冷凉气候,较耐寒。嫩叶作蔬菜食用。

**05.226 欧防风** parsnip, *Pastinaca sativa* L.

又称“欧洲萝卜”“芹菜萝卜”。伞形科欧防风属蔬菜。染色体数 $2n=22$。二年生草本植物。起源于欧洲地中海西和高加索山脉之间的地区。喜冷凉气候。肉质根呈长锥形,羽状复叶。肉质根作蔬菜食用。

**05.227 茴香** fennel, *Foeniculum vulgare* Mill.

又称“蘹香”。伞形科茴香属蔬菜。染色体数 $2n=22$。多年生宿根草本植物。原产地中海沿岸。茎直立,叶片3~4回羽状分裂,复伞形花序,果实长圆形。嫩茎和叶作蔬菜食用,成熟果实亦可作香料。

**05.228 球茎茴香** florence fennel, *Foeniculum vulgare* var. *dulce* (Mill.) Batt. & Trab.

又称“意大利茴香”“甜茴香”。伞形科茴香属茴香的变种。一年生草本植物。原产意大利南部。株高70~100cm;羽状复叶,叶鞘基部膨大,相互抱合形成一个扁球形或圆球形的球茎。球茎作蔬菜食用。

**05.229 芫荽** coriander, *Coriandrum sativum* L.

又称“香菜”。伞形科芫荽属蔬菜。染色体数 $2n=22$。一、二年生草本植物。原产地中海沿岸及中亚地区。株高20~100cm,根纺锤形,茎生叶三回或多回羽状分裂,伞形花序,果实圆球形。具有特殊的香味,以嫩茎及叶为菜肴调料。

**05.230 莳萝** dill, *Anethum graveolens* L.

又称“土茴香”。伞形科莳萝属蔬菜。一、二年生草本植物。茎直立,圆柱形,叶片宽卵形,复伞形花序。叶、茎、果实具有温和的辛香味,嫩茎及叶作蔬菜食用,果实和种子可作香料。

**05.231 菠菜** spinach, *Spinacia oleracea* L.

又称“波斯草”“赤根菜”。藜科菠菜属蔬菜。染色体数 $2n=12$。一、二年生草本植物。原产于伊朗,种植范围广。多为雌雄异株,茎中空,叶戟形至卵圆形,叶面平或皱。种子有刺或无刺。叶片和嫩茎作蔬菜食用。

**05.232 根甜菜** garden beet, *Beta vulgaris* var. *rapacea* Koch

又称“根恭菜”“红菜头”。藜科甜菜属甜菜的一个变种。染色体数 $2n=18$。二年生草本植物。起源于地中海沿岸。蔬菜兼糖料作物,喜温暖多光气候。肉质根呈圆球形或圆锥形,富含甜菜红素;叶卵圆形,叶柄为紫红色。肥大肉质根是主要产品器官。

**05.233 厚皮菜** leaf beet, *Beta vulgaris* var. *cicla* L.

俗称“莙荙菜”。藜科甜菜属蔬菜。染色体数 $2n=18$。一、二年生草本植物。原产于欧洲南部及地中海沿岸。茎短缩,叶片卵圆形或长卵形,聚合果。嫩叶作蔬菜食用。

**05.234 榆钱菠菜** garden orach, *Atriplex hortensis* L.

又称“洋菠菜”。藜科滨藜属蔬菜。一年生草本植物。原产欧洲。茎直立,叶片卵状矩圆形至卵状三角形,全缘或具不整齐锯齿。耐干旱和盐碱。嫩叶作蔬菜食用。

**05.235 苋菜** amaranth, *Amaranthus tricolor* L.

又称“雁来红”“老少年”。苋科苋属蔬菜。

二倍体,染色体数 $2n=34$。一年生草本植物。原产于中国、印度及东南亚等地。叶片卵圆形、菱状卵形或披针形,全缘或波状缘,绿色或红色。耐热。嫩茎、叶作蔬菜食用。

**05.236 马齿苋** purslane, *Portulaca oleracea* L.

俗称“五方草”。马齿苋科马齿苋属蔬菜。一年生草本植物。原产于印度。茎平卧;叶互生,叶片扁平、肥厚;花无梗,花瓣黄色;蒴果卵球形。嫩茎及叶作蔬菜食用。

**05.237 牛蒡** great burdock, *Arctium lappa* L.

又称“恶实”“大力子”。菊科牛蒡属蔬菜。染色体数 $2n=36$。二年生草本栽培种。起源于欧亚大陆,种植广泛。喜温暖气候,耐寒耐旱。直根肉质,主茎粗壮,全部茎枝被稀疏的乳突状短毛。根肥大肉质作蔬菜食用,兼作药用。

**05.238 婆罗门参** salsify, *Tragopogon porrifolius* L.

又称“西洋牛蒡”“牡蛎草”。菊科婆罗门参属蔬菜。染色体数 $2n=12$。二年生草本栽培种。起源于欧洲和北非地区,广泛分布于欧洲和中国新疆地区。喜冷凉气候。叶线状披针形,先端渐尖,基部宽,半抱茎。根肥大肉质和茎、叶一起作蔬菜食用。

**05.239 叶用莴苣** leaf lettuce, *Lactuca sativa* var. *ramosa* Hort

又称“生菜”。菊科莴苣属蔬菜。二倍体,染色体数 $2n=18$。一、二年生草本。基因组大小约 2.5Gb,原产于地中海沿岸。包括直立莴苣、皱叶莴苣和结球莴苣 3 个变种。茎短缩;叶片深绿、浅绿或紫红色,叶面光滑或褶皱。作蔬菜可生食、熟食、加工为泡菜。

**05.240 茎用莴苣** stem lettuce, asparagus lettuce, *Lactuca sativa* var. *angustata* Irish ex Bremer

又称“莴笋”。菊科莴苣属蔬菜。二倍体,染色体数 $2n=18$。一、二年生草本植物。短缩茎伸长膨大为长棒状,叶片互生。肉质茎和嫩叶供蔬菜食用。

**05.241 结球莴苣** head lettuce, *Lactuca sativa* var. *capitata* DC.

又称“结球生菜”。菊科莴苣属蔬菜。二倍体,染色体数 $2n=18$。一、二年生草本植物。叶全缘、锯齿或深裂,叶面平滑或皱缩,叶片包合成明显的叶球,作蔬菜食用。

**05.242 油麦菜** romaine lettuce, *Lactuca sativa* var. *longifoliaf* Lam.

又称“莜麦菜”“苦菜”。菊科莴苣属蔬菜。一年生草本植物。叶用莴苣的直立栽培类型。须根系;茎短缩;叶互生,叶片长椭圆形至披针形,全缘至羽状深裂。嫩梢叶作蔬菜食用。

**05.243 苦苣** endive, *Cichorium endivia* L.

又称“苦菊”。菊科菊苣属蔬菜。一、二年生草本植物。原产南欧。茎直立,有铺散分枝;叶缘常有锯齿,基生叶有苦味;头状花序。性喜冷凉气候。嫩叶和花茎作蔬菜食用。

**05.244 苦苣菜** common sowthistle, *Sonchus oleraceus* L.

又称“滇苦菜”“苦荬菜”。菊科苦苣属蔬菜。一、二年生草本植物。分布于温带及亚热带地区。茎直立,基生叶羽状深裂,长椭圆形或倒披针形;头状花序。嫩叶作蔬菜食用。

**05.245 茼蒿** garland chrysanthemum, *Glebionis coronaria* (L.) Cass. ex Spach

又称“蓬蒿”。菊科茼蒿属蔬菜。染色体数 $2n=18$。一、二年生草本植物。原产于中国。茎高约 70cm,叶长而肥厚,全缘或羽状深裂,裂片呈倒披针形,叶腋分生侧枝;头状花序,白色或深黄色。嫩茎叶作蔬菜食用。

**05.246 款冬** coltsfoot, *Tussilago farfara* L.

又称“炙冬花”。菊科款冬属蔬菜。多年生

宿根草本植物。分布于中国、欧洲、非洲北部和日本。根状茎横生、褐色;头状花序,瘦果圆柱形;基生叶阔心形。花茎和叶柄作蔬菜食用,花亦可作药用。

**05.247　菜蓟**　artichoke, *Cynara scolymus* L.

俗称"法国百合"。菊科菜蓟属蔬菜。多年生草本植物。原产地中海沿岸。植株分蘖能力强,茎直立;头状花序,管状花,瘦果褐色,椭圆形,花蕾作蔬菜食用。

**05.248　菊花脑**　vegetable chrysanthemum, *Chrysanthemum indicum* L.

又称"菊花叶""菊花头"。菊科菊属蔬菜。多年生宿根草本植物。原产中国。地下具有匍匐茎,地上茎多分支;头状花序;叶片羽状深裂,有小叶和大叶之分。嫩茎叶供食用。

**05.249　紫背天葵**　gynura, *Gynura bicolor* DC.

又称"血皮菜""观音苋""红凤菜"。菊科菊三七属蔬菜。多年生宿根草本植物。原产中国,适应性强。茎肉质,叶片长卵形,头状花序,蒴果三角形。嫩茎及叶作蔬菜食用。

**05.250　马兰**　Indian kalimeris herb, *Kalimeris indica* (L.) Sch. Bip.

俗称"马兰头""红梗菜"。菊科马兰属蔬菜。多年生草本植物。起源于中国。根状茎有匍枝;茎直立;头状花序,舌状花;瘦果倒卵状矩圆形。喜凉爽湿润。嫩茎及叶供食。

**05.251　蒲公英**　dandelion, *Taraxacum mongolicum* Hand.-Mazz.

又称"黄花地丁""婆婆丁"。菊科蒲公英属蔬菜。染色体数 $2n=16$。多年生草本植物。广泛分布于北半球,叶倒卵披针形、倒披针形;头状花序;种子上有白色冠毛结成的绒球。嫩叶作蔬菜食用,亦可全株入药。

**05.252　蒌蒿**　seleng wormwood, *Artemisia selengensis* Turcz. ex Bess.

又称"芦蒿""藜蒿"。菊科蒿属蔬菜。多年生草本植物。主要分布于亚洲东部、北部。具有匍匐地下茎;茎下部叶宽卵形或卵形呈掌状或指状;头状花序。嫩茎及叶作蔬菜或酱菜食用。

**05.253　蕹菜**　water spinach, *Ipomoea aquatica* Forsk

又称"空心菜""通心菜"。旋花科番薯属蔬菜。一年生草本植物。原产于中国和东南亚热带地区。茎蔓生,圆形而中空;叶互生,披针形、长卵圆形或心脏形,叶面光滑,全缘。耐热,喜湿润。嫩茎和叶作蔬菜食用。

**05.254　冬寒菜**　Chinese mallow, *Malva verticillata* var. *crispa* L.

又称"冬葵""冬苋菜"。锦葵科锦葵属蔬菜。二年生草本植物。原产中国。叶近圆形,掌状浅裂,边缘波状;花簇生于叶腋;蒴果扁圆形。喜冷凉,不耐霜冻及炎热。幼苗和嫩梢作蔬菜食用。

**05.255　落葵**　malabar spinach, ceylon spinach, *Basella alba* L.

俗称"藤芭菜""木耳菜"。落葵科落葵属蔬菜。一年生缠绕性草本植物。原产亚洲热带地区。单叶互生,卵圆形或近圆形;穗状花序腋生;球形浆果。叶作蔬菜食用。

**05.256　番杏**　New Zealand spinach, *Tetragonia tetragonioides* (Pall.) Kuntze

俗称"新西兰菠菜""法国菠菜"。番杏科番杏属蔬菜。一年生半攀缘性草本植物。原产于东亚、澳大利亚和新西兰。单叶互生,全缘,叶柄肥厚;花单生或2~3朵簇生;坚果陀螺状。嫩茎及叶作蔬菜食用。

**05.257　野豌豆**　vetch, *Vicia sepium* L.

又称"滇野豌豆""黑荚巢菜"。豆科野豌豆属蔬菜。多年生草本植物。分布于中国西北、西南各地。根状茎匍匐;偶数羽状复叶,叶轴顶端卷须发达;短总状花序。嫩茎叶供食用。

**05.258 罗勒** sweet basil, *Ocimum basilicum* L.

俗称"兰香""九层塔"。唇形科罗勒属蔬菜。一年生草本植物。主要分布于非洲及亚洲热带和亚热带地区。叶卵形至长圆形,总状花序,坚果卵球形。全株芳香,嫩叶及茎作调料。

**05.259 紫苏** purple common perilla, *Perilla frutescens* (L.) Britt.

又称"桂荏""白苏"。唇形科紫苏属蔬菜。一年生草本植物。原产于中国。茎钝四棱形,叶卵圆形或圆形,轮伞花序,坚果倒卵形,有特殊芳香。嫩叶作蔬菜食用,亦可作药用和香料用。

**05.260 藿香** wrinkled gianthyssop, *Agastache rugosa* (Fisch. & C. A. Mey.) Kuntze

又称"山薄荷"。唇形科藿香属蔬菜。多年生草本植物。广泛分布于中国各地,俄罗斯、朝鲜、日本及北美洲。茎直立,叶心状卵形至长圆状披针形。有特殊的香气,幼嫩叶片作蔬菜食用,根可药用。

**05.261 竹笋** bamboo shoot

又称"绿竹笋""麻竹笋"。禾本科竹亚科(Bambusoideae)蔬菜。多年生草本植物。分布于中国长江中下游及珠江流域。竹子短缩肥大的芽,外包坚韧的笋壳,内有柔韧的笋肉。喜温怕冷。供蔬菜食用。

**05.262 香椿** Chinese mahogang, *Toona sinensis* (A. Juss.) M. Roem.

又称"香铃子"。楝科香椿属蔬菜。多年生落叶乔木。树皮粗糙;偶数羽状复叶,有特殊香味;圆锥花序;蒴果。嫩茎及叶作蔬菜食用。

**05.263 黄花菜** daylily, *Hemerocallis citrina* Baroni

又称"金针菜"。百合科萱草属蔬菜。多年生草本植物。原产于中国。根茎肉质,纺锤状膨大;花梗较短,花多,淡黄色。肥嫩花蕾经过特殊处理可作蔬菜食用。

**05.264 石刁柏** asparagus, *Asparagus officinalis* L.

又称"芦笋"。百合科天门冬属蔬菜。多年生宿根直立草本植物。起源于地中海沿岸和小亚细亚一带。有地下根状茎和地上茎,地上茎光滑,着生针形细枝;叶退化为三角鳞片状;花腋生;浆果熟时红色。茎及芽供食用。

**05.265 蘘荷** mioga ginger, *Zingiber mioga* (Thunb.) Rosc.

姜科姜属蔬菜。多年生草本植物。原产于中国。株高50~100cm,根茎淡黄色;叶片披针状椭圆形或线状披针形;花序近卵形,苞片红色。嫩茎供蔬菜食用。

**05.266 霸王花** vileplume, *Hylocereus undatus* (Haw.) Britt. et Rose

俗称"剑花"。仙人掌科量天尺属蔬菜。多年生肉质草本攀缘植物。原产墨西哥一带。茎深绿色、肉质;花朵大、黄绿色、漏斗形。花干制品作蔬菜食用。

**05.267 蕺菜** houttuynia cordata, *Houttuynia cordata* Thunb.

又称"鱼腥草""折耳根"。三白草科蕺菜属蔬菜。多年生草本植物。分布于中国中部、东南至西南各省。茎下部伏地,节上轮生小根;叶卵形或阔卵形;穗状花序;蒴果卵圆形。嫩茎作蔬菜食用,亦可药用。

**05.268 枸杞** barbary wolfberry, *Lycium chinense* Mill.

又称"枸杞菜",俗称"狗牙子"。茄科枸杞属中多年生灌木,作一年生栽培蔬菜。枝条细软,叶互生或簇生,花单生或双生,浆果红色或橙色。嫩茎及叶可作蔬菜食用,果实和根皮可药用。

**05.269 食用大黄** garden rhubarb, *Rheum*

*rhaponticum* L.
蓼科大黄属蔬菜。染色体数 $2n=44$。多年生草本植物。原产中国,叶淡红色,掌状浅裂,叶柄长 50~60cm,柔嫩叶柄呈暗绿至鲜红色,含琥珀酸,味酸清口。叶柄供蔬菜食用。

**05.270 桔梗** balloon flower, *Platycodon grandiflorus* (Jacq.) A. DC.
又称"包袱花""铃铛花""僧帽花"。桔梗科桔梗属蔬菜。多年生草本植物。在中国东北普遍栽培。叶片卵形、卵状椭圆形至披针形,花暗蓝色或暗紫白色。嫩苗、根均作为蔬菜食用。

**05.271 龙牙草** hairyvein agrimony, *Agrimonia pilosa* Ldb.
俗称"仙鹤草""地仙草"。蔷薇科龙牙草属蔬菜。多年生草本植物。全体被白色柔毛。茎下部圆柱形,单数羽状复叶互生,总状花序,果实倒卵圆锥形。嫩茎及叶作蔬菜食用,全草、根及冬芽可入药。

**05.272 紫萁** Japanese royal fern, *Osmunda japonica* Thunb.
又称"高脚贯众""紫萁贯众"。紫萁科紫萁属蔬菜。草本。分布于中国暖温带、亚热带地区。根状茎短粗;叶簇生,纹脉清晰。嫩叶可食,绵毛、根茎及叶柄残基可入药。

**05.273 蕨菜** bracken, *Pteridium aquilinum* var. *latiusculum* (Desv.) underw. ex A. Heller
又称"拳头菜"。蕨科蕨属蔬菜。多年生宿根草本植物。原产中国和日本,生长于稀疏的针阔混交林中。根状茎长而横走,匍匐生长;新生叶上部向内卷曲,被绒毛,三回羽状复叶。幼嫩叶芽作蔬菜食用。

**05.274 发菜** fa-tsai, *Nostoc flagelliforme* (Born. et Flah.) Wolle
又称"地毛菜""发状念珠藻"。蓝藻门念珠藻科念珠藻属能食用的野生种。产于中国。藻体毛发状,平直或弯曲,棕色,干后呈棕黑色,常缠绕成团状。适应性强,耐旱、耐高温、耐寒。

**05.275 食用菌** edible mushroom
又称"食用蘑菇"。可供人类食用的大型真菌。能形成大型肉质子实体或菌核组织,广泛分布于世界各地,约 95% 属于担子菌门,少数属于子囊菌门。

**05.276 双孢蘑菇** white button mushroom, *Agaricus bisporus* (J. E. Lange) Imbach
又称"洋蘑菇"。蘑菇科蘑菇属食用菌。染色体 13 条。广泛分布于北半球温带,欧美等国家主栽食用菌,我国广泛栽培。草腐菌,子实体单生;菌盖近白色至淡褐色,厚,近半球形,有鳞片,边缘常内卷;菌柄上有半膜状菌环;无锁状联合。蛋白质和麦角甾醇含量高。

**05.277 毛头鬼伞** shaggy mane, shaggy inkcap, *Coprinus comatus* (O. F. Müll.) Pers.
又称"鸡腿菇"。蘑菇科鬼伞属食用菌。自然分布广泛,可全国栽培。子实体形似鸡腿而得名。菌盖呈圆柱形,表面褐色至浅褐色,随着菌盖长大而断裂成较大型鳞片,后期边缘菌褶会自溶为墨汁状;有锁状联合。幼时可食。

**05.278 蜜环菌** honey mushroom, *Armillaria mellea* (Vahl.) P. Kumm.
又称"榛蘑"。泡头菌科蜜环菌属食用菌。自然分布于中国大部分地区。夏秋季生于树木或腐木上。菌盖蜜黄色至黄褐色,被有棕色至褐色鳞片。菌柄圆柱形,菌环以上白色,菌环以下浅褐色,菌丝体能产生根状菌索。气味芳香。

**05.279 毛木耳** hairy wood ear, cloud ear fungus, *Auricularia cornea* Ehrenb.

又称“粗木耳”“黄背木耳”。木耳科木耳属食用菌。自然分布广,可全国栽培。生长在阔叶树倒木和腐木上。子实体胶质,耳状或面片状,呈紫褐色或紫灰色,人工选育出不同色泽新品种,如白色(玉木耳)、粉红色毛木耳;被绒毛,暗灰色;有锁状联合。与黑木耳相比,耳片更大、更厚,口感更脆。

**05.280 黑木耳** wood ear, *Auricularia heimuer* F. Wu, B. K. Cui & Y. C. Dai

又称“木耳”“云耳”“桑耳”。木耳科木耳属,中国传统食用菌。自然分布广,已全国栽培。生长在阔叶树倒木和腐木上。子实体胶质,半透明,耳片薄,中凹,呈黑褐色或红褐色;密被短绒毛;有锁状联合。人工栽培始于中国。富含铁、多糖等。

**05.281 美味牛肝菌** king bolete, porcino, *Boletus edulis* Bull.

牛肝菌科牛肝菌属,名贵的野生食用菌。自然分布于东北、华中和西北等地区,尚未实现人工栽培。夏秋季生于针叶林或针阔混交林地上。菌体较大,肉质肥厚,柄粗壮,形似牛肝;菌肉伤不变色。味道鲜甜,口感滑嫩。

**05.282 蛹虫草** trooping cordyceps, *Cordyceps militaris* (L.) Fr.

又称“北冬虫夏草”。子囊菌,虫草科虫草属食用菌。自然分布广泛,可全国栽培。夏秋季生于鳞翅目昆虫的蛹上,多出现于林地枯枝落叶层中。由子座与菌核两部分组成复合体,呈橙黄色;无锁状联合。人工栽培始于中国。菌种易变异。富含腺苷、虫草酸、虫草素。

**05.283 块菌** truffle

又称“松露”“猪拱菌”。子囊菌,块菌科块菌属(*Tuber*)食用菌。是一类与松科、壳斗科、桦木科等高等树木形成典型共生关系的外生菌根真菌,包含多个物种。主要自然分布在四川和云南,此外西藏、新疆、山西、辽宁、吉林、福建、湖南、湖北、甘肃、内蒙古、北京、河北、台湾也有分布,尚未实现大规模人工栽培。多在阔叶树的根部着丝生长。块菌子实体大多是淡黑色、栗黑色,球形、椭圆形、肾形、圆形到不规则形,裂片状或瘤状,内部有明显的纹理,剖面呈大理石状斑纹;无锁状联合。具有独特的香味。

**05.284 羊肚菌** morel

又称“羊肚蘑”“编笠菌”。子囊菌,羊肚菌科羊肚菌属(*Morchella*)食用菌,是多个物种的统称。中国名贵食用菌。自然分布广,可全国栽培。主要生长于富含腐殖质的沙壤土、褐土、棕壤中。菌盖不规则圆形、长圆形,表面形成许多凹坑,似羊肚状、淡黄褐色;无锁状联合。菌种易变异。

**05.285 柱状田头菇** poplar fieldcap, poplar mushroom, *Cyclocybe aegerita* (V. Brig.) Vizzini

又称“杨树菇”“茶薪菇”“茶树菇”。假脐菇科环伞属食用菌。自然分布于华中、华南等地区,可全国栽培。生于杨树、柳树等树干。子实体菌盖扁半球形,乳白色至淡黄色,边缘平滑,常有菌幕残片,稍黏;有锁状联合。菌盖细嫩、菌柄脆,干品味道浓郁。

**05.286 金针菇** winter mushroom, velvet stem, *Flammulina filiformis* (Z. W. Ge et al.) P. M. Wang et al.

又称“冬菇”“构菌”“增智菇”。泡头菌科冬菇属食用菌。自然分布广泛,已全国栽培。生于阔叶树枯木上的一种朵型较小的伞菌。低温型食用菌。子实体丛生;菌盖淡黄褐色至黄褐色;菌柄麦秆状;菌肉白色、较薄;有锁状联合。是中国最早进行栽培的食用菌之一。栽培品种分白色金针菇和黄色金针菇两类。精氨酸和赖氨酸含量高。

**05.287 灵芝** reishi, lingzhi, *Ganoderma lingzhi* Sheng H. Wu, Y. Cao & Y. C. Dai

又称“赤芝”。多孔菌科灵芝属食用菌。自然发生于华北和华中地区,已全国栽培。多为一年生，菌盖木质，肾形、半圆形或近圆形，呈红褐色、红紫色或暗紫色；有锁状联合。担孢子双层壁。人工栽培始于中国。富含灵芝酸。子实体食药兼用。长期以来，灵芝的拉丁学名争议较大，有 *G. lingzhi*、*G. lucidum* 和 *G. sichuanense* 三种观点；传统上使用的是 *G. lucidum*，2020 年版《中华人民共和国药典》使用的是 *G. lucidum*。目前，*G. lingzhi* 的中文名为灵芝，*G. lucidum* 的中文名称被改为亮盖灵芝，*G. sichuanense* 的中文名称是四川灵芝。

**05.288　灰树花**　hen of the woods, *Grifola frondosa* (Dicks.) Gray

又称“栗蘑”。树花孔菌科树花孔菌属食用菌。自然发生于东北和华北等地区，可全国栽培。生于壳斗科树种及阔叶树的树桩或树根上。子实体肉质，有柄，多次分支，重叠成覆瓦状，无菌褶；有锁状联合。鲜品气味清新，干品气味浓郁。富含灰树花多糖。食药兼用。

**05.289　猴头菌**　lion's mane mushroom, monkey head mushroom, *Hericium erinaceus* (Bull.) Pers.

又称“猴头菇”。猴头菌科猴头菌属食用菌。中国传统食用菌。自然发生于东北、青藏、内蒙古自治区和西北地区，可全国栽培。木腐菌；子实体覆有毛茸状菌刺，状如猴头，新鲜时白色肉质，后期浅黄至浅褐色；有锁状联合。采收过晚有苦味。食药兼用。

**05.290　荷叶离褶伞**　fried chicken mushroom, *Lyophyllum decastes* (Fr.) Singer

又称“鹿茸菇”“荷叶蘑”。离褶伞科离褶伞属食用菌。自然分布于东北、华北和华中地区，可全国栽培。子实体幼小时，颜色和形状类似鹿角，丛生或簇生；菌盖呈扁半球形，灰白色或灰黄色；有锁状联合。口感脆，味道浓。

**05.291　斑玉蕈**　beech mushroom, *Hypsizygus marmoreus* (Peck) H. E. Bigelow

又称“真姬菇”“海鲜菇”“蟹味菇”。离褶伞科玉蕈属食用菌。自然分布于东北、青藏等地区。生于阔叶林区。菌盖肉质，半球形，有网状龟裂纹，边缘光滑，菌柄白色，空心；有锁状联合。依据菌盖颜色和菌柄长度的不同，商品名分为蟹味菇、白玉菇和海鲜菇。

**05.292　香菇**　shiitake fungus, *Lentinula edodes* (Berk.) Pegler

类脐菇科微香菇属食用菌。中国传统食用菌。自然分布于东北、华中、华南等地区，全国可栽培。木腐菌，菌盖扁半球形，肉厚，浅褐色、深褐色至深肉桂色，具有鳞片。菌环以下覆有鳞片，菌环窄，易消失。人工栽培始于中国。富含香菇多糖、维生素 D 等。

**05.293　金耳**　golden fungus, *Naematelia aurantialba* (Bandoni & M. Zang) Millanes & Wedin

又称“黄金银耳”。耳包革科耳包革属食用菌。寄生于毛韧革菌［*Stereum hirsutum* (Willd.)］上。主要自然分布于云南、西藏、四川等地，可全国栽培。单生或群生于阔叶树朽木上。子实体以毛韧革菌菌丝和金耳菌丝组成的白色、浅黄色纤维质为内核，外包金色、橙色的金耳子实层，胶质，脑状至分裂为数个裂瓣，金黄色或橙黄色；有锁状联合。子实层稀疏分布的产孢细胞以出芽形式产生分生孢子。子实体胶质细腻、气味清香。

**05.294　竹荪**　veiled stinkhorn, netted stinkhorn, bamboo fungus, *Phallus indusiatus* Vent.

又称“竹笙”。鬼笔科鬼笔属食用菌。中国特色食用菌。自然分布于华北、华中、华南等地区，贵州、福建等地栽培较多。春至秋季生于阔叶林中地上，特别是竹林中地上。菌盖钟形，有显著网格；菌柄顶端有网状菌裙从菌盖向下铺开；菌群白色；有锁状联合。人工栽培始于中国。味道浓郁，口感脆滑。

**05.295　滑菇**　butterscotch mushroom, *Pholio-*

*ta nameko*（T. Itõ）S. Itõ & S. Imai

又称“滑子蘑”“光帽鳞伞”。球盖菇科鳞伞属。自然分布于东北、华中等地区，可全国栽培。低温型食用菌。夏秋季丛生或群生于阔叶树木倒木或树桩上。子实体表面黏滑，初期红褐色，后期黄褐色；有锁状联合。菌丝培养后期易形成粉孢子。

**05.296　刺芹侧耳**　king oyster mushroom, *Pleurotus eryngii*（DC.）Quél.

又称“杏鲍菇”。侧耳科侧耳属食用菌。未见中国自然分布的报道。生于伞形花科植物如刺芹（*Eryngium foetidum* L.）的茎基部。子实体单生或群生；菌盖中央周围有辐射状褐色条纹；菌肉纯白色，有杏仁味；菌柄长，基部膨大，呈球茎体状；有锁状联合。已广泛人工栽培。

**05.297　糙皮侧耳**　oyster mushroom, *Pleurotus ostreatus*（Jacq.）P. Kumm

又称“平菇”“北风菌”。侧耳科侧耳属食用菌。有11条染色体。自然分布于中国大部分地区，已全国栽培。生于阔叶树的枯木等部位。子实体丛生或叠生；菌盖呈覆瓦状丛生，肉质肥厚柔软，颜色随温度升高而变浅；菌柄侧生或偏生，短或无，白色，中实；有锁状联合。食用，还可用于木质素降解和生物修复等研究。

**05.298　肺形侧耳**　phoenix mushroom, *Pleurotus pulmonarius*（Fr.）Quél.

又称“凤尾菇”“秀珍菇”。侧耳科侧耳属食用菌。自然分布于东北、华中、华南等地区，已全国栽培。生于阔叶树倒木或枯树干等。子实体成熟后，菌盖边缘波浪形；菌柄无或有；菌肉白色；菌褶白色至乳白色，褶缘平滑；有锁状联合。质地细嫩，鲜甜爽口。

**05.299　白灵侧耳**　bailinggu, *Pleurotus tuoliensis*（C. J. Mou）M. R. Zhao & Jin-X. Zhang

又称“白灵菇”“阿魏蘑”。侧耳科侧耳属食用菌。中国新疆的特色野生食用菌，可全国栽培。生于伞形花科植物新疆阿魏（*Ferula Sinkiangensis* K. M. Shen）的根上。菌盖白色或淡黄色，有时有龟裂斑纹；菌肉白色，厚，伤不变色；有锁状联合。变温结实。子实体肉质细腻。食药兼用。

**05.300　桑黄**　sanghuang mushroom

又称“桑耳”。锈革孔菌科桑黄孔菌属（*Sanghuangporus*）药用菌。收录于我国中药古籍中的一类大型珍稀药用真菌。在我国发现的野生桑黄有10多种，自然分布于多个省、自治区和直辖市，可全国栽培。桑树桑黄菌盖木质、扁半球形或马蹄形，无柄，黄褐色至栗褐色；菌肉硬，暗褐色；菌管口面锈褐色至酱色。目前能广泛人工栽培的桑黄种类有鲍姆桑黄［*S. baumii*（Pilát）L. W. Zhou & Y. C. Dai］、瓦尼桑黄［*S. vaninii*（Ljub.）L. W. Zhou & Y. C. Dai］和粗毛纤孔菌（*Inonotus hispidus*），桑树桑黄［*S. sanghuang*（Sheng H. Wu, T. Hatt. & Y. C. Dai）］仅有小批量尝试栽培。

**05.301　广叶绣球菌**　cauliflower mushroom, *Sparassis crispa*（Wulfen）Fr.

又称“绣球菇”“花椰菜菌”。绣球菌科绣球菌属名贵食用菌。自然分布于东北和青藏地区，可全国栽培。褐腐菌，生长于针叶树基部。子实体中等至大型，肉质，形似绣球；菌柄粗壮，分枝枝端形成很多曲折的瓣片；有锁状联合。肉质脆嫩，风味独特。β-葡聚糖含量高。食药兼用。可人工栽培。

**05.302　大球盖菇**　wine cap mushroom, *Stropharia rugosoannulata* Farl. ex Murrill

又称“皱环球盖菇”。球盖菇科球盖菇属食用菌。自然分布广，可全国栽培。生于草地或阔叶树林边缘。子实体单生、丛生或群生；菌盖近半球形，具白色纤毛状鳞片，边缘钝或锐；菌肉厚；菌褶密；菌环厚，双层，成熟后易脱落；有锁状联合。降解农作物秸秆的能力强。常温下，采后子实体品质下降快，保鲜要求高。

**05.303 银耳** snow fungus, snow ear, silver ear fungus, *Tremella fuciformis* Berk.

又称“白木耳”“雪耳”。银耳科银耳属食用菌。自然分布广,已全国栽培。著名食用菌和药用菌。子实体由薄而多皱褶的扁平形洁白半透明瓣片组成,呈菊花状或鸡冠状;有锁状联合。生长中需要香灰菌阴环炭团菌 *Annulohypoxylon stygium* (Lév.) Y. M. Ju, et al. 作为伴生菌。人工栽培始于中国。

**05.304 松口蘑** matsutake, *Tricholoma matsutake* (S. Ito & S. Imai) Singer

又称“松茸”。口蘑科口蘑属食用菌。名贵野生菌。自然分布于东北、华中、青藏等地区,尚未实现人工栽培。生于松属和栎属树林,常形成蘑菇圈,与松树形成外生菌根。子实体散生或群生;菌盖扁半球形至近平展,鳞片纤维状;菌肉肥厚致密,有浓香味;菌柄较粗壮,基部稍膨大;菌环生于菌柄上部,纤维状。子实体细嫩,有特殊清香气。

**05.305 草菇** Chinese mushroom, straw mushroom, *Volvariella volvacea* (Bull.) Singer

又称“兰花菇”“南华菇”“麻菇”。光柄菇科小包脚菇属属食用菌。中国传统食用菌。自然分布于华中和华南地区,可全国栽培。草腐菌,菌盖呈鼠灰至灰白色,无锁状联合。人工栽培始于中国广东。味道鲜美。富含维生素 C 等。新鲜草菇易开伞,且不能冰箱保存,保鲜贮藏要求高。

## 05.03 花卉作物

**05.306 花卉** floral crop

具有一定观赏价值的草本植物。主要指经过专门培植,用于室内外装饰布置,具有美化环境、愉悦性情、丰富人们生活功能的植物。广义的花卉等同于观赏植物,还包括草坪植物、观赏树木和盆景植物。

**05.307 宿根花卉** perennial flower

地下部分不发生变态(不膨大)的多年生草本花卉。其中包括主要原产温带,冬季地上部分枯死、翌年春暖后重新萌芽生长的种类,以及主要原产热带和亚热带,地上部分保持常绿的种类。

**05.308 球根花卉** bulb flower

地下部分的一些组织变态膨大呈球状或块状的多年生草本花卉。按地下变态器官形态和组织起源的不同又分为 5 类:鳞茎类、球茎类、块茎类、根茎类、块根类。

**05.309 水生花卉** aquatic flower

生长在水体中的花卉。根据生育特性的不同可分为挺水、浮水、漂浮和沉水 4 大类。

**05.310 观赏蕨类** ornamental fern

蕨类植物中具有观赏价值的种类总称。在全球分布极广,从寒带到热带均有生长。无根系,具假根,无种子,通过孢子繁殖。

**05.311 多肉花卉** cacti and succulent flower

多肉植物类和仙人掌类植物中具有观赏价值的种类总称。植物体的营养器官(根、茎或叶)中具有大量的薄壁细胞,贮藏丰富的水分,用于满足长期干旱条件下,植株本身对水分的需求。

**05.312 观赏草** ornamental grass

主要指具有观赏价值的单子叶植物。以茎秆和叶丛为主要观赏部位。主要包括禾本科的蒲苇属、羊茅属、芒属、狼尾草属、乱子草属、针茅属、白茅属和莎草科薹草属以及灯心草科等的多年生植物。

**05.313 雏菊** daisy, *Bellis perennis* L.

菊科雏菊属多年生草本花卉。染色体数 $2n=18$。头状花序单生于花葶顶端，花葶被毛，总苞半球形或宽钟形。多作二年生栽培，花期 4~6 月。

**05.314 金盏菊** pot marigold, *Calendula officinalis* L.

又称"金盏花"。菊科金盏花属一、二年生草本花卉。染色体数 $2n=2x=28$。头状花序单生枝顶；苞片 1~2 层，披针形或长圆状披针形，先端渐尖，基部联合；舌状花先端具三角状披针形裂片。花期 4~9 月。

**05.315 翠菊** China-aster, *Callistephus chinensis* (L.) Nees

菊科翠菊属一年生或两年生草本花卉。染色体数 $2n=18$；园艺品种多四倍体，$2n=4x=36$。栽培品种按株型分为：直立型、半直立型、丛生型和疏散型。头状花序单生于茎枝顶端或侧枝二顶端；花冠有紫、红、粉、白等色；瘦果长椭圆状倒披针形。春播花期 7~10 月，秋播花期 5~6 月。

**05.316 矢车菊** cornflower, blue-bottle, *Centaurea cyanus* L.

菊科矢车菊属一年生或二年生草本花卉。染色体数 $2n=24$、48。头状花序多数或少数在茎枝顶端排成伞房花序或圆锥花序。花期 5~7 月。

**05.317 波斯菊** common cosmos, *Cosmos bipinnatus* Cav.

菊科秋英属一年生草本花卉。染色体数 $2n=2x=24$。叶对生，2 回羽状深裂，裂片线形或丝状线形；头状花序单生枝顶，花径 5~8cm，具总长梗。

**05.318 瓜叶菊** cineraria, *Pericallis hybrida* (Regel) B. Nord

又称"千日莲""瓜叶莲"。菊科瓜叶菊属二年生草本花卉。染色体数 $2n=2x=40$。常见类型有大花型、星型、中间型、多花型。花期 11 月至翌年 5 月。

**05.319 万寿菊** marigold, *Tagetes erecta* L.

又称"臭芙蓉""孔雀菊"。菊科万寿菊属一年生草本花卉。染色体数 $2n=2x=24$。头状花序顶生，花序梗上部膨大中空，花径 5~13cm。花期 6~10 月。

**05.320 孔雀草** French marigold, *Tagetes patula* L.

又称"小万寿菊"。菊科万寿菊属一年生草本花卉。染色体数 $2n=4x=48$。茎多分枝，花序梗上部膨大中空，花量丰富，花序直径 2~6cm。花期 7~9 月。

**05.321 百日菊** elegant zinnia, *Zinnia elegans* Jacq.

又称"步步高""节节高"。菊科百日菊属一年生草本花卉。染色体数 $2n=2x=24$。品种极多，有高、中、矮株型。花有纽扣、鸵羽、大丽花等不同花型，有红、黄、白、粉、绿、橙或斑纹等各种花色。花期 6~10 月。

**05.322 非洲菊** gerbera, *Gerbera jamesonii* Bolus

又称"扶郎花""太阳花"。菊科大丁草属常绿宿根草本花卉。染色体数 $2n=2x=50$。植株莲座状，头状花序单生于花葶之顶，直径 6~15cm，国内外主要切花种类之一。可作盆花和切花。

**05.323 大丽菊** dahlia, garden dahlia, *Dahlia pinnata* Cav.

菊科大丽花属多年生宿根草本花卉。染色体数 $2n=8x=64$。头状花序顶生，具总梗，总苞片 2 层，卵状椭圆形，叶质；舌状花中性或雌性；中央为管状花（筒状花），两性。花期 6~10 月。

**05.324 菊花** chrysanthemum, *Chrysanthemum × morifolium* Ramat.

菊科菊属多年生宿根草本花卉。染色体基数

为9,不同类型菊花染色体数变化很大。头状花序生于枝端,直径2~30cm,少数花序更大或更小;总花托外围着生多数无梗的舌状花,为单性雌花;花序中央有大量具有雌雄蕊的两性筒状花。

**05.325 蛇鞭菊** spike gayfeather, *Liatris spicata* (L.) Willd.

菊科蛇鞭菊属多年生草本花卉。染色体数 $2n=2x=20$。株形锥状。头状花序排列成密穗状花序,长30~60cm;呈鞭形;小花由上而下次第开放,好似响尾蛇的尾巴而得名。花期6~8月。

**05.326 石竹** Chinese pink, *Dianthus chinensis* L.

石竹科石竹属多年生草本花卉,常作一、二年生栽培。染色体数 $2n=2x=30$, $2n=6x=90$。有重瓣型、低矮型、大花型等;花色除了白、粉、紫红外,还有复色以及花色奇特的品种。花期5~9月。

**05.327 香石竹** carnation, *Dianthus caryophyllus* L.

又称"康乃馨"。石竹科石竹属多年生常绿宿根草本花卉。染色体数 $2n=60$、90。花单生或2~6朵聚生枝顶,有香气;苞片和花萼圆筒形;花瓣5,具不规则缺刻。最主要的切花种类之一。

**05.328 矮牵牛** petunia, *Petunia hybrida* (Hook.) E. Vilm.

茄科矮牵牛属一年生草本花卉。染色体数 $2n=2x,4x,5x=14,28,35$。花单生,呈漏斗状,重瓣花呈球形。常根据花的大小以及重瓣性分为多种类型。花期4~11月。

**05.329 鸡冠花** cockscomb, *Celosia cristata* L.

苋科青葙属一年生草本花卉。染色体数 $2n=36$。肉穗状花序顶生及腋生,有多种类型:聚生的鸡冠形、肾形、球形,散生的火炬形。花坛常用花卉。花期7~10月。

**05.330 千日红** common globe-amaranth, *Gomphrena globosa* L.

又称"百日红"。苋科千日红属一年生草本花卉。头状花序球形或长圆形,花小密生;膜质苞片具光泽,且花后不落,色泽不褪,仍保持鲜艳;可以做干花。花坛、花境和盆栽的常见花卉。花期7~10月。

**05.331 大花马齿苋** moss rose, sun plant, *Portulaca grandiflora* Hook.

又称"半支莲"。马齿苋科马齿苋属一年生肉质草本花卉。染色体数 $2n=20,26,42,46$。花单生或数朵簇生枝顶,日开夜闭。包含多个品种,色彩丰富,可作为优良的夏季观花应用。花期6~9月。

**05.332 金鱼草** common snapdragon, *Antirrhinum majus* L.

又称"龙口花""龙头花"。车前科金鱼草属多年生草本花卉,常作一年生栽培。染色体数 $2n=2x=16$,四倍体品种 $2n=4x=32$。总状花序顶生,花冠筒状唇形,呈假面状。

**05.333 猴面花** monkeyflower, *Erythranthe × hybrida* Wettst.

又称"锦花沟酸浆"。透骨草科沟酸浆属多年生草本花卉,常作一、二年生栽培。花冠漏斗状,黄色,花2唇,上两下三裂片。花繁色艳,又有点点斑纹,是花坛、花境或庭院绿化的优良材料,也是重要的盆栽花卉。

**05.334 柳穿鱼** toadflax, wild snapdragon, *Linaria vulgaris* subsp. *chinensis* (Bunge ex Debeaux) D. Y. Hong

玄参科柳穿鱼属多年生草本花卉,常作一、二年生栽培。染色体数 $2n=2x=12$。枝叶柔细,花形与花色别致,适宜作花坛花境布置或盆栽。花期6~9月。

**05.335 毛地黄** foxglove, *Digitalis purpurea* L.

又称“洋地黄”“钟花”。玄参科毛地黄属多年生草本花卉，常作一、二年生栽培。染色体数 $2n=56$。茎单生或数条成丛；除花冠外，全株被灰白色短柔毛和腺毛；花冠成钟状。花期5~6月。

**05.336 假马齿苋** brahmi, *Bacopa monnieri* (L.) Wettst

玄参科假马齿苋属匍匐草本花卉，多作一年生栽培。节上生根，肉质，无毛，体态极像马齿苋。花浅蓝色，容易成为湿地入侵植物。

**05.337 天使花** angelonia, *Angelonia angustifolia* Humb. & Bonpl.

又称“香彩雀”。车前科香彩雀属多年生草本花卉，多作一年生栽培。染色体数 $4n=16$。花型小巧精致，花色鲜艳丰富，分枝性良好，花量大，春、夏、秋三季均可开花，观赏期长，花期6~9月。

**05.338 彩叶草** common garden coleus, *Plectranthus scutellarioides* (L.) R. Br.

唇形科马刺花属多年生草本观叶花卉，多作一年生栽培。叶对生，叶片膜质，通常卵圆形，先端钝至短渐尖，基部宽楔形至圆形，边缘具齿状锯齿或圆齿，叶片具艳丽多变的色彩。园林中多用于组摆花坛或作盆栽观赏。

**05.339 一串红** scarlet sage, *Salvia splendens* Ker Gawl.

唇形科鼠尾草属多年生直立草本花卉，常作一年生栽培。染色体数 $2n=44$。总状花序顶生，花萼钟形，花冠唇形，伸出萼外。花冠寿命很短，主要观赏花萼。花期7~10月。

**05.340 蓝花鼠尾草** sage, *Salvia farinacea* Benth.

又称“一串蓝”“鼠尾草”。唇形科鼠尾草属多年生草本花卉。染色体数 $2n=2x=16$。轮伞花序2~6朵组成顶生假总状或圆锥花序，花色为蓝、淡蓝、淡紫、淡红或白色，唇形花，花萼宿存。花期4~10月。

**05.341 天蓝鼠尾草** sky-blue sage, *Salvia uliginosa* Benth.

唇形科鼠尾草属多年生花卉。叶对生，银灰色，椭圆形有锯齿，叶柄较长，且密布白色绒毛。花6~10朵成串轮生于茎顶花序上，花蓝色，有香味。

**05.342 随意草** false dragonhead, *Physostegia virginiana* (L.) Benth.

又称“假龙头花”。唇形科假龙头花属多年生草本花卉。染色体数 $2n=38$。穗状花序顶生聚成圆锥花序状，单一或分枝；唇形花冠，淡紫红色。花自下端往上逐渐绽开，花后萼片膨大。花期夏季、持久。

**05.343 薰衣草** lavender, *Lavandula angustifolia* Mill.

唇形科薰衣草属灌木花卉。染色体数 $2n=2x=22$。轮伞花序通常具6~10朵花，多数在枝顶聚集成穗状花序，花序梗长约为花序本身的3倍；花冠蓝色，密被星状绒毛。全株带香味，是香用景观花卉。

**05.344 美国薄荷** scarlet beebalm, *Monarda didyma* L.

又称“马薄荷”。唇形科美国薄荷属一年生草本花卉。染色体数 $2n=36$。叶片卵状披针形，先端渐尖或长渐尖，基部圆形，边缘锯齿，纸质；上面绿色，疏被长柔毛，毛渐脱落；下面色淡，仅沿脉上被长柔毛，余部散布凹陷腺点。

**05.345 迷迭香** rosemary, *Rosmarinus officinalis* L.

又称“艾菊”。唇形科迷迭香属灌木花卉。染色体数 $2n=48$。叶丛生线形，质地较硬；花萼密被白色星状绒毛及腺体；花冠蓝紫色或白色。芳香油植物，可作皂用或化妆香精之调和原料，又可作观赏植物。

**05.346 活血丹** ground ivy, *Glechoma longituba* (Nakai) Kupr.

唇形科活血丹属多年生草本花卉。染色体数 $2n=4x=36$。具匍匐茎,上升,逐节生根。茎四棱,基部通常呈淡紫红色。叶草质,下部者较小,叶片心形或近肾形,叶柄长为叶片的 1~2 倍;上部者较大,叶片心形。可作地被花卉。

**05.347 紫罗兰** gilli-flower, *Matthiola incana* (L.) R. Br.
十字花科紫罗兰属多年生草本花卉,作一、二年生栽培。染色体数 $2n=2x=14$。花朵茂盛,花色鲜艳,香气浓郁,花期长。适合盆栽观赏和切花应用,也适宜布置花坛、台阶和花境、花海等。花期 4~5 月。

**05.348 桂竹香** common wallflower, *Erysimum ×cheiri* (L.) Grantz
又称"香紫罗兰"。十字花科糖芥属多年生草本花卉,作二年生草本栽培。染色体数 $2n=12$,少数 $2n=11$ 或 $2n=13$。总状花序顶生;花瓣倒卵形,有长爪,芳香;萼片长圆形。花期 4~5 月。

**05.349 诸葛菜** orychophragmus, *Orychophragmus violaceus* (L.) O. E. Schulz
又称"二月兰"。十字花科诸葛菜属二年生草本花卉。染色体数 $2n=2x=24$。疏总状花序,花为紫色、浅红色或白色;花萼筒状,紫色;花瓣宽倒卵形,密生细脉纹。观赏时间长,是重要的早春观花地被植物,也是落叶疏林下的优良地被植物。

**05.350 香雪球** sweet alyssum, *Lobularia maritima* (L.) Desv.
十字花科香雪球属多年生草本花卉,作一、二年生栽培。染色体数 $2n=2x=24$。花序伞房状,花瓣淡紫色、白色、深紫、浅紫等,具淡香。

**05.351 风铃草** bell flower, *Campanula medium* L.
桔梗科风铃草属多年生草本花卉,作一、二年生栽培。染色体数 $2n=34$。花单朵顶生,或多朵组成聚伞花序,聚伞花序有时集成圆锥状花序;花冠钟状、漏斗状或管状钟形。不耐酷热。

**05.352 半边莲** lobelia, *Lobelia sessilifolia* Lour.
又称"山梗菜"。桔梗科半边莲属多年生草本花卉,多作一、二年生栽培。染色体数 $2n=2x=18$。株型丰满,花朵小而密,红、蓝、白等花色绚丽壮观。适合花坛、花境、盆栽、吊盆及庭园造景。

**05.353 三色堇** pansy, *Viola tricolor* L.
又称"猴面花""猫儿脸"。堇菜科堇菜属多年生草本花卉,作二年生栽培。染色体数 $2n=20,26,42,46$。花梗稍粗,上部有 2 枚对生小苞片;萼片长圆状披针形,下瓣距较细。栽培品种花色丰富,是早春重要的花卉。

**05.354 角堇** viola cornuta, horned violet, *Viola cornuta* L.
又称"小三色堇"。堇菜科堇菜属多年生草本花卉,作一、二年生栽培。染色体数 $2n=20,26,42,46$。株形较小,花朵繁密,开花早、花期长、色彩丰富,是布置早春花坛的优良材料。

**05.355 美女樱** common garden verbena, *Glandularia × hybrida* (Groenland & Rümpler) G. L. Nesom & Pruski
马鞭草科美女樱属的多年生草本花卉,在北方作一年生栽培。穗状花序顶生,多数小花密集排列呈伞房状;花萼细长筒状;花冠漏斗状,花色多,有白、粉、红、紫、双色等不同颜色,略具芬芳;花期长,4 月至霜降前陆续开花。

**05.356 大花飞燕草** bouquet larkspur, *Delphinium grandiflorum* L.
又称"翠雀"。毛茛科翠雀属多年生草本花卉,多作一、二年生栽培。染色体数 $2n=2x=16$。顶生总状花序或穗状花序;萼片 5,长片有矩；花瓣4，2侧瓣有距；花多为蓝色，也有红、橙红、黄、白、粉等色。花期5~9月。

**05.357 铁线莲** Asian virginsbower, *Clematis florida* Thunb.

毛茛科铁线莲属草质藤本花卉。二回三出复叶，花单生于叶腋，主要观赏部位是萼片。优良垂直绿化植物，有“藤本皇后”的美誉。花期4~6月。

**05.358 欧耧斗菜** European clumbine, *Aquilegia vulgaris* Pall.

又称“西洋耧斗菜”。毛茛科耧斗菜属多年生草本花卉。茎生叶数枚，为一至二回三出复叶。花3~7朵，倾斜或微下垂；苞片3全裂；花梗长2~7cm；萼片黄绿色，长椭圆形，顶端微钝，疏被柔毛；花瓣与萼片同色，直立，倒卵形。

**05.359 花毛茛** Persian buttercup, crowfoot, *Ranunculus asiaticus* L.

毛茛科毛茛属多年生草本花卉。染色体数 $2n=16,32$。茎生叶羽状细裂，无柄。花单生枝顶或数朵着生长梗上，花径2.5~4cm，色泽丰富，有红、黄、粉、白、紫、橙等色；重瓣程度高，极为绚丽。

**05.360 欧洲银莲花** poppy anemone, *Anemone coronaria* L.

又称“罂粟秋牡丹”。毛茛科银莲花属多年生草本花卉。花茎自叶丛中抽出，总苞不与花萼相连，无柄，近于花下着生，多深裂为狭带状；花单生茎顶，花径4~10cm；萼片瓣化，多数，雄蕊也常瓣化。花期3~5月。

**05.361 苏丹凤仙** busy lizzie, *Impatiens walleriana* Hook. f.

又称“苏氏凤仙”“非洲凤仙”。凤仙花科凤仙花属一年生草本花卉。染色体数 $2n=2x=14$。茎叶光洁，花朵繁多，色彩绚丽明快，四季开花。是优美的室内盆栽观赏花卉，也可在温暖地区或温暖季节布置于花坛、路边或庭院内。

**05.362 新几内亚凤仙** New Guinea impatiens, *Impatiens hawkeri* W. Bull.

又称“霍克凤仙”。凤仙花科凤仙花属多年生常绿草本花卉。染色体数 $2n=2x=16$。茎暗红色，肉质，粗壮，多分枝，茎节突出，易折断。花单生或数朵呈腋生伞房花序。

**05.363 醉蝶花** drunk butterfly flower, *Tarenaya hassleriana* (Chodat) Iltis

又称“凤蝶草”“紫龙须”。白花菜科醉蝶花属一年生草本花卉。染色体数 $2n=2x=20$。顶生总状花序，小花具长梗，花白色至淡紫色；萼片4，外卷；花瓣4，倒卵形，基部具爪；雄蕊6，等长。花期7~9月。

**05.364 长春花** vinca rosea, *Catharanthus roseus* (L.) G. Don

又称“日日春”“日日草”。夹竹桃科长春花属多年生草本或亚灌木花卉，多作一、二年生栽培。染色体数 $2n=2x=16$。花冠高脚碟状，花量大，花期长。常用于花坛、花境和林缘布置，长江以北地区多做盆栽观赏。

**05.365 沙漠玫瑰** desert rose, impala lily, *Adenium arabicum* (Forssk.) Roem.

夹竹桃科沙漠玫瑰属多肉灌木或小乔木。树干肿胀。单叶互生，集生枝端，倒卵形至椭圆形，全缘，先端钝而具短尖，肉质，近无柄；顶生伞房花序，着花10多朵；花冠漏斗状，外面有短柔毛，5裂。花期5~12月。

**05.366 香豌豆** sweet pea, *Lathyrus odoratus* L.

豆科山黧豆属一年生草本花卉。叶卷须攀缘。总状花序，具1~4朵花，长于叶；花下垂，极香，通常紫色，也有白色、粉红色、红紫色、紫堇色及蓝色等各种颜色；萼钟状。花期6~9月。

**05.367 含羞草** sensitive plant, *Mimosa pudi-*

*ca* L.

豆科含羞草属多年生草本或亚灌木花卉。复叶与小叶受到触碰后下垂闭合；羽片通常2对。

**05.368　报春花**　primrose，*Primula malacoides* Franch.

报春花科报春花属多年生草本花卉。叶片卵形至椭圆形或矩圆形。花葶1至多枚自叶丛中抽出，高10~40cm，伞形花序2~6轮，每轮4~20花。花期2~5月。

**05.369　仙客来**　cyclamen，*Cyclamen persicum* Mill.

报春花科仙客来属多年生草本花卉。花单生于长花葶上，花冠5深裂，花瓣向上反卷，有白、粉、绯红、玫红、大红、紫红、雪青，甚至紫黑色等，基部常有深红色斑。花期从10月到翌年4月。

**05.370　四季秋海棠**　begonia，*Begonia cucullata* Willd.

秋海棠科秋海棠属多年生草本花卉。叶色光亮，花朵四季成簇开放，且花色多，花朵有单瓣及重瓣。

**05.371　球根秋海棠**　tuberous begonia，*Begonia × tuberhybrida* Voss

秋海棠科秋海棠属多年生草本花卉。叶互生，心脏状卵形。总花梗腋生，雌雄同株异花；雄花大而美丽，具单瓣、半重瓣和重瓣；雌花小型，5瓣。

**05.372　紫茉莉**　four-o'clock，*Mirabilis jalapa* L.

紫茉莉科紫茉莉属多年生草本花卉，常作一年生栽培。染色体数 $2n = 2x = 58$。总苞钟形，5裂；花被紫红、黄或杂色，檐部5浅裂，平展；花冠夜开昼合，夜间散发浓香。花期6~10月。

**05.373　叶子花**　great bougainvillea，*Bougainvillea spectabilis* Willd.

又称“三角梅”“九重葛”。紫茉莉科叶子花属常绿木质藤状灌木。染色体数 $2n = 34$。苞片大而美丽，常被误认为是花瓣，因其形状似叶，故名。

**05.374　地肤**　broomsedge，*Kochia scoparia* (L.) A. J. Scott

又称“地麦”“扫帚草”。藜科地肤属一年生草本花卉。染色体数 $2n = 18$。枝叶秀丽，外形如小型千头柏，叶形纤细，株形优美，嫩绿，入秋泛红。观赏效果极佳，适合作花海。

**05.375　虞美人**　corn poppy，*Papaver rhoeas* L.

罂粟科罂粟属一、二年生草本花卉。染色体数 $2n = 2x = 14$。花单生于茎和分枝顶端，花梗细长，高出叶面，花蕾长圆状倒卵形，初时下垂，逐渐挺立，形成浅杯状花冠。花期5~8月。花色丰富，为最好的花海及蜜源材料。

**05.376　花菱草**　California poppy，*Eschscholtzia californica* Cham.

又称“加州罂粟”。罂粟科花菱草属多年生草本花卉，作一年生栽培。花单生于茎和分枝顶端；萼片2，花期脱落；花瓣4，三角状扇形。花期4~8月。盛开时极具自然气息，是优良的花带、花境和盆栽材料。

**05.377　荷包牡丹**　sealflower，showy bleeding heart，*Lamprocapnos spectabilis* (L.) Fukuhara

又称“荷包花”。罂粟科荷包牡丹属多年生宿根草本花卉。染色体数 $2n = 2x = 8$。总状花序，花朵玲珑，形似荷包。主要观赏萼片。

**05.378　茑萝**　cypress vine，*Quamoclit pennata* (Desr.) Boj.

又称“羽叶茑萝”。旋花科茑萝属一年生缠绕草本花卉。种子繁殖。叶互生，卵形或长圆形，羽状深裂至中脉，具10~18对线形至丝状平展的细裂片，裂片先端锐尖，适于攀爬篱笆和栏杆；花冠高脚碟状，深红色。用于装饰窗台、阳台或庭园。

**05.379 牵牛** morning glory, *Pharbitis nil* (L.) Roth

又称"喇叭花"。旋花科牵牛属一年生缠绕草本花卉。染色体数为 $2n=30$。种子繁殖。茎上被倒向的短柔毛及杂有倒向或开展的长硬毛；叶宽卵形或近圆形；花冠漏斗状，长 5～8(～10) cm，蓝紫色或紫红色，花冠管色淡。

**05.380 紫凤梨** tillandsias, air plant, *Tillandsia cyanea* Linden ex K. Koch

又称"铁兰"。凤梨科铁兰属多年生常绿草本花卉。染色体数多数 $2n=2x=50$。植株呈莲座状、筒状、线状或辐射状；叶子呈莲座状或呈束集状沿茎分布，多列或二列，全缘，披针形或线形，直立、弯曲或先端卷曲。主要观赏花序。

**05.381 观赏凤梨** ornamental bromeliad

凤梨科凤梨属(*Ananas*)多年生草本花卉。以附生种类为主，一般附生于树干或石壁上，性喜温暖、潮湿的半遮阴环境。常见种类和品种，主要属于凤梨科的珊瑚凤梨属(*Aechmea*)、水塔花属(*Billbergia*)、果子蔓属(*Guzmania*)、彩叶凤梨属(*Neoregelia*)、铁兰属(*Tillandsia*)和莺歌属(*Vriesea*)这 6 个类群。以观花为主，也可观叶。

**05.382 虎耳草** saxifrage, *Saxifraga stolonifera* Meerb.

又称"老虎耳"。虎耳草科虎耳草属多年生草本花卉。染色体数 $2n=36$、54。基生叶具长柄，叶片近心形、肾形至扁圆形，长 1.5～7.5cm，宽 2～12cm。依靠走茎繁殖。主要观赏其叶片和纤细的走茎。

**05.383 矾根** alumroot, *Heuchera micrantha* Douglas ex Lindl.

又称"肾形草"。虎耳草科矾根属多年生耐寒草本花卉。染色体数 $2n=28$。叶基生，阔心型，成熟叶片长 20～25cm，叶色丰富。主要观赏叶片。

**05.384 绣球** hydrangea, *Hydrangea macrophylla* (Thunb.) Ser.

又称"八仙花"。虎耳草科绣球属落叶灌木花卉。聚伞花序伞房状或圆锥状，顶生。花多数二型，分为可育花和不育花；不育花柱头退化，具长柄，大型萼片花瓣状，2～5 枚或更多，着生于花序外侧；可育花小，具短柄，花瓣 4～5 枚，分离或连合，着生于花序内侧。主要观花。

**05.385 草原龙胆** eustoma, lisianthus, *Eustoma grandiflorum* (Raf.) Shinners

又称"洋桔梗"。龙胆科洋桔梗属多年生宿根草本花卉，常作一、二年生栽培。花大，呈漏斗状，覆瓦状排列；花径 5～7cm，具长花梗，20～40 朵花排列成圆锥花序；瓣缘顶端稍波状反卷，萼上有狭龙骨状棱。主要观花。

**05.386 宿根福禄考** summer perennial phlox, *Phlox paniculata* L.

又称"福禄考"。花荵科福禄考属多年生草本花卉。多花密集成顶生伞房状圆锥花序；花萼筒状，萼裂片钻状；花冠高脚碟状，淡红、红、白、紫等色。主要观花。

**05.387 蝎尾蕉** shining bird of paradise, *Heliconia metallica* Planch. et Linden ex Hook. f.

蝎尾蕉科蝎尾蕉属多年生草本花卉。染色体数 $2n=2x=24$。花序顶生，直立或下垂，花序轴稍呈"之"字形弯曲。主要观赏苞片。

**05.388 鹤望兰** bird of paradise flower, *Strelitzia reginae* Aiton

又称"天堂鸟"。鹤望兰科鹤望兰属多年生常绿草本花卉。染色体数 $2n=2x=28$。花顶生或腋生，高于叶片，犹如仙鹤翘首远望。佛焰苞近水平横长，基部及上部边缘紫色，花萼橙黄色，花瓣亮蓝色，花瓣与萼片等长。主要观赏萼片，可作盆花、切花、切叶。花期自 9

月至翌年 6 月。

**05.389 非洲紫罗兰** African violet, *Saintpaulia ionantha* Wendl

又称"非洲堇"。苦苣苔科非洲堇属多年生常绿草本花卉。染色体数 $2n = 2x = 18$。疏散聚伞花序，花腋生，花序高出叶丛；花冠阔钟形、筒短，冠檐略呈两唇状，上唇 2 裂，下唇 3 裂，裂片椭圆形、开展；花瓣数多样，有单瓣、半重瓣、重瓣品种。

**05.390 大岩桐** gloxinia, *Sinningia speciosa* Hiern

苦苣苔科大岩桐属多年生草本花卉。染色体数 $2n = 56$。花顶生或腋生，花冠钟状，色彩丰富，有粉红、红、蓝紫、白、复色等。花期 3~6 月。

**05.391 天竺葵** geranium, *Pelargonium hortorum* Bailey

牻牛儿苗科天竺葵属多年生草本花卉。染色体数 $2n = 2x = 18$。伞形花序腋生，具多花，总花梗长于叶，被短柔毛；总苞片数枚，宽卵形；小花团聚，大花序形似绣球。花期长且连续开花。

**05.392 蜀葵** hollyhock, *Althaea rosea* L.

锦葵科蜀葵属多年生宿根草本花卉。染色体数 $2n = 2x = 26$。花腋生、单生或近簇生，排列成总状；具叶状苞片 6~8 枚，阔披针形，基部联合，附生于萼筒外面；萼片 5 枚，卵状披针形；花瓣椭圆形或扇形，边缘波状或齿状浅裂。

**05.393 补血草** sea lavender, *Limonium sinuatum* (Girard) Kuntze

又称"勿忘我""星辰花"。白花丹科补血草属多年生宿根草本花卉。染色体数 $2n = 16$。穗状花序着生在分枝的上部和顶端成聚伞圆锥花序，小穗上着花 3~5 朵；花萼杯状，干膜质。主要作切花。

**05.394 美丽月见草** evening primrose, *Oenothera speciosa* Nutt.

又称"待霄草"。柳叶菜科月见草属多年生草本花卉，作二年生栽培。染色体数 $2n = 2x = 14$。花单生于茎顶部叶腋；花瓣粉红至紫红色，宽倒卵形，先端钝圆，具 4~5 对羽状脉；花朵傍晚至次日上午开放。花期 4~7 月。

**05.395 鸭跖草** dayflower, *Commelina communis* L.

鸭跖草科鸭跖草属多年生匍匐草本花卉。染色体数 $2n = 4x = 24$。茎匍匐生根，多分枝，长可达 1m，下部无毛，上部被短毛；叶披针形至卵状披针形。

**05.396 花烛** anthurium, *Anthurium andraeanum* Linden

又称"红掌""安祖花"。天南星科花烛属多年生草本花卉。染色体数 $2n = 2x = 30$。具有佛焰苞，肉穗花序自佛焰苞中抽出，花形奇特，四季皆可开花。是重要的盆花、切花、切叶植物。

**05.397 马蹄莲** calla lily, arum lily, *Zantedeschia aethiopica* (L.) Spreng.

又称"慈姑花""水芋""观音莲"。天南星科马蹄莲属具块茎的常绿多年生草本花卉。肉穗花序黄色，圆柱形，短于佛焰苞，上部为雄花，下部为雌花；佛焰苞大，开张呈马蹄形，白色或绿白色，为主要观赏部位。

**05.398 花叶万年青** variable tuftroot, spotted dumb cane, *Dieffenbachia seguine* (Jacq.) Schott

天南星科花叶万年青属常绿亚灌木。染色体数 $2n = 2x = 34$。单叶互生，叶片长椭圆形，全缘，纸质，长 17~29cm，宽 8~18cm；叶面密生白色斑点或大理石状波纹，绿白相映，十分耀眼。耐阴性强，宜盆栽装饰室内。

**05.399 绿萝** devil's ivy, *Epipremnum aureum* (Linden et Andre) Bunting

天南星科麒麟叶属大型常绿藤本。茎攀缘，节间具纵槽；多分枝，枝悬垂，缠绕性强，气根发达，可以水养。特别耐阴，用于室内盆栽观赏。

**05.400 海芋** Asian taro, *Alocasia odora* (Roxb.) K. Koch

天南星科海芋属多年生草本花卉。染色体数 $2n=2x=26$。花序梗 2~3 丛生，圆柱形，绿色、紫色；佛焰苞管部绿色，卵形或短椭圆形，檐部黄绿色舟状，长圆形，略下弯，先端喙状；肉穗花序芳香。

**05.401 火炬花** torch lily, red hot poker, *Kniphofia uvaria* (L.) Oken

阿福花科火把莲属多年生草本花卉。叶基部丛生，宽线性；密穗状总状花序顶生，花序长 20~30cm，由百余朵小花组成，小花数可多达 300 朵以上。花期 6~10 月。

**05.402 十二卷** zebra haworthia, *Haworthia fasciata* (Willd.) Haw.

又称“蛇尾兰”。阿福花科十二卷属多年生肉质草本花卉。叶多数呈莲座状，莲座直径 3~30cm，少数呈 2 列叠生或螺旋形排列成圆筒状；叶软，半透明状，或坚硬粗糙。

**05.403 玉簪** fragrant plantain lily, *Hosta plantaginea* (Lam.) Aschers.

百合科玉簪属多年生落叶宿根草本花卉。染色体数 $2n=2x=60$。叶基生，丛状，具长柄；叶片卵圆形，平行脉，先端略尖，基部心形，长 15~30cm，宽 10~15cm。耐寒又耐阴，是园林及庭园庇荫处优良地被材料。

**05.404 萱草** daylily, *Hemerocallis fulva* (L.) L.

又称“忘忧草”。百合科萱草属多年生宿根草本花卉。染色体数 $2n=2x=22$。花葶高出叶面，圆锥花序顶生，有花 6~12 朵，花被基部粗短漏斗状。春季萌发早，绿叶成丛。

**05.405 万年青** nipponlily, *Rohdea japonica* (Thunb.) Roth

百合科万年青属多年生常绿草本花卉。染色体数 $2n=38$。极端耐寒。叶 3~6 枚，基生，厚纸质，矩圆形、披针形或倒披针形；花葶侧生，于叶腋抽生，直立或稍弯曲，短于叶；穗状花序，稍带肉质，具数十朵密集小花。

**05.406 沿阶草** dwarf lilyturf, *Ophiopogon bodinieri* H. Lév.

又称“书带草”。百合科沿阶草属多年生常绿草本花卉。染色体数 $2n=2x=36$。茎很短；叶基生成丛，禾叶状。常见的地被植物。

**05.407 百合** lily

百合科百合属(*Lilium*)多年生草本花卉。染色体数 $2n=2x=24$。地下具鳞茎、子鳞茎、基生根、茎生根；花单生或总状花序，花下垂、平伸或向上，花形有喇叭形、漏斗形、杯形、球形等；苞片叶状，较小。

**05.408 皇冠贝母** crown imperial, *Fritillaria imperialis* L.

百合科贝母属多年生草本花卉。染色体数 $2n=24$。伞形花序，花数朵轮生于花葶上端，小花花冠钟形，下垂；花被片 6，红色、橙色、黄色；花被内面基部有白色珍珠状蜜腺。高山植物，适用于花境、庭院、疏林地被。花期 4~5 月。

**05.409 郁金香** tulip, *Tulipa gesneriana* L.

百合科郁金香属多年生草本花卉。花单生茎顶，大型；花冠直立杯状或盘状，花被内侧基部常有黑紫或黄色色斑，花被片 6 枚；花色丰富，有白、黄、橙、红、紫红等色，还有复色、条纹、饰边、斑点以及重瓣品种等。花期 3~5 月。

**05.410 虎眼万年青** star-of-bethlehem, *Ornithogalum caudatum* Jacq.

百合科虎眼万年青属常绿多年生鳞茎类球根花卉。叶 5~6 枚，带状或长条状披针形，长

30~60cm,宽 2.5~5cm,先端尾状并常扭转,常绿,近革质;总状花序,具多数密集的花朵。花期 7~8 月,室内栽培冬季也可开花。

**05.411 吊兰** tufted bracketplant, bracketplant, *Chlorophytum comosum* (Thunb.) Jacques

百合科吊兰属多年生常绿草本花卉。染色体数 $2n=2x=28$。叶基生,细长,条形或条状披针形,基部抱茎,鲜绿色;叶丛中抽生细长花葶,花后成匍匐枝下垂,并于花序上部节上形成带根的小植株。

**05.412 芦荟** aloe, *Aloe vera* (L.) Burm. f.

百合科芦荟属多年生常绿草本植物。茎短或明显。叶肉质,呈莲座状簇生或有时 2 列着生,先端锐尖,边缘常有硬齿或刺。

**05.413 山麦冬** creeping liriope, *Liriope spicata* (Thunb.) Lour.

百合科山麦冬属多年生常绿草本植物。染色体数 $2n=3x=54$。地下具细长匍匐茎,叶基生成丛,窄条带状,稍革质,边缘具细锯齿。园林绿化中最常用的地被植物。

**05.414 天门冬** aspargus

百合科天门冬属(*Asparagus*)多年生常绿草本或半灌木花卉。染色体数 $2n=2x=20$。茎平滑,常弯曲或扭曲,分枝具棱或狭翅。叶状枝通常每 3 枚成簇,稍镰刀状。主要观赏种有文竹[*A. setaceus* (Kunth) Jessop]、蓬莱松(*A. retrofractus* L.)、狐尾天门冬[*A. densiflorus* (Kunth) Jessop]。

**05.415 文竹** asparagus fern, *Asparagus setaceus* (Kunth) Jessop

百合科天门冬属多年生攀缘性草本花卉。染色体数 $2n=2x=20$。茎细长,多分枝,叶状枝刚毛状,花期夏季。主要观赏叶片,也可观果。

**05.416 百子莲** African lily, *Agapanthus africanus* (L.)

石蒜科百子莲属鳞茎类球根花卉。染色体数 $2n=2x=30$。花葶直立、粗壮,高出叶丛;顶生伞形花序,小花 20~50 朵,外被 2 大苞片;花冠漏斗形,蓝紫色或白色。花期 6~8 月。

**05.417 大花葱** giant onion, *Allium giganteum* (Regel)

石蒜科葱属多年生草本花卉。染色体数 $2n=2x=16$。花葶从鳞茎基部长出,露出地面的部分被叶鞘;伞形花序呈头状,着生于花葶顶端,由 2 000~3 000 朵星状开展的小花组成;小花具长柄,花瓣 6 枚,呈两轮排列。花期春、夏季。主要用于园林,也可作切花。

**05.418 葡萄风信子** grape hyacinth, *Muscari botryoides* Mill.

天门冬科蓝壶花属鳞茎类球根花卉。染色体数 $2n=38,40$。花葶不分枝,直立,长椭圆状柱形;总状花序顶生,花有青紫、淡蓝、白色等,顶端具 6 个反曲齿,小而下垂,壶状或坛状。花期 3~5 月。

**05.419 富贵竹** Chinese water bamboo, *Dracaena sanderiana* Sander

天门冬科龙血树属多年生常绿草本花卉。叶互生或近对生,纸质,长披针形,具短柄,叶片浓绿色,园艺品种有绿叶、绿叶白边、绿叶黄边、绿叶银心等。主要作盆栽观赏植物,也可切下茎秆直接瓶插水养,还常作各类造型,很耐阴,适合作为室内环境美化,观赏部位为茎秆和叶片。

**05.420 风信子** hyacinth, *Hyacinthus orientalis* L. Sp. Pl.

天门冬科风信子属鳞茎类球根花卉。染色体数 $2n=2x=16$。总状花序,小花 6~20 朵;花被管基部膨大呈囊状,先端 4~6 裂,紧密排列于花序梗上,具香气,呈白、粉、红、蓝、堇色等;雌蕊着生在花被管内,雄蕊 6 枚。花期 4~5 月。主要观花,用于园林和盆栽观赏。

**05.421 铃兰** lily of the valley, *Convallaria keiskei* Miq.

天门冬科铃兰属多年生花卉。花白色,钟状,俯垂,偏向一侧;浆果球形,熟时红色,下垂。耐寒耐阴,林下地被植物,也是药用花卉。

**05.422 虎尾兰** bowstring-hemp, *Sansevieria trifasciata* Prain

天门冬科虎尾兰属多年生草本植物。染色体数 $2n=36$。叶基生,常 1~2 枚,也有 3~6 枚成簇,直立,硬革质,扁平,长线状披针形,有白绿和深绿色相间的横带斑纹;花葶高 30~80cm,基部有淡褐色膜质鞘;花淡绿或白色,3~8 朵簇生,组成总状花序。主要观叶,用于园林和盆栽观赏。

**05.423 射干** blackberry lily, *Belamcanda chinensis* (L.) Redouté

鸢尾科射干属多年生草本花卉。染色体数 $2n=2x=32$。叶基生成丛,禾叶状。花序顶生,叉状分枝,每分枝的顶端聚生有数朵花;花梗细,长约 1.5cm;花梗及花序的分枝处均包有膜质的苞片,苞片披针形或卵圆形。

**05.424 马蔺** Chinese small iris, *Iris lactea* Pall.

又称"马莲""马兰"。鸢尾科鸢尾属多年生密丛草本宿根花卉,白花马蔺的变种。染色体数 $2n=2x=32$。马蔺多开蓝紫花。抗旱、抗寒、耐盐碱,极度耐践踏,是地被花卉。

**05.425 鸢尾** iris, *Iris tectorum* Maxim.

鸢尾科鸢尾属多年生草本宿根花卉。染色体数 $2n=4x=28$。基生叶二列互生,剑形至线形。花茎自叶丛中伸出,有分枝或无分枝,每茎有花 1 至多朵。是东西方园林中花坛、花境、水景配置的重要材料。

**05.426 玉蝉花** jade cicada flower, *Iris ensata* Thunb.

鸢尾科鸢尾属多年生草本宿根花卉。染色体数 $2n=2x=24$。花茎圆柱形,实心,有 1~3 枚茎生叶;苞片 3 枚,近革质,披针形,顶端急尖、渐尖或钝,平行脉明显而突出,内包含有 2 朵花;花被管漏斗形,外花被裂片倒卵形。

**05.427 小苍兰** freesia, *Freesia refracta* (Jacq.) Klatt

又称"香雪兰"。鸢尾科香雪兰属鳞茎类球根花卉。染色体数 $2n=22$、33、44。穗状花序顶生,主花序下常有 1~3 个侧生花序,花序轴平生或倾斜,主花序着花 8~16 朵;花偏生一侧,花冠漏斗状。花期 2~4 月。

**05.428 唐菖蒲** gladiolus, sword lily, *Gladiolus gandavensis* Van Houtte

又称"剑兰"。鸢尾科唐菖蒲属球茎类球根花卉。染色体基数 $x=15$,春花系 $2n=30$,夏花系 $2n=60$,园艺品种多为 $2n=60$。单歧聚伞花序,每花序着花 12~24 朵,长 30~60cm;花两性,花被 6 枚,外花被 3 枚,内花被 3 枚。

**05.429 番红花** saffron crocus, *Crocus sativus* L.

又称"藏红花"。鸢尾科番红花属多年生草本花卉。染色体数 $2n=24$。叶基生,条形,灰绿色,边缘反卷,叶丛基部有叶鞘;花茎短,不伸出地面;花 1~2 朵,淡蓝色、红紫色或白色,有香味。是重要的药用花卉。雌蕊长于雄蕊,以花柱入药。

**05.430 芍药** herbaceous peony, *Paeonia lactiflora* Pall.

芍药科芍药属多年生宿根草本花卉。染色体基数 $x=5$,染色体数 $2n=2x=10$,属于大型染色体。茎为草质,叶互生,茎秆下部为二回三出复叶,上部叶多为三出复叶。中国传统名花,其品种众多,花大色艳。

**05.431 牡丹** tree peony, *Paeonia suffruticosa* Andr.

芍药科芍药属落叶亚灌木花卉。染色体数 $2n=2x$,$3x=10$,15。花瓣为 5 或为半重瓣、多重瓣;花色有玫瑰、红紫、粉红至白色,变异很大。中国特产的传统名花。

**05.432 景天** stonecrop

景天科景天属(*Sedum*),草本或小灌木,约600种。茎直立或匍匐;叶互生,有时排列成覆瓦状;星状花,色彩丰富。本属多适合于布置岩石园或作为地被植物。

**05.433 垂盆草** stringy stonecrop herb, *Sedum sarmentosum* Bunge

又称"三叶佛甲草""爬景天"。景天科景天属多年生肉质草本花卉。喜温暖湿润环境。叶片较宽大;茎平卧,匍匐状延伸或下垂,可在节处生不定根。花期7~8月,花色鲜黄,可做地被植物应用。

**05.434 佛甲草** lineare stonecrop, *Sedum lineare* Thunb.

景天科景天属多年生肉质草本花卉。多为直立性生长,叶片较小,聚伞花序,花期5~6月。喜光耐旱,有一定的抗寒性。主要用于园林、岩石园和阳台景观中,是模纹花坛的重要材料之一,还可作为屋顶绿化的地被植物。

**05.435 八宝景天** showy stonecrop, *Sedum spectabile* (Miq.) H. Ohba

景天科景天属多年生草本花卉。地上茎簇生,粗壮而直立;全株略被白粉,呈灰绿色;伞房花序密集如平头状,花序径10~13cm;花淡粉红色,常见栽培的还有白、紫红、玫红色品种,是景天科中花色最为艳丽的种类。

**05.436 落地生根** leaf of life, *Bryophyllum pinnatum* (L. f.) Oken

景天科落地生根属多年生肉质草本花卉。叶基部易生芽,芽落地生根成一新植株。主要观赏叶片及叶片边缘密生的幼芽。

**05.437 长寿花** kalanchoe, *Kalanchoe blossfeldiana* Poelln.

又称"圣诞伽蓝菜"。景天科伽蓝菜属多年生肉质草本花卉。圆锥状聚伞花序,花色有绯红、桃红、橙红、黄、橙黄和白色等;花冠长管状,基部稍膨大。花期12月~次年4月底。主要用于盆栽观赏,也有切花品种。

**05.438 中国水仙** Chinese narcissus, *Narcissus tazetta* var. *chinensis* (M. Roem.) Masam. & Yanagih.

石蒜科水仙属多年生草本花卉。染色体数$2n=3x=30$。伞形花序着生于花茎顶端,花序外具膜质总苞,内有小花4~9朵。中国水仙有单瓣花品种"金盏银台"和复瓣花品种"玉玲珑"。不耐寒,主要用于盆栽。

**05.439 喇叭水仙** common daffodil, *Narcissus pseudonarcissus* L.

又称"洋水仙"。石蒜科水仙属多年生草本花卉。染色体数$2n=14,15,20,22,30$。花茎高30~80cm,一茎一花;花大型,直径可达10cm,黄或淡黄色,稍具香气,横向或斜上方开放。耐寒,主要用于园林。

**05.440 石蒜** red spider lily, *Lycoris radiata* (L'Hér.) Herb.

石蒜科石蒜属多年生草本花卉。染色体数$2n=22,33$。花茎高30~60cm;伞形花序顶生,着花5~7朵,花色鲜红;花被6裂,瓣片狭倒披针形,边缘皱缩、反卷,花被片基部合生呈短筒状;雌、雄蕊长,显著伸出于花冠外。花期8~9月。主要栽培于园林观花,也可作切花观赏。

**05.441 朱顶红** amaryllis, *Hippeastrum striatum* (Lam.) H. E. Moore

又称"百子莲"。石蒜科朱顶红属球根花卉。染色体数$2n=2x=22$;$2n=3x=33$;$2n=4x=44$。花2~4朵,喇叭形;花被管绿色,圆筒状;佛焰苞披针形;花被片长圆形,花红色、橙色、粉色等,喉部有小鳞片。花期由冬末至次年春天。主要观花,用于园林或盆栽观赏。也可用作切花。

**05.442 晚香玉** tuberose, *Polianthes tuberosa* L.

又称“夜来香”。石蒜科晚香玉属球根花卉。染色体数 $2n=60$。穗状花序顶生；小花成对着生，着花12~32朵，小花白色，漏斗状，端部5裂，筒部细长，具浓香。花期7~11月。主要观花闻香，用于园林或盆栽观赏。

**05.443 葱莲** autumn zephyr lily, *Zephyranthes candida* (Lindl.) Herb.

石蒜科葱莲属多年生鳞茎类草本花卉。花茎从叶丛中抽出；花白色，略带红晕，呈漏斗状；花瓣6枚，花径4~5cm。花期7月下旬至10月。主要观花，多栽培在园林之中，也可盆栽观赏。

**05.444 水鬼蕉** beach, *Hymenocallis littoralis* (Jacq.) Salisb.

又称“蜘蛛兰”。石蒜科水鬼蕉属多年生鳞茎草本花卉。染色体基数 $x=10$、11、12、23、26、37。花被筒纤细，长短不等，长达10cm以上，花被裂片线形，常短于花被筒；雄蕊花丝基部合成的杯状体钟形或漏斗状，具齿；花柱与雄蕊近等长或较长。花期夏末秋初。主要观花，多种植于园林之中，也可盆栽观赏。

**05.445 大花君子兰** kafir lily, *Clivia miniata* (Lindl.) Bosse

石蒜科君子兰属多年生常绿草本花卉。染色体数 $2n=22$。叶片呈二列叠出，排列整齐，呈宽阔带形，顶端圆润，质地硬而厚实，深绿色并有光泽及脉纹；伞形花序自叶丛中抽出，有数枚覆瓦状排列的苞片；花漏斗形。主要观叶，也可赏花，以盆栽为主。

**05.446 六出花** Peruvian lily, *Alstroemeria aurea* Graham

六出花科六出花属多年生草本花卉。染色体数 $2n=2x=16$。伞形花序，花10~30朵；花被2轮，橙黄色、黄色或水红色，内轮有紫色或红色条纹及斑点。花期夏季。主要观花，用于园林，也可作切花。

**05.447 大花美人蕉** canna, *Canna × generalis* L. H. Bailey

美人蕉科美人蕉属多年生根茎类球根花卉。总状花序顶生，长15~30cm；每1苞片内多为2朵花，呈红、橘红、淡黄或白色；雄蕊5枚瓣化成花瓣，圆形、直立，其中1枚瓣化雄蕊向下反卷，为唇瓣。夏、秋季开花，部分南方地区可周年开花。观叶观花，用于园林和盆栽观赏。

**05.448 红花酢浆草** pink sorrel, *Oxalis corymbosa* DC.

酢浆草科酢浆草属鳞茎类球根花卉。叶基生，具长柄，三出掌状复叶，倒心形；花茎长10~15cm，自基部抽出，聚伞花序，有花3~12朵；花瓣5，淡红至深桃红色，具深色纵脉纹。花期4~11月，花在有光照时开放，于夜间闭合。观叶观花，主要用于园林。

**05.449 月季** rose, *Rosa chinensis* Jacq.

蔷薇科蔷薇属落叶或常绿灌木或藤木花卉。染色体基数为7，数目从 $2n=2x=14$ 到 $2n=8x=56$ 变化大。世界著名的观赏植物，主要观花，庭园广泛栽培。藤本月季用于花架、花墙、花篱、花门等，也可植于道路分隔带形成花墙。丰花月季主要用于园林，形成花带或色块，还可盆栽观赏，切花品种是最重要的切花植物。

**05.450 玫瑰** rugosa rose, *Rosa rugosa* Thunb.

蔷薇科蔷薇属灌木花卉。染色体数 $2n=2x=14$。花瓣5，稀4，覆瓦状排列，花瓣倒卵形，半重瓣至重瓣，花色有白、粉红、玫红色；枝条较为柔弱软垂，多密刺。每年开花一次，花朵除供观赏外，还可制茶做酱、提取玫瑰精油和玫瑰露，供食用及化妆品用。

**05.451 梅花** plum blossom, *Prunus mume* Sieb. & Zucc.

蔷薇科李属落叶小乔木。中国传统十大名花之一。染色体数 $2n=2x=16$，基因组约280 Mb。每节有花1~2朵，无梗或具短梗，原种呈淡粉红或白色，栽培品种则有紫、红、彩斑至淡黄等花色，芳香，多在早春先叶而开。主要观花，有些品种的果实可以食用。

**05.452 珍珠梅** false spirea, *Sorbaria sorbifolia* (L.) A. Braun

蔷薇科珍珠梅属落叶丛生灌木。顶生大型密集的圆锥花序，分枝斜出或稍直立，直径7~11cm，长15~20cm；花白色，花梗长3~4mm；花直径5~7mm；花柱稍短于雄蕊。花期6~7月。主要观花，用于园林绿化。

**05.453 山茶** common camellia, *Camellia japonica* L.

山茶科山茶属常绿灌木或乔木。染色体数$2n=2x=30$。花单生或成对生于叶腋或枝顶；花径5~6cm，有白、红、淡红等色；花瓣5~7片，雄蕊多数，外轮花丝合生程度较高。花期2~4月。为中国传统名花，世界名花之一。

**05.454 云南山茶** Yunnan camellia, *Camellia reticulata* Lindl.

又称"曼佗罗"。山茶科山茶属常绿灌木或小乔木。染色体基数为15，品种涉及二倍体、四倍体、六倍体、八倍体和十倍体。花顶生，红色，直径10cm，无柄；苞片及萼片10~11片，组成杯状苞被。为云南珍贵特产。

**05.455 一品红** poinsettia, *Euphorbia pulcherrima* Willd. ex Klotzsch

又称"圣诞花""猩猩木"。大戟科大戟属灌木花卉。染色体数$2n=30$。苞叶5~7枚，狭椭圆形，通常全缘，极少边缘浅波状分裂；花序数个聚伞排列于枝顶，总苞坛状，淡绿色。观赏部位为总苞片，多为朱红色。主要用于盆栽观赏。

**05.456 桂花** sweet osmanthus, *Osmanthus fragrans* Loureiro

木樨科木樨属常绿灌木或乔木。染色体数$2n=2x=46$。聚伞花序簇生于叶腋，或近于帚状，每腋内有花数朵；花冠裂片宽卵形，质厚，白色、黄白色、淡黄色、黄色、金黄色或橘红色，具芳香。桂花是重要的芳香花卉，中国传统十大名花之一。

**05.457 茉莉花** jasmine, *Jasminum sambac* (L.) Aiton

木樨科素馨属直立或攀缘灌木花卉。染色体数$2n=2x=26$。中国最重要的芳香花卉。顶生聚伞花序，通常有花3朵，有时单花或多达5朵；花序梗长1~4.5cm，被短柔毛；花梗长0.3~2cm；花极芳香。花期5~8月。

**05.458 杜鹃花** Azalea, *Rhododendron simsii* Planch.

又称"映山红"。杜鹃花科杜鹃属灌木或乔木。染色体基数为13，多数为2倍体，$2n=2x=26$。常绿或落叶灌木，稀为乔木或附生类型；花两性，常多朵组成顶生的伞形总状或短总状花序，偶有单生或簇生；花冠钟状、漏斗状或管状等。主要观花，多用于园林，也可盆栽观赏。

**05.459 栀子** cape jasmine, *Gardenia jasminoides* J. Ellis

茜草科栀子属多年生常绿灌木。染色体数$2n=2x=22$。花芳香，常单朵顶生，花梗长3~5mm；花丝极短，花药线形，子房黄色。花期3~7月。主要观花，多栽培于园林，也可盆栽观赏。另外，果实可以泡茶入药。

**05.460 竹芋** arrowroot, *Maranta arundinacea* L.

竹芋科竹芋属多年生常绿草本花卉。植株低矮，叶形优美，叶片斑纹清新雅致，常做盆栽观赏，是优良的室内观叶植物。

**05.461 春兰** spring orchid, *Cymbidium goeringii* (Rchb. f.) Rchb. f

兰科兰属多年生常绿草本花卉。染色体数$2n=2x=40$。花葶发自近假鳞茎基部，直立；花单生，少数2朵，黄绿色或白绿色，质地薄，常有清香。花期1~3月。主要用于盆栽，观叶赏花。

**05.462　蕙兰**　faber cymbidium, *Cymbidium faberi* Rolfe

兰科兰属多年生常绿草本花卉。染色体数 $2n=2x=40$。总状花序，有花 5～12 朵或更多；花苞片线状披针形，浅黄绿色；唇瓣有紫红色斑，常有香气。花期 3～5 月。主要用于盆栽，观叶赏花。

**05.463　建兰**　sword-leaved cymbidium, *Cymbidium ensifolium* (L.) Sw.

兰科兰属多年生常绿草本花卉。染色体数 $2n=2x=40$。总状花序具 3～9 朵花；花常有香气，色泽变化较大，通常为浅黄绿色而具紫斑。花期 7～10 月。主要用于盆栽，观叶赏花。

**05.464　墨兰**　Chinese cymbidium, *Cymbidium sinense* (Jack. ex Andr.) Willd.

兰科兰属多年生常绿草本花卉。染色体数 $2n=2x=40$，基因组大小约为 4.25Gb。总状花序具 10～20 朵或更多的花；花色多样，常为暗紫色或紫褐色具浅色唇瓣，也有黄绿、桃红或白色，具有较浓的香气。花期 1～3 月。主要用于盆栽，观叶赏花。

**05.465　寒兰**　cymbidium kanran, *Cymbidium kanran* Makino

兰科兰属多年生草本花卉。花葶直立，与叶面等高或高出叶丛，有花 10 余朵，疏生；花被较狭窄，具紫红条斑，有香气。花期 10 月至翌年 1 月。主要用于盆栽，观叶赏花。

**05.466　石斛兰**　dendrobium

兰科石斛属（*Dendrobium*）多年生草本花卉。染色体数多为 $2n=2x=38$。具地下茎或假鳞茎；叶椭圆、扁平或圆柱状；侧生花序具单花或多花；蕊柱足和着生于其两侧的 2 枚侧萼片基部以及着生于其顶端的唇瓣基部形成萼囊。四大观赏洋兰之一，用作盆花与切花。

**05.467　蝴蝶兰**　moth orchid

兰科蝴蝶兰属（*Phalaenopsis*）多年生常绿草本花卉。染色体数 $2n=2x=38$，部分栽培品种为 $2n=3x=57$ 或 $2n=4x=76$。小兰屿蝴蝶兰基因组约 1.16 Gb。因其花型奇特、花色艳丽丰富、花期长，被誉为“兰花皇后”。主要盆栽观花，也可用作切花。

**05.468　仙人掌**　cactus, *Opuntia stricta* var. *dillenii* (Ker Gawl.) Haw.

仙人掌科仙人掌属常绿肉质灌木。染色体数 $2n=2x=22$，$2n=3x=33$。茎节倒卵形至长圆形，扁平，密生短绵毛和倒刺刚毛。花期很短。主要用于盆栽观赏肉质茎和刺，温暖地带可用于园林。

**05.469　龙舌兰**　agave, *Agave americana* L.

龙舌兰科龙舌兰属多年生常绿灌木。茎不明显。叶呈莲座式排列，大而肥厚，肉质或稍带木质，边缘常有刺或偶无刺，顶端常有硬尖刺。花茎粗壮高大，具分枝；花通常排列成大型稠密的顶生穗状花序或圆锥花序。主要观赏肥大的叶片，盆栽为主，温暖地带可用于园林。

**05.470　酒瓶兰**　bottle palm, *Beaucarnea recurvata* Lem.

又称“象腿树”。龙舌兰科酒瓶兰属常绿小乔木，为树状多浆植物。茎干直立，下部肥大，状似酒瓶；膨大茎干具有厚木栓层的树皮，呈灰白色或褐色。主要观赏基部肥大的球状肉质茎和叶片，多用于盆栽，温暖地带可用于园林。

**05.471　生石花**　living stone

番杏科生石花属（*Lithops*）多年生常绿肉质草本花卉。染色体数 $2n=48$。植株具肥大肉质根，根状茎极短，植株卵圆形，高 2～3.5cm；叶肉质，2 枚，对生。观赏肥厚的肉质叶和花，多用于盆栽观赏，也可用于温暖地带的园林之中。

**05.472　睡莲**　water lily

睡莲科睡莲属(*Nymphaea*)多年生水生草本花卉。染色体基数为14,不同种睡莲染色体数变化很大,基因组449.9~2662.4Mb。花和叶大多浮于水面。主要观叶赏花,多栽培于园林景观水体中,也可作切花。有些品种的叶柄可当作蔬菜。

## 05.04 茶　　树

**05.473 茶** tea, *Camellia sinensis* (L.) Kuntze

山茶科山茶属茶组植物,一般为栽培型。染色体数 $2n = 2x = 30$,起源于中国西南部。灌木或小乔木;幼嫩枝和顶芽有茸毛,叶较小,长椭圆或椭圆形;花较小,子房3室被茸毛;蒴果,果皮薄。芽叶用于制茶。

**05.474 普洱茶** puer tea, *Camellia sinensis* var. *assamica* (J. W. Mast.) Kitam.

又称"阿萨姆茶""大叶茶"。山茶科山茶属茶组植物,一般为栽培型。染色体数 $2n = 2x = 30$。小乔木;叶较大,叶面显著隆起;种子较大。芽叶可制茶。

**05.475 白毛茶** pubilimba tea, *Camellia sinensis* var. *pubilimba* Chang

山茶科山茶属茶组植物,一般为栽培型。染色体数 $2n = 2x = 30$。乔木或小乔木;叶较大,叶面显著隆起;种子较大;叶背、萼片外面等各部位均密被茸毛。芽叶可制茶。

**05.476 大厂茶** Dachang tea, *Camellia tachangensis* F. C. Zhang

山茶科山茶属茶组植物,一般为野生型。茶组中最原始的种之一。染色体数 $2n = 2x = 30$。乔木或小乔木;幼嫩枝芽无毛,叶光滑、长椭圆或椭圆形;子房5室无毛。芽叶可制茶。

**05.477 大理茶** Dali tea, *Camellia taliensis* (W. W. Sm.) Melch

山茶科山茶属茶组植物,一般为野生型。茶组中较原始的种之一。染色体数 $2n = 2x = 30$。乔木或小乔木;幼嫩枝芽无毛;叶片大,光滑、长椭圆或椭圆形;子房5室有毛,果皮较厚。芽叶可制茶。

**05.478 厚轴茶** crassicolumna tea, *Camellia crassicolumna* Hung T. Chang

山茶科山茶属茶组植物,一般为野生型。茶组中最原始的种之一。染色体数 $2n = 2x = 30$。乔木或小乔木;幼嫩枝芽无毛;叶光滑、长椭圆或椭圆形;子房5室有毛,果皮特厚,中轴粗大。芽叶可制茶。

**05.479 秃房茶** gymnogyna tea, *Camellia gymnogyna* Hung T. Chang

山茶科山茶属茶组植物,一般为野生型。染色体数 $2n = 2x = 30$。乔木或小乔木;嫩枝无毛,芽体有毛;子房3室无毛,果大、果皮厚。芽叶可制茶。

# 06. 作物基因组学与遗传育种

## 06.01 作物起源进化与多样性

**06.001 自然选择** natural selection

生物在自然环境下,适者生存、不适者被淘汰的过程。

**06.002 作物起源** crop origin

由野生植物驯化成栽培作物的事件。

**06.003 作物起源中心** crop origin center
驯化作物比较多的区域。全球有八大作物起源中心,包括墨西哥-危地马拉中心、智利中心、沿地中海中心、中东中心、埃塞俄比亚中心、中亚中心、印度-缅甸-马来-爪哇中心、中国及朝鲜半岛中心。

**06.004 次级起源中心** secondary center of origin
作物由起源中心地向外传播扩散过程中,形成的多样性比较丰富的地区。如中国是小麦和大麦的次生多样性中心。

**06.005 生物多样性** biodiversity
栖息于一定环境的所有动物、植物和微生物物种所拥有的全部基因以及它们与生存环境所组成的生态系统的总称。

**06.006 多样性中心** diversity center
植物遗传变异最丰富的地区。

**06.007 驯化** domestication
在人工长期定向选择下,野生动物和植物的一些野生特性(如动物的攻击性、大角、嗜血等,植物的匍匐生长习性、成熟时断穗落粒、果实苦涩、有毒等)逐步减弱或丧失,由野生变为家养或人工栽培的过程。

**06.008 人工驯化** artificial domestication
不断选择对人类有利性状,使野生动植物逐步适应家养或种植的过程。如狗由狼驯化而来,但体型趋于变小,性格趋于温顺;植物则由匍匐、落粒、带刺向直立、不落粒、钩刺减少变软方向进化。

**06.009 驯化基因** domestication gene
植物由野生转变为栽培时选择的关键基因。如落粒基因和直立基因等。

**06.010 驯化性状** domestication trait
植物由野生转变为栽培时选择的关键性状。如非落粒、直立、果实大小、果实颜色等。

**06.011 快速驯化** speed domestication
在对现代作物品种与野生种基因组比较分析,明确关键驯化选择基因的基础上,通过编辑野生种相关基因,使其丧失野生特性,转变为栽培作物的过程。

**06.012 去驯化** de-domestication
栽培植物或家养动物从人工环境返回自然环境,驯化基因发生恢复突变,重新获得野生特性的过程。如西藏半野生小麦即由普通小麦去驯化而来。

**06.013 野化作物** re-wild crop
从人工环境返回自然环境,发生基因的恢复突变,重新获得野生特性的作物。如杂草稻、野麦子等。

**06.014 野生近缘种** wild relatives
与栽培作物有一定亲缘关系的野生种。也包括介于栽培类型和野生类型之间的半野生类型。

**06.015 作物引种** crop introduction
从国外或国内不同行政区域引进新作物、新品种(品系)和理论研究所需要的各种遗传材料的过程。

**06.016 分子驯化** molecular domestication
基因或基因调控元件发生序列或结构上的变化,产生更加适应的或新的功能的过程。

**06.017 分子进化** molecular evolution
在进化过程中因突变、重组、转位和染色体结构重排而引起的基因或基因组序列不断变化的过程。

**06.018 分子钟** molecular clock
依据拟转座子长末端重复序列 LTR(long terminal repeat)和基因序列变化,估算发育树中分支发生年代的测量系统。常用百万年表示。

**06.019 分子系统发生学** molecular phyloge-

netics
基于 DNA 等分子序列相似程度(同源性)建立物种间进化关系的学科。

**06.020 微进化** micro-evolution
在较短时期内,由于突变、选择、基因流和遗传漂变导致群体内等位变异发生的改变。

**06.021 宏进化** macro-evolution
种及种以上水平的进化关系。如禾本科物种间的进化关系。

**06.022 基因组进化** genome evolution
基因组大小和结构变化的历史。如基因组复制、重组、大片段 PAV 的形成及染色体融合等。

**06.023 基因进化** gene evolution
物种进化适应环境过程中在基因水平上的变化。是基因突变、基因重组等基因序列和结构变化产生的新基因及其新功能在进化选择中被保留下来的过程。

**06.024 染色体进化** chromosomal evolution
在显微和亚显微层面上染色体断裂、融合、重组、倒位、易位、缺失/重复的历史过程。

**06.025 适应性进化** adaptive evolution
自然选择中保留对种群生存繁衍有利基因,淘汰不利基因(等位变异)的现象。

**06.026 进化生物学** evolutionary biology
研究生命起源、进化、物种多样性及遗传多样性形成演变的学科。

**06.027 进化距离** evolutionary distance
依据同源 DNA 或 RNA 序列中核苷酸的变异估算出来的物种间遗传关系的远近。差异越大,进化关系越远。

**06.028 进化速率** evolutionary rate
进化过程中,每个世代或单位时间内发生的改变。

**06.029 趋同演化** concerted evolution
又称"致同进化"。直系同源基因在种内比种间表现出更高相似性的现象。是由种内相对更频繁的基因交流和重组交换造成的。

**06.030 生殖隔离** reproductive isolation
个体间不能交配或交配后产生不育后代的现象。是界定物种的最基本特性。

**06.031 正[向]选择** positive selection
一些等位基因在自然或人工选择中被高频率保留的现象。

**06.032 负[向]选择** negative selection
一些等位基因在自然或人工选择中被高频率淘汰的现象。

**06.033 选择清除** selection sweep
对目标基因的选择导致其周围连锁基因或 DNA 序列多样性急剧降低的现象。在种群中呈现区段遗传单一化趋势,距目标基因越近,多样性越低。

**06.034 生态型** ecotype
对特定的生态环境具有良好适应能力的种群、品种或族群。

**06.035 生态遗传型** ecogenotype
在特定生境中遗传组成(基因型)基本一致的群体。

**06.036 遗传漂变** genetic drift
在小群体中由世代间配子的随机抽样造成的误差所导致的基因频率的随机波动。

**06.037 遗传迁徙** genetic migration
由婚配、人工干预、自然迁飞等引起的基因从一个种群到另一个种群的转移。

## 06.02 作物种质和基因资源

**06.038 种质** germplasm
亲代传给子代的遗传物质。是控制生物性状遗传变异的内在因子。

**06.039 种质资源** germplasm resources
一个物种所有基因及其变异的总称。包括自然变异、地方品种、人工杂交培育的新品种、人工物化诱变突变体等。是作物种质资源学形成的基础。

**06.040 基础种质** basic germplasm
种质库中所收集保存某一作物种质资源的总称。

**06.041 核心种质** core germplasm
用最小的样本数代表最大的遗传多样性的种质资源。用于实现种质资源的便于管理、便于应用、便于研究。其总量不超过基础种质的10%。

**06.042 微核心种质** mini core germplasm
用比核心种质更少的样本量来代表一个群体多样性的种质资源。其样本源于核心种质，入选样品更注重代表性、稀缺性和育种价值。

**06.043 编目数据** passport data
反映一个种质最基本特征特性的数据资料。以往多为表型数据，未来可能兼顾DNA指纹图谱数据信息。

**06.044 种质储存** germplasm storage
种质及其信息数据的保藏与管理。

**06.045 原位保存** *in situ* conservation
又称"原生境保存"。种质在原生境中进行繁殖保存的方式。

**06.046 异位保存** *ex situ* conservation
又称"异地保存"。种质在其原生境以外的地方繁殖保存的方式。

**06.047 离体保存** *in vitro* conservation
用试管对组织或细胞培养物进行保存的方法。如愈伤组织、悬浮细胞、花粉、花药、体细胞、幼胚等。

**06.048 超低温保存** cryopreservation
在-80℃以下的低温保存作物种子、花粉、枝条、芽尖、试管苗的技术和方法。

**06.049 种质圃** germplasm nursery
田间保存、繁殖、观测种质资源的特定区域。

**06.050 基因库** gene bank
保存种质资源的特殊设施。低温、低湿为其主要特点。

**06.051 基因库材料** gene bank accession
种质库里携带某种基因型的一个居群或个体的保存样品。

**06.052 基因文库** gene library
含有特定物种完整基因组的随机克隆片段的克隆群体。

**06.053 基因池** gene pool
一个区域内一个种群所有基因变异的总和。

**06.054 遗传资源** genetic resources
来自动物、植物或者微生物等含有遗传功能单位并具有实际或者潜在价值的材料。

**06.055 基因资源** gene resources
生物能将其特定的遗传信息传递给各代并实现性状表达的遗传物质总称。

**06.056 遗传丰富度** genetic richness
一个性状或位点上基因变异类型的总和。

**06.057 多样性信息指数** polymorphic information content, PIC
一个性状或位点上基因变异类型和分布频率

的综合衡量指标。质量性状常用辛普森指数(Simpson index)来度量,数量性状常用香农-韦弗指数(Shannon-Weaver index)来度量。

**06.058　遗传单一性**　genetic uniformity
生产所用品种在遗传和性状上出现的单一化或高度相似性的现象。易导致病害和虫害的大流行,使生产面临很大的风险。

**06.059　遗传特异性**　genetic specificity
种质资源表型的特异性,常与基因组结构变异(如基因组片段的缺失/重复,单拷贝/多拷贝等)相关联,是种质资源鉴定评价的核心内容之一。

**06.060　遗传累积性**　genetic accumulativeness
育种中不断地杂交和选择引起的与重要农艺性状关联位点优异等位变异不断积累的现象。

**06.061　遗传脆弱性**　genetic vulnerability
品种单一化对作物生产带来的潜在威胁。如超大面积地种植一个品种或携带同一抗病基因的品种,会对病原菌造成巨大的选择压力,加速新的致病小种的形成和流行。小麦碧蚂1号、洛夫林系统抗锈性的丧失都由此造成。

**06.062　种质创新**　germplasm enhancement
又称"前育种(pre-breeding)"。通过杂交重组、远缘杂交、化学物理诱变、基因编辑创制等方法基本满足育种需求的育种方法。

**06.063　微体繁殖**　micropropagation
利用具有全能性的组织器官进行快速繁殖的技术。

**06.064　正常型种子**　orthodox seed
适于干燥低温贮藏特性的种子。如水稻、小麦、玉米、谷子、高粱、大部分豆类作物的种子。

**06.065　异常型种子**　recalcitrant seed
在-20°C 干燥和/或冷冻后无法存活,无法在常规冷库中储存的种子。

**06.066　遗传完整性**　genetic integrity
从形态到分子水平具有应有的全部遗传特性的现象。

**06.067　遗传侵蚀**　genetic erosion
生物基因资源受损,遗传多样性减少的现象。常与原生境的破坏相关联。

## 06.03　作物遗传改良

**06.068　质量性状**　qualitative trait
同一种性状的不同表现型之间不存在连续性的数量变化,而呈现质的中断性变化的性状。由一对或少数几对基因控制,不易受环境影响,表现为不连续变异。

**06.069　数量性状**　quantitative trait
由多个微效基因控制,易受环境影响,个体间表现的差异只能用数量来区别,呈现连续变异的性状。

**06.070　遗传力**　heritability
又称"遗传率"。遗传方差在总的表型方差中所占的比率。

**06.071　质量遗传**　qualitative inheritance
由单基因或少数几个基因控制的性状遗传模式。

**06.072　数量遗传**　quantitative inheritance
由多个微效基因控制,表现为连续分布性状的遗传模式。

**06.073　超亲遗传**　transgressive inheritance
在 $F_2$ 或以后的世代中,由于基因重组而在某种性状上出现超越亲本个体的遗传模式。

**06.074 核型** karyotype
细胞分裂中期成对染色体的数目、大小和形态特征的总汇。

**06.075 附加系** addition line
在某品种或物种染色体组的基础上,增加一条或多条其他物种的染色体而形成的稳定遗传品系。

**06.076 代换系** substitution line
某物种的一条或多条染色体被另一物种的一条或多条染色体所取代而形成的稳定遗传品系。

**06.077 易位系** translocation line
某品种或物种的染色体片段和另一品种或物种的染色体片段发生交换而形成的稳定遗传品系。

**06.078 整倍体** euploid
体细胞中具有一套或几套整倍数染色体组的个体。

**06.079 非整倍体** aneuploid
染色体数目呈单个或数个增加或减少的个体。

**06.080 二倍体** diploid
体细胞或合子细胞具有两套完整同源染色体组的个体。

**06.081 双倍体** amphiploid
具有两套完整染色体组,其中一套染色体组来自父本,另一套来自母本的个体。

**06.082 双二倍体** amphidiploid
具有两套父本和两套母本染色体组的个体。

**06.083 同源四倍体** autotetraploid
细胞内四套同源染色体组均来源于同一个祖先种的四倍体。

**06.084 异源四倍体** allotetraploid
四套染色体组是由来自两个不同物种的完整两套染色体组组成的四倍体。

**06.085 异源六倍体** allohexaploid
六套染色体组是由来自三个不同物种的完整两套染色体组组成的六倍体。

**06.086 同源多倍体** autopolyploid
由同一物种的染色体组加倍形成的个体。一般是由二倍体的染色体直接加倍产生的。

**06.087 异源多倍体** allopolyploid
由不同物种的染色体组杂交加倍形成的多倍体,或远缘杂交经过染色体加倍形成的多倍体。

**06.088 单倍体** haploid
体细胞染色体数与其配子染色体数相同的个体。

**06.089 单倍体育种** haploid breeding
利用花药培养或诱导系诱导等产生单倍体,再通过人工或自然加倍,形成有活力且能正常结实的纯合品系的育种技术。

**06.090 多元单倍体** polyhaploid
由多倍体产生的单倍体。

**06.091 同源多元单倍体** autopolyhaploid
细胞染色体来自同源多倍体的不同染色体组的一类多元单倍体。

**06.092 多倍体** polyploid
具有两个以上整套染色体组的细胞或个体。

**06.093 多倍体育种** polyploid breeding
通过细胞染色体组加倍获得多倍体,再选育符合人们需要的优良品种的育种技术。

**06.094 体细胞染色体加倍** somatic chromosome doubling
通过生物、理化方法使体细胞内染色体数目以染色体组为单位成倍增加的过程。

**06.095 未减数配子融合** union of unreduced gamete

在第一次或者第二次减数分裂时,未减数的配子受精,造成个体染色体组加倍的过程。

**06.096 多精受精** polyspermy
多个精子进入一个卵子的受精现象。只有一个精子与卵子结合,完成受精,其余的精子逐渐退化消失。

**06.097 花粉培养** pollen culture
花药中分离出的单个花粉粒,经诱导分化形成单倍体植株的技术。

**06.098 组织培养** tissue culture
在无菌条件下,将外植体(用于离体培养进行无性繁殖的各种植物材料,包括植物器官、组织、花药、花粉、体细胞、原生质体等)接种到人工配置的培养基中,在人工控制的环境下,培育离体植物组织、器官或细胞,以及培育成植株的技术。

**06.099 花药培养** anther culture
将发育到一定阶段的花药置于培养基上,以改变花药内花粉粒的发育途径,使其分化和发育成为单倍体植株的技术。

**06.100 胚培养** embryo culture
将幼胚或成熟胚从母体上分离出来,置于无菌的人工环境条件下使其进一步生长发育形成幼苗的技术。

**06.101 器官培养** organ culture
将植物器官部分或整体从母体植株上分离,在无菌的人工条件下,保持原来的立体状态并进行组织培养,使之生长发育形成植株的技术。

**06.102 细胞培养** cell culture
从体内组织中取出细胞放在模拟体内的生理环境中,在无菌的人工条件下维持细胞生长与增殖,以用于次生代谢产物生产或诱导体细胞胚发生和植株再生的技术。

**06.103 原生质体培养** protoplast culture
在人工无菌条件下,诱导原生质体再生细胞壁,并进一步生长发育成为植株的技术。

**06.104 胚嫁接** embryo grafting
将一种植物的胚切下,安置到另一近缘植物已切去胚的胚乳切口上,经过护理长成植株的方法。是一种无性杂交方法。常用于远缘杂交胚拯救。

**06.105 代换** substitution
在 DNA 碱基序列中一个嘌呤被另一个嘌呤,或一个嘧啶被另一个嘧啶替代,或供体的染色体或染色体片段取代受体相应染色体或染色体片段而引起遗传信息突变的现象。

**06.106 转换** transition
在 DNA 序列中一个嘧啶(或嘌呤)被另一个嘧啶(或嘌呤)替代而引起遗传信息突变的现象。

**06.107 颠换** transversion
在 DNA 碱基序列中一个嘧啶(或嘌呤)被一个嘌呤(或嘧啶)替代而引起遗传信息突变的现象。

**06.108 移码** frameshift
又称"读框移位"。在 DNA 编码区插入或缺失碱基使下游三联体密码子组成的可读框发生移动或改变,导致翻译产生的氨基酸序列发生改变的现象。

**06.109 重复** duplication
部分遗传物质复制或不等交换导致的 DNA 序列或基因拷贝数的增加。

**06.110 复制** replication
以亲代遗传物质(DNA 或 RNA)为模板按照碱基配对原则合成子代分子的过程。

**06.111 加性效应** additive effect
在多基因决定的数量性状中,各基因产生效应的累加。

**06.112 加性遗传方差** additive genetic variance

由基因的加性效应所导致的遗传变异量。是遗传方差的一个组分。

**06.113　非加性效应**　non-additive effect

由等位基因或非等位基因间的相互作用产生的效应。包括显性效应、上位效应以及交叉互作效应。

**06.114　显性**　dominant

由显性等位基因决定的，在杂合状态下性状得以表现的现象。

**06.115　完全显性**　complete dominance

杂合子中显性基因在表型中完全表现，杂合子的表型与显性基因纯合子表型相同的现象。

**06.116　不完全显性**　incomplete dominance

杂合子中显性基因在表型中不能完全表现，杂合子的表型通常介于显性基因纯合子和隐性基因纯合子之间的现象。

**06.117　显性致死**　dominant lethal

显性基因导致生物不能形成正常的配子或者受精卵，胚胎在发育中异常、致死或个体在发育中致死的现象。

**06.118　隐性**　recessive

在杂合状态下，隐性等位基因支配的性状不表现的现象。

**06.119　隐性致死**　recessive lethal

在隐性基因纯合体中表达致死的现象。在杂合状态时不影响个体的生活力。

**06.120　互补效应**　complementary effect

两对基因分别处于纯合显性或杂合显性状态时共同决定一种性状的发育，而只有一对基因是显性或两对基因都是隐性时，则表现为另一种性状的现象。

**06.121　非同源染色体**　non-homologous chromosome

DNA 序列或者基因组成和排列完全不同，在减数分裂中不能互相配对和交换重组的染色体。

**06.122　基因型**　genotype

一个生物个体或细胞全部基因组合的总称。也指个体间同一位点上等位变异组成差异。

**06.123　基因型频率**　genotype frequency

群体中某特定基因型个体数占全部个体数的比率。

**06.124　表[现]型**　phenotype

在特定环境中，一个生物个体所表现的生理、形态和行为等所有特征的总和。

**06.125　相对性状**　relative character

由一对等位基因所决定并有明显差异的性状。

**06.126　一因多效**　pleiotropism

一个基因同时影响多个性状的现象。

**06.127　多因一效**　multigenic effect

多个基因影响同一性状的现象。

**06.128　等位基因**　allele

在一对同源染色体的同一基因座上的两个不同形式的基因。

**06.129　复等位基因**　multi-allele

在二倍体种群中，同源染色体的相同位点上具有两种以上变异状态的等位基因。

**06.130　核融合**　karyomixis

在共同的细胞质中，两个或两个以上的细胞核间融合的现象。

**06.131　核溶解**　karyolysis

在细胞凋亡或坏死中，细胞核及 DNA 活性染色质发生完全解离的现象。

**06.132　体细胞接合**　somatogamy

两个体细胞直接接触，由一个细胞向另一个细胞传递大段 DNA 的遗传现象。

**06.133　同质性**　homogeneity

一个群体中的不同个体具有相同特性的现象。

**06.134　异质性**　heterogeneity

一个群体中的个体具有不同特性的现象。

**06.135　连续分布**　continuous distribution

后代性状的表现呈现连续变化的现象。是数量性状分离的特点。

**06.136　间断分布**　discontinuous distribution

后代性状彼此界限分明，表现为非连续性的变异现象。是质量性状分离的特点。

**06.137　胚乳直感**　xenia

又称“花粉直感”。杂交种子的胚乳（或子叶）组织直接表现父本同种组织的某些性状的现象。

**06.138　果实直感**　metaxenia

种皮或果皮等母本组织在发育过程中由于花粉基因影响而表现父本的某些性状的现象。

**06.139　有性繁殖**　sexual reproduction

生物通过两性生殖细胞（雌雄配子）的结合形成新个体的生殖方式。是生物界中最普遍的一种生殖方式。

**06.140　杂交**　cross hybridization

不同基因型个体间的交配获得某些双亲基因重组个体的方法。

**06.141　品系**　line, strain

杂交后经多代选择形成的遗传上基本稳定的后代。

**06.142　高代品系**　advanced line

自交或近亲繁殖若干代后所获得的某些遗传性状相当一致的后代。

**06.143　供体**　donor

杂交育种中提供目标基因或性状的亲本。

**06.144　受体**　recipient

杂交育种中接受目标基因或性状的亲本。

**06.145　亲代**　parental generation

进行杂交时，将遗传物质通过生殖细胞传递给子代的雌雄个体。包括母本和父本。

**06.146　后代**　progeny

亲代杂交后所产生的每一代。

**06.147　子代**　filial generation, offspring

亲代杂交所产生的后一代。

**06.148　父本**　male parent

杂交时提供雄配子的亲本。

**06.149　母本**　female parent

杂交时提供雌配子的亲本。

**06.150　系谱**　pedigree

一个品种的亲缘关系及选择过程的记载。

**06.151　系谱分析**　pedigree analysis

利用系谱研究性状遗传传递规律的分析方法。

**06.152　随机交配**　random mating

在一个有性繁殖的生物群体中，任何一个雌性或雄性个体与任何一个相反性别的个体之间在相等概率的情况下进行交配的方式。

**06.153　自然异交率**　natural outbreeding rate

自花授粉植物在自然条件下，后代中出现异交产生的杂种个体所占的比率。

**06.154　独立分配定律**　law of independent assortment

又称“孟德尔自由组合定律”。位于不同染色体上的两对或两对以上非等位基因，在配子形成过程中，同一对基因各自独立地分离，分别进入不同的配子，不同对的基因可自由组合的遗传规律。

**06.155　分离定律**　law of segregation

又称“孟德尔第一定律（Mendel's first law）”。一对基因在杂合状态各自保持其独立性，在配子形成时，彼此分离到不同的配子中去的遗传规律。在一般情况下，子一代配子分离比是1∶1，子二代表型分离比是3∶1，子二代基因型分离比是1∶2∶1。

**06.156　连锁遗传定律**　law of linked inheritance

又称“摩尔根定律(Morgan's law)”。在同一染色体上的两个或两个以上基因联合在一起进行遗传的规律。

**06.157　连锁群**　linkage group

位于同一染色体上的基因群。

**06.158　重叠效应**　duplicate effect

影响同一性状的两对非等位基因，其中有一对基因为显性基因时就能决定某一表型，两对均为隐性基因时则决定另一表型的现象。$F_2$ 的孟德尔比率表现为15∶1。

**06.159　抑制效应**　inhibition effect

影响同一性状的两对非等位基因中，其中一对显性基因本身并不直接控制性状的表现，但对另一对基因的效应有抑制作用的现象。$F_2$ 的孟德尔比率表现为13∶3。

**06.160　杂交育种**　hybrid breeding

通过不同种群、不同基因型个体间杂交，对杂种后代进行选择，育成新品种的方法。

**06.161　杂种**　hybrid

不同基因型个体杂交产生的后代。

**06.162　杂种第一代**　first filial generation

又称“子一代”。由亲本杂交产生的第一代，用 $F_1$ 表示。

**06.163　杂交组合**　hybrid combination

杂交育种中亲本的组配方式。

**06.164　杂种优势**　heterosis

两个性状不同的亲本杂交产生的杂种，在生长势、生活力、繁殖力、适应性、产量、品质等方面优于亲本的现象。

**06.165　杂种优势的衰退**　heterosis depression

杂种第二代及以后世代由于基因型杂合度降低，在生长势、生活力、抗逆性、产量等方面表现出显著下降的现象。

**06.166　超标优势**　over-standard heterosis

又称“竞争优势(competitive advantage)”。杂交种($F_1$)的产量或某一数量性状的平均值与当地对照品种(CK)同一性状平均值的差数除以对照品种(CK)的比率。公式为：超标优势(%)=($F_1$-CK)/CK×100。

**06.167　超亲优势**　over-parent heterosis

杂交种($F_1$)的产量或某一数量性状的平均值与高值亲本(HP)同一性状平均值的差数除以高值亲本(HP)的比率。公式为：超亲优势(%)=($F_1$-HP)/HP×100。

**06.168　中亲优势**　mid-parent heterosis

杂交种($F_1$)的产量或某一数量性状的平均值与双亲($P_1$ 与 $P_2$)同一性状平均值的差数(MP)除以双亲($P_1$ 与 $P_2$)同一性状平均值的比率。公式为：中亲优势(%)=($F_1$-MP)/MP×100；MP=($P_1$+$P_2$)/2。

**06.169　线粒体互补**　mitochondrial complementation

通过测定两个亲本的混合线粒体的呼吸强度来预测杂种优势的方法。用于筛选优势组合。

**06.170　纯系**　pure line

通过同一纯合亲本自花授粉得到的后代或由长期连续近交得到的植物高度纯合自交系。

**06.171　纯系品种**　pure line cultivar

杂交或突变后代通过系谱法选择得到的基因型纯合一致的品种。

**06.172　纯系育种**　pure line breeding

从现有品种群体中选择优良自然变异个体，通过后裔鉴定及保纯繁育育成新品种的育种方法。

**06.173 永久 $F_2$ 群体** permanent $F_2$ population

是由重组自交系两两随机配组产生的群体。该群体保留了 $F_2$ 中丰富的遗传变异，且能长期保存。

**06.174 测交** test cross

(1)杂种第一代个体与其隐性纯合体亲本杂交来测定杂种或杂种后代基因型的方法。(2)杂种优势育种中利用标准测验自交系和不同自交系杂交来测定杂种优势和配合力的方法。

**06.175 测交种** test cross cultivar

测交所产生的杂种一代。

**06.176 测验种** tester

用来测定杂合体基因型的纯合隐性亲本，和测定自交系配合力的品种、自交系及单交种等的统称。

**06.177 单交** single cross

又称"成对杂交(paired hybridization)"。每个亲本仅作一次父本或母本的杂交方法。

**06.178 单交种** single cross hybrid

两个品种或自交系进行杂交产生的品种。

**06.179 双交** double cross

两个单交种再杂交的方法。

**06.180 双交种** double cross hybrid

由四个品种或自交系先分别配制成两个单交种，再由两个单交种杂交产生的品种。

**06.181 三交** three-way cross

单交所得的子一代，再与第三个亲本进行杂交的方法。

**06.182 四交** tetracross

单交所得的子一代，与第三个亲本进行杂交后获得的杂种一代，再与第四个亲本进行杂交的方法。

**06.183 顶交** top cross

用一个自交系、一个单交种、或一个双交种与一个天然授粉品种杂交的方法。

**06.184 正反交** reciprocal cross

又称"互交"。两个具有相对性状的品种，相互作为父本和母本进行杂交的方法。如把甲×乙称"正交(direct cross)"，把乙×甲称"反交(reciprocal cross)"。

**06.185 近交** inbreeding

全称"近亲交配"。有亲缘关系的个体间的杂交。包括自交、全同胞交配、半同胞交配、回交等。

**06.186 近交系数** inbreeding coefficient

一个个体的等位基因来自共同祖先基因的概率。是度量个体近交程度的参数。

**06.187 近交退化** inbreeding depression

近交产生的后代在产量和品质等性状方面降低或丧失的现象。

**06.188 远交** outbreeding

亲缘关系较远的个体间杂交的方法。

**06.189 自交** selfing

同一植株上的同一朵花的花粉传播到同朵花的雌蕊柱头上，或由同株的花粉传播到同株的雌蕊柱头上的受精过程。

**06.190 自交系** selfing line

通过多代自花授粉或多代近交后得到的纯系。

**06.191 自交后代选择** selfed generation selection

又称"$S_n$ 轮回选择"。根据自交后代的性状表现，在自交至第 $n$ 代时进行轮回选择的群体改良方法。

**06.192 近等基因系** near-isogenic line

经过连续回交，除目标性状有差异，其他性状完全相同的品系。

**06.193　异交**　outcrossing
不同植株花朵的花粉进行传粉的受精过程。

**06.194　互交**　intercrossing
同一物种不同群体或不同人工群体之间的杂交。

**06.195　回交**　backcross
子一代与双亲之一进行的杂交。

**06.196　轮回亲本**　recurrent parent
又称"受体亲本(receptor parent)"。回交中一直用于杂交的亲本。是有利性状(目标性状)的接受者。

**06.197　非轮回亲本**　non-recurrent parent
又称"供体亲本(donor parent)"。只有第一次杂交时应用的亲本。提供目标性状。

**06.198　回交重组自交系**　backcross recombinant inbred line
两个亲本的杂交后代与亲本之一连续回交得到的后代再自交形成的自交系。

**06.199　重组自交系**　recombinant inbred line
用杂交第二代个体连续多代自交形成的遗传稳定近交系。

**06.200　回交近交系**　backcross inbred line
回交后代经过自交形成的近交系。

**06.201　逐步回交法**　stepwise backcross
对同一轮回亲本逐步分次进行不同基因转移的回交育种方法。即在同一回交方案中选择几个分别具有不同目标性状基因的供体亲本,先以一个供体亲本与受体亲本进行杂交和回交的形式导入一种目标性状,然后再以它作为轮回亲本进行第二个性状的转移,如此进行,最后把分散在不同供体亲本上的优良目标性状基因逐步转移到一个改良的品种上。

**06.202　聚合回交法**　convergent backcross
对单个性状基因分别回交转育,然后再进行相互杂交,从而将多个性状聚合的方法。

**06.203　高代回交数量性状基因座分析法**　advanced backcross QTL analysis
在高代回交群体进行 QTL 分析,检测到的 QTL 再通过回交,从而得到 QTL 近等基因系的育种方法。

**06.204　全同胞交配**　full-sib mating
双亲完全相同的个体间交配的方法。

**06.205　半同胞交配**　half-sib mating
同父异母或同母异父的个体间杂交的方法。

**06.206　多父本杂交**　multiple male-parental cross
在远缘杂交时,将若干个父本品种的花粉混合起来,给同一个母本品种授粉的杂交方法。这种方法可以提高杂交结实率。

**06.207　属间杂交**　intergeneric hybridization
同科不同属之间杂交。

**06.208　种间杂交**　interspecific hybridization
同属不同种间的杂交。

**06.209　品种间杂交**　intervarietal hybridization
同一物种内不同品种个体之间杂交的方法。

**06.210　双列杂交**　diallel hybridization
一组亲本间进行所有可能交配的杂交方法。

**06.211　复合杂交**　composite hybridization
简称"复交"。当育种目标所要求的一些性状存在于三个或三个以上的亲本中时,通过亲本间多次的杂交,使分散在各个亲本中的性状集中到一个杂种中的杂交方法。

**06.212　聚合杂交**　convergent hybridization
通过多向杂交,将分散在不同亲本中的优良性状或基因集中到一个杂种群体中的杂交方式。

**06.213　渐渗杂交**　introgressive hybridization
杂交后代与亲本之一进行连续多代回交,逐

渐将另一个品种的遗传物质分区段引入到回交亲本背景中的杂交方式。

**06.214 遗传渗入系** genetic introgression line

又称“遗传导入系”。双亲杂交后,用其中一个亲本连续回交数代而形成的遗传分析群体。

**06.215 多系杂交** polycross

把已选出的个体或系,在隔离的田间种在一起,使之相互自由杂交,然后比较各自的下一代,择优继续进行杂交的方式。

**06.216 有性杂交** sexual hybridization

通过两性细胞的结合形成新个体的杂交方式。

**06.217 无性杂交** vegetative hybridization

通过原生质体融合,形成一个具双亲遗传物质的杂种细胞,并在人工培养下发育成杂种的方法。

**06.218 核质杂种** nucleo-cytoplasmic hybrid

核、质来自不同物种的细胞或个体。

**06.219 胞质杂种** cytoplasmic hybrid

用去核或核被置换了的细胞与正常细胞融合形成的新细胞质杂种细胞或个体。

**06.220 核质互作** nucleo-cytoplasmic interaction

一个细胞内细胞质与细胞核基因之间的相互作用。

**06.221 早代测验** early generation test

在早期世代对杂种群体的遗传力或产量表现进行评价的方法。

**06.222 后代测验** progeny test

利用后代的性状表现对亲本进行评价的方法。

**06.223 一般配合力** general combining ability

在杂交设计试验中,一个品系和所有其他品系杂交的子一代平均数与所有杂交组合的子一代总平均数的离差。

**06.224 特殊配合力** specific combining ability

在杂交试验中,一个品系和另一个品系杂交的子一代的性状值与根据一般配合力预测的杂交组合性状值的离差。

**06.225 综合种** synthetic cultivar

全称“综合品种”。根据配合力的测定,选出一定数量的基因型,在隔离条件下,经过几轮随机交配育成的群体品种。

**06.226 二环系** second cycle line

从自交系间杂交种中选育的自交系。

**06.227 品种间杂种** intervarietal hybrid

同一物种内不同品种间杂交获得的杂交种。

**06.228 杂种品种** hybrid cultivar

又称“杂交种”。在严格选择亲本和控制授粉的条件下,生产的各类杂交组合的 $F_1$ 直接用作品种的植物群体。

**06.229 混系品种** composite cultivar

由若干个纯系品种的种子混合繁殖产生的植株群体。

**06.230 多系品种** multi-line cultivar

由若干个近等基因系的种子混合繁殖产生的抗性基因混合群体。主要用于防止病原菌的快速变异所导致的品种抗性丧失。

**06.231 亲和** compatible

物种间杂交产生正常后代的能力。

**06.232 亲和性** compatibility

配子能够相互识别并融合产生合子的特性。

**06.233 不亲和性** incompatibility

花粉和胚囊具有完整功能,但由于遗传或生理的原因雌雄配子不能进行受精的现象。

**06.234 自交亲和性** self-compatibility

同一个体所产生的雌雄配子能够正常融合形成合子的现象。

**06.235　自交不亲和性**　self-incompatibility
具有完全花并可形成正常的雌雄配子,但当具有相同基因型的雌雄配子授粉时,花粉不能萌发或萌发后不能受精,从而导致自交不结实的特性。

**06.236　杂交亲和性**　cross-compatibility
不同亲缘关系的个体配子间能够融合产生正常合子的特性。

**06.237　杂交不亲和性**　cross-incompatibility
远缘的雌雄配子不能结合形成合子,或合子胚不发育,不能形成幼苗的现象。

**06.238　细胞质不亲和性**　cytoplasmic incompatibility
由两个配子的细胞质不兼容导致合子死亡的现象。

**06.239　配子体自交不亲和系统**　gametophytic self-incompatibility system
自交不亲和特性由配子体基因型决定的系统。

**06.240　孢子体自交不亲和系统**　sporophytic self-incompatibility system
自交不亲和特性由孢子体基因型决定的系统。

**06.241　可交配性**　crossability
两个亲本之间的杂交可以受精结实产生正常后代的特性。

**06.242　杂交可育**　cross fertilization
杂交产生正常结实后代的现象。

**06.243　杂种不育[性]**　hybrid sterility
不同物种之间杂交所得子代不能正常结实的现象。

**06.244　自交可育[性]**　self-fertility
自交产生正常结实后代的现象。

**06.245　自交不育[性]**　self-sterility
自交不能产生子代的现象。

**06.246　花粉不育[性]**　pollen sterility
由于外界条件和内在因素的影响,花粉的正常发育受阻,形成无生殖能力花粉的现象。

**06.247　雄性不育**　male sterility
植物的雄性生殖系统不能正常发育,不能产生有功能的花粉粒,而其雌性生殖系统发育和营养生长完全正常,能接受正常植株的花粉受精结实的现象。

**06.248　细胞质雄性不育**　cytoplasmic male sterility
受细胞质基因控制的雄性不育现象。

**06.249　细胞核雄性不育**　nucleus male sterility
由细胞核内基因决定的雄性不育现象。

**06.250　基因型-环境互作雄性不育**　genotype-environmental male sterility
由遗传背景与环境共同决定的雄性不育类型。

**06.251　核质互作雄性不育**　cytoplasmic nucleic male sterility
雄性不育受细胞质不育基因和对应的细胞核不育基因共同控制的现象。

**06.252　孢子体雄性不育**　sporophyte male sterility
在孢子体阶段发生花粉败育引起的不育现象。即花粉育性的表现由孢子体(母体植株)的基因型控制,与配子体(花粉)本身的基因无关。

**06.253　配子体雄性不育**　gametophyte male sterility
在雄配子体阶段发生花粉败育引起的不育现象。即花粉的育性受配子体本身基因型控制,因此配子体基因不育时花粉表现不育,配子体基因可育时花粉表现正常。

**06.254 雌性不育** female sterility
植物雌蕊发育不正常且不能受精结实引起的不育现象。

**06.255 雄性不育系** male sterile line
雌雄同株植物中,雄性的花粉败育,雌花发育正常,授予其他品系的花粉则可受精结实,用保持系的花粉授粉能将雄性不育性遗传给子代的植物品系。

**06.256 核雄性不育系** genic male sterile line
受细胞核基因控制的雄性不育植物品系。如小麦太谷核不育系。

**06.257 育性恢复基因** fertility restorer gene
在质核互作型雄性不育系统中,可使雄性不育系后代恢复育性的基因。

**06.258 恢复系** restorer line
在雄性不育三系法杂交育种体系中,具有恢复能力的自交系,其花粉可使雄性不育母本后代恢复正常育性的雄性亲本品系。

**06.259 保持系** maintainer line
在雄性不育三系法杂交育种体系中,正常自交系与雄性不育系母本杂交,使母本结实,其子代又能保持母本雄性不育特性的品系。

**06.260 三系杂种** three-line hybrid
利用不育系、雄性不育恢复系和保持系杂交选育的核质互作雄性不育杂种品种。

**06.261 去雄** emasculation
为保证杂交组合准确性,对雌雄同花的两性花,在花药成熟开裂散粉前,通过化学或物理的方法,去除雄蕊或使雄蕊灭活的技术。

**06.262 授粉** pollination
(1)父本的花粉授予雌花柱头(或胚珠)的人工过程。(2)自然界花粉自然飞散而进行的传粉过程。

**06.263 双受精** double fertilization
两个精细胞分别与卵细胞和中央细胞相融合的现象。

**06.264 自由授粉** open pollination
在自然条件下,让群体内植物个体间借助风力或昆虫进行传粉的过程。

**06.265 辅助授粉** supplementary pollination
克服异花授粉植物因环境条件限制而降低传粉和受精的措施。

**06.266 异花授粉** cross pollination
花粉从一朵花传到另一朵花的雌蕊柱头上进行授粉的过程。

**06.267 自花授粉** self-pollination
同一朵花的花粉传到同一朵花的雌蕊柱头上,或同株的花粉传播到同株的雌蕊柱头上进行授粉的现象。

**06.268 自花受精** self-fertilization
自花授粉后雌雄配子结合的过程。

**06.269 人工授粉** artificial pollination
用人工方法把植物花粉传送到柱头上以提高结实的一种方法。

**06.270 混合授粉** mixed pollination
将不同品种或种的花粉混合后同时授给同一母本的授粉方法。

**06.271 蕾期授粉** bud pollination
在十字花科中,为克服自交不亲和性,选取开放前2~4天的花蕾进行授粉从而得到种子的授粉方法。

**06.272 控制授粉** controlled pollination
人为控制授粉时间和部位的授粉方法。

**06.273 花粉蒙导** pollen mentor
远缘杂交时,利用灭活后的母本花粉或花粉浸提液,与父本花粉混合后给母本授粉,提高远缘杂交成功率的方法。

**06.274 常异花授粉植物** often cross-pollinated plant
在自然条件下,以同一植株上的花粉授粉为主,且能正常受精结实,在群体中有少部分个体异花授粉的一类植物。

**06.275 选择** selection
物种进化过程中或现代育种工作中,自然界或人工选择优良的变异个体的行为。择优去劣,是物种进化的主要动力,也是创造新品种和改良现有品种的重要手段。

**06.276 选择育种** selection breeding
利用现有品种或栽培类型产生的自然变异种。是获得新品种的一种育种途径。

**06.277 选择指数** selection index
将各种表型信息加权综合制定的选择指标。

**06.278 选择强度** selection intensity
标准化的选择差,即将不同性状的选择差除以各自性状的变异标准差来进行标准化。

**06.279 选择响应** selection response
入选亲本的子代表型平均值与被选择亲本群体平均值的离差。

**06.280 选择差** selection differential
群体中留种个体的平均表型值与供选个体的平均表型值之差。

**06.281 选择牵连效应** hitchhiking effect
对一个位点特定等位变异的强烈选择不仅导致该位点多样性的急剧降低,同时也引起其侧翼遗传多样性降低的现象。

**06.282 交互轮回选择** reciprocal recurrent selection
两个种群中的自交群体分别与另一种群进行杂交,对杂交后代进行表型测试,选择表型最好的杂交后代进行多次杂交获得改良群体的选择育种方法。

**06.283 定向选择** directional selection
为了一定的目的而对生物性状进行选择,使符合性状的个体生存繁衍下来的选择育种方法。

**06.284 连续选择** successive selection
对所要改良的性状依次进行选择,每次仅选择改良一种性状的选择育种方法。

**06.285 歧化选择** disruptive selection
把一个群体中的极端变异按不同的方向保留下来,而中间常态类型则大为减少的一种选择育种方法。

**06.286 趋同选择** convergent selection
不同的物种由于适应相似的环境而呈现出相似表型的现象。

**06.287 单株选择** individual plant selection
在遗传改良的原始群体中或多世代改良的育种群体中,选择优良单株进入下一个育种轮回的选择育种方法。

**06.288 芽选择** bud selection
对芽发生的变异进行选择,从而育成新品种的选择育种方法。

**06.289 配子选择** gametic selection
在配子水平上进行选择的育种方法。

**06.290 家系选择** line selection
根据家系的平均值,以家系为单位进行选择的方法。

**06.291 集团选择** bulk selection
根据原始群体内植株不同的特征特性,将中选的性状相似的单株归并到一起形成集团后,各集团之间及其与原始品种间进行比较鉴定,选出优良集团的一种选择育种方法。

**06.292 改良混合选择** modified bulk selection
把混合选择和单株选择交叉使用的一种选择法。

**06.293 单[一]性状选择** single trait selection

根据性状的重要性或出现的先后顺序逐次淘汰的一种选择育种方法。

**06.294 综合性状选择** multiple trait selection
根据综合经济性状进行选择,评定时按经济性状的重要性规定不同的评分标准,选择评分高的植株的选择育种方法。

**06.295 实生系** seedling line
无性繁殖植物有性杂交后,实生种子播种出苗后再进行无性繁殖所得到的品系。

**06.296 系谱法** pedigree method
从杂种第一次分离世代开始选株,分别种成株系,以后各世代均在优良的系统中选优良单株,在选择过程中各世代予以系统编号以便考察株系历史和亲缘关系的选择育种方法。

**06.297 穗行法** ear-to-row method
每穗衍生一行的种植方法。

**06.298 株行法** plant-to-row method
每株衍生一行的种植方法。

**06.299 铃行法** boll-to-row method
每(棉)铃衍生一行的种植方法。

**06.300 育种圃** breeding nursery
以收集、保存育种亲本为主要任务的种质资源保存地。

**06.301 理想株型** ideotype
具有能获得最高光能利用率,能将光合产物最大限度地输送到籽粒中去,具有高收获指数和高籽粒产量的植株形态。

**06.302 遗传获得量** genetic gain
通过选择获得的群体平均育种值提高的量。

**06.303 群体** population
在一定的时间和空间范围内,具有一定共同特性个体的集合。

**06.304 群体缓冲性** population buffering
广泛多变的环境条件下,群体不同个体之间相互作用所产生的对环境条件最大程度的适合性。

**06.305 群体瓶颈效应** population bottleneck effect
由于自然或人工选择,使群体中只有个别基因型保留并得以繁衍的现象。

**06.306 自然群体** natural population
自然繁衍而成的群体。

**06.307 人工群体** artificial population
在人为控制下按一定的目标与方式杂交建立的群体。

**06.308 群体改良** population improvement
从原始群体入手,通过选择和人工控制下的自由交配等育种手段,丰富原始群体的遗传基础,扩大原始群体的变异范围,使其能连续不断地提供新种质,并从中不断地分离出新类型的群体育种方法。

**06.309 群体品种** population cultivar
经过长期选择,群体中通常包括若干基因型,虽然个体间性状差异较大,但整体上具有较强的抗逆性和适应性的品种。

**06.310 混合选择** mass selection
按照一定的经济性状标准,在混合群体中选出一群优良个体,并利用这些优良个体的种子进行混合繁殖,通过鉴定比较,仅保留优良或淘汰部分低劣个体的选择育种方法。

**06.311 轮回选择** recurrent selection
按育种目标从基础群体中选择优良单株进行自交和配合力测定,再根据测定结果将中选的优株彼此互交,形成一个遗传基础更为丰富的优良新群体,且利用这种方法,通过多轮选择,将所需要的基因集中起来,形成一个新群体的选择育种方法。

**06.312 单粒传法** single seed descent

从杂种第二代开始，各世代淘汰不良单株，其余按组合每株采收一粒或几粒种子混合繁殖，直到较高世代再选优系育成品种的选择育种方法。

**06.313　派生系统法**　derived line method
在杂种二代或三代进行一次单株选择，以后各世代均按单株衍生系统种植，直到优良衍生系统主要性状趋于稳定时，再选株次年种成株系的选择育种方法。

**06.314　改良系谱法**　modified pedigree method
在系谱法基础上，改选株为选穗，改株行为穗行，较大幅度地增大杂种各世代的群体，扩大鉴定圃的规模，提高育种效率的育种方法。

**06.315　系×测验系法**　line × tester method
一种测定配合力和选择优良杂种相结合的方法。利用待测系和多个测验系配置多个单交组合，对其配合力进行比较，选出优良杂种投入生产利用。

**06.316　穿梭育种**　shuttle breeding
在不同生态区对同一群体不同世代进行交替选择，以实现一年多代和对不同性状选择的育种方法。

**06.317　混合育种**　bulk breeding
采用混合选择法的选择育种工作。即从品种群体中，根据一定的表现性状（如成熟期、株型、产量性状、抗性等），选出具有一致特点的优良单株，混合留种，下一代混合播种与原品种和标准品种进行比较选育。

**06.318　抗病育种**　breeding for disease resistance
选育能限制病原微生物（包括真菌、细菌和病毒等）侵入、繁殖及扩展，提高品种抗病性的育种工作。

**06.319　主效基因抗性**　major-gene resistance
受单基因或少数几个基因控制的抗性。抗病性表现为质量性状。

**06.320　微效基因抗性**　minor-gene resistance
又称“多基因抗病性（multi-gene resistance）”。受多个基因控制的抗性。抗病性表现为数量性状。

**06.321　多基因抗性**　polygenic resistance
由多个基因共同控制的抗病性。

**06.322　水平抗性**　horizontal resistance
又称“非特异性抗病性（non-specific disease resistance）”“非专化性抗性（non-specific resistance）”。寄主的某个品种对所有病原菌小种的反应一致，对病原菌的不同小种没有特异反应或专化反应的抗病性。

**06.323　垂直抗性**　vertical resistance
植物对侵染性病害的抗性中具有对病菌小种特异性的抗病性。

**06.324　慢病性**　slow disease
表现为发病慢，对所有病原菌小种表现为中度或轻度感病，相对小种专化抗性比较持久稳定的广谱抗性。

**06.325　全生育期抗性**　all stage resistance
在苗期和成株期的整个生育期均表现出的抗病性。

**06.326　成株期抗性**　adult-plant resistance
在苗期不表达，但随植物成熟而增加的抗病性。通常在发育后期表达，赋予植株部分抗性，往往具有广谱性和持久抗性特征。

**06.327　持久抗性**　durable resistance
在适于发病的环境中长期而广泛地种植后仍能保持抗病性的特征。

**06.328　抗虫育种**　breeding for insect resistance
选育能控制害虫生长周期，减轻植物虫害损失的品种育种工作。

**06.329　抗逆育种**　breeding for stress tolerance
选育能适应或抵御不良气候及土壤因素等环

境胁迫条件的品种育种工作。

**06.330 宿主-病原体群体互作抗性** host-pathogen population interactions resistance

特定寄主群体和病原菌群体互作产生的对病原菌的抗性。

**06.331 品质育种** breeding for quality

利用不同种质品质性状的差异,通过一定的育种程序和途径选育优良新品种的育种工作。

**06.332 组合育种** combination breeding

将分属于不同品种和控制不同性状的优良基因随机结合形成不同的基因组合后,再通过定向选择育成集双亲优点于一体的新品种育种工作。

**06.333 株型育种** plant architecture breeding

选择具有合理形态结构的植株,育出新品种的育种工作。

**06.334 诱变育种** mutation breeding

利用理化因素诱发植物产生遗传物质变异,再经过选择和培育育成新品种的方法。

**06.335 自发突变** spontaneous mutation

在自然状态下发生的基因改变。

**06.336 生化突变** biochemical mutation

导致某种特定生化功能改变的突变。

**06.337 细胞质突变** cytoplasmic mutation

细胞核外遗传载体的基因突变。如叶绿体和线粒体中基因的突变。

**06.338 中性突变** neutral mutation

基因中导致多肽链相应位置的氨基酸发生变化,但不引起蛋白质功能改变,对生物体的生存和繁殖也不产生影响的碱基突变。

**06.339 芽变** bud mutation

植物的芽或分枝中发生的体细胞突变。

**06.340 突变谱** mutation spectrum

群体中各种突变类型的总称。

**06.341 突变压** mutation pressure

由突变造成群体中基因频率改变的度量。

**06.342 空间诱变** space mutagenesis

利用太空的特殊环境,对植物育种材料进行诱变处理,以获得优良新品种或特殊种质材料的育种新技术。

**06.343 诱变效应** mutagenic effect

采用人为措施对研究对象进行诱变处理后,诱变对象在当代和后代材料中表现出的生理和遗传变异。

**06.344 奥帕克2突变体** opaque-2 mutant

玉米中一种含粉质胚乳及高赖氨酸的突变体。广泛应用于优质蛋白玉米的培育。

**06.345 克隆** clone

又称"无性繁殖系(clonal line)"。遗传组成与其母体完全相同的个体或群体。

**06.346 无性繁殖** vegetative propagation

不经过生殖细胞结合的受精过程,是由母体的一部分直接产生子代的繁殖方法。

**06.347 孤雄生殖** androgenesis

卵核在精子入卵后即发生退化和解体,在卵细胞质内发育成只含雄配子染色体组的单倍体胚的生殖方式。如人工利用花粉诱导产生单倍体植株。

**06.348 孤雌生殖** parthenogenesis

雌配子不经受精而发育成为新个体的生殖方式。

**06.349 不定胚生殖** adventitious embryony

由胚囊周围的珠心或珠被的二倍体细胞直接发育成胚的生殖方式。

**06.350 无孢子生殖** apospory

由胚珠中不同位置的体细胞不经过减数分裂

直接发育成二倍体胚囊，再由其中的卵细胞（或其他胚囊细胞）不经过受精发育成胚的生殖方式。

**06.351 无融合生殖** apomixis

雌雄配子不发生核融合的无性生殖方式。

**06.352 二倍体孢子生殖** diplospory

由于孢原或大孢子母细胞减数分裂受阻，从而形成二倍体的孢子和二倍体的胚囊，再通过单性生殖发育成胚的方式。

**06.353 无性系品种** clonal cultivar

通过无性繁殖形成的品种。

## 06.04 作物基因组学

**06.354 基因组** genome

生物体所有遗传物质的总和，即完整的 DNA 信息。

**06.355 参考基因组** reference genome

著名品种和代表种的全基因组 DNA 序列信息的集合。以染色体为单位进行组装和注释，是开展相关研究的参照系。

**06.356 基因组草图** draft genome

存在一些序列信息缺失的参考基因组序列。

**06.357 金标基因组** golden genome

组装完整的基因组。基因组的完整性一般用 LTR 组装指数（LAI 值）来表示，LAI 值是完整 LTR 反转座子序列占总 LTR 序列长度的比值。LAI 值大于 20 以上的视为基因组组装完整。

**06.358 泛基因组** pan-genome

一个物种全部基因的集合。包括"核心泛基因组（core pan-genome）""壳泛基因组（shell pan-genome）""云泛基因组（cloud pan-genome）"。核心泛基因组由在所有个体中都存在的基因组成，壳泛基因组由在部分个体中存在的基因组成，云泛基因组由仅在一个个体中存在的基因组成。

**06.359 图形基因组** graph-based genome

以模式品种的基因组图谱为基础，将其他品种中所有的遗传变异信息在主图上标注出来，以图的形式表示的基因组信息。对应的 DNA 基本序列信息另存为数据子集。

**06.360 图形泛基因组** graph-based pan-genome

以某一物种的参考基因组图谱为基础，将其他品种中所有的遗传变异信息在主图上标注出来，并以图的形式表示的基因组信息。对应的 DNA 基本序列信息另存为数据子集。

**06.361 比较基因组学** comparative genomics

通过物种间基因序列、基因组序列的比对分析，预测基因的功能，绘制物种间进化关系的一门新学科。也是 21 世纪生物学领域的交叉前沿学科。

**06.362 作物基因组学** crop genomics

研究作物基因组序列组成、变异及与性状间关系的学科。

**06.363 作物转录组学** crop transcriptomics

对作物不同组织不同发育时期的基因组转录本进行研究，以确定基因的基本功能和表达特性的一整套技术和方法。是功能基因组学的重要组成部分。

**06.364 蛋白质组学** proteomics

阐明生物体产生或修饰的整套蛋白质的表达、存在方式（修饰形式）、结构、功能和相互作用的学科。

**06.365 作物代谢组学** crop metabolomics

系统研究作物代谢过程中各种生物代谢产物

的变化规律,揭示作物代谢活动本质的学科。

**06.366 作物细胞组学** crop cytomics
以基因组为基础,结合基因组学和蛋白质组学的技术,在单细胞水平上获取作物细胞分子表型的信息,进而研究作物细胞系统的结构以及内部分子功能的学科。

**06.367 单细胞组学** single-cell omics
利用以单个细胞为基础获得的转录组、蛋白组、表观组等多组学信息,研究细胞功能和生命进程变化的学科。

**06.368 表观组学** epigenomics
全称“表观基因组学”。研究基因组序列和组蛋白的修饰与基因功能、表达调控、生物体生长发育之间关系的学科。

**06.369 表型组学** phenomics
在基因组水平上系统研究某一生物或细胞在各种不同环境条件下所有表型的学科。通过精准的表型鉴定,结合各种组学信息,揭示表型的本质及其相互作用的关系。

**06.370 染色体组学** chromosomalomics
研究染色体结构变化以及物种间染色体结构的特异性差异,结合基因在染色体上三维位置信息,研究染色体三维形态变化及其相互作用如何影响细胞、组织、器官和个体功能的学科。

**06.371 突变组学** mutagenomics
在全基因组水平上,利用突变体基因组信息,通过识别与靶向途径相关的已知或未知基因序列变化来预测或确定突变候选基因及其功能的学科。

**06.372 miRNA 组学** miRNAomics
利用 RNA 相关的生物信息和大数据,研究 miRNA 序列、结构、靶点的识别与预测,并表征 miRNA 功能的学科。

**06.373 糖组学** glycomics
从分析和破解一个生物体或细胞全部糖链所含信息入手,研究糖链的分子结构、表达调控、功能多样性及糖链之间、糖与蛋白、糖与核酸之间相互作用的学科。

**06.374 脂[质]组学** lipidomics
大规模研究生物系统(如细胞、组织、血浆等)中所有脂质的组成、功能、脂质与其他生物大分子之间相互作用的学科。

**06.375 分泌组学** secretomics
研究细胞、组织或生物的所有分泌蛋白的表达、存在方式(修饰形式)、结构、功能和相互作用的学科。是蛋白质组学的分支学科。

**06.376 信号组学** signalomics
全称“信号转导蛋白质组学”。研究信号转导通路及其中的信号分子变化的学科。是蛋白质组学的分支学科。

**06.377 硫组学** thiolomics
从全基因组水平上研究植物硫醇代谢和功能及其从源(土壤)到库(植物)调控机制的学科。

**06.378 叶绿体组学** chloroplast omics
研究叶绿体如何组织其基因组,调节其转录组、蛋白质组、代谢组,从而揭示其起源、功能和发展的复杂调控网络的学科。

**06.379 链接组学** connectomics
专注于描绘网络系统中网络元件连接方式的学科。连接组就是网络中的网络元件及其连接的总和。

**06.380 微形态组学** micromorphomics
研究植物响应不同环境时,器官在微形态方面的变化,并揭示形态解剖特征和功能之间精确协调的学科。

**06.381 微生物组学** microbiomics
对微生物群落结构与功能等进行表征和量化的学科。

**06.382 多组学** multi-omics

基因组学、转录组学、蛋白质组学及代谢组学等学科的统称。

**06.383 多维组学** multi-dimensional omics

一种结合多种生物信息学技术的研究方法。可以同时分析多个生物学特征,如基因表达、蛋白质组、代谢组及微生物组等;提供更全面、更准确的生物学信息;有助于深入理解生物系统的复杂性和机制。

**06.384 三维基因组学** 3D genomics

研究基因组序列在细胞核内的三维空间结构,以及在基因转录、复制、修复和调控等生物过程中的功能的学科。

**06.385 空间转录物组学** spatial transcriptomics

研究基因表达时间分布和调控机制的学科。

**06.386 空间蛋白质组学** spatial proteomics

研究蛋白质复杂结构、时间定位、动态变化及相互作用网络的学科。

**06.387 翻译组** translatome

直接参与翻译过程的所有元件的集合。包括但不限于核糖体、正在翻译的 mRNA、tRNA、调控性 RNA、新生肽链、各种翻译因子等。

**06.388 降解组** degradome

miRNA 介导的剪切降解片段的集合。提供了确认 miRNA 介导的靶基因切割的信息,并允许识别新靶点。

## 06.05 组 学 育 种

**06.389 设计育种** breeding by design

在建立同一遗传背景多套导入系的基础上,将系间杂交和分子标记选择相结合,实现多个优良基因的聚合,创制突破性品种或种质的育种方法。

**06.390 分子设计育种** breeding by molecular design

依据育种目标,在基因水平上构建目标品种基因组蓝图,应用分子育种方法培育出符合设计要求的农作物新品种的育种方法。

**06.391 基因组设计育种** breeding by genomics-design

对目标品种在基因组水平上进行设计,培育出聚集大量有利基因、基因组组配合理、基因互作网络协调、基因组结构最为优化的优良品种的育种方法。

**06.392 基因组辅助育种** genome-assisted breeding

应用基因组信息,通过分子标记辅助选择等分子育种技术,实现多个优良基因或优良等位的聚合及基因组的优化,创制突破性品种的育种方法。

**06.393 生物技术育种** biotechnological breeding

利用遗传学、现代生物工程技术等方法原理培育生物新品种的育种方法。

**06.394 基因转移** gene transfer

通过物理、化学或生物学手段,将外源基因或目标核苷酸序列转入相应靶细胞的过程。

**06.395 转基因育种** transgenic breeding

通过遗传转化将一个或多个基因添加到受体基因组中,从而赋予受体改良特征的育种方法。

**06.396 快速育种** speed breeding

通过缩短育种材料生长周期,快速获得新品种的育种方法。

**06.397 从头驯化** *de novo* domestication

对野生种中驯化关键基因进行编辑，从而实现野生种向栽培种的快速转变的育种方法。

**06.398　智能化育种**　smart breeding

利用信息化和智能化技术对多年积累的数据进行分析，模拟预测作物可能的生长情况，从而进行辅助的育种方法。

**06.399　大数据育种**　breeding by big data

基于大数据的育种方法。采集和分析应用育种过程中海量组学数据，基因型、表型和环境型等数据，构建品种选育的预测和决策模型，从而大幅提升育种效率的方法。

**06.400　生物强化育种**　biofortification breeding

选育富含人类所需微量元素的品种，提高其中微量元素含量的育种方法。

**06.401　跨界改良**　trans-kingdom improvement

跨过物种界限，通过一个物种的改良达到改良另一个物种遗传性状的技术途径。如通过改变根际微生物种群性状从而改良作物性状。

**06.402　二代测序技术**　second generation sequence technology

以低成本和99%以上的准确度，一次可对几百、几千个样本的几十万至几百万条DNA分子同时进行快速测序分析的技术。如"大量并行测序技术(massive parallel sequencing，MPS)""高通量测序技术(high-throughput sequencing，HTS)"等。

**06.403　三代测序技术**　high fidelity reads，Hi-Fi reads

基于环化共有序列CCS(circular consensus sequencing)模式测序，产生出既有较长的读长(10～20 kb的长度)，又有很高的序列精度(约99.9%准确率)测序结果的技术。

**06.404　边合成边测序**　sequencing by synthesis

对DNA测序文库中的DNA随机片段进行延伸反应的同时，检测碱基对应信号，最终获取序列信息的DNA测序方法。

**06.405　克隆步移测序法**　clone by clone sequencing

构建大片段基因组文库，通过片段末端同源匹配，构建全基因组精细物理图谱，选择合适的克隆进行测序，并利用计算机进行拼装，获得全基因组DNA序列的DNA测序方法。

**06.406　基因组注释**　genome annotation

为基因组DNA序列加注基因结构及功能信息的过程。主要包括编码基因和非编码区的鉴定以及基因功能的注释。

**06.407　高通量基因型分型**　high-throughput genotyping

对大量材料进行规模化基因型鉴定分析的技术。

**06.408　持家基因**　house-keeping gene

在所有细胞中都表达，并对所有细胞的存活提供基本功能的基因。

**06.409　可诱导基因**　inducible gene

随环境条件变化表达水平增高的基因。

**06.410　可阻遏基因**　repressible gene

随环境条件变化表达水平降低的基因。

**06.411　修饰基因**　modifying gene

通过相互作用对主基因产生各种修饰作用的基因。

**06.412　共调节基因**　co-regulated gene

由一个转录调控因子调控的一组基因。

**06.413　基因家族**　gene family

基因组中由同一个祖先基因通过基因重复产生的结构和功能都相似的一组基因。

**06.414　多基因家族**　multigene family

基因组中由同一个祖先的基因经过重复和变异产生的结构和功能都相似的一组基因。成簇地集中在某一条染色体上,或者不同成员成簇地分布在不同染色体上。

**06.415 基因互作** gene interaction
非等位基因通过相互作用影响同一性状表现的现象。

**06.416 转录因子** transcriptional factor
能识别启动子、增强子或特定序列从而调控基因表达的蛋白质分子。

**06.417 转座元件** transposable element
在基因组中可以发生位置移动或转移的元件。多为原始病毒基因组插入到植物或动物基因组中长期共进化形成。

**06.418 DNA 转座子** DNA transposon
基因组中的一段,通过切割与重新整合等系列过程,从基因组的一个位置"跳跃"到另一个位置的可移动 DNA 序列。

**06.419 增强子** enhancer
在基因组中,结合转录因子后,可增强基因表达的 DNA 调控元件。

**06.420 增强子捕获** enhancer trapping
检测 DNA 序列中是否包含增强子的技术。

**06.421 基因导入** gene introduction
将已知基因转移到真核细胞,并且整合到基因组中使其稳定表达的技术。

**06.422 基因组入侵** genomic invasion
基因组重组的一种机制。基因组多倍化后,一个基因组的特异重复序列侵入到另一个基因组中,使双方基因组结构和组成都发生不同程度的改变。

**06.423 重组热点** recombination hotspot
染色体上重组频率明显高于基因组平均水平的区段。

**06.424 重复序列** repeat sequence
真核生物染色体基因组中重复出现的核苷酸序列。在基因组内可成簇排布,也可散布于基因组中。

**06.425 缺失** deletion
染色体上某一片段发生丢失的现象。

**06.426 染色体重排** chromosomal rearrangement
染色体上载有的基因数量、种类、排列顺序和邻接关系发生改变的现象。

**06.427 染色体结构变异** chromosomal structure variation
染色体上基因的数目或排列顺序发生改变的现象。包括染色体缺失、重复、易位及倒位。

**06.428 染色体片段置换系** chromosomal segment substitution line
以某一亲本为受体,另一亲本为供体,在受体中建立的一套覆盖供体亲本全部基因组且相互重叠的染色体片段置换系群体。

**06.429 核基质附着区** matrix attachment region
与核基质特异性结合的 DNA 非编码序列。富含 AT,能够调控染色质组织结构。

**06.430 结构域** structural domain
多肽链在二级结构或超二级结构基础上形成的三级结构的局部折叠区。

**06.431 数量性状基因座** quantitative trait locus, QTL
在染色体上可确定其相对位置、数目与效应的控制数量性状的遗传位点。

**06.432 主效数量性状基因座** major effect QTL
对数量性状产生明显表型的单一数量性状基因座。

**06.433 微效数量性状基因座** minor effect

QTL

对数量性状单独影响较小,但具有加性效应的一组数量性状基因座。

**06.434 单体型** haplotype

在同一染色体上共同传递且极少发生同源重组的等位基因或遗传标记所构成的组合。

**06.435 连锁图[谱]** linkage map

利用遗传重组率估计的染色体上基因与基因之间或者标记与基因之间的相对距离和排列次序的图谱。

**06.436 高分辨率连锁图[谱]** high-resolution linkage map

利用高密度分子标记构建的连锁图谱。

**06.437 区间作图法** interval mapping

又称"区间定位"。利用染色体区间上的两个相邻标记座位对数量性状基因座进行定位,并估计数量性状基因座遗传效应的作图方法。

**06.438 复合区间作图法** composite interval mapping

将多元回归分析与区间作图法相结合,在一个区间内进行数量性状基因座估计的同时,在模型中加入其他适当选取的标记来消除数量性状基因座因连锁和互作的干扰,控制背景遗传效应,提高作图精度和效率的作图方法。

**06.439 多重区间作图法** multiple interval mapping

同时在多个区间上进行数量性状基因座定位的方法。这种方法是以极大似然数估算遗传参数,可同时在多个区间上检测多个数量性状基因座。

**06.440 完备区间作图法** inclusive composite interval mapping

利用所有标记信息,通过逐步回归选择重要的标记变量并估计其效应,然后利用逐步回归得到的线性模型校正表型数据,一维扫描定位加(显)性效应数量性状基因座,二维扫描定位上位型互作数量性状基因座的作图方法。

**06.441 分子标记** molecular marker

以个体间 DNA 链上核苷酸序列变异为基础的标记。

**06.442 图位克隆** map-based cloning

基于目标基因紧密连锁的分子标记在染色体上的位置来逐步逼近和分离目标基因的技术方法。

**06.443 标记辅助选择** marker assisted selection

利用与目标性状紧密连锁的 DNA 分子标记或功能分子标记对目标性状进行选择的方法。

**06.444 单标记分析法** single marker analysis

利用单一分子标记进行遗传分析或分子标记辅助选择的方法。

**06.445 基因表达** gene expression

基因由 DNA 序列转录为 mRNA 序列,再翻译成氨基酸序列,并最终表现出性状的过程。

**06.446 表达模式** expression pattern

基因表达时间(发育时期)、空间(组织)和强度(转录强度、翻译强度)的总称。

**06.447 异位表达** ectopic expression

基因在通常不表达的组织或细胞中表达的现象。

**06.448 表达重置** resetting of expression

基因表达沉默后被重新激活的现象。

**06.449 幼年重置区域** juvenility resetting region

基因表达在幼年期被激活,而表达水平随生物体生长发育逐渐减弱的 DNA 区域。

**06.450　基因表达系列分析**　serial analysis of gene expression

通过构建较短的表达序列标签,规模化检测基因表达种类及其丰度的技术。

**06.451　表达序列标签测序技术**　expressed sequence tag sequencing technique

从 cDNA 文库中随机选择克隆(插入片段大约为 200~800bp) 进行测序和分析,获取与重要性状相关的序列信息的技术。

**06.452　基因渐渗**　gene introgression

某一种群的基因通过杂交和回交被整合到另一种群中,使后者获得原来没有的性状的现象。

**06.453　基因沉默**　gene silencing

在转录或翻译水平上显著抑制或终止基因表达的现象。

**06.454　跨界基因沉默**　trans-kingdom gene silencing

利用原核菌株跨原核界和真核界在细胞中传递 siRNA,并引起相应基因沉默的技术。

**06.455　基因书写**　gene writing

利用转座子可以携带目的基因并插入基因组的原理,对转座子进行改造,在不切断 DNA 双链的情况下将长段 DNA 序列精准插入基因组中的基因编辑方法。

**06.456　基因超进化**　gene rapid-evolution

在一个特定的系统中,使植物的目标基因按照预设的要求,完成高效、快速、定向的进化过程,从而形成所需要的突变性状基因的技术。

**06.457　关联分析**　association analysis

以连锁不平衡为基础,鉴定一个群体内遗传标记或候选基因与表型性状关联度的一整套分析方法。

**06.458　全基因组关联分析**　genome-wide association study, GWAS

以连锁不平衡和选择清除为基础,运用 DNA 芯片或重测序等技术,在全基因组水平上分析 DNA 序列变异与表型变异关联度的一整套方法和技术。

**06.459　全转录物组关联分析**　transcriptome-wide association study

把转录调控作为遗传变异和表型之间的中介,将单个遗传变异与表型的关联转换成基因、转录本与表型关联的技术。

**06.460　全蛋白质组关联分析**　proteome-wide association study

通过蛋白质的功能变化将基因和表型联系起来的关联分析方法。

**06.461　伪关联**　spurious association

由于群体结构或表型鉴定不准确,造成的实非关联却表现出关联的现象。

**06.462　植物记忆**　plant memory

植物储存以前经历过的刺激信息的能力。

**06.463　蛋白质翻译后修饰**　protein post-translational modification

蛋白质生物合成后进行的化学修饰。如磷酸化。

**06.464　免疫印迹**　immunoblotting

将经过凝胶电泳分离的蛋白质转移到膜上,再用与特定蛋白结合的标记抗体或配体检测目标蛋白质的存在与否和分子量大小的技术。

**06.465　电泳迁移率变动分析**　electrophoretic mobility shift assay

研究 DNA 结合蛋白和相关的 DNA 结合序列相互作用的技术。表现为电泳迁移速率的变化。如特定的 DNA 序列与特定的蛋白质因子结合后,在非变性聚丙烯酰胺凝胶电泳时可以观察到 DNA 迁移变慢。

**06.466 表观等位基因** epiallele
有表观突变效应的等位基因。

**06.467 表观遗传现象** epigenetic phenomena
在细胞核 DNA 序列没有改变的情况下，基因表达发生可逆和可遗传修饰改变的现象。包括 DNA 的修饰（如甲基化修饰）、组蛋白的各种修饰等。

**06.468 表观遗传分析** epigenetic analysis
对 DNA 和蛋白质的表观遗传修饰及其效应进行分析的方法。

**06.469 表观遗传重组近交系** epigenetic recombinant inbred line
基因组相同，但是表观遗传信息不同的重组近交系。

**06.470 基因组印记** genomic imprinting
源自某一亲本的等位基因或它所在染色体发生表观遗传修饰，导致不同亲本来源的两个等位基因在子代细胞中表达不同的现象。

**06.471 液相芯片** liquid chip
一种芯片与流式细胞术相结合的技术。将 DNA 或抗体等附着于微球表面作为探针，在液相中与待测物结合，再加入荧光标记的报道分子，借助流式细胞仪检测微球表面荧光标记物。

**06.472 等位特异性 PCR** allele-specific PCR
一种测定基因突变的方法。将突变碱基设计于突变引物的 3′端，其 3′端碱基分别与突变和正常的模板碱基互补，从而将有某种点突变的模板与正常模板区分开来。

**06.473 锚定探针** anchor probe
在样本基因组中用于寻找与其互补的序列 DNA 或 RNA 的单链序列。

**06.474 邻接法** neighbor-joining method
全称“邻近连接法”。用给定序列之间的成对进化距离矩阵来构建系统进化树的方法。

**06.475 前景选择** foreground selection
在回交过程中，为确保目标基因在回交过程逐代传递下去，对含有与目标基因片段紧密连锁的分子标记后代的选择。

**06.476 背景选择** background selection
在研究某一特定性状的基因时，对基因组中其余 DNA 组成的选择。

**06.477 育种元件** breeding element
遗传基础清晰，携带目标基因明确，有利于通过遗传组装形成新品种的育种材料。

**06.478 基因定点突变技术** gene site-directed mutagenesis
通过对目的基因的特定位点进行编辑，实现氨基酸的改变、缺失或插入，以获得具有预期改进功能的蛋白质或者酶分子的技术。

**06.479 插入突变** insertion mutation
因外源核苷酸序列插入而引发的突变。

**06.480 正向突变** forward mutation
野生型 DNA 序列和性状发生改变的遗传变化。

**06.481 逆向突变** reverse mutation
突变体经过第二次突变又完全地或部分地恢复为原来的基因型和表现型的现象。

**06.482 酵母人工染色体** yeast artificial chromosome
一种利用酵母着丝粒载体所构建的，能够克隆长达 400Kb DNA 片段的载体。含有酵母细胞中必需的端粒、着丝点和复制起始序列。

**06.483 细胞系** cell line
原代细胞培养物经首次传代成功后所繁殖的细胞群体。

**06.484 多基因转化** multi-gene transformation
向植物基因组中同时导入多个基因，以实现对某些复杂性状或代谢途径调控的技术。

**06.485　连续再转化法**　sequential re-transformation

在获得第一步基因转化植株的基础上，再进行其他基因转化的方法。

**06.486　胚状体**　embryoid

在植物组培过程中，由一个或一些体细胞经过胚胎发生和发育过程，形成的与合子胚相类似的结构。可进一步发育成植株。

## 06.06　种子科学与种业

**06.487　品种**　variety, cultivar

在一定的生态和经济条件下，人类所培育的生物学和经济学性状相对稳定的作物群体。

**06.488　地方品种**　landrace

在局部地区内栽培，多未经过现代育种技术遗传修饰的品种。

**06.489　改良品种**　improved variety

经过杂交和选择培育而成的品种。

**06.490　推广品种**　commercial variety

通过品种试验和品种审定，能用于生产实践的新选育或新引进的优良品种。

**06.491　引进品种**　introduced variety

从外地或外国引进的新品种。

**06.492　品种适应性**　cultivar adaptability

品种对环境的适应范围和在一定范围内的适应程度。

**06.493　品种区域化**　variety regionalization

将品种在其所适应的气候和耕作栽培条件下，在能充分发挥其生产优势的区域内进行的种植推广。

**06.494　品种更换**　variety replacement

随着耕作栽培条件及其他生态条件的改变和育种目标的提高，用选育的新品种代替生产上原有的性状退化或经济性状不好与不适合市场需求的原推广品种的过程。

**06.495　品种鉴定**　variety identification

依据育种目标并应用正确方法，对选育品种作出客观科学评价与准确鉴别品种优劣的过程。也指鉴别品种的相似性。

**06.496　品种审定**　variety certification

新品系或引进品种在完成品种试验（包括区域试验和生产试验）程序后，省级或国家级农作物品种审定委员会根据试验结果，审定其能否推广及推广范围的程序。通过审定的品种才能在生产上应用。

**06.497　品种登记**　variety registration

对选育或引进的新品种，实行记录在案管理的行为。内容包括品种来源、特征特性、生产试验情况及植物检疫情况等。

**06.498　原原种**　breeder seed

育种单位生产出来的具有原品种典型性且纯度达100%的种子。

**06.499　原种**　foundation seed

用原原种繁殖的1～3代或按标准生产技术规程生产的达到规定质量标准的种子。

**06.500　原种圃**　foundation seed nursery

种植和生产原种的地块。

**06.501　育种家种子**　breeder's seed

由育种者直接生产和控制的，数量较小的，具有品种的典型性、特异性和遗传稳定性的种子。

**06.502　基础种子**　basic seed

由育种家种子繁殖的第一代种子。

**06.503　前基础种子**　pre-basic seed

由育种者直接生产的，具有品种的典型性、特异性和遗传稳定性的种子。用来生产基础种子。

**06.504　注册种子**　registered seed
又称“登记种子”。由基础种子繁殖的第一代种子。

**06.505　检定种子**　certified seed
又称“审定种子”。由注册种子繁殖的第一代种子,是四级种子生产的最后一级。直接用于供应大田生产。

**06.506　商品种子**　commercial seed
供应大田生产的商业化种子。

**06.507　种子生产技术**　seed production technology
生产农业商用品种种子的技术。

**06.508　杂交制种技术**　hybrid seed production technique
生产杂交一代种子的技术。

**06.509　空间隔离**　distance isolation
在亲本繁殖或杂交制种过程中,为防止植物发生天然杂交引起生物学混杂,在其周围足够的空间内不种植同一作物其他品种的隔离措施。

**06.510　时间隔离**　time isolation
在亲本繁殖或杂交制种过程中,为防止品种发生天然杂交引起生物学混杂,在其周围种植不同花期品种的隔离措施。

**06.511　繁殖系数**　propagation coefficient
单位面积上作物种子的收获量同播种量之比。

**06.512　种子提纯**　seed purification
在种子生产中去除混入的异品种和退化的个体,保持品种纯度和特性的过程。

**06.513　田间去杂**　rogueing
根据品种特性,在田间通过表型观察去除杂株的方法。

**06.514　种子寿命**　seed longevity
种子从完全成熟到丧失生活力所经历的时间。

**06.515　种子检验**　seed inspection
对种子品质进行检验、分析、鉴定,以判断其品质优劣的过程。

**06.516　种子检疫**　seed quarantine
对种子是否携带危害性病虫害进行检验的过程。

**06.517　种子鉴定**　seed identification
对种子品质、纯度、真伪以及活力等进行检测的过程。

**06.518　种子测定**　seed testing
利用物理、化学以及生物学方法对种子性状进行分析的过程。

**06.519　品种纯度**　varietal purity
品种在特征和特性方面典型一致的程度。

**06.520　纯度测定**　purity testing
利用生物学方法对种子一致性进行检验的方法。

**06.521　种子混杂物**　seed admixture
混入种子中的非该作物种子以及其他非种子物质的统称。

**06.522　种子饱满度**　seed plumpness
种子充实饱满的程度。

**06.523　种子含水量**　seed moisture content
种子中所含水分质量与种子质量的百分比。包括游离水、束缚水和化合水。

**06.524　种子容重**　seed volume weight, seed test weight
单位容积内种子的质量。

**06.525　种子比重**　seed specific weight
一定绝对体积的种子重量与同体积水重量的比值。

**06.526 种子活力** seed vigor
种子在广泛田间条件下的出苗及发育成健壮幼苗的潜力。是衡量种子质量的重要指标。

**06.527 活力测定** vigor test
利用生物学方法对种子活力进行测定的过程。

**06.528 发芽试验** germination test
通过种子发芽能力进行种子活力检验的方法。

**06.529 标准发芽** standard germination
在最佳萌发条件下的种子发芽。

**06.530 逆境发芽** stressed germination
在模拟田间逆境条件下的种子发芽。

**06.531 [人工]加速老化发芽** accelerated aging germination
通过高温和高湿处理种子,加速种子老化,模拟长期自然贮藏裂变程度,进行标准发芽实验,测定种子耐贮藏能力的方法。

**06.532 冷浸发芽** cold soak germination
利用玉米萌发期对低温敏感的特性,评价玉米种子耐低温出苗能力的一套技术方法。在低温(4~8℃)冷水中浸泡种子3天,低活力种子受到低温和渗透胁迫会丧失萌发能力。

**06.533 胚根突出** radicle protrusion
通过测量种子批的胚根突出种皮的比例,即种子成功萌发的比例,从而在较短时间内判断种子发芽率的方法。

**06.534 种子发芽率** seed germination rate
测试种子发芽数占测试种子总数的百分比。

**06.535 种子发芽势** seed germination vigor
种子发芽初期在规定时间内能正常发芽的种子粒数占供检种子粒数的百分比。

**06.536 种子储备** seed reservation
为保障农业生产用种安全,专门储备农作物种子用于市场调剂及灾后恢复生产的措施。

**06.537 种子劣变** seed deterioration
在种子成熟后或储藏过程中,种子活力等特性经历的不可逆衰减过程。

**06.538 风干** air drying
在阴凉环境下由空气流动蒸发掉水分的干燥方式。

**06.539 加温干燥** heat drying
利用热能对种子进行干燥脱水处理的干燥方式。

**06.540 贮藏期** storage period
保持种子完整生活能力的贮藏期限。

**06.541 种子贮藏** seed storage
种子收获后至播种前的保存过程。

**06.542 种子仓库** seed granary
贮藏种子的建筑设施。

**06.543 种子清选** seed cleaning
利用机械物理等方法除去种子中杂质的过程。

**06.544 种子消毒** seed disinfection
利用化学和物理等方法进行种子表面灭菌消毒的过程。

**06.545 拌种** seed dressing
播种之前用菌、肥、杀虫剂、生长调节剂等与种子和水搅拌均匀的种子处理技术。起杀虫和促出苗等作用。

**06.546 种子休眠** seed dormancy
活种子在适宜的萌发条件(温度、水分和氧气等)下仍不能发芽的现象。是植物重要的适应特性之一。

**06.547 层积处理** stratification
将种子和干净河沙分层堆积,上盖禾草或落叶,使种子完成后熟,打破休眠的处理方法。

**06.548　种子认定**　seed certification

又称“种子认证”。有资质的认证机构依据规定的认证方案通过对品种、亲本种子来源、种子田以及种子生产、加工和检验等过程的质量监控,确认种子符合相应的规定要求的过程。是保证生产高质量、遗传稳定的作物品种种子,以及保证种子质量的制度。

**06.549　引种备案**　record filling of introduced cultivar

省级审定的品种在其他省份相近生态区引种时,在相应引种区域种子管理部门进行备案的种子管理方式。

**06.550　植物品种权**　plant breeder's right

又称“育种者权利(breeder right)”。完成育种的单位或个人对其授权的品种依法享有的排他使用权。是知识产权的一种类型。

**06.551　品种权人**　owner of breeder right

植物新品种权的所有人。

**06.552　品种特异性**　variety distinctness

一个品种区别于其他品种的特异性状。特异性品种至少有一个以上性状明显区别于已知品种。

**06.553　品种一致性**　variety uniformity

一个植物品种除可预期的自然变异外,群体内个体间相关的特征或者特性表现一致的能力。

**06.554　品种稳定性**　variety stability

一个植物品种经过反复繁殖后或者在特定繁殖周期结束时,保持其主要性状不变的能力。

**06.555　DNA 指纹检测**　DNA finger-print test

利用遗传物质 DNA 的多样性进行检测的方法。

**06.556　种子登记制度**　seed registration system

种子管理部门负责审查种子育成单位提供的信息和资料是否履行了信息披露义务的一种制度。

**06.557　原始品种**　initial variety

已受理申请或者已通过品种审定、品种登记、新品种保护,以及已经销售推广的植物品种。

**06.558　实质性派生品种**　essential derived variety

对原始品种进行简单修饰后育成的衍生品种。种子法的定义为由原始品种实质性派生,或者由该原始品种的实质性派生品种派生出来的品种。与原始品种有明显区别,并且除派生引起的性状差异外,在表达由原始品种基因型或者基因型组合产生的基本性状方面与原始品种相同。

**06.559　三圃制**　three-nursery system

在选择圃基础上,建立株(穗)行圃—株(穗)系圃—原种圃的程序。属于循环选择技术路线。

**06.560　四级种子生产体系**　four-stage seed-production system

联合国粮农组织主要推荐的,育种家种子—基础种子—注册种子—检定种子的重复繁殖技术路线的种子生产程序。

**06.561　种子标签**　seed label

固定在种子包装物表面及内外的特定图案及文字说明。为每一位买主提供了明确的鉴定证券。标签内容包括官方性信息和技术性信息。不同级别的种子标签颜色不同。

**06.562　种子批**　seed lot

同一来源、同一品种、同一年度、同一时期收获的质量基本一致,并在规定数量之内的种子。

**06.563　种子质量认证**　seed quality certification

由认证机构确认并通过颁发质量认证证书和认证标识来证明某一种子批符合相应的质量

要求的活动。

**06.564 单粒播种技术** single seed sowing
每穴仅播种一粒种子的播种技术。对种子活力和发芽率有很高的要求。

**06.565 种子包衣** seed coating
给种子包裹一层能迅速固化的膜，在膜内可加入针对植物和土壤的农药、微肥、有益微生物或植物生长调节物质等，以达到使种子呈球型或基本保持原有形状，提高抗逆性、抗病性、加快发芽、促进出苗、增加产量、提高质量等目的的种子处理方法。

**06.566 种子健康** seed health
种子是否携带病原菌和有害生物的状况。

**06.567 人工种子** artificial seed
植物组织培养产生的体细胞胚胎（胚状体）、芽体或小鳞茎等，经过含有营养成分的胶囊（人工种皮）的包埋而具有种子功能，可直接播种到田间的颗粒体。

**06.568 种业** seed industry
全称“种子产业”。进行农作物种子与种苗培育、生产和销售的行业。

**06.569 种子企业** seed company
从事种子科学研究、生产、加工和经营的企业。

**06.570 种子标准化** seed standardization
对农作物优良品种的特征特性、种子生产、质量控制检验、包装运输和贮藏等方面做出的技术规范与实施。

**06.571 种子强化** seed enhancement
提高种子生活力和生产力的方法与技术。包括种子引发和种子包衣等。

# 07. 作物生理生态

## 07.01 生长与发育生理

**07.001 种子萌发** seed germination
种子在合适的条件下经吸水和生理代谢后，胚根与胚芽生长突破种皮的过程。

**07.002 幼苗活力** seedling vigor
作物苗期的生长速率或长势。多用叶面积和株高增长速率来表示。

**07.003 作物生长** crop growth
作物植株体、器官和组织在体积、数量和重量上不可逆的增加过程。

**07.004 营养生长** vegetative growth
作物根、茎（分枝、分蘖）、叶等营养器官的生长过程。

**07.005 生殖生长** reproductive growth
作物花、果实、种子等生殖器官的生长过程。

**07.006 生长曲线** growth curve
作物器官、个体和群体在生长过程中，其数量和重量指标随时间变化而呈现出的非线性变化特征。常表现为S形曲线。

**07.007 生长中心** growth center
在一定生长阶段内，作物体生长势较强且生长量较大的部分。

**07.008 作物发育** crop development
作物生命周期中组织和器官分化形成的过程。

**07.009 阶段发育** phasic development
作物完成生命周期需要经历的性质不同、彼

此间联系的阶段性质变发育过程。每一阶段需要有特定的环境条件,如许多作物从营养生长转向生殖生长需要经过感温阶段和感光阶段。

**07.010 春化[作用]** vernalization
作物必须经历一段时间的持续低温才能由营养生长转入生殖生长的现象。萌动种子的胚和幼苗的生长点是感受低温效应的器官。

**07.011 光周期现象** photoperiodism
又称"光周期反应"。作物生长发育进程,特别是花芽分化和成花过程,受昼夜相对长度(光周期)调控的现象。暗期长度是决定因素。感受光周期的部位是叶片。

**07.012 光形态建成** photomorphogenesis
光信号调控作物生长和发育,引发器官形成及结构和功能变化的过程。

**07.013 光敏色素** phytochrome
作物体内接受光信号、参与光形态建成的一类色素蛋白。是吸收红光-远红光可逆转换的光受体。主要以两种不同的形式存在:红光吸收型(吸收峰为 660nm 左右)和远红光吸收型(吸收峰为 735nm 左右)。

**07.014 花芽分化** flower bud differentiation
作物茎生长点分化花芽的过程。是由营养生长向生殖生长转变的生理和形态标志。

**07.015 幼穗分化** panicle primordium differentiation
谷类作物(水稻、小麦、玉米等)茎生长点分化形成幼穗器官的过程。

**07.016 顶端优势** apical dominance
作物的顶芽生长占优势,抑制侧芽生长的现象。

**07.017 器官同伸** synchronous organ growth
同一时间内作物体某些器官呈现有规律的生长或伸长的现象。同时生长或伸长的器官称为"同伸器官(synchronous growth organ)"。

**07.018 出叶间隔期** leafing interval
植株相邻两叶分化抽出的间隔时间。

**07.019 出叶速率** leafing rate
一定积温或日数内长出的叶片数目。

**07.020 叶龄** leaf age
以作物主茎可见的叶片数目来表示的作物发育进程。

**07.021 叶龄余数** residual leaf age
作物主茎总叶片数与已伸出叶片数的差值。

**07.022 叶龄指数** leaf age index
作物生长发育过程中主茎已出叶数与主茎最终总叶数的比值。

**07.023 叶龄模式** leaf age model
根据器官同伸规律,以主茎叶龄为指标来诊断、确定作物的生长发育进程和各部器官分化发育时间的关系,并依此对作物器官生长进行精确调控的模式。

**07.024 根长密度** root length density
单位体积土壤中根的总长度。

**07.025 比根长** specific root length
根长与根的干物重之比。

**07.026 根冠比** root and shoot ratio
作物地下部分与地上部分的鲜重或干重的比值。

**07.027 作物衰老** crop senescence
作物在自然死亡前生理功能上的一系列衰退过程。

**07.028 早衰** early senescence
作物在生长后期未成熟前,整株叶片黄枯死亡的现象。

**07.029 贪青** unfavorably delayed senescence
作物到了该成熟变黄的时期,茎叶仍繁茂呈

青绿色的不正常生长现象。

**07.030 早熟性** early maturity
作物品种生育期较短、成熟期较早的特性。

**07.031 晚熟性** late maturity
作物品种生育期较长、成熟期较晚的特性。

**07.032 生理成熟** physiological maturity
作物生长发育过程已全部完成,生殖器官发育成熟,并具有繁殖能力的状态。

**07.033 生育时期** growth stage
作物一生中根据器官发生的顺序和形态特征的显著变化而划分的若干个阶段。

**07.034 三叶期** trefoil stage
谷类作物第一、二片叶完全展开,第三片叶抽出的时期。是幼苗从以异养为主向独立自养的转折期。

**07.035 分蘖期** tillering stage
谷类作物生育过程中植株分蘖芽萌发、长出分蘖的时期。通常将主茎上第一个分蘖芽萌发,并从基部叶腋内伸出 1~2cm 时作为植株进入分蘖期的记载标准;将 50%植株出现分蘖的日期记为群体分蘖期。

**07.036 分蘖力** tillering ability
在一定时间内,作物单株产生分蘖的数量和质量。

**07.037 分蘖两极化** tillering bipolarization
由于营养资源限制和器官间竞争,作物分蘖向成穗结实和退化衰亡两极发展的现象。

**07.038 有效分蘖** productive tiller
作物已形成的分蘖中能成穗结实的那部分分蘖。

**07.039 无效分蘖** unproductive tiller
作物已形成的分蘖中不能成穗结实的那部分分蘖。

**07.040 分蘖成穗率** productive tillering percentage
又称"有效分蘖率(ratio of productive tiller)"。单位面积上有效分蘖数占总分蘖数的百分比。

**07.041 越冬期** over-wintering stage
当日平均气温稳定降到 0℃以下,越冬作物幼苗停止生长的时期。

**07.042 拔节期** jointing stage
谷类作物地上部节间伸长的时期。通常以主茎基部第一伸长节间露出地面 1~2 cm 时作为植株进入拔节期的记载标准,将 50%植株拔节的日期记为群体拔节期。

**07.043 孕穗期** booting stage
谷类作物穗分化接近完成,幼穗在叶鞘内伸长膨大的时期。此期旗叶已展开,外观呈现明显穗苞。

**07.044 抽穗期** heading stage
谷类作物穗器官从叶鞘中露出的时期。通常以穗器官露出 1/2 作为植株抽穗期的记载标准,将 50%植株抽穗的日期记为群体抽穗期。

**07.045 抽薹期** bolting stage
油菜和甜菜等薹茎类作物花茎逐渐伸长从叶簇中抽出的时期。通常将 50%的植株抽薹的日期记为群体抽薹期。

**07.046 开花期** flowering stage
作物在生长周期内从花序开始开花到花序终止开花所经历的时间。通常将 50%植株开始开花的日期记为群体开花期。

**07.047 吐丝期** silking stage
玉米雌穗花丝伸出苞叶(约 2cm)的时期。通常将 50%的植株吐丝的日期记为群体吐丝期。

**07.048 开花-吐丝间隔期** anthesis-silking interval

玉米雄穗开花与雌穗吐丝之间间隔的天数。此间隔期长短影响授粉结实性能。

**07.049　结荚期**　pod-setting stage
作物开花受精后子房发育形成荚果的时期。通常将植株上长出 1~2cm 长的一至数个幼荚的时期,作为结荚期记载标准;将 50%植株结荚的日期记为群体结荚期。

**07.050　鼓粒期**　pod-filling stage
豆荚中的籽粒显著突起的时期。通常将全田中 50%植株豆荚中的籽粒显著突起的日期记为群体鼓粒期。

**07.051　灌浆期**　filling stage
谷类作物开花受精后,形成的籽粒逐渐增大,积累淀粉、蛋白质和其他贮藏物质,直至生理成熟的一个阶段。

**07.052　籽粒灌浆**　grain filling
谷类作物开花受精后形成的籽粒,在生长发育中不断积累同化物的过程。

**07.053　成熟期**　maturing stage
作物完成了一生的生活史,主产品器官物质积累达到最大值,可适时收获的时期。

**07.054　乳熟**　milky ripe
谷类作物成熟过程中籽粒快速灌浆,其内含物为乳白色浆液的状态。

**07.055　蜡熟**　waxy ripe
谷类作物成熟过程中籽粒脱水,胚乳凝缩呈蜡状,粒色由绿转黄的状态。

**07.056　黄熟**　yellow ripe
谷类作物成熟过程中籽粒内部变硬,植株大部分变成黄色,不再生长的状态。

**07.057　完熟**　full ripe
谷类作物籽粒完全成熟,呈现本品种固有形状和色泽的状态。

**07.058　生长分析**　growth analysis
通过分期测定作物个体和群体的干物质增长与叶面积大小,分析作物生长速率与叶面积的关系,进而分析作物产量形成过程及决定因素的一套方法。

**07.059　相对生长率**　relative growth rate
单位时间内单位植株体重的干物质增长速率。

**07.060　作物生长率**　crop growth rate
单位时间内单位土地面积上作物群体的干物质增长速率。

**07.061　净同化率**　net assimilation rate
又称"光合生产率(photosynthetic production rate)"。作物整株或群体单位叶面积在单位时间(通常以日为单位)的干物质积累量。是衡量作物整株或群体光合生产能力的一个指标。

**07.062　作物长势**　crop growth status
作物个体或群体生长速度和生长状态的定性定量表征。是各生育阶段作物生长发育强弱的反映,如出叶速度、叶片大小、分蘖早迟和多少等。

**07.063　作物长相**　crop appearance
作物主要器官性状表现和个体群体生长状态的表象特征。是对长势形象化的描述,如株形、叶色、穗相等。

**07.064　茎秆强度**　stem strength
茎秆抵抗外力作用,保持固有直立且不易弯折的能力。

**07.065　形态可塑性**　morphological plasticity
同一品种在不同密度和不同环境下,植株的形态或构型发生变化的特性,是作物对环境的一种适应性反应。

**07.066　植物生长调节剂**　plant growth regulator
具有类似于植物激素活性,对生长发育具有明显调控作用的人工合成物质。

## 07.02 产量与品质生理

**07.067 生物产量** biological yield

作物一生中通过光合作用和养分吸收过程积累的总干物质量。

**07.068 经济产量** economic yield

单位土地面积上所获得的有经济价值的作物主产品数量。

**07.069 收获指数** harvest index

又称“经济系数(economic coefficient)”。经济产量占生物产量的比值。反映生物产量转化为经济产量的效率。

**07.070 产量构成因素** yield component

构成作物单位面积经济产量的各个因子及其组合。

**07.071 稳产性** yield stability

作物产量在不同年份和生态环境下保持相对稳定的能力。

**07.072 产量潜力** yield potential

当品种生长在适应的环境中,营养和水分不受限制,且病虫草害、倒伏和其他胁迫因子被有效控制的条件下所获得的产量。

**07.073 光合性能** photosynthetic performance

决定作物经济产量高低的光合系统生产性能。一般包括光合面积、光合时间、光合能力,以及光合产物的消耗和分配利用。

**07.074 C3 作物** C3 crop

光合作用的 $CO_2$ 同化途径为 C3 途径的作物。C3 途径是以 1,5-二磷酸核酮糖为 $CO_2$ 受体;$CO_2$ 固定后的最初产物,是具有三个碳原子的 3-磷酸甘油酸;如小麦和水稻等。

**07.075 C4 作物** C4 crop

光合作用的 $CO_2$ 同化途径为 C4 途径的作物。C4 途径以磷酸烯醇式丙酮酸为 $CO_2$ 受体;$CO_2$ 固定后的最初产物,是含有四个碳原子的有机酸(草酰乙酸);如玉米和高粱等。

**07.076 叶面积指数** leaf area index

又称“叶面积系数”。作物群体的总绿叶面积与该群体所占土地面积的比值。

**07.077 最适叶面积** optimum leaf area

作物获得最大生长率或最高产量时的群体叶面积。

**07.078 叶面积持续期** leaf area duration

一定时期内作物群体绿色叶面积的积分值。反映作物群体叶片光合系统规模及功能的持续性。

**07.079 叶倾角** leaf inclination

叶片法线方向与水平面的夹角。是作物株型的一个性状指标。

**07.080 比叶面积** specific leaf area

作物叶片的单面面积与其干重之比。是作物生长分析的性状指标。

**07.081 比叶重** specific leaf weight

单位叶面积的叶片干重。是反映叶片光合性能的一个参数。

**07.082 功能叶** functional leaf

在作物生育过程的特定阶段具有旺盛光合功能,并对产量形成重要作用的绿色叶片。

**07.083 持绿性** stay green character

作物生长后期植株叶片等器官维持绿色的程度和时间。是反映植株延缓衰老的特性指标。

**07.084 光合效率** photosynthetic efficiency

绿色植物通过光合作用制造的有机物中含有

的能量与光合作用吸收的光能比值。

**07.085　量子效率**　quantum efficiency
又称“量子产额”。在光合作用中，每吸收一个光量子所固定的二氧化碳分子数或释放氧气的分子数。

**07.086　羧化效率**　carboxylation efficiency
光合作用过程中 $CO_2$ 以羧基形式固定于有机酸中的速率。

**07.087　光合速率**　photosynthetic rate
又称“光合强度(photosynthetic intensity)”。绿色植物单位叶面积在单位时间内同化 $CO_2$ 的量。是反映植物光合性能的一个指标。

**07.088　呼吸速率**　respiration rate
又称“呼吸强度(respiration intensity)”。植物单位重量或单位面积在单位时间内吸收氧气或放出 $CO_2$ 的量。

**07.089　呼吸系数**　respiratory coefficient
又称“呼吸商(respiration quotient)”。在一定时间内，作物组织呼吸释放的 $CO_2$ 与吸收的 $O_2$ 分子数的比值。

**07.090　光呼吸**　photorespiration
作物的绿色细胞在光下吸收 $O_2$，放出 $CO_2$ 的过程。

**07.091　光合势**　photosynthetic potential
作物生长期或某一生育阶段内进行光合生产的绿色叶面积与生长日数的乘积。

**07.092　净光合作用**　net photosynthesis
从单位时间内植物光合作用制造的有机物总量中，扣除同期呼吸作用所消耗的有机物量，得到的净光合产物量。

**07.093　群体光合**　canopy photosynthesis
单位时间内单位土地面积上作物群体同化 $CO_2$ 的量。

**07.094　核酮糖-1,5-双磷酸羧化酶/加氧酶**　ribulose-1,5-bisphosphate carboxylase/oxygenase, Rubisco
植物碳代谢过程的一种关键酶。可催化核酮糖-1,5-双磷酸与二氧化碳的羧化反应或与氧气的氧化反应。

**07.095　光补偿点**　light compensation point
作物光合作用吸收二氧化碳量与呼吸作用释放二氧化碳量相平衡时的光照强度。

**07.096　光饱和点**　light saturation point
作物光合速率在一定的光照强度范围内会随光强的增加而提高，当光强增加到某一数值后，光合速率不再继续提高时的光照强度值。

**07.097　二氧化碳补偿点**　$CO_2$ compensation point
作物光合作用吸收的 $CO_2$ 与呼吸作用释放的 $CO_2$ 量相平衡时的 $CO_2$ 浓度。

**07.098　二氧化碳饱和点**　$CO_2$ saturation point
作物光合速率在一定的 $CO_2$ 浓度范围内随 $CO_2$ 浓度的增加而提高，当 $CO_2$ 浓度增加到某一数值之后，光合速率不再继续提高时的 $CO_2$ 浓度值。

**07.099　光合“午休”**　midday depression of photosynthesis
植物叶片的光合速率在中午前后强光照条件下降低的现象。

**07.100　气孔导度**　stomatal conductance
气孔张开程度及气体扩散的能力。是影响植物光合作用、呼吸作用及蒸腾作用的重要因素。

**07.101　气孔限制**　stomatal limitation
气孔导度降低影响 $CO_2$ 扩散，导致胞间 $CO_2$ 浓度不能满足光合作用需求，使光合作用下降的现象。

**07.102　非气孔限制**　non-stomatal limitation
叶肉细胞同化能力降低导致光合作用减弱的

现象。

**07.103 光合光子通量密度** photosynthetic photon flux density, PPFD
光合作用测定中表示光强的指标。在光合有效辐射(400~700nm 波长)范围内,单位时间内垂直入射到单位面积上的光量子数,单位为 $\mu mol/(m^2 \cdot s)$。

**07.104 辐射利用效率** radiation use efficiency
作物通过光合作用将截获的光能转化为干物质的效率。

**07.105 光能截获率** light interception rate
作物群体截获的太阳辐射量与投射到冠层顶部的总辐射量的比率。

**07.106 消光系数** extinction coefficient
入射光通过群体每层叶面积时,光强降低的相对比例值。是反映群体内光分布特征的参数。

**07.107 作物群体** crop population
栽培条件下,同一田块上作物个体的集群。由一种作物组成的个体集群,称为单一群体;由两种或两种以上作物组成的个体集群,称为复合群体。

**07.108 作物群体结构** crop population structure
作物群体的大小、分布、组成和动态变化等特征。

**07.109 作物群体质量** crop population quality
作物群体各性状数量指标的综合优化程度。

**07.110 冠层结构** canopy structure
作物群体地上部各器官的数量构成和空间分布状态。

**07.111 冠-气温差** canopy-air temperature difference
作物群体冠层温度与大气温度之间的差值。

**07.112 穗密度** spike density
单位土地面积上的穗数,即总穗数与土地面积之比。

**07.113 群体光分布** light distribution in population
作物群体内不同叶层或不同空间部位的受光量及受光比例。

**07.114 群体自动调节** self-regulation of population
随着密度和肥、水、光条件的变化,作物个体器官生长速率等性状发生适应性变化,以维持群体相对稳定的现象。

**07.115 自疏** self-thinning
由于群体密度过大,内部竞争造成植株密度或结实器官数量下降,以维持群体相对稳定性的现象。

**07.116 干物质积累** dry matter accumulation
群体、个体或器官的干物质增加及干重增长的过程。

**07.117 干物质转运** dry matter translocation
作物器官贮藏物质向其他器官转运的过程。

**07.118 结构性物质** structural matter
构成作物体各种结构的物质。如构成细胞壁、生物膜、细胞质骨架、各种细胞器、细胞核等结构的物质。

**07.119 非结构性物质** non-structural matter
作物体内参与代谢活动的、可动用的及可运转的物质。

**07.120 同化物分配** assimilate partitioning
作物生产或同化的物质在植株各器官之间分布与分配的过程和状况。

**07.121 代谢源** metabolic source
植物体内生产并向其他器官供应同化物的组织、器官或部位。

**07.122　代谢库**　metabolic sink
植物体内接纳、贮藏同化物的组织、器官或部位。

**07.123　库器官**　sink organ
植物体内接受、利用和贮积同化物的器官。

**07.124　库容量**　sink capacity
作物库器官容纳同化物的潜力。通常用库器官体积和质量来表示。

**07.125　库活性**　sink activity
作物库器官吸收利用和贮积同化物的功能活性。通常用库器官相对生长率来表示。

**07.126　库强度**　sink strength
库器官在单位时间内输入、接纳、积累同化物的总能力。

**07.127　源强度**　source strength
源器官在单位时间内生产和输出同化物的总能力。

**07.128　源-库关系**　source-sink relation
作物源器官与库器官之间的信息联系和物质供求关系。

**07.129　粒叶比**　grain-leaf area ratio
作物籽粒数目或重量与叶面积的比值。是反映不同品种或不同群体源库关系的指标。

**07.130　小花育性**　floret fertility
小花的结实性能。

**07.131　种子败育**　seed abortion
胚珠能顺利通过受精但不能形成具有发芽能力的正常种子的现象。

**07.132　强势粒**　superior grain
作物体内具有生长优势，库强度大的籽粒。一般指那些分化与开花早、活性高、同化物竞争能力强的籽粒。

**07.133　弱势粒**　inferior grain
作物体内表现生长弱势，库强度小的籽粒。一般指那些开花晚、活性低、吸收同化物迟缓的籽粒。

**07.134　籽粒生长率**　grain growth rate
一段时间内籽粒干物质积累的速率。

**07.135　籽粒生长持续期**　grain growth duration
从籽粒形成到籽粒成熟所经历的时间。

**07.136　产量源库互作**　source-sink interaction of grain yield
在作物产量形成期，光合器官物质生产与收获器官物质积累之间的相互关系及其平衡协调能力。

**07.137　产量源限制**　source limitation of grain yield
作物同化物供给能力小于收获器官贮积能力，从而限制产量提升的现象。

**07.138　产量库限制**　sink limitation of grain yield
作物收获器官贮积能力小于同化物供给能力，从而限制产量提升的现象。

**07.139　碳代谢**　carbon metabolism
作物体内碳素同化与利用的过程。即碳水化合物的合成、分解和转化利用过程。

**07.140　氮代谢**　nitrogen metabolism
作物对氮素的吸收及体内含氮化合物的合成、分解、再合成与转化利用的过程。

**07.141　籽粒整齐度**　grain uniformity
籽粒形态、大小和质量的均匀程度。

**07.142　胚乳质地**　endosperm texture
胚乳组织的疏密或软硬程度。

**07.143　角质胚乳**　horny endosperm
蛋白质含量较高、与淀粉结合紧密、结构紧实、质地透明、硬度较高的胚乳。

**07.144　粉质胚乳**　farinaceous endosperm

蛋白质含量相对较少、淀粉含量高、籽粒质地不透明且结构松散的胚乳。

**07.145 糊粉层** aleurone layer
谷类作物种子种皮和胚乳之间排列规则致密的一层或多层细胞组织。

**07.146 糙米率** brown rice percentage
稻谷去壳后所得的糙米重占稻谷总重的百分率。

**07.147 精米率** head rice percentage
稻谷去壳去皮后所得精大米占稻谷总重的百分率。

**07.148 垩白** chalkiness
稻米胚乳中淀粉和蛋白质颗粒充实度低且组织疏松的白色不透明部分。

**07.149 垩白度** chalkiness degree
稻米中垩白部分的面积占米粒投影面积的百分比。为稻米外观品质的指标之一。

**07.150 垩白米率** chalky grain rate
有垩白的米粒数占总稻米粒数的百分率。是稻米整体外观品质的指标之一。

**07.151 出粉率** flour yield
麦类作物单位重量籽粒所能碾磨出的面粉重量的比率。

**07.152 淀粉粒** starch granule
由葡萄糖分子聚合而成的长链化合物。在细胞中以颗粒状态存在。

**07.153 直链淀粉** amylose
分子量相对较小，由 D-葡萄糖基以 $\alpha$-(1,4)糖苷键连接的多糖链。易溶于热水，遇碘呈蓝黑色。

**07.154 支链淀粉** amylopectin
分子量相对较大，由 D-葡萄糖基以 $\alpha$-(1,4)糖苷键和 $\alpha$-(1,6)糖苷键连接的多糖链。分支较多，在热水中吸水膨胀产生糊化现象，黏性较强，遇碘呈紫红色。

**07.155 面粉吸水率** flour water absorption rate
小麦粉揉制成软硬合适的面团所需加水量占面粉质量的比例，用百分率表示。

**07.156 淀粉糊化** starch gelatinization
一定数量的淀粉与水混合经过加热，淀粉粒迅速吸水膨胀并破裂，由混合物变成黏稠胶体溶液的过程。

**07.157 稀懈值** breakdown value
淀粉糊化测定中峰值黏度和低谷黏度的差值。

**07.158 峰值黏度** peak viscosity
淀粉糊化特性测定中黏度曲线的最高峰值。

**07.159 面筋** gluten
小麦粉中特有的一种胶体蛋白复合体。主要由麦谷蛋白与麦醇溶蛋白等组成。不溶于水，吸水力较强，吸水后发生膨胀，分子互相连接形成网络状胶质体，具有延伸性和弹性。

**07.160 面筋强度** gluten strength
反映面筋弹性和延展性的综合指标。常用指标有面筋指数、沉淀值和面团流变学参数等。

**07.161 面团流变特性** dough rheological property
小麦粉加水揉制形成的面团耐揉性、黏弹性和延展性的综合表现。是小麦品种品质的重要指标。

**07.162 蛋白质组分** protein component
作物产品中组成总蛋白质的各种不同种类和特性的蛋白质。

**07.163 清蛋白** albumin
谷类作物籽粒中含有的可溶于水、稀盐、稀酸及稀碱溶液，但不溶于饱和硫酸铵溶液，加热即凝固的一类小分子质量蛋白质。

**07.164 球蛋白** globulin

谷类作物籽粒中含有的不溶于水和半饱和硫酸铵溶液,但溶于稀盐、稀酸和稀碱溶液,加热不全凝固的一类小分子质量蛋白质。

**07.165 醇溶蛋白** gliadin

谷类作物籽粒中含有的不溶于水,但可溶于70%~90%的乙醇溶液的一类贮藏蛋白质。在小麦中,通常与谷蛋白大分子结合赋予面团延展性。

**07.166 谷蛋白** glutelin

谷类作物籽粒中含有的不溶于水、中性盐溶液和乙醇,而溶于稀酸或稀碱的一类贮藏蛋白质。小麦谷蛋白通常以肽链间二硫键连接而成聚合体存在于面团中,赋予面团弹性和强度。

**07.167 谷蛋白大聚合体** glutenin macropolymer

小麦谷蛋白通过肽链间二硫键连接形成的,不溶于低浓度十二烷基硫酸钠,分子质量大小各异的聚合体。是面筋网络的核心结构和功能单元。

**07.168 油体** oil body

植物储藏脂类的细胞器。其内部的液态基质为甘油三酯,表面被单层磷脂-内源性蛋白质组成的生物膜所覆盖。

**07.169 纤维细度** fiber fineness

衡量纤维粗细程度的重要指标。在棉花上是指1g棉纤维连接成的总长度。

**07.170 纤维强度** fiber strength

单根纤维拉断时所能承受的最大拉力。

**07.171 纤维比强度** fiber specific strength

纤维的相对强度,即纤维单位截面积所能承受的拉力。一般以束纤维的断裂负荷除以束纤维断面面积表示。

**07.172 生物强化** biofortification

通过育种或栽培手段提高农作物目标产品中某种或多种营养素含量的过程。

**07.173 次生代谢物** secondary metabolite

植物次生代谢衍生出来的产物,是植物生长和发育非必需的小分子有机化合物。主要包括萜烯类、酚类和含氮化合物三大类。

## 07.03 逆境生理与生态

**07.174 逆境** stress

不利于作物生存或生长的环境。包括生物胁迫(病害、虫害、草害)和非生物胁迫(低温、高温、干旱、盐害、渍害、重金属等)。

**07.175 抗逆性** stress resistance

作物对逆境胁迫的适应性和抵抗力。

**07.176 抗性分子机制** molecular mechanism of stress resistance

在基因和分子水平上揭示的作物对逆境适应和抗性的调控机制。

**07.177 逆境适应** stress adaptation

作物遭遇逆境后在生理机能上的适应性反应过程。

**07.178 逆境交叉适应** stress cross adaptation

作物在经历某种逆境胁迫后,能提高对其他逆境胁迫的抵抗能力,从而形成的对不同逆境间的相互适应作用。

**07.179 避逆性** stress avoidance

作物通过各种方式在时间或空间上避开逆境危害,不与逆境相遇的抗逆方式。

**07.180 耐逆性** stress tolerance

在不良环境胁迫下,作物通过改变自身的形态和代谢活动,来阻止、降低甚至修复逆境造成伤害的抗逆方式。

**07.181　胁迫引发**　stress priming

作物在经历胁迫前进行预处理，引起细胞内一系列生理生化变化，从而产生或获得对逆境的抗性能力。

**07.182　抗性锻炼**　stress-resistance hardening

作物通过经历一段时间亚致死剂量的逆境条件，逐渐诱导形成或增强对这种逆境的适应能力的过程。

**07.183　应激反应**　stress response

作物在受到胁迫后产生的相应变化。

**07.184　胁变可逆性**　strain reversibility

作物在逆境作用下产生一系列生理生化变化，当逆境解除后还能恢复的现象。

**07.185　胁变修复**　strain repairing

作物在逆境作用下通过代谢过程修复被破坏的结构和功能的能力。

**07.186　逆境信号**　stress signal

在逆境下，作物体内存在并启动的系统性传递胁迫信息的信号物质。$Ca^{2+}$、蛋白激酶、激素、转录因子为常见的信号物质。

**07.187　脯氨酸**　proline，Pro

化学式为 $C_5H_9NO_2$ 的一种环状亚氨基酸。是一种渗透调节物质，可作为膜和酶的保护物质及自由基清除剂，对作物在渗透胁迫下的生长起到保护作用。

**07.188　多胺**　polyamine

生物体代谢过程中产生的具有生物活性的低分子量脂肪含氮碱。含有两个或更多氨基的一类化合物，包括“腐胺（putrescine，Put）”“尸胺（cadaverin，Cad）”“亚精胺（spermidine，Spd）”“精胺（spermine，Spm）”等。具有促进作物生长和逆境胁迫下维持质膜正常功能的作用。

**07.189　甜菜碱**　betaine

一种在植物体内具有渗透调节和增强抗逆性作用的生物碱。分子式为 $C_5H_{11}NO_2$，化学名称为 N,N,N−三甲基甘氨酸。

**07.190　水杨酸**　salicylic acid

一种在作物生长发育和抗逆过程中具有重要调节作用的脂溶性有机酸，是一种植物激素物质。分子式为 $C_7H_6O_3$，化学名称为邻羟基苯甲酸。

**07.191　果聚糖**　fructan

由蔗糖与一个或多个果糖分子连接而成的多聚体。是重要的渗透调节物质，与作物抗逆性有密切关系。

**07.192　钙调蛋白**　calmodulin

能与 $Ca^{2+}$ 结合，具有受体功能的一类高度保守的小分子蛋白质。

**07.193　蛋白质激酶**　protein kinase

将 ATP 的 $\gamma$ 磷酸基团转移到蛋白质底物特定的氨基酸残基上，使蛋白质磷酸化的一类磷酸转移酶。

**07.194　植物激素**　phytohormone

植物体内产生的，被运往其他部位后能调节植物生长发育的微量有机物质。已知的有生长素、赤霉素、细胞分裂素、脱落酸、乙烯和油菜素内酯等。

**07.195　细胞膜稳定性**　membrane stability

细胞膜在胁迫下保持结构和功能相对稳定的能力。

**07.196　光胁迫**　light stress

光照不足或者过强对作物生长发育产生不利影响的现象。

**07.197　光抑制**　photoinhibition

当光能超过光合系统所能利用的能量而引起光合功能降低的现象。

**07.198　光破坏**　photodamage

光对光合机构造成的伤害。如强光对光合色素造成光漂白、光合作用中心 D1 蛋白的降解以及光合机构的光氧化等。

**07.199 光保护作用** photoprotection
植物为避免强光对光合系统的破坏而形成的多层次消除或降低光抑制的机制。

**07.200 抗寒性** chilling resistance
作物对低温的适应性和抵抗能力。包括抗冷性和抗冻性。

**07.201 抗冷性** cold resistance
作物对零度以上低温的适应性和抵抗力。

**07.202 抗冻性** freezing resistance
作物对零度以下低温的适应性和抵抗力。

**07.203 抗寒锻炼** chilling hardening
作物经历一段时间逐渐降低的低温环境后，体内发生了一系列适应低温的生理生化变化，从而使抗寒力得到增强的过程。

**07.204 低温诱导蛋白** low temperature-induced protein
受低温诱导产生，具有降低细胞液冰点和增强细胞抗冰冻脱水能力的特异蛋白质。

**07.205 抗冻蛋白** antifreeze protein
植物细胞中存在的一类能抑制冰晶形成、降低冰点及提高抗冻能力的蛋白质。

**07.206 耐热性** heat tolerance
作物对高温胁迫的适应性和抵抗能力。

**07.207 热激蛋白** heat shock protein
生物体在高于正常生长温度刺激下诱导合成的一组新蛋白。具有维持细胞膜稳态和提高机体耐热性的功能。

**07.208 分子伴侣** molecular chaperone
细胞内负责调节其他蛋白质折叠和组装的一类特殊蛋白质。通过与目标蛋白结合，来协助这些蛋白质完成正确的折叠、组装和转运等生物功能。

**07.209 盐害** salt injury
因土壤中可溶性盐分过多造成的对作物生长发育的危害。

**07.210 酸害** acid injury
过酸的环境对作物生长发育产生的危害。

**07.211 碱害** alkali injury
过碱的环境对作物生长发育产生的危害。

**07.212 耐盐性** salt tolerance
作物对土壤过多盐分的适应性和耐受能力。

**07.213 耐酸碱性** acid and alkaline tolerance
作物对土壤过酸或过碱环境的适应性和耐受能力。

**07.214 氧化胁迫** oxidative stress
高浓度活性氧对生物大分子造成氧化损伤和细胞新陈代谢受损的现象。

**07.215 活性氧** reactive oxygen species, ROS
氧气被活化后，形成的对细胞有害的一类单电子还原氧产物。包括超氧阴离子（$\cdot O_2^-$）、过氧化氢（$H_2O_2$）、羟基自由基（$\cdot OH$）等。

**07.216 膜脂过氧化作用** membrane lipid peroxidation
细胞膜上多不饱和脂肪酸和脂质的氧化变质。该过程对细胞膜、脂蛋白以及其他含脂质结构能产生严重的损害。

**07.217 丙二醛** malondiadehyde
生物体内自由基作用于脂质发生过氧化反应的一种终产物，分子式为$C_3H_4O_2$。其含量高低反映了细胞膜脂质过氧化程度。

**07.218 超氧化物歧化酶** superoxide dismutase, SOD
生物体内存在的一种能够催化超氧阴离子自由基歧化生成氧和过氧化氢的抗氧化金属酶。与植物的抗逆性密切相关。

**07.219 过氧化氢酶** catalase, CAT
以铁卟啉为辅基，催化过氧化氢分解成氧和

水的一类氧化还原酶。与植物的抗逆性密切相关。

**07.220 过氧化物酶** peroxidase, POD

以血红素为辅基,催化过氧化氢分解为氧和水的一类氧化还原酶。与植物的抗逆性密切相关。

**07.221 抗坏血酸** ascorbate

又称"维生素 C"。一种水溶性维生素,为多羟基化合物。分子式为 $C_6H_8O_6$。具有清除单线态氧、超氧化物和羟自由基功能,与植物的抗逆性密切相关。

**07.222 谷胱甘肽** glutathione

由谷氨酸、半胱氨酸及甘氨酸组成的含 γ-酰胺键和巯基的一类三肽化合物。分子式为 $C_{10}H_{17}O_6SN_3$。具有抗氧化和解毒功能,与植物的抗逆性密切相关。

**07.223 海藻糖** trehalose

由两个葡萄糖分子组成的一类非还原性双糖。常以二水化合物存在,分子式为 $C_{12}H_{22}O_{11} \cdot 2H_2O$。是一种典型的应激代谢物,能特异稳定细胞内生物膜、蛋白质与核酸等大分子结构,具有提高作物抗逆性的功能。

**07.224 耐渍性** waterlogging tolerance

作物对渍水胁迫的适应和耐受能力。

**07.225 抗旱性** drought resistance

作物适应干旱环境,在干旱条件下能维持正常代谢水平并完成其生长发育进程的特性或能力。包括避旱性、御旱性和耐旱性。

**07.226 避旱性** drought avoidance

作物通过改变生育进程,使水分敏感期避开干旱,或在严重干旱发生之前完成生活史的特性。

**07.227 御旱性** drought prevention

作物在干旱环境下,通过其特定的形态结构和生理机制使其组织维持较高的含水量以抵抗干旱的特性。

**07.228 耐旱性** drought tolerance

作物在受旱时,能在较低的细胞水势下维持其一定程度的生长发育和忍耐脱水的特性。

**07.229 干旱诱导蛋白** drought-induced protein

作物受到干旱胁迫时,细胞内新合成或合成量增加的一类蛋白质。与作物抗旱性密切相关,包括胚胎发育晚期丰富蛋白和离子通道蛋白等。

**07.230 胚胎发育晚期丰富蛋白** late embryogenesis abundant protein

在作物种子发育后期产生的一类小分子特异蛋白质。能与水分强烈结合,阻止缺水时重要细胞蛋白和其他分子结晶,稳定细胞膜。

**07.231 水分代谢** water metabolism

作物对水分的吸收、运输、利用和散失的过程。

**07.232 水势** water potential

在恒温恒压下,系统中一偏摩尔体积的水与纯水之间的化学势差。

**07.233 渗透作用** osmosis

水分从水势高的系统通过选择性透性膜向水势低的系统移动的现象。

**07.234 渗透调节** osmotic regulation

作物细胞通过主动增加溶质,提高细胞液浓度,降低渗透势,从而有效增强吸水和保水能力的调节功能。

**07.235 水孔蛋白** aquaporin

在细胞膜上具有选择性高效运输水分子或维持体内水分平衡的膜内在蛋白。多数以四聚体形式存在,每个单体均具有水通道活性,水分子从每个单体的中心通过。

**07.236 根压** root pressure

根系通过消耗能量和主动吸收矿质离子来增加根细胞质基质的溶液浓度，使水分随浓度差沿木质部往上运动的生理过程。

**07.237 主动吸水** active absorption of water
以根压为动力引起的根系吸水过程。

**07.238 被动吸水** passive absorption of water
通过植株气孔蒸腾作用造成水势梯度引起的吸水过程。

**07.239 作物水分平衡** crop water balance
作物吸水、用水和失水的动态协调关系。植物保持水分动态平衡时，才能维持正常的生命活动；失水过多或者水分平衡被破坏时，植株发生萎蔫现象。

**07.240 蒸腾[作用]** transpiration
作物体内水分以气态方式通过植物体表面（主要是叶片），从体内向体外散失的过程。

**07.241 蒸腾效率** transpiration efficiency
作物消耗单位质量水分（kg）所生产的干物质量（g）。

**07.242 蒸腾系数** transpiration coefficient
作物制造单位干物质量（g）所消耗的水量（kg）。

**07.243 气孔蒸腾** stomatal transpiration
作物通过气孔散失水分的过程。

**07.244 气孔调节** stomatal regulation
作物通过气孔开闭运动控制气体扩散的速度，调节水分-光合关系，在维持一定程度二氧化碳同化作用的同时，阻止水分状况降低到使组织受害水平的过程。是植物适应干旱的重要机制。

**07.245 生理干旱** physiological drought
土壤中不缺乏水分，但因土壤温度过高或过低、土壤溶液中离子浓度过高、土壤缺氧、土壤中存在有毒物质等因素，使根系正常的生理活动受到阻碍，造成吸水困难而产生的水分亏缺现象。

**07.246 作物生理需水** physiological water requirement of crop
作物生育过程中为维持正常生理活动所需要的水分。

**07.247 作物生态需水** ecological water requirement of crop
作物生育过程中用于调节和改善作物生活环境所需要的水分。

**07.248 作物需水临界期** critical period of crop water requirement
作物在生命周期中，对水分最敏感且最易受水分胁迫危害的时期。该时期的缺水会对产量造成严重影响。

**07.249 养分再利用** nutrient reutilization
已被作物体内某一器官或部位利用的养分，通过韧皮部转运到植株其他器官或部位而被再度利用或多次利用的现象。

**07.250 转运蛋白** transporter
一类跨膜运输的内在蛋白。能与膜一侧的被转运物质结合，形成载体-被转运物质的蛋白复合物，通过该蛋白复合物构象的变化，将被转运物质暴露于膜的另一侧，并释放出去。包括高亲和转运蛋白和低亲和转运蛋白。

**07.251 高亲和转运蛋白** high-affinity transporter
养分吸收动力学常数（$K_m$）较低（常在微摩尔范围）的转运蛋白。通常在养分缺乏时行使养分吸收功能，常作为提高养分利用效率的靶蛋白。

**07.252 低亲和转运蛋白** low-affinity transporter
养分吸收动力学常数（$K_m$）较高（常在毫摩尔范围）的转运蛋白。通常在养分正常供给时行使养分吸收功能。

**07.253　养分吸收效率**　nutrient absorption efficiency

作物吸收积累的养分数量占投入养分数量或可利用养分数量(施肥量+土壤供应量)的比值。

**07.254　养分生理利用率**　nutrient internal use efficiency, nutrient physiological use efficiency

作物吸收积累单位养分量所获得的产量增量。

**07.255　养分利用效率**　nutrient use efficiency

作物利用单位投入的养分资源量所获取的生物产量或经济产量。投入的养分资源包括施入的肥料养分和土壤中的养分。

**07.256　氮收获指数**　nitrogen harvest index

作物产品器官积累的氮素量与作物一生积累的氮素总量的比值。

## 07.04　作物系统生理与模拟

**07.257　作物整合生理学**　integrative physiology of crop

在基因、分子、细胞、组织、器官、个体和群体等不同层次和水平上阐明作物整体机能活动规律与调控网络,揭示作物高产优质高效多目标性状协同实现机制及其与多因子环境系统综合协调关系的学科。

**07.258　多组学整合[分析]**　multi-omics integration

对来自不同组学的数据源进行归一化处理和比较分析,建立不同组学间数据的关联,从基因、转录、蛋白和代谢水平进行全面深入阐释生物学过程和性状形成的研究分析方法。

**07.259　作物基因-环境-管理互作**　gene-environment-management interaction of crop

作物生产系统中基因型、环境因子和管理措施之间相互联系、相互作用、共同决定产量和品质形成的过程。

**07.260　作物生态生理学**　crop ecophysiology

作物生理学与作物生态学的交叉学科。主要研究生态因子对作物生理过程的影响机制及作物对生态环境变化的响应和适应机制。

**07.261　作物栽培生理学**　crop cultivation physiology

作物生理学与作物栽培学相结合的交叉学科。主要研究栽培措施对作物生长发育、产品形成、资源利用和抗逆性等影响的生理机制。揭示在农田栽培条件下作物高产、稳产、优质、高效的生理基础,为制定合理的栽培技术提供理论指导。

**07.262　多目标协同**　multiobjective collaboration

协调作物与环境、群体与个体、个体器官之间及产量-品质-效率的相互关系,综合实现作物生产系统多元目标的机制。

**07.263　作物系统模拟**　crop system simulation

用系统科学的观点,把作物生产看成一个由作物、环境、技术、经济四要素构成的整体系统,通过建立数学模型来描述作物生长、产量品质形成及其与环境、管理的关系,实现作物生产系统全过程的动态模拟。

**07.264　基因-表型模拟**　gene-to-phenotype simulation

依据作物基因型及其对环境变化的相关表型响应所构建的模型。通常用机器学习方法构建模型来定量解析基因与环境之间的相互作用。

**07.265　作物生长模拟**　crop growth simulation

定量和动态地描述作物生长、发育和产量形

成过程及其对环境反应过程,并对系统过程进行预测的系统分析方法和计算机模拟模型技术。

**07.266　虚拟植物**　virtual plant
应用计算机以可视化方式模拟演示的三维空间中植物形态结构和生长发育动态。

**07.267　叶热间距**　phyllochron
植株上连续2片叶子出现的热时间(以有效积温或累积生长度日表示)间隔。是定量化衡量作物生长发育对温度响应的重要指标。

**07.268　光温比**　photothermal quotient
作物生长发育某一阶段的太阳辐射与平均温度的比值。在作物生长模型中常作为模拟叶片生长的关键参数。

**07.269　单粒潜重**　potential single grain mass
作物单个籽粒的潜在最大重量。

**07.270　最高氮浓度**　maximum nitrogen concentration
作物植株、组织或器官能够达到的最大氮浓度。

**07.271　临界氮浓度**　critical nitrogen concentration
诊断作物氮素营养状况的氮浓度阈值。在作物模型中被用来模拟作物生长与氮肥供应之间的关系。

**07.272　氮营养指数**　nitrogen nutrition index
作物实际氮浓度与临界氮浓度的比值。是定量反映作物氮亏缺或丰富程度的指标。

**07.273　归一化植被指数**　normalized difference vegetation index, NDVI
通过测量近红外波段和红光波段的反射值差异,并进行归一化计算来量化群体植被覆盖度的指标。是反映作物长势和营养状况的参数。

# 08. 作物栽培与耕作

## 08.01　种 植 制 度

**08.001　种植制度**　cropping system
一个区域或生产单位作物组成、配置、熟制和种植方式的综合体系。是作物生产的最基本制度。

**08.002　作物布局**　crop composition and distribution
一个区域或生产单位作物结构和配置的总称。包括作物种类、品种、面积及其比例,以及作物在区域或田块上的具体分布等内容。

**08.003　单作**　sole cropping
俗称“纯种”“清种”“净种”。在同一块田地上同一时间内种植一种作物的种植方式。

**08.004　多熟种植**　multiple cropping
一年内于同一块田地上前后或同时种植两种或两种以上作物的种植方式。包括时间上一年内在同一地块上种植两次或两次以上作物,或空间上同时种植两种或两种以上作物,如复种、间作、套作、混作等。

**08.005　复种**　sequential cropping
在同一田地上一年内接连种植两季或两季以上作物的种植方式。有当年复种和跨年复种。

**08.006　间作**　intercropping
在同一田地上于同一生长期内,分行或分带种植两种或两种以上作物的种植方式。

**08.007 套作** relay cropping

在前季作物生长后期,于其行间播种或移栽后季作物,或在前季作物株间撒播后季作物的种植方式。

**08.008 混作** mixed cropping

在同一块田地上,同期混合种植两种或两种以上作物的种植方式。

**08.009 带状种植** strip cropping

两种或两种以上作物在田间分别按一定宽幅条带状相间种植的种植方式。

**08.010 立体种植** multistory cropping

在同一地块上种植两种或两种以上作物,从空间与时间上多层次地利用农业资源的种植方式。

**08.011 立体种养** multistory cropping and raising

在同一地块上,作物与食用菌、农业动物或鱼类分层利用空间种植与养殖相结合;或在同一水体内,水生植物与鱼类、贝类相间混(种)养、分层混(种)养的生产方式。

**08.012 土地当量比** land equivalent ratio

同一地块间混套作两种或两种以上作物与各个作物单作时的产量或收益的比率。若土地当量比大于1,即表示比单作率高。

**08.013 密植效应** dense planting effect

间混套作复合群体中各个作物相对种植密度大于单作的增产与增收作用。

**08.014 营养异质效应** nutrient homogeneity effect

利用作物营养功能的差异,合理组配作物所起到的增产增值作用。

**08.015 边行效应** boundary effect

间混套作或带状种植时作物高矮搭配或存在空带,边行作物的生态条件不同于内行,由此而表现出来的特有生长发育及产量差异。

**08.016 补偿效应** complementarity effect

间混套作复合群体中多种作物共生,能够减轻病虫草害和增强旱涝等自然灾害抵御能力的效应。

**08.017 化感效应** allelopathic effect

一种植物通过向环境释放化学物质,对邻近其他种类植物或微生物产生影响作用的过程。

**08.018 种植指数** cropping index

又称"复种指数"。一个地区全年总收获面积占耕地总面积的百分比。

**08.019 熟制** maturation cropping

一年内种植作物的季数。反映一个地区热量资源状况和耕地利用的程度。

**08.020 一熟制** monocropping

一年内在同一块农田上种植一季作物的种植制度。

**08.021 二熟制** double cropping

一年内在同一块农田上接连种植两季作物的种植制度。

**08.022 休耕** fallow

又称"休闲"。耕地在可种作物的季节只耕不种或不耕不种的种植方式。

**08.023 撂荒** shifting cultivation

耕地较长时期弃而不种,或休耕年限超过两年以上的土地利用方式。

**08.024 轮作** crop rotation

又称"换茬""倒茬"。在同一田地上不同生长季节间,根据作物茬口特性有计划、有顺序地轮换种植不同作物或不同复种形式的种植方式。

**08.025 轮作周期** rotation cycle

轮作实施一个周期所需要的年数。

**08.026 豆禾轮作** legume-gramineae rotation

豆类作物与谷类作物进行轮换种植的轮作方式。

**08.027 水旱轮作** paddy-upland rotation
水稻与旱地作物轮换种植的轮作方式。

**08.028 草田轮作** grass-crop rotation
牧草与大田作物进行轮换种植的轮作方式。有利于恢复和提高土壤肥力。

**08.029 连作** continuous cropping, re-planting
又称“重茬”。在同一田地上连年种植相同作物的种植方式。

**08.030 连作障碍** re-planting problem
连续在同一地块上栽种同种作物或近缘作物引起的作物生长发育异常及病虫草害加重,导致作物减产或品质恶化的现象。

**08.031 前茬** previous crop
又称“前作”。上一年或上一季种植的作物。

**08.032 后茬** later crop
又称“后作”。下一年或下一季种植的作物。

**08.033 茬口** previous crop with its stubble field
在连作或轮作中给予后茬以各种影响的前茬及其茬地。

**08.034 迎茬** alternate cropping
同一田地上隔季种植相同的作物。

**08.035 养地作物** soil-improving crop
种植后能够改善或提高土壤肥力状况的作物。

**08.036 耗地作物** soil-depleting crop
种植后耗竭土壤养分和水分,导致土壤肥力下降的作物。

**08.037 生态适应性** ecological adaptability
作物生物学特性及其对生态条件的需求与当地实际环境条件相吻合的程度。

**08.038 作物生态因子** crop ecological factor
环境中与作物生存、分布、生长发育及生理功能等有密切关系的因子。

**08.039 农田生产潜力** farmland potential productivity
作物在特定自然资源环境和人工调控管理下可能实现的最大生产能力。

**08.040 土地生产潜力** land potential productivity
在现有资源环境和生产管理水平下的土地最大生产能力。

**08.041 第一性生产** primary production
又称“初级生产”。绿色植物通过光合作用固定太阳光能并转化为储存在植物有机体中的化学潜能的过程。

**08.042 第二性生产** secondary production
又称“次级生产”。动物和微生物利用初级生产物进行的同化、生长、发育和繁殖后代的过程。

**08.043 农牧结合** crop-livestock integration
农区种植业与牧渔业相互适应与协调,牧渔业的规模及种类与种植业提供的饲料相匹配,使种植业生产与养殖业生产平衡且协调发展的方式。

## 08.02 作物栽培

**08.044 灭茬** stubble cleaning
作物收获后通过机械措施处理残留秸秆和根茬,有利于下一季作物整地和播种的耕作措施。

**08.045 催芽** pre-germination

将浸好的种子置于黑暗或弱光环境中,给予适宜温度、湿度和氧气条件,促其迅速发芽的过程。

**08.046 旱育秧** dry rice-nursery
在水稻整个育秧过程中,土壤保持湿润但不保持水层的育秧方法。

**08.047 播前处理** presowing treatment
在作物播种前利用物理、化学或生物等措施,对播种材料和生长介质进行消毒或者补充营养物质的过程。

**08.048 播种量** sowing rate
单位面积上播种种子的重量或数量。

**08.049 播种期** seeding date
作物种子播种于田间或苗床的实际日期。

**08.050 播种密度** seeding density
又称"种植密度"。单位面积农田上的苗数或株数。

**08.051 播种方式** sowing method
播种种子在田间的分布方式。常见的方式有撒播、条播、穴播三类。

**08.052 撒播** broadcast sowing
整地后把种子均匀地撒于田面,然后覆土的播种方式。

**08.053 条播** drill sowing
在田间按作物生长所需的行距开沟,将种子均匀播于沟内再覆土的播种方式。

**08.054 穴播** hole seeding
又称"点播(spot sowing)"。按一定株距和行距开穴的播种方式。

**08.055 直播** direct sowing
作物播种前不采用任何土壤耕作措施,直接在茬地上进行播种的播种方式。

**08.056 水稻旱播** dry seeded rice
水稻在旱田状态下整地与播种,播种后再灌水和排水,促进扎根立苗的播种方式。

**08.057 精量播种** minimum sowing
将种子按一定的距离和深度准确地播入土内,最大限度节省用种的播种方式。

**08.058 播幅** drilling width
作物播种时播种机械一次作业的宽度或播种行种子分布的宽度。

**08.059 行距** row spacing
作物种植行之间的距离。包括等行和宽窄行。

**08.060 株距** plant spacing
同行作物相邻个体之间的距离。

**08.061 假植** temporary planting
短期连根带土坨密集囤积植物的一种栽培方式。促进移栽缓苗并延长供应期。

**08.062 间苗** thinning
作物出苗后间隔拔除多余幼苗以保证合理密度的过程。

**08.063 定苗** final singling
按预订的株距和行距保留幼苗并去除多余幼苗的过程。

**08.064 蹲苗** hardening of seedling
通过控制肥水和表土耕作抑制幼苗茎叶徒长及促进根系发育的技术措施。

**08.065 除草** weed control
在作物播种前和生长过程中通过人工、机械及药物清除杂草的措施。

**08.066 培土** hilling
在作物生长期通过人工或机械把株间或畦间的土壤聚拢覆盖在作物根部四周的过程。以防止作物倒伏、促进根部发育和便利排水灌溉。

**08.067 配方施肥** formulated fertilization
根据作物需肥规律、土壤供肥性能及肥料效

应,确定各种营养元素的适宜用量和比例,以及相应施肥技术的过程。

**08.068 农艺节水** agronomic water saving

通过采用合理施肥、耕作、地面覆盖、化学控制及优化灌水等农艺措施减少作物生长期内水分消耗的节水技术。

**08.069 工程节水** engineering water saving

通过各种工程手段和灌溉设施的使用,达到高效节水目的的节水技术。包括水利条件的改善和灌溉手段的改进等。

**08.070 管理节水** management water saving

通过水资源调配、水价与水费政策调整、节水设备与技术措施推广应用等,达到高效用水和节水目的的节水措施。

**08.071 生物节水** biological water saving

通过现代生物技术提高作物耐旱能力、减少水分消耗和提高水分利用效率,达到高效用水和节水目的的节水技术。

**08.072 化学调控** chemical regulation

以植物生长调节剂为手段,通过改变植物内源激素系统,调节作物生长发育过程的调控技术。

**08.073 精确栽培** precise cultivation

采用栽培方案设计、生长动态监测、因苗管理调控、产量品质预测及农情信息服务等在内的精确化技术措施及装备进行的现代作物栽培管理的方式。

**08.074 清洁栽培** clean cultivation

在作物生产全过程中采用清洁的生产程序、技术和管理,尽量少用或不用化学农用品,减少作物生产过程中污染物的产生,确保农产品无毒无害和环境安全的综合栽培措施。

**08.075 抗逆栽培** adverse-resistant cultivation

采用适当措施减轻各种逆境对作物生长、发育、产量及品质影响的作物栽培技术。

**08.076 作物生育期** crop growing period

作物完成从播种到成熟整个发育过程所需的时间。

**08.077 长日照作物** long-day crop

在特定生育期日照长度大于临界昼长才能正常开花结实的作物。

**08.078 短日照作物** short-day crop

在特定生育期日照长度小于临界昼长才能正常开花结实的作物。

**08.079 日中性作物** day-neutral crop

对日照长度反应不敏感且能正常开花结实的作物。

**08.080 喜凉作物** chimonophilous crop

生长发育对温度要求较低,整个生育期需要积温较少,可以忍耐冬春低温的一类作物。

**08.081 喜温作物** thermophilic crop

生长发育对温度要求较高,整个生育期需要积温较多,忍耐低温能力较弱的一类作物。

**08.082 无限生长[型]** indeterminate growth

植物主茎顶端分化花芽或形成花序后,不断由其下面的侧芽代替主茎继续生长并持续开花结果、无限延续的生长方式。

**08.083 有限生长[型]** determinate growth

植株长到一定结位后,不再发生延续枝形成花序封顶的生长方式。

**08.084 实生繁殖** seed propagation

利用种子繁殖果苗或砧木苗的方法。

**08.085 无性繁殖** asexual propagation

不利用有性交配产生种子,而是利用根系或其他组织器官的再生能力形成苗木的繁殖方式。包括压条繁殖、扦插繁殖、根蘖繁殖、嫁接繁殖、分株繁殖、脱毒繁殖、组织培养繁殖等。

**08.086 嫁接繁殖** grafting propagation

将母本树的枝或芽接到砧木上,使其结合形成嵌合新植株的无性繁殖方式。

**08.087 接穗** scion
嫁接时接于砧木上的枝或芽。

**08.088 芽接** budding grafting
将芽片作接穗的嫁接方法。

**08.089 枝接** branch grafting
把带有一个芽或多个芽的枝条接到砧木上的嫁接方法。

**08.090 根接** root grafting
以根系作砧木,在其上部嫁接接穗的方法。

**08.091 多重接** multiple rootstock grafting
利用2个及以上的植物材料为砧木与接穗嫁接的方式。

**08.092 砧穗互作** stock-scion interaction
砧木与接穗之间产生的相互作用。

**08.093 嫁接亲和力** grafting affinity
砧木和接穗经嫁接后伤口能愈合并保持正常生长的能力。砧木和接穗内部组织结构、遗传和生理特性相似,嫁接后砧穗能够成活且成活后生理上能相互适应。常以嫁接苗成活率及其长势作为评价指标。

**08.094 砧木** rootstock
嫁接时用作承受接穗的根段或枝段。

**08.095 实生砧** seedling rootstock
用种子播种后长出的砧木幼苗。

**08.096 中间砧** interstock
在实生砧上嫁接的某些砧木茎段。在该茎段上可再嫁接所需要的接穗。

**08.097 矮化砧木** dwarfing rootstock
能明显降低果树品种的茎节长度和缩小树冠的砧木类型。

**08.098 乔化砧木** vigorous rootstock
嫁接接穗品种后可显著提高接穗植株生长势、扩大树冠的砧木类型。

**08.099 扦插繁殖** cuttage propagation
将果树部分营养器官插或埋于基质中,促其生根、抽枝,成为新植株的无性繁殖方法。

**08.100 压条繁殖** propagation by layering
将连着母体的枝条压埋土中或包埋于生根介质中,待不定根产生后切离母体,再培养成新植株的无性繁殖方法。

**08.101 根蘖繁殖** root sucker propagation
将母株根上不定芽萌发成的苗与母体分离后,在适当条件下培育成独立植株的无性繁殖方法。

**08.102 分株繁殖** division propagation
将植物萌蘖枝、丛生枝、吸芽或匍匐枝等从母株上分割后,另行培养成独立新植株的方法。

**08.103 脱毒繁殖** virus-free seedling propagation
利用顶端分生组织培养,并脱除植株营养体中的病毒,以获得无病毒植株的无性繁殖方法。

**08.104 组织培养繁殖** tissue culture reproduction
利用人工培养基对植物器官、组织、细胞、原生质体等在离体条件下培养,使其形成完整植株的过程。

**08.105 大小年** alternate yield
果树开花结果在不同年份之间差异较大的现象。

**08.106 打顶** pinch, topping off
作物生长的中后期剪除其枝条顶端生长点的过程。

**08.107 修剪** pruning
剪除果树等部分多余的枝条,以调整树冠结构和更新枝干组成的技术措施。

**08.108　疏果**　fruit thinning

植物开花结果的前期疏除其中的小粒、畸形粒、带伤粒以及过密、过紧、互相挤压的果粒，以提高果实商品率的技术措施。

**08.109　疏花**　flower thinning

摘除植物过多的花或花穗的技术措施。

**08.110　疏叶**　leaves thinning

为保持植物冠层通风透光条件而人为摘除部分叶片的技术措施。

**08.111　实生苗**　seedling

由种子播种长成的苗。

**08.112　嫁接苗**　grafting seedling

通过嫁接培育出的苗。

**08.113　自根苗**　own-rooted seedling

用自根繁殖方法培育的苗木。

**08.114　育苗**　seedling nursery

利用专用设施或设备在特定条件下培育幼苗的过程。

**08.115　苗床**　seedling bed

用于培育植物秧苗的基质或小块土地。分露天和室内两种。

**08.116　工厂化育苗**　factory nursery

在可控环境条件下，运用机械化、自动化、工程化和智能化的手段从事幼苗商品化、规模化生产的育苗方式。

**08.117　营养钵育苗**　nutrition pot seedling

在专用材料制作的钵体内添加营养土培育幼苗的育苗方式。

**08.118　穴盘育苗**　plug seedling

采用不同规格的穴盘装填基质后用于培育幼苗的方法。

**08.119　苗圃**　seedling nursery

培育树木幼株或某些农作物幼苗的园地。

**08.120　矮化栽培**　dwarfing culture

应用相应的措施降低果树高度和冠幅的栽培方式。

**08.121　露地栽培**　field culture

利用自然气候、土地、肥力和水源等资源，加上人工管理，在适宜的季节里生产蔬菜产品的一种栽培方式。

**08.122　棚架栽培**　trellis culture

利用竹、木、水泥柱和金属等材料搭成棚架，支撑果树树冠的栽培方式。

**08.123　无土栽培**　soilless culture

不用天然土壤，而用营养液浇灌的栽培方法。

**08.124　保护地栽培**　protected culture

在不适宜园艺作物生长发育的寒冷或炎热季节，利用保温防寒或降温防雨等设施设备，人为创造适宜园艺作物生长发育的小气候进行生产的栽培方法。

**08.125　覆草栽培**　grass mulching culture

将适量的作物秸秆和杂草等覆盖于裸露地表的作物栽培方法。

**08.126　移植**　transplantation

将苗床中的秧苗或树木移走并栽种在大田的过程。果树移植一般称为“移栽（transplant）”，蔬菜移植一般称为“定植（plant to field）”。

**08.127　环割**　girdling

用利刃将枝干横切一周，深达木质部的操作。

**08.128　整形**　tree forming

对植株施行一定的修剪造型，保持符合观赏需求结构的过程。

**08.129　吊蔓**　hanging

利用绳和铁丝等对植物茎蔓进行牵引，使其茎蔓在空间分布均匀的措施。

**08.130　保花保果**　flower and fruit protection

为防止植物落花落果而采取的提高坐果率的技术措施。

**08.131　摘心**　pinching

除去生长枝梢顶芽的方法。

**08.132　打杈**　lateral branch pruning

摘除或切断作物不需要的枝和芽，使形态美观或能结更多果实的栽培措施。

**08.133　整枝**　plant training

果蔬类作物为控制其营养生长、减少养分消耗而清除多余分枝的栽培措施。

**08.134　支架**　framing

利用硬质材料对匍匐性茎蔓进行牵引和固定的措施。

**08.135　牵引**　branch traction

设施栽培下对一些蔓性和半蔓性蔬菜的茎蔓进行攀缘引导的方法。

**08.136　绑蔓**　branch binding

人为将主茎绑在架材上，以使植株能够直立向上生长的措施。

**08.137　压蔓**　branch holding

待蔓长到一定长度时用土将一段蔓压住，并使其按一定方向和分枝方式生长的措施。

**08.138　基质培**　substrate culture

以非土壤的固体基质材料为栽培基质的作物栽培形式。通过浇灌营养液、施用固态肥或浇灌清水来供应作物生长发育所需的氧分和水分。

**08.139　水培**　hydroponics

植物根系浸润生长在营养液中的一类无土栽培方法。包括深液流栽培和浅液流栽培。通过营养液循环解决根系氧气不足问题。

**08.140　雾培**　aeroponic

植物根系生长在雾状的营养液环境中的一类无土栽培方法。

## 08.03　土 壤 耕 作

**08.141　土壤耕作**　soil tillage

通过农机具的机械力量作用于土壤，调整耕层和地面状况，以调节土壤水分、空气、温度和养分的关系，为作物播种、出苗和生长发育提供适宜的土壤环境的农业技术措施。

**08.142　耕层**　plough layer

耕作活动经常作用的土层。也是作物根系分布的主要层次，通常厚度为15～25cm。

**08.143　整地**　land preparation

作物播种或移栽前进行的一系列土壤耕作措施的总称。主要作业包括灭茬、翻耕、深松耕、旋耕、耙地、耱地、镇压、平地、起垄、作畦等。

**08.144　基本耕作**　basic tillage

又称“初级耕作(primary tillage)”。入土较深，作用较强烈，能显著改变耕层物理性状，后效较长的一类土壤耕作措施。

**08.145　翻耕**　plow tillage

用铧犁和圆盘犁切开、破碎和翻转土垡的耕作措施。

**08.146　深松耕**　subsoiling

用凿式深松铲、偏柱深松铲及全方位深松铲对耕层进行全田或间隔的深层松土。

**08.147　旋耕**　rotary tillage

使用旋耕机具松碎耕层土壤的耕作方法。

**08.148　表土耕作**　surface tillage

又称“次级耕作(secondary tillage)”。在基本耕作基础上采用入土较浅，作用强度较小，旨在破碎土块、平整土地、消灭杂草，为作物创造良好的播种出苗和生产条件的土壤耕作措施。深度一般不超过10cm。

**08.149 耙地** harrowing

采用圆盘耙和钉齿耙等机具耙平表土及耙碎坷垃的耕作措施。深度一般在5cm左右。

**08.150 耱地** dragging, smoothing

又称"盖地""擦地""耢地"。耙地之后的平土碎土作业。一般作用于表土,深度为3cm。

**08.151 镇压** packing, compacting

利用镇压器压紧耕层、压碎土块及平整地面的表土耕作措施。深度一般在3~4cm。

**08.152 作畦** bedding

在播种前用机具在地表进行培土筑埂,将农田分隔成小畦状种植小区的措施。

**08.153 起垄** ridging

垄作的一项主要作业,用犁开沟培土而成。

**08.154 平地** leveling

对凸凹不平的土地削高填低的平整过程。可改善田间灌排条件和播种质量。

**08.155 土壤耕作制** soil tillage system

综合一个地区气候、土壤和作物的特点,将土壤耕层构造调整、改善肥力条件和保障作物高产稳产等各项土壤耕作措施有序集成,形成的一整套相对稳定的土壤耕作技术体系。

**08.156 土壤耕法** soil tillage practice

根据作物对耕层要求采用的土壤耕作措施组合。其所建立的耕层结构具有明显特点。

**08.157 垄作** ridge cultivation

在耕层筑起垄台和垄沟,将作物种植在垄台上的耕法。

**08.158 平作** flat planting

耕整的农田中不起垄作畦,而在平地上种植作物的耕种方式。

**08.159 中耕** intertillage

在作物生长过程中进行的表土耕作措施。能使土壤表层疏松,形成覆盖层;还能很好地保持土壤水分,减少地面蒸发。

**08.160 少耕** minimum tillage, reduced tillage

在常规耕作基础上尽量减少土壤耕作次数或减少耕作面积的耕法。

**08.161 免耕** no-tillage

作物播种前不采用基本耕作和表土耕作,直接在茬地上播种,且作物生长发育期间也不使用农具进行土壤管理的耕法。

**08.162 等高耕作** contour tillage, contour ploughing

沿坡地等高线进行土壤耕作及种植的方法。是坡耕地水土保持的基本措施。

**08.163 保护性耕作** conservation tillage

采用土壤免耕或少耕、秸秆覆盖还田及坡耕地等,达到保土、保肥和保水的耕作方式。

**08.164 地膜覆盖** plastic mulching

用塑料薄膜在地面上进行覆盖的栽培方式。有增温保墒效果。

**08.165 秸秆覆盖** straw mulching

农作物的秸秆和残茬等有机物覆盖在土壤表面的栽培方式。

**08.166 秸秆还田** straw returning

作物收获时将作物秸秆全量或者部分归还农田的措施。包括覆盖还田和粉碎还田等形式。

**08.167 地力** soil productivity

特定种植制度、气候条件和管理水平下的土壤生产能力。

**08.168 农田培肥** improving soil fertility

通过耕作、施肥、轮作及病虫草害防控等方法提高土壤肥力的措施。

# 09. 土 壤 肥 料

## 09.01 土　壤　学

**09.001 土壤** soil
地球陆地表面能够生长植物的疏松表层。

**09.002 土壤学** soil science
研究土壤的形成、分类、分布、制图和土壤的物理、化学、生物学特性、肥力特征,以及土壤利用、改良和管理的科学。

**09.003 土壤圈** pedosphere
地球陆地表层具有一定肥力且能生长绿色植物的疏松圈层。

**09.004 土壤资源** soil resources
具有农、林、牧业生产力的土壤类型、数量和质量的总称。

**09.005 土壤肥力** soil fertility
在植物生长全过程中,土壤从营养条件和环境条件方面供应协调植物生长的能力。即供应协调植物生长所需的水分、养分、空气和热量的能力。

**09.006 土壤年龄** soil age
土壤发生过程的延续时间。

**09.007 自然土壤** natural soil
自然植被下形成的,未受人为活动干扰与影响的土壤。

**09.008 耕作土壤** cultivated soil
人为耕作管理下稳定种植农作物的土壤。

**09.009 土壤管理** soil management
通过耕作、栽培、施肥和灌溉等措施提高土壤生产力的技术方式。

**09.010 数字土壤** digital soil
利用现代信息技术,对土壤特性和生产力进行的数字描述。

**09.011 土壤信息系统** soil information system
一种应用计算机系统存储、检索、分析和处理土壤信息流的专业化地理信息系统。

**09.012 土壤质量** soil quality
与土壤利用和土壤功能有关的土壤内在属性。

**09.013 土壤物理学** soil physics
研究土壤中物理现象或过程的学科。

**09.014 土壤容重** soil bulk density
单位容积土体的烘干质量。

**09.015 土壤比重** soil specific gravity
单位容积土粒(不含粒间孔隙)的烘干质量。

**09.016 土壤紧实度** soil compaction
又称"土壤抗缩阻力(soil anti-compression resistance)"。土壤对挤压力的反应。即压缩单位容积土壤所需的力。

**09.017 土壤固相** soil solid phase
构成土体的固相物质。主要指土壤中的固体矿物质和有机物质。

**09.018 土壤液相** soil liquid phase
构成土体的液相物质。主要指土壤溶液,包括水及含有的溶质和悬浮颗粒物。

**09.019 土壤气相** soil gas phase
构成土体的气相物质。主要指土壤空气。

**09.020 土壤结构** soil structure

土壤中颗粒的排列和组合形式。

**09.021 团粒结构** crumb structure

直径介于 0.25~10mm 的粒状结构。是一种理想的土壤结构。

**09.022 土壤微形态学** soil micromorphology

研究土壤显微形态和结构的学科。

**09.023 土壤团聚体** soil aggregate

土粒经各种作用形成直径小于 10mm 的结构单位。

**09.024 土壤热交换** soil heat exchange

由于大气与土壤之间温度不同而热量彼此交换的过程。

**09.025 土壤热容量** soil heat capacity

单位质量或容积土壤每升高 1℃ 时所需的热量。

**09.026 土壤热传导** soil heat conduction

土壤中热量由温度高处向温度低处流动的过程。

**09.027 土壤热扩散率** soil heat diffusivity

又称"土壤导温率(soil thermal conductivity)"。单位温度梯度下,单位时间流入单位截面积的热量使单位容积土壤发生的温度变化。

**09.028 土壤热平衡** soil heat balance

土壤中热量的流入等于流出的热状态。

**09.029 土壤热通量** soil heat flux

单位土壤面积上单位时间内垂直通过的热量。用 $J/(cm^2 \cdot min)$ 表示。

**09.030 土壤水分** soil moisture

土壤中各种形态或能态水的总称。

**09.031 土壤含水量** soil water content

单位质量或单位容积土壤在 105℃ 条件下烘干至恒重时失去的水量。土壤容积含水量=重量含水量×容重。

**09.032 田间持水量** field capacity

田间条件下,重力水排除后土壤保持的最大含水量。

**09.033 萎蔫含水量** wilting point

又称"萎蔫系数(wilting coefficient)"。植物因水分减少而发生萎蔫且不能复原时的土壤含水量。

**09.034 土壤水势** soil water potential

极小单位水量从一个平衡状态的土-水系统可逆地转移到和它温度相同水池时所做的功。

**09.035 基质势** matric potential

极小单位水量从一个平衡状态的土-水系统可逆地移到没有基质而其他条件都相同的水池时所做的功。

**09.036 溶质势** osmotic potential

极小单位水量从一个平衡的土-水系统可逆地移到没有溶质且其他条件都相同的水池时所做的功。

**09.037 重力势** gravitational potential

极小单位水量从一个平衡状态的土-水系统可逆地移到任何位置且其他条件都相同的水池时所做的功。

**09.038 土壤吸力** soil water suction

土壤基质对水分的吸附和保持能力。

**09.039 土壤水分胁迫** soil water stress

土壤缺水导致明显抑制植物生长的现象。

**09.040 土壤入渗** soil infiltration

水分自土表垂直向下进入土体的过程。

**09.041 土壤水平衡** soil water balance

在一定时间内,单位土体内土壤水的输入和输出量的代数和。

**09.042 土壤排水** soil drainage

通过沟渠或暗管等设施将过多的地表和土壤

水排除的过程。

**09.043 土壤蒸发** soil evaporation
土壤中的水分通过毛管上升和气化,从土壤表面进入大气的过程。

**09.044 土壤导水率** soil hydraulic conductivity
土壤中单位水力势梯度下水的通量密度。

**09.045 饱和导水率** saturated hydraulic conductivity
土壤水分饱和条件下的土壤导水率。

**09.046 水分特征曲线** moisture characteristic curve
土壤基质势或水吸力随土壤含水量变化的关系曲线。

**09.047 土壤溶液** soil solution
土壤中液态水及其所含溶质的总称。

**09.048 土壤渗透性** soil permeability
水自地表垂直向下通过土壤的能力。对河道或渠道而言,则包括水平和垂直两个方向上水通过土壤的能力。

**09.049 溶质运移** solute transfer
土壤溶液中的溶质因扩散、对流和弥散作用在土壤中的移动过程。

**09.050 土壤盐分** soil salt
土壤中的可溶性盐类总称。主要包括盐基离子的氯化物、硫酸盐和碳酸盐以及少量的硝酸盐和硼酸盐。

**09.051 土壤电导** soil conductance
当在土壤体系中加上一定电压时发生的导电现象。

**09.052 机械组成** mechanical composition
又称“颗粒组成(particle composition)”。不同粒径土粒的分量。用质量百分数表示。

**09.053 砂粒** sand
土壤中粒径大于0.05mm或0.02mm的土壤颗粒。

**09.054 土壤质地** soil texture
土壤中不同粒级土粒相对比例的组合。

**09.055 砂土** sand
细黏粒小于30%,砂粒大于60%的土壤。

**09.056 黏土** clay
细黏粒大于30%的土壤。

**09.057 壤土** loam
细黏粒小于30%,砂粒20%左右,粗粉粒40%左右的土壤。

**09.058 空间变异** spatial variability
土壤的理化和生物学特性在空间上的差异。

**09.059 土壤剖面** soil profile
由与地表大致平行的层次组成的从地表到母质层的垂直断面。

**09.060 剖面构型** profile pattern
土壤发生层次或土壤层次(如冲积层次)的排列组合形式。

**09.061 表土层** surface soil layer
土壤最上部的层次。在耕作土壤中为耕层,在自然土壤中常为腐殖质层。

**09.062 心土层** subsoil layer
又称“亚表层(subsurface layer)”。由物质的淋溶、迁移、淀积或就地富集在土壤表层之下而形成的具有诊断意义的土层。

**09.063 底土层** substratum
土壤剖面下部的土层,或指深厚B层的下部,或指B层与C层过渡的层次,或指母质层。

**09.064 犁底层** plow pan
长期受农具耕犁压实,在耕作层下形成的紧实亚表层。

**09.065 诊断层** diagnostic horizon

在土壤分类中用以鉴定土壤类别,性质上具有一系列定量规定的土层。

**09.066 土壤新生体** soil new formation
土壤中形成和积累的各种形态和化学组成的物质。如与周围土壤不同的次生矿物及其聚合物。

**09.067 土壤侵入体** soil intrusion
由外力(主要指人为活动)加入到土壤中的物体。

**09.068 砂姜** irregular calcareous concretion
形似姜状的不规则钙质结核。

**09.069 土壤光谱** spectrum of soil
土壤对各种电磁波的反射光谱和吸收光谱的总称。

**09.070 土壤遥感** soil remote sensing
应用机载、星载传感器或地面侧视雷达等遥感技术来获取地球上有关土壤信息的科学与技术。

**09.071 土壤空气** soil air
土壤中的气体,包括 $H_2O$、$CO_2$、$O_2$、$NH_3$、$CH_4$、$C_2H_4$ 和 $N_2O$ 等。

**09.072 土壤通气性** soil aeration
土壤具有通透空气的性质。

**09.073 土壤呼吸** soil respiration
土壤中的植物根系、食碎屑动物、真菌和细菌等生物进行新陈代谢活动,消耗有机物,产生二氧化碳的过程。

**09.074 气体交换** gas exchange
土壤空气与大气进行的交换。

**09.075 土壤溶质运移** soil solute transfer
土壤溶液中的溶质因扩散、对流和弥散作用在土壤中的移动。

**09.076 土壤溶质扩散** soil solute diffusion
土壤溶液中的溶质因浓度梯度而引起的溶质移动。

**09.077 土壤化学** soil chemistry
研究土壤中各种化学行为和过程的学科。

**09.078 土壤 pH** soil pH
与土壤固相处于平衡状态的土壤溶液中氢离子活度的负对数。是表征土壤酸碱度的重要指标。

**09.079 土壤酸度** soil acidity
土壤酸性的强弱程度。主要指土壤的活性酸和潜在酸的数量。

**09.080 土壤碱度** soil alkalinity
土壤碱性的强弱程度。主要指土壤中碳酸钠或碳酸氢钠的数量。

**09.081 土壤含盐量** soil salt content
土壤中含有各种可溶性盐的总量。

**09.082 土壤养分** soil nutrient
土壤中含有的植物生长发育所需的营养元素。

**09.083 水溶性养分** water soluble nutrient
可溶于水的植物营养物质。

**09.084 酸溶性养分** acid soluble nutrient
可溶于弱酸性溶液的植物营养物质。

**09.085 难溶性养分** difficultly soluble nutrient
难溶于水和弱酸的植物营养物质。

**09.086 缓效性养分** slowly available nutrient
短期内通过适当转化可被植物吸收利用的潜在养分。

**09.087 有效养分** available nutrient
土壤溶液中或土壤胶体表面吸附的可被植物吸收利用的养分。

**09.088 无效养分** non-available nutrient
存在于难溶性的矿物、盐类及难分解的有机

质中，短期内不易被植物吸收利用的养分。

**09.089　土壤缓冲性**　soil buffering
有酸性物质或碱性物质加入时，土壤阻止其 pH 变化的能力。

**09.090　土壤缓冲容量**　soil buffer capacity
将单位质量土壤的 pH 提高或降低一个单位所需的碱或酸的量。

**09.091　土壤潜性酸度**　soil potential acidity
土壤胶体上吸附的 $H^+$、$Al^{3+}$ 和羟基所引起的酸度。

**09.092　石灰需要量**　lime requirement
将酸性土壤 pH 提高至某一数值或将活性铝含量降低至某一数值时，需要加入土壤中的石灰类物质的量。

**09.093　土壤胶体**　soil colloid
土壤中颗粒直径为 0.001～2μm 的土粒统称。

**09.094　永久电荷**　permanent charge
又称"恒电荷(constant charge)""结构电荷(structure charge)"。矿物晶格内因离子同晶置换产生的电荷。

**09.095　可变电荷**　variable charge
土壤中有机物质、金属氧化物、水合氧化物和氢氧化物的表面以及层状硅酸盐矿物边面的断键，从介质中吸附质子或向介质中释放质子所产生的电荷。这类电荷会随介质 pH 及电解质的种类和浓度改变而变化。

**09.096　扩散双电层**　diffused double layer
电解质溶液中带电胶体颗粒与其反荷离子组成的不同电荷层。

**09.097　专性吸附**　specific adsorption
由胶体表面与离子之间的专性作用力而引起的吸附现象。

**09.098　非专性吸附**　non-specific adsorption
由胶体表面静电作用引起的吸附现象。

**09.099　土壤解吸**　soil desorption
吸附在土壤胶体表面的离子或分子被取代并释放出来的过程。

**09.100　阳离子交换量**　cation exchange capacity
在一定 pH 条件下，土壤交换性盐基与土壤酸度的总和。相当于土壤所带负电荷的总量。

**09.101　盐基饱和度**　base saturation percentage
土壤交换性盐基占阳离子交换量的百分数。

**09.102　物理吸附**　physisorption
土壤表面与被吸附物质分子之间的相互作用。属分子间力的作用。吸附过程选择性差，作用键力小，吸附后易解吸。

**09.103　化学吸附**　chemical adsorption
固体表面与被吸附物质分子之间相互作用，形成的具有化学键性质的吸附。吸附过程选择性强，作用键力强，吸附后不易解吸。

**09.104　交换吸附**　exchange adsorption
土壤在吸附一种离子的同时，其本身释放另一种相同符号电荷的离子到溶液中进行同号电荷交换的吸附方法。

**09.105　竞争吸附**　competitive adsorption
多种组分在土壤表面进行吸附时所发生的相互竞争现象。

**09.106　土壤矿物**　soil mineral
土壤中具有特征结构和一定化学式的各种天然无机固态矿物的总称。

**09.107　黏土矿物**　clay mineral
隐晶质或非晶质含水铝(或镁)硅酸盐矿物的总称。主要包括高岭石族、伊利石族、蒙脱石族等矿物。

**09.108 高岭石** kaolinite

化学式为 $Al_4[Si_4O_{10}](OH)_8$ 的硅氧四面体与铝氧八面体组成的 1∶1 型层状硅酸盐矿物。

**09.109 蒙脱石** montmorillonite

二八面体蒙皂石系列中富镁的矿物。层电荷主要来自八面体片内 $Mg^{2+}$ 置换 $Al^{3+}$。

**09.110 伊利石** illite

常见于泥质沉积物中的二八面体水云母,单元晶层间常具局部胀缩性。

**09.111 结晶矿物** crystalline mineral

又称"晶质矿物"。各种原子在三维空间有序重复排列的矿物。

**09.112 非晶态物质** non-crystalline material

又称"无定形物质(amorphous material)"。原子做无序或短程有序排列,无法用 X 射线或电子衍射检测其晶体结构的矿物或其他固态物质。

**09.113 土壤表面化学** soil surface chemistry

研究土壤胶体体系表面(界面)现象和过程的学科。

**09.114 土壤比表面** soil specific surface area

单位质量土壤的外表面积和内表面积之和。

**09.115 土壤有机质** soil organic matter

土壤中形成的和外加入的所有动植物残体在不同阶段的各种分解产物和合成产物的总称。

**09.116 土壤腐殖质** soil humus

土壤中除去未分解和半分解动植物残体及微生物体以外的有机物质的总称。

**09.117 腐殖化作用** humification

动植物残体在微生物作用下,通过生物化学和化学作用,转化为腐殖质的过程。

**09.118 腐殖化系数** humification coefficient

添加到土壤中的新鲜有机物质经过一年时间分解后形成稳定腐殖质的百分比。

**09.119 矿质化系数** mineralization coefficient

土壤腐殖质经过一年时间分解为简单无机化合物的百分比。

**09.120 腐殖酸** humic acid

土壤和沉积物等物质中溶于稀碱、呈暗褐色、酸性且无定形的非均质天然有机高分子化合物。

**09.121 胡敏酸** humic acid

又称"褐腐酸"。土壤中溶于稀碱而不溶于稀酸的棕色至暗褐色的土壤腐殖质组分。

**09.122 富啡酸** fulvic acid

又称"富里酸"。土壤可溶于稀碱、无机盐溶液和稀酸溶液的土壤腐殖质组分。

**09.123 土壤碳库** soil carbon pool

土壤中存储的有机碳和无机碳总量。

**09.124 土壤碳汇** soil carbon sink

土壤吸收和固定外源碳的过程或机制。

**09.125 土壤碳源** soil carbon source

土壤向大气释放二氧化碳的过程或机制。

**09.126 土壤固碳** soil carbon sequestration

土壤碳库增加的过程。

**09.127 土壤固碳效率** soil carbon sequestration efficiency

单位外源有机碳转化为土壤有机碳的百分比。

**09.128 土壤微生物量碳** soil carbon in microbe

存在于土壤微生物体内的碳。

**09.129 土壤有机碳** soil organic carbon

土壤所有有机物质中的碳。包括土壤中动植物残体、微生物体及其不同分解阶段中间产物中含有的碳,也包括土壤腐殖质和惰性有机物质中含有的碳。

**09.130　土壤地理学**　soil geography
研究土壤的空间分布和组合及其与地理环境相互关系的学科。

**09.131　土壤标本**　soil specimen
通过各种方法制备的易于观察、研究和保存初始状态的土壤样本。

**09.132　成土过程**　soil forming process
土壤形成中进行的各种物理、化学和生物作用及土壤形成中的物质转移和能量转换过程。

**09.133　土壤发生**　soil genesis
非固结母质在气候、生物、地形和时间等因素影响下,通过一系列物理、化学和生物过程作用形成土壤并继续发育的全过程。

**09.134　风化作用**　weathering
地表岩石在太阳能、水、氧、二氧化碳及生物长期作用下,逐渐由整块状变成碎块和细粒的过程。

**09.135　成土因素**　soil forming factor
参与并影响土壤形成方向、速度、发育特征和土壤特性的自然因素(母质、气候、生物、地形和时间)和人为因素。

**09.136　成土母质**　parent material
通过成土过程可发育为土壤的岩石疏松碎物。

**09.137　土壤演替**　soil succession
土壤随成土因素的变化或自身的发展,由一个阶段向另一个阶段的顺序更替。

**09.138　潜育化[过程]**　gleyization
受地下水或渍水影响,使土壤处于饱和,且呈强烈还原状态,从而形成蓝灰色潜育层的土壤形成过程。

**09.139　潴育化过程**　pseudogleyization
在地下水升降或季节性积水条件下,氧化还原作用交替进行,铁质大量淋溶和淀积,在带灰的底色上形成锈纹、锈斑并伴有铁质结核等新生体出现的成土过程。

**09.140　黏化过程**　clayification
土壤剖面中原生硅铝酸盐矿物不断质变成次生黏土矿物,导致黏粒在一个或数个层次富集的过程。

**09.141　淋溶过程**　eluviating process
土壤物质以悬浮态或溶液态由土壤中的一层移动到另一层的过程。

**09.142　淀积过程**　deposition process
土壤物质在剖面中由一层迁移到另一层而发生积累的过程。

**09.143　盐化过程**　salinization
可溶性盐在土壤中,特别是土壤表层累积的过程。

**09.144　碱化作用**　alkalization
土壤溶液中的 $Na^+$ 进入土壤胶体,使土壤吸附复合体中的二价阳离子(主要是 $Ca^{2+}$ 和 $Mg^{2+}$)被 $Na^+$ 所取代,导致土壤可交换性钠含量增加的过程。

**09.145　钙积作用**　calcification
钙在土壤剖面某一层次较多积聚的土壤发生过程。

**09.146　灰化作用**　podzolization
土壤铁和铝与有机酸螯合淋溶淀积,导致土壤中灰化层和灰化淀积层形成的过程。

**09.147　发生层**　genetic horizon
由成土作用形成的,具有发生学特征的土壤剖面层次。

**09.148　有机层**　organic horizon
由枯枝落叶和苔藓等地被物或草本植物活体和残体所构成的,以有机质占优势的层次。

**09.149 腐殖质层** humus horizon
地表或有机质层下面,与矿质部分充分混合的腐殖质聚积层。

**09.150 淋溶层** eluvial horizon
由于淋溶作用,土壤中的硅酸盐黏粒、铁和铝的二三氧化物等物质迁移到下部土层,上层土壤中抗风化的砂和粉粒相对含量增加,呈较淡灰白色的土层。

**09.151 淀积层** illuvial horizon
土壤剖面中部或中下部黏粒、二三氧化物、碳酸盐等物质聚积的土层。

**09.152 土壤分布** soil distribution
土壤在不同景观单元中的位置和面积。

**09.153 土壤普查** general detailed soil survey
对一定区域土壤理化性质、生物学性状和农业利用等特征进行采样、分析、评价和制图的过程。

**09.154 土壤制图** soil cartography
采用不同比例尺的图幅或用航片和卫片测制与编制的土壤图。反映土壤在地面的分布及组合情况。

**09.155 地带性土壤** zonality soil
土壤类型与大气、水热状况和自然植被状况呈相关性分布的土壤类型。

**09.156 非地带性土壤** non-zonality soil
土壤类型与大气、水热状况和自然植被状况没有相关性分布的土壤类型。

**09.157 土壤分类** soil classification
根据土壤形成过程和土壤特性的共性与差异性,将土壤划分成不同的土壤类型,从而建立的有序分类体系。

**09.158 土壤发生分类** soil genetic classification
以土壤地带性学说为基础拟定的土壤分类系统。

**09.159 土壤系统分类** soil taxonomy
以土壤诊断层和诊断特性为基础拟定的土壤分类系统。

**09.160 红壤** red earth
中亚热带常绿阔叶林高温高湿条件下,经中度脱硅富铝化作用形成的红色土壤。

**09.161 黄壤** yellow earth
热带、亚热带常年湿润条件下,经中度富铝化作用,含水氧化铁明显聚集的黄色土壤。多见于中山地区。

**09.162 棕壤** brown earth
暖温带湿润地区夏绿阔叶林下,经淋溶黏化作用形成的微酸性棕色土壤。

**09.163 褐土** cinnamon soil
暖温带东部半湿润和半干旱山丘地区,发育在碳酸盐母质上,具有弱腐殖质积累、碳酸盐淋溶和沉积特征的土壤。

**09.164 黑土** black soil
温带湿润或半湿润地区草原化草甸植被下,具有均腐殖质积累和淋溶过程,且无石灰反应的黑色土壤。

**09.165 紫色土** purplish soil
热带、亚热带紫色岩类风化形成的初育土。

**09.166 粗骨土** skeletal soil
各种基岩风化残积物和坡积物上形成的发育不完全的初育土。

**09.167 潮土** fluvo-aquic soil
近代河流冲积物上,受地下水影响,经长期旱耕影响形成的土壤。

**09.168 砂姜黑土** shajiang black soil
在河湖相沉积低平原,经脱潜和长期旱耕条件下形成的土壤。

**09.169 盐土** solonchak
具有强烈积盐特征,且地表至 50cm 范围内存在盐积层的土壤。

**09.170　碱土**　solonetz

具有强烈碱化特征的土壤。其盐分含量并不高,但含有较多的苏打盐类,使土壤呈碱性。

**09.171　盐碱土**　saline-alkali soil

盐土、碱土和盐渍化土壤的俗称。即含大量中性盐或苏打盐类,严重影响作物生长和农事作业的一类土壤。

**09.172　人为土**　Anthrosol

经长期水耕和旱耕过程所形成的具有人为诊断层的土壤。由于长期人工堆垫、耕作、施肥和灌溉活动,使原有土壤的形成过程发生改变,形成的形态、理化和生物学特征上有别于原有土壤的新土壤。

**09.173　水稻土**　paddy soil

受长期耕作、施肥、灌溉等水耕活动影响,改变了起源土壤属性,形成的具有性状差异的土壤。土壤内部物质进入周期性的氧化还原交替,有机质合成与分解,盐基淋溶和复盐作用的熟化。

**09.174　有机土**　Histosol

以土壤中有机物质积累超过其分解作用的泥炭化为主要成土过程的富含有机质土壤。

**09.175　土壤生物学**　soil biology

研究土壤中生物的种类、分布、功能及与土壤和环境间相互关系的学科。

**09.176　土壤生物化学**　soil biochemistry

研究土壤中有机物质的化学组成、结构及转化过程中各种化学变化、消长规律与功能的科学。

**09.177　氮矿化**　nitrogen mineralization

土壤和肥料中含氮有机化合物经微生物的逐步分解形成氨或铵的过程。

**09.178　氮生物固持**　nitrogen biological immobilization

生物吸收矿质氮元素并转化为含氮有机物后,将其保存于细胞和组织中的过程。

**09.179　土壤氮循环**　soil nitrogen cycle

土壤中氮及氮素化合物在生物和化学作用下的一系列相互转化过程。

**09.180　土壤碳循环**　soil carbon cycle

碳在大气、陆地生命体和土壤有机质不同组分中迁移和转化的过程。一般指土壤有机碳循环。

**09.181　土壤硫循环**　soil sulphur cycle

硫在大气、陆地生命体和土壤不同组分中迁移和转化的过程。

**09.182　土壤磷循环**　soil phosphorus cycle

磷在陆地生命体和土壤不同组分中迁移和转化的过程。

**09.183　土壤微生物**　soil microorganism

土壤中古菌、细菌、真菌、病毒、原生动物及藻类等微小生物的总称。

**09.184　土壤微生物组学**　soil microbiomics

利用现代分子生物学和高通量测序技术,研究特定土壤环境中微生物多样性、群落结构、功能特征,以及微生物之间、微生物与环境因素之间相互关系的一个新兴土壤生物学分支学科。包括土壤微生物基因组学、转录组学及蛋白组学等。

**09.185　土壤真菌**　soil fungus

土壤中存在的一类单细胞或多细胞异养真核微生物。包括霉菌、酵母菌和菇类。

**09.186　土壤细菌**　soil bacterium

土壤中存在的一类体积很小、结构简单、种类繁多、多经二分裂方式进行繁殖的原核微生物。

**09.187　丛枝菌根**　arbuscular mycorrhiza, AM

由内囊霉科(Endogonaceae)的部分真菌与植物的根形成的共生体。

**09.188 固氮菌** azotobacteria

能将分子态氮还原为氨和其他氮化物的一类微生物。

**09.189 解磷菌** phosphobacteria

又称"磷细菌"。通过分泌有机酸或酶使土壤中不能被植物利用的无机和有机磷化合物转变成可被植物利用的可溶性磷化合物的细菌总称。

**09.190 解钾菌** potassium bacteria

又称"钾细菌"。是通过分泌有机酸或质子使土壤中不能被植物利用的矿物钾转变成可被植物利用的可溶性钾合物的细菌总称。

**09.191 植物促生菌** microbe for promoting plant growth

存在于植物根际,能够固定空气中的氮气,分解释放有效磷,分泌植物生长激素及防治植物病害等的有益微生物总称。

**09.192 土壤古菌** soil archaea

土壤中一类形态结构与细菌相似,但部分具有真核生物特征的特殊原核微生物。多数具有细胞壁并能耐受地球早期的极端环境。

**09.193 氨氧化古菌** ammonium-oxidizing archaea

可将氨氧化成亚硝酸盐,同时利用此反应中产生的化学能,并具有自养功能的常温型古泉菌类群。

**09.194 氨氧化细菌** ammonium-oxidizing bacteria

又称"亚硝酸细菌"。在硝化作用过程中负责将氨氧化为亚硝酸盐的一类自养细菌。可实现亚硝化作用,是硝化过程必不可少的步骤。

**09.195 氨化细菌** ammonifying bacteria

土壤中能将氨基酸分解转化为氨的细菌类群。

**09.196 硝化细菌** nitrifying bacteria

能将氨氧化为亚硝酸的亚硝酸细菌和能将亚硝酸氧化为硝酸的硝酸细菌的总称。

**09.197 反硝化微生物** denitrifying microbe

将硝酸盐逐步还原成亚硝酸盐、氮氧化物和分子态氮的微生物总称。

**09.198 土壤动物** soil animal

长期或一生中大部分时间生活在土壤或地表凋落物层中,一般肉眼可见的无细胞壁活有机体。

**09.199 土壤食物网** soil food web

由各类土壤生物相互作用形成的资源-消费者网络。包括腐生和捕食两种类型食物链及其之间的相互联系。

**09.200 土壤微生物多样性** soil microbial diversity

土壤生态系统中所有微生物种类、种间和基因的差异,以及这些微生物与环境之间相互作用的多样化程度。

**09.201 土壤生态系统** soil ecosystem

土壤中生物与非生物环境相互作用并通过能量转换和物质循环构成的功能体系。

**09.202 土壤改良** soil amelioration, soil improvement

根据土壤障碍因素及其危害性状,采取相应措施,改善土壤性状,增加土壤生产力的方法。

**09.203 土壤退化** soil degradation

在各种因素尤其是人为因素影响下,导致土壤质量及农林牧业生产力下降,乃至土壤环境恶化的现象。

**09.204 土壤侵蚀** soil erosion

在水力、风力、冻融、重力、化学、人类活动等外力作用下,土壤及土壤母质被破坏、剥蚀、搬运和沉积的过程。

**09.205 土壤沙化** soil sandification

由于土壤侵蚀，表土失去细粒而逐渐沙质化；或者由于流沙入侵，导致土壤生产力下降甚至丧失的现象。

**09.206 土壤石漠化** soil stony desertification

全称“土壤石质荒漠化”。因水土流失而导致地表土壤损失，基岩裸露，土壤丧失农业利用价值和生态退化的现象。

**09.207 土壤酸化** soil acidification

土壤中氢离子数量增加或者土壤酸度由低变高，从而影响作物生长的酸累积过程。

**09.208 土壤修复** soil remediation

促进退化土壤恢复其原有基本功能和生产力水平的技术措施和过程。

**09.209 土壤调理剂** soil conditioner

加入土壤中用于改善土壤的物理和(或)化学性质，以及(或)其生物活性的物料。

## 09.02 植物营养学

**09.210 植物营养学** plant nutrition

研究植物生长和代谢过程中，与土壤等环境间存在着的物质和能量交换以及植物体内的物质运输和能量转化等的学科。包括介质养分供应，植物对养分吸收、运输和同化等的研究。

**09.211 营养元素** nutrient element

生物完成其生命周期和维持正常的新陈代谢过程所需要的元素。

**09.212 必需元素** essential element

全称“必需营养元素”。植物正常生长发育不可缺少的营养元素。

**09.213 大量元素** macroelement

植物正常生长发育需要量或含量较大的必需营养元素。一般指碳、氢、氧、氮、磷、钾 6 种元素。

**09.214 中量元素** secondary element

植物生长过程中需要量次于氮、磷、钾而高于微量元素的营养元素。通常指钙、镁、硫 3 种元素。

**09.215 微量元素** microelement

相对大、中量元素而言需要量少，但在植物生活中起着重要的不可替代作用的营养元素。主要是指铁、铜、锰、锌、钼、硼、氯、镍 8 种元素。

**09.216 有益元素** beneficial element

在 17 种必需营养元素之外的，对植物生长具有良好作用的元素。

**09.217 健康元素** healthy element

不是植物必需营养元素，但对整个食物链特别是对人和动物有健康作用的元素。如硒、钴、碘等。

**09.218 营养特性** nutritional characteristic

植物对营养物质需求的种类、数量、时间和比例的总称。

**09.219 养分吸收** nutrient absorption

植物从环境摄取营养到体内的过程。

**09.220 主动吸收** active uptake

植物特异性运输蛋白通过消耗能量逆浓度梯度(化学势或电化学势)吸收养分离子的过程。

**09.221 被动吸收** passive uptake

不需要直接供应生长代谢能量，养分离子沿电化学梯度扩散和道南平衡进入植物体内的过程。

**09.222 奢侈吸收** luxury uptake

植物吸收和累积的某种养分量超过其生长需

要而未引起植物生长量或产量相应提高的现象。

**09.223 营养胁迫** nutrient stress
土壤或其他生长介质中营养元素供应不足、过量或不平衡而产生限制植物生长的现象。

**09.224 肥料效应** fertilizer response
施肥对作物产量和环境的作用效果。是评价肥料经济效益和环境效益的基础。

**09.225 当季肥料利用率** utilization rate of fertilizer in current season
当季作物吸收来自所施肥料中的养分占所施肥料养分总量的百分数。

**09.226 累积肥料利用率** utilization rate of cumulative fertilizer
一定时间内施入肥料中的养分被作物吸收的百分数。

**09.227 表观利用率** utilization rate of apparent recovery
又称“表观回收率”。施用单位肥料养分被作物吸收的数量。

**09.228 生理利用率** physiological utilization
植物体内单位养分所产生的干物质或生物量。

**09.229 肥料偏生产率** fertilizer partial productivity
施用单位肥料养分所增加的收获物数量。

**09.230 边际效益** marginal benefit
增施单位肥料所获得的报酬。

**09.231 营养临界期** critical stage of nutrition
植物生长发育过程中对养分缺乏最敏感且易受害的时期。如不能满足植物此时期的需要,生长发育会受到影响,以后很难弥补。

**09.232 营养最大效率期** maximum efficiency stage of nutrition
对栽培作物施用肥料后营养效果最好的时期。许多作物都是在生殖生长时期。

**09.233 养分转化** nutrient transformation
因水分、温度、pH 和生物等环境条件的变化,使土壤中的各种营养元素的形态及其有效性发生互相转变的现象。

**09.234 硝化作用** nitrification
铵态氮被微生物氧化成亚硝酸,并进一步氧化成硝酸的过程。

**09.235 反硝化作用** denitrification
土壤中的细菌在无氧或微氧条件下,以硝酸根和亚硝酸根等氧化态氮化合物作为呼吸作用的最终电子受体,生成氧化亚氮或氮气的硝酸盐还原过程。

**09.236 氨挥发** ammonia volatilization
氨自旱地土壤表面、水田水表面或植物表面逸散至大气的过程。

**09.237 养分淋失** leaching loss of nutrient
土壤中的可溶性和颗粒态养分随水向下移动至根系活动层以下而引起损失的过程。

**09.238 质流** mass flow
因植物蒸腾及根系吸水而引起的水流中所携带的溶质由土壤向根部流动的过程。由于水流中的溶质很多是植物营养物质,所以此过程也是植物吸收养分的重要过程。

**09.239 扩散** diffusion
养分沿浓度梯度迁移的过程。根系吸收养分使根圈附近和离根较远处的离子浓度存在浓度梯度而引起土壤养分迁移。

**09.240 养分无效化** nutrient unavailability
又称“养分固定(nutrient fixation)”。土壤中水溶性养分被吸附固定在胶体表面,或产生化学沉淀,或被黏土矿物晶格固定,或被微生物吸持而使其有效性下降的现象。

**09.241 养分有效化** nutrient availability

又称“养分活化(nutrient mobilization)”“养分释放(nutrient release)”。在水分、温度、pH 等环境条件改变的情况下,土壤中某些养分由难溶性或固定态转化为可被植物根系吸收利用状态的现象。

**09.242 氨氧化** ammonia oxidation
土壤中的氨在氨氧化细菌或氨氧化古菌作用下氧化成亚硝态氮的过程。

**09.243 硝酸[盐]还原** nitrate reduction
生物体内的一种氧化还原反应,即硝酸盐在硝酸还原酶系的作用下,还原成为氨的反应。

**09.244 养分代谢** nutrient metabolism
植物从环境摄取养分后转变为自身物质的过程。

**09.245 养分运输** nutrient transport
养分在植物体内从一个部位转移到其他部位的过程。

**09.246 养分互作** nutrient interaction
全称“养分交互作用”。土壤和植物组织中不同养分离子间相互促进或抑制的作用。

**09.247 营养遗传学** nutrigenetics
应用植物遗传学的原理和方法培育和改良植物营养性状的学科。

**09.248 营养诊断** nutrient diagnosis
根据植物形态、生理、生化等指标,结合土壤分析判断植物营养元素丰缺状况的方法与技术。

**09.249 缺素症** nutrient deficiency symptom
植物因缺乏某种或多种必需营养元素而出现的症状。

**09.250 诊断指标** diagnosis index
衡量植物体内养分丰缺程度的参比标准。

**09.251 推荐施肥** fertilization recommendation
根据作物需肥特性、土壤供肥性能和肥料效应,提出的施肥技术建议。

**09.252 施肥模型** fertilization model
土壤养分测试值与肥料施用量的数学关系。

**09.253 化学诊断** chemistry diagnosis
利用化学方法分析植物或土壤中的营养元素含量,并与参比标准比较,判断植株或土壤养分丰缺的方法。

**09.254 土壤测试** soil test
对土壤中与植物营养状况密切相关的速效养分含量和某些化学性质的测定。

**09.255 叶片诊断** foliar diagnosis
根据植物叶片特征或叶片内养分含量判断养分丰缺的方法。

**09.256 形态诊断** morphological diagnosis
根据植物外表形态的变异判断植物体内营养元素丰缺的方法。

**09.257 遥感诊断** remote sensing diagnosis
利用遥感技术获得光谱特征等信息,判断土壤肥力和植物营养状况的方法。

**09.258 光谱诊断** spectral diagnosis
根据植物或土壤的光谱特征,判断土壤肥力和植物营养状况的方法。是遥感诊断的重要依据。

**09.259 酶学诊断** enzymology diagnosis
利用植物体内酶活性或含量变化判断植物营养状况的方法。

**09.260 基因诊断** gene diagnosis
通过对植物特定基因或基因表达进行分析而诊断植物营养元素丰缺的方法。

**09.261 施肥** fertilization
将肥料施于土壤中或喷洒于植物上,提供植物所需的养分,并保持和提高土壤肥力的农业技术措施。

**09.262 施肥方案** fertilization scheme

又称“施肥计划(fertilization planning)”。施肥过程中所需的肥料种类和数量及施用方法和时间的整体方案。

**09.263 施肥种类** type of fertilization

肥料施用过程中各种肥料施用方法的通称。

**09.264 施肥数量** fertilization quantity

肥料施用过程中施用肥料的数量。

**09.265 施肥时期** fertilization period

肥料施用过程中施用肥料的时期。

**09.266 施肥方法** fertilization method

肥料施用过程中把肥料中养分供给植物或土壤的方式。

**09.267 最高产量施肥量** maximum yield application rate

获得单位面积最高产量的施肥量。

**09.268 最大利润施肥量** economic optimum application rate

又称“最佳经济施肥量”。获得单位面积最高施肥利润的施肥量。

**09.269 施肥限量标准** fertilizer limit standard

根据农业经济效益和环境效益等综合指标制订的肥料养分使用量上限值。

**09.270 测土施肥** soil testing and fertilizer recommendation

以土壤测试和田间试验为基础,根据作物需肥规律、土壤供肥性能和肥料效应,在合理施用有机肥料的基础上,提出的氮、磷、钾及中量元素、微量元素肥料的施用品种、施用数量、施肥时间和施用方法。

**09.271 肥料田间试验** field trial for fertilizer

在田间条件下,以作物为对象的肥料效应试验总称。

**09.272 肥料效应函数** fertilizer response function

表达肥料施用量与作物产量之间数量关系的数学函数式。

**09.273 基础产量** basic output

不施肥情况下作物获得的产量。

**09.274 目标产量** target output

根据作物特性、气候条件和土壤性质等综合因素,预期作物可达到的产量。

**09.275 土壤施肥** soil fertilization

将肥料施于土壤中,然后通过土壤再供给植物营养的施肥方式。

**09.276 灌溉施肥** fertigation

将肥料溶解于灌溉水中,通过灌溉水把肥料运送到田间的施肥技术。

**09.277 精准施肥** precision fertilization

根据一定面积上土壤的肥力变异情况而采用针对性的变量施肥技术。

**09.278 种肥同播** fertilization with sowing of seed

利用机械一次性作业,将肥料和种子同时施入或播入土壤的轻简化施肥技术。

**09.279 近根施肥** near root fertilization

将肥料施于植物根区或根附近,以利于作物养分吸收、减少肥料损失、提高肥料利用率的施肥技术。

**09.280 侧深施肥** side deep fertilization

将肥料精准施于作物种子或秧苗侧深位置的施肥技术。

**09.281 分层施肥** separated layer fertilization

结合深耕深翻将迟效肥料施于土壤底层或中层,在播种或定植时,再将少量的速效肥料施在土壤表层的一种施肥方法。

**09.282 变量施肥** variable fertilization

通过机械的变量技术,根据土壤养分情况,在地块内不同位置施用不同数量肥料的施肥技术。

**09.283 航空施肥** aerial fertilization
利用航空器将肥料施于土壤或植物表面上的施肥技术。

**09.284 叶面喷施** foliar spraying
又称"叶面营养(foliar nutrition)"。利用植物地上部分(茎、叶片、幼果等器官,主要是叶片)具有吸收矿质元素的功能,将一些速效性肥料直接喷施于植物地上部分以供植物吸收的方法。

**09.285 种肥** seed fertilizer
在作物播种或定植时施于种子或秧苗附近,或者供给植物苗期营养的肥料。

**09.286 基肥** basal fertilizer
在作物播种或定植前,结合土壤耕作施用的肥料。

**09.287 追肥** top dressing
在作物生长期间,为调节植物营养而施用的肥料。

**09.288 表施** surface fertilization
将肥料施于土壤表面的施肥方法。

**09.289 深施** deep fertilization
通过一定器具,将肥料施于土壤一定深度的施肥技术。

**09.290 条施** strip fertilization
通过一定器具,将肥料呈条状施于土壤一定深度的施肥技术。

**09.291 穴施** hole fertilization
通过一定器具,将肥料呈穴状施于土壤一定深度的施肥技术。

## 09.03 肥 料

**09.292 肥料** fertilizer
提供一种或一种以上植物必需营养元素的物质。能够改善土壤性质和提高土壤肥力。

**09.293 有机肥料** organic fertilizer
又称"农家肥料(farmyard manure)"。来源于植物或动物残体,给植物提供养分并兼有改善土壤理化和生物学性质的有机物料。

**09.294 堆肥** compost
用作物茎秆、绿肥、杂草等植物性物质与泥土、人畜粪尿等混合堆积,经好气微生物分解腐熟而成的一类有机肥料。

**09.295 沤肥** waterlogged compost
作物茎秆、绿肥、杂草等植物性物质与河塘泥及人粪尿同置于积水坑中,经微生物嫌气发酵而形成的一类有机肥料。

**09.296 微生物菌剂** microbial inoculant
全称"农用微生物菌剂(microbial inoculant for agriculture)"。目标微生物(有效菌)经工业化生产扩繁后加工制成的活菌制剂。

**09.297 商品有机肥** commercial organic fertilizer
符合国家有关标准,能在市场上流通的有机肥料。

**09.298 复合微生物肥料** compound microbial fertilizer
特定微生物与营养物质复合而成,能提供、保持或改善植物营养,提高农产品产量,以及改善农产品品质的活体微生物制品。

**09.299 腐殖酸肥料** humic fertilizer
富含腐殖酸和一定无机养分的有机物肥料。

**09.300 生物有机肥** microbe-organic fertilizer
特定功能微生物与主要以动植物残体为来

源,经无害化处理和腐熟的有机物料复合肥料。兼具微生物肥料和有机肥料的效应。

**09.301 绿肥** green manure
直接翻埋入土(或经过堆沤后)作为肥料用的绿色植物体。

**09.302 草木灰** plant ash
草本植物或木本植物燃烧后的残余物。呈碱性。因其中含有大量植物营养成分,特别是钾素,而常用于肥料。

**09.303 无机肥料** inorganic fertilizer
用物理或化学工业方法制成,标明养分主要为无机盐形式的肥料。包含"矿质肥料(mineral fertilizer)"和"化学肥料(chemical fertilizer)"。

**09.304 单质肥料** straight fertilizer
又称"单元肥料(single element fertilizer)"。仅含有一种作物必需元素标明量的化学肥料。

**09.305 氮肥** nitrogen fertilizer
以氮为主要成分,施于土壤可给植物提供氮素营养,具有氮标明量的单质肥料。

**09.306 磷肥** phosphorus fertilizer
能提供植物磷营养,具有磷标明量的单元肥料或多元肥料。

**09.307 钾肥** potassium fertilizer
能提供植物钾营养,具有钾标明量的单元肥料或多元肥料。

**09.308 钙肥** calcium fertilizer
为植物提供钙营养,可作为酸性土壤调理剂的肥料。

**09.309 镁肥** magnesium fertilizer
具有镁标明量,主要以提供植物镁营养为其功能的肥料。

**09.310 硫肥** sulphur fertilizer
具有硫标明量,主要以提供植物硫营养元素为其功能的肥料。

**09.311 中量元素肥料** secondary element fertilizer
具有一种或几种中量营养元素标明量的肥料。

**09.312 微量元素肥料** microelement fertilizer
简称"微肥"。具有一种或几种微量营养元素标明量的肥料。

**09.313 复合肥料** complex fertilizer
具有氮、磷、钾三要素中至少两种养分标明量的肥料。

**09.314 化成复合肥料** complex fertilizer
通过化学方法制成的,具有氮、磷、钾三要素中至少两种养分标明量的肥料。

**09.315 高塔复合肥** compound fertilizer by prilling tower process
将两种或两种以上肥料液化,从造粒塔顶降落形成的颗粒复合肥料。

**09.316 掺混肥料** blended fertilizer
又称"混成复合肥""散装掺混肥料(bulk blended fertilizer)",简称"BB肥(BB fertilizer)"。由两种或两种以上粒径相近的颗粒肥料经机械掺混制成的肥料。由于其生产设备和工艺简单,经常不经包装而直接施用。

**09.317 水溶肥料** water soluble fertilizer
经水溶解或稀释,用于灌溉施肥、叶面施肥、无土栽培及浸种蘸根等用途的液体或固体肥料。

**09.318 液体肥料** fluid fertilizer
无一定形状且呈流动态的肥料。

**09.319 悬浮液肥料** suspension fertilizer
加有悬浮剂形成的稳定黏滞悬浮液的液体肥料。

**09.320　粉状肥料**　powder fertilizer
由不同基础肥料粉碎到一定细度并均匀混合而成的一种肥料产品。

**09.321　长效肥料**　long lasting fertilizer
水溶性肥料经缓释工艺,如包被、化学合成或加入抑制剂等,具有缓慢释放养分且肥效持久特性的一类肥料。

**09.322　缓释肥料**　slow release fertilizer
通过养分的化学复合或物理作用,对作物的有效态养分随着时间而缓慢释放的化学肥料。

**09.323　包膜肥料**　coated fertilizer
水溶性肥料经包被处理,具有缓慢释放养分且肥效持久特性的一类肥料。

**09.324　稳定肥料**　stable fertilizer
经过一定工艺加入脲酶抑制剂和(或)硝化抑制剂,施入土壤后能通过脲酶抑制剂抑制尿素的水解,通过硝化抑制剂抑制铵态氮的硝化,从而使肥效期得到延长的一类含氮肥料。

**09.325　脲醛肥料**　urea aldehyde fertilizer
由尿素和醛类在一定条件下反应制得的含有或部分含有有机微溶性氮缓释的肥料。

**09.326　控释肥料**　control release fertilizer
根据作物生长发育的需求,对养分的释放速度可进行控制的肥料。

**09.327　增效肥料**　synergist fertilizer
肥料中添加各类肥料增效剂后,功效高于未添加增效剂的肥料。

**09.328　增值肥料**　value-added fertilizer
添加有机活性物质的增效肥料。

**09.329　肥料增效剂**　fertilizer enhancer
一类以增加肥料养分有效性为目的的活性物质。

**09.330　物理增效剂**　physical synergist
又称"肥料添加剂(fertilizer additive)"。加入肥料中以防止或减少肥料吸湿结块,改善肥料物理性能,提高肥料效果的物质。

**09.331　化学增效剂**　chemical synergist
能通过改善或改变肥料养分在土壤中的转化过程,从而提高养分活性的肥料助剂。

**09.332　生物增效剂**　bio-synergist
能通过改善植物生长状况从而提高养分活性的肥料助剂。

**09.333　肥料防潮剂**　fertilizer moisture-proof agent
加入肥料中以防止或减少肥料吸湿结块的物质。

**09.334　脲酶抑制剂**　urease inhibitor
能抑制土壤中脲酶活性,延缓尿素水解的化学制剂。

**09.335　硝化抑制剂**　nitrification inhibitor
能够抑制铵态氮向硝态氮进行生物转化的化学物质。

**09.336　植物生物刺激素**　plant biostimulant
可强化植物营养效率,增加非生物胁迫抵抗能力,且提高作物品质的制剂或微生物。

**09.337　肥料工艺**　fertilizer process
制作或加工肥料的工艺技术。

**09.338　[肥料]造粒**　granulation
通过凝聚、积聚、涂布或破碎等方式形成颗粒肥料的过程。

**09.339　[高塔]颗粒**　prill
化肥液滴从造粒塔顶降落时形成的颗粒肥料,或肥料液滴在特殊条件下结晶形成的颗粒肥料。

**09.340　肥料结晶体**　fertilizer crystal
具有扁平侧面和锐利棱角,类似于糖和食盐

颗粒形状的晶体肥料。

**09.341 肥料挤压造粒** compaction granulation of fertilizer
固体物料依靠外部压力进行团聚的干法造粒过程;或在高压下把固体粉状肥料挤压成一定厚度和宽度的肥料板或肥料棒,再经破碎筛分形成肥料颗粒的过程。

**09.342 涂层造粒** coating granulation
液体物料一层一层地喷涂在固体颗粒(晶核)上,使其不断增大而成肥料颗粒的过程。

**09.343 肥料包膜** fertilizer coating
在颗粒肥料表面薄薄覆盖一层与肥料本身物质不同的其他材料,以防止颗粒肥料破裂及产生粉尘或过快溶解的过程。

**09.344 肥料团粒** fertilizer agglomerate
粉状肥料通过凝聚工艺在液相黏结剂和外力作用下生成的块状结构体。

**09.345 合成氨** ammonia synthesis
催化剂存在时,由氮和氢在高温高压下生成液体氨的过程。

**09.346 配方掺混** formula blend
根据配方将颗粒肥料充分混合在一起的过程。

**09.347 发酵干燥** fermentation dehydration
利用有机物料发酵过程产生的热量给物料脱水的过程。

**09.348 智能配肥** intelligent making-up fertilizer
根据土壤肥力状况和作物生长需求,由专家系统自动给出合理可行的肥料配方并自动完成肥料配制工作的技术。

**09.349 肥料粒级** particle size ratio of fertilizer
颗粒肥料中各种粒径肥料的百分比。

**09.350 肥料密度** bulk density of fertilizer
单位体积内肥料的质量。

**09.351 肥料颗粒硬度** granule hardness of fertilizer
正常操作或储存过程中肥料颗粒不破损或不产生过多粉尘时所能承受的外力。

**09.352 肥料吸湿性** hygroscopicity of fertilizer
在一定的温度和湿度下肥料吸收水分的特性。

**09.353 肥料结块性** agglomeration of fertilizer
肥料在贮存、运输过程中会发生结块的性质。是由粒子之间产生晶体联结引起的。

**09.354 肥料粉尘** fertilizer dust
肥料生产过程中产生的极细颗粒肥料。

**09.355 肥料机械** fertilizer machinery
用于制造肥料的机械。

**09.356 造粒塔** prilling tower
生产高塔颗粒肥料的塔台,或将肥料熔融液体喷淋后能使液滴在塔内降落过程中冷却成颗粒的塔台。

**09.357 转鼓造粒机** granulator drum
长度与直径比至少为 3 以上的圆筒式颗粒肥料成型机械。

**09.358 圆盘造粒机** pan granulator
一个具有一定仰角和倾角且转速可调的浅盘型造粒机。

**09.359 挤压造粒机** compaction granulator
利用压力使固体物料团聚的干法造粒机械。

**09.360 转鼓干燥机** rotary drum drier
利用转动的鼓状滚筒将物料干燥的设备。

**09.361 流化床包衣机** fluid-bed coating machine
通过底部风力使肥料沸腾运动,并在肥料沸腾过程中将包膜材料喷涂在颗粒肥料表面并形成完整包膜层的机械。

# 10. 植 物 保 护

**10.001　有害生物**　crop pest

对植物生长、生产和储藏产生危害的生物。包括病原物、害虫、害螨、杂草、害鼠等。

**10.002　监测预警**　monitoring and early warning

在定期观察和检测有害生物基础上,进行有害生物种群数量和发生危害预测,并报告可能的危险情况,从而减轻病虫害所造成的损失的行为。

**10.003　植物检疫**　plant quarantine

根据国家法规,对危害植物及植物产品且能随其传播蔓延的危险性病原物、害虫和杂草等有害生物进行检验、鉴定和处理,以防止人为传播蔓延的措施。

**10.004　农业防治**　agricultural control

防治作物有害生物所采取的农业技术综合措施。主要有布局品种、选留健康种苗、轮作、深耕灭茬、调节播种期、合理施肥、及时灌溉排水、适度整枝打杈、做好田园卫生和安全运输贮藏等。

**10.005　生物防治**　biocontrol

利用生物或生物代谢产物来防治有害生物的措施。

**10.006　化学防治**　chemical control

使用化学药剂来防治有害生物的措施。是植物有害生物综合防治的主要措施之一。

**10.007　物理防治**　physical control

利用人工清除、器具、光、电、温度、湿度、射能、声波等物理手段来防治有害生物的措施。

**10.008　生态防治**　ecological control

通过调节植物、有害生物及环境之间的关系,创造不利于有害生物发生的环境条件,从而防治有害生物的措施。

**10.009　抗性品种利用**　deployment of resistant cultivars

利用种植对有害生物具有抗性的品种来控制有害生物的措施。

**10.010　有害生物综合治理**　integrated pest management

又称"综合防治"。协调应用农业、生物、化学、物理和生态等多种有效防治技术,将有害生物控制在经济危害允许水平以下的措施。

## 10.01　作 物 病 害

**10.011　作物病害**　crop disease

植物受病原物侵染或不适宜环境条件的影响,生长发育遭到干扰和破坏,从生理机能到组织结构都发生变化,外部形态表现异常,甚至局部或全株死亡的现象。

**10.012　侵染性病害**　infectious disease

植物被病原物感染引起的能互相传染的病害。病原物主要有病原真菌、病原卵菌、病原细菌、病原病毒、病原类病毒、寄生线虫、植原体和寄生性植物等。

**10.013　非侵染性病害**　non-infectious disease

植物受不良环境和营养因素影响引起的无传染性的病害。不良环境因素含各种不适宜植物正常生长发育的气象、土壤、栽培条件及有害物质等。

**10.014 病原物** pathogen
直接导致植物病害发生的生物统称。主要包括病原真菌、病原卵菌、病原细菌、病原病毒、植原体、线虫和寄生植物等。

**10.015 病原真菌** fungal pathogen
以寄生吸收为营养方式,通过孢子进行繁殖和扩散,危害植物正常生长发育的一类真核微生物。营养体具细胞壁,其细胞壁含几丁质。

**10.016 病原卵菌** oomycetes pathogen
以寄生吸收为营养方式的一类高等植物的专性寄生菌。营养体具细胞壁,其细胞壁含有纤维素。

**10.017 病原细菌** bacterial pathogen
有细胞壁和细胞膜或只有细胞膜包被细胞质的一类单细胞微生物。

**10.018 病原病毒** viral pathogen
由 RNA 或 DNA 及蛋白质等组成、专营细胞内感染和复制,且结构简单的微生物。

**10.019 病原类病毒** viroid pathogen
在寄主植物内能自我复制的低分子量的环状单链 RNA 分子。

**10.020 寄生线虫** parasitic nematode
在植物组织中寄生,使植物发育不良并出现病症的两侧对称原体腔无脊椎动物。

**10.021 植原体** phytoplasma
一类尚不能人工培养的、专性寄生于植物韧皮部筛管系统的,无细胞壁(仅由膜包围)的单细胞原核生物。

**10.022 寄生植物** parasitic plant
从寄主植物取得所需全部或大部分养分和水分,并对寄主植物生长发育造成影响的植物。

**10.023 土传病害** soil-borne disease
存活在土壤中的病原物,在条件适宜时从作物根部或茎部进行侵染的植物病害。

**10.024 气传病害** aeroborne disease
病原物通过气流传播,从而完成初侵染或再侵染的植物病害。

**10.025 种传病害** seed-borne disease, seedling-borne disease
由于植物的种子、苗木、种茎、种根等繁殖材料携带病原物而引起植株感染的植物病害。

**10.026 致病性** pathogenicity
病原物在寄生侵染时危害植物引起发病的特性。

**10.027 毒素** toxin
病原物产生的干扰植物正常生理功能,导致植物发病的次生代谢产物。

**10.028 致病力** virulence
病原物导致寄主植物发病的严重程度。

**10.029 生理小种** physiological race
病原物不同菌株间在一组鉴别品种上表现致病性分化差异的类群。在形态上无明显差异。

**10.030 变异性** variability
病原物在形态、结构、致病性、寄主范围、抗药性等性状上表现的差异。

**10.031 侵染** infection
病原物侵入寄主植物并引起寄主病理反应的过程。

**10.032 初侵染** primary infection
病原物越冬或越夏后,通过一定的传播途径传到寄主植株体上,在生长季节中第一次引起寄主植物发病的过程。

**10.033 再侵染** secondary infection
病株上产生的病原物在同一生长季节内经传播引起寄主植物再次发病的过程。

**10.034　潜伏侵染**　latent infection

病原物侵入寄主植物后，由于发病条件的限制，潜伏在寄主植物体内不表现症状，当条件适当时，再继续扩展使寄主植物出现症状的过程。

**10.035　潜育期**　incubation period

病原物从与寄主植物建立寄生关系到开始表现明显症状的时间。

**10.036　持久性病毒**　persistent virus

在介体昆虫体内循回的病毒。介体昆虫从病株上获取病毒所需的取食时间较长，从数分钟到数小时，昆虫获毒后病毒随汁液进入到昆虫的肠道，并穿越肠壁进入血淋巴，最后循回到唾液腺，随唾液再进入寄主植物体内。

**10.037　非持久性病毒**　non-persistent virus

在介体昆虫体内没有循回的病毒。介体昆虫从病株上获取病毒所需的取食时间较短，只需几秒钟到几分钟，昆虫获毒后可立即传播病毒。

**10.038　寄生物**　parasite

寄生于植物并从中获取养分，以维持生存的病原物。

**10.039　专性寄生物**　obligate parasite

在自然条件下必须寄生在活的寄主植物上才能生长发育，离开寄主植物活体就不能生长繁殖，甚至不能存活的寄生物。

**10.040　兼性寄生物**　facultative parasite

在寄主植物活体上营寄生生活，在寄主植物死体或有机质中营腐生生活，兼具有寄生和腐生能力的寄生物。

**10.041　腐生物**　saprophyte

从已死的或腐烂的生物体中获得营养的生物。

**10.042　柯赫氏法则**　Koch's rule

确定侵染性病害病原物的科学验证方法。包括共存性观察、分离、接种、再分离4个步骤，即病原物与染病寄主植物具有共存性，分离病原物纯培养物，病原物纯培养物接种引起相同病害，接种发病株上可再分离到接种的病原物纯培养物4个步骤。

**10.043　病害三角**　disease triangle

在植物病害的发生发展过程中，病原、寄主植物、环境条件这三个基本因素之间相互作用、相互影响、相互制约的关系。

**10.044　病情指数**　disease index

一种用于反映病害危害发病率与严重性的综合指标。将病害按轻重分为若干级，每级赋予一个级值，用各病级数乘以该级值的总和除以调查总数和最高级值的积，再乘以100。

**10.045　病害循环**　disease cycle

病害从寄主植物的上一个生长季节发病开始，到下一个生长季节再度发病的过程。主要涉及病原物的越冬和越夏、病原的传播，以及病原的初侵染和再侵染三个基本环节。

**10.046　症状**　symptom

植物患病后呈现出来的外在和内在的异常表现。

**10.047　隐症**　masked symptom

病原物侵染植物后由于环境条件的改变，植物没有呈现异常表现或异常表现消失，条件适宜时又恢复异常表现的现象。

**10.048　带毒者**　pathogen carrier

携带病原物却没有任何异常表现的植物。

**10.049　寄主植物**　host plant

遭受病原物侵染的植物。

**10.050　转主寄生**　heteroecism

必须在两种或两种以上寄主植物上生活才能完成其生活史的寄生方式。

**10.051　寄主范围**　host range

自然条件下能维持某种特定病原物侵染植物

种类的集合。

**10.052　病害监测**　disease monitoring
对某种病害的发生程度或数量进行定期连续调查和检测的过程。

**10.053　单循环病害**　monocyclic disease
在一个植物生长季中,病害发生只有一个侵染过程的类型。

**10.054　多循环病害**　polycyclic disease
在一个植物生长季中,病原物潜育期较短,连续繁殖多代,从而多次侵染植物的病害类型。

**10.055　植物病害流行预测**　forecast of epiphytotic
根据病害的流行规律,利用经验或系统模拟方法,依据当前寄主植物、病原物和环境因素来估计未来一定时限内病害流行状况的过程。

**10.056　抗病性**　disease resistance
植物体具有能减轻或克服病原物致病作用的性状。有时特指植物抵抗病原物侵入、扩展和繁殖的性状。

**10.057　感病性**　susceptibility
植物在适当条件下易被病原物侵染的现象。

**10.058　耐病性**　disease tolerance
植物受到病原物侵染后发病较轻或充分发病后对产量或品质影响较小的特性。

**10.059　拮抗**　antagonism
一种生物或其代谢产物对其他生物的生长发育具有抑制作用的现象。

**10.060　天然免疫**　innate immunity
植物在长期进化中所形成的与生俱有的抵抗病原物侵染的防御能力。

**10.061　获得性免疫**　acquired immunity
植物在个体发育中,经人工接种或感染某种病原物后产生的防卫反应特性。

**10.062　病原相关分子模式**　pathogen-associated molecular pattern, PAMP
病原物中一类保守的,能被植物细胞表面受体蛋白所识别的小分子。

**10.063　模式识别受体**　pattern recognition receptor, PRR
植物中能够识别病原相关分子模式或损伤相关分子模式的受体蛋白。

**10.064　病原相关分子模式激发的免疫反应**　PAMP-triggered immunity, PTI
植物模式识别受体蛋白识别保守的病原相关分子模式进而激发的防御反应。

**10.065　效应因子**　effector
病原物分泌到寄主植物中能够促进寄主感染和定殖,抑制植物防御反应并改变植物生理以适应病原物侵染的分子。

**10.066　无毒效应因子**　avirulence effector
病原菌分泌到寄主植物中能够被寄主相应的抗病蛋白识别的效应蛋白。

**10.067　效应因子激发的免疫反应**　effector-triggered immunity, ETI
因寄主植物特异性识别病原物效应因子而激发的防御反应。

**10.068　感病基因**　susceptibility gene
植物中有利于病原物侵染,造成植物发病的基因。

**10.069　抗病基因**　resistance gene
赋予植物抗病性的基因。

**10.070　病程相关基因**　pathogenesis-related gene
植物受病原物胁迫后显著诱导表达的一类基因的总称。其翻译的蛋白通常能够限制病原物的生长,是植物防御体系的重要组成部分。

**10.071　广谱抗病性**　broad-spectrum disease resistance

寄主植物对两个或两个以上的不同病原物，或同一个病原物的多个生理小种具有抗病性的特性。

**10.072　系统获得性抗性**　systemic acquired resistance

植物局部接触到一种病原物后产生系统性反应，导致对该种或其他种病原物再次侵染表现出抗性的现象。

**10.073　非寄主抗性**　non-host resistance，NHR

植物在物种水平上表现出的抗性。是植物抵御病原物侵染的第一道防线，具有稳定、广谱和持久的抗性特点，使植物免受大多数病原物的危害。

**10.074　抗病小体**　resistosome

由抗病蛋白组成的不同构象的复合体。行使间接或直接识别病原物激活防卫反应的功能，从而保护植物免受病原物侵害。

**10.075　免疫与生长平衡**　immunity and growth balance

植物免疫过程没有对寄主植物的生长发育引起显著负效应的现象。

**10.076　稻瘟病**　rice blast

由稻梨孢菌（*Pyricularia oryzae* Cav.）侵染水稻引起的一种真菌病害。在水稻整个生育期中都可发生，可引起苗瘟、叶瘟和穗颈瘟等。

**10.077　稻曲病**　rice false smut

由稻绿核菌［*Ustilaginoidea virens*（Cke.）Tak.］侵染水稻引起的一种真菌病害。该病仅在穗部发生，主要为害稻穗上的谷粒。

**10.078　水稻纹枯病**　rice sheath blight

由立枯丝核菌（*Rhizoctonia solani* Kühn）侵染引起，发生在水稻叶鞘和叶片上的一种真菌病害。整个生育期都可发生，一般在分蘖期开始，至抽穗前后发病最重。

**10.079　南方水稻黑条矮缩病**　southern rice black-streaked dwarf virus disease

由南方水稻黑条矮缩病毒侵染水稻引起的一种病毒病害。可引起植株矮缩、分蘖增加、叶片短阔僵直、叶色深绿、叶脉和茎秆上有蜡白色或褐色的短条瘤状隆起。

**10.080　小麦条锈病**　wheat stripe rust

由条形柄锈菌（*Puccinia striiformis* sp. *tritici* Eriks.）侵染小麦引起的一种真菌病害。主要危害叶片，成株期沿叶脉排列成行，产生铁锈色虚线状的夏孢子堆。

**10.081　小麦赤霉病**　fusarium head blight of wheat

由以禾谷镰孢菌（*Fusarium graminearum* Schw.）为主的多种镰孢菌侵染小麦引起的一种真菌病害。主要在扬花期侵染小麦穗部，造成被害部以上小穗形成枯白穗。

**10.082　小麦白粉病**　wheat powdery mildew

由禾布氏白粉菌［*Blumeria graminis*（DC.）Speer］小麦专化型侵染叶片引起的气传性真菌病害。主要危害叶片，侵染早期出现黄色小点或褪绿斑，后期沿寄主叶片表皮细胞扩展呈白粉状霉层，严重时导致叶片干枯脱落。

**10.083　玉米大斑病**　northern corn leaf blight

由大斑凸脐蠕孢［*Exserohilum turcicum*（Pass.）Leonay et Suggs］侵染玉米叶部引起的一种真菌病害。初期在叶片上产生长椭圆形黄色或青灰色水渍状小斑点；后期沿叶脉向两端扩展呈边缘暗褐色、中央淡褐色或青灰色梭形萎蔫斑，严重时导致叶片枯死。

**10.084　玉米小斑病**　southern corn leaf blight

由异旋孢腔菌［*Bipolaris maydis*（Nishik.）Shoemaker］侵染玉米叶部引起的一种真菌病害。初期在叶片上出现分散水渍状病斑或褪绿斑；后期逐渐形成明显的小型病斑，最终导致叶片枯死。

**10.085 玉米灰斑病** maize gray leaf spot

由多种尾孢菌属（*Cercospora*）真菌在玉米叶部侵染引起的一种真菌病害。初期为水渍状淡褐色斑点，逐渐扩展为灰色至褐色长条斑，并与叶脉平行延伸；后期病斑连片使叶片变黄枯死。

**10.086 马铃薯晚疫病** potato late blight

由致病疫霉［*Phytophthora infestans*（Mont.）de Bary］侵染马铃薯引起的一种卵菌病害。可侵染马铃薯地上茎、叶及地下块茎，并造成毁灭性损失的世界性病害。

**10.087 柑橘黄龙病** citrus huanglongbing

由韧皮部寄生的革兰氏阴性菌亚洲韧皮杆菌（*Liberbacter asianticum* Jagoueix.）侵染柑橘类植物引起的一种病害。是柑橘类植物上的毁灭性病害。

**10.088 棉花黄萎病** cotton verticillium wilt

由大丽轮枝菌（*Verticillium dahliae* kieb）和黑白轮枝菌（*Verticilliumaiber-atrnm* reinke &. Berth）等病原菌侵染棉花引起的一种真菌病害。典型症状包括叶片黄化萎蔫和维管束变褐。

**10.089 油菜菌核病** rapeseed sclerotinia stem rot

由核盘菌［*Sclerotinia sclerotiorum*（Lib.）de Bary］侵染油菜等作物引起的一种真菌病害。主要为害油菜的茎、叶、花、角果和种子。

**10.090 大豆胞囊线虫病** soybean cyst nematode disease

由大豆孢囊线虫（*Heterodera glycines* Ichinohe）侵染大豆根部引起的一种病害。被害大豆植株发育不良且矮小，田间常见成片植株变黄萎缩，根上附有白色的球状物。

## 10.02 作物虫害

**10.091 作物虫害** crop insect pest

昆虫取食作物及其产品时造成的危害。

**10.092 休眠** dormancy

由不利环境引起的昆虫生命活动暂时停滞的现象。当环境条件适宜时能立即恢复生长发育。

**10.093 滞育** diapause

昆虫感受光周期和温度变化等外界因子诱导，在遗传和生理因素共同调控下发育停滞的状态。即使环境条件适宜也不能立即恢复生长发育。

**10.094 迁飞** migration

昆虫通过飞行进行的大量、持续、有规律地远距离迁移。

**10.095 生殖力** fecundity

昆虫繁殖后代的能力。如产卵和胎生等。

**10.096 存活率** survival rate

昆虫群体在一定发育阶段中存活个体数占总个体数的百分率。

**10.097 种群密度** population density

单位面积或空间内同种昆虫的个体数。

**10.098 密度制约因子** density-dependent factor

对昆虫种群增长的影响随该种群密度变化而变化的因子。如竞争、捕食、寄生和疾病等。

**10.099 非密度制约因子** density-independent factor

对昆虫种群增长的影响与该种群密度变化无关的因子。如气象条件和环境污染等。

**10.100 生命表** life table

系统描述同期出生的昆虫种群在各发育阶段存活过程的一览表。

**10.101 适合度** fitness
衡量单个昆虫种群存活和繁殖成功概率的一种尺度。包括生存能力、繁殖能力和子代生存能力。

**10.102 空间分布型** pattern of spatial distribution
组成种群的昆虫个体在其生存空间中的相对位置及格局。如随机分布、均匀分布和聚集分布等。

**10.103 外激素** pheromone
昆虫释放到体外的,对同种个体间或种间的生理与行为产生影响的化学物质。

**10.104 性外激素** sex pheromone
昆虫释放的引诱同种异性个体产生性行为的化学物质。

**10.105 食性** feeding habit
昆虫取食的习性。如单食性、寡食性、多食性和杂食性等。

**10.106 植食性** phytophagy
昆虫以植物为食的习性。

**10.107 单食性** monophagy
昆虫仅以一种或近缘的少数几种植物为食的习性。

**10.108 寡食性** oligophagy
昆虫以少数属种植物为食的习性。

**10.109 多食性** polyphagy
昆虫以亲缘关系较远的不同科植物为食的习性。

**10.110 杂食性** omnivory
昆虫同时以植物和动物为食的习性。

**10.111 刺吸式口器害虫** piercing-sucking mouthpart pest
以刺吸式口器吸取植物汁液从而为害植物的昆虫。

**10.112 咀嚼式口器害虫** chewing mouthpart pest
以咀嚼式口器嚼碎并取食植物从而造成危害的昆虫。

**10.113 锉吸式口器害虫** rasping-sucking mouthpart pest
以锉吸式口器刮破植物组织并吸取植物流出的汁液来造成危害的昆虫。特指缨翅目蓟马类(Thysanoptera)。

**10.114 虹吸式口器害虫** siphoning mouthpart pest
以虹吸式口器来吸食植物花蜜的蝶类和蛾类成虫。其幼虫取食为害植物。

**10.115 趋性** taxis
朝向或离开刺激源的运动。

**10.116 正趋性** positive taxis
朝向刺激源的运动。

**10.117 负趋性** negative taxis
离开刺激源的运动。

**10.118 趋化性** chemotaxis
朝向(正趋化性)或离开(负趋化性)化学刺激源方向的运动。

**10.119 趋光性** phototaxis
朝向(正趋光性)或离开(负趋光性)光源的运动。

**10.120 蝼蛄** mole cricket
直翅目蝼蛄科昆虫的统称。以华北蝼蛄(*Gryllotalpa unispina* Saussure)和东方蝼蛄(*G. orientalis* Burmeister)为害最严重。取食植物幼根和嫩茎,在土壤表层窜行为害,造成种子架空漏风、不能发芽,幼苗吊根、失水而死。

**10.121 金针虫** wireworm
鞘翅目叩头甲科幼虫的统称。主要包括沟线角叩甲(*Pleonomus canaliculatus* Faldermann)、细胸锥尾叩甲(*Agriotes subvittatus* Motschul-

sky)、宽背金叩甲(*Selatosomus latus* Fabricius)等。取食麦类、玉米、豆类、薯类等作物萌发的种子或根部,造成毁种或缺苗。

**10.122 蛴螬** white grub

鞘翅目金龟甲总科幼虫的统称。主要包括大黑鳃金龟(*Holotrichia oblita* Faldermann)、暗黑鳃金龟(*H. parallela* Motschulsky)、铜绿丽金龟(*Anomala corpulenta* Motschulsky)等。在土壤内通过取食农作物萌发的种子、幼根和地下茎造成危害,如缺苗断垄,甚至毁种绝苗。

**10.123 地老虎** cutworm

鳞翅目夜蛾科地老虎属昆虫的统称。包括小地老虎(*Agrotis ipsilon* Hufnagel)和黄地老虎(*A. segetum* Denis et Schiffermüller)等。主要受害作物有棉花、玉米、小麦、烟草、麻类、薯类等,幼虫在地下和地表为害,咬断幼根和幼茎,吞食叶片,造成缺苗断垄或毁种。

**10.124 根蛆** root maggot

双翅目蝇、蚊幼虫的统称。主要包括灰地种蝇(*Delia platura* Meigen)、葱地种蝇(*D. antiqua* Meigen)、韭菜迟眼蕈蚊(*Bradysia odoriphaga* Yang et Zhang)、麦地种蝇(*D. coarctata* Fallen)等。对韭菜、葱、蒜、豆类、瓜类、花生、陆稻等30多种作物为害较重。主要侵害发芽的种子,以及植物根部或茎基部。

**10.125 东亚飞蝗** Oriental migratory locust, *Locusta migratoria manilensis* Meyen

直翅目飞蝗科飞蝗属飞蝗亚种昆虫。有聚集和远距离迁飞习性,易猖獗成灾。喜食禾本科和莎草科植物,成虫和若虫取食叶片和嫩茎,大发生时取食所有绿色植物,引起毁灭性危害。

**10.126 东方黏虫** Oriental armyworm, *Mythimna separata* (Walker)

鳞翅目夜蛾科昆虫。世界性害虫,有季节性迁飞习性。主要为害禾本科等100多种作物。幼虫取食小麦、玉米、水稻等作物叶片、穗部、花丝等,造成减产或绝产。

**10.127 草地螟** beet webworm, *Loxostege sticticalis* (L.)

鳞翅目螟蛾科昆虫。温带害虫,有季节性迁飞习性。主要为害藜科、豆科等300多种植物。幼虫取食豆类、甜菜、向日葵等作物叶片,严重时取食茎秆表皮、花、果等,造成绝产。

**10.128 二化螟** striped rice borer, *Chilo suppressalis* (Walker)

鳞翅目螟蛾科昆虫。国内各稻区均有分布。主要为害水稻,还为害玉米、麦类、高粱、甘蔗、茭白、蚕豆、芦苇、稗、李氏禾等作物和杂草。幼虫蛀食茎部为害,造成枯心、白穗,甚至绝产。

**10.129 三化螟** paddy yellow stem borer, *Scirpophaga incertulas* (Walker)

鳞翅目螟蛾科昆虫。广泛分布于长江流域以南大部分稻区,食性单一,专食水稻,以幼虫蛀茎为害。每头幼虫多转株为害1~3次,从苗期到抽穗期均可为害,造成枯心、枯孕穗或白穗,以致绝产。

**10.130 大螟** pink stem borer, *Sesamia inferens* (Walker)

又称“稻蛀茎夜蛾”。鳞翅目夜蛾科昆虫。分布在陕西、河南以南稻区。主要为害水稻,还可为害小麦、玉米、高粱、甘蔗、棉花、油菜、蚕豆、芦苇、粟等作物和杂草。幼虫蛀茎为害,造成枯梢、枯心苗、枯孕穗、白穗及虫伤株。

**10.131 稻纵卷叶螟** rice leaf roller, *Cnaphalocrocis medinalis* (Guenée)

鳞翅目螟蛾科昆虫。广泛分布于全国各稻区,有远距离迁飞习性。主要为害水稻,还可为害玉米、高粱、小麦、粟、甘蔗、马唐、芦苇、狗尾草等作物和杂草。

**10.132 褐飞虱** brown planthopper, *Nilaparvata lugens* (Stål)

半翅目飞虱科昆虫。全国各稻区均有分布,是我国水稻上的首要害虫,有远距离迁飞习性。单食性害虫,只能在水稻和普通野生稻上取食和繁殖后代,传播水稻草状丛矮病和齿叶矮缩病。

**10.133 白背飞虱** white-backed planthopper, *Sogatella furcifera* (Horváth)

半翅目飞虱科昆虫。全国各稻区均有分布,具有远距离迁飞习性。主要为害水稻,还可为害麦类、玉米和高粱。成虫、若虫吸食稻株汁液为害,造成植株倒伏或干枯,还可传播南方水稻黑条矮缩病。

**10.134 麦红吸浆虫** orange wheat blossom midge, *Sitodiplosis mosellana* (Géhin)

双翅目瘿蚊科昆虫。主要分布于黄淮海、长江中下游及黄河中上游冬麦区,为害小麦、大麦、燕麦等麦类作物。幼虫吸食正在灌浆的麦类籽粒浆液,造成瘪粒、霉烂或空壳,甚至绝产,是小麦的一种毁灭性害虫。

**10.135 麦黄吸浆虫** yellow wheat blossom midge, *Contarinia tritici* (Kirby)

双翅目瘿蚊科昆虫。一般多发于高山地带的主要麦区。可为害小麦、大麦、燕麦和黑麦等作物。幼虫吸食正在灌浆的麦类籽粒浆液,造成瘪粒、霉烂或空壳。

**10.136 麦二叉蚜** greenbug, *Schizaphis graminum* (Rondani)

半翅目蚜科昆虫。主要分布于我国西北和华北等干旱麦区。以为害麦类、高粱等谷类作物和杂草为主。成蚜和若蚜刺吸小麦汁液,严重者心叶干枯,无法孕穗,是小麦黄矮病毒的主要传播媒介。

**10.137 荻草谷网蚜** Indian grain aphid, *Sitobion miscanthi* (Takahashi)

半翅目蚜科昆虫。是小麦穗期的蚜虫优势种,为害麦类、高粱等谷类作物和杂草。通过直接刺吸植物汁液或分泌蜜露引起叶片霉菌滋生来传播植物病毒,对小麦产量造成严重危害。

**10.138 玉米蚜** corn leaf aphid, *Rhopalosiphum maidis* (Fitch)

半翅目蚜科昆虫。广泛分布于东北、华北、华东、华南、中南和西南等玉米产区。主要为害玉米、小麦、水稻、高粱、大麦等作物。成蚜和若蚜聚集取食玉米叶背、花丝及苞叶等,能够分泌蜜露形成黑色霉状物,影响植株生长。

**10.139 禾谷缢管蚜** bird cherry-oat aphid, *Rhopalosiphum padi* (L.)

半翅目蚜科昆虫。分布于东北、华北、华南、华东和西南等麦区。为害麦类、玉米、高粱等谷类作物和杂草。多在作物叶背面、少数在茎穗上为害,是小麦重大害虫。

**10.140 亚洲玉米螟** Asian corn borer, *Ostrinia furnacalis* (Guenée)

鳞翅目草螟科昆虫。为害玉米、高粱、谷子、小麦、棉花、生姜、甘蔗、蚕豆、菜豆、辣椒等作物。初孵幼虫为害玉米心叶造成"花叶",2~3龄幼虫潜藏叶内,叶片展开后呈"排孔",4龄后陆续钻蛀茎秆造成茎秆折断。

**10.141 欧洲玉米螟** European corn borer, *Ostrinia nubilalis* (Hübner)

鳞翅目草螟科昆虫。在我国主要分布于新疆伊宁,在宁夏、内蒙古、河北张家口、甘肃等地和亚洲玉米螟混合发生。可为害玉米、小麦、高粱、谷子等多种作物,形态特征及为害症状与亚洲玉米螟极为相似。

**10.142 二点委夜蛾** *Athetis lepigone* (Möschler)

鳞翅目夜蛾科昆虫。分布在河北、河南、北京、天津、山东、安徽、江苏、山西等地。主要为害玉米、大豆、花生、棉花、谷子、萝卜、白菜、番茄、辣椒等作物。取食玉米幼苗,啃食玉米基部,造成玉米苗倒伏萎蔫。

**10.143 麦圆蜘蛛** blue oat mite, *Penthaleus major* (Dugès)

蛛形纲蜱螨目叶爪螨科昆虫。发生于北纬37°以南江淮流域等低洼潮湿阴凉的麦区。寄主植物有20多种,主要为害小麦、油菜等作物,还可为害车前等杂草。受害小麦叶片出现白色斑点,严重者不能抽穗,麦株干枯而死。

**10.144 截形叶螨** cassava mite, *Tetranychus truncatus* Ehara

蛛形纲蜱螨目叶螨科昆虫。仅在亚洲分布,我国全域发生危害。为害木薯、玉米、果树、蔬菜、蓖麻等60多种寄主植物。取食玉米叶背面造成褪绿斑点,严重时会造成叶片枯焦、火烧状,引起植株早衰。

**10.145 二斑叶螨** two-spotted spider mite, *Tetranychus urticae* Koch

蛛形纲蜱螨目叶螨科昆虫。在我国西北地区发生频率较高。主要为害大豆、花生 玉米、高粱、苹果、梨等作物以及杂草,为害症状和截形叶螨类似。

**10.146 粟灰螟** millet borer, *Chilo infuscatellus* Snellen

鳞翅目草螟蛾科昆虫。分布于我国北方谷子产区及两广、台湾和四川等部分甘蔗产区。主要为害谷子、甘蔗,还取食玉米、高粱、黍、糜、狗尾草、稗、香根草等作物和杂草。以幼虫钻蛀为害,造成枯心苗或白穗。

**10.147 高粱蚜** sorghum aphid, sugarcane aphid, *Melanaphis sacchari*(Zehntner)

半翅目蚜科昆虫。突发猖獗性害虫,分布于内蒙古、吉林、河北、山东、河南、甘肃、四川、云南等地。主要为害高粱、甘蔗、荻草等,也可为害玉米、谷子、小麦等。成蚜或若蚜聚集在叶背部刺吸汁液,造成叶片变红和变枯。

**10.148 马铃薯块茎蛾** potato tuberworm, *Phthorimaea operculella* (Zeller)

鳞翅目麦蛾科昆虫。原产中美洲和南美洲北部,是国内检疫对象,分布于云南、贵州、四川等14个省份。主要为害马铃薯、烟草、茄子等多种作物,幼虫蛀食植物茎、叶片、嫩尖、叶芽,还可蛀食马铃薯块茎。

**10.149 棉蚜** cotton aphid, melon aphid, *Aphis gossypii* Glover

半翅目蚜科昆虫。为世界性棉花害虫。寄主植物达700多种,有棉花、瓜类、石榴、花椒、木槿、鼠李等。主要刺吸为害植物叶片等组织,还可传播50多种植物病毒。

**10.150 土耳其斯坦叶螨** strawberry spider mite, *Tetranychus turkestani* (Ugarov & Nikolskii)

蛛形纲蜱螨目叶螨科昆虫。在我国仅分布于新疆地区。可取食棉花、玉米、高粱、豆类、苹果等150多种植物。聚集棉花叶背面,用口针刺吸汁液,受害叶片正面现黄白斑,后变红,后期皱缩畸形,直至干枯脱落。

**10.151 绿盲蝽** green mirid bug, *Apolygus lucorum* (Meyer-Dür)

半翅目盲蝽科昆虫。分布于全国各棉区,可取食棉花、苜蓿、葡萄、冬枣等280多种植物。刺吸为害常导致棉花叶片破损、蕾花铃畸形或脱落,造成"无头苗""破叶疯""公棉花"。

**10.152 牧草盲蝽** tarnished plant bug, *Lygus pratensis* (L.)

半翅目盲蝽科昆虫。分布在内蒙古、宁夏、安徽、湖北、四川等地。可取食苜蓿、棉花、蔬菜、果树等100多种植物。成虫和若虫刺吸取食棉花嫩芽、幼叶、蕾和铃的汁液,造成破叶、落蕾及落铃。

**10.153 棉铃虫** cotton bollworm, *Helicoverpa armigera* (Hübner)

鳞翅目夜蛾科昆虫。世界性害虫。寄主植物

200多种,主要为害棉花,还可为害玉米、小麦、高粱、大豆、花生、番茄、枣、核桃等作物。幼虫蛀食棉花的蕾、花、铃,造成脱蕾和烂铃;还取食棉花嫩尖和嫩叶,造成无头棉。

**10.154 棉红铃虫** pink bollworm, *Pectinophora gossypiella* (Saunders)

鳞翅目麦蛾科昆虫。世界性害虫。寄主植物70多种,其中以锦葵科为主。是棉花的重要害虫,幼虫为害棉花蕾、花、铃、棉籽,尤其在青铃上为害最重。

**10.155 大豆蚜** soybean aphid, *Aphis glycines* Matsumura

半翅目蚜科昆虫。乔迁类蚜虫,大豆上的主要害虫。成蚜和若蚜吸食豆株嫩枝叶的汁液造成叶片卷缩,根系发育不良,植株矮小甚至死亡。还可传播大豆花叶病,造成更大危害。

**10.156 大豆食心虫** soybean pod borer, *Leguminivora glycinivorella* (Matsumura)

鳞翅目卷蛾科昆虫。食性较单一,主要为害大豆,也取食野生大豆和苦参。幼虫蛀食豆荚,豆粒被咬成沟道或缺壳。

**10.157 桃蚜** green peach aphid, *Myzus persicae* (Sulzer)

半翅目蚜科昆虫。寄主植物多达400多种,主要为害桃树、马铃薯、白菜等作物,还可为害油菜、烟草、李、樱桃等作物。刺吸植物叶片汁液,造成卷曲、加厚和落叶,还可传播马铃薯Y病毒等100多种植物病毒。

**10.158 烟青虫** oriental tobacco budworm, *Helicoverpa assulta* (Guenée)

鳞翅目夜蛾科昆虫。寄主植物70多种,除烟草外,还为害辣椒、玉米、高粱、亚麻、豌豆、苋菜、向日葵、甘蓝、甘蔗、南瓜、洋葱、扁豆等多种作物。以幼虫蛀食寄主植物的花和果,并在其内部缀丝,排留大量粪便。

**10.159 甘蔗螟虫** sugarcane borer

鳞翅目螟蛾科昆虫。主要包括条螟[*Proceras venosatum* (Walker)]和二点螟(*Chilo infuscatellus* Snellen)。分布于广东、广西、福建、海南和台湾等地。除甘蔗外,还为害玉米、高粱、粟(谷子)、稗、狗尾草等作物和杂草。啃食甘蔗造成枯心苗和虫蛀节,啃食部位易引起赤腐菌侵入。

**10.160 甜菜象甲** sugarbeet weevil, *Asproparthenis punctiventris* (Germar)

鞘翅目象甲科昆虫。主要分布于河北、内蒙古、山西、宁夏和甘肃。滨黎是其最嗜好的寄主植物,还为害甜菜、菠菜、向日葵、角果黎、灰黎、小黎、野苋菜、反枝苋、盐蒿、茵陈蒿等。幼虫啃咬块根和幼茎,造成缺苗断垄。

**10.161 甘蔗小卷叶蛾** sugarcane gray borer, *Tetramoera schistaceana* (Snellen)

鳞翅目小卷叶蛾科昆虫。分布于我国甘蔗主产区,为单食性害虫,仅为害甘蔗。幼虫通常于芽或根等较嫩处侵入为害,造成枯心苗或螟害节。

**10.162 向日葵螟** Eurasian sunflower moth, *Homoeosoma nebulella* (Denis et Schiffermüller)

又称"欧洲向日葵螟""葵螟"。鳞翅目螟蛾科昆虫。在我国主要发生于北方向日葵产区。以为害向日葵为主,还为害茼蒿、丝路蓟、刺儿菜、苣荬菜等菊科植物。3龄后蛀食种子,在花盘子实上吐丝结网黏连虫粪及碎屑,状如丝毡。

**10.163 菜粉蝶** imported cabbageworm, *Pieris rapae* (L.)

鳞翅目粉蝶科昆虫。幼虫又称菜青虫,寄主植物有30多种,嗜食甘蓝、花椰菜、萝卜、白菜等十字花科植物。1~2龄幼虫仅食叶肉,留下透明表皮;3龄以上幼虫能将叶片全部吃光,只剩叶脉和叶柄,严重者整株死亡。

**10.164 小菜蛾** diamond-back moth, *Plutella*

*xylostella* (L.)
鳞翅目菜蛾科昆虫。世界性迁飞害虫,寄主植物有 40 多种,主要为害甘蓝、青花菜、花椰菜、白菜、萝卜等十字花科植物。为害心叶、嫩茎、幼荚和籽粒,在菜叶上形成透明斑,高龄幼虫将菜叶啃成孔洞和缺刻,甚至网状。

**10.165 甜菜夜蛾** beet armyworm, *Spodoptera exigua* (Hübner)
鳞翅目夜蛾科昆虫。世界性迁飞害虫。寄主植物有 170 多种,为害玉米、棉花、花生、烟草、白菜、番茄、青椒、甘蓝、萝卜等。低龄幼虫仅食叶肉,使叶片呈透明窗纸状;高龄为害叶片、嫩茎、果实,使其呈缺刻和孔洞,严重时呈网状或落果。

**10.166 烟粉虱** cotton whitefly, *Bemisia tabaci* (Gennadius)
半翅目粉虱科昆虫。世界性害虫。寄主植物达 500 多种,主要为害番茄、豇豆、甘蓝、白菜、菜豆、黄瓜、丝瓜、茄子等。成虫和若虫刺吸植株,叶片银叶状;还分泌蜜露引发煤污病,严重时叶片黑色,甚至整株死亡。

**10.167 甘蓝夜蛾** cabbage moth, *Mamestra brassicae* (L.)
鳞翅目夜蛾科昆虫。寄主植物有 200 多种,主要为害白菜、油菜、果类、豆类、瓜类等。低龄时啃食叶肉留下表皮;4 龄后进入暴食期,严重时吃光叶肉,仅剩叶脉和叶柄;粪便污染结球甘蓝类叶球,引起腐烂。

**10.168 斜纹夜蛾** tobacco cutworm, *Spodoptera litura* (Fabricius)
鳞翅目夜蛾科昆虫。寄主植物有 300 多种,主要为害甘薯、棉花、芋、大豆、烟草,还可为害甜菜、茄果、葱、韭菜、菠菜等。初孵幼虫在叶背取食叶肉,仅留表皮;3 龄后造成叶片缺刻甚至全部吃光,还啃食花蕾造成缺损。

**10.169 豆大蓟马** cowpea thrips, *Megalurothrips usitatus* (Bagnall)
又称"普通大蓟马""豆花蓟马"。缨翅目蓟马科昆虫,主要分布在海南。为害豆科等 20 多种寄主。为害生长点、花、果实,导致叶片皱缩变小,生长点萎缩;花蕾坏死、花朵过早脱落;荚果受害后出现粗糙疤痕,形成黑褐色斑点。

**10.170 西花蓟马** western flower thrips, *Frankliniella occidentalis* (Pergande)
又称"西方蓟马""苜蓿蓟马"。缨翅目蓟马科昆虫。原产北美洲,为我国检疫性害虫,在 20 多个省份发生和分布。寄主植物 500 多种,主要为害辣椒、黄瓜、芹菜、西瓜、番茄等蔬菜,以及花卉和水果。为害花、茎、叶、果,导致花瓣褪色及叶片皱缩;茎和果形成伤疤。

**10.171 棕榈蓟马** melon thrips, *Thrips palmi* Karny
又称"瓜蓟马""节瓜蓟马""棕黄蓟马"。缨翅目蓟马科昆虫。寄主植物主要是苦瓜、冬瓜、西瓜、黄瓜、茄子、甜椒、大豆等作物。为害嫩叶片、嫩梢、幼瓜,导致嫩叶、嫩梢变硬而缩小,嫩梢和幼瓜分别呈现萎缩丛生和粗糙疤痕。

**10.172 梨小食心虫** oriental fruit moth, *Grapholita molesta* (Busck)
又称"果树小卷蛾"。鳞翅目卷蛾科昆虫。广布于我国各地。为害梨、桃、李、杏、石榴、山楂等果树,是梨、桃的主要蛀果害虫。幼虫蛀食为害果实或新梢,造成嫩梢顶端弯曲下垂。

**10.173 桃小食心虫** peach fruit moth, *Carposina sasakii* (Matsumura)
鳞翅目蛀果蛾科昆虫。国外分布于日本、朝鲜、韩国、蒙古、俄罗斯远东沿海地区,是我国苹果出口重要检疫害虫。现主要分布于我国北方地区,除苹果和枣树外,还可为害梨、桃等果树。幼虫蛀食果实,造成畸形。

**10.174 苹果绵蚜** woolly apple aphid, *Erioso-*

*ma lanigerum* (Hausmann)

简称“苹绵蚜”。半翅目绵蚜科昆虫。世界性害虫。是我国重要检疫对象,已分布14个省、自治区、直辖市,可为害苹果、海棠、山荆子、花红等。为害树体地上枝干和地下根部。虫体刺吸树液,刺激果树受害部组织增生,形成肿瘤,影响营养输导,削弱树势。

**10.175 葡萄根瘤蚜** grape phylloxera, *Daktulosphaira vitifoliae* (Fitch)

半翅目根瘤蚜科昆虫。原产于欧洲和美洲,是我国检疫对象,国内仅见于广西、云南局部地区。只为害葡萄属作物。以成虫和若虫刺吸葡萄叶片和根系的汁液为害。为害叶部的称为叶瘿型。

**10.176 柑橘大实蝇** Chinese citrus fly, *Bactrocera minax* (Enderlein)

双翅目实蝇科昆虫。原产于日本九州琉球群岛的奄美大岛,是我国重要检疫害虫,主要分布于重庆、四川、云南、贵州等地。为害芸香科柑橘属果实。以幼虫蛀食果实为害,造成提前脱果,影响柑橘产量及品质。

**10.177 柑橘全爪螨** citrus red mite, *Panonychus citri*(McGregor)

蛛形纲蜱螨目叶螨科昆虫。是我国柑橘重要害螨,还可为害梨、苹果、桂花等多种植物。叶片受害呈现灰白色失绿斑点,严重时全叶灰白,造成大量落叶;也为害果实和枝梢,影响树势和产量。

**10.178 柑橘木虱** Asian citrus psyllid, *Diaphorina citri* Kuwayama

又称“柑橘呆木虱”。半翅目木虱科昆虫。是我国柑橘等芸香科植物新梢期的主要害虫。吸取嫩梢汁液为害,导致嫩梢凋萎、新梢畸变;还可分泌蜜露引起煤烟病,影响植株光合作用。相对于直接为害,该虫最大危害是作为传播媒介传播柑橘黄龙病。

**10.179 玉米象** corn weevil, maize weevil, *Sitophilus zeamais* (Motschulsky)

全称“玉米象甲”。鞘翅目象甲科昆虫。世界性害虫,是我国头号贮粮害虫。主要为害玉米、麦类、稻谷、高粱等粮食作物,以及中草药、干果、水果等。成虫啃食谷粒,幼虫蛀食谷粒,使贮粮形成许多碎粒及粉屑,易引起后期性害虫发生。

**10.180 米象** rice weevil, *Sitophilus oryzae* (L.)

鞘翅目象甲科昆虫。是玉米、稻米、小麦、高粱等各种贮藏谷物的主要害虫。成虫啮食谷粒,幼虫蛀食谷粒内部。

**10.181 谷蠹** lesser grain borer, *Rhyzopertha dominica* (Fabricius)

又称“米长蠹”。鞘翅目长蠹科昆虫。主要为害禾谷类、粉类、豆类贮粮,还可为害干果、各种植物种子、木材及其制品。幼虫为蛀食性,钻入谷粒取食。

**10.182 印度谷螟** Indian meal moth, *Plodia interpunctella* (Hübner)

又称“印度谷蛾”。鳞翅目螟蛾科昆虫。为害粮食和农副产品等达170多种,主要包括粮食、糖果、干果、药材、菌类,以及动物皮毛、图书和标本等。幼虫喜食谷粒胚部及表皮,影响谷粒发芽;吐丝结网藏匿谷物为害,污染食物,引起结块变质。

**10.183 麦蛾** angoumois grain moth, *Sitotroga cerealella* (Olivier)

又称“禾麦蛾”。鳞翅目麦蛾科昆虫。是我国重要贮粮害虫,主要为害小麦、稻谷、玉米、高粱、荞麦、禾本科杂草种子及食用菌等。以幼虫为害谷类作物和杂草籽粒,被害粒可被蛀空,严重影响种子发芽力和品质。

**10.184 小贯小绿叶蝉** green tea leafhopper, *Empoasca onukii* Matsuda

又称“茶小绿叶蝉”“茶绿叶蝉”。半翅目叶蝉科昆虫。我国各茶产区均有发生,为我国茶园为害最严重害虫。除茶树外,其他寄主植物还未见报道。成虫和若虫刺吸茶树嫩茎和嫩叶,导致顶芽枯焦,茶芽不发,无茶可采。

**10.185 茶棍蓟马** stick tea thrip, *Dendrothrips minowai* Priesner

又称"米氏棍蓟马""棘皮茶蓟马"。缨翅目蓟马科昆虫。我国大部分茶区均有分布。主要为害茶叶,还可为害山茶、葡萄、柑橘、月季、花生等。成虫和若虫均可锉吸为害茶树幼嫩芽叶、叶柄、嫩茎和老叶,严重时可引起叶质硬化变脆,直至枯焦或脱落。

**10.186 灰茶尺蠖** tea gray geometrid, *Ectropis grisescens* Warren

又称"灰埃尺蠖""变灰霜尺蠖"。鳞翅目尺蠖科昆虫。广泛分布于我国各茶区,是我国茶园最主要的鳞翅目害虫。幼虫取食叶片,3龄食量开始增加,4龄暴食,大发生时食尽新梢、老叶和嫩皮,导致茶树死亡。

**10.187 桑毛虫** mulberry tussock moth, *Euproctis similis* (Füessly)

又称"桑毒蛾""盗毒蛾"。鳞翅目毒蛾科昆虫。我国大部分桑区均有分布,主要为害桑树,还可为害桃树、苹果、梨树及部分绿化树。幼虫取食桑芽和叶,大发生时可将桑芽和叶食光。其体表毒毛可引起人体皮炎和蚕体螯伤症。

**10.188 桑象虫** mulberry small weevil, *Baris deplanata* Roelofs

又称"桑船象甲""桑船甲"。鞘翅目象甲科昆虫。我国大部分桑区均有分布,是桑园最主要的食芽害虫。成虫取食冬芽和嫩芽,有时可食叶片、叶柄和嫩梢,严重时将整株芽食光,导致桑树枯死。

**10.189 南洋臀纹粉蚧** coffee mealybug, *Planococcus lilacinus* (Cockerell)

半翅目粉蚧科昆虫。原产于东南亚,现于云南和海南等地发生,为我国新入侵检疫害虫。寄主植物70多种,主要为害咖啡、可可、木棉等,还为害番石榴、椰子、榕树等植物,造成幼果脱落、花和枝条顶部枯死等。

**10.190 灭字脊虎天牛** coffee borer, *Xylotrechus javanicus* Laptorte et Gory

鞘翅目天牛科昆虫。分布于云南。寄主20多种,主要为害咖啡,还为害柚木和厚皮树等。幼虫钻蛀入树干木质部为害,被为害咖啡树叶萎枝枯,树干易折断,甚至整株死亡。

**10.191 曲颚乳白蚁** subterranean termite, *Coptotermes curvignathus* Holmgren

又称"大家白蚁"。等翅目鼻白蚁科昆虫。原产于东南亚地区,为我国二类检疫性害虫,在云南南部地区入侵风险高。严重为害橡胶、南洋杉、椰子、咖啡等多种树木,还可为害地下电缆塑料保护层和在森林中使用的仪器装置等。

## 10.03 农　　药

**10.192 农药** pesticide

用于预防和控制为害农业及林业的有害生物,有目的地调节植物和昆虫生长的化学合成或者来源于生物及其他天然物质的一种或几种物质的混合物及其制剂。

**10.193 杀虫剂** insecticide

用于防治害虫的农药。按来源可分为无机和矿物杀虫剂、植物性杀虫剂、有机合成杀虫剂和昆虫激素类杀虫剂等,按毒理作用可分为神经毒剂、呼吸毒剂、物理性毒剂和特异性杀虫剂等。

**10.194 杀螨剂** acaricide

用于防治蛛形纲中有害螨类的农药。常见的如溴螨酯、螺螨酯和唑螨酯等。

**10.195　杀线虫剂**　nematocide
用于防治有害线虫的农药。主要分挥发性和非挥发性两类,前者起熏蒸作用,后者起触杀作用。

**10.196　杀菌剂**　fungicide
用于防治各类病原菌的农药。按作用方式可分为保护剂和治疗剂两种。常见的品种有石硫合剂、代森锰锌、多菌灵、百菌清、三唑酮和甲霜灵等。

**10.197　杀鼠剂**　rodenticide
用于防治啮齿类有害生物的农药。按作用方式可分为灭杀剂和不育剂两类。

**10.198　除草剂**　herbicide
用于防治各种杂草危害的农药。按作用方式可分为选择性除草剂和灭生性除草剂。常见选择性除草剂如莠去津和烟嘧磺隆等,灭生性除草剂如草甘膦和百草枯等。

**10.199　农药剂型**　pesticide formulation
农药原药或母药经加工配制成的制剂型态。

**10.200　粉剂**　dustable powder
适用喷撒含有效成分的自由流动粉状制剂。

**10.201　可湿性粉剂**　wettable powder
有效成分在水中分散成悬浮液的粉剂。

**10.202　可溶粉剂**　water soluble powder
有效成分在水中形成真溶液的粉状制剂。可含有不溶于水的惰性成分。

**10.203　乳油**　emulsifiable concentrate
用水稀释分散成乳状且含有有效成分的均相液体制剂。

**10.204　悬浮剂**　suspension concentrate
有效成分以固体微粒分散在水中形成的稳定悬浮液体制剂。一般用水稀释使用。

**10.205　水分散粒剂**　water dispersible granule
在水中崩解,有效成分分散成悬浮剂的粒状制剂。

**10.206　微乳剂**　microemulsion
有效成分在水中呈透明或半透明的微乳状液体制剂。直接或用水稀释后使用。

**10.207　水乳剂**　emulsion, oil in water
有效成分或其有机溶液在水中形成乳状液体的制剂。

**10.208　颗粒剂**　granule
具有一定粒径范围,可自由流动且含有效成分的粒状制剂。

**10.209　可溶液剂**　soluble concentrate
用水稀释后,有效成分形成真溶液的均相液体制剂。可含有不溶于水的惰性成分。

**10.210　油剂**　oil miscible liquid
用有机溶剂稀释或不稀释成均相,含有效成分的液体制剂。

**10.211　缓释剂**　controlled release formulation
用药后能在较长时间内持续释放药物以达到长效作用的制剂。如微囊悬浮剂等。

**10.212　土壤熏蒸剂**　soil fumigant
施用于土壤中可以产生具有杀虫、杀菌或除草等作用的气体。是用在人为的密闭空间中防止土传有害生物危害的农药。

**10.213　纳米农药制剂**　nano-pesticide
利用纳米技术,将微溶、难溶或不溶于水的农药有效成分制备成纳米量级的一种新制剂。

**10.214　农药助剂**　pesticide adjuvant
农药制剂加工或者使用中添加的,用于改善药剂理化性质的辅助物质。

**10.215　农药载体**　pesticide carrier
加工固体农药制剂时,用于调节农药含量或改善农药物理性状的助剂。

**10.216　乳化剂**　emulsifier
对不相溶的两种液体,使其中一相液体以极

小的液珠稳定地分散在另一液体中，形成不透明的或半透明乳状液的表面活性剂。

**10.217 湿润剂** wetting agent

显著降低液固界面张力，增加液体对固体表面的接触，或者增加对固体表面的湿润与展布的表面活性剂。

**10.218 分散剂** dispersing agent

农药制剂加工中能够阻止固-液分散体系中固体粒子聚集，使其在液体中保持较长时间均匀分散的表面活性剂。

**10.219 渗透剂** penetrating agent

能够促进农药有效成分进入处理对象（如植物和有害生物）内部的表面活性剂。多用于配制高渗农药制剂产品。

**10.220 黏着剂** sticker

能增加农药对固体表面黏着性能的助剂。

**10.221 稳定剂** stabilizer

可抑制或缓解农药有效成分分解，提高制剂物理稳定性的助剂。

**10.222 安全剂** safener

降低或者消除除草剂对作物药害的化合物。可提高使用的安全性。

**10.223 增效剂** synergist

本身无生物活性，但能抑制生物体内的解毒酶，与某些农药混合时，能大幅度提高农药毒力和药效的化合物。

**10.224 活化剂** activator

能增加其他物质活化作用的助剂。

**10.225 展着剂** spreader

能提高农药的附着能力，耐雨水冲刷，同时有利于植物对农药有效成分吸收的辅助添加材料。

**10.226 饵剂** poison bait

引诱害虫和害鼠等有害生物取食或行为控制的制剂。

**10.227 土壤处理** soil treatment

将药剂施到土壤里，消灭土壤中有害生物的方法。

**10.228 喷雾** spraying

利用空吸作用将农药药液雾化，以细小雾滴的方式均匀地喷施到作物上的施药方式。

**10.229 喷粉** dusting

利用机械所产生的风力将低浓度或用细土稀释好的农药粉剂吹送到作物和防治对象上的一种施药方式。

**10.230 农药有效利用率** effective application rate of pesticide

农药喷洒后沉积在生物靶标上的有效成分量与喷出有效成分总量之比。

**10.231 植保无人飞机** crop protection unmanned aerial vehicle

配备农药喷洒系统，用于植保作业的无人飞机。目前主要是旋翼飞机。

**10.232 有效成分** active ingredient

农药产品中针对害虫、病害和杂草等有害生物的活性成分。

**10.233 剂量** dosage

防控有害生物施用药剂的数量。

**10.234 抗药性** pesticide resistance

农药长期使用后，有害生物对农药敏感性降低并能遗传给后代的现象。

**10.235 农药半数致死量** pesticide median lethal dose

杀死供试生物群体内50%的个体所需要的农药剂量。

**10.236 农药致死中浓度** pesticide median lethal concentration

杀死供试生物群体内50%的个体所需要的

浓度。

**10.237 共毒系数** co-toxicity coefficient
两种或两种以上农药混用后的实际毒性和理论毒性的百分比。

**10.238 农药生物测定** pesticide bioassay
基于统一规范的测试程序,用活体生物对农药的毒力进行测定的评价方法。

**10.239 田间药效** field efficacy
农药施用于田间对有害生物产生的防控效果。是确定农药品种能否大面积应用的重要方法。

**10.240 内吸性农药** systemic pesticide
主要通过植物叶片和根吸收,能够在植物体内运输传导的农药。如新烟碱类杀虫剂和三唑类杀菌剂类农药等。

**10.241 农药分子靶标** molecular target of pesticide
在有害生物体内的某一个关键生物学过程中,能够与农药分子结合,从而干扰或中止该生物学过程,导致靶标生物死亡或生长发育抑制的生物大分子。如离子通道蛋白、各种酶蛋白及核酸等。

**10.242 植物药害** phytotoxicity
因施用农药对植物造成的伤害。如土壤长残效除草剂对后茬作物导致的伤害等。

**10.243 农药残留** pesticide residue
由于农药的使用而残存于生物体、食品、农副产品、饲料和环境中的农药母体及具有毒理学意义的代谢物、降解物和杂质的总称。

**10.244 急性毒性** acute toxicity
短期给予实验动物受试物农药所引起的毒性作用。用于了解农药在短时间内对生物的有害影响。

**10.245 慢性毒性** chronic toxicity
长期重复给予实验动物受试物农药所引起的毒性作用。用于了解农药在长时间内对生物的有害影响。

**10.246 环境归趋** environmental fate
农药在环境中的剂量和形态变化行为规律。包括农药的吸附、淋溶、吸收、迁移、降解、代谢和累积等过程。

**10.247 农药无作用剂量** pesticide non-observed adverse effect level
农药在一定时间内按一定方式与机体接触时,不存在任何损害作用的最高剂量。

**10.248 最高残留值** highest residue
多个登记残留试验组成的数据集的最大值。该数据用于制定农药残留限量标准。

**10.249 规范残留试验中值** supervised trials median residue, STMR
多个登记残留试验组成的数据集的中位数。

**10.250 施药安全间隔期** preharvest interval
最后一次施药后到作物中农药残留量降至最大允许残留量所需的间隔时间。

**10.251 加工因子** processing factor
加工后农产品中的农药残留量与初级农产品或原材料中农药残留量的比值。

**10.252 风险熵值** risk quotient
在农药环境风险评估中用以表征风险大小的参数。为环境暴露浓度(或剂量)与预测无效应浓度(或剂量)的比值。

**10.253 非靶标生物** non-target organism
除防治对象外的其他生物。如蜜蜂、鸟、水生生物和家蚕等。

**10.254 农药风险评估** pesticide risk assessment
对人类和非靶标生物由于接触农药而对健康具有已知或可能的严重不良作用的科学评估。包括危害确认、危害特征描述、暴露评估和风险表述。

**10.255 植保飞防** plant protection aircraft control

利用飞机高效施药防控有害生物的植物保护技术。主要可分为大型载人飞机和小型无人飞机施药防控两种。

## 10.04 生物防治

**10.256 生物农药** biological pesticide

利用生物活体或其代谢产物防控有害生物的农药。

**10.257 微生物农药** microbial pesticide

以细菌、真菌、卵菌、病毒、原生动物或基因修饰的微生物等活体为有效成分的农药。

**10.258 生物化学农药** biochemical pesticide

对防治对象没有直接毒性,可通过调节生长、干扰交配或引诱等特殊作用防控有害生物的天然化合物及与天然化合物结构相同的人工合成农药。

**10.259 植物源农药** botanical pesticide

有效成分来源于植物体的农药。包括植物中提取的活性成分、植物本身和活性结构修饰后合成的化合物。

**10.260 农用抗生素** agricultural antibiotic

由微生物发酵产生的具有农药效能的次生代谢产物。

**10.261 植物微生态制剂** plant microecological preparation

利用具有调控植株微生态平衡的有益微生物或其他活性物质加工而成的生物制剂。

**10.262 天敌昆虫** natural enemy insect

自然界中寄生或捕食其他生物的昆虫。

**10.263 捕食** predatism

一种生物取食另一种生物的行为。

**10.264 寄生** parasitism

一种生物生活于另一种生物的体内或体表,后者为前者提供营养及发育环境而维持生活的现象。

**10.265 重寄生** hyperparasitism

某种寄生性生物被另一种寄生性生物寄生的现象。

**10.266 多寄生** multiparasitism

同一寄主被多种寄生性生物寄生的现象。

**10.267 寄主专一性** host specificity

生物对寄主的选择性范围。某种生物仅选择一种或少数几种寄主取食或产卵,则寄主专一性强;若在多种寄主上取食或产卵,则寄主专一性弱。

**10.268 寄主选择性** host selection

天敌昆虫在取食或产卵时对特定寄主具有的一定偏好性。

**10.269 替代寄主** alternative host

可替代自然寄主满足寄生性天敌发育需求的一类生物。具有繁殖能力强、易于饲养、贮存、运输和生产成本低等优势,主要用于大规模饲养和扩繁天敌产品。

**10.270 滞育关联蛋白** diapause associated protein

在昆虫滞育期内特异性表达,滞育结束后表达量下降或消失的一类特殊功能蛋白质。

**10.271 捕食性天敌昆虫** predatory natural enemy insect

以其他昆虫或动物为食物的昆虫。可直接取食猎物的一部分或全部,也可吸食害虫体液使其死亡。

**10.272 草蛉** green lacewing

脉翅目草蛉科昆虫。幼虫和大部分成虫均能捕食,主要捕食蚜虫、粉虱、叶螨、叶蝉、毛虫等多种小型农林害虫。常见种类有大草蛉[*Chrysopa pallens* (Rambur)]、丽草蛉[*C. formosa* (Brauer)]、叶色草蛉(*C. phyllochroma* Wemael)、日本通草蛉[*Chrysoperla nipponensis* (Okamoto)]、普通草蛉(*C. carnea* Stephens)等。

**10.273 瓢虫** ladybird beetle

鞘翅目瓢虫科昆虫。多数种类具捕食性,成虫和幼虫可捕食蚜虫、叶螨、蚧壳虫、粉虱、木虱、叶蝉及其他小型昆虫等。常见种类包括七星瓢虫(*Coccinella septempunctata* L.)、异色瓢虫(*Harmonia axyridis* Pallas)、六斑月瓢虫(*Menochilus sexmaculata* Fabricius) 、龟纹瓢虫(*Propylaea japonica* Thunberg)、大红瓢虫(*Rodolia rufopilosa* Mulsant)等。

**10.274 捕食性蝽** predatory stink bug

半翅目的一类重要的杂食性或肉食性天敌昆虫。包括益蝽[*Picromerus lewisi* (Scott)]、蠋蝽(*Arma chinensis* Fallou)、东亚小花蝽(*Orius sauteri* Poppius)、红彩瑞猎蝽[*Rhynocoris fuscipes* (Fabricius)]、华姬蝽[*Nabis sinoferus* (Hsiao)]、烟盲蝽[*Nesidiocoris tenuis* (Reuter)]等。可捕食蚜虫、螨类、叶蝉、蓟马等半翅目和鳞翅目昆虫卵及幼虫等。

**10.275 花蝽** anthocoridae bug

半翅目花蝽科昆虫的统称。成虫及若虫均能捕食蚜虫、蓟马、小型鳞翅目幼虫、螨类和各种虫卵。常见种类包括东亚小花蝽[*Orius sauteri* (Poppius)]、南方小花蝽(*O. similis* Zheng)、微小花蝽(*O. minutus* L.)、中国小花蝽(*O. chinensis* Bu & L. Y. Zheng)等。

**10.276 猎蝽** assassin bug

半翅目猎蝽科昆虫的统称。绝大多数为捕食性,可捕食多种昆虫及其他节肢动物,对某些害虫有一定的抑制作用。常见种类有黑红赤猎蝽[*Haematoloecha nigrorufa* (Stål)]、环斑猛猎蝽[*Sphedanolestes impressicollis* (Stål)]、红腹光猎蝽(*Ectrychotes gressitti* China)、中黄猎蝽(*Sycanus croceovittatus* Dohrn)等。

**10.277 姬蝽** nabidae bug

半翅目姬蝽科昆虫的统称。多数为肉食性、少数为寄生性,食量大、耐饥力强,在农田、森林、仓库等捕食多种害虫,具有伪装和拟态等特性。姬蝽常见种类有角带花姬蝽(*Prostemma hilgendorffi* Stein)、华夏异姬蝽(*Alloeorhynchus sinicus* Ren et Bu)、黑胫光姬蝽(*Rhamphocoris tibialis* Hsiao)等。

**10.278 蠋蝽** arma chinensis

半翅目蝽科(Pentatomidae)昆虫的统称。可捕食烟青虫、斜纹夜蛾、草地贪夜蛾、美国白蛾、马铃薯甲虫等40余种农林害虫。广泛应用在农业、烟草和林业害虫的生物防治。

**10.279 食蚜蝇** syrphus fly

双翅目食蚜蝇科昆虫的统称。是重要的天敌昆虫和资源昆虫。头部、胸部和腹部常被黄色或橙色条纹覆盖,多具访花习性,有较强的飞行能力。在生物防治和作物授粉等方面具有良好前景。常见种类有黑带食蚜蝇(*Epistrophe balteata* De Geer)、大灰食蚜蝇(*Syrphus corollae* Fabricius)、狭带食蚜蝇(*S. serarius* Wiedemann)、凹带食蚜蝇(*S. nitens* Zetterstedt)、斜斑鼓额食蚜蝇[*Scaeva pyrastri* (L.)]。

**10.280 捕食性螨** predacious mite

节肢动物门蛛形纲蜱螨亚纲生物。是捕食性天敌的一个类群,在小型害虫害螨的生物防控中被广泛应用。植绥螨科捕食螨是其最重要的类群。

**10.281 植绥螨** phytoseiid mite

寄螨目植绥螨科(Phytoseiidae)昆虫的统称。用来防治叶螨、蓟马、粉虱等小型吸汁性有害生物。

**10.282 寄生性天敌昆虫** parasitic insect

一类能寄生且取食其他昆虫获取营养物质以维持生存的昆虫。其幼虫期附着在其他昆虫的体内或体表,被广泛应用于农田、温室及园林害虫的生物防治。

**10.283 寄生蜂** parasitic wasp

膜翅目的一类寄生性昆虫。其成虫阶段营自由生活,幼虫阶段在节肢动物寄主体内或体表发育并最终导致寄主死亡。

**10.284 赤眼蜂** trichogramma

膜翅目赤眼蜂科赤眼蜂属(*Trichogramma*)昆虫的统称。成蜂复眼赤红色,产卵于寄主卵内,幼虫取食寄主卵黄并引起寄主死亡。常见种类有玉米螟赤眼蜂(*T. ostriniae* Pang et Chen)、松毛虫赤眼蜂(*T. dendrolimi* Matsumura)、稻螟赤眼蜂(*T. japonicum* Ashmead)等。已被广泛应用于农林害虫的生物防治。

**10.285 蚜小蜂** Aphelinidae

膜翅目蚜小蜂科昆虫的总称。主要以蚧虫、粉虱、蚜虫及直翅目昆虫的卵为寄主,多数种类为害虫的初寄生蜂,少数种类为次寄生蜂。是农林害虫的重要天敌。

**10.286 小蜂** Chalcidoidea

膜翅目细腰亚目小蜂总科昆虫的统称。包括20多个科,如小蜂科(Chalcididae)、蚜小蜂科(Aphelinidae)、金小蜂科(Pteromalidae)、姬小蜂科(Eulophidae)等。多数种类体型微小,营寄生生活,部分为捕食性,少数植食性。可寄生于昆虫的各个虫态,是重要的寄生性天敌昆虫。

**10.287 茧蜂** Braconidae

膜翅目茧蜂科昆虫的统称。主要寄生于鳞翅目、双翅目、鞘翅目昆虫。一般寄生于寄主的幼虫期,有些种可寄生于蛹和成虫,少数可跨期寄生,通过取食寄主完成发育,是一类优良的寄生性天敌昆虫。

**10.288 蚜茧蜂** Aphidiidae

膜翅目蚜茧蜂科昆虫的统称。广泛分布于世界各地,该科多数种类是蚜虫的体内寄生蜂,常见种类有烟蚜茧蜂(*Aphidius gifuensis* Ashmead)、麦蚜茧蜂(*Ephedrus plagiator* Nees)、少脉蚜茧蜂(*Diaeretiella rapae* M'Intosh)、桃瘤蚜茧蜂(*Ephedrus persicae* Froggatt)等。

**10.289 黑卵蜂** telenomus

膜翅目黑卵蜂科黑卵蜂属(*Telenomus*)的卵寄生蜂总称。成虫体黑色,将卵产在鳞翅目和双翅目等昆虫的卵内,并在寄主卵内完成发育,是多种农林害虫的优良寄生蜂。

**10.290 姬蜂** Ichneumonidae

膜翅目姬蜂科昆虫的统称。姬蜂种类多、寄主广、善飞行,可寄生多种鳞翅目、鞘翅目、膜翅目等害虫的幼虫或蛹;寄生方式多样,如体内和体外寄生、单寄生和聚寄生等。是具有重要经济意义的天敌昆虫。

**10.291 寄生蝇** tachinid fly

双翅目寄蝇科(Tachinidae)昆虫的总称。其幼虫均寄生于其他昆虫或节肢动物体内,可寄生鞘翅目、直翅目、半翅目、膜翅目等许多昆虫。是农林害虫的优良寄生性天敌,也是重要的传粉昆虫。

**10.292 芽孢杆菌** *Bacillus* spp.

一类以产生内生芽孢为主要特征的严格需氧或兼性厌氧的革兰氏阳性细菌。

**10.293 苏云金芽孢杆菌** *Bacillus thuringiensis* E. Berliner

一种可产生杀虫蛋白质晶体的芽孢杆菌。对鳞翅目、鞘翅目、双翅目及线虫等有害生物具有活性。

**10.294 枯草芽孢杆菌** *Bacillus subtilis* (Ehrenberg) Cohn

一种易在枯草浸汁中繁殖的芽孢杆菌。通过竞争、抑制、诱导抗性等多种机制防治植物病害。

**10.295 假单胞菌** *Pseudomonas* spp.

假单胞菌科假单胞菌属革兰氏阴性细菌。不形成芽孢，严格需氧，产生多种抗生素，部分菌株产生水溶性荧光色素。属下多个种中有植物病害生防菌和根际促生菌，如荧光假单胞菌（*Pseudomonas fluorescens* Migula）、铜绿假单胞菌[*P. aeruginosa*（Schroeter）]、绿针假单胞菌[*P. chlororaphis*（Guignard & Souvageau）]、芸薹假单胞菌（*P. parafulva* Achouak）等。

**10.296 溶杆菌** *Lysobacter* spp.

溶杆菌科溶杆菌属革兰氏阴性细菌。对多种病原真菌、细菌和线虫具有溶菌活性，能合成结构多样的抗菌物质和胞外水解酶。

**10.297 链霉菌** *Streptomyces* spp.

链霉菌科链霉菌属革兰氏阳性细菌。菌丝体发达，分化成基内菌丝和气生菌丝，后者成熟后发育成孢子丝，可裂生大量分生孢子进行散播与繁殖，是大部分抗生素的产生菌。

**10.298 白僵菌** *Beauveria* spp.

虫草菌科白僵菌属昆虫病原真菌。侵染虫体后，病虫表面菌丝及孢子呈白色，可用于防治鳞翅目、同翅目、膜翅目、直翅目等700多种昆虫和蜱螨类害虫。

**10.299 绿僵菌** *Metarhizium* spp.

麦角菌科绿僵菌属昆虫病原真菌。侵染虫体后，病虫表面菌丝呈白色，形成孢子呈绿色，可用于防治200多种昆虫，也能寄生螨类及线虫。

**10.300 木霉菌** *Trichoderma* spp.

是木霉菌属所有种的统称。现发现其有性世代为肉座菌属（*Hypocrea*）丝状真菌。广泛分布于土壤、植物体表面和植物残体等环境中。对多种病原真菌表现有拮抗、重寄生及竞争等作用。

**10.301 黏帚霉** *Gliocladium* spp.

有性世代为肉座菌科黏帚霉属真菌。典型特征为分生孢子生长于帚状排列的分生孢子梗上，分生孢子无色或者淡色。部分种具有菌寄生特征，可用于多种真菌性病害的生物防治。

**10.302 盾壳霉** *Coniothyrium* spp.

盾壳霉科盾壳霉属真菌。是核盘菌的重要寄生真菌。

**10.303 淡紫紫孢菌** *Paecilomyces lilacinus*（Thom）Samson

蛇形虫草科紫孢菌属中一种广泛分布于土壤和植物残体的丝状真菌。菌落初期白色，产生分生孢子后，菌落呈紫红色，可用于防治多种土传病害及线虫。

**10.304 蜡蚧刺束梗孢菌** *Akanthomyces lecanii*（Zimmerman）

虫草菌科刺束梗孢属中一种昆虫病原真菌。由表皮侵入昆虫体内，产生的毒素具有杀虫作用，能寄生蚜虫、粉虱和螨类等体型小而易产生抗药性的昆虫。适用于防治温室害虫。

**10.305 核型多角体病毒** nucleopolyhedrovirus

杆状病毒科甲型杆状病毒属（*Alphabaculovirus*）病毒。是对昆虫具有致病性和较强宿主专一性的双链DNA病毒。

## 10.05 外来入侵生物

**10.306 外来入侵生物** invasive alien species, alien invasive species

对传入地的生态系统、栖境、物种、农林牧副渔业生产和人类健康带来危害与威胁的外来物种。

**10.307 生物入侵** biological invasion
外来物种传入到新的生态系统中,建立自我繁殖和维持的种群,并对当地生态、经济或社会造成危害的过程。

**10.308 本地物种** indigenous species
发生、分布和起源于当地自然生态系统与栖境的物种。

**10.309 外来物种** alien species, exotic species
出现在其自然分布范围及扩散潜力以外的种、亚种及以下分类单元。包括所有可能存活继而繁殖的部分、配子或繁殖体。

**10.310 归化物种** naturalized species
已经建立能够自我维持的种群,并与本地生态系统形成稳定关系的外来物种。

**10.311 传入途径** introduction pathway
物种离开原产地(或原分布区)传入到新生境的过程。

**10.312 入侵物种风险评估** risk assessment for alien invasive species
对入侵物种的传入、定殖、潜伏适生、扩散、暴发等阶段的风险进行的评估和管理。包括分析其从原发生地到新入侵地的种群变化风险,以及对入侵地经济、生态、社会危害和影响风险的过程,以及确定是否应对入侵物种采取防控措施和防控措施力度的决策过程。

**10.313 种间竞争性替代** interspecies competive displacement
入侵物种与土著种或早期入侵物种发生竞争互作,导致其中一个物种被替代的过程。

**10.314 应急灭除** emergency management and elimination
一旦发现新发或潜发入侵物种,立即采用人工拔除、物理防治、化学防控及生物防治等进行消灭的措施。

**10.315 生态修复** ecological restoration
对特定入侵种可用资源需求有针对性地进行生态调控,最终恢复生态系统平衡的过程。

**10.316 草地贪夜蛾** fall armyworm, *Spodoptera frugiperda* (J. E. Smith)
鳞翅目夜蛾科害虫。起源于美洲,中国于2018年12月底在云南首次发现。主要为害玉米。被列入《一类农作物病虫害名录》。

**10.317 苹果蠹蛾** codling moth, *Cydia pomonella* (L.)
鳞翅目卷蛾科害虫。起源于欧洲,中国20世纪50年代在新疆首次发现。主要为害苹果等果树,以幼虫钻蛀果实内部取食。被列入《一类农作物病虫害名录》。

**10.318 番茄潜叶蛾** tomato leafminer, *Tuta absoluta* (Meyrick)
鳞翅目麦蛾科害虫。起源于南美洲,中国于2017年在新疆首次发现。主要为害番茄和马铃薯,以幼虫潜食植物叶片,并可蛀食果实。

**10.319 马铃薯甲虫** colorado potato beetle, *Leptinotarsa decemlineata* (Say)
鞘翅目叶甲科害虫。起源于北美洲,中国于1993年在新疆首次发现。主要为害马铃薯、茄子和番茄,以成虫和幼虫取食叶片。被列入《一类农作物病虫害名录》《中华人民共和国进境植物检疫性有害生物名录》及"全国农业植物检疫性有害生物名单"。

**10.320 稻水象甲** rice water weevil, *Lissorhoptrus oryzophilus* Kuschel
鞘翅目象甲科害虫。起源于美国,中国于1988年在河北首次发现。主要为害水稻,成虫取食叶肉,幼虫取食根部。被列入"全国农业植物检疫性有害生物名单"、《中华人民共和国进境植物检疫性有害生物名录》。

**10.321 橘小实蝇** oriental fruit fly, *Bactrocera dorsalis* (Hendel)

双翅目实蝇科害虫。起源于南亚,中国于1911年在台湾首次发现。主要为害柑橘,成虫吸食果实汁液,幼虫取食果肉导致其未熟先落,产卵孔常诱发病原菌侵染,导致果实腐烂。

**10.322 三叶草斑潜蝇** American serpentine leaf miner, *Liriomyza trifolii* (Brugess)

双翅目潜蝇科害虫。最早发现于北美洲,中国最早于1988年在台湾发现。主要为害豇豆和芹菜,幼虫潜食叶肉。

**10.323 扶桑绵粉蚧** solenopsis mealybug, *Phenacoccus solenopsis* Tinsley

半翅目粉蚧科害虫。起源于北美洲,中国于2008年在广东首次发现。主要为害棉花和扶桑,以若虫和成虫吸食植株叶片和嫩茎等汁液,分泌蜜露诱发煤污病。被列入"全国农业植物检疫性有害生物名单"及《中华人民共和国进境植物检疫性有害生物名录》。

**10.324 红火蚁** red fire ant, *Solenopsis invicta* Buren

膜翅目蚁科害虫。起源于南美洲,中国于2003年在台湾发现,2004年在广东吴川发现。叮蜇人畜,啃食电线胶皮,破坏公共设施,降低生态系统多样性,直接危害大豆、玉米、甘薯和马铃薯等。被列入"全国农业植物检疫性有害生物名单"及《中华人民共和国进境植物检疫性有害生物名录》。

**10.325 福寿螺** amazonian smail, *Pomacea canaliculata* (Lamarck)

中腹足目瓶螺科软体动物。起源于南美洲,1979年引入中国台湾,1981年引入中国大陆广东中山。食性广、繁殖快,主要为害水稻、茭笋和荸荠。

**10.326 马铃薯金线虫** potato golden nematode, *Globodera rostochiensis* (Wollenweber)

垫刃目异皮线虫科线虫。最早发现于南美洲,中国于2018年在贵州首次发现。主要为害马铃薯和茄子,从植株根部侵染。被列入"全国农业植物检疫性有害生物名单"及《中华人民共和国进境植物检疫性有害生物名录》。

**10.327 甜菜孢囊线虫** beet cyst nematode, *Heterodera schachtii* (Schmidt)

垫刃目异皮线虫科线虫。最早发现于德国,中国于2015年在新疆首次发现。主要为害甜菜、大白菜、油菜和萝卜。

**10.328 香蕉穿孔线虫** banana burrowing nematode, *Radopholus similis* (Cobb) Thorne

垫刃目短体科线虫。最早发现于斐济,中国于1987年在福建首次发现。主要为害香蕉、胡椒和椰子。被列入"全国农业植物检疫性有害生物名单"。

**10.329 小麦网腥黑穗病菌** pathogen of wheat common bunt, *Tilletia caries* (DC.) Tui. & C. Tul.

黑粉菌目腥黑粉菌科真菌。主要为害冰草、硬雀麦、旱雀麦、紫羊茅、黑麦、普通小麦。病株麦粒为菌瘿,菌瘿内有三甲胺,具鱼腥味。

**10.330 黄瓜黑星病菌** pathogen of scab cucurbits, *Cladosporium cucumerinum* Ellis et Arthur

煤炱目小戴卫霉科真菌。最早发现于美国。主要为害黄瓜,可在植株整个生育期侵染发病。被列入"全国农业植物检疫性有害生物名单"及《中华人民共和国进境植物检疫性有害生物名录》。

**10.331 香蕉枯萎病菌4号小种** pathogen of fusarium wiltrace 4, *Fusarium oxysporum*. f. sp. *cubense* (Race 4)

肉座菌目丛赤壳科真菌。最早在巴拿马发

现,中国于1967年在台湾首次发现。主要为害香蕉。病菌侵染导管,堵塞木质部,致植株枯萎死亡。

**10.332 向日葵黑茎病菌** pathogen of sunflower phoma black stem, *Leptosphaeria lindquistii* Frezzi

格孢腔菌科真菌。最早发现于加拿大,中国于2005年在新疆首次发现。主要为害向日葵。病菌侵染向日葵地上部,致茎秆变黑腐烂及倒折,引起花盘变小,籽粒干瘪。

**10.333 梨火疫病菌** pear fire blight, *Erwinia amylovora* (Burrill) Winslow et al.

肠杆菌目欧文氏菌科细菌。最早发现于美国,中国于2016年在新疆首次发现。主要为害梨、苹果、海棠和山楂。病原菌侵染致花、枝条、幼果和根茎枯萎,被感染的嫩枝出现"牧羊鞭"症状。被列入《一类农作物病虫害名录》及"全国农业植物检疫性有害生物名单"。

**10.334 瓜类果斑病菌** bacterial fruit blotch, *Acidovorax citrulli* Schaad et al.

伯克氏菌目丛毛单胞菌科细菌。最早发现于美国,中国于1998年在海南首次发现。主要为害西瓜、甜瓜、黄瓜和南瓜。在作物各个生长期均可侵染发病。被列入"全国农业植物检疫性有害生物名单"及《中华人民共和国进境植物检疫性有害生物名录》。

**10.335 番茄细菌性溃疡病菌** bacterial canker of tomato, *Clavibacter michiganense* (Smith) Davis et al.

微球菌目微杆菌科细菌。1910年最早发现于美国,中国于1954年在辽宁首次发现。主要为害西瓜和番茄。在番茄各生育期均可发生为害,致叶片萎蔫焦枯,直至植物整株死亡,致果实呈现鸟眼状的病斑。

**10.336 猕猴桃细菌性溃疡病菌** bacterial canker of kiwifruit, *Pseudomonas syringae* pv. *actinidiae*

假单胞菌目假单胞菌科细菌。1984年日本首次报道,中国于1985年在湖南首次发现。主要为害美味猕猴桃、中华猕猴桃、软枣猕猴桃和狗枣猕猴桃。秋冬季危害症状集中表现于主干和枝条,春夏集中于新生枝条、叶片、花和果实等。

**10.337 马铃薯帚顶病毒** potato mop-top virus, PMTV

植物杆状病毒科马铃薯帚顶病毒属(*Pomovirus*)病毒。最早发现于南美洲,中国最早于广东和四川发现。可侵染马铃薯、番茄、藜、龙葵和地樱桃。常引起马铃薯块出现同心坏死环斑,严重时薯块畸形、龟裂。被列入《中华人民共和国进境植物检疫性有害生物名录》。

**10.338 番茄褐色皱纹果病毒** tomato brown rugose fruit virus, ToBRFV

杆状病毒科烟草花叶病毒属(*Tobamovirus*)病毒。2014年首次在以色列发现,2016年首次被鉴定,中国于2019年在山东首次发现。主要为害番茄和辣椒。引起番茄叶片花叶和变窄,果实表面黄斑等症状,严重影响产量和品质。被列入《中华人民共和国进境植物检疫性有害生物名录》。

**10.339 玉米褪绿斑驳病毒** maize chlorotic mottle virus, MCMV

番茄丛矮病毒科玉米褪绿斑驳病毒属(*Machlomovirus*)病毒。最早发现于秘鲁,中国于2009年在云南首次发现。主要为害玉米。可引起玉米褪绿、斑驳、节间距变短矮化、雄性花序坚硬、短花轴、少数穗且畸形等症状。被列入"全国农业植物检疫性有害生物名单"及《中华人民共和国进境植物检疫性有害生物名录》。

**10.340 李痘病毒** plum pox virus, PPV

马铃薯Y病毒科马铃薯Y病毒属(*Potyvirus*)病毒。最早发现于保加利亚,中国于2005年在湖南首次发现。主要为害桃、李、梅、杏和樱桃。可引起叶片扭曲褪绿、叶脉黄化及果实畸形等症状。被列入《中华人民共和国进境植物检疫性有害生物名录》。

**10.341　石茅**　Johnson grass, *Sorghum halepense*（L.）Pers.
又称"假高粱"。禾本科多年生草本植物。原产于地中海东南部,中国台湾于20世纪初从日本引入,同期在香港和广东发现归化。主要妨碍甘蔗、玉米、棉花、谷类、豆类生长。具毒性,牲畜食后中毒。

**10.342　毒麦**　damel ryegrass, *Lolium temulentum* L.
禾本科一年生或二年生草本植物。起源于欧洲,20世纪50年代传入中国。与农作物争夺养分,影响农作物产量;其籽粒的"有毒寄生真菌"产生毒麦碱毒素,人畜食后中毒乃至死亡。被列入《中华人民共和国进境植物检疫性有害生物名录》。

**10.343　节节麦**　Tausch's goatgrass, *Aegilops tauschii* Coss
禾本科山羊草属一年生或二年生草本植物。起源于西亚,中国于1955年在河南首次发现。主要与小麦竞争光、肥、水等资源,造成小麦减产甚至绝收。被列入《中华人民共和国进境植物检疫性有害生物名录》。

**10.344　豚草**　ragweed, *Ambrosia artemisiifolia* L.
菊科一年生草本植物。起源于美洲,中国于1935年在浙江首次发现。主要为害玉米、大豆、向日葵、大麻和红麻。与本地植物竞争,降低入侵地植物多样性。豚草花粉是人类枯草热的主要病源,可引发过敏性鼻炎和支气管哮喘等变态反应症。被列入《中华人民共和国进境植物检疫性有害生物名录》。

## 10.06　杂　　草

**10.345　杂草**　weed
能够在人类维持某种植被状态的生境中不断自然延续其种群,并影响到人工植被状态维持的一类植物。具有适应性、持续性和危害性三个基本特征。

**10.346　一年生杂草**　annual weed
在一年中完成从出苗、生长、开花结实直至死亡的生活史全过程的杂草。

**10.347　二年生杂草**　biennial weed
生活史在跨年度中完成的杂草。通常在秋冬季萌发生长,翌年开花结实至死亡。

**10.348　多年生杂草**　perennial weed
生活史可持续两年以上的杂草。一般春夏发芽生长,夏秋开花结实,秋冬地上部枯死,但地下部不死,翌年春可重新抽芽生长,植株通常不但能结实传代,而且能通过地下变态器官生存繁衍。

**10.349　禾草类杂草**　grass weed
禾本科杂草的统称。茎圆形或略扁,节与节间明显,节间中空,叶片狭长。发生密度大,分枝生长迅速。我国有200余种,全国各地均发生危害。

**10.350　马唐**　common crabgrass, *Digitaria sanguinalis*（L.）Scop.
禾本科马唐属一年生恶性杂草。叶舌膜质,总状花序3～10枚,指状着生秆顶。我国各地均有分布,主要为害玉米、棉花、豆类、花生,以及烟草、甘蔗、高粱等秋熟旱作物。

**10.351　牛筋草**　goosegrass, *Eleusine indica*（L.）Gaertn.
禾本科䅟属一年生杂草。是世界十大恶性杂草之一。茎秆粗壮坚韧,叶舌膜质,穗状花序

2~7 个，指状着生秆顶。我国南北各地均有分布，在秋熟旱作物田、果园、茶园、荒地及路旁等广泛发生。

**10.352 野燕麦** wild oat, *Avena fatua* L.

禾本科燕麦属一年生或二年生杂草。叶舌较长，透明膜质；圆锥花序开展，小穗顶端膨胀成飞燕状，芒长。全国广泛分布，以西北和东北地区危害最为严重，是麦类和油菜等夏熟作物田的世界恶性杂草，并且是麦类赤霉病、叶斑病和黑粉病的寄主。

**10.353 看麦娘** shortawn foxtail, *Alopecurus aequalis* Sobol.

禾本科看麦娘属一年生或二年生杂草。秆丛生，叶鞘光滑，叶舌膜质；圆锥花序圆柱状，花药橙黄色。主要发生于我国长江流域、西南及华南地区，喜湿，是小麦和油菜等夏熟作物田恶性杂草。

**10.354 日本看麦娘** Japanese foxtail, *Alopecurus japonicus* Steud.

禾本科看麦娘属一年生或二年生杂草。秆丛生，叶舌膜质；圆锥花序圆柱状，花药白色。主要分布于我国长江流域及以南地区，为小麦、油菜等夏熟作物田恶性杂草，对麦类作物为害严重，常和看麦娘混生危害。

**10.355 菵草** American sloughgrass, *Beckmannia syzigachne* (Steud.) Fern.

禾本科菵草属一年生或二年生杂草。叶鞘长于节间，叶舌透明膜质；圆锥花序常紧缩直立，小穗扁平，颖草质囊状，易随水漂浮。全国均有分布，是我国长江流域及西南地区稻茬麦田和油菜田恶性杂草，喜湿，在地势低洼和土壤黏重的田块危害尤为严重。

**10.356 稗** barnyard grass, *Echinochloa crus-galli* (L.) P. Beauv.

禾本科稗属一年生恶性杂草。秆光滑无毛，无叶舌；圆锥花序直立或倾斜成尖塔形；小穗卵形，脉上密被疣基刺毛。全国广布，喜温暖潮湿环境，适应性强，为水稻田为害最严重的杂草，同时为害玉米、大豆、棉花、花生等多种秋熟旱作物。

**10.357 千金子** Chinese sprangletop, *Leptochloa chinensis* (L.) Nees

禾本科千金子属一年生杂草。秆基部膝曲，平滑无毛，叶舌膜质；圆锥花序分枝开展细弱，小穗紫色。主要分布于长江流域及以南地区，为直播水稻田和湿润秋熟旱作物田恶性杂草，尤以水改旱的农田发生危害严重。

**10.358 双穗雀稗** knotgrass, *Paspalum distichum* L.

禾本科雀稗属多年生杂草。匍匐茎横走，节生柔毛；叶鞘短于节间，具叶舌；总状花序 2 枚对生。主要分布于长江流域及以南各地区，喜水湿环境，为水稻田及湿润秋熟旱作物田主要杂草，多从沟边或埂边逐渐侵入农田形成危害。

**10.359 莎草类杂草** sedge weed

莎草科杂草的统称。茎三棱形或扁三棱形，节与节间区别不明显，茎常实心，叶片狭长；高密度簇生，竞争生长空间。我国有 100 余种，全国各地均有发生。

**10.360 异型莎草** variable flatsedge, *Cyperus difformis* L.

莎草科莎草属一年生恶性杂草。秆扁三棱形；苞片长于花序，聚伞花序小穗密聚成球形；小坚果三棱形。我国南北各地均有分布，为水稻田及低湿旱地的恶性杂草，在低洼水稻田发生危害尤为严重。

**10.361 阔叶草类杂草** broadleaf weed

叶片宽阔的双子叶和部分单子叶杂草的统称。茎圆形或四棱形，有明显的节与节间，节上具叶和芽。高大粗壮，光能竞争能力强。我国有 1000 余种，发生危害遍及全国。

**10.362 反枝苋** redroot pigweed, *Amaranthus*

*retroflexus* L.

苋科苋属一年生恶性杂草。茎密被柔毛,穗状圆锥花序粗壮,呈尖塔形;胞果扁卵形,环状横裂。分布于我国北方,主要在玉米、棉花、大豆等秋熟旱作物田及菜园、果园等旱地发生危害。

**10.363 藜** lambsquarters, *Chenopodium album* L.

苋科藜属一年生恶性杂草。茎具绿色或紫红色条棱,叶有灰白色或紫红色粉粒;花序圆锥状,种子横生,双凸镜状,胚环形。全国各地均有分布,常在棉花、玉米、花生、豆类、薯类等秋熟旱作田及小麦、蔬菜、果树等田地发生危害。

**10.364 刺儿菜** Canada thistle, *Cirsium arvense* var. *integrifolium* C. Wimm. et Grabowski

菊科蓟属多年生杂草。具发达地下直根,叶椭圆形或披针形,叶缘有针刺,头状花序紫红色。全国各地均有分布,常成优势种群发生于农田、荒地和路旁,主要为害小麦、油菜等夏熟作物,以及玉米、大豆、棉花等多种秋熟作物,在果园和茶园也有较大危害。

**10.365 苣荬菜** field sowthistle, *Sonchus wightianus* DC.

菊科苦苣菜属多年生杂草。具根状茎,有乳汁;中下部叶倒披针形,常羽状浅裂;头状花序黄色。全国各地均有分布,常形成单优种群,对农田具有较强的侵占性,造成大豆、玉米、小麦、油菜等旱地作物严重减产,是东北大豆田的恶性杂草。

**10.366 藿香蓟** tropical whiteweed, *Ageratum conyzoides* L.

菊科藿香蓟属一年生杂草。茎枝密被白色柔毛,叶对生;总苞钟状或半球形,花淡紫色。主要分布于我国长江以南,在西南及华南地区玉米、花生、甘薯、甘蔗等秋熟旱作物田发生量大,危害严重,为区域性恶性杂草,对橡胶幼林为害也较严重。

**10.367 牛膝菊** smallflower galinsoga, *Galinsoga parviflora* Cav.

菊科牛膝菊属一年生杂草。茎枝被短柔毛和腺毛,总苞宽钟状,边花白色,顶端3齿裂,盘花黄色。全国各地均有分布,主要为害玉米、豆类、花生、烟草等秋熟旱作物,在西南地区可全年开花结实。

**10.368 鸭跖草** Asiatic dayflower, *Commelina communis* L.

鸭跖草科鸭跖草属一年生杂草。茎匍匐生根,分枝发达;总苞片佛焰苞状,花深蓝色。广泛分布于我国南北各地,耐旱性强,主要为害玉米、大豆、花生和棉花等秋熟旱作物。

**10.369 柳叶刺蓼** Bunge's smartweed, *Polygonum bungeanum* Turcz.

蓼科蓼属一年生杂草。茎具倒生皮刺,叶两面被平伏硬毛,花白或淡红色。喜生于沙地、田边及路旁荒芜湿地,是北方秋熟旱作田常见杂草,为害玉米、大豆、麦类、油菜、甜菜、马铃薯和棉花等作物。

**10.370 播娘蒿** flixweed , *Descurainia sophia* (L.) Webb ex Prantl

十字花科播娘蒿属一年生或二年生杂草。茎直立,叶2~3回羽状深裂;花黄色,长角果线形圆筒状,结实量大。主要为害小麦、油菜等夏熟作物及蔬菜,是华北地区小麦田恶性杂草。

**10.371 拉拉藤** false cleavers, *Galium spurium* L.

又称"猪殃殃"。茜草科拉拉藤属一年生或二年生杂草。茎四棱,蔓生或攀缘状,具倒生小刺毛;叶6~8片轮生;小坚果常半球形双生,密被钩毛。我国夏熟旱作物田恶性杂草,在华北、西北、淮河流域、长江流域麦田和油菜田均大面积发生危害。

**10.372 野慈姑** threeleaf arrowhead, *Sagittaria trifolia* L.

泽泻科慈姑属多年生水生杂草。具匍匐茎，先端膨大成球状；叶片箭形；花被片白色或淡黄色；瘦果两侧压扁，具翅。分布几遍全国，可通过球茎或种子繁殖，为水稻田常见杂草，在北方稻区危害严重。

**10.373 雨久花** oval-leaf pondweed, *Pontederia korsakowii* (Regel & Maack) M. Pell. & C. N. Horn

雨久花科雨久花属水生杂草。基生叶宽卵状心形，叶柄长，膨大成囊状；总状花序顶生聚为圆锥花序，花被片大，蓝色。我国长江流域及以北地区均有分布，为水稻田杂草，在东北地区稻田危害尤为严重。

**10.374 杂草群落** weed community

在特定环境条件下重复出现的杂草种群组合。在农业措施作用或环境条件变化的情况下，杂草群落可不断发生演替。

## 10.07 鼠　　害

**10.375 鼠害** rodent pest

植物受啮齿类有害生物影响，其生长和发育受到干扰和破坏，从生理机能到组织结构发生变化，外部形态表现异常，产量降低，品质变劣，甚至局部或全株死亡的现象。

**10.376 啮齿动物** rodent

哺乳纲一类中小型动物，包括啮齿目（Rodentia）和兔形目（Lagomorpha）两大类。其形态特征为具有呈凿状的门齿 1 对（兔形目为前后排列的 2 对），门齿无齿根且能够终生生长；无犬齿，在犬齿位置为宽大的齿隙。营陆生或半水栖穴居。

**10.377 褐家鼠** brown rat, *Rattus norvegicus* (Berkenhout)

鼠科家鼠属中型鼠类。体型粗壮；背毛灰褐色，腹毛灰白色；耳前折达不到眼部；尾长短于体长，双色，上黑下白；成体颅骨的颞嵴平行。夜行性。农业和家栖常见的害鼠，我国除西藏以外都有分布。

**10.378 黄毛鼠** losea vole, *Rattus losea* (Swinhoe)

鼠科家鼠属。体型纤长，尾下面色略淡，尾长等于或稍长于体长；耳薄，前折达不到眼部；背毛黄褐色。善攀缘。夜行性，野外栖息。分布于我国南方地区，为农业害鼠。

**10.379 黄胸鼠** oriental house rat, *Rattus tanezumi* (Temmink)

鼠科家鼠属中型鼠类。体型修长，尾单色，尾长超过体长；耳大而薄，前折能遮眼；背毛棕褐色，腹部或胸部中间毛浅黄褐色。善攀缘。夜行性，家栖为主。为我国主要贮粮害鼠之一。

**10.380 小家鼠** house mouse, *Mus musculus* (L.)

鼠科小家鼠属小型鼠类。体重 7～20g；上门齿后缘有 1 缺刻，呈直角；尾长一般超过体长。夜行，广栖性。农业和家栖常见的害鼠，我国各地都有分布。

**10.381 黑线姬鼠** striped field mouse, *Apodemus agrarius* (Pallas)

鼠科姬鼠属小型野鼠。第一、二上臼齿内侧各有 3 个齿突；背毛黄褐色，沿背部中线有 1 黑色纵纹；尾上面黑下面白，足白色。夜行，野栖。在我国农区广泛分布。主要农田害鼠之一。

**10.382 板齿鼠** greater bandicoot rat, *Bandicota indica* (Bechstein)

鼠科板齿鼠属。体型较大，头小嘴尖；耳厚，大而圆；尾具鳞环，有褐色刚毛，等于或略短于体长；臼齿咀嚼面齿突愈合成板状。夜行，野栖。分布于热带和亚热带地区，为农业害鼠。

**10.383 长爪沙鼠** mongolian gerbil, *Meriones unguiculatus* (Milne-Edwards)

鼠科沙鼠属中型鼠类。有储食习性。耳大，尾长，尾端有细长毛束；背毛土黄色，腹毛灰色。日行鼠类。主要分布于农牧交错带及其以北的草原与荒漠地带，为农牧业害鼠。

**10.384 北社鼠** confucian niviventer, *Niviventer confucianus* (Hodgson)

鼠科白腹鼠属。体型中等，背毛褐色，腹毛白色，背腹毛在体侧分界明显；无刺毛，夏季或有少量软刺毛；耳大而薄，前伸可达眼部；尾长大于等于体长且背腹两色，端部有较长的白色毛区。为农区主要害鼠之一。

**10.385 大仓鼠** greater long-tailed hamster, *Tscherskia triton* (de Winton)

仓鼠科大仓鼠属。有颊囊和储食习性。体型似褐家鼠，但尾短，尾尖白色；耳短圆，有极窄白边。夜行，野栖，独居。主要分布于我国北方旱作区，为重要农业害鼠。

**10.386 黑线仓鼠** striped dwarf hamster, *Cricetulus barabensis* (Pallas)

仓鼠科仓鼠属。有颊囊和储食习性。体型小，粗短，吻短，耳圆，尾极短；背中央有暗色纵纹；尾双色，足白色。夜行，野栖，喜砂质土壤。我国主要分布于长江以北各地，为重要农业害鼠。

**10.387 中华鼢鼠** common Chinese zokor, *Eospalax fontanierii* (Milne-Edwards)

鼹形鼠科凸颅鼢鼠属。有储食习性；前肢发达，适于掘土，头宽扁，鼻端平钝，眼极小；额部中央有大小形状多变的白斑；颞嵴几乎平行。昼夜活动，营地下生活。为我国特有。为农区及农牧交错区主要害鼠之一。

**10.388 高原鼢鼠** plateau zokor, *Eospalax baileyi* (Thomas)

鼹形鼠科凸颅鼢鼠属。外形与中华鼢鼠相似；有储食习性。前爪较弱小，尾及后足被浓密短毛；顶嵴不平行。栖息于海拔1400m以上地带，除繁殖外营独居生活。为青藏高原重要害鼠。

**10.389 达乌尔黄鼠** Daurian ground squirrel, *Spermophilus dauricus* (Brandt)

松鼠科黄鼠属。地栖鼠，头圆，眼大；耳小，耳壳退化，皮肤褶状；全身被黄毛，尾短，尾端毛束不发达。日行，冬眠。主要分布于草原与荒漠地带。为农区及农牧交错区主要害鼠之一。

**10.390 棕色田鼠** mandarin vole, *Lasiopodomys mandarinus* (Milne-Edwards)

仓鼠科毛足田鼠属。体型细小，眼小，耳短；尾略长于后足长；背毛褐黄色至棕褐色，腹毛灰白；尾双色，尾尖白色。营地下生活，群居。我国主要分布于东北、华北和华中地区，为农业害鼠。

**10.391 布氏田鼠** brandt's vole, *Lasiopodomys brandtii* (Radde)

仓鼠科毛足田鼠属。有储草习性。耳甚小，几乎隐于毛中；四肢短小；颅骨人字嵴显著；背毛沙黄色，足掌上部毛发达。群居，可站于洞口瞭望，日行。分布于内蒙古中东部地区。

**10.392 东方田鼠** reed vole, *Alexandromys fortis* (Buechner)

仓鼠科东方田鼠属。田鼠中的大型种类，体躯筒状，短尾，短肢，尾长短于或接近体长1/2，但大于1/3；雄性体型显著大于雌性；背毛棕褐色，尾双色。昼夜活动。分布南限达北纬23°30′。为农区主要害鼠之一。

**10.393 黄兔尾鼠** yellow stepped vole, *Lagurus luteus* (Eversmann)

仓鼠科东方兔尾鼠属。中小体型，体背毛色沙黄，夹杂棕褐色毛尖，尾上下一色，浅黄，尾甚短，后足掌全部被密毛。日行，不冬眠。主要分布于荒漠草原。新疆北部地区特有种。为农区及农牧交错区主要害鼠之一。

**10.394　大沙鼠**　great gerbil, *Rhombomys opimus* (Lichtenstein)

仓鼠科大沙鼠属。体型较大,尾短而粗,明显短于体长,尾上着生密毛,尾端的毛较长。主要栖息于以梭梭[*Haloxylon ammodendron* (C. A. Mey.) Bunge]、柽柳(*Tamarix chinensis* Lour.)等为主的荒漠地区,群居。对植被有显著危害。

**10.395　高原鼠兔**　plateau pika, *Ochotona curzoniae* (Hodgson)

兔形目鼠兔科鼠兔属。体型较大,耳小而圆,耳壳具明显的白色外缘;前后足的趾垫常隐于毛内;无明显外尾。群居,日行,不冬眠。分布于海拔3100~5100m草原,青藏高原特有种,为青藏高原重要害鼠。

**10.396　鼠密度**　rodent density

表示单位面积内鼠类的数量。通常指采用各类监测技术如鼠夹法、粉迹法、堵洞法、土丘密度法和智能监测法等获取的各类数据转换而成的单位面积内鼠类的数量。

**10.397　物理控制**　physical management

采用鼠夹、鼠笼、弓箭、粘鼠板和围栏捕鼠系统等各种物理器械控制害鼠数量的方法。

**10.398　夹捕**　snap trapping

采用各种鼠夹捕获鼠类的方法。是灭杀或鼠密度调查的方法之一。

**10.399　围栏捕鼠系统**　trap barrier system

一种鼠害物理防治器械。在铁丝网内种植诱饵作物,在网底部开口设置捕鼠装置进行长期性捕鼠。

**10.400　地箭**　ground arrow

采用触发式弓箭发射原理捕杀鼢鼠等地下害鼠的器械。

**10.401　招鹰控鼠**　rodent control by attracting predator bird

通过在鼠害发生区架设招鹰架,吸引猛禽类天敌控制鼠害的方法。

**10.402　招鹰架**　landing pole for predator bird

便于猛禽类降落、筑巢和捕食的架杆状器械。用于招鹰控鼠。

**10.403　毒饵站**　bait station

一类杀鼠剂的投饵容器。可保护毒饵不受日晒雨淋而延长毒饵的有效期,还可防止猪、狗、鸡、鸭等大型非靶标动物的误食,并且拟合鼠类钻洞等习性提高毒饵的使用效率。

**10.404　不育控制**　sterile control

使用各类没有直接灭杀作用的药剂,通过调控鼠类繁殖性能,降低鼠类出生率以控制害鼠种群数量或密度的鼠害防控技术。

# 11. 农业环境保护

## 11.01　农业环境污染

**11.001　农业环境污染**　agricultural environmental pollution

农业生产过程中,由于不合理施肥、劣质水灌溉、农药残留等造成的土壤、地表水体和大气等环境产生的物理、化学和生物污染。对农作物产量和品质产生一定影响。

**11.002　点源污染**　point source pollution

有固定排放点或排放口的污染源。指未经处理的或者未达标排放的村镇生活污水或者养殖场粪水,由排放口集中汇入江河湖库。

**11.003　面源污染**　non-point source pollution

又称“非点源污染”。空间上无法定点监测、时间上随机发生且分散的汇入纳污体系的污染。主要指农药和化肥等产生的污染。

**11.004 农业面源污染** agricultural non-point source pollution

在农业生产活动中,农田中的泥沙、氮磷等营养盐、残留农药及其他污染物,随降水或灌溉,通过农田地表径流、农田排水和地下渗漏,进入水体而形成的面源污染。

**11.005 农村面源污染** rural non-point source pollution

农村生活过程中,在降水和径流冲刷作用下,溶解的或固体的污染物从非特定地域,通过地表径流、排水和地下渗漏,进入受纳水体所引起的污染。

**11.006 农田排水** farmland drainage and run-off

又称"农田退水"。农业生产过程中农田积水或由于降水径流所产生的水体外排的过程。

**11.007 畜禽养殖废水** wastewater from live-stock and poultry breeding

畜禽养殖过程产生的生产和生活废水。由畜禽排放的尿液、养殖过程产生的冲洗水以及养殖场工作人员产生的生活污水等组成。

**11.008 农机噪声** agricultural machinery noise

全称"农业机械噪声"。农业生产活动中一切不规则的声信号。如发动机噪声、传动部件噪声、液压系统噪声和作业机械工作时的噪声等。

**11.009 土壤污染** soil pollution

因人为因素导致某种物质进入陆地表层土壤,引起土壤化学、物理、生物等方面特性的改变,影响土壤功能和有效利用,危害公众健康或者破坏生态环境的现象。

**11.010 土壤重金属污染** soil heavy metal pollution

人类活动使重金属在土壤中的累积量明显高于土壤环境背景值,致使土壤质量和作物品质受到影响的现象。

**11.011 土壤有机物污染** soil organic matter pollution

进入土壤的有毒有害有机物质的数量和速度超过土壤自净能力引起的土壤污染现象。

**11.012 病原菌** pathogenic bacterium

来自未经无害化处理的粪便和污水,能入侵植物和动物等宿主,引起感染并产生致病物质,影响宿主正常生长的微生物。包括细菌、真菌和病毒等。

**11.013 农业大气污染** agricultural air pollution

农田种植或养殖过程中产生的各类挥发性污染物向大气中排放的数量和速度超过大气稀释和自净能力,使大气质量恶化的过程。

**11.014 农业氮排放** agricultural nitrogen emissions

由农业活动生产,能源和化学投入品使用,以及农业废弃物处理过程等产生并排放的气态氮。

**11.015 氮氧化物污染** nitrogen oxide pollution

来自农田氮循环、粪肥处理或者农机尾气排放的含氮氧化物,在大气中的含量和存在的时间达到对人、动物和植物产生有害影响的过程。主要包括一氧化氮($NO$)和二氧化氮($NO_2$)。

**11.016 总悬浮颗粒物** total suspended particulate

在空气中悬浮,空气动力学当量直径≤100μm的固态和液态颗粒物的总称。

**11.017 降尘污染** dust pollution

大气中漂浮的细小颗粒使植物叶片的气孔阻

塞形成硬表皮，严重时影响光合作用的现象。

**11.018 酸雨** acid rain

又称"酸沉降(acid precipitation)"。pH 小于 5.6 的雨雾雪露霜或其他形式的降水。

**11.019 恶臭气体** odorous gas

又称"异味(off-odor)"。畜禽养殖场(舍)或厕所等粪污排放、处理及不合理利用过程中产生的一切刺激嗅觉器官，引起人们不愉快及损害生活环境的气体物质。

**11.020 臭气浓度** odor concentration

用无臭的清洁空气对臭气样品连续稀释至嗅辨员嗅阈值时的稀释倍数。

**11.021 嗅阈值** olfactory threshold

人的嗅觉器官对某种有气味物质的最低检出量或能感觉到的最低浓度。

**11.022 无机污染** inorganic pollution

各种有害的金属、盐类、酸性物质、碱性物质及无机悬浮物等对农业生产和生活环境所造成的污染。

**11.023 农用化学物质** agrochemical

农业生产中投入使用的，如化肥、农药、兽药、生长调节剂和农膜等可促进农产品生产的物质。在农业生产中起着重要作用。

**11.024 化肥副成分污染** fertilizer by-product pollution

化肥中有效成分以外的其他成分造成的污染。

**11.025 有机污染** organic pollution

环境中以碳水化合物、蛋白质、氨基酸及脂肪酸等形式存在的天然有机物质和其他可生物降解的人工合成有机物质共同组成的污染物。

**11.026 持久性有机污染物** persistent organic pollutant

具有高毒性、难以降解、可生物积累等特性，能通过空气、水和迁徙物种进行长距离迁移，并在远离其排放地点的生态环境中富集，对土壤环境和生物体造成严重负面影响的天然或人工合成的有机物。

**11.027 农药污染** pesticide pollution

农药使用后残存于生物体、农副产品及土壤环境中的微量农药原体、有毒代谢产物、降解产物和杂质，超过农药的最高残留限制而形成的污染现象。

**11.028 环境荷尔蒙污染** environmental hormonal pollution

又称"环境激素污染"。由于人类生产、生活活动释放到环境中的具有类似雌激素作用的一类外源性化学物质，导致人体和动物体内激素水平异常的现象。

**11.029 六氯环己烷** hexachlorocyclohexane

俗称"六六六"。一种农田土壤残留性很强的广谱有机氯杀虫剂。被世界卫生组织列入高致癌性清单的持久性有机污染物。化学式：$C_6H_6Cl_6$。

**11.030 双对氯苯基三氯乙烷** dichlorodiphenyltrichloroethane

俗称"滴滴涕"。对人类健康和生态环境有潜在危害的一种有机氯杀虫剂。被世界卫生组织列入高致癌性清单的持久性有机污染物。化学式：$C_{14}H_9Cl_5$。

**11.031 多环芳烃** polycyclic aromatic hydrocarbon, PAH

含有一个苯环以上的芳香化合物。产生于工业生产、塑料等有机物热解或不完全燃烧过程。其中有许多被证明具有致癌毒性。

**11.032 塑料污染** plastic pollution

又称"白色污染(white pollution)"。用聚苯乙烯、聚丙烯、聚氯乙烯等高分子化合物制成的各类塑料制品，在使用后被随意丢弃造成农田环境污染的现象。

**11.033　新污染物**　emerging contaminant
新近产生或被新近认识的任何人工合成或自然存在的,其环境赋存浓度可引起显著已知或可疑的毒害作用的化学物质及微生物。包括对人体和生态物种的毒害及对地球系统结构的危害。

**11.034　抗生素污染**　antibiotic pollution
人或动物不能将因各类原因服用的抗生素完全吸收、转化及代谢,从而导致大量的抗生素原态及其代谢物排入农业环境中造成的污染。

**11.035　抗生素抗性基因**　antibiotics resistance gene
畜禽养殖业抗生素使用后,可能诱导阻止动物体内抗生素等药物作用的基因或营养补偿性基因,经排泄后将对养殖区域及其周边环境造成的潜在基因污染。

**11.036　微塑料**　microplastic
具有更高比表面和更大吸附能力的粒径小于5mm 的塑料颗粒。

## 11.02　产地环境保护

**11.037　产地环境保护**　environmental protection of farm produce area
对农业活动获得各类初级产品的生产基地所涉及的耕地土壤、地表水及大气等环境进行保护的过程。

**11.038　污染源控制**　pollution source control
在污染源调查的基础上,运用技术、经济、法律以及其他管理手段,对产生污染物的源头进行监测和控制,尽可能削减污染物排放量的措施。

**11.039　农业清洁生产**　agricultural cleaner production
采取贯穿整个农业生产活动产前、产中和产后过程的整体预防环境策略,减少或者消除该过程各类废弃物或污染物对环境的可能危害,使经济效益最大化的一种生产模式。

**11.040　长期性防治**　long-term control
根据环境保护法预防为主、防治结合、综合治理的基本原则,针对渐进性、长期性和复杂性的农业环境污染问题,持续进行的预防和治理。

**11.041　生态工程防治**　ecological engineering prevention and control
根据农业生态系统的物种共生与物质循环原理、结构与功能,设计的促进多层级物能循环,达到预防整治农田中各种污染问题的生产工艺。

**11.042　固碳减排**　carbon sequestration and mitigation
在农业生产中既能达到减少温室气体排放,又能提高农业碳储量的技术措施。

**11.043　肥料减量**　fertilizer reduction
在农业生产中通过改进施肥结构、方式及用肥时机等,实现肥料减量增效的技术措施。

**11.044　缓冲带截留**　buffer strip interception
通过合理的林草系统配置、设计和工程建设,增加农田与地表水体之间缓冲带的水土截留量,减少氮、磷等污染物进入河流水体的措施。

**11.045　污水农业净化**　wastewater agricultural purification
通过农田、林地、草地等土壤-植物系统的生物、化学、物理的固定与降解作用,对污水中污染物实现净化及氮、磷等资源利用的土地净化方式。

**11.046　肥水农业养殖**　fertilized water agricultural aquaculture

养殖废水或农田排水经过一定处理，满足渔业养殖用水标准后进行养殖的生产方式。既能利用肥水中的养分，又能实现渔民增产增收。

**11.047　氧化塘法**　oxidation pond process

又称“稳定塘法(stabilization pond process)”。利用水塘中的水生植物、微生物和藻类的联合作用，对农村生活污水和畜禽养殖废水进行需氧生物处理的方法。

**11.048　污水土地处理**　wastewater land treatment

在人工控制条件下，将各类来源的农业农村污水投配在指定土地上，通过土壤-植物-微生物系统进行一系列物理、化学和生物净化的处理工艺。

**11.049　慢速渗透系统**　slow infiltration system

废水通过表面布水或喷灌布水的方式投配到土壤表面后，垂直向下缓慢渗透，从而完成对废水进行净化的污水处理工艺。通常土壤渗透系数控制在0.15~1.5cm/h。

**11.050　快速渗透系统**　rapid infiltration system

依靠土壤和生物作用使污水得以高效、低耗净化的污水处理与再生方式。适用于渗透性非常好的土壤(如沙土、砾石性沙土等)。通常土壤渗透系数为1.5~2.5cm/h。

**11.051　生物修复**　bioremediation

通过自然产生的生物体的直接作用或间接作用，将有害物质分解成毒性较低或无毒物质，将污染物固定或稳定以减少其向周边环境扩散的处理方法。

**11.052　动物修复**　animal remediation

通过动物及其肠道微生物对污染物分解、消化和富集，以降低污染物毒性或转化为无害物质的修复方式。

**11.053　微生物修复**　microbial remediation

通过微生物的代谢作用，将环境中的污染物降解或转化为其他无害物质的修复方式。

**11.054　植物修复**　phytoremediation

利用植物及其共生微生物提取、吸收、分解、转化或固定地块土壤和地下水中的有机或无机污染物，从而达到移除、削减或稳定污染物，降低污染物毒性的修复方式。

**11.055　植物萃取**　phytoextraction

又称“植物提取”。将吸收污染物并蓄积在体内的植物收获后再进行处理的修复方式。

**11.056　植物稳定化**　phytostabilization

又称“植物固定”。植物在与土壤的共同作用下，固定污染物并降低其生物活性，以减少对生物和环境危害的修复方式。

**11.057　植物挥发**　phytovolatilization

利用植物的吸收、积累、挥发来减少土壤污染物的修复方式。

**11.058　低吸收植物**　hypoaccumulator

又称“低累积植物”。吸收或运输到可食用部位的重金属含量显著低于食品安全国家标准或饲料卫生标准的植物。适合在中轻度污染土壤上种植。

**11.059　超积累植物**　hyperaccumulator

又称“超富集植物”。对重金属的吸收量超过一般植物中的含量100倍以上的植物。

**11.060　污染土壤修复**　contaminated soil remediation

采用物理、化学或生物的方法固定、转移、吸收、降解或转化受污染土壤中的污染物，使其含量和生物有效性降低到可接受水平的过程。

**11.061　客土覆盖**　soil replacement coverage

将一定厚度的净土覆盖在污染土壤上，以减

少作物根系与污染物直接接触的措施。

**11.062 换土修复** soil replacement restoration
将受污染的土壤挖除至适当深度后,填入未污染的土壤,再对受污染土壤进一步处理的修复。

**11.063 深耕稀释** deep plow dilute
通过翻耕一定深度的土壤,改善土壤耕层结构,降低重金属浓度及活性的措施。

**11.064 土壤自净** soil self-purification
在土壤自身特性、功能及微生物降解等共同作用下,将外界输入的有毒有害物质转变为无毒无害物质或营养物质,以保持土壤生态系统平衡的过程。

## 11.03 生态循环农业

**11.065 生态循环农业** ecological recycling agriculture
将种植业、畜牧业、渔业等与加工业有机联系起来的综合经营方式。利用物种多样化微生物科技的核心技术在农林牧副渔多模块间形成整体生态链的良性循环。

**11.066 农业生态系统** agricultural ecosystem
农业生物种群与农业生态环境构成的生态整体。由生产者、消费者、分解者及农业环境因素四大基本要素构成。

**11.067 农田生态系统** cropland ecosystem
一定面积内,农作物和其他生物及其环境通过复杂的相互作用和相互依存而形成的统一整体。即一定范围内农田构成的生态系统。

**11.068 农林牧复合生态系统** agroforestry and animal husbandry ecosystem
在有限空间范围内,按照生态平衡、环境承载和循环经济理念进行规划设计,实现多年生林木、经济作物与畜禽养殖等所构成的协同共生和深度融合的生态体系。

**11.069 农渔复合生态系统** agro-fishery ecosystem
遵照生态学原理及规律,采用现代生物技术和工程技术,保持和改善生产区域的生态平衡,保护水体不受污染,保持各种水生生物种群的动态平衡和食物链的合理结构,确保水生生物和水资源连续利用的复合系统。

**11.070 农牧复合生态系统** agro-pastoral ecosystem
在同一土地管理单元上,遵循生态学原理,把大田作物、饲料作物及其他经济作物与畜禽规模养殖按照动态平衡和食物链的合理结构进行规划设计与生产所构成的复合系统。

**11.071 农业生态系统结构** agroecosystem structure
农业生态系统构成要素的组成及在特定时空上的配置,以及农业生态系统物质循环、能量流动和信息传递的途径。

**11.072 组分结构** components structure
又称“物种结构(species structure)”。由不同生物种类的组成与数量关系的格局构成的生态系统结构。是农业生态系统物质生产的主体。

**11.073 空间结构** spatial structure
农业生物群落在垂直和水平格局上的变化,构成的空间三维结构格局。

**11.074 时间结构** temporal structure
农业区域内各生物物种的生活周期在时间上的配合格局。

**11.075 营养结构** trophic structure

生态系统中生产者、各级消费者和分解者之间的取食与被取食的关系网络。

**11.076　生态农业模式**　eco-agriculture model
在农业生产实践中形成的一种兼顾农业经济效益、社会效益和生态效益，且结构和功能优化的模式。

**11.077　生态养殖模式**　ecological animal breeding model
以可持续发展为原则对养殖设施和结构进行改造，在有限的空间范围内，人为地将不同种类的动物群体以饲料为纽带串联起来，形成的产业链模式。

**11.078　生态农业工程**　eco-agriculture engineering
在一定的区域范围内因地制宜应用生态农业技术，将多种植物、动物和微生物生产进一步组装为合理的生态农业系统的现代化工程。

**11.079　种植业生态工程**　ecological engineering of cropping
以植物种植为主，根据生态系统的共生原理、系统工程理论、多种生物组成相互协调促进的功能原则及社会经济体条件，设计出来的人工生态系统。

**11.080　养殖业生态工程**　ecological engineering of livestock breeding industry
以畜禽动物为主，应用生态学基本原理及方法，将动物、饲料、微生物等生物种群有机结合，开发和利用多种可饲资源，形成经济、生态和社会效益稳定、高效、可持续发展的人工复合生态系统。

**11.081　庭院生态工程**　ecological engineering of home garden
把生态学、生态经济学等基本原理应用在农村庭院的种植、养殖和加工过程中，并与住宅建筑、园林绿化相适应，共同构成庭院经济的过程。

**11.082　沼气生态农业**　biogas ecological agriculture
以沼气工程为接口技术，将养殖业、种植业、农村生活用能等有机结合起来，实现物质和能量多层次多途径转化和循环利用的综合体。

**11.083　生态农场**　ecological farm
符合生态学原理，遵循“整体、协调、循环、再生、多样”原则，吸收优良传统实践和现代技术的可持续农业生产经营单元。包括种植、养殖和种养结合三种类型。

**11.084　农业生态平衡**　agroecological balance
在一定时间内，农业生态系统中的生物和环境之间及生物各个种群之间，通过能量流动、物质循环与信息传递，达到高度适应且协调统一的状态。

**11.085　生态平衡失调**　ecological imbalance
外界干扰超过生态系统的调节及补偿能力，造成生态系统结构破坏与功能受阻，正常的物质、能量和信息的循环与交流被打断，从而使整个生态系统衰退或崩溃的现象。

**11.086　农业生态系统调控**　agricultural ecosystem regulation
利用综合技术与管理措施，协调农业内部各产业生产间的关系，确定合理的农林牧、渔比例和配置，使系统各组成成分间的结构与机能更加协调，系统的能量流动、物质循环更趋合理的调控方式。

**11.087　农业生态系统服务功能**　agricultural ecosystem service function
特定农业生态系统产生的包括农产品生产的经济功能，及影响当前生态环境质量和维持现有农业资源数量的功能。

**11.088　循环农业**　circular agriculture
运用物质循环再生原理和物质多层次利用技术，实现较少的废弃物生产、有效的温室气体减排及较高的资源利用效率的农业生产方式。

**11.089 循环农业模式** circular agriculture model

一种基于物质能量高效循环的农业发展模式。主要按照地域范围分为三大类型，即政府主导的县域范围内大尺度循环模式，产业园区的中尺度循环模式，企业、合作社和农户为主体的小尺度循环模式。

**11.090 种养结合** cropping and livestock breeding

一种种植业和养殖业紧密结合的生态农业循环模式。种植业为养殖业提供饲草料，养殖业为种植业提供有机肥料，实现物质和能量在动植物之间高效循环。

**11.091 循环农业技术** circular agriculture technology

运用物质循环再生原理和物质多层次利用技术，实现较少废弃物的生产，提高资源利用效率，追求质量与效益和保护环境相平衡的可持续发展技术。

**11.092 资源化利用** resources utilization

采用适当措施实现农牧业废弃物中的物质和能量等资源循环利用的过程。农牧业废弃物作为原料可直接进行利用，也可对其进行转化后再利用。

**11.093 无害化处理** harmless treatment

将农牧业生产和初加工产生的各类有机废弃物通过发酵工程处理，达到不存在环境卫生问题、不损害人体健康和不污染周围环境的过程。

**11.094 减量化技术** reducing technology

将农牧业生产和初加工产生的易降解有机废弃物（畜禽粪便、秸秆、尾菜和菌糠等）通过发酵工程处理，实现容积和质量均降低以利于运输和储存的技术。

**11.095 再利用技术** reusing technology

延长原料或产品的使用寿命，以达到多次重复使用、减少资源消耗和减低成本等目的的技术。

**11.096 再循环技术** recycling technology

对农副产品废弃物实行多次、多级、多梯度循环利用和深度加工，使物质和能量持续高效率和高效益的技术。

**11.097 兼性堆肥** facultative composting

又称“堆沤处理（heap composting）”。采用自然堆存、无强制通风的堆积发酵方式，在土著微生物作用下，对畜禽粪便等有机固废进行生物降解和稳定腐熟的过程。通常发酵腐熟周期1~6个月。

**11.098 蚯蚓堆肥** earthworm composting

利用蚯蚓食性广、食量大的特点，以及其体内可分泌出蛋白酶、脂肪酶、纤维酶和淀粉酶等，将有机废物转化为蚯蚓粪和蚯蚓产品的技术。

**11.099 黑水虻堆肥** *Hermetia illucens* composting

利用黑水虻（*Hermetia illucens* L.）幼虫繁殖迅速、生物量大、食性广泛和吸收转化率高的特点，将畜禽粪便等有机物转化为稳定的生物肥料和蛋白饲料的技术。

**11.100 堆肥腐熟度** compost maturity

表征堆肥产品腐熟程度的指标。经过发酵腐熟的堆肥产品对种子发芽和幼苗生长无影响，一般分为物理学指标、化学指标和生物学指标。

**11.101 种子发芽指数** germination index, GI

用于判断畜禽粪便等为主要原料的堆肥发酵产品腐熟程度的指标。在一定浸提比条件下，堆肥产品浸提液中培养的种子发芽率和种子平均根长的乘积，与在纯水中培养的种子发芽率和种子平均根长的乘积的百分比，

GI 值越高,表明堆肥产品腐熟度越好。

**11.102 能源化** energization

通过直燃供热技术、气化集中供气技术、发酵制沼技术、压块成型及炭化技术,将农业有机废弃物转化为能源利用的过程。

**11.103 基质化** matricization

将农业废弃物通过无害化和稳定化处理,调节适宜的养分,产生用于作物育苗或食用菌栽培基质的过程。

**11.104 材料化** materialization

针对棉秆和园林等农业有机废弃物的特殊理化性质,对其进行加工处理转化为有用材料的过程。

**11.105 固废炭化** solid waste carbonization

将农林固体废弃物通过高温炭化工程,实现减量化和无害化处理,并产出生物质燃料和生物炭的过程。

## 11.04 农业环境管理

**11.106 农业环境管理** agricultural environmental management

农业环境管理机关依据农业生态环境科学理论和规范,运用经济、法律、行政、教育等手段,对农业环境保护工作进行决策、计划、组织、指挥和控制等一系列活动的总称。

**11.107 农业环境要素** agricultural environmental factor

影响植物和动物生长生活环境各要素的总和。包括土壤、用水、大气以及野生动植物和微生物等要素。

**11.108 农业环境质量标准** agricultural environmental quality standard

为了合理利用农业自然资源,维持农业生态平衡和保障人体健康,对进入农业环境中的各类有害物质的容许浓度做出的规定标准。

**11.109 土壤环境质量标准** soil environmental quality standard

规定土壤中污染物最高容许含量的标准。

**11.110 农业环境监测** agricultural environment monitoring

在一段时间内,定期或不定期地对影响农业环境质量的污染物及其对农业生物产生的危害进行监视和测定的过程。

**11.111 土壤污染监测** soil pollution monitoring

对土壤中各种重金属、有机污染物、农药和病原菌的来源、暴露水平、积累、转移或降解途径进行的监测活动。

**11.112 农田大气监测** farmland atmosphere monitoring

对农田大气环境中颗粒物、温室气体及其他形态组分的浓度进行监测分析的过程。

**11.113 乡镇村落监测** township and village monitoring

以乡镇村庄为单元,对环境空气、饮用水源地、土壤环境、地表水环境、农村生态环境质量进行监测的过程。

**11.114 土壤污染事故监测** soil pollution accident monitoring

对废气、废水、废液、固废以及农用化学品等对土壤造成的污染事故进行的应急监测。

**11.115 总量控制** total amount control

以控制一定时段和一定区域内排污单位排放污染物总量为核心的环境管理方法体系。

**11.116 源削减** source reduction

又称“源头减量”。在生产、流通和消费等过程中避免和减少资源消耗和废物产生,以及采取适当措施使废物量减少(含体积和重量)的过程。

**11.117 末端处理** terminal control

又称"末端治理"。在生产过程的终端或是在废弃物排放到自然界之前,采取一系列措施对其进行物理、化学或生物过程的处理,以减少排放到环境中的废物总量。

**11.118 达标排放** up-to-standard discharge

对人为污染源排入环境的污染物浓度或总量所作的限量规定。

**11.119 排污收费制度** pollution charging system

环境保护机关依照相关法律规定,向排放污染物的单位收取一定费用的制度。

**11.120 农业环境污染应急** agricultural environmental pollution emergency

在农业环境受到严重污染,威胁居民生命健康安全和正常农业生产时,为排除或减轻危害,必须采取的有效强制性措施。

**11.121 农业环境影响评价** agricultural environmental impact assessment

对农业规划和建设项目实施后的农业环境影响进行分析、预测和评估,提出预防或者减轻不良环境影响的对策和措施。

**11.122 生命周期评价** life cycle assessment

对产品、技术和服务从原材料获取、产品生产、产品使用及使用后处置等整个生命周期过程对环境影响的评估。

**11.123 清单分析** inventory analysis

对产品整个生命周期阶段的资源和能源消耗,以及排到环境中的排放物(包括废气、废水和固体废物及其他环境释放物)进行的量化分析。

**11.124 环境承载力** environmental carrying capacity

某一环境状态和结构在不发生对人类生存发展危害的前提下,所能承受的人类社会作用在规模、强度和速度上的限值。

**11.125 土壤背景值** background value of soil

又称"土壤本底值"。在不受或很少受人类活动影响和现代工业污染破坏的情况下,土壤固有的化学组成和结构特征。

**11.126 土壤环境容量** soil environment capacity

特定区域土壤环境所能容纳某种污染物的最大负荷量。其大小由土壤环境自净能力决定。

**11.127 土地承载力** land carrying capacity

在土地生态系统可持续运行的条件下,一定区域内耕地、林地和草地等所能承载的最大畜禽存栏量。

**11.128 土壤污染物临界值** critical value of soil pollution

通过科学试验等方法统计获得的土壤污染物对生物、水体、空气或人体健康产生危害时的临界浓度。

**11.129 农业碳汇** agricultural carbon sink

通过农业种植、植被恢复和土壤改良等措施,吸收和固定大气中的非二氧化碳源温室气体的过程。

**11.130 农业碳排放量** agricultural carbon emissions

因煤炭、石油、天然气等化石能源农用和农林业生产等活动产生的碳总量。

**11.131 农业碳足迹** agricultural carbon footprint

农业生产和人类活动直接或间接产生的二氧化碳及其他温室气体的总量。通常用产生的二氧化碳当量来表示。

# 12. 农 业 水 利

## 12.01 农业水资源

**12.001 地表水** surface water
分别存在于河流、湖泊、沼泽、冰川和冰盖等地表水体中的水的总称。

**12.002 地下水** groundwater
储存在地面以下饱和岩土孔隙、裂隙及溶洞中的水。

**12.003 非常规水资源** non-conventional water resources
开发利用方式或水质区别于地表及地下水的水资源。

**12.004 再生水** reclaimed water
污水经适当处理后,达到一定的水质标准,满足某种使用要求的水。

**12.005 回归水** return flow
田间灌溉弃水和农田排水中被再利用的水。

**12.006 微咸水** brackish water
矿化度为 2~5g/L 的水。

**12.007 灌溉用水量** irrigation water use
为满足作物正常生长需要的灌溉水量、输配水损失量及田间灌水损失量总和。

**12.008 毛灌溉水量** gross irrigation water requirement
从水源引入的用于灌溉的水量。

**12.009 净灌溉水量** net irrigation water requirement
灌入田间被作物利用的水量。

**12.010 灌溉用水过程线** histogram of irrigation water use
以灌溉用水量或灌溉用水流量为纵坐标,以时间为横坐标绘成的曲线。

**12.011 灌溉用水量频率曲线** frequency curve of irrigation water use
以年灌溉用水量为纵坐标,以其发生的频率为横坐标所绘制的曲线。

**12.012 矿化度** total dissolved solid
单位水体积内含有的矿物离子总量。

**12.013 灌溉水质标准** water quality standard for irrigation
为防止农产品和土壤污染而规定的灌溉水质量要求。

**12.014 含沙量** sediment concentration
单位体积水中所含泥沙的体积或质量。

**12.015 灌溉适宜水温** suitable temperature of irrigation water
适宜农作物正常生长发育的灌溉水温。

**12.016 首部枢纽** headworks
在水源地集中布置多个不同类型的水工建筑物,协同运行满足需水的工程设施。

**12.017 [灌排]泵站** pumping station
由水泵和过流建筑物等组成的,用于灌溉提水或排水的设备和工程。

**12.018 水泵** water pump
把原动机的机械能量转变为液体能量,从而达到抽送液体目的的机械。

**12.019 离心泵** centrifugal pump
液体受离心力作用沿径向流出叶轮的泵。

**12.020 轴流泵** axial flow pump
液体在推力作用下沿轴向流出叶轮的泵。

**12.021 混流泵** mixed-flow pump
液体在离心力和轴向推力作用下斜向流出叶轮的泵。

**12.022 井** well
开采地下水的垂直集水建筑物。

**12.023 辐射井** radial well
由集水井和辐射管组成的水井。

**12.024 坎儿井** kariz, karez
利用竖井分段开挖的地下暗渠。是用来汇集山前冲积扇的地下水,自流引出地面进行灌溉的水利设施。

**12.025 雨水集蓄利用工程** rainwater collection, storage and utilization project
收集、存贮和综合利用雨水的工程。

**12.026 取水工程** water intake project
引取地表或地下水的工程设施。

**12.027 无坝取水** water intake without dam
没有拦河坝调节径流的取水方式。

**12.028 有坝取水** water intake with dam
建有拦河坝调节河流水位的取水方式。

**12.029 引渠式取水** water intake with approach channel
进水闸前设引渠的取水方式。

**12.030 渠灌** canal irrigation
利用渠道引流地表水进行的灌溉。

**12.031 井灌** well irrigation
利用水泵提取井水进行的灌溉。

**12.032 井渠结合灌溉** irrigation with surface water and groundwater
利用渠道和水井取地表水和地下水进行的灌溉。

**12.033 输配水系统** water transmission and distribution system
从水源取水按计划输送分配到各级渠道的工程系统。

**12.034 灌溉管道系统** irrigation pipe system
从水源取水逐级输送分配到田间或供水点的各级管道、联结配件和闸阀等的总称。

**12.035 灌溉渠道系统** irrigation channel system
从水源取水逐级输送分配到田间的各级渠道及其附属建筑物的工程系统。

**12.036 渠管结合系统** system of combining pipeline and channel
由管道和渠道相结合的输配水系统。

**12.037 输配水管网** pipe-line network of delivery and distribution
由各级管道、分水设施、保护装置和其他附属设施共同组成的管道网络系统。

**12.038 渠系建筑物** canal system structure
在渠道或沟道系统上为了控制、分配、测量水流和保证渠(沟)道安全运行而修建的构筑物。

**12.039 渠道** canal
具有自由水面的人工水道,是输水建筑物的一种。

**12.040 渠道防渗衬砌** canal seepage control and lining
减少渠道水量渗漏损失,固定渠槽渠坡,以及改善流态的技术措施。

**12.041 渡槽** aqueduct
为渠道跨越其他水道、洼地及道路和铁路而修建的桥式交叉建筑物。

**12.042 隧洞** tunnel
在山体或地下开凿的过水洞。

**12.043　涵洞**　culvert

为横穿填方渠堤及路基而埋设的具有封闭形断面的输水、泄水或交通建筑物。

**12.044　倒虹吸管**　inverted siphon

敷设在地面或地下用于输送渠道水流穿过河渠、溪谷、洼地及道路的下凹式(U形)压力管道。

**12.045　跌水**　hydraulic drop

连接两段高程不同的渠道的阶梯式跌落建筑物。

**12.046　陡槽**　chute

上游渠道水流沿急流明槽下泄,平顺流入下游渠道的建筑物。

**12.047　进水闸**　intake sluice

建在渠首,从河道、水库、湖泊引水并控制进水流量的水闸。

**12.048　分水闸**　diversion sluice

干渠以下各级渠道首部控制并分配流量的闸。

**12.049　节制闸**　regulating sluice

调节(渠道)上游水位,控制下泄流量的水闸。

**12.050　涵管**　culvert pipe

用于道路或渠道交叉,埋设于地表以下的管道。

**12.051　沉沙井**　sand sediment trap

管道或渠道上沉积水流中挟沙的似井装置。

**12.052　通气管**　breather pipe, vent pipe

为保证管路正常运行,在管道高点、急转弯点和末端等位置添加的减压和排气装置。

**12.053　拦污栅**　trash rack

设在进水口前,用于拦阻水流挟带的水草和漂木等杂物的框栅式结构装置。

**12.054　干渠**　main canal

从水源取水,担负输水任务的一级渠道。包括总干渠和分干渠。

**12.055　支渠**　branch canal

从干渠取水,担负输水任务的二级渠道。

**12.056　斗渠**　lateral canal

从支渠取水,担负配水任务的三级渠道。

**12.057　农渠**　sublateral canal

从斗渠取水并分配到田间的最末一级固定渠道。

**12.058　毛渠**　field ditch

从农渠取水并向畦和沟供水的田间临时渠道。

## 12.02　农田灌溉

**12.059　灌水方法**　irrigation method

使灌溉水进入田间并湿润根区土壤的方法。

**12.060　地面灌溉**　surface irrigation

水从地表面进入田间并借重力和毛细管作用浸润土壤的方法。

**12.061　畦灌**　border irrigation

灌溉水在畦田流动过程中,以重力作用渗入土壤的灌水方法。

**12.062　沟灌**　furrow irrigation

灌溉水流经作物行间垄沟,借重力与毛管作用湿润土壤的灌水方法。

**12.063　膜上灌**　irrigation on plastic film

以地膜为输水介质,通过膜缝或膜孔将灌溉水分配于田间土壤表面或作物根区,并利用重力作用或借助毛管力作用湿润土壤的灌水方法。

**12.064　膜下[滴]灌**　under-mulched drip irrigation

利用膜下专用灌水沟或专用灌水设备,在重力作用下或借助毛管力作用湿润土壤的灌水方法。

**12.065　漫灌**　flooding irrigation

灌溉水在较大的田面上漫流,借重力作用浸润土壤的灌水方法。

**12.066　淹灌**　basin irrigation

灌溉水在格田中形成比较均匀的水层,借重力作用渗入土壤的灌水方法。

**12.067　波涌灌**　surge flow irrigation

采用间歇交替方式向畦田或灌水沟放水的灌水方法。

**12.068　喷灌**　sprinkler irrigation

利用专门设备将有压水流通过喷头喷洒成细小水滴,落到土壤表面进行灌溉的方法。

**12.069　喷灌均匀度**　uniformity coefficiency of sprinkler irrigation

喷灌面积上喷洒水量的分布均匀程度。

**12.070　雾化程度**　degree of mist

喷头喷射水流的粉碎程度。用水滴平均直径或用喷头工作压力与喷嘴直径的比值表示。

**12.071　喷灌强度**　spraying intensity

单位时间内的喷洒水深。

**12.072　喷洒水利用系数**　sprinkler coefficient

喷洒范围内地面和作物的受水量与喷头出水量的比值。

**12.073　喷洒方式**　spray pattern

喷头采用的圆、扇形或带状的喷洒工作方式。

**12.074　微灌**　micro-irrigation

通过管道系统与安装在末级管道上的灌水器,将水和植物生长所需的养分以较小的流量,均匀准确地直接输送到植物根部附近土壤的一种灌水方法。包括滴灌、微喷灌和涌泉灌等。

**12.075　滴灌**　drip irrigation

利用专门灌溉设备,将有压水以水滴状流出浸润作物根区土壤的灌水方法。

**12.076　地下滴灌**　subsurface drip irrigation

通过工程设施将水送入地面以下,浸润根层土壤的滴灌灌水方法。

**12.077　微喷灌**　micro-sprinkler irrigation

利用专门设备将有压水通过安装在末级管道上的微喷头(流量不大于250L/h)进行喷洒灌溉的方法。

**12.078　涌泉灌**　bubbler irrigation

利用稳流器稳流和小管分散水流实施灌溉的灌水方法。

**12.079　灌水器设计工作压力**　designed operating pressure of emitter

灌水器在最优工况时的水头压力。

**12.080　灌水器设计流量**　designed flow rate of emitter

灌水器在设计工作压力下的流量。

**12.081　渗灌**　seepage irrigation

利用地下管道或专用灌水器将灌溉水输入田间耕作层,借毛细管作用湿润灌水器周围土壤的灌水方法。

**12.082　灌溉制度**　irrigation scheduling

按作物全生长期需水要求制定的灌水次数、灌水时间、灌水定额及灌溉定额的总称。

**12.083　作物需水量**　crop water requirement

满足作物正常生长时的叶面蒸腾、棵间蒸发及组成植物体的总需水量。

**12.084　作物耗水量**　crop water consumption

作物的叶面蒸腾与棵间蒸发的水量。

**12.085　灌水定额**　irrigation quota on each

application
单位灌溉面积的一次灌水量或灌水深度。

**12.086 灌溉定额** irrigation quota
作物播前及全生育期单位面积的总灌水量。是各次灌水定额的总和。

**12.087 灌水周期** irrigation cycle
满足作物需要的,两次灌水之间的时间间隔。

**12.088 灌水深度** irrigation depth
用当量水深表征的灌溉水量。

**12.089 充分灌溉** full irrigation
使作物在各个生育阶段处于适宜水分状态且作物产量最高的灌溉模式。

**12.090 非充分灌溉** deficit irrigation
在水量不足的条件下,为了获得总体效益最佳,作物全生育期或某些生育阶段不充分满足作物需水要求的灌溉模式。

**12.091 干湿交替灌溉** alternate wetting and drying irrigation
在水稻返青以后使稻田处于干湿交替状态的灌溉模式。

**12.092 调亏灌溉** regulated deficit irrigation
在生育期内某些阶段,施加适度的干旱胁迫,达到控制营养生长,促进生殖生长的灌溉模式。

**12.093 节水调质灌溉** water-saving and quality-adjusting irrigation
基于作物水分-品质响应机理,通过灌溉调控作物品质和产量的灌溉模式。

**12.094 计划土壤湿润层深度** designed wetted soil depth
旱田进行灌溉时,计划调节和控制土壤水分状况的土层深度。

**12.095 配水方式** water distribution mode
将渠首计划引取的水量由上而下地逐级分配给各级渠道或各用水单位的分配方式。主要包括续灌和轮灌两种方式。

**12.096 轮灌** rotational irrigation
上级渠(管)道向下级渠(管)道轮流供水的工作方式。

**12.097 轮灌周期** rotational irrigation period
灌溉单元一次配水时段的延续时间。

**12.098 续灌** continuous irrigation
上级渠(管)道向下级渠(管)道连续供水的工作方式。

**12.099 渠道水利用系数** conveyance efficiency of canal
某一级渠道设计运行工况条件下,渠首入流量扣除蒸发渗漏水量的值与入流量的比值。

**12.100 渠系水利用系数** conveyance efficiency of canal system
末级固定渠道流出水量之和与渠首流入总水量的比值。

**12.101 田间水利用系数** on-farm water use efficiency
灌入田间被作物利用的水量与末级固定渠道放出水量的比值。

**12.102 灌溉水利用系数** irrigation water use efficiency
灌入田间被作物利用的水量与首部引入的总水量的比值。

**12.103 灌水均匀度** irrigation uniformity
灌溉范围内田间土壤湿润的均匀程度。

**12.104 灌溉水生产力** irrigation water productivity
单位灌溉水资源投入所获得的农业产出量。

**12.105 作物水分利用率** crop water use efficiency
在一定的作物品种和耕作栽培条件下,单位

耗水量所获得的产量或产值。

**12.106 作物水分生产函数** crop water production function
作物产量与耗水量之间的定量关系。

**12.107 设计耗水强度** designed water consumption intensity
设计典型年灌溉临界期作物的日平均耗水强度峰值。

**12.108 设计供水强度** designed water supply intensity
设计典型年灌溉临界期月平均的日灌水量。

**12.109 土壤湿润比** percentage of wetted soil
在计划湿润层内湿润土体与总土体的体积比。

**12.110 灌水率** irrigation modulus
灌区单位面积(万亩)上所需要的灌溉净流量。

**12.111 灌溉设计保证率** probability of irrigation water requirement
设计灌溉用水量的保证程度。用设计灌溉用水量全部获得满足的年数占总年数的百分率表示。

**12.112 抗旱天数** days of against drought
农作物生长期连续干旱时,灌溉工程能确保用水要求的天数。

**12.113 作物水分亏缺** water deficit of crop
当作物蒸腾超过根系吸水而影响其正常生理活动的现象。

**12.114 压力灌溉系统首部** headworks of pressurized irrigation system
压力灌溉系统首端集中布置的加压设备、过滤器、施肥(药)装置、量测和控制设备的总称。

**12.115 控制阀** control valve
控制液体流动方向、压力或流量的阀的总称。

**12.116 逆止阀** check valve
启闭件(阀瓣)借助介质作用力,自动阻止介质逆流的阀门。

**12.117 安全阀** safety valve
为防止系统过载,保证系统安全的压力控制阀。

**12.118 排气阀** air evacuation valve, exhaust valve
破除真空和排除管道内空气的阀门。

**12.119 电磁阀** electromagnetic valve
以电磁力为动力进行启闭的阀门。

**12.120 过滤系统** filtration system
分离流体中悬浮物的一组装置。

**12.121 沉沙池** sediment pond
用来沉淀水中部分泥沙的池形建筑物。

**12.122 离心过滤器** centrifugal filter
利用旋流离心作用分离水沙的设备。

**12.123 砂石过滤器** sand media filter
利用一定级配的砂石介质去除水中杂质的设备。

**12.124 筛网过滤器** screen filter
利用筛网去除水中杂质的设备。

**12.125 叠片过滤器** disc filter
利用叠在一起的表面具有细线槽的塑料片去除水中杂质的设备。

**12.126 压力调节器** pressure regulator
在一定的工作压力范围内,保持下游管道压力基本稳定的装置。

**12.127 流量调节器** flow regulator
在一定的工作压力范围内,可以自动改变过流断面,保持流量基本稳定的装置。

**12.128 施肥装置** fertilizer device
向灌溉系统注入可溶性肥料的装置。

**12.129 文丘里施肥器** Venturi injector
利用文丘里虹吸原理将肥料液体吸入管道灌溉系统的装置。

**12.130 压差式施肥罐** differential pressure tank
有压水流利用罐体的进出口压差,将罐体内的肥料溶液注入灌溉系统主管道的装置。

**12.131 比例施肥器** proportional fertilizer applicator
利用管道水动力驱动比例泵内的活塞和连杆,将肥料液体按设定比例吸入灌溉系统的装置。

**12.132 注肥泵** fertilizer injection pump
利用活塞泵或隔膜式水动泵将肥料液体注入灌溉系统的装置。

**12.133 机压喷灌系统** mechanical pressure sprinkler irrigation system
由动力机和水泵为喷头提供工作压力的喷灌系统。

**12.134 自压喷灌系统** gravity pressure sprinkler irrigation system
利用自然水头获得喷头工作压力的喷灌系统。

**12.135 机组式喷灌系统** unit sprinkler irrigation system
以移动式喷灌机组为主体的喷灌系统。

**12.136 固定式喷灌系统** solid set sprinkler irrigation system, permanent sprinkler irrigation system
除喷头外,其他各组成部分均固定不动,各级管道埋入地下的喷灌系统。

**12.137 半固定式喷灌系统** semi-fixed sprinkler irrigation system
喷头和支管是可移动的,其他各组成部分是固定的,且干管埋入地下的喷灌系统。

**12.138 移动式喷灌系统** portable sprinkler irrigation system
除水源工程外,水泵、动力机、各级管道和喷头都可拆卸移动的喷灌系统。

**12.139 中心支轴式喷灌机** center pivot sprinkling irrigation system
又称"圆形喷灌机"。喷洒支管固定在若干塔架车上,并绕中心支轴旋转喷洒的喷灌机。

**12.140 平移式喷灌机** lateral move sprinkler system
喷洒支管固定在若干塔架车上并沿支管垂直方向移动喷洒的喷灌机。

**12.141 绞盘式喷灌机** hose reel sprinkler irrigation machine
喷头或双悬壁喷洒桁架装在滑橇或轮式喷头车上,通过绞盘卷绕专用软管牵引喷头车边移动边喷洒的喷灌机。

**12.142 滚移式喷灌机** side-roll wheel sprinkler irrigation system
装有喷头的管道作为轮轴支承在直径为1~2m的轮子上,整体平行滚动到位后定点作业的喷灌机械。

**12.143 灌水器** emitter
微灌系统末级出流装置。包括滴头、滴灌管(带)、微喷头和微喷带等。

**12.144 喷头** sprinkler
将有压的水喷洒成细小水滴进行灌溉的设备。

**12.145 微喷头** sprayer, micro-sprinkler
将压力水流喷出并粉碎或散开,从而实现喷洒灌溉的灌水器。其流量不超过250L/h。

**12.146 滴头** dripper
使有压水减压形成水滴并断续滴出的灌水

装置。

**12.147　压力补偿灌水器**　pressure compensating emitter

在一定压力范围内保持出水流量基本不变的灌水器。

## 12.03　农田排水

**12.148　涝[灾]**　surface waterlogging

降水过多形成田面积水,危害作物正常生长的灾害。

**12.149　渍[害]**　subsurface waterlogging

地下水位过高或耕作层土壤含水量过大,危害农作物正常生长的灾害。

**12.150　渍涝**　subsurface waterlogging due to submergence

由于降水过多,农田排水不畅或地下水位(包括上层滞水)过高,导致农田地表积水或土壤水分过大的一种农业灾害。

**12.151　潜渍**　subsurface waterlogging due to seepage from surface waterbody

由于江河湖渠等水体顶托和侧渗,造成的农田地下水位过高或土壤过湿的渍害。

**12.152　盐渍**　subsurface waterlogging in saline area

因地下水位过高或不合理灌溉,使土壤含盐量较大,危害作物正常生长的渍害。

**12.153　天然排水**　natural drainage

利用天然河流、沟道、低洼地等自然地形排除地表水和地下水的措施。

**12.154　人工排水**　artificial drainage

利用明沟和暗管等所有人为设施或装备进行的排水。

**12.155　地面排水**　surface drainage

排除农田涝水、灌溉渠系退水和来自上游的坡面径流地表水等的措施。

**12.156　地下排水**　subsurface drainage

排除过多的土壤水和地下水,以防治农田渍害和盐碱化的措施。

**12.157　明沟排水**　open ditch drainage

利用地面开挖的沟渠排除农田多余的地表水或地下水的措施。

**12.158　暗管排水**　subsurface pipe drainage

利用埋设在地面以下的管道排除农田多余水分的措施。

**12.159　鼠道排水**　mole drainage

利用特制的机具在地面以下一定深度处挤压土层形成鼠洞状通道,以排除农田多余水分的措施。

**12.160　竖井排水**　vertical shaft drainage

利用水井抽取地下水,降低地下水位的措施。

**12.161　组合排水**　combination drainage

采用不同类型排水措施的组合,排除多余的地表水和地下水的措施。

**12.162　干排水**　dry drainage

利用耕地与其相邻的盐荒地或休耕地之间的地下水水平交换作用,将耕地多余水分和盐分排至盐荒地或休耕地内,控制耕地土壤盐渍化的措施。

**12.163　生物排水**　biological drainage

通过植物蒸腾作用排除地下水的措施。

**12.164　自流排水**　gravity drainage

排水地区多余地面水或地下水在重力作用下自流进入承泄区的排水方式。

**12.165　抽排**　pumping drainage

利用提水机械将排水区水位多余地表水或地下水排入承泄区的排水方式。

**12.166 控制排水** controlled drainage

利用排水出口的水位控制装置调控农田地下水位和排水过程的措施。

**12.167 农田排水系统** farmland drainage system

排除农田地表水、地下水和土壤水的排水沟(管)系、蓄水设施、排水承泄区和排水枢纽等组成的系统。

**12.168 明沟排水系统** open-ditch drainage system

以开挖的明槽沟道构成的排水沟系及其配套建筑物。

**12.169 暗管排水系统** subsurface pipe drainage system

由吸水管、集水管(沟)、检查井和集水井等组成的排水系统。

**12.170 排水分区** division of drainage district

考虑排水地区地形、水系、水文地质、承泄区水位和行政区划等因素,把一个地区划分成若干个不同排水方式排水区的工作。

**12.171 圩垸区排水** drainage of polder area

排除圩垸区内的地面积水和地下水,控制内河水位、地下水位与农田土壤水分状况的措施。

**12.172 联圩并垸** small polders merging into larger one

采用筑堤及建闸等方法调整和改造支与干沟,将若干小圩垸合并成一个大圩垸的措施。

**12.173 留湖蓄涝** reserving lake capacity for retarding runoff

在圩垸内保留一定湖泊容积以滞蓄暴雨期间自农田排出的地表径流的措施。

**12.174 等高截流** contour interception

沿地面相同高程开沟,分片截取上游坡面径流的排水措施。

**12.175 控湖排田** lake flow control to enhance farmland drainage

为使外排泵站(或排水闸)及时排除农田涝水而控制湖泊不泄流或少泄流的一种圩(湖)区的除涝系统运行方式。

**12.176 蓄洪垦殖** flood storage and reclamation

在沿江滨湖洼地,兼顾分洪和种植双重任务的土地利用方式。

**12.177 农田排水标准** criteria of agricultural drainage

根据作物生长要求和技术经济条件制定的农田排水能力的指标。是规划设计排水工程的基本依据,分为排涝标准、排渍标准和防盐标准等。

**12.178 作物耐淹历时** duration of submergence tolerance of crop

田间积水不致影响作物生长的允许淹水天数。

**12.179 作物耐淹水深** water depth of submergence tolerance of crop

一定时间内作物受淹而不致影响产量的田间积水深度。

**12.180 作物耐渍深度** water depth of subsurface waterlogging tolerance of crop

作物正常生长所允许的地下水最小埋藏深度。

**12.181 排涝历时** drainage period for waterlogging control

排除设计频率暴雨径流的持续时间。

**12.182 适宜渗漏强度** appropriate percolation rate

满足水稻淹灌期根系通气和热状况要求的稻田日渗漏量。

**12.183 淋洗需要量** leaching requirement
为满足作物生长及控制土壤根层盐渍化水平,必须通过根区实现淋洗的水量。

**12.184 地下水临界深度** critical groundwater table
在一定的自然条件和农业技术措施条件下,要求保证作物不受盐害和土壤不发生盐渍化的地下水最小埋藏深度。

**12.185 圩垸水面率** ratio of water subsurface area to drainage area
圩垸排水区内用以滞蓄涝水的湖泊和河网水面积与排水区总面积的百分比。

**12.186 排涝模数** modulus of surface drainage
按排涝标准确定的单位排涝面积的最大排涝流量。

**12.187 排渍模数** modulus of subsurface drainage
按排渍标准确定的单位面积内排出的地下水流量。

**12.188 排涝流量** design discharge for surface drainage
按排涝标准确定的排水区出口断面处的排水流量。

**12.189 排渍流量** design discharge for subsurface drainage
满足排水区渍害防治的地下水排水流量。

**12.190 排涝水位** design water level for surface drainage
通过设计排涝流量时相应排水沟的水位。

**12.191 排渍水位** design water level for usual subsurface drainage
按日常排除地下水要求确定的排水沟沟内水位。

**12.192 起排水位** starting level for drainage
根据除涝设计标准和排水演算结果确定的排水枢纽开闸或开机排水的起始水位。

**12.193 最低蓄水位** lowest storage level
满足水产、养殖和航运等要求的湖泊、河网和排水沟的最低水位。

**12.194 最高蓄水位** highest storage level
设计暴雨径流在湖泊或河网滞蓄时形成的最高水位。

**12.195 滞涝水位** water level for runoff retardation
与圩垸内调蓄区滞涝容积相应的蓄水位。

**12.196 骨干排水沟** arterial drainage ditch
起主要输水作用的排水明沟。

**12.197 田间排水沟** field drainage ditch
汇集田间多余雨水或调控地下水位的排水明沟。

**12.198 截流沟** interception ditch
沿排水区上游边缘开挖的沟道。其作用是拦截区外地表或地下径流,以减少排水负担。

**12.199 排水枢纽** key drainage structure
修建在骨干排水沟道交汇处或出口处,用于调控排水流量和水位的工程综合体。

**12.200 排水闸** drainage sluice
排水渠道上用以排除内河或洼地涝渍或者具有防洪功能的水闸。

**12.201 挡潮闸** tide sluice
建于滨海地段或感潮河口附近,用于挡潮、蓄淡、泄洪及排涝的水闸。

**12.202 回水堤** backwater levee
防范排涝回水淹没或倒灌的堤防。

**12.203 排水泵站** drainage pumping station
用于排除洪涝渍水或降低地下水位的泵站。

**12.204　排水承泄区**　drainage reception area
承纳并宣泄排水系统来水的河流、湖泊及天然低洼区。

**12.205　吸水管**　relief drain
埋设于地面以下,由管壁井孔或接缝吸收农田多余水分的管道。

**12.206　集水管**　collecting drain
汇集来自吸水管的渗透水流并将其排泄出去的排水暗管。

**12.207　检查井**　inspection well
用于检查排水暗管运行情况,布设在管路上的井式结构附属构筑物。

**12.208　集水井**　sump well
汇集暗管排出的水流,再通过水泵将水抽排入下级管道或排水沟道的设施。

**12.209　排水暗管**　subsurface drain pipe
埋藏在地面以下,由烧制黏土、混凝土、塑料等材料制成的,排除地下水的管道。

**12.210　滤料**　filter material
防止土壤细小颗粒随地下水流进排水吸水管或水井滤水管而采用的覆盖管壁孔隙的透水材料。

**12.211　裹料**　envelope material
为改善地下水渗入排水吸水管的水流条件,加大排水流量面,在管壁外围包裹的透水材料。

**12.212　挖沟机**　ditch excavator
用于开挖沟道(槽)的机械设备。

**12.213　开沟铺管机**　pipe-laying trencher
用于开挖沟槽和铺设地下排水暗管的设备。

**12.214　无沟铺管机**　trenchless plow
铺设地下排水暗管无须开挖沟槽的设备。

**12.215　鼠道犁**　mole plough
由动力机、犁刀板和塑孔器等组成的开挖排水鼠道的专用施工机具。

**12.216　暗管清淤机**　flushing machine for drain pipe
采用有压水去除和冲洗地下排水暗管中淤塞物的机械设备。

**12.217　边坡坍塌**　slope failure
受降雨冲蚀、水流冲刷、土体冻胀、生物植被破坏和地下水出流侵蚀等因素的影响,排水明沟边坡土体出现滑坡或塌坡的现象。

**12.218　暗管堵塞**　drain pipe clogging
因土壤颗粒移动、生化沉淀或生物活动等造成的暗管排水不畅甚至失效的现象。

**12.219　除涝调度规划**　planning of drainage system operation for waterlogging control
对除涝系统中各项工程制订宏观控制指标和调度运用方案的工作。

**12.220　地下水动态观测**　observation of groundwater dynamic
对地下水的水位、水量、水温和水质按一定时间间隔与技术要求进行的观测。

**12.221　农田排水工程效益**　benefit of agricultural land drainage
修建完善农田排水系统带来的经济、社会与生态环境效益。

**12.222　生态排水沟**　ecological ditch
在沟底及沟壁采用的植物措施或植物措施结合工程措施的具有生态效益的排水沟。

## 12.04　农业水管理

**12.223　灌区**　irrigation district
具有一定保证率的水源和统一的管理主体,

由完整的灌溉排水工程系统控制及保护的区域。

**12.224 灌区管理** irrigation district management
灌区运行过程中采取的各种管理措施。

**12.225 渠灌区** canal irrigation district
利用地表水,通过渠道系统灌溉农田的灌区。

**12.226 井灌区** well irrigation district
利用提水设备提取井水灌溉农田的灌区。

**12.227 渠井双灌区** canal-well irrigation district
井灌与渠灌结合为一套系统,井水入渠后统一调配并集中使用的灌区。

**12.228 扬水灌区** pumping irrigation district
利用抽水设施抽取地表水灌溉农田的灌区。

**12.229 生态灌区** ecological irrigation district
以维持灌区生态系统的稳定为目标,以土壤健康质量维持、生物多样性恢复、水景观与水文化建设等关键技术为支撑,形成的生态与经济服务功能皆优的灌区。

**12.230 智慧灌区** intelligent irrigation district
以信息和知识为核心要素,应用新一代信息技术和智能装备,实现水情、农情和工情等信息的自动采集、智能决策及自动控制的无人值守或少人值班的灌区。

**12.231 灌区工程管理** engineering management in irrigation district
对灌区工程进行检查观测、养护维修、配套改建及重要工程防汛抢险等工作,确保工程安全和运行正常的管理。

**12.232 灌区组织管理** organization management in irrigation district
按照渠系边界统一管理和分段负责的原则,采取专业管理机构和群众合作用水管理组织相结合的基本管理体制,建立和健全专业管理、民主管理和广大用水户广泛参与的灌区管理体系。

**12.233 灌区用水管理** water use management in irrigation district
对灌区灌溉水量、流量和时间进行合理分配、计划及灌排,以提高作物产量、水分利用率及生产效率的管理。

**12.234 灌区经营管理** operating management in irrigation district
灌区内结合工程管理与用水管理开展的包括综合利用、多种经营及水费征收等工作的管理。

**12.235 灌区环境管理** environment management in irrigation district
对灌区土地环境、农业环境、水利环境和生活环境的管理。确保农业生产和生态环境的可持续。

**12.236 农民用水者协会** Water Users Association
经大多数用水户同意和民主协商,自愿组建的非营利性农民用水合作组织。

**12.237 计划用水** planned water use
根据作物需水要求和灌溉水源的供水情况,结合农业生产条件与渠系工程状况,有计划地蓄水、引水、配水和灌水。

**12.238 引水计划** water diversion plan
在预测计划年份各时期(月、旬)水源来水量和灌区用水量的基础上,确定年内的灌溉面积、取水时间、各时期内的取水量、取水天数和取水流量等的计划工作。

**12.239 配水计划** water distribution plan
将渠首计划引取的水量由上而下地逐级分配给各级渠道或各用水单位的工作。包括应分配的流量和水量、用水次序和用水时间等。

**12.240 用水计划** water use plan
灌区从水源引水并向各用水单位或各级渠道

配水的计划。

**12.241　灌水定额管理**　irrigation quota management

农业灌水定额的制定、执行、协调和控制等一系列活动的总称。

**12.242　渠系优化配水**　optimization of canal water distribution

应用系统工程优化技术对有限灌溉水量进行时空优化分配的方法。

**12.243　农业水权**　agricultural water right

水权主体（国家、社团、个人等）依法对农业水资源行使的使用权利及享受的相应利益。

**12.244　排水系统管理**　management of drainage system

对排水系统运行过程中采取的各种措施。

**12.245　排水运行管理**　operation management of drainage

对排水系统的监控和调度，以及对排水管道的定期疏通、清理和日常维护保养的综合管理。

**12.246　田间排水管理**　field drainage management

农田排水系统的运行管理工作。包括排水工程的养护维修，及时排除涝渍水和控制地下水位，排除灌溉回归水并设法加以利用，灌区地下水盐动态的观测和分析等。

**12.247　排涝泵站**　pump station for drainage

将雨水集中起来快速排往行洪通道，保证灌区内不出现积涝的泵站。

**12.248　削坡放缓**　slow down slope cutting

根据当地土壤质地及地下水位情况，适当减小排水沟道坡度以提高边坡的稳定性，防止坍塌的措施。

**12.249　沟堤护坡**　gully embankment slope protection

沿排水沟两岸修筑小土埂，在排水沟最大排水位以上种草，在沟外坡种树，用以巩固沟堤及减少坍塌的措施。

**12.250　暗管冲淤**　drain pipe sluicing

加大流量冲刷暗管淤积的泥沙，延长其使用寿命的措施。

**12.251　灌区量水**　water measurement in irrigation district

在灌区灌溉排水的渠道、沟道或管道等输配水系统控制处及需要量水的地点，对灌溉排水流量、水量、水位等进行的量测工作。

**12.252　临界水深**　critical water depth

某一流量条件下临界流对应的水深。是量水建筑物计算通过流量的重要参数。

**12.253　闸门量水**　gate water measurement

通过测量闸前水深和闸门开度来测量流量的方法。

**12.254　涵洞量水**　culvert water measurement

利用测量通过涵洞水深来量测通过流量的方法。

**12.255　渡槽量水**　aqueduct water measurement

利用测量渡槽水深和断面尺寸来确定通过流量的方法。

**12.256　倒虹吸管量水**　inverted siphon water measurement

利用倒虹吸管压力差来确定流量的方法。

**12.257　跌水量水**　drop water measurement

利用临界流原理测量跌水口处水深来确定流量的方法。

**12.258　陡槽量水**　chute water measurement

通过测定陡槽水深和断面尺寸来确定流量的方法。

**12.259　巴歇尔量水槽**　Parshall flume

巴歇尔发明的特设量水建筑物。由收缩段、喉道段及扩散段组成,剖面上具有反坡。

**12.260 长喉道量水槽** long-throated flume
修建于渠道或明槽中的,水流断面缩窄、喉道较长的特设量水建筑物。

**12.261 短喉道量水槽** short-throated flume
喉道长度较短,利用临界流测流原理测量流量的特设量水建筑物。

**12.262 无喉道量水槽** cut-throat flume
修建于渠道或明槽中水流断面缩窄的槽形建筑物。没有喉段,喉口底部可与渠底齐平或高出渠底的渠道量水设施。

**12.263 U形渠道平底抛物线无喉道量水槽** U-shaped channel flat-bottomed parabolic cut-throat flume
在U形渠道中采用抛物线形断面且无喉段的平底开敞式量水槽。

**12.264 机翼型量水槽** wing-shaped flume
渠道两侧为仿机翼形槽壁的用以量测流量的量水设施。

**12.265 量水堰** measuring weir
设在渠道或水槽中用以量测水流流量的溢流堰。

**12.266 闸前短管量水** sluice front short tube measuring water
在放水建筑物闸门前安装一个短管,与闸门相配合,使两者既能调节流量又具有量水功能的水工建筑物。

**12.267 测控一体闸水量计** measuring and controlling integrated sluice flow meter
堰顶高度可调的顶面溢流堰。测控一体闸为金属结构,通过通信网络与控制中心和用水户连接。

**12.268 超声波流量计** ultrasonic flowmeter
通过检测流体流动对超声束(或超声脉冲)的作用来测量管道或渠道流量的设备。

**12.269 电磁流量计** electromagnetic flowmeter
应用电磁感应原理,根据导电流体通过外加磁场时感生的电动势来测量管道内导电流体流量的设备。

**12.270 灌溉排水试验** irrigation and drainage test
为获得灌溉排水科学规律和新技术而开展的验证性或实践性活动。

**12.271 旱田作物** dryland crop
适宜在田面不蓄水或土壤含水率控制在一定范围的农田环境中生长的作物。如小麦、玉米和大豆等。

**12.272 水田作物** paddy field crop
适宜在有蓄水田面或近饱和含水率土壤中生长的作物。如水稻等。

**12.273 灌溉效益** irrigation efficiency
灌区在灌溉前后灌溉面积内增加的经济、社会和生态收益。

**12.274 保护带** protection belt
又称“保护行”。为减小周围环境对灌排试验小区的影响,在短边或长边设置的一定宽度种植相同作物而不做处理的田块。

**12.275 隔离带** isolation belt
在灌溉试验中,为隔断水分影响而在试验小区长边设置的一定宽度的带状地块。一般不进行水分处理。

**12.276 蒸渗仪** lysimeter
利用水量平衡法原理,通过量测种植作物的特种容器质量变化来确定作物耗水的装置。

**12.277 田测法** field measuring method
在大田条件下直接测定作物耗水量或进行灌溉制度试验的方法。

**12.278 坑测法** pit measuring method

利用在田间修建的测坑，测定作物耗水量或进行灌溉制度试验的方法。

**12.279 灌溉制度试验** irrigation scheduling test

根据作物需水特性和当地气候、土壤、农业技术及灌水因素等，制定灌水方案的试验。

**12.280 灌水技术试验** irrigation technology experiment

相应于某种灌水方法所必须采用的一系列科学技术措施的试验。

**12.281 作物受旱试验** crop drought resistance experiment

探索作物在不同时期缺水和不同的缺水程度对作物生长发育、产量或品质影响的试验。

**12.282 非常规水安全利用试验** safety utilization test of unconventional water

利用非常规水进行灌溉时，不影响作物产量和品质的安全利用试验。

## 12.05 水土保持

**12.283 水土保持** soil and water conservation

防治水土流失，保护、改良与合理利用水土资源，维护和提高土地生产力，减轻洪水、干旱和风沙灾害，以利于充分发挥水土资源的生态效益、经济效益和社会效益，建立良好生态环境，支撑可持续发展的生产活动。

**12.284 水土流失** soil erosion and water loss

在水力、风力、重力及冻融等自然营力和人类活动作用下，水土资源和土地生产能力的破坏与损失。包括土地表层侵蚀及水的损失。

**12.285 荒漠化** desertification

在干旱区、半干旱区和干旱亚湿润区，由于气候变化及人类活动引起的土地退化现象。包括水土流失、土壤的物理化学和生物特性退化，以及自然植被长期丧失等引起的土地生产力下降或丧失。

**12.286 石漠化** rockification

因水土流失而导致的地表土壤损失。包括基岩裸露、土地丧失农业利用价值和生态环境退化等现象。

**12.287 自然侵蚀** natural erosion

在不受人类活动影响的自然环境中发生的土壤侵蚀。

**12.288 人为侵蚀** erosion by human activities

由人类活动引起的土壤侵蚀。

**12.289 侵蚀营力** erosion force

导致土壤侵蚀的作用力。包括水力、风力、冻融和重力等自然营力，以及人类对土地破坏的作用力。

**12.290 水力侵蚀** water erosion

土壤及其母质或其他地面组成物质在降雨与径流等水体作用下，发生的破坏、剥蚀、搬运和沉积的过程。包括面蚀和沟蚀等。

**12.291 面蚀** surface erosion

降雨和地表径流对地表土体比较均匀地剥离和搬运的一种水力侵蚀形式。

**12.292 沟蚀** gully erosion

坡面径流冲刷土体，切割陆地地表，在地面形成沟道并逐渐发育的过程。

**12.293 淋溶侵蚀** leaching erosion

土壤及其母质中被水溶解的物质或细小颗粒，随入渗水流迁移的过程。

**12.294 波浪侵蚀** wave erosion

由风或行船等扰动水面形成的波浪，冲击岸坡和堤防并产生崩塌、磨蚀和淋溶的过程。

**12.295 溯源侵蚀** headward erosion

地表径流使侵蚀沟向水流相反方向延伸，并逐步趋近分水岭的过程。

**12.296 风力侵蚀** wind erosion

风力作用于地面时，引起地表土粒或沙粒飞扬、跳跃、滚动和堆积，并导致土壤中细粒损失的过程。

**12.297 冻融侵蚀** freeze-thaw erosion

土体和岩石因反复冻融作用，发生破碎与位移的过程。

**12.298 重力侵蚀** gravitational erosion

土壤及其母质或基岩在重力作用下，发生位移和堆积的过程。

**12.299 滑坡** landslide

坡面上部分土体或岩石在重力作用下，沿坡体内部的一个或多个滑动面(带)整体向下运动的现象。

**12.300 泥石流** debris flow

在水力和重力的综合作用下，山坡或沟道爆发的含有大量水、泥沙、石块的固液两相洪流。

**12.301 混合侵蚀** mixed erosion

在两种或两种以上侵蚀营力共同作用下形成的侵蚀。

**12.302 土壤侵蚀强度** soil erosion intensity

以单位面积和单位时段内发生的土壤侵蚀量为指标划分的土壤侵蚀等级。

**12.303 土壤侵蚀模数** soil erosion modulus

单位时段内单位水平面积地表土壤及其母质被侵蚀的总量。

**12.304 水蚀基准面** water erosion base level

水流下切接近某一平面后即失去侵蚀能力，不再往下侵蚀的平面。

**12.305 流域产沙量** watershed sediment yield

通过流域出口观测的断面泥沙量，加上上游工程拦蓄和沟道、河床及湖泊等沉积的泥沙量总和。

**12.306 流域输沙量** watershed sediment delivery amount

通过流域出口断面的泥沙总量。

**12.307 输沙模数** sediment delivery modulus

某一时段内流域输沙量与相应集水面积的比值。

**12.308 泥沙输移比** sediment delivery ratio

在一定时段内，通过沟道或河流某一断面的输沙总量与该断面以上流域的产沙量比值。

**12.309 水土保持工程措施** engineering measure of soil and water conservation

为防治水土流失，保护、改良和合理利用水土资源而修建的工程设施。

**12.310 小流域** small watershed

面积不超过 $50km^2$ 的集水单元。

**12.311 小流域综合治理** comprehensive management of small watershed

以小流域为单元，因地制宜布设的水土保持措施。可以最大限度地控制水土流失，达到保护、改良和合理利用流域内水土和其他自然资源，充分发挥水土保持效益。

**12.312 谷坊** check dam

横筑于易受侵蚀的小沟道或小溪中的，高度在 5m 以下的小型固沟、拦泥和滞洪建筑物。

**12.313 淤地坝** check dam for farmland forming

在多泥沙沟道修建的以控制侵蚀、拦泥淤地、减少洪水和泥沙灾害为主要目的的工程设施。其总库容不大于 500 万 $m^3$，坝高不超过 30m。

**12.314 滚水坝** overflow dam

以抬高沟道上游水位、固定沟床及灌溉为主要目的的，高度较低的挡水建筑物。

**12.315　拦沙坝**　sediment trapping dam
在沟道修建的以拦蓄山洪和泥石流等固体物质为主要目的的拦挡建筑物。

**12.316　引洪漫地**　flood diversion for silt deposition
应用导流设施把高含沙洪水漫淤在耕地、低洼地或河滩地上,以保持水土、改良土壤、提高地力、发展农业生产为目的的生产活动。

# 13. 农业气象

## 13.01　农业气象

**13.001　作物气象学**　crop meteorology
研究作物及其生产过程与气象条件相互关系的学科。是农业气象学的一个分支。主要研究气象条件对作物的分布、生长发育、产量、品质和栽培管理等的影响。

**13.002　太阳辐射**　solar radiation
又称"日射"。太阳向周围发射及传播的电磁波能量及粒子流,是地球能量的主要来源。太阳发射的电磁波的波长主要集中在短于4μm 波段,其中可见光部分约占 40%,紫外辐射约占 9%,红外辐射约占 51%。

**13.003　有效辐射**　effective radiation
地球表面向上的长波辐射与大气向下的长波逆辐射之间的能量差额。

**13.004　光合有效辐射**　photosynthetically active radiation, PAR
太阳辐射光谱中能被绿色植物用来进行光合作用的那部分波段(0.4~0.7μm)的辐射能。

**13.005　太阳红外辐射**　solar infrared radiation
波长在 0.76~1000μm 之间的太阳辐射。主要以增热地面而产生热效应,为农业生物的生长发育提供热量。

**13.006　太阳紫外辐射**　solar ultraviolet radiation
波长在 0.01~0.4μm 之间的太阳辐射。这种较短波长的辐射可抑制植物生长及杀死病菌,当波长小于 0.29μm 时,会对作物造成伤害。

**13.007　直接辐射**　direct radiation
通过地球大气时未经散射和反射直接到达地面的太阳辐射。

**13.008　散射辐射**　diffuse radiation
通过地球大气时被空气分子和其他悬浮颗粒散射的太阳辐射。

**13.009　净辐射**　net radiation, radiation balance
又称"辐射平衡""辐射差额"。物体或系统吸收的辐射能量与发射的辐射能量之间的差额。

**13.010　大气逆辐射**　atmospheric counter radiation
大气吸收地面长波辐射的同时,又向与地面辐射相反的方向释放的能量。

**13.011　热辐射**　thermal radiation
一切温度高于绝对零度的物体辐射电磁波的现象。是物体用电磁辐射的形式把热能向外散发的一种热传导方式。农业生物的体温以及农业环境的温度由于均高于绝对零度,因而均能向外辐射电磁波。

**13.012　灭生性辐射**　inactivating radiation
又称"紫外辐射伤害(harmful ultraviolet radiation)"。给绝大多数植物、动物、微生物等有机体带来伤害和导致死亡的紫外线辐射。

**13.013 光照强度** illumination intensity, illuminance

简称"[光]照度"。入射(或到达)物体表面单位面积上的光通量。

**13.014 光质** light quality

太阳辐射光谱成分及其各波段所含的能量。波长较短的光所含的能量较高,波长较长的光所含的能量较低。长日性作物发育需要长波光(红橙光),短日性作物需要短波光(蓝紫光)。

**13.015 光照阶段** photostage

植物完成某一发育过程需要一定光照时间长度影响的阶段。在此阶段内,长日照植物需要较长的白昼,短日照植物需要较长的黑暗。

**13.016 温周期[现象]** thermoperiod, thermoperiodism

生物在自然条件下所形成的适应温度昼夜交替和时间周期性变化的现象。

**13.017 临界昼长** critical day-length

又称"临界日长"。植物受光诱导进入生殖生长阶段所必需的极限日照长度。诱导短日照植物开花的为最长日照;诱导长日照植物开花的为最短日照。

**13.018 光能利用率** efficiency for solar energy utilization

植物生育期内,单位农田面积上植物通过光合作用累积的有机物质的能量,占该农田面积上的太阳辐射能的比率。

**13.019 热量平衡** heat balance, thermal balance

一个地区或农业系统所吸收的热量和释放的热量相等的平衡关系。

**13.020 湍流** turbulence

区别于大气层层流不规则随机流动,大气流场中任意一点的物理量(如速度、温度、压力等)快速地大幅度起伏,并随时间和空间位置的变化而变化,导致各层流体之间强烈混合的现象。

**13.021 显热通量** sensible heat flux

又称"感热通量"。近地层中因空气湍流运动引起的地表面和空气间的热量输送。

**13.022 潜热通量** latent heat flux

大气水分发生相变时引起的热量输送。

**13.023 导热率** heat conductivity

又称"导热系数""热导率"。单位温度梯度下单位时间内通过单位作物截面的热量。

**13.024 温标** thermometric scale

温度的定量数值表示方法。主要包括 3 个要素:测温物质及其测温属性、定标点和分度法。可分为华氏温标、绝对温标和摄氏温标。

**13.025 容积比热** volumetric specific heat

单位体积的物质温度升高或降低 1K 所吸收或放出的热量。

**13.026 逆温** temperature inversion

大气温度随高度升高而增加的现象。

**13.027 逆温层** temperature inversion layer

气温随高度增加或保持不变的大气层。

**13.028 夜间逆温** nocturnal inversion

夜间大气温度随高度升高而增加的现象。主要有辐射型和地形型两类。在晴朗无云的夜间,地面有效辐射很强,使近地面层气温迅速下降,而高处大气层降温幅度较小,形成辐射型逆温;夜间山坡上散热快,冷空气沿山坡下沉,导致盆地或山谷底部原来较暖的空气抬升,形成上暖下冷的地形型逆温。

**13.029 地面逆温** surface inversion, ground inversion

近地面气温随垂直高度的增加而升高的现象。

**13.030 农业气象指标** agrometeorological index

反映气象条件对农业生产产生影响的特征量。

**13.031 地温** earth temperature

地表和地表以下不同深度处土壤温度的统称。

**13.032 地温梯度** geothermal gradient

又称"地热梯度""地热增温率(geothermal heating rate)"。从地表开始每下降100m土壤温度变化的量值,即土壤温度随土壤深度增加的变化速度。

**13.033 地面气温** surface air temperature, ground temperature

大气与地面表层土壤接合部的空气温度。

**13.034 三基点温度** three fundamental points temperature

农业生物生长发育过程中所能适应的最适温度,所能忍耐的最低温度及最高温度的合称。在最适温度范围内其生长发育良好,在最低温度和最高温度条件下停止生长发育,但仍能维持生命。

**13.035 最适温度** optimal temperature

最有利于农业动物、植物、微生物生长发育的环境温度。

**13.036 最高生长温度** maximum growth temperature

农业生物生长发育的最高环境温度上限。超过此温度农业生物能维持生命但停止生长,且易于衰老。

**13.037 最低生长温度** minimum growth temperature

又称"生物学零度(biological zero point)"。维持农业生物生长的最低环境温度。低于此环境温度时,农业生物完全停止生长。

**13.038 致死温度** killing temperature, lethal temperature, thermal death point

导致农业生物死亡时的温度阈值。即高于最高生长温度或低于最低生长温度的环境温度。

**13.039 最高致死温度** maximum lethal temperature

环境温度高于农业生物最高生长温度且导致其死亡时的温度上限。

**13.040 最低致死温度** minimum lethal temperature

环境温度低于农业生物最低生长温度且导致其死亡时的温度下限。

**13.041 农业界限温度** agricultural threshold temperature

对农业生物生长发育、农事活动及物候现象有特定意义的日平均温度值。

**13.042 活动温度** active temperature

农作物能够进行生长发育的等于或高于最低生长温度的日平均温度。

**13.043 有效温度** effective temperature

低于或等于最高生长温度的活动温度与最低生长温度的差值。

**13.044 积温** accumulated temperature

某一时段内,大于或小于界限温度的日平均温度的累计值。是研究农业生物生长发育对热量的需求和评价区域农业热量资源的重要指标。单位用摄氏度·日(℃·d)表示。

**13.045 活动积温** active accumulated temperature

作物某一生长发育时期内逐日活动温度的累计值。

**13.046 有效积温** effective accumulated temperature

作物某一生长发育时期内逐日有效温度的累计值。

**13.047 负积温** negative accumulated temperature

某一时段内小于0℃的日平均温度的累计值。

**13.048 冻结温度** freezing temperature

土壤中水分由液态转化为固态时的空气温度。

**13.049 降水** precipitation

自云中以液态或固态形式降落到地面上的水汽凝结物。包括雨、雪、冰雹。

**13.050 有效降水量** effective precipitation, available precipitation

自然降水过程中,能被作物叶片或根系吸收利用的那部分降水量。

**13.051 无效降水量** uneffective precipitation

以土壤表面和作物叶片表面蒸发、地表径流和土壤深层渗漏的形式,损失掉而不能被作物直接利用的那部分自然降水。

**13.052 降水强度** precipitation intensity

单位时间或某一段时间内的降水量。通常用每小时降水量或6h、12h、24h降水量表示。

**13.053 初霜** first frost

又称"秋霜"。每年秋季第一次出现的霜。

**13.054 终霜** last frost

又称"春霜"。每年冬末春初最后一次出现的霜。

**13.055 透雨** soaking rain

经历持续干旱后,使土壤含水量增加,满足作物出苗及关键生长期正常生长发育所需的降雨过程。

**13.056 地形雨** orographical rain, orographic rain

湿润气流遇到山脉等高地阻挡后被迫抬升引起绝热降温,导致空气中水汽凝结而形成的降雨。

**13.057 雾** fog

在水汽充足且微风及大气层稳定的情况下,接近地面的空气冷却至一定温度,空气中的水汽凝结成大量细微的水滴(或冰晶)悬浮于空中,使地面水平能见度下降到1km以下的天气现象。

**13.058 露** dew

傍晚或夜间,地面或地物由于辐射冷却,使空气中水汽凝结在其上的液态水。

**13.059 雾凇** rime

低温时,空气层中水汽直接凝华或过冷却雾滴直接冻结在地物(如树木、电线等)迎风面上的白色或乳白色冰晶。

**13.060 雨凇** glaze

过冷却雨滴碰到地面物体后直接冻结而成的毛玻璃状或透明的坚硬冰层。其外表光滑或略有隆突。

**13.061 绝对湿度** absolute humidity

又称"比湿度""水汽密度(water vapor density)"。单位体积湿空气中所含水蒸气的质量。

**13.062 相对湿度** relative humidity

空气中实际水汽压与同温度下饱和水汽压之比。用于表征空气中水汽多少的物理量,用百分率表示。

**13.063 饱和湿度** saturated humidity

一定温度和大气压力下,空气中水汽质量的最大值。

**13.064 临界湿度** critical humidity

使农业植物、动物和微生物的生长发育或其初级农产品所处的状态发生显著变化的空气相对湿度阈值。

**13.065 湿润指数** moist index

又称"湿润系数(moisture index)""湿润度(humidity index)""水热系数(moist coefficient)"。某一地区年平均降水量与潜在蒸散量的比值。可衡量某一地区的湿润程度。与干燥度互为倒数。

**13.066 干燥度** aridity

又称"干燥指数(aridity index)"。某一地区地面水分支出量与收入量的比值。表征某一地区气候干燥程度的指数,比值愈大表示气候愈干燥。为湿润指数的倒数。

**13.067 地面蒸发** evaporation from land surface

表层土壤中水分汽化进入大气的过程。

**13.068 潜在蒸发** potential evaporation

又称"蒸发潜力"。一定气象条件下,纯水面在单位面积和单位时间内蒸发的水量。

**13.069 植物蒸腾** plant transpiration

植物体表(主要指叶片)的水分通过水蒸气的形式散发到空气中的过程。水分主要通过分布在叶片及绿茎上的气孔、角质层和木质茎上的皮孔三个途径散失。

**13.070 蒸散** evapotranspiration

又称"蒸散发""蒸发蒸腾"。植被及地面整体向大气输送的水汽总通量。主要包括植被蒸腾、土壤水分蒸发及截留降水或露水的蒸发。是能量平衡及水循环的重要组成部分。

**13.071 潜在蒸散** potential evapotranspiration

又称"蒸散势""可能蒸散"。被低矮绿色植物充分覆盖,对水流没有或仅有微小阻力的一个广阔表面,在保持充足水分供应条件下的蒸散。用单位时间内蒸散的水量(mm)表示。

**13.072 吸湿系数** hygroscopic coefficient

表示土壤吸水能力的参数。以100g干土置于潮湿空气中,当其吸收空气中水分达到饱和时(土壤重量不再增加),超过100g的部分。

**13.073 最大吸湿水** maximum hydroscopicity

又称"最大吸湿度(maximum moisture absorption)"。干土在接近饱和的湿空气中所能吸收的水分最大量。

**13.074 温室效应** greenhouse effect

又称"花房效应",俗称"大气保温效应(atmospheric insulation effect)"。大气层中的温室气体通过对长波辐射的吸收而阻止地表热能耗散,导致地表温度增高的现象。温室气体主要有二氧化碳、甲烷、臭氧、氧化亚氮、卤烃化合物及水汽等。其中农业温室气体主要为甲烷和氧化亚氮。

**13.075 气溶胶** aerosol

悬浮在大气中的固态粒子或液态小滴物质的统称。

## 13.02 农业气候

**13.076 农业气候学** agricultural climatology, agroclimatology

研究农业生产对象和农业生产过程与气候条件(包括土壤气候条件)之间相互关系及规律的学科。

**13.077 农业气候** agroclimate

与农业生产和农业生物生长发育密切相关的气候条件。这些条件不仅影响农业生产的地理分布,也影响农业生物产量的高低和质量的优劣。

**13.078 区域气候** regional climate

一定范围内的自然区域或行政区域的气候状况和特征。

**13.079 林业气候** forestry climate

由于森林冠层及林中植被的影响所形成的气候状况和特征。森林的组成、结构、树龄及森林的疏密度和郁闭度等的差异都会影响其气候状况。

**13.080 畜牧气候** animal husbandry climate
与畜牧生产和牲畜生长发育密切相关的气候条件。包括牲畜生育、引种、疾病防治、放牧和舍饲、牧草生长,以及畜产品的储藏、运输、保鲜等气候条件。

**13.081 设施农业气候** facility agricultural climate, protected agriculture climate, controlled environmental agriculture climate
与设施农业的布局、建设及农业生物生产密切相关的气候条件。

**13.082 棚温逆转** greenhouse temperature reversal
在冬季和早春,温室大棚内出现的最低气温短时低于大棚外的现象。易出现在晴天或少云天气的夜间,常对蔬菜秧苗或已经定植的蔬菜造成冷害甚至冻害。

**13.083 风荷载** wind load
风对农业设施(主要是温室大棚)结构所产生的压力。是作用在农业设施建筑物表面风的法向分力,其大小与风速的平方成正比。

**13.084 积雪荷载** snow load
又称"雪压"。农业设施(主要是温室大棚)顶面上单位水平面积上承受的积雪重量。反映农业设施承受积雪压力,防止出现变形垮塌的参数。

**13.085 温室采暖负荷** heating load of greenhouse
为保持加温温室内的温度,单位温室面积在单位时间内需由供热设施供给的热量。

**13.086 温室变温管理** variable temperature control of greenhouse
为达到温室作物增产、优质和节省加温热能等目的,依据作物一天中不同时段主要生理活动对温度需求的差异开展的温度控制活动。

**13.087 农业设施保温效率** thermal insulation efficiency of agricultural facility
保持农业设施(主要是温室大棚)内温度适宜时,农业设施能够减少热量损失的程度。保温设施包括所处的位置和方位,其前屋面、后屋面、墙体、室内覆盖材料,以及防寒沟等。

**13.088 局地气候** local climate
又称"地方气候"。垂直范围和水平范围介于大气候和小气候之间的局部地区气候。包括大片森林、大型水库、城市、山地、湖泊等气候。

**13.089 小气候** microclimate
由于下垫面性质以及人类和生物活动的影响形成的近地层大气小范围特殊气候。

**13.090 农业小气候** agromicroclimate
由于农业生产环境的下垫面结构和性质不同,农业生物参与小范围大气物质和能量交换形成的一种与大气候不同的小气候。主要包括农业地形小气候、农田小气候和保护地小气候等。

**13.091 农业地形气候** agrotopoclimate
由地形引起的对农业生产有明显影响的局地气候。

**13.092 农业地形小气候** agricultural topographic microclimate
由地形的小尺度变化(如海拔高度、山坡坡度及朝向等)形成的与农业生产环境密切相关的小气候。

**13.093 农田小气候** field microclimate
由农田上大气近地面层的贴地层、土层与作物群体之间物理过程和生物过程相互作用形成的小气候。

**13.094 保护地小气候** microclimate of protected field

农业用地上采用覆盖物或风障等人工设施，通过改变农田辐射输送和湍流交换，形成的适宜于农业生产的小气候。包括利用光学和热学特性、密闭程度和空间控制，以及动力和热力效应。

**13.095 人工气候箱** climatic cabinate

研究农业生物和气象条件相互关系的一种模拟气候环境的人工控制实验设备。具有光照、高精度温度和湿度可控设备。为人工气候实验提供理想环境。

**13.096 季风** monsoon

在大陆和海洋之间大范围的，风向随季节有规律改变的风。以一年为周期，大范围的冬夏季节风向相反或接近相反，分为夏季风和冬季风。

**13.097 东亚季风气候** East Asian monsoon climate

东亚地区由于海陆热力差异显著，形成的冬季盛行寒冷干燥的偏北风，夏季盛行温暖湿润的偏南风的季风气候。主要影响中国东部、朝鲜半岛和日本。其特点是雨热同季，十分有利于发展农业。

**13.098 气候带** climatic belt, climatic zone

根据气候要素的纬向分布特征而划分的带状气候区域。是区别气候地理分布的最大单元。按气温高低可划分为热带、温带和寒带。农业生产主要集中在温带和热带。

**13.099 温带气候** temperate climate

南北纬23°26′~66°34′之间，具有冬冷夏热，四季分明特点的南北温带代表性气候。依据地区降水特点，可分为温带海洋性气候、温带大陆性气候、温带季风性气候和地中海气候等。是最适合发展多样性农业的气候。

**13.100 热带季风气候** tropical monsoon climate

北纬10°至北回归线附近风向随季节变化，炎热湿润，干季与湿季区分明显的气候类型。喜温农作物可一年三作。适宜水稻、热带水果、橡胶和咖啡等作物生长。

**13.101 热带雨林气候** tropical rain forest climate, tropical rainforest climate, tropical rainy climate

赤道两侧南北纬10°之间，月平均气温在25~28℃，年降水量达2000mm以上（各月降水量不少于60mm），常年高温多雨的气候类型。喜温耐湿农作物可一年三作。适宜橡胶、可可、油棕等经济作物的生长。

**13.102 亚热带雨林气候** subtropic rain forest climate

又称“副热带雨林气候”。位于温带23.5~40°N、23.5~40°S之间，年平均温度24℃以上或最冷月平均温度18℃以上，年降水量达1300mm以上的潮湿多雨气候类型。全球三大亚热带地区均有分布。

**13.103 气候型** climatic type, climatype, climatological pattern

气候分类中按照气温、降水量及其他气象要素来划分的气候类型。包括山地气候、高原气候、海洋气候、大陆气候、干旱气候和湿润气候等。

**13.104 山地气候** mountain climate

在地面起伏较大，山峰与谷底相间的山区形成的局地气候。以地区差异大、垂直地带性强和植物分布类型繁多为主要特征。

**13.105 高原气候** plateau climate

在海拔高、地面广、起伏平缓的高原地面上形成的气候。主要特点是太阳辐射强、气温日较差大、降水受地形影响分布不均及风力较大。

**13.106 草原气候** grassland climate, prairie

climate, steppe climate

干旱气候与湿润气候之间的过渡性气候带,呈马蹄形环绕沙漠气候区。主要特点是气候干燥,以夏季降雨为主。适于牧草生长。

**13.107 大陆[性]气候** continental climate

处于中纬度大陆腹地,受海洋影响较小,以降水较少及温度变化剧烈为主要特征的气候。

**13.108 海洋[性]气候** marine climate, ocean climate

受海洋影响显著的岛屿和近海地区,以降水较多及气温变化和缓为主要特征的气候。

**13.109 干旱气候** arid climate

又称"干燥气候""沙漠气候(desert climate)"。年降水量较少,不能满足一般植物自然生长的气候。中国指年降水量小于200mm 的气候。

**13.110 半干旱气候** semi-arid climate

位居大陆中心或有高山屏障的沿海地带,终年受大陆气团影响,年降水量较少且变率大的气候。中国指年平均降水量为 200~400mm 之间的气候。自然景观以草原为主。

**13.111 湿润气候** humid climate, wet climate

以空气湿润及降水丰沛为主要特征的气候,年降水量在 800~1600mm 之间。自然植被主要为森林。

**13.112 半湿润气候** subhumid climate

年降水量在 400~800mm 之间的气候。自然植被为森林草原和草甸草原,是湿润地区森林带和半干旱地区草原带的过渡带。

**13.113 垂直气候带** vertical climatic zone

在山地,气温和降水等气候状况组合沿海拔高度呈带状分布的总称。分布带越多,气候越具多样性,作物的种类和布局就越复杂,反之越简单。

**13.114 气候区划** climatic regionalization

按气候特征的相似和差异程度,选用一定指标,对全球或一定区域范围的气候进行分类和分级的区域划分。

**13.115 农业气候相似原理** principle of agro-climatic analogy

农业生产对象和过程(作物品种、牲畜、种植制度、作物结构、管理措施)从一个地区引进到另一个地区时,对气候条件具体要求的相符程度。即满足农业生物生存条件和获得相应产量与品质的农业气候相似条件。

**13.116 农业气候区划** agroclimatic demarcation, agroclimatic division, agroclimatic regionalization

从农业生产需要出发,遵循农业气候相似原理,根据农业气候条件的地区差异,采用对农业生产有重要意义的气候指标进行的气候区域划分。所划分的区域各自有其农业气候特点、农业发展方向和利用改造途径。

**13.117 农业气候区** agroclimatic region

对农业地理分布、农业布局、农业生物生长发育和产量品质的形成有决定意义的关键农业气候条件的相似区域空间。

**13.118 气候资源** climatic resources

人类和一切生物生存所依赖的,社会发展可能开发利用的气候要素中,物质、能量和条件气候现象的统称。

**13.119 农业气候资源** agroclimatic resources

对农业生产可能提供物质和能量的光、热、水、风等气候要素的数量、组合及分配状况。由光资源、热量资源、水分资源、大气资源和风资源组成。表示一定区域气候条件对发展农业生产的潜力。

**13.120 光资源** light resources

农业生产可利用的太阳辐射能。是一种主要的农业气候资源。主要包括光合有效辐射、太阳红外辐射和太阳紫外辐射。通常用年或作物生长季的太阳总辐射与日照时数等指标衡量。

**13.121 热量资源** heat resources
农业生产可以利用的热量条件。通常用一段时期的气温、积温和无霜期等指标来衡量。

**13.122 降水资源** precipitation resources
农业生产可利用的降水量。通常用年降水量和作物生长季降水量等指标衡量。

**13.123 降水利用率** precipitation utilization ratio
作物生育期实际耗水量占年内降水量的百分比。

**13.124 光合生产潜力** photosynthetic potential productivity
假设温度、水分、$CO_2$、土壤养分、作物的群体结构及栽培技术措施等均处于最适宜条件下,一个地区单位面积单位时间内,由太阳辐射所决定的作物最高产量。是作物产量的理论上限。

**13.125 光温生产潜力** light and temperature potential productivity
假设水分、$CO_2$、土壤养分、作物的群体结构及栽培技术措施等均处于最适宜条件下,一个地区单位面积单位时间内,由太阳辐射和温度所决定的作物最高产量。通常用光合生产潜力乘以温度订正函数进行估算。

**13.126 气候生产潜力** climatic potential productivity
假设土壤养分、作物的群体结构及栽培技术措施等均处于最适宜条件下,一个地区单位面积单位时间内,由太阳辐射、温度、降水等气候因素所共同决定的作物最高产量。通常对光温生产潜力进行水分订正而估算。

**13.127 日照时数** sunshine duration, sunshine hour
又称"日照时间"。一定时间段内(日、旬、月、年),太阳直射到达地面且直接辐射量超过 $200W/m^2$ 的累计时间。是衡量一个地区农业光资源的重要指标。

**13.128 昼长** day length, daylength
又称"日长""光照长度"。一天之内白昼光照的时长。包括白天有太阳光直接照射地面的时段和只有漫射光的多云天、阴天时段及曙暮光时段。其长短对促进或阻止植物自然生殖生长起着决定性作用。

**13.129 昼夜节律** day-night rhythm
又称"近日节律""自运节律(circadian rhythm)"。农业生物的生命活动随昼夜 24h 或准 24h 的周期性变化。

**13.130 日变化** diurnal variation
某一地点气象要素在一日内有规律的周期变化。

**13.131 日平均气温** daily mean temperature
一日内气温的平均值。常规气象观测采用当日 02:00、08:00、14:00、20:00 4 次观测的气温平均值表示;自动气象站观测采用当日 24 小时内逐小时的气温平均值表示。

**13.132 日较差** diurnal range, amplitude of diurnal variation
又称"日振幅"。某一气象要素在一昼夜间最高值与最低值之差。

**13.133 年较差** annual range, amplitude of annual variation
某一气象要素在一年中月平均最高值与最低值之差。

**13.134 无霜日** day without frost, frost-free day
当温度高于 0℃ 且没有出现霜或冻露的一日。

**13.135 无霜期** frost-free season, duration of frost-free period

一年中终霜后至初霜前持续无霜的一整段时期。农作物生长期与其长短密切相关。

**13.136 梅雨** meiyu, plum rain

又称“黄梅天”“霉雨”。每年初夏,中国江淮流域和中国台湾,以及日本中南部和韩国南部等地经常出现的持续时间较长的阴雨天气。时值中国江南梅子成熟季节,故名。

**13.137 终雪** last snow

一年内夏季之前的最后一次降雪。

**13.138 积雪** perpetual snow, snow cover

观测点视野范围内有一半以上的面积被雪覆盖的雪层。

**13.139 雪线** snow-line

又称“固态降水零平衡线(zero equilibrium line of solid precipitation)”。高纬度和高山地区永久积雪区的下部界限地带。沿此地带年固态降水量和消融量处于平衡状态。

**13.140 海陆风** sea-land breeze

由海面和陆地之间热力差形成的白天由海面吹向陆面、夜间由陆面吹向海面的风。

**13.141 山谷风** mountain-valley breeze

在山区,由山谷与其附近空气之间的热力差引起的白天由山谷吹向山顶、夜间由山顶吹向山谷的风。

**13.142 气候景观** climatic landscape

发生在大气对流层中的冷、热、干、湿、风、云、雨、雪、霜、雾、雷、电、光等各种物理现象和物理过程所构成的景观。包括云海、彩虹、海上日出日落、冰雪及雾凇等景象。

**13.143 农业气候调查** agroclimatic investigation, agroclimatic survey

又称“农业气候考察”。为认识和了解一定区域范围内农业气候状况和农业气候问题而进行的访问、野外考察、观测及监测的活动。

**13.144 农业气候分析** agroclimatic analysis

对农业与气候条件的相互关系及其规律的分析。

**13.145 农业气候指标** agroclimatic index

在一定气候条件和农业技术水平下,衡量农业生产对气候条件的要求与反应的气候因子物理变量。是评定地区农业气候资源,分析气候规律和农业气象灾害,进行农业气候区划及对农业技术措施进行气候论证的依据。

**13.146 农业气候评价** agroclimatic evaluation

根据农业气候指标,评价气候条件影响农业生产的利弊程度。

**13.147 农业气候图集** agroclimatic atlas

按照对农业生产有意义的气候资料绘制的,表示气候要素的空间和时间分布规律及其相互关系,并附有一定文字说明和表格的图幅合集。

**13.148 农业气候志** agroclimatography

描述农业气候基本状况的志书。

**13.149 气候适应** climatic adaptation, acclimatization, climatization

农业生物通过自身的调节而适应某一地区气候环境的现象。一般指农业生物生长发育的规律与气候规律相协调吻合的现象。

**13.150 气候栽培界限** climatic cultivation limit

依据气候条件和作物生长发育的气候适应性所划定的作物种植界线。作物栽培具有明显的季节性(时间性)和地域性(空间性),随着农业气候资源的变化和农业技术进步,作物种植界线会发生一定的变化。

**13.151 气候肥力** climatic fertility

一个地区可为农业植物提供光、热、降雨、空气等气候条件的综合力。表示某地农业气候资源的丰富程度,与土壤肥力相对应。

**13.152 作物气候生态型** crop climatic ecotype

同种作物的不同个体长期生活在不同气候(日照、温度、降水量等)条件下发生趋异适应,形成的形态、生理功能和生态特性不同的基因型类群。

**13.153 作物气候适应性** crop climatic adaptation

作物生长发育和产量形成的规律与环境气候规律相吻合的程度。

**13.154 物候现象** phenological phenomenon

自然环境中,周年内农业生物生命活动及与之密切相关的气象和水文状况随气候的季节性发生有规律变化的现象。包括植物的萌芽、开花、结果、休眠,元鸟至、蜩始鸣,河开、封冻等。

**13.155 物候学** phenology

研究自然生态系统和农业生态系统中物候的时空分布规律,及其与农业生物的生命活动、产量与品质、农业生产活动等相互关系的学科。

**13.156 物候学定律** phenology law

某地物候现象出现的时间存在周年变化,且与所处的地理环境及气候状况存在一定数学关系的规律。

**13.157 物候历** phenological calendar

物候现象出现的时间顺序表。是农事活动时间安排的重要依据。

**13.158 物候图** phenogram, phenological chart

表示物候出现日期、物候期间气候特征及变化的各种图谱的统称。

**13.159 物候谱** phenospectrum

农作物、林木、果树、牧草、畜禽和昆虫等农业生物在一年内发育过程的物候图谱。

**13.160 物候期** phenophase, phenological phase

某一物候出现的日期。

**13.161 物候观测** phenological observation

对物候现象和物候期进行的观测。是获取农业气象研究与服务基础性资料的重要手段。

**13.162 蓄热** heat storage

将太阳光能转变为热能并储存于土壤或植物体内的过程。

**13.163 下垫面** underlying surface

与大气下层直接接触,能和大气进行辐射、热量、动量、水汽、尘埃等物理量交换的地球表面。包括土壤、农田、林地、草地、水面或冰雪面等。

**13.164 粗糙度** aerodynamic roughness

表示下垫面起伏状况的物理参数。一般用下垫面附近风速为零处的高度表示。

**13.165 农田辐射平衡** radiation balance in field

又称“农田净辐射(net radiation in field)”。农田短波辐射和长波辐射的收支差额。决定着农田中的水热交换过程,是产生能量的基础。

**13.166 农田热量平衡** heat balance in field

农田中热量输入和输出的差额。

**13.167 农田水分平衡** farmland water balance

又称“农田水量差额”。一定时间和一定土层内的农田水分收支差额,是对农田水分收入、支出和贮存各项的结算。反映土壤水分状况,是确定农田排灌定额和时间及研究旱涝灾害和土壤改良的重要依据。

**13.168 气候资源利用** climatic resources utilization

人类对气候资源,包括光能、热量、降水、风能、大气成分等合理开发利用的活动过程。

**13.169 光能利用效率** light utilization efficiency

某地区某时段内农业生产实际消耗的光能与气候光资源的比率。

**13.170 热量利用效率** heat utilization efficiency

某地区某时段内农业生产实际消耗的热量与气候热量资源的比率。

**13.171 降水利用效率** precipitation utilization efficiency

某地区某时段农业生产实际消耗的降水量与降水资源的比率。

**13.172 二氧化碳施肥** carbon-dioxide fertilization

为充分满足作物光合作用的需要,向作物周围空气中补充二氧化碳,从而促进作物生长,并提高其产量的农业技术措施。此方法常用于温室大棚中的蔬菜和瓜果生产。

## 13.03 农业气象灾害

**13.173 农业气象灾害** agrometeorological disaster

农业生产过程中对农业生物、农业设施、农业环境或农事活动造成危害并产生经济损失的不利天气或气候条件的总称。

**13.174 农业气候灾害** agroclimatic disaster, agroclimatic damage

由于气候变异对农业生产造成危害并导致损失的气候现象或气候条件。

**13.175 干旱** drought

由于长时间降水偏少,造成空气干燥、土壤缺水、灌溉水源蓄水不足,不能满足农作物、林木、果树、牧草、牲畜等生产对水分的需求,严重影响其正常生长发育而导致减产的一种农业气象灾害。

**13.176 热浪** heat wave

大范围异常高温空气入侵某一地区使得天气持续过度炎热,对农业生产造成危害的现象。

**13.177 热害** hot damage

由于环境温度高于农业生物生长发育的上限温度而造成的伤害。包括农作物高温逼熟、果实日灼,以及畜、禽、水产、渔业的高温危害等。

**13.178 干热风** dry-hot wind

小麦扬花灌浆期出现的高温和低湿,并伴有一定风力的农业气象灾害性天气。破坏小麦生长的水分平衡,影响小麦灌浆,造成粒重下降而减产。

**13.179 低温冷害** cold damage, low temperature and cold damage

农业生物在生长季节内,因温度下降至最适温度下限以下与最低生长温度之间,造成农业生物生长缓慢、发育期延迟、生理障碍或结实器官受损而减产的一种农业气象灾害。灾害发生时日平均气温在0℃以上。

**13.180 延迟型冷害** cool-summer damage due to delayed growth

作物生长发育期间(主要是营养生长期,有时也包括生殖生长期),由于温度偏低影响其生理活性,使作物不能正常成熟而减产的一种低温冷害。

**13.181 障碍型冷害** cool-summer damage due to impotency

作物生殖生长期(主要是颖花分化期到抽穗开花期)遇短暂而强烈的温度降低,使生殖器官受破坏而减产的一种低温冷害。

**13.182 寒露风** low temperature damage in autumn

在中国南方寒露节气前后，因气温明显下降，造成双季晚稻孕穗至抽穗扬花受阻，空壳率增加且产量下降的一种低温冷害天气。危害时日平均气温低于22℃。

**13.183 热带作物寒害** cold damage to tropical crop

热带作物在温度不低于0℃的冬季生育期间，因气温显著降低引起生理机能障碍，导致减产甚至死亡的一种农业气象灾害。

**13.184 霜冻** frost injury

农业植物生长季节内，因植株温度降到0℃或0℃以下，体内水分冻结造成植株受害甚至死亡的一种农业气象灾害。

**13.185 辐射霜冻** radiation frost

在晴朗无风的夜晚，农业植物表面因强烈辐射散热冷却而发生的霜冻。

**13.186 平流霜冻** advection frost

由于出现强冷平流天气引起剧烈降温而发生的农业植物表面的霜冻。

**13.187 平流辐射霜冻** advection radiation frost

又称"混合霜冻"。由冷平流天气和辐射冷却共同影响，引起气温急降而导致农业植物表面的霜冻。通常是先有冷平流入侵，温度明显下降，夜间天空转晴，风速减小，辐射散热冷却强烈，植株体温进一步降低而发生霜冻。

**13.188 初霜冻** first frost injury

又称"秋霜冻""初冬霜冻"。由温暖季节向寒冷季节过渡时期发生的霜冻。在中国中纬平原地带常发生在秋季，在四川盆地、江南丘陵和武夷山脉以南地区常发生在12月以后。

**13.189 终霜冻** final frost injury

又称"春霜冻""晚冬霜冻"。由寒冷季节向温暖季节过渡时期发生的霜冻。在中国中纬平原地带常发生在春季，在四川盆地、江南丘陵和武夷山脉以南地区常发生在2月以前。

**13.190 倒春寒** late spring coldness

春季天气回暖过程中，因间歇性冷空气侵袭，形成前期气温回升正常或偏高，后期温度明显偏低，对农业生物造成损害的一种低温冷害或冻害天气。

**13.191 冻结深度** depth of freezing

全称"土壤冻结深度"。寒冷季节，温度降至0℃或0℃以下时，从地表向下冻结的土壤层的垂直厚度。

**13.192 冻涝害** flood-freezing injury

在稳定冻土层地区，对越冬作物造成危害或导致春播无法进行的内涝性农业气象灾害。一般因冬前灌溉水过多或降雪过多，天气回暖时地表积水后冻土顶托不能下渗而形成内涝。

**13.193 冻拔** frost heaving

在纬度高的寒冷地区，当土壤含水量过高时，土壤因冻结膨胀而升起且连带植物抬起，至春季解冻土壤下沉时，已抬起的植物因根部裸露而死亡的现象。

**13.194 冷夏** cool summer

夏季气温显著低于多年（一般为30年）平均值，甚至低于多年平均值1℃以上时，危害农业生物生长发育，造成低温冷害的农业气象灾害。

**13.195 暖冬害** injury by warm winter

冬季气温显著高于多年（一般为30年）平均值，有利于病虫害越冬而不利于土壤保墒，对春耕春种等农业生产造成不利影响的农业气象灾害。

**13.196 洪涝** flood

由于大雨、暴雨、持续性降雨或冰雪融水，造成农田积水或淹没、农业减产或绝收、农业设施遭到破坏的农业气象灾害。

施等。

**13.197　连阴雨**　continuous rain

在作物生长季中，连续阴天并伴有降雨等多种气象要素异常而引起的灾害性天气。特点是降雨偏多且历时较长、日照偏少、气温偏低。

**13.198　湿害**　wet damage

因长期阴雨、地下水位升高、洪涝过后排水不畅及早春积雪（或表面湿冻土）迅速融化下渗受阻等，使作物根层土壤持续处于过湿状态，作物根系长期被水浸泡缺氧，影响正常生长发育而造成的灾害。

**13.199　冻雨**　freezing rain，frozen rain

过冷却水滴与物体碰撞后立即冻结的液态降水。降落植物表面后形成的雨凇常导致农业植物枝条或茎叶冻折冻死，也会导致畜禽受寒感病，是初冬或冬末春初的一种灾害性天气。

**13.200　雪害**　snow damage

因降雪过多、积雪过厚、雪层维持时间过长，致使农作物、林木、果树、牲畜生产及农业设施等遭受损害的农业气象灾害。

**13.201　冻融交替**　alternate freezing and thawing

土壤反复经受冷冻和热融，对农业生物生长和农事活动造成影响的过程。

**13.202　雹害**　hail damage

降雹给农业生产造成直接或间接危害的农业气象灾害。包括作物的机械损伤和生理危害，对农事活动的影响以及破坏农业生产设施等。

**13.203　风害**　wind damage

由寒潮、龙卷风、飑线、热带气旋和台风等灾害性天气引起的，对农业生产造成直接和间接危害的农业气象灾害。危害包括作物的机械损伤和生理危害、农田和草原的风蚀沙化，以及对农事活动的影响和破坏农业生产设施等。

**13.204　风折**　wind fall

因强风袭击而引起作物、果树、林木的茎干和枝条折断的现象。多发生于冠层浓密、材质脆弱或腐朽的植株，导致减产甚至植株死亡。

**13.205　风倒**　blowdown

农作物被大风吹倒乃至大片铺平的现象。通常造成作物减产和收获困难。

**13.206　阴害**　insufficient illumination

因持续阴天、阴雨、雾霾等天气或因过度遮盖使日照偏少等原因，导致农业植物光合作用下降、养分积累不足，影响正常生长发育的一种农业气象灾害。

**13.207　耐寒性**　chill tolerance

农业生物耐受或抵御低于其适宜温度下限而生存的能力。

**13.208　耐阴性**　shade tolerance

农业植物在弱光条件下仍可继续生存的能力。

**13.209　耐湿性**　wet tolerance

在土壤过饱和甚至渍水或空气湿度长时间过高条件下，农业生物受缺氧和热量交换胁迫而具有的免除或减轻受害的能力。

**13.210　帕默尔干旱指数**　Palmer drought severity index

基于降水、蒸散、径流、土壤水分在内的水量供需平衡，用于评估某地区某一时期相对干旱或湿润程度的指数。能解释当前干湿程度的持续累积效应，在时空上具有可比性。最早由美国气象学家韦恩·帕默尔（Wayne Palmer）提出。

**13.211　天气指数农业保险**　weather index agricultural insurance

利用与投保范围内农业产量或收入高度相关，但又独立于标的的一个或几个指数化的天气变量(温度、降水、风速、光照等)或天气事件(台风、冰雹、冰冻、热浪、暴风雪等)作为赔付依据的农业保险产品和模式。

**13.212　农业气象灾害风险**　agrometeorological disaster risk

农业气象灾害发生的可能性与造成后果的综合。对于特定的农业生产方案,在当前市场状况下,通常指由于农业气象灾害事件的发生而引起的后果与预定目标发生的多种负偏离的综合。

**13.213　农业气象灾害风险管理**　agrometeorological disaster risk management

通过设定安全目标、经济目标和生态目标,对农业气象灾害开展风险识别、风险评估、风险决策、风险处置与效果评价等的活动。

**13.214　脆弱性**　vulnerability

农业生态系统中,在特定的时间和空间尺度上,承灾体受到灾害性天气和气候等外界干扰时所具有的敏感反应和自身恢复能力的特性。

**13.215　敏感性**　sensitivity

农业生态系统中,在特定的时间和空间尺度上,承灾体对致灾因子响应的敏感程度。是承灾体固有的性质,也是脆弱性构成要素之一。

**13.216　暴露度**　exposure

农业生态系统中,在特定的时间和空间尺度上,受致灾因子不利影响的承灾体的数量和价值量。

**13.217　承灾体**　disaster-bearing body

致灾因子的作用对象。即直接受气象灾害影响和损害的农业生物及其群体、农业生产系统的各种资源及其集合、区域农业生态系统等。

**13.218　孕灾环境**　disaster-pregnant environment

由大气、水圈、岩石圈、下垫面、人类社会圈所构成的,且能够为气象致灾因子的产生提供场所和环境条件的农业生态系统。

**13.219　致灾因子**　hazard factor

可能导致农业气象灾害发生的气象因素。

**13.220　人工降雨**　artificial rain, rainmaking

又称“人工增雨”。根据云系结构及其成云致雨的物理机制,选择合适的云层条件,在适当的时机,通过飞机、火箭、高炮等人工方法在云层播撒催化剂以增加降水量的措施。是农业应急抗旱的一种气象减灾技术。

**13.221　人工消雹**　artificial hail suppression

又称“人工防雹”。通过火箭、高炮等人工方法在雹云中播撒催化剂以抑制或削弱云中冰雹的增长,从而消除或减轻冰雹灾害的措施。

**13.222　蒸腾抑制剂**　transpiration inhibitor

一种可喷洒在农业植物叶片表面,以抑制植物蒸腾耗水为主要目的的抗旱制剂。

**13.223　保水剂**　water-retaining agent

施于土壤,可以提高农业植物水分利用率,增强抗旱能力的一类材料制剂。其不溶于水,具有膨胀性和吸水力强,可反复吸水并缓慢放水等特点。

## 13.04　气候变化与农业

**13.224　气候系统**　climate system

由大气圈、水圈、冰雪圈、岩石圈(陆地表面)和生物圈五个部分组成,并具有密切而复杂的相互作用的高度复杂系统。

**13.225　气候变化**　climate change

长时期内,气候演变、气候变迁、气候振动与气候振荡的统称。

**13.226　气候变率**　climatic variability
反映气候要素变化大小的量。可用该要素的均方差或平均绝对偏差等作为指标。与农业生产的稳定性密切相关。

**13.227　气候倾向率**　climatic tendency rate
反映在较长时期内,气候要素随年代变化的趋势。通常用气候要素与年代建立的回归方程的斜率表示。

**13.228　气候突变**　abrupt climatic change
又称"气候跃变(climatic jump)"。气候在相对较短的时期内从某种相对稳定的长期状态迅速转变为显著不同的另一种状态的变化现象。

**13.229　气候异常**　climatic anomaly
气候要素的距平达到一定数量级(如1~3个均方差以上)的气候状况。

**13.230　厄尔尼诺现象**　El Nino phenomenon
赤道中东太平洋海表大范围持续异常偏暖的现象。导致全球降水量比正常年份明显增多,太平洋中东部及南美太平洋沿岸国家洪涝灾害频繁,印度、印度尼西亚、澳大利亚一带则严重干旱,世界多种农作物受灾。

**13.231　拉尼娜现象**　La Nina phenomenon
赤道中东太平洋海表大范围持续异常偏冷的现象。导致印度尼西亚、澳大利亚东部、印度、非洲南部、中国中东部等地降水偏多,而非洲赤道地区、美国东南部等地易干旱,世界多种农作物受灾。

**13.232　南方涛动**　southern oscillation
热带太平洋气压与热带印度洋气压的升降呈反相相关联系的振荡现象。

**13.233　气候变化影响**　climate change impact
长期的气候变化对自然和社会经济系统产生的影响。对农作物布局、种植制度及农业生态系统的影响较大。

**13.234　种植界线变化**　change of planting boundary
根据气候条件和作物生长发育的气候适应性所划定的作物种植界线,受气候变化影响而发生的变化。如因气候变暖作物种植界线向高纬度和高海拔地区迁移。

**13.235　气候韧性**　climate resilience
农业生态系统在面对气候变化和极端天气气候等不利环境影响时,能够适应这种外部扰动,保持自身生态系统的平衡,且即使平衡被打破,也能迅速进行自我调节,保持有利于系统健康状态的能力。

**13.236　气候弹性**　climate elasticity
农业生态系统在承受气候变化压力的过程中吸收干扰并进行结构重组,以保持系统的基本结构、功能、关键识别特征及反馈机制不发生根本性变化的能力。

**13.237　极端天气气候事件**　extreme weather and climate event
某一地区某段时间内,出现的历史罕见天气气候状态严重偏离其平均状态的事件总称。在统计意义上属于不易发生的小概率事件。如极端高温、极端干旱和极端洪涝等,对农业危害非常严重。

**13.238　气候变化情景**　climate change scenario
简称"气候情景"。建立在一系列科学假设基础之上,对未来气候状态在时间与空间分布形式上的合理描述。

**13.239　气候变化正负效应**　positive and negative effect of climate change
气候变化对人类生活、生产活动和社会活动,以及环境和生态系统造成的正面或负面影响。

**13.240　气候变化适应对策**　adaptation strategy to climate change

为适应气候变化带来的影响而制定和采取的策略与政策等。

**13.241 气候变化减缓对策** mitigation strategy for climate change

为减缓气候变化,尤其是减缓气候变暖的进程,人类所采取的主动固碳减排的一系列策略和行动。

**13.242 农业温室气体** greenhouse gas from agricultural sources

农业生产活动排放的具有产生大气温室效应的微量或痕量气体成分。主要包括稻田和反刍动物排放的甲烷,以及农田过量施用化肥所排放的氧化亚氮。

**13.243 清洁发展机制** clean development mechanism

《京都议定书》规定的为减少温室气体排放的三种灵活机制之一。核心内容是允许其缔约方即发达国家与非缔约方即发展中国家进行项目级的减排量抵消额的转让与获得,从而在发展中国家实施温室气体减排项目。

**13.244 碳捕捉与存储** carbon capture and storage

又称"碳捕集与封存"。将工业生产产生的二氧化碳收集,并长时间储藏的技术。这一技术可以减缓二氧化碳进入大气层的速度,是一种消除温室效应的可行方法。

**13.245 二氧化碳肥效** carbon-dioxide fertilizer efficiency

因大气中二氧化碳浓度增加而致使植物光合速率提高及光合产物增加的现象。

## 13.05 农业气象信息

**13.246 农业气象信息** agrometeorological information

描述过去和当前气象条件对农业生产影响情况的资料和报道。

**13.247 农业气象观测** agrometeorological observation

对农业生产环境中的物理要素和生物要素的观察、测量和记载。这些物理要素包括气象要素以及有关的土壤要素,生物要素包括各种作物、林木、畜禽和鱼类等的生长发育状况,以及病虫害的消长等。

**13.248 农业气象预报** agrometeorological forecast

针对农业生产需要,编发的预测未来环境气象条件和对农业生产产生可能影响的预报。主要以生物学规律和大气运动物理过程为基础,根据农业生物生长发育过程与环境气象条件的关系编发。

**13.249 农业气象产量预报** agrometeorological yield forecast

根据作物播种前及其全生育内的气象条件预测作物最终产量的农业气象预报。

**13.250 气象产量** meteorological yield

为模拟作物产量建立的预报回归方程中,由气象因素决定的那部分产量。

**13.251 趋势产量** trend yield

为模拟作物产量建立的预报回归方程中,由农业技术措施及其他非气象因素决定的那部分产量。

**13.252 农业气象预警** agrometeorological early warning

为防御和减轻农业气象灾害而发布的警报信息。

**13.253 定期农业气象情报** regular agrometeorological information

对相对固定时期的农业气象条件和对农业生

产造成的影响进行分析与鉴定,并于固定时间内发布的农业气象情报。包括年报、月报、旬报、周报等。

**13.254 农业气象业务** agrometeorological service

气象部门服务于农业所有业务工作的总称。

**13.255 农业气象试验站** agrometeorological experimental station

以农业气象试验和研究为主要任务的农业气象站。是世界气象组织划分的4类农业气象站的第一类,即基本农业气象站。

**13.256 农业气象观测站** agrometeorological station

简称"农业气象站"。按照农业气象观测规范要求,对农作物、蔬菜、林木、果树、畜牧、水产、土壤状况等进行农业气象观测和服务的专业气象观测站点。

**13.257 农业气象自动观测** automatic agrometeorological observation

采用自动监测设备及其软硬件平台开展的农业气象观测。

**13.258 农业气象遥感** agrometeorological remote sensing

进行农业气象综合应用的遥感技术。一般用于农业气候资源、农业气象灾害、农业病虫害监测调查、作物产量估算、农用天气预报及农业土地利用状况分析等。

**13.259 农业气象模式** agrometeorological model

表征农业生产系统与气象条件相互作用中各种复杂过程特征及其变化规律的文字或数学表达式。是农业生产系统与气象环境关系的高度抽象和简化。

**13.260 作物生长模型** crop growth model

简称"作物模型",又称"作物模拟模型(crop simulation model)"。以作物生长发育的内在规律为基础,综合作物遗传特性、环境效应、管理措施之间的因果关系,定量描述作物生长发育和产量品质形成过程的数学模拟模型及计算机模型系统。

# 14. 农 业 工 程

## 14.01 农业机械化与装备

**14.001 农业机械化管理** agricultural mechanization management

国家和地方政府主管部门,通过各种条例、措施和相应的政策对农业机械化工作进行有效的计划、组织、领导和控制,以实现农业机械化目标的活动过程。

**14.002 农业机械化规划** planning of agricultural mechanization

根据农业发展需要,对未来较长一段时间农业机械化制定的较全面发展目标及实现目标的具体工作方案的活动。

**14.003 农业机械化水平** level of agricultural mechanization

反映农业生产过程中利用机械进行作业的普遍程度、质量和效益的综合性指标。不仅表示农业机械化达到的数量或程度,即农业生产中使用机械完成的作业量占总作业量的百分比,还体现农业机械化发展的质量和产生的效益。

**14.004 全程机械化** whole process mechanization

在种植、养殖、农产品初加工等农业生产产

前、产中、产后各个环节都实现机械化的过程。

**14.005 全面机械化** all-round mechanization
在不同作物、不同区域、不同产业（种植业、畜牧业、渔业）等各方面农业生产中都实现机械化的过程。

**14.006 农机购置补贴** subsidy for purchase of agricultural machinery
俗称“购机补贴”。国家和地方政府对农民和农业生产单位及农机服务组织购买国家支持推广的先进适用的农业机械所给予的专项资金补贴。

**14.007 农机配备** allocation of farm machinery, disposition of farm machinery
生产单位或地区根据农业生产需要及有关条件，选择和确定农业机械型号及数量的活动。

**14.008 农业机器运用** management of agricultural machinery, operation of agricultural machinery
简称“农机运用”。农业生产中使农机装备既能高效作业又能经济利用的方法和技术［活动］。

**14.009 农机维修** agricultural machinery maintenance and repair
对农业机械进行维护与修理，使其保持及恢复正常技术状态和工作能力的方法与技术［活动］。

**14.010 农机安全监理** supervision over safety of agricultural machinery
为预防和减少农业机械事故，对其安全进行监督和管理的活动。

**14.011 农机试验鉴定** test and evaluation of agricultural machinery, experiment and verification of agricultural machinery
法定机构或经法定机构授权的专门机构通过科学试验、检测和考核，对农业机械的适用性、安全性和可靠性做出技术评价的过程。

**14.012 农机化公共服务** public service of agricultural mechanization
农机化主管部门向农业生产单位和个人提供的农机［化］技术推广、质量监督、安全监理、教育培训及信息宣传等公益性服务。

**14.013 农机社会化服务** commercialized service of agricultural machinery, socialized service of agricultural machinery
农机服务组织和农机［大］户等向其他农业生产单位和个人提供的各类农机作业服务，以及相关的技术推广、技能培训、机具维修、配件供应及中介租赁等有偿服务。

**14.014 ［新型］农机服务组织** agricultural machinery service organization
以农民为主体组成的，能够向其他农业生产单位和个人提供各类农机作业服务及相关信息、技术、维修、培训、咨询等服务的组织。主要包括农机［专业］合作社、家庭农场、农机［大］户等。

**14.015 农机［专业］合作社** agricultural machinery professional cooperative
以农机服务为主的一种农民互助性经济组织。

**14.016 农业机械** agricultural machinery
用于种植、养殖、农产品初加工等农业生产的机械和设备的总称。分为动力机械和作业机械两大类。

**14.017 农机具** farm implement
农业机械中各种作业机械的总称。

**14.018 农业机器系统** system of farm machinery
地区或生产单位为实现农业的机械化生产所需要的各种动力机械和作业机械的有机组合，是完成给定农业生产功能的综合体。在结构参数、运用参数及作业工序之间相互配套和协调,既能满足农业生产技术要求,又具有较好的经济效果。

**14.019 自走式农业机械** self-propelled agricultural machinery

自身带有动力和行走装置,能够独立行驶的农机具。

**14.020 牵引式农业机械** trailed agricultural machinery, pull-type agricultural machinery, drawn agricultural machinery

自身带有行走轮,通过牵引装置挂接在拖拉机后面,由拖拉机牵引行驶的农机具。

**14.021 悬挂式农业机械** mounted agricultural machinery

自身没有行走轮,通过悬挂装置悬挂在拖拉机上,与拖拉机成一整体,提升状态时其重量全部由拖拉机承担的农机具。

**14.022 半悬挂式农业机械** semi-mounted agricultural machinery

前部通过悬挂装置悬挂在拖拉机后面,提升状态时,前部重量由拖拉机承担,后部由自身所带的行走轮支撑的农机具。适用于大型或纵向尺寸较长的农机具。

**14.023 通用机架** tool carrier, toolframe, toolbar

在机架上通过简单换装不同工作部件就能够完成不同作业的农机具。具有一机多用和降低成本的特点。常用的有通用机架播种中耕施肥机,具有开沟起垄、播种施肥、中耕植保、挖掘收获等功能的通用机架。

**14.024 联合作业** combined operation

在一台农机具上安装不同工作部件,能够同时进行两项以上作业的作业方式。具有缩短工序间隔、利于抢农时、减少机组进地次数、减轻土壤压实、减少能源消耗、降低作业成本的特点。

**14.025 分段作业** operation by stage

将农业生产某项作业按一定工序及时间间隔分成两个以上阶段进行机械作业的作业方式。如谷物联合收割作业,可分为割晒和捡拾脱粒两段作业,按一定的间隔时间先后进行;可适当提前收割日期,充分利用谷物的后熟效应,增加产量,提高品质。

**14.026 复式作业** multiple operation

用一台动力机械串联或并联两种以上农机具,同时进行两项以上作业的作业方式。具有与联合作业类似的优点及机组结构较复杂和操纵性较差等缺点。

**14.027 跨区作业** inter-regional operation, cross-regional operation

农业机械及其作业人员跨越县级以上行政区域进行田间作业的作业方式。

**14.028 拖拉机** tractor

用于牵引和驱动配套农机具进行作业,并能够独立行驶的农用动力机械。按用途可分为通用型、中耕型、园艺型、水田型、坡地型等,按结构可分为手扶拖拉机、轮式拖拉机、履带拖拉机、半履带拖拉机、船式拖拉机等。

**14.029 手扶拖拉机** walking tractor, two-wheel tractor, single-axle tractor

通过扶手操纵的单轴两轮拖拉机。功率较小,可步行或乘坐操纵。体积小,重量轻,结构简单,但操纵劳动强度大,适于小田块作业。

**14.030 轮式拖拉机** wheeled tractor, wheel tractor

行走装置全部采用轮子的拖拉机。分为后轮驱动和前后轮驱动两种。有些前轮和后轮的轮距都可以调整。具有转向灵活和操纵方便的特点。

**14.031 履带拖拉机** crawler tractor, track-type tractor, track-laying tractor

又称“链轨拖拉机”。行走装置全部采用履

带的拖拉机。左、右两侧可以各用一条履带，也可以前后分开，每侧各用两条履带。具有接地比压小、牵引附着性强及松软潮湿地通过性好的特点。

**14.032 半履带拖拉机** half-track tractor, semi-crawler tractor

行走装置部分采用轮子、部分采用履带的拖拉机。通常前部采用轮子，便于操纵和转向；后部采用履带，提高牵引附着性能和松软潮湿地通过性。兼具轮式拖拉机和履带拖拉机的特点。

**14.033 船式拖拉机** ship-type tractor, boat-shaped tractor, boat tractor

又称“船形拖拉机”“机滚船”“机耕船(ploughing boat)”。带有船形机体的拖拉机。在水田中主要由船形机体支承自身重量，以楔形水田轮(桨式水田叶轮)驱动行驶。适于湖田、沤田、深泥脚水田作业。换装胶轮可在旱地作业。

**14.034 自走底盘** self-propelled chassis

带有行走装置，能够独立行驶的一种农用动力机械。可在其宽敞机身多个部位挂接不同工作部件或农机具进行不同作业。

**14.035 新能源拖拉机** new energy tractor

使用非常规车用燃料作为动力来源，或使用常规车用燃料(汽油或柴油)但采用新型车载动力装置的拖拉机。包括纯电动拖拉机、混合动力拖拉机、生物柴油拖拉机、天然气(甲烷动力)拖拉机和[氢]燃料电池拖拉机等。

**14.036 高压共轨喷射** high pressure common rail fuel injection

柴油机上由高压油泵通过公共供油管将高压燃油供给各喷油器进行喷射的技术。其特点是将喷射压力的产生和喷射过程完全分开，通过对公共供油管内的油压实现精确控制，使喷射压力的大小与发动机转速无关，大幅度减小喷射压力随发动机转速变化的程度。

**14.037 总线控制** bus control

利用连接拖拉机上各个控制对象的公共通信干线，并按特定协议传输信息对拖拉机进行控制的技术。其特点是控制系统结构简单，抗干扰能力强，可靠性和控制精度高，通用性和功能扩充性好。拖拉机上最常用的是控制器局域网(controller area network, CAN)总线控制。

**14.038 动力换档** power shift, power shifting

又称“负载换档”。利用一定的换挡装置，使拖拉机在不中断动力传递(即负载情况)下实现换挡的技术。分为部分动力换挡和全动力换挡。可以显著降低换挡时的冲击载荷(这对于大功率拖拉机尤为重要)，提高拖拉机的动力性、经济性和工作效率。

**14.039 无级变速** continuously variable transmission, CVT

速度在一定范围内能够连续变换的传动技术。有多种类型，现代大中型拖拉机上常用的是“液压机械无级变速(hydro-mechanical continuously variable transmission, HMCVT)”，能够自动适应负载和行驶阻力的变化，在较大范围内实现传动比的连续变换，使发动机工作在最佳工况，提高拖拉机的动力性、经济性和工作效率。

**14.040 种子清选机** seed cleaning and separating machine

清除种子中的夹杂物并将种子分级的种子处理机械。常用的有风选式、筛选式、窝眼式、风筛式、重力式、摩擦式及组合式。

**14.041 种子分级机** seed grader

将清除夹杂物后的种子按照形状、尺寸、比重(饱满程度)和其他物理特性分为若干不同等级的种子处理机械。常用的有筛选式、窝眼式、重力式、摩擦式、磁力式、电力式、色选式及组合式。

**14.042 种子包衣机** seed coating machine

在分级后的种子表面包覆一层包衣膜的种子

处理机械。常用的有搅拌式、滚筒式、雾化式及组合式。

**14.043 种子丸粒化机** seed pelleting machine, seed pellet granulator
在分级后的种子表面包裹一定厚度的包衣粉料,将其制成大小均一的圆球形丸粒的种子处理机械。常用的有载锅旋转式、滚筒式、振动式、甩盘雾化式及组合式。

**14.044 小区播种机** plot seeder
用于田间育种试验小区的专用播种机械。每次能在规定长度播行内均匀播完一品系一定数量的种子(定量);在频繁更换种子的田间育种小区作业中,能杜绝不同品系的种子混杂且不需人工清理种子(自净)。

**14.045 小区联合收割机** plot combine, plot combine harvester
用于田间育种试验小区的专用收获机械。每次能在规定小区内一次完成待收获作物的收割、脱粒、种子与秸秆分离及清选等作业;每收获完一个小区能够自行清种,将割台和机器内全部种子收集装袋,确保机器各部分无残留种子,杜绝不同种子的混杂。

**14.046 铧式犁** moldboard plow
以犁铧和犁壁组成的犁体作为切土、翻土、碎土工作部件的耕地机械。翻土、覆盖性能好、应用广泛。可按用途、结构、挂接方式等分为多种类型。

**14.047 圆盘犁** disk plow
以边缘带有刃口的凹面圆盘作为工作部件的耕地机械。其翻土和覆盖性能不如铧式犁,但入土和切断能力强,易脱土不易堵塞,适用于干硬、黏重、砂砾、多草根等铧式犁作业效果不理想的土壤条件。

**14.048 栅条犁** slat plow, slat moldboard plow
以犁铧和栅条状犁壁组成的犁体作为工作部件的一种铧式犁。作业时,犁壁与土壤的接触面小,脱土性好;且栅条间相对位置可调节,以改变犁壁的翻土和碎土性能。适用于湿黏土壤和水田。

**14.049 翻转犁** reversible plow
采用右翻和左翻两套犁体,在耕地作业往返行程中可分别向右或向左交替翻垡的一种铧式犁。耕地后土垡向同一侧翻转,地表平坦无沟埂。现代常用的是采用机械或液压翻转机构使两套犁体绕犁架纵向水平轴做180°上下翻转。

**14.050 深松机** subsoiler
对超过正常耕作深度(15~30 cm)的土壤进行疏松但不翻转,不扰乱土层的一种耕地机械。通过深松耕可以增加耕地深度,加深耕作层。常用的有凿式和振动式。

**14.051 圆盘耙** disk harrow
多个定距串装在水平轴上,以边缘带有刃口的凹面圆盘(耙片)作为工作部件的整地机械。圆盘耙片有全缘和缺口两种,后者切土性能更强。圆盘直径及凹度小于圆盘犁。

**14.052 齿耙** tooth harrow, tine harrow
工作部件呈齿状的整地机械。常用的有钉齿耙和弹齿耙。前者工作部件为断面呈圆形、方形、菱形或刀形的钉齿,后者工作部件为弹簧钢条制成的有弹性的弹齿。

**14.053 水田耙** paddy field harrow
多种工作部件组合,用于水田作业的一种整地机械。常用工作部件包括带弧形弯齿和一定凹度的星形耙片、轧辊及类似圆盘耙上的缺口圆盘耙片等。

**14.054 驱动耙** power harrow, power driven harrow
又称"动力耙"。由拖拉机动力输出轴驱动工作部件进行作业的整地机械。碎土性能好且作业质量高。常用的有滚筒型、旋转型和往复型。

**14.055 旋耕机** rotary tiller
全称“旋转耕耘机”。由拖拉机动力输出轴驱动工作部件旋耕刀旋转进行作业的耕整地机械。旋耕刀安装在刀轴上构成刀辊。根据刀辊水平或垂直布置分为卧式和立式,卧式根据与拖拉机前进时轮子的旋转方向是否一致分为正转和反转。

**14.056 微耕机** mini rototiller, mini rotavator
全称“微型耕耘机”,又称“田园管理机(garden tiller)”。功率≤7.5 kW,可配备不同工作部件,能独立行驶的一种耕整地机械。可分为无驱动轮型和有驱动轮型,前者利用旋转工作部件驱动前进,后者可换装不同工作部件进行作业。适于小田块、园艺和设施农业作业。

**14.057 埋茬起浆机** residue-burying and puddling of paddy field machine
由拖拉机动力输出轴驱动工作部件作业的一种水田耕整地机械。类似于卧式旋耕机,有单轴和双轴两种。工作部件采用标准旋耕刀或异形专用刀,配备辅助埋茬和起浆装置。

**14.058 耕耙犁** plow with rototiller, combined plow-rototiller
将铧式犁体和旋耕刀辊组合构成的一种耕整地联合作业机械。刀辊由拖拉机动力输出轴驱动,能一次完成犁翻和旋碎作业。根据刀辊配置方式的不同,分为分组立式、分组卧式和整组卧式等多种。

**14.059 联合整地机** combined cultivator
不同的松土、碎土、平土、压实等工作部件组合构成的一种耕整地联合作业机械。

**14.060 铺膜机** mulch layer, plastic mulch layer
又称“地膜覆盖机”。将塑料薄膜紧密覆盖在作物种床或苗床上的一种整地机械。根据功能分为仅覆盖薄膜的铺膜机和与其他工作部件组合的联合作业机,如起垄铺膜机和铺膜播种机等。

**14.061 起垄铺膜机** ridge-forming and mulch layer, mulch layer with ridge-forming
能够一次完成起垄和铺膜作业的耕整地联合作业机械。可以一边起垄一边在刚起好的垄台上随即覆盖塑料薄膜。

**14.062 残膜回收机** residual plastic film recycling machine, used plastic film collector
清理回收农田中残留塑料薄膜的农田废弃物收集机械。根据工作部件的不同分为弹齿式、滚筒式和齿链式等多种。

**14.063 播种机** seeder, planter
按农艺要求将种子播入农田的机械总称。按播种方法分为撒播机、条播机、穴播机和精密播种机等。

**14.064 撒播机** broadcaster, seed broadcaster, broadcast seeder, broadcast spreader
按一定播种量将种子均匀播撒至农田的播种机。按工作原理分为重力式和离心式。

**14.065 条播机** seed drill, drill seeder
按一定行距将种子成条(成行)地均匀播入种沟的播种机。按工作原理分为机械式和气力式。

**14.066 穴播机** hill-drop planter, hill-drop drill
按一定行距和株距(穴距)将几粒种子集中播于种沟内一处或种穴内的播种机。按播种方式分为普通穴播机和“方形穴播机(check-row planter)”。

**14.067 精密播种机** precision planter
按精确的播种粒数、播种深度和行株距将种子播入农田的播种机。常用单粒精密播种机,具有显著的省种和增产作用。按工作原理分机械式、电动式和气力式。

**14.068　旋耕播种机**　rotary seeder, rotary planter

将旋耕和播种工作部件组合,能够一次完成旋耕和播种作业的联合作业机械。有的带有施肥功能,可利用旋耕抛起的碎土覆盖种子及混合肥料。

**14.069　免耕播种机**　no-till seeder, no-till planter, no-till drill

配备破茬工作部件,能够在前茬作物收获后未经耕整的茬地进行播种的播种机。常用破茬工作部件有圆盘式和直刀式。

**14.070　铺膜播种机**　mulch laying planter, planter with mulch laying

能够一次完成铺膜和播种作业的联合作业机械。按工艺分为先播种后铺膜、先铺膜后在膜上打孔播种、铺膜及打孔播种后再覆盖一层塑料薄膜等几种。

**14.071　水稻插秧机**　rice transplanter

按农艺要求将水稻秧苗定植到本田的栽植机械。按适应的秧苗分为秧苗不带土的拔洗苗插秧机、秧苗带土(基质)的毯状苗插秧机、钵苗(穴盘苗)插秧机和兼用型插秧机。

**14.072　水稻抛秧机**　rice seedling throwing machine

将带土水稻秧苗以抛撒方式移植到本田的栽植机械。按工作原理分为机械式和气力式,按抛撒方式分为无序抛秧和有序抛秧。

**14.073　移栽机**　transplanter

按农艺要求将作物秧苗移植到本田的栽植机械。按适应的秧苗分为秧苗不带土(基质)的裸根苗移栽机、秧苗带土(基质)的毯状苗移栽机和钵苗移栽机,按供苗方式分为半自动移栽机和自动移栽机。

**14.074　施肥机**　fertilizer applicator

按农艺要求将肥料施入农田的机械总称。按施用肥料分为固态肥施肥机和液[态]肥施肥机,按作物生长期分为基肥施肥机、种肥施肥机和追肥施肥机等。

**14.075　撒肥机**　fertilizer spreader, fertilizer distributor

将固态肥料撒施到土壤表面的施肥机械。常用的有撒施化肥的离心式和气力式撒肥机、撒施厩[堆]肥的螺旋式和甩链式撒肥机等。

**14.076　侧深施肥装置**　side dresser, side-dressing device

配备在播种机、插秧机、中耕机等农机具上,在播种、插秧、中耕等作业的同时,将肥料施放到种子或作物根部侧下方的施肥装置。

**14.077　液[态]肥施肥机**　liquid fertilizer applicator

将液态肥料施布到田间或作物表面的施肥机械。分为施洒液态化肥(液氨和氨水等)及厩液和喷施叶面肥等几种。

**14.078　中耕机**　row-crop cultivator, intertilling cultivator

作物生长期间进行松土、除草、培土等中耕作业的机械总称。按工作部件分为铲式中耕机和旋转式中耕机,按作业条件分为旱地中耕机和水田中耕机。

**14.079　喷雾机**　sprayer

将农药药液分散成细小雾状液滴喷施到防治对象或其寄主体上的植保机械。按用途分大田喷雾机和果园喷雾机等,按工作原理分液力式喷雾机、离心式喷雾机和风送式喷雾机等,按结构分塔式喷雾机、喷杆喷雾机和高地隙喷雾机等。

**14.080　喷粉机**　duster

利用气流将农药粉剂喷施到防治对象或其寄主体上的植保机械。常用的有背负式喷粉机、担架式喷粉机和悬挂式喷粉机等。

**14.081　烟雾机**　fogger, smoke sprayer

将农药药液或烟剂分散成极细小烟雾状微滴

或微粒，呈悬浮弥漫状施放到空中的植保机械。按照工作原理分为常温烟雾机和热烟雾机。

**14.082　杀虫灯**　insecticidal lamp, insect-killing light trap

根据昆虫的趋光性，以人工光源诱集昆虫并将其杀灭的植保机械。按杀虫方式主要有电击式杀虫灯和风吸式杀虫灯。

**14.083　收割机**　reaper

割断谷物并使禾秆穗头倒向一边，与机器行进方向垂直铺放的收获机械。按割台形式分为卧式割台收割机和立式割台收割机。

**14.084　割晒机**　windrower, swather

割断谷物并使禾秆穗尾相连，与机器行进方向平行铺放的收获机械。平行铺放便于后续捡拾和脱粒等。

**14.085　割捆机**　binder

割断谷物并将其打捆放置于田间的收获机械。

**14.086　联合收割机**　combine, combine harvester

又称"联合收获机"，曾称"康拜因"。能够一次完成谷物收割、脱粒、分离和清选作业的收获联合作业机械。按行走和动力配置分为自走式、悬挂式和牵引式，按谷物喂入方式分为全喂入式和半喂入式。

**14.087　脱粒机**　thresher

将农作物籽粒从其穗头上脱离的收获机械。按作物喂入方式分为全喂入式和半喂入式，全喂入式又分为切流滚筒式、轴流滚筒式和叶轮式。

**14.088　玉米收获机**　corn harvester

专门用于收获玉米的机械。按照玉米收获工艺的不同分为收获果穗及剥除苞叶的摘穗机和摘穗剥皮机、籽粒收获机、穗茎兼收收获机及联合收获机等多种，有些还配备茎秆处理装置。

**14.089　棉花收获机**　cotton harvester

专门用于收获棉花的机械。按照棉花收获工艺分为可分次作业的只从吐絮棉铃中采收籽棉的"采棉机(cotton picker)"，包括水平摘锭式和垂直摘锭式等；一次作业的采摘全部吐絮和未吐絮棉铃的"摘[棉]铃机(cotton stripper)"，包括摘辊式和梳齿式等。

**14.090　挖掘式收获机**　digging harvester

以挖掘方式为主，对作物地下部分进行收获的机械总称。有些还辅以其他方式，如振动、切割、地上部分拔取及联合作业等。

**14.091　大豆收获专用割台**　soybean harvesting header

为[谷物]联合收割机配备的专门用于收获大豆的[收]割台。可换装到[谷物]联合收割机上，适应大豆低割和割台仿形的需要。

**14.092　玉米收获专用割台**　corn harvesting header, corn snapping header

为[谷物]联合收割机配备的专门用于收获玉米的[收]割台。可换装到[谷物]联合收割机上，用于直接收获玉米籽粒。

**14.093　油菜[籽]收获专用割台**　rapeseed harvesting header

为[谷物]联合收割机配备的专门用于收获油菜(籽)的[收]割台。可换装到[谷物]联合收割机上，适应油菜植株高大、分枝多、易牵连，角果易开裂、籽粒小而圆、易滚失等特点，减少收获损失。

**14.094　割草机**　mower

收割牧草的机械。按工作部件分往复式和旋转式，有些还配备牧草压扁装置。

**14.095　搂草机**　rake

将割倒后散铺在地里的牧草搂集成草条的机械。按搂成的草条与机器行进方向垂直或平行，分横向搂草机和侧向搂草机；后者分为指轮式、滚筒式和水平旋转式等。亦可用于稻麦收获后田间秸秆的搂集。

**14.096　打捆机**　baler

将割后晒干的牧草打成草捆的机械。按草捆形状分方捆和圆捆，按作业方式分固定式和移动式。移动式带有捡拾装置，可将晒干的草条捡拾打捆。亦可用于稻、麦收获后田间秸秆的收集打捆。

**14.097　秸秆粉碎还田机**　crop-residue chopping and returning machine

将农作物收获后留在田间的秸秆及根茬粉碎后再还田的机械。按工作部件旋转轴水平或垂直布置分为卧式或立式，按旋转轴数量分为单轴和双轴，工作部件主要有锤爪和甩刀等。

**14.098　激光平地机**　laser land leveler, laser land leveling machine

利用激光控制平土部件作业的平地机械。具有平地精度高，能自动确定平地基准面的特点。

**14.099　秸秆压块机**　straw briquetting machine

将农作物秸秆粉碎后通过机械压缩或致密成型制成一定形状和大小的块状(包括颗粒状、棒状)固体物的机械。常用的压缩方式有对辊挤压、柱塞挤压和螺杆挤压，成型方式有环模成型和平模成型。

**14.100　秸秆炭化设备**　straw charring equipment, straw carbonizing equipment

将农作物秸秆粉碎后在缺氧条件下经热化学转化制成炭的设备。常用的有炭化炉和炭化窑，按生产方式分为批次式和连续式。

**14.101　生物质气化设备**　biomass gasifier, biomass gasifying equipment

将生物质原料在高温缺氧条件下经热化学转化制成可燃气的设备。常用的有固定床气化炉和流化床气化炉。

**14.102　农业航空**　agricultural aviation

使用配有机载专用设备的航空器从事与农(林、牧、渔)业有关的飞行及相关保障的活动。

**14.103　农用飞机**　agricultural aircraft, agricultural airplane

用于或经改装用于农业生产的飞机，习惯上包括直升机。由飞机和机载专用设备构成。分为专为农业设计的专用型和由其他飞机改装而成的兼用型。

**14.104　变量作业机械**　variable rate applicator, variable rate technology equipment

根据农田环境时空变异和作物个体差异，自动改变作业量的农机具总称。能够在最需要的地方投入合适的作业量，取得比较好的作业效果并减小对环境的影响。分为基于传感器作业和基于地图作业两种，常用的有变量播种机、变量施肥机和变量喷雾机等。

## 14.02　农业生物环境与设施设备

**14.105　农业生物环境与设施**　agricultural bio-environment and facility

基于农业生物、生产环境和设施装备的互作规律及其工程调控原理，人为创造适宜农业生物生长发育环境的工程技术与设施设备。

**14.106　农业生物环境工程**　agricultural bio-environment engineering

基于农业生物、生产环境和设施装备的互作规律及其工程调控原理，人为创造适宜农业生物生长发育环境设施的工程科学技术。

**14.107 设施园艺工程** protected horticultural engineering

在设施条件下，基于园艺作物、生产环境和设施装备的互作规律及其工程调控原理，人为创造适宜园艺作物生长发育环境设施的工程科学技术。

**14.108 设施建筑与结构** facility and structure

具有抵抗自然风雪荷载并能维持动植物一定生长环境的建构筑物。

**14.109 风障** wind break

设置在栽培畦北侧或与季候风风向垂直的挡风屏障物。

**14.110 网室** net house

采用网状物覆盖，限制昆虫进入以防止害虫危害和避免非目的授粉的设施。一般分为用于防虫的防虫网室，用于育种中防止非目的花粉传入的育种网室。

**14.111 透光材料** glazing material

用于围护棚室且能透过可见光的板材或塑料薄膜材料。一般有透明和半透明玻璃、塑料板材及塑料薄膜。

**14.112 转光膜** spectrum-transfer film

在树脂中添加转光助剂而改变透光光谱的塑料薄膜。

**14.113 塑料大棚** plastic tunnel

以透明塑料薄膜为覆盖材料的单拱或屋脊型作物种植设施。一般中小型作业机械可进入作业。

**14.114 温室** greenhouse

以透光覆盖材料作为全部或部分围护结构，充分接受自然光照，并可对环境因素进行有效调控，满足农业生物种养殖需要的相对封闭的建筑设施。

**14.115 日光温室** solar greenhouse

由保温墙体或保温蓄热墙体、保温后屋面和采光前屋面构成的，温光环境调控依赖于太阳能的温室。

**14.116 玻璃温室** glass greenhouse, glasshouse

以玻璃为透光覆盖材料的温室。

**14.117 塑料温室** plastic greenhouse

以塑料薄膜或塑料板材为透光覆盖材料的温室。分为塑料薄膜温室和塑料板材温室。

**14.118 塑料薄膜温室** film greenhouse

以塑料薄膜为透光覆盖材料的温室。

**14.119 光伏温室** photovoltaic greenhouse

以光伏电池组件部分或全部替代透明玻璃及塑料薄膜等透光覆盖材料，实现太阳能发电和农业生物种养殖一体化的温室。

**14.120 聚碳酸酯板温室** polycarbonate sheet greenhouse

又称“PC板温室”。以聚碳酸酯板材为透光覆盖材料的温室。是一种最常用的塑料板材温室，分为聚碳酸酯浪板温室和聚碳酸酯中空板温室。

**14.121 锯齿屋面温室** sawtooth roof greenhouse

屋面为锯齿形的温室。

**14.122 圆拱屋面温室** arch roof greenhouse

屋面为圆拱或桃形的温室。

**14.123 双层充气膜温室** double inflated greenhouse

以中间充气的双层薄膜为透光覆盖材料的温室。

**14.124 充气膜温室** air-inflated greenhouse

通过室内正压保持室内空间的塑料薄膜温室。

**14.125 全开屋面温室** open roof greenhouse

屋面可全部打开的温室。

**14.126 半封闭温室** semi-closed greenhouse
气候室和通风窗联合调控室内环境的温室。空气经气候室调温、调湿和补充二氧化碳后,用送风机通过送风管道输送到温室。通风窗开启时温室对外开放换气,通风窗关闭时温室空气内循环。

**14.127 检疫隔离温室** quarantine greenhouse
主要用于植物病虫害检疫的温室。室内保持负压,避免室内病虫生物溢出室外。

**14.128 育苗温室** nursery greenhouse
用于作物育苗或育秧的温室。

**14.129 连栋温室** gutter-connected greenhouse
通过天沟连接的两跨及两跨以上的温室。

**14.130 植物工厂** plant factory
能精准控制植物生长发育所需温度、湿度、光照、二氧化碳浓度、营养液及灌溉等条件的工厂化植物生产设施。

**14.131 太阳光型植物工厂** solar plant factory
植物生长发育所需光照主要依靠自然光的植物工厂。

**14.132 人工光型植物工厂** artificial light plant factory
植物生长发育所需光照全部依靠人工光的植物工厂。

**14.133 [人工]气候室** climate chamber, phytotron
人工控制光照、温度、湿度、气压和气体成分等条件的温室。常用于研究环境条件对生物生命活动的影响,也可用于某些生物的栽培、驯化和育种等。

**14.134 温室骨架** greenhouse frame
承载温室屋面、墙面和设备荷载的构件总和。

**14.135 温室天沟** greenhouse gutter
温室骨架中,用以连接温室屋面并起排水作用的结构承力构件。

**14.136 温室桁架** greenhouse truss
温室骨架中,用以承载温室屋面各种荷载的线形或拱形构件。由上弦杆、下弦杆和腹杆构成。

**14.137 通风** ventilation
为控制温室温度、湿度、二氧化碳浓度和排出有害气体而进行的室内外空气交换。

**14.138 自然通风** natural ventilation
以通风窗两侧风压或热压差为动力形成的通风方式。

**14.139 风机通风** fan ventilation
以风机为动力,人为控制室内外空气压差的强制通风方式。

**14.140 卷膜通风** rolling up-down ventilation
将安装于通风口的塑料薄膜缠绕在卷轴上,用于启闭通风口的自然通风方式。

**14.141 拉膜通风** pull film ventilation
将安装于通风口的塑料薄膜用绳线拉拽启闭通风口的自然通风方式。

**14.142 齿轮齿条开窗通风** rack and pinion ventilation
采用齿轮齿条作为传动或执行机构开启通风窗的自然通风方式。

**14.143 推杆开窗通风** push-pull rod ventilation
采用推杆作为传动或执行机构开启通风窗的自然通风方式。

**14.144 通风窗** vent
安装在温室屋面或墙面上,用于室内外空气交换的可启闭窗。

**14.145 风机** fan

依靠机械能提高气体压力进行气体输送的设备。通常由电机、皮带轮、风叶、百叶窗、机壳和安全网等部件组成。

**14.146 排风机** exhaust fan
用于排出室内气体的风机。

**14.147 环流风机** circulation fan
使空气在室内低速循环流动的风机。

**14.148 卷膜器** film roller
将安装于通风口的塑料薄膜缠绕于卷轴的装置。

**14.149 开窗机** vent opener, vent-driving machine
用于驱动温室通风窗启闭的装置。

**14.150 通风量** ventilation rate
单位时间进入室内或从室内排出的空气体积量。

**14.151 换气次数** air exchange rate
单位时间室内空气的更换次数。按通风量与温室容积的比值计算。

**14.152 降温** cooling
利用工程手段降低空气温度的过程。

**14.153 遮阳网** shade screen
以遮光为主要目的,兼具降温、防雨、防旱保墒和驱避害虫等功能的网状农用覆盖材料。

**14.154 遮阳降温** shade cooling
使用遮阳网阻挡或反射太阳辐射进行降温的方式。

**14.155 弥雾降温** mist spraying cooling
高压水流经喷头形成弥雾喷射到空气中,再通过蒸发吸热实现降温的方式。

**14.156 湿帘** cooling pad
在进风口安装的一种吸水、透风且耐蚀的蜂窝状成型材料。主要起降温作用。

**14.157 湿帘风机降温** fan and pad cooling
由湿帘、风机、循环水路与控制装置进行通风降温的方式。风机使室外干热空气强制通过湿帘,并与湿帘表面水分充分接触吸热进行降温。

**14.158 拉幕机** screen driver, screen-driving machine
用于收放遮阳网或保温幕的设备。由减速电机和传动机构等组成。

**14.159 加温** heating
利用工程手段提高空气温度的过程。

**14.160 温室采暖热负荷** greenhouse heat load
在额定设计工况下,用于平衡温室散热损失的热量需求。

**14.161 地中热交换** soil-air heat exchange
室内空气与土壤之间通过强制换气进行热量交换的过程。白天将温室内高温空气导入地下蓄热于土壤中,夜间再将蓄积于土壤中的热量从地下导出用于温室加温。

**14.162 热泵** heat pump
以消耗少量高品位能源(如机械能、电能、燃料或高温热能等)为补偿,使热能从低温热源向高温热源传递的装置。

**14.163 地源热泵** earth source heat pump
实现热量从浅层地热能(土壤热能、地下水和地表水中的低位热能)向高位热能转移的热泵。

**14.164 空气源热泵** air source heat pump
以环境空气为低温热源的热泵。

**14.165 水源热泵** water source heat pump
以水或添加防冻剂的水溶液为低温热源的热泵。

**14.166 散热器** radiator
以对流和辐射方式向温室内放散热量的

装置。

**14.167 光管散热器** pipe radiator
由钢管弯制成蛇形管的散热器。兼具回水输送功能。

**14.168 圆翼散热器** round wing radiator
圆钢管上铸造或焊接有翼片的散热器。

**14.169 轨道散热管** track radiator
布置在温室地面,兼具运输轨道功能的光管散热器。

**14.170 主动储放热** active heat storage and release
利用工程手段吸收太阳辐射和空气中的热量,并以热能形式储存,再根据温室需能要求将其释放到温室的过程。

**14.171 被动储放热** passive heat storage and release
储热体被动接受太阳辐射和空气对流传热,并根据其与周围环境温差,将热量自然释放到周围环境的过程。

**14.172 相变储放热** phase change heat storage and release
由于外界施加约束条件改变,引起材料从一种相(态)变成另一种相(态),从而实现热量储存和释放的过程。

**14.173 保温** thermal insulation
用工程手段减少温室热量散失的过程。

**14.174 保温比** thermal insulation ratio
温室内地面、保温围护墙面和保温屋面面积之和与温室透光材料覆盖面积之和的比值。

**14.175 保温幕** thermal insulation screen
悬挂在温室内部,用于阻隔长波辐射、抑制空气对流换热和减少温室散热损失的柔性幕帘。

**14.176 保温被** thermal insulation quilt
覆盖在温室外表面,用于阻隔长波辐射、抑制空气对流换热和减少温室散热损失的柔性覆盖物。

**14.177 卷被机** quilt roller
又称"卷帘机"。用于卷铺保温被的装置。由电机、减速器、卷被轴和控制设备等组成。

**14.178 齿轮齿条拉幕系统** rack and pinion screen system
采用齿轮齿条驱动推杆,控制保温幕或遮阳网启闭的设备。

**14.179 钢缆驱动拉幕系统** cable driving screen system
采用钢缆牵引保温幕或遮阳网启闭的设备。

**14.180 光照** illumination
光质和光量的统称。常用于表示作物温室生产过程中的室内光环境状况。

**14.181 透光率** light transmittance
透过透明体或半透明体的光通量与其入射光通量的百分率。以同一时刻或时段温室内外相同高度光照强度的比值计算。

**14.182 雾度** haze
透光覆盖材料的透明度因光散射而下降的百分数。

**14.183 流滴性** drop-less
温室透光覆盖材料将其内表面上凝结水滴铺展成水膜状的能力。

**14.184 [人工]补光** supplementary lighting
自然光照不能满足作物生产时,人为增加光照的行为。

**14.185 光周期补光** supplementary lighting for photoperiod
为满足作物开花对光照的要求而进行的人工补光。

**14.186 光合补光** supplementary lighting for

photosynthesis
为促进作物光合作用而进行的人工补光。

**14.187 补光灯** supplementary light lamp
用于人工补光的灯具。

**14.188 高压钠灯** high sodium lamp
利用钠蒸气在高压下放电产生可见光原理的补光灯。

**14.189 生物补光灯** photosynthetically active radiation lamp, PAR lamp
产生作物光合作用有效光谱的补光灯。

**14.190 LED 灯** light emitting diode lamp, LED lamp
用发光二极管做光源的补光灯。

**14.191 二氧化碳施肥** $CO_2$ enrichment
为满足作物光合作用对 $CO_2$ 的需求,通过生物、物理或化学方法,向设施内施用 $CO_2$ 的措施。

**14.192 二氧化碳发生器** $CO_2$ generator
通过燃料燃烧或药剂化学反应制备 $CO_2$ 的设备。

**14.193 穴盘** plug tray
在塑料板上压穴用于作物育苗的托盘。

**14.194 穴盘清洗机** plug tray washer
用于清洗、消毒和烘干穴盘的设备。

**14.195 栽培床** cultivation bed
按照一定规格修筑,用于作物育苗或种植的设施。

**14.196 移动栽培床** movable cultivation bed
能够按设计轨道移动的栽培床。

**14.197 吊架栽培床** hanging cultivation bed
脱离地面,吊挂于温室结构上的栽培床。

**14.198 硫黄熏蒸器** sulphur fumigator
将固态硫黄加热气化后用于温室空气消毒的装置。

**14.199 防虫网** insect net
由丝线编制成的,安装在温室进风口,用于防止害虫进入和益虫逃逸的平面丝网。

**14.200 轨道作业平台** track work platform
沿室内轨道移动,用于温室采摘、整枝和人工授粉等作业与物资运输的设备。

**14.201 拉秧机** bio-chopper compact
对攀缘作物在生育期结束后的茎叶果等生物质进行机械粉碎的移动式设备。具有传动带输送、金属物探测、机械粉碎和风送装车等功能。

**14.202 屋面清洗机** roof washer
安装于温室屋面,用于清洗屋面灰尘的设备。

## 14.03 农业生物质与农村能源

**14.203 生物质** biomass
直接或间接利用光合作用形成的有机物质。包括植物、动物和微生物及其排泄物与代谢物等。

**14.204 农业生物质** agricultural biomass
所有来自于农业的生物质。主要包括能源作物、农作物秸秆、畜禽粪污、农业加工废弃物等。

**14.205 木质纤维素类生物质** lignocellulosic biomass
非粮食,以纤维素、半纤维和木质素等高聚物为主要成分的生物质。

**14.206 能源作物** energy crop
用于提供能源生产原料的作物。通常可分为糖料或淀粉类、油料类和木质纤维素类(含速生能源林木和草本能源植物)。

**14.207 作物秸秆** crop residue

农作物收获籽实后剩余的根、茎和叶的统称。

**14.208 尾菜** vegetable residue

蔬菜作物在生产、收获、储运、包装处理过程中被废弃的部分。

**14.209 畜禽养殖废弃物** animal farming waste

畜禽养殖生产过程中产生的废弃物的总称。主要包括畜禽粪尿、病死畜禽、毛皮、废弃垫料和生产管理产生的污水。

**14.210 畜禽粪便** animal manure

畜禽养殖过程中产生的固体排泄物。

**14.211 农产品加工废弃物** agricultural products processing waste

农产品加工过程中产生的固体废弃物的总称。包括各类糠麸、糟渣、饼粕和肉骨粉等。

**14.212 谷草比** grain to straw ratio

作物籽粒产量与作物秸秆产出量的比值。

**14.213 元素分析** ultimate analysis

对生物质的碳、氢、氧、氮和硫等元素含量的测定。

**14.214 工业分析** proximate analysis

对生物质的水分、灰分、挥发分和固定碳分析项目指标的测定。

**14.215 水分** moisture

表示生物质中水含量的参数。

**14.216 灰分** ash

在规定条件下生物质完全燃烧后残留的固体物质。多为各种矿质元素的氧化物。

**14.217 挥发分** volatile matter

生物质在规定条件下隔绝空气加热分解释放出的挥发性气体。

**14.218 固定碳** fixed carbon

生物质除去水分、灰分和挥发分后的固态产物。主要成分为碳元素。

**14.219 发热量** heating value

又称"热值"。单位质量生物质完全燃烧时所释放的热量。

**14.220 高位发热量** higher heating value

又称"高位热值"。单位质量生物质完全燃烧时所释放的包含水蒸气汽化潜热的发热量。

**14.221 低位发热量** lower heating value

又称"低位热值"。单位质量生物质完全燃烧时所释放的不包含水蒸气汽化潜热的发热量。由高位发热量扣除水蒸气汽化潜热得到。

**14.222 总固体** total solid

在规定条件下,生物质烘干至恒重去除水分后剩余的固体物质。

**14.223 挥发性固体** volatile solid

生物质总固体中扣除灰分后的挥发性物质的总称。

**14.224 农村能源** rural energy

用于农村生产生活的能源。包括供应农村的商品能源和农村就地开发的非商品能源。

**14.225 可再生能源** renewable energy

在自然界中消耗后,可持续恢复补充,且不产生或极少产生污染物的能源。如太阳能、风能、水能、生物质能、海洋能和地热能等。

**14.226 不可再生能源** non-renewable energy

又称"非再生能源"。经漫长地球演化富集形成,资源蕴藏量有限,开发利用后储量逐渐减少且无法自我恢复的能源。如石油、煤炭、天然气及核燃料等。

**14.227 一次能源** primary energy

又称"天然能源(natural energy)"。从自然界直接取得,不改变或不转变其基本形态和品位即可直接利用的能源。如煤炭、石油、天然气、水能、太阳能、风能、潮汐能、地热能和柴草等。

**14.228 二次能源** secondary energy
由一次能源经过加工转换得到的另一种形态和品位的能源。如电力、汽油、煤油、煤气、柴油、蒸汽、焦炭、沼气和氢能等。

**14.229 常规能源** conventional energy
又称“传统能源”。人类已大规模生产和广泛使用的能源。如煤炭、石油、天然气和电力等。

**14.230 新能源** new energy
用新发展的先进技术开发利用的能源。包括太阳能、风能、水能、生物质能、海洋能、地热能、氢能、原子核能和天然气水合物等。

**14.231 风能** wind energy
地球表面大量空气流动所产生的动能。

**14.232 水能** hydraulic energy
水体流动蕴藏的位能和动能的统称。

**14.233 地热能** geothermal energy
地球地表内部的岩石、热水和蒸汽中的可用热能。

**14.234 海洋能** ocean energy
蕴藏在海洋中的各种可再生能源。主要包括潮汐能、海流能、海洋温差能、海洋盐差能和海洋生物质能等。

**14.235 太阳能** solar energy
全称“太阳辐射能”。由太阳内部高温核聚变反应所释放的,以电磁辐射形式向宇宙空间发射的能量。

**14.236 太阳能光伏发电** solar photovoltaic electric power generation
利用太阳能电池阵列将太阳能直接转换成电能,并通过功率调控系统、蓄电池与逆变器等设备进行的发电。

**14.237 太阳能电池** solar cell
把太阳能直接转化为电能的固态电子器件。

**14.238 太阳能集热器** solar collector
吸收太阳辐射使之转换为热能并传递给热介质的装置。常见的有平板型、真空管型和聚光型。

**14.239 平板型太阳能集热器** flat-plate solar collector
单元结构呈平行板状,采光面积与吸收辐照面积一致的太阳能集热器。

**14.240 真空管太阳能集热器** vacuum tube solar collector
单元结构呈管状,吸热体由抽真空的玻璃管外壳包覆的太阳能集热器。

**14.241 聚光型太阳能集热器** concentrating solar collector
利用反射器、透镜或其他光学器件,使入射在采光口上的太阳辐射改向并集中射在吸热体上的太阳能集热器。其吸热体面积小于采光面积。

**14.242 太阳能热水器** solar water heater
又称“太阳能热水系统”。把太阳能转换为热能以实现水加热目的的装置。

**14.243 太阳能热储存** solar thermal energy storage
将地面上接收到的太阳能转换成热能后进行的存储。

**14.244 太阳房** solar house
以太阳能为能源进行室内温度有效调节的建筑物。

**14.245 太阳能干燥** solar drying
利用太阳能为直接能源对物料进行干燥的方式。

**14.246 被动式太阳能加热系统** passive solar heating system

选择具有良好热性能的材料或通过空气自然循环直接利用太阳辐射能量的太阳能加热系统。

**14.247 主动式太阳能加热系统** active solar heating system

利用专用器件或装置接收太阳辐射,并将其转换用于供暖、照明、电能等的太阳能加热系统。

**14.248 生物质能** biomass energy

全称“生物质能源”。以生物质为载体,采用物理、热化学或生物化学等方法加以转化利用的能源统称。

**14.249 省柴灶** fuel-saving stove

以生物质为燃料,农村户用炊事和取暖兼用的用能设备。

**14.250 生物质压缩成型** biomass briquetting, biomass densification

又称“生物质致密成型”。在一定压力作用下(加热或不加热),将松散、细碎、无定形的生物质原料压制成密度较大的棒状、粒状和块状等成型物的过程。

**14.251 能源系统** energy system

由能源开发、生产、输送、加工、转换、贮存、分配和利用等诸多环节共同构成的系统。按范围分为地区能源系统、部门能源系统、企业能源系统等;按能源种类分为煤炭系统、石油系统、水能系统、生物质能源系统等。

**14.252 农业生物质转化** agricultural biomass conversion

将农业生物质进行饲料化、肥料化、能源化、材料化和基料化等转化利用的工程技术。

**14.253 生物质高值化** biomass valorization

将生物质转化为高价值生物基产品的过程。

**14.254 生物能源** bioenergy, bio-based energy

全称“生物基能源”。以生物质为原料,利用理化和生物技术加工转化得到的能源产品的统称。按照其产品形态可分为气态生物能源(如氢气和甲烷)、液态生物能源(如生物乙醇、丁醇和生物柴油)及固态生物能源(如秸秆压捆和秸秆成型燃料等)。

**14.255 生物燃料** biofuel, bio-based fuel

全称“生物基燃料”。以生物质为原料,利用理化和生物技术加工转化得到的,用以替代石油制取的汽油、柴油和航空煤油等的生物能源产品。包括生物乙醇、生物柴油和航空生物燃料等。

**14.256 第二代生物燃料** second generation biofuel

以木质纤维素类生物质为原料生产的生物燃料。

**14.257 生物基材料** bio-based material, biomaterial

以生物质为原料,利用理化和生物方法加工制成的工程材料制品。包括生物基聚合物(如生物塑料、生物胶黏剂、生物橡胶和生物涂料等)、生物基材料助剂、生物基复合材料及各类生物基材料制得的制品。

**14.258 生物基化学品** biochemical, biobased chemical

以生物质为原料,通过生物化学或热化学过程制备得到的具有特定化学结构或组分的化学品。包括生物醇、有机酸、烷烃、烯烃等基础化学品和糖工程产品等。

**14.259 生物质固体燃料** biomass solid fuel

以生物质为原料,经加工制成的固态燃料。

**14.260 生物质液体燃料** biomass liquid fuel

以生物质为原料制取的,在常温常压下呈液态的燃料。主要包括生物柴油、生物乙醇和生物油等。

**14.261 生物质气体燃料** biomass gas fuel

又称“生物燃气(biogas)”。生物质经热化学或生物化学转化生成的常温常压下呈气体状态的可燃性气体的总称。主要成分为一氧化碳、氢气和甲烷等。

**14.262　生物质成型燃料**　biomass briquette fuel, densified biofuel

以农林剩余物为主要原料加工成可用作燃料的成型物。包括颗粒燃料、棒状燃料和块状燃料等。

**14.263　生物炼制**　biorefinery

又称“生物精炼”。以生物质为原料,通过物理、化学、生物等方法制备生物基燃料、生物基材料和生物基化学品的过程。

**14.264　直接燃烧技术**　direct combustion technology

直接利用燃料中的可燃成分和氧化剂(一般为空气中的氧气)发生氧化反应并强烈放出热量的燃烧技术。

**14.265　生物转换技术**　biological conversion technology, bio-conversion technology

又称“生物转化技术”。用微生物发酵方法,将生物质转换成高品位燃料的技术。主要分为两类,一类是采用厌氧消化法制取沼气,另一类是采用发酵技术和制酶技术制取乙醇和甲醇等液体燃料。

**14.266　热化学转换技术**　thermo-chemical conversion technology

又称“热化学转化技术”。利用热化学反应方法将生物质转化为气态、液态或固态产物的技术。常用的方法有气化法、热裂解法和液化法。

**14.267　生物质直燃发电**　biomass direct combustion for power generation

生物质直接燃烧产生蒸汽,推动汽轮机生产电能的技术。

**14.268　热电联产系统**　combined heat and power system, CHP

梯级利用热能,可同时向用户供热和供电的系统。

**14.269　好氧发酵**　aerobic fermentation

又称“好氧堆肥(aerobic composting)”。在通风供氧条件下,好氧微生物分解有机物并通过自身产热杀灭病原菌等有害物,实现生物质肥料化、无害化和稳定化的生物反应过程。

**14.270　反应器堆肥**　reactor composting

使用封闭容器式好氧发酵机械设备生产有机肥的方式。

**14.271　槽式堆肥**　trough composting

强制通风与定期翻堆相结合的好氧发酵有机肥生产方式。翻堆机行于狭长“槽”上方,槽底铺设曝气管道。

**14.272　条垛式堆肥**　windrow composting

堆体堆积成条垛状时,人工或机械定期翻堆的开放式好氧或有氧发酵的有机肥生产方式。

**14.273　厌氧发酵**　anaerobic fermentation

又称“厌氧消化(anaerobic digestion)”。厌氧微生物在无氧情况下进行的代谢活动。

**14.274　沼气**　biogas

生物质在一定温度、水分、酸碱度和厌氧条件下,经各种微生物发酵及分解作用而产生的以甲烷为主要成分的混合可燃气体。

**14.275　沼气工程**　biogas engineering

以有机废弃物为原料进行沼气规模生产的工程系统。通常包括原料预处理、厌氧发酵产沼气以及沼气、沼渣和沼液综合利用配套系统等。

**14.276　沼气池**　biogas digester

用于制取沼气的农村户用小型厌氧发酵设施。通常安装于地面以下。

**14.277　水压式沼气池**　hydraulic type biogas digester

利用水压间液面与沼气池体内液面的水位差变化调控沼气储存和排放的沼气池。

**14.278 生化产甲烷潜力** biochemical methane potential, BMP

单位质量有机物料,在批次厌氧发酵系统中经微生物分解,最终可累积产出的最大甲烷量。通常以 $mlCH_4/gCOD$ 或 $mlCH_4/gVS$ 表示,COD 为化学需氧量。

**14.279 高温发酵** thermophilic fermentation

发酵温度稳定控制在 50~60℃范围内的厌氧发酵过程。

**14.280 中温发酵** mesophilic fermentation

发酵温度稳定控制在 30~40℃范围内的厌氧发酵过程。

**14.281 常温发酵** ambient temperature fermentation

又称“自然温度发酵”。不进行温度控制,发酵液的温度随环境温度有规律变化的厌氧发酵过程。

**14.282 水力滞留期** hydraulic retention time

厌氧消化器内发酵液按体积计算被全部置换所需的时间。即发酵液与微生物作用的平均反应时间,以消化器有效容积与进液流量之比表示。

**14.283 固体滞留期** sludge retention time

悬浮固体物质从厌氧消化器里被全部置换的时间。

**14.284 微生物滞留期** microbial retention time

厌氧消化器内的微生物细胞从生成到被置换出消化器的时间。

**14.285 沼气净化** biogas purification

去除沼气中的水、氨气、硫化氢和其他微量杂质的过程。

**14.286 沼气提纯** biogas upgrading

脱除沼气中的二氧化碳、硫化物等以获得高浓度甲烷,使其满足更高标准燃料要求的技术。

**14.287 生物天然气** bio-natural gas

又称“生物甲烷(bio-methane)”。沼气经净化提纯后得到的高浓度甲烷气体。中国标准:甲烷浓度≥95%;欧洲标准:甲烷浓度≥97%。

**14.288 生物乙醇** bioethanol

以生物质为原料,经化学或生物水解,再经发酵和脱水等过程制成的体积浓度达到99.5%以上的无水乙醇。

**14.289 燃料乙醇** fuel bioethanol

未添加变性剂,可作为燃料使用的生物乙醇。

**14.290 变性燃料乙醇** denatured fuel ethanol

加入变性剂后不能作为饮品,只能用于燃料的生物乙醇。

**14.291 乙醇发酵** ethanol fermentation

在厌氧条件下,微生物通过糖酵解途径将葡萄糖转化为丙酮酸,再进一步脱羧形成乙醛,最终被还原成乙醇的过程。

**14.292 蒸馏** distillation

利用液体混合物中各组分挥发性的差异来实现组分分离的传质过程。

**14.293 水解** hydrolysis

物质与水反应发生的分解作用。通常指弱酸或者弱碱形成的盐与水作用后,弱酸根阴离子或弱碱的阳离子和水中的氢离子或氢氧根结合,使溶液的 pH 发生改变。

**14.294 生物质热裂解** biomass pyrolysis

简称“生物质热解”。生物质在绝氧或缺氧条件下加热分解生成液态、固态和气态产物的过程。产物包括生物油、生物炭和可燃气体。

**14.295 生物质快速热裂解** biomass fast pyrolysis, biomass flash pyrolysis

在绝氧或缺氧条件下，快速升温至450～600℃，使生物质发生热裂解的过程。通常升温速率为$10^4$～$10^5$℃/s，气相滞留期<2s，目标产物为生物油。

**14.296 生物质慢速热裂解** biomass slow pyrolysis

在绝氧或缺氧条件下，慢速升温使生物质发生热裂解的过程。

**14.297 生物质催化热裂解** biomass catalytic pyrolysis

引入催化剂提高反应速率，并控制转化方向的生物质热裂解过程。

**14.298 生物质热裂解动力学** kinetics of biomass pyrolysis

研究生物质热裂解反应速率、热裂解机理（途径）及其与浓度和温度关系的动力学分支。

**14.299 活化能** activation energy

发生化学反应时，活化分子所必须越过的能垒，也是反应物分子成为活化分子所需的最小能量。

**14.300 指前因子** pre-exponential factor

又称“频率因子（frequency factor）”。阿伦尼乌斯公式中的常数，在碰撞理论中为方位因子与碰撞因子的乘积。

**14.301 生物油** bio-oil

生物质在隔绝氧气条件下，通过快速热裂解或高压液化产生的油状液体。可用来生产生物燃料或化学品。

**14.302 生物炭** biochar

生物质在绝氧或限氧条件下热裂解制备的富碳多孔固体产物。

**14.303 不可冷凝气体** non-condensable gas

生物质热裂解得到的常温下不可冷凝的气体产物。

**14.304 生物质气化** biomass gasification

生物质在气化炉中以空气、氧气、水蒸气及其混合物等为气化介质，产生可燃性气体的热化学过程。

**14.305 可燃气** fuel gas

生物质热裂解炭化或气化过程中产生的可燃性气体。

**14.306 焦油** tar

生物质干馏或气化过程中产生的一种常温下可冷凝的，由非水溶性物质组成的黑色或黑褐色黏稠状液体。

**14.307 生物质炭化** biomass carbonization

生物质在绝氧或限氧条件下热裂解制备富碳产物的过程。

**14.308 生物质水热处理** biomass hydrothermal treatment

利用密闭条件下水在高温形成的高温高压气液两相体系，对生物质进行预处理的方法。

**14.309 水热液化** hydrothermal liquefaction

在高温高压密闭环境条件下，利用水在亚临界或超临界的特性，将生物质转化为液体产物的过程。

**14.310 生物质气化制氢** hydrogen production from biomass gasification

生物质在气化剂（如空气、水蒸气等）中，将碳氢化合物转化为含氢可燃气体并提取纯氢的过程。主要包括生物质催化气化制氢、生物质超临界水气化制氢和生物质等离子体热解气化制氢等方式。

**14.311 生物柴油** biodiesel

以生物油脂和工程微藻为原料，通过生物催化或化学催化进行酯交换和/或酯化反应，制成的用于替代石化柴油的可再生性柴油燃料。如脂肪酸甲酯或脂肪酸乙酯。

**14.312 微生物燃料电池** microbial fuel cell

利用微生物将生物质中的化学能直接转化成电能的装置。

## 14.04 智慧农业工程

**14.313 智慧农业工程** smart agriculture engineering

以信息和知识为核心要素,将互联网、物联网、大数据、人工智能等新一代信息技术和智能装备应用于农业,使农业生产全过程具有信息感知、定量决策、智能控制、精准投入、智慧管理等技术功能的工程。

**14.314 农业传感器** agricultural sensor

用于感知农田土壤、作物和环境等信息的器件或装置。可实现对土壤肥力、墒情、作物生长状况、气象及病虫草害等相关参数的科学测量。

**14.315 土壤传感器** soil sensor

用于测量土壤各项理化参数(水分、容重、硬度、电导率、有机质和各种养分)的传感器。

**14.316 土壤水分传感器** soil moisture sensor

用于原位或在线测量土壤样品中含水率的传感器。根据测量原理可分为电容式、张力计式、中子式、频域反射式(FDR)、时域反射式(TDR)和近红外光谱式等多种类型。

**14.317 土壤容重传感器** soil bulk density sensor

用于原位或在线测量单位体积自然状态下土壤(包括土壤空隙的体积)干重的传感器。

**14.318 土壤压实传感器** soil compaction sensor

又称"土壤硬度传感器""土壤紧实度传感器"。用于原位或在线测量土壤抗剪力、抗压缩力和抗摩擦力综合性能指标的传感器。常通过测量土壤阻力来实现。

**14.319 土壤电导率传感器** soil electrical conductivity sensor

用于原位或在线测量土壤导电性能指标(即电导率)的传感器。测量方法包括电流电压四端法、电磁感应法和二电极法等。

**14.320 土壤有机质传感器** soil organic matter sensor

用于原位或在线测量土壤有机质含量的传感器。根据测量原理可分为近红外光谱传感器、图像传感器和气体挥发传感器阵列等。

**14.321 土壤氮素传感器** soil nitrogen content sensor

用于原位或在线测量土壤全氮或速效氮含量的传感器。测量方法包括近红外光谱法、激光诱导击穿光谱法和离子选择性电极法等。

**14.322 土壤速效磷传感器** soil available phosphorus sensor

基于电学和光谱学等原理,自动快速测量土壤中速效磷含量的传感器。

**14.323 土壤速效钾传感器** soil available potassium sensor

基于原子吸收光谱法或离子选择性电极等原理,自动快速测量土壤中速效钾含量的传感器。

**14.324 土壤微量元素传感器** soil trace element sensor

基于原子吸收分光光度法、极谱分析和 X 光荧光法等原理,自动快速测量土壤微量元素含量的传感器。

**14.325 营养液 pH 传感器** nutrient solution pH sensor

在线测量无土栽培营养液中酸碱度的传感器。可用于辅助测量营养液配比浓度或养分含量。

**14.326 营养液电导率传感器** nutrient solution electrical conductivity sensor

在线测量无土栽培营养液导电性能指标(即电导率)的传感器。可用于间接测量营养液养分含量。

**14.327 营养液溶解氧传感器** nutrient solution dissolved oxygen sensor

在线测量无土栽培营养液溶解氧浓度的传感器。用于评价营养液的供氧能力。

**14.328 作物传感器** crop sensor

快速、无损、原位或在线检测作物各种形态和生理生化指标参数的传感器。

**14.329 作物氮素传感器** crop nitrogen sensor

基于光谱学和机器视觉等原理,快速、无损、原位或在线测量作物植株、冠层或叶片氮素含量的传感器。

**14.330 作物叶绿素传感器** crop chlorophyll sensor

基于光谱学和机器视觉等原理,快速、无损、原位或在线测量作物冠层或叶片叶绿素含量的传感器。

**14.331 作物病虫害传感器** crop disease and pest sensor

基于光谱学和机器视觉等原理,快速、无损、原位或在线测量作物病虫害状况的传感器。

**14.332 作物叶面积指数传感器** crop leaf area index sensor

快速无损测量单位土地面积上作物总的叶面积的传感器。测量原理包括机器视觉原理、光学原理和光谱学原理等。

**14.333 作物茎流传感器** crop stem flow sensor

快速自动测量单位时间通过作物茎秆横截面的水总量的传感器。常用于研究植物对水分的利用及蒸腾作用。主要类型包括基于热脉冲原理插针型传感器和柔性穿戴传感器等。

**14.334 作物光合效应传感器** crop photosynthetic efficiency sensor

快速自动测量光合有效辐射、光合速率、气孔导度及蒸腾速率等作物光合作用特性相关参数的传感器。常用于全面衡量作物光合作用的强度和能力。

**14.335 环境传感器** ambient sensor

快速自动测量空气温度、空气湿度、光照度、风速、风向、降水量及二氧化碳等各种农业环境参数的传感器。

**14.336 空气温度传感器** ambient temperature sensor

基于热电偶和红外等原理,快速自动测量农业环境或周围大气温度的传感器。

**14.337 空气湿度传感器** ambient humidity sensor

基于湿敏电阻和湿敏电容等元件,快速自动测量农业环境或周围大气湿度的传感器。

**14.338 光照度传感器** illuminance sensor

基于光敏二极管和光电池等元件,快速自动测量农业环境或周围大气光照强度的传感器。

**14.339 风速传感器** wind speed sensor

基于机械式、热风式和超声波等原理,自动连续测量风速与风量的传感器。

**14.340 风向传感器** wind direction sensor

基于电磁式、光电式和电阻式等原理,自动连续测量风向的传感器。

**14.341 降水量传感器** rainfall sensor

基于光电感应、压电效应和机电容积计量等原理,自动测量降水量的传感器。

**14.342 二氧化碳浓度传感器** carbon dioxide concentration sensor

基于固态电解质式和红外等原理,自动测量农业环境中二氧化碳浓度的传感器。

**14.343　农业无线传感器网络**　agricultural wireless sensor network

将各类农业传感器以无线自组网的形式自动采集农业环境信息或植物生长信息，进行智能决策后进行环境调控或植物生长精细管理的系统。无线传感器网络由传感器节点、网管节点和远程管控平台构成。

**14.344　电子鼻**　electronic nose

将传感技术与模式识别技术有机结合，由化学传感器阵列构成的人工嗅觉测量系统。能够快速准确地对复杂气体的特性与属性进行定性定量分析。

**14.345　电子舌**　electronic tongue

由多传感器阵列构成的人工味觉测量系统。能够快速准确地对复杂液体的特性与属性进行定性定量分析。

**14.346　生物传感器**　biosensor

对生物物质敏感并将其浓度转换为电信号进行检测的传感器。具有接收器和转换器的功能。

**14.347　微流控芯片**　microfluidic chip

可自动完成生物与化学等分析过程中的样品制备、反应、分离和检测等基本操作的微型芯片。

**14.348　柔性传感器**　flexible sensor

采用柔性材料制成的传感器。具有良好的柔韧性和延展性，在农业中常用于环境监测、作物性状检测及可穿戴辅助设备等方面。

**14.349　作物表型测量系统**　crop phenotype measurement system

集成多个传感器，用于作物形态与生理生化等植物表型性状的高通量自动化测量系统。

**14.350　形态学参数测量**　morphological parameter measurement

基于机器视觉和激光雷达等传感器，对作物株高、茎粗、叶倾角、叶面积和根系等形态学表型参数进行的自动测量。

**14.351　株高测量**　plant height measurement

基于机器视觉和激光雷达等传感器，进行作物植株高度的快速自动测量。

**14.352　茎粗测量**　stem thickness measurement

基于机器视觉和激光雷达等传感器，进行作物茎秆直径的快速自动测量。

**14.353　叶倾角测量**　leaf inclination angle measurement

基于机器视觉和激光雷达等传感器，进行作物叶倾角的快速自动测量。

**14.354　叶面积测量**　leaf area measurement

基于机器视觉和激光雷达等传感器，进行作物叶面积的快速自动测量。

**14.355　根系测量**　root system measurement

基于机器视觉、光谱和 CT 扫描等传感器，实现作物根长、根分布、根体积及根表面积等相关参数的快速自动测量。

**14.356　作物表型测量平台**　crop phenotyping measurement platform

能够全自动高通量对植株表型参数进行测量的平台。按类型可分为传送带式测量平台（测量对象移动，平台固定）和移动测量平台（测量对象固定，平台移动）。

**14.357　传送带式表型平台**　conveyor belt phenotyping platform

作物以流水线方式随传送带依次通过搭载多个传感器的装置，实现表型参数高通量自动获取的软硬件系统。

**14.358　移动式表型平台**　mobile phenotyping platform

搭载多个传感器的车载或机载式移动测量装置，在大田或温室环境下实现作物表型参数的高通量自动获取软硬件系统。

**14.359 自动导航系统** automatic navigation system

无须人工干预,具备自主导航功能的系统。其关键技术包括定位测姿、路径规划、自主避障和运动控制等。

**14.360 导航定位系统** navigation and positioning system

由农业装备位置、姿态、航向等信息的实时测量传感器构成的综合测量系统。常用的传感器包括全球导航卫星系统、惯性测量单元、机器视觉和激光雷达等。

**14.361 全球导航卫星系统** global navigation satellite system, GNSS

可在地球表面或近地空间的任何地点为用户全天候提供定位、导航和授时服务的卫星系统的统称。目前可用的该系统包括美国的GPS、俄罗斯的GLONASS、欧盟的伽利略系统和我国的北斗系统。

**14.362 惯性测量单元** inertial measurement unit, IMU

用于测量物体三轴姿态角(或角速率)及加速度的装置。包含三个单轴的加速度计和三个单轴的陀螺。

**14.363 机器视觉导航** machine vision navigation

配备有机器视觉的导航传感器。在自动导航系统中常用于作物行的识别和障碍物的检测等。

**14.364 激光雷达导航** light detection and ranging navigation, LiDAR navigation

通过向目标照射一束脉冲激光来测量目标的距离等参数的导航传感器。分为单线和多线,在导航系统中常用于障碍物的检测与避障。

**14.365 导航控制系统** navigation control system

自动导航系统的执行器。通常在确定期望路径后,使车辆沿期望路径行驶。包括转向控制系统和决策控制系统。

**14.366 转向控制系统** steering control system

导航控制系统的执行部分。转向控制方式包括电动方向盘转向和电控液压阀转向两种。

**14.367 决策控制系统** decision control system

将车辆的位置、航向及运动状态与预定义路径进行比较,计算合适的期望转向角度的系统。是导航控制系统的核心。

**14.368 导航路径规划** navigation path planning

根据作业环境和任务需求,为自动导航农机规划最佳行驶路径的方法。包括全局路径规划和局部路径规划。

**14.369 全局路径规划** global path planning

在环境信息已知的情况下,根据作业需求和环境信息,通过某种路径寻优方法规划出最优作业路径的方法。

**14.370 局部路径规划** local path planning

在环境信息完全或部分未知的情况下,根据传感器获取的农机自身与环境信息进行的实时路径规划方法。

**14.371 多机协同导航** multi-machine collaborative navigation

由主机、一个或多个从机,以及远程管控平台构成的协同导航系统。由多个农机协同完成作业任务。通常可分为命令型多机协同和跟随型多机协同。

**14.372 跟随型多机协同** following multi-machine cooperation

多机协同导航系统中,从机以预定的相对距离和角度跟随主机的协同作业方式。如多台同种旋耕机以编队方式跟随主机协同作业。

**14.373 命令型多机协同** command type multi-machine cooperation

在多机协同导航系统中,从机根据主机的作业需求,配合主机协同完成作业任务的作业方式。如打捆机发送草捆位置给草捆运送机,使其到特定位置协同完成装载和运输工作。

**14.374 远程管控平台** remote control platform

用于多机协同导航系统的数据管理、路径规划和任务分配的综合平台。通过对多个自动导航农机的远程和实时监控,实现作业管理和调度管理。

**14.375 作业任务分配** operation task assignment

多机协同导航系统中,根据农机性质、用途和执行能力等因素,在满足约束条件的前提下,将多个任务以最佳调度方案分配给多个农机的过程。

**14.376 障碍物检测与避障** obstacle detection and avoidance

自动导航农机在作业过程中,利用传感器感知作业环境中的障碍物,并采取一定措施躲避障碍物的过程。农机通过障碍物后继续执行躲避前的动作。

**14.377 智能农业装备** intelligent agricultural equipment

具有一定信息感知、计算分析、决策控制和人机交互等功能特征,能够在不确定和变化的环境中完成确定的工作任务的农业机械总称。如具有自主导航和避障功能的拖拉机、自走式农业机械、基于传感器的变量作业机械和农业机器人等。

**14.378 产量监测系统** yield monitoring system

搭载在联合收获机上自动实时监测农作物产量空间分布信息的系统。通常由产量传感器、全球导航定位系统及监控终端计算机等部分组成。

**14.379 割台高度传感器** header height sensor

基于电阻式和限位式等方法,实时自动检测收获过程中作物切割平面与收获装备行驶平面垂直高度的传感器。

**14.380 割幅宽度传感器** cut width sensor

基于超声波和机器视觉等原理检测进入联合收割机割台的作物宽度的传感器。

**14.381 谷物产量监测系统** grain yield monitoring system

用于小麦、玉米和水稻等谷物的产量检测的系统。一般由谷物流量传感器和谷物含水率传感器,全球导航定位系统,以及监控终端计算机等部分组成。

**14.382 谷物流量传感器** grain flow sensor

基于冲量式和光电式等原理,实时自动检测谷物联合收割机升运器内谷物净粮质量流量变化的传感器。

**14.383 谷物水分传感器** grain moisture content sensor

基于电阻式、电容式和光谱学等原理,实时自动检测谷物联合收割机升运器内或粮仓内的谷物净粮含水率变化的传感器。

**14.384 棉花产量监测器** cotton yield monitor

采棉机上实时自动测量棉花产量空间分布信息的系统。通常由流量传感器、全球导航定位系统及监控终端计算机等组成。

**14.385 棉花流量传感器** cotton flow sensor

基于光电式测量原理检测采棉机输棉管道内棉花流量变化的传感器。

**14.386 变量作业系统** variable operating system

根据土壤肥力、作物长势及作物病虫害分布

等农田状况,实施自动变量施肥或施药作业的系统。

**14.387 基于传感器的变量施肥系统** sensor-based variable fertilization system

根据传感器实时获取的土壤和作物信息,实时进行田间变量施肥作业的系统。

**14.388 基于处方图的变量施肥系统** map-based variable fertilization system

根据土壤养分和作物长势的空间变异信息生成变量施肥处方图,再根据此处方图进行自动变量施肥作业的系统。

**14.389 基于传感器的变量施药系统** sensor-based variable spraying system

根据传感器实时获取的农田病虫草害分布差异性信息,进行自动控制喷药量的作业系统。

**14.390 基于处方图的变量施药系统** map-based variable spraying system

根据农田病虫草害分布差异性信息生成作业处方图,进行自动变量喷药作业的系统。

**14.391 农业机器人** agricultural robot

与农业生产相关的拥有像手臂一样多自由度且具有高度感知与判断等功能的自动机械,以及虽然外形仍为传统农业机械但可自主移动和作业的机械统称。可以应用到农业生产的田间管理、栽培管理、收获及加工等各个环节。

**14.392 采摘机器人** picking robot

基于机器视觉等多传感器信息融合技术获取水果或蔬菜的位置、大小、颜色及成熟度等信息,采用智能分析与智能控制技术引导机械手臂完成识别、定位、抓取、切割和回收任务的高度协同自动化机器人。

**14.393 移栽机器人** transplanting robot

采用机械手(取苗手)将穴盘苗从育苗盘取出,进行移栽种植的高度灵活性机器人。

**14.394 温室巡检机器人** greenhouse management robot

可实现温室环境和植物生长状况实时检测与管理的移动机器人。

**14.395 农用无人机** agricultural unmanned aerial vehicle, agricultural drone

依靠自动导航与驾驶装备及飞行控制系统,完成农情调查、病虫害防治喷药、播种、叶面施肥和产量估测等作业任务的无人驾驶飞行器。

**14.396 农用无人船** agricultural unmanned surface vehicle

依靠远程遥控和自动导航等控制系统,完成稻田种植、水生蔬菜及鱼塘养殖等农事作业任务的无人驾驶船。

# 15. 农业生物技术

## 15.01 基 因 工 程

**15.001 遗传工程** genetic engineering

又称"基因工程"。一种在分子水平上对核酸序列进行改造或重新组合,通过体外重组导入受体生物(细胞)内,以改变生物原有的遗传性状,获得新品种、生产新产品的遗传技术。

**15.002 基因** gene

遗传信息的基本单位。位于 DNA 分子上具有特定功能或具有一定遗传效应的核苷酸序列。

**15.003 核糖核酸** ribonucleic acid, RNA

由核糖核苷酸经 3′,5′-磷酸二酯键连接而成的长链分子,是遗传信息传递的载体。

**15.004 脱氧核糖核酸** deoxyribonucleic acid, DNA
由脱氧核糖核苷酸经 3′,5′-磷酸二酯键连接而成的长链分子,携带有合成 RNA 和蛋白质所必需的遗传信息。

**15.005 蛋白质** protein
由氨基酸亚基通过肽键连接形成的具有特定结构的活性生物大分子。

**15.006 外显子** exon
真核生物基因中被转录并保留在成熟转录本中的序列。

**15.007 内含子** intron
又称“间隔子(spacer)”“间隔序列(spacer sequence)”。真核生物基因内的非编码序列,在 RNA 产物成熟过程中被剪切去除。

**15.008 编码区** coding sequence, CDS
又称“编码序列”。基因中编码蛋白质的序列。

**15.009 转录** transcription
在 RNA 聚合酶的催化下,遗传信息由 DNA 复制到 RNA 的过程。

**15.010 转录起点** transcription start site, TSS
与新生 RNA 链第一个核苷酸相对应的 DNA 链上的碱基。

**15.011 信使 RNA** messenger RNA, mRNA
由 DNA 的一条链作为模板转录而来的,携带遗传信息能指导蛋白质合成的一类单链核糖核酸。

**15.012 逆转录转座子** retrotransposon
又称“反转录转座子”。一种可活动的 DNA 遗传单元。首先通过转录合成 RNA,再逆转录为 DNA,并通过剪切、复制和粘贴的方式转移到基因组上的不同位置。

**15.013 启动子** promoter
RNA 聚合酶识别、结合和起始转录的一段 DNA 序列。含有 RNA 聚合酶特异性结合和转录起始所需的保守序列,位于结构基因转录起始点的上游,其本身不被转录。

**15.014 诱导型启动子** inducible promoter
在某些特定物理或化学信号刺激下,调控基因转录水平的 DNA 元件。如光诱导型启动子、热诱导型启动子和乙醇诱导型启动子等。

**15.015 组成型启动子** constitutive promoter
调控基因在不同组织器官和发育阶段的表达量恒定,且不受外部信号或调节因子影响的 DNA 元件。

**15.016 组织特异性启动子** tissue-specific promoter
一种存在于基因组中的能够调控基因在不同组织器官和发育阶段表达量恒定的 DNA 元件。

**15.017 翻译** translation
又称“转译”。由成熟 mRNA 分子中的核苷酸根据遗传密码生成对应氨基酸序列的过程。

**15.018 密码子** codon
又称“三联体密码(triplet code)”。存在于 mRNA 开放阅读框架区三联体核苷酸序列的统称。每 3 个相邻的核苷酸为一组,代表一种氨基酸。

**15.019 起始密码子** start codon
作为多肽链合成起始信号的密码子。AUG,编码甲硫氨酸。

**15.020 终止密码子** stop codon
又称“无义密码子(non-sense codon)”。不编码任何氨基酸的密码子。一般为 UAA,UAG 和 UGA。当肽链合成延长到这 3 个密码子的任何一个即行停止,从而使已合成的多肽链释放出来。

**15.021 密码子偏倚** codon bias

又称“密码子偏好性”。生物体倾向使用特定一种或几种同义密码子的现象。

**15.022 密码子优化** codon optimization

基因工程中根据生物体密码子偏倚使用同义密码子替代,实现简化 mRNA 二级结构、优化重复序列、消除限制酶切位点、调整 GC 含量及提高蛋白表达的方法。

**15.023 表观遗传修饰** epigenetic modification

在细胞核 DNA 序列不发生改变的情况下,基因功能可逆的且可遗传的改变。包括 DNA 甲基化修饰、RNA 甲基化修饰和组蛋白修饰等。

**15.024 DNA 甲基化** DNA methylation

DNA 序列上特定的碱基在 DNA 甲基转移酶的催化作用下,以 *S*-腺苷甲硫氨酸作为甲基供体,通过共价键结合的方式获得甲基基团的修饰过程。

**15.025 RNA 甲基化** RNA methylation

RNA 分子在甲基转移酶的催化下,$N^6$-甲基腺嘌呤($m^6A$)和/或 5-甲基胞嘧啶($m^5C$)被选择性地添加甲基基团的化学修饰现象。是转录后水平调控基因表达的重要方式。

**15.026 组蛋白修饰** histone modification

组蛋白 N-末端氨基酸残基的甲基化、乙酰化、磷酸化、腺苷酸化、泛素化和 ADP 核糖基化等共价修饰的动态变化过程。

**15.027 正向遗传学** forward genetics

遗传学上从性状入手研究决定该性状相关基因结构、定位、功能和遗传变异规律的研究方法。

**15.028 反向遗传学** reversed genetics

对目的基因进行修饰和改造,观察所产生的生物学效应,从而确定基因功能的遗传学研究方法。

**15.029 数量遗传学** quantitative genetics

研究生物群体数量性状遗传变异规律的遗传学分支学科。

**15.030 群体遗传学** population genetics

以生物群体为对象,研究群体的遗传结构及群体内基因动态变化规律的遗传学分支学科。

**15.031 功能基因组学** functional genomics

基于基因组序列信息,在系统水平上将基因组序列与基因功能及表型有机联系起来,揭示自然界中生物系统不同功能的科学。

**15.032 全基因组测序** whole genome sequencing, WGS

一种高通量的 DNA 测序技术,可以对一个生物体的全部基因组进行测序。

**15.033 单倍型图谱** haplotype map, HapMap

通过对基因组中单核苷酸多态性(SNP)及其单倍型(紧密连锁的 SNP 组合)进行系统编目而构建的遗传变异图谱。旨在揭示不同物种的常见遗传变异模式,为性状关联研究提供参考。

**15.034 物理图谱** physical map

通过基因克隆、原位杂交或测序等方法将基因或分子标记锚定在染色体的确定位置而绘制的连锁图。通常用碱基对数目表示物理距离。

**15.035 基因克隆** gene cloning

从生物体组织、器官或细胞中分离目的基因或者人工合成目的基因,再将目的基因与载体的 DNA 连接后,将重组分子导入受体细胞,进行筛选和无性繁殖的过程。

**15.036 聚合酶链式反应** polymerase chain reaction, PCR

一种体外扩增 DNA 片段的技术。原理是将 DNA 的双链分离,并利用 DNA 引物和 DNA 聚合酶的作用,在适当的温度下进行酶催化,使目标 DNA 片段得以快速扩增。

**15.037 实时定量 PCR** real-time quantitative PCR

在聚合酶链反应体系中加入含有荧光基团的底物,通过对扩增反应中每一个循环产物荧光信号的实时检测,定量或定性起始模板的方法。

**15.038 免疫共沉淀** co-immunoprecipitation, CoIP

以抗体和抗原之间的专一性作用为基础,研究蛋白质之间在完整细胞内生理性相互作用的经典方法。

**15.039 转基因** transgene

将来自不同物种的基因或 DNA 片段,通过基因工程技术,引入到宿主细胞或生物体中,以改变宿主生物的遗传信息和生物学性质,从而使其产生新性状或对环境更好适应的特性。

**15.040 质粒** plasmid

细菌、酵母菌和放线菌等生物染色体外的 DNA 分子。具有向子代传递的能力。现在常用的质粒大多数是来源于细菌,经过改造或人工构建,成为含有筛选标记的环状 DNA 分子,是分子生物学技术中的重要工具。

**15.041 载体** vector

在分子克隆中,携带外源基因或 DNA 片段转移进入宿主细胞,并可自我复制的 DNA 分子。基因工程中广泛使用的载体多来自人工改造的细菌质粒、噬菌体或动植物病毒。

**15.042 感受态** competence

微生物生活周期中的特定阶段,或在理化因子诱导下,受体细胞呈现出易于接受外源 DNA 的暂时性生理状态。

**15.043 DNA 重组** DNA recombination

全称“DNA 体外重组”。通过体外操作或合成手段将不同来源的 DNA 重新组合并导入宿主细胞,以获得新表达产物或改变生物原有遗传性状的技术。

**15.044 同源重组** homologous recombination, HR

在两条非姐妹染色单体或同一染色体内,同源 DNA 序列之间发生遗传信息重组或交换的过程。

**15.045 非同源重组** non-homologous recombination

一种不依赖同源序列的 DNA 重排方式,通常作为 DNA 双链断裂的修复机制。

**15.046 前导肽** leading peptide

引导真核生物中新合成的多肽或蛋白质进入特定细胞器的信号序列。

**15.047 应答元件** response element

能够介导基因对细胞内外某种信号产生反应的特异性 DNA 序列。通常位于基因上游,能够被转录因子识别和结合。

**15.048 基因叠加** gene stacking

通过转基因或杂交手段将两个或两个以上不同基因聚合在同一植物中的技术。

**15.049 农杆菌介导转化** agrobacterium-mediated transformation

通过农杆菌侵染将携带有外源基因的 T-DNA 整合到植物细胞基因组中的过程。是一种常用的植物基因转化技术。

**15.050 根癌农杆菌** agrobacterium tumefaciens

一种革兰氏阴性植物病原细菌,通常诱导植物产生冠瘿瘤。将其改造后可作为外源基因转入植物的媒介。

**15.051 浸花法** floral-dip method

一种由农杆菌介导的,通过侵染植物花序将目的基因或元件整合到受体植物基因组中的遗传转化方法。

**15.052 基因枪法** gene gun method

又称"微弹轰击法(microprojectile bombardment)""粒子轰击法(particle bombardment)"。通过动力系统将带有 DNA 等遗传物质的金属颗粒高速射入细胞,使外源 DNA 整合到细胞染色体,实现稳定遗传和表达目的基因的技术。

**15.053 花粉管通道法** pollen tube pathway method

利用授粉后花粉管在花柱中形成的通道将外源 DNA 导入受精卵或幼胚中的技术。

**15.054 受体植物** recipient plant

接受供体遗传物质或目的基因的植物个体。

**15.055 苏云金芽孢杆菌** *Bacillus thuringiensis*, Bt

一类可产生内毒素(伴胞晶体)和外毒素的芽孢杆菌,可作为微生物源低毒杀虫剂。

**15.056 筛选标记基因** selectable marker gene

基因工程操作过程中用来筛选含有重组 DNA 细胞的一类功能已知的基因。常用的有抗生素基因、抗除草剂基因和甘露糖异构酶基因等。

**15.057 抗虫基因** insect resistance gene

在植物或其他生物体中发现的具有抵御昆虫侵袭能力的基因。

**15.058 抗除草剂基因** herbicide resistance gene

能够让植物获得某种除草剂抗性的基因。如抗草甘膦的 EPSPS、aroA、GAT 基因、抗溴苯腈的 bxn 基因和抗绿磺隆的 csrl 基因等。

**15.059 自私基因** selfish gene

又称"自私 DNA"。一类具有自利行为的基因,这类基因可通过影响它们所在的个体生殖行为来增加它们在下一代中的频率。

**15.060 孤独基因** orphan gene

在进化上与其他基因和蛋白质不具有相似性,没有明确演化关系的基因。

**15.061 转基因系** transgenic line

由一个当代转基因个体繁衍而来的子代个体组成的谱系。

**15.062 植物基因工程** plant genetic engineering

利用分子生物学手段,将外源基因转化至受体植物基因组中,使目的基因在植物细胞中表达,从而获得新性状,培育植物新品种的操作技术。

**15.063 转基因植物** transgenic plant

利用基因工程导入外源或内源基因,从而获得新特性的植物。

**15.064 Bt 作物** Bt crop

利用基因工程转入苏云金芽孢杆菌基因的转基因作物。其表达的 Bt 毒蛋白具有特异性杀虫和环境友好的特点。

**15.065 RNA 干扰** RNA interference, RNAi

在细胞中导入与内源 mRNA 编码序列同源的双链 RNA 后,内源 mRNA 发生特异性降解而导致基因表达沉默的现象。

**15.066 基因编辑** gene editing

一种通过对生物体基因组特定目标基因进行插入、移除和替换等改变,从而在基因水平影响机体生命活动过程的技术。

**15.067 转录激活因子样效应物核酸酶** transcription activator-like effector nuclease, TALEN

根据植物细菌分泌的天然转录激活因子样效应子(TAL 效应子)能够识别特异性碱基的特点,构建的一种可靶向修饰特异 DNA 序列的核酸酶。是基因编辑的重要工具之一。

**15.068 锌指核酸酶** zinc finger nuclease, ZFN

由一个特异性识别 DNA 序列的锌指蛋白基序和一个非特异性核酸内切酶组成的一种人工改造的核酸内切酶。具有在 DNA 特定位点结合并切割的功能。

**15.069 CRISPR/Cas 系统** clustered regularly interspaced short palindromic repeats/Cas system, CRISPR/Cas system
广泛存在于细菌和古生菌中的,在原核生物长期演化中形成的,用来对抗病毒或外源 DNA 入侵的适应性免疫防御机制。由规律成簇的间隔短回文重复序列(CRISPR)和 Cas 相关基因家族组成。

**15.070 Cas 蛋白** Cas protein
存在于 CRISPR 序列附近的,高度保守的 CRISPR 相关基因编码的一类蛋白家族的统称。具有核酸酶功能,可以对 DNA 序列进行特异性切割。

**15.071 指导 RNA** guide RNA
又称"向导 RNA"。用来介导 CRISPR/Cas 系统对靶标序列进行编辑的一种小型非编码 RNA。

**15.072 基因敲除** gene knock-out
在基因组水平上改变或破坏目的基因的结构,使其功能完全丧失的技术。

**15.073 基因敲入** gene knock-in
将外源基因整合或替换到基因组的特定位点,并在细胞内获得稳定表达的技术。

**15.074 基因敲减** gene knock-down
采用 RNA 干扰或对启动子进行基因编辑等方法,使基因表达下调及基因功能减弱的技术。

**15.075 基因敲高** gene knock-up
采用基因编辑等方法,使基因表达上调及基因功能增强的技术。

**15.076 DNA 大片段编辑** large DNA fragment editing
利用 CRISPR/Cas 系统对 DNA 大片段进行精确删除或插入的方法。

**15.077 [单]碱基编辑** base editing
利用 CRISPR/Cas 系统对基因组单个碱基进行精准替换的技术。

**15.078 RNA 编辑** RNA editing
在不修改 DNA 模板的情况下,对转录本上的碱基进行编辑的方法。

**15.079 引导编辑** prime editing
以 CRISPR/Cas 系统为基础衍生出的,一种基于"搜索和替换"的基因组编辑方式。可以在不产生双链断裂的情况下,实现所有 12 种单碱基的替换和小片段 DNA 的缺失或插入。

**15.080 脱靶效应** off-target effect
基因编辑过程中,编辑发生在非预期目标位点的现象。

**15.081 合成生物学** synthetic biology
运用系统生物学和工程学原理,综合生物化学、生物物理学和生物信息学等技术,设计、改造和重建生物合成路径,构建人工生物体系的一门新兴学科。

**15.082 生物合成途径** biosynthetic pathway
生物体内由一系列酶促反应组成的代谢通路。

**15.083 合成细胞** synthetic cell
采用工程手段将体外获得的某些活性组分(如 DNA 大分子或酶等)进行包裹,能够模拟活细胞代谢调控或酶催化特性的功能性组织。

**15.084 人工叶片** artificial leaf
模拟自然界中植物叶片利用光能将水和二氧化碳转化成氧气和碳水化合物的原理,人工构建的新型储能材料。

**15.085 基因回路** gene circuit

各种调节元件和功能元件组成的遗传装置。在给定条件下可调节,并定时定量地表达基因产物。

**15.086 生物元件** biological part

有一定功能的,经过标准化处理后具有标准酶切位点的 DNA 元件。包括小型的遗传组件、几个组件组成的基因调控线路、由调控线路组成的级联线路、调控网络,甚至调控系统等。

**15.087 微卫星 DNA** microsatellite DNA

又称"短串联重复(short tandem repeat, STR)"。一种简单的串联重复 DNA 序列。其重复单位为 1~6 个核苷酸,由 10~50 个重复单位串联组成。由于具有高度的遗传多态性,可以作为分子标记使用。

**15.088 人造生物器件** artificial biological device

在对基因与蛋白质等生物元件结构、功能调控机制和分子进化特征认识的基础上,人工设计合成的各种新功能元件。

**15.089 细胞工厂** cell factory

依据产品代谢途径的特点,设计并构建出可以生产目标产品的生物底盘细胞。

**15.090 人造肉** artificial meat

以植物蛋白、动物干细胞或微生物发酵蛋白为原料,通过一定的技术手段,制做出的传统肉的替代品。技术手段有挤压、干细胞培养、静电纺丝、3D 打印等。可模仿动物肉的口感、质地、色泽和结构等。

**15.091 人造牛奶** synthetic milk

利用发酵技术生产获得的,与天然牛奶成分和含量相似的人工牛奶。不含天然牛奶中的胆固醇、过敏原乳糖和细菌等物质。

**15.092 合成淀粉** synthetic starch

通过耦合化学催化和生物催化模块体系,人工利用二氧化碳合成的淀粉。

**15.093 工程细胞[系]** engineering cell

采用基因工程技术或细胞融合技术,对宿主细胞的遗传物质进行修饰、改造或重组,获得的具有稳定遗传特性的细胞系。

**15.094 底盘细胞** chassis cell

合成生物学中,具备基本的自我复制和代谢能力,用于大规模生产特定代谢物质的细胞体系。

**15.095 化学子** chemoton

合成生物学中的一种原始细胞模型。主要由代谢系统、模板复制系统和膜系统三个部分组成。

**15.096 自我再生系统** autopoietic system

利用细胞机制,建立的一个能自我复制再生的细胞体系。可以模仿自然生物系统功能,或是可以根据需要进行修改的人造/合成细胞。

**15.097 功能模块** function module

合成生物学中,由特定基因或蛋白质等元件组成并执行具体生物学功能的标准化和模块化组件。

**15.098 全基因组选择育种** genome-wide selection breeding

利用覆盖全基因组的高密度分子标记辅助选育品种的技术。可通过全基因组中标记信息估算育种值,从而进行品种选育。

**15.099 表观遗传育种** epigenetic breeding

利用表观遗传学理论知识辅助选育品种的育种技术。

**15.100 表观遗传变异** epigenetic variation

在基因核苷酸序列不发生改变的情况下,由于 DNA 甲基化和组蛋白乙酰化等修饰导致基因表达调控发生改变,从而导致表型出现可逆性变化的过程。

## 15.02 细 胞 工 程

**15.101 细胞工程** cell engineering
应用细胞生物学和分子生物学理论和方法，在细胞或细胞器水平进行遗传操作及大规模细胞和组织培养的生物工程技术。

**15.102 遗传转化** genetic transformation
将外源基因导入植物细胞后，在该细胞培养成的植物体内稳定表达和遗传的过程。

**15.103 单受精** singe fertilization
植物有性生殖过程中，仅有卵细胞或中央细胞与精子融合的受精现象。

**15.104 远缘杂交** distant hybridization
两个不同的种属或更高分类群之间的杂交。具有打破物种限制、增加遗传变异及合并现有物种的生物学特性。

**15.105 染色体消除** chromosome elimination
在远缘杂交和体细胞杂种中染色体逐条消失的现象。常常优先丢失某一生物类型的染色体。

**15.106 母本单倍体** maternal haploid
只含有母本染色体的单倍体。通常可以通过孤雌生殖或者通过诱导系做花粉诱导母本材料产生。

**15.107 父本单倍体** paternal haploid
只含有父本染色体的单倍体。通常可以通过诱导系做母本诱导父本材料产生。

**15.108 染色体自然加倍** spontaneous chromosome doubling
生物染色体数目在自然条件下加倍的现象。

**15.109 染色体加倍** chromosome doubling
通过生物或理化方法使配子或生物个体的染色体成倍增加的过程。

**15.110 单倍体诱导** haploid induction
通过组织培养、远缘杂交和单倍体诱导系杂交等方法诱导产出单倍体的方法。

**15.111 单倍体诱导系** haploid inducer
能通过杂交诱导目标个体产生单倍体的遗传材料。

**15.112 双单倍体** double haploid
染色体组数两倍于对应单倍体的细胞或个体。通常通过对单倍体进行染色体加倍形成。

**15.113 诱变** mutagenesis
用物理、化学和生物因子等手段使基因发生突变的过程。

**15.114 诱变功效** mutagenic efficiency
诱变剂产生有用突变的能力。

**15.115 物理诱变剂** physical mutagen
能够诱导生物的遗传物质产生变异的核物理诱变因素。包括伽马射线、中子、质子和离子束等。

**15.116 化学诱变剂** chemical mutagen
通过破坏生物 DNA 中的原有化学键使核苷酸序列发生改变的物质。

**15.117 辐射诱变** radiation induced mutation
利用电离辐射处理生物体，诱发其遗传物质改变，使后代出现新变异类型或表型的方法。

**15.118 离体诱变** *in vitro* mutagenesis
人为对外植体或离体培养物进行物理或化学诱变处理，诱发其产生变异以提高再生植株后代变异率的诱变方法。

**15.119 离子注入** ion implantation
由加速器产生的低能离子在真空环境中射向靶向物质，并最终停留在靶向物质材料中的过程。

**15.120 诱变剂量** induction dose
能促进细胞或生物个体的突变发生并使突变频率高于自发突变的物理、化学或生物因子的数量。

**15.121 抗诱变剂** antimutagen
使自然突变率或诱发突变率降低的作用物质。

**15.122 离子束育种** ion beam irradiation breeding
以离子束为诱变因素,诱发产生植物遗传物质改变,再经人工选择培育植物新品种的方法。

**15.123 宇宙射线** cosmic ray
来自于宇宙中的一种极高能量的带电粒子流。包括太阳宇宙射线和来自于太阳系以外的宇宙射线。

**15.124 空间诱变育种** space mutation breeding
利用宇宙空间环境因子使生物材料的遗传性状产生变异,返回地面后进行筛选,培育新品系或新品种的技术。

**15.125 传能线密度** linear energy transfer
带电粒子辐射在介质中的平均线能量损失率。即单位路径长度的辐射能量损失。

**15.126 吸收剂量** absorbed dose
单位质量的组织或器官吸收的辐射能量。

**15.127 戈瑞** gray
吸收剂量、比释动能和比授予能的国际单位制单位。符号为 Gy。

**15.128 零磁空间** magnetic free field
外部磁场无法进入其中,而内部实现了只有外太空才有的零或极弱磁场环境的一种用于地球科学领域研究的特种检测仪器。

**15.129 电子束辐照** electron beam irradiation
利用被加速的高能电子束轰击或照射被处理对象,使之发生常规方法难以引发的物理、化学及生物学反应,达到优化产品质量、提高产品性能和净化物质等目的的过程。

**15.130 急性辐照** acute irradiation
穿透力强的对农业生物有害的射线,在较短时间内对机体进行的相当量的照射。

**15.131 慢性辐照** chronic irradiation
外部放射源在较长时间内对机体产生的连续或间断性的超过剂量限值的照射。

**15.132 内照射** internal exposure
放射性核素进入机体内,对机体组织产生的持续性照射。

**15.133 外照射** external exposure
由机体外放射性物质和设备发射的能贯穿机体的辐射。如 X 射线、伽马射线、中子和高能带电粒子。

**15.134 γ 圃** gamma field
中央安装伽马射线源,可以在作物的某一生育期进行慢性照射的实验田。

**15.135 γ 温室** gamma greenhouse
安装有伽马射线源,可以对生物材料进行急性照射或慢性照射的人工气候室。

**15.136 电离辐射** ionizing radiation
由能够产生电离的带电粒子和/或不带电粒子组成的辐射。

**15.137 辐射敏感性** radio-sensitivity
细胞、组织、器官或机体对电离辐射作用的响应程度或反应灵敏性。

**15.138 辐射效应** radiation effect
当射线或离子束穿过被辐射生物体时,对被辐射生物体产生的影响。

**15.139 辐射损伤** radiation damage
射线作用于机体引发的全身或局部的病理反应及其后遗症。包括急性损伤和慢性损伤。

**15.140 辐射遗传学** radiation genetics

遗传学和辐射生物学交叉的有关辐射遗传效应研究的遗传学分支学科。阐明电离辐射诱发基因突变和染色体畸变的规律和机制,用于基因功能解析和诱变选育动植物与微生物优良品种。

**15.141 核辐射探测器** nuclear radiation detector

利用电离辐射与探测器相互作用时产生的物理或化学效应,直接或间接的给出被测物核辐射信息的仪器。

**15.142 自由基** free radical

化合物的分子在光热等外界条件下,共价键发生均裂而形成的具有不成对电子的原子或基团。

**15.143 突变** mutation

基因的序列发生改变导致生物体基因型发生稳定可遗传变化的过程。

**15.144 基因突变** gene mutation

由于编码基因的核苷酸序列发生改变,导致基因序列和功能产生变化的现象。

**15.145 点突变** point mutation

一对或几对碱基的缺失、插入和置换导致一个基因内部遗传构成改变的突变。分为同义、错义和无义突变三种。

**15.146 同义突变** synonymous mutation

编码同一氨基酸的密码子核苷酸改变但不改变编码的氨基酸,即不改变基因产物的突变。

**15.147 无义突变** non-sense mutation

编码氨基酸的密码子突变为终止密码子,使肽链合成中断的突变类型。

**15.148 移码突变** frameshift mutation

基因编码区内缺失或增加的核苷酸数目不是3的倍数,从而造成阅读框移动的突变。

**15.149 显性突变** dominant mutation

在杂合状态下即可显现其表型效应的突变。

**15.150 隐性突变** recessive mutation

产生隐性遗传效应的基因突变。

**15.151 回复突变** back mutation

突变基因转变为野生型基因的过程。

**15.152 渗漏突变** leaky mutation

一种只引起相关基因部分失活而突变性状表现得不完全,呈现一定程度野生型表型的突变类型。

**15.153 抗性突变** resistance mutation

能耐受某些抑制物或毒物(如抗生素或重金属)的突变。

**15.154 致死突变** lethal mutation

能够导致细胞或个体死亡的突变。

**15.155 突变频率** mutation frequency

在某一群体中,突变体个数占群体总数的百分率。

**15.156 增变基因** mutator gene

可提高基因突变率的基因。

**15.157 突变体** mutant

携带基因组变异的细胞或个体。

**15.158 突变体库** mutant library

由携带不同突变位点的个体组成的群体。

**15.159 突变品种** mutant variety

利用诱发突变手段获得的突变种质直接培育而成的,或作为育种亲本之一与其他育种技术结合而选育的作物新品种。

**15.160 突变种质** mutant germplasm

利用诱变手段创制的具有明显表型变化或基因突变的种质资源。

**15.161 染色体倒位** chromosomal inversion

同一染色体发生两次断裂,两断点之间的片段旋转180°后重接,使染色体上基因的顺序发生重排的现象。

**15.162　染色体断裂**　chromosomal breakage
染色体臂出现开裂且宽度大于臂宽的现象。

**15.163　染色体畸变**　chromosomal aberration
染色体数目的增减或结构的改变。包括缺失、重复、倒位和易位等结构异常，整倍体和非整倍体等数目变异。

**15.164　染色体缺失**　chromosomal deficiency
染色体片段发生丢失导致位于片段内的基因也随之发生丢失的现象。根据染色体断裂点的数目和位置分为末端缺失和中间缺失两类。

**15.165　染色体易位**　chromosomal translocation
染色体片段在基因组内的位置发生改变，但没有造成基因数目改变的现象。易位可发生在同一条染色体内，也可发生在两条非同源染色体之间。

**15.166　染色体重复**　chromosome duplication
染色体上增加了某片段 DNA 序列的现象。

**15.167　嵌合体**　chimera
含有两种以上不同基因型的细胞或组织的生物体。

**15.168　扇形嵌合体**　sectorial chimera
在植物顶端分生组织中的 1 个扇区内的 3 个细胞层的细胞遗传背景均不同于这个扇区外的细胞，但每个扇区内的所有细胞遗传背景一致的现象。

**15.169　周缘嵌合体**　periclinal chimera
顶端分生组织中有 1 层或 2 层细胞的基因型不同于其他的细胞层，但每一层细胞的基因型是一致的现象。

**15.170　体细胞无性系变异**　somaclonal variation
一个体细胞克隆群体中，个体之间表现差异的现象。

**15.171　SOS 修复**　SOS repair
DNA 受到严重损伤，细胞处于危急状态时诱导的一种 DNA 修复方式。修复结果只能维持基因组的完整性，提高细胞的生成率，但留下的错误较多，使细胞有较高的突变率。

**15.172　重组修复**　recombinational repair
DNA 复制后，通过 DNA 复制过程中两条 DNA 链的重组交换而完成的 DNA 修复方式。

**15.173　错修复**　misrepair
DNA 损伤时，缺乏校对功能的 DNA 聚合酶，在受损部位进行 DNA 复制以避免细胞死亡，同时会导致较高差错率的修复方式。

**15.174　复制后修复**　post replication repair
DNA 复制结束后，对 DNA 损伤进行的修复。这类修复通常发生在细胞周期的 G1 期或 G2 期，包括 DNA 链断裂修复、错配修复和切除修复等不同的修复方式。

**15.175　外植体**　explant
从活的植物体上切取下来进行组织培养的组织或器官。

**15.176　脱分化**　dedifferentiation
已经分化了的细胞在特定条件下可以恢复分裂能力，去除特异性，重新成为具有分生能力细胞的过程。

**15.177　再生**　regeneration
在组织培养中，从组织、愈伤组织或芽分化发育出新器官和/或植株的现象。

**15.178　愈伤组织**　callus
切取植物体的一部分，置于含有生长素和细胞分裂素的培养基中培养，诱导产生的无定形细胞块。

**15.179　细胞全能性**　cell totipotency
一个细胞能够发育成所有细胞类型，产生完整生物个体的特性。

**15.180　干细胞**　stem cell

一类未分化的,具有无限分裂能力的细胞。

**15.181 体外培养** *in vitro* cultivation
在无菌且受控制的环境中培养生物体细胞、组织或器官的技术。

**15.182 小孢子培养** microspore culture
从花药中分离出的花粉粒,经过脱分化和再分化进而发育成完整植株的过程。

**15.183 子房培养** ovary culture
将子房从母体植株上摘下放在人工配制的培养基上,使其中的胚、卵细胞或助细胞分化发育成植株的技术。

**15.184 原代培养** primary culture
又称"初代培养"。由体内取出组织或细胞进行的首次培养。

**15.185 传代培养** secondary culture
当体外培养的细胞增殖到一定密度后,将其分离、稀释并转移到新的培养瓶中继续培养的方法。

**15.186 静置培养** static culture
在静止的培养基上培养微生物或多细胞生物细胞的一种方法。

**15.187 悬浮培养** suspension culture
在受到不断搅动或摇动的液体培养基里,培养单细胞及小细胞团的组织培养系统。

**15.188 旋转培养** roller culture
将所培养的组织细胞接种在一旋转管状培养器皿内,边旋转边培养的培养技术。

**15.189 微载体培养** microcarrier culture
用固体小珠作为细胞附着载体进行细胞培养的技术。

**15.190 中空纤维培养** hollow fiber culture
利用半透性中空纤维束可以增加表面积的特性来培养细胞,有利于更多的细胞黏附的培养技术。

**15.191 灌流培养** perfused culture
把细胞和培养基一起加入反应器后,在细胞增长和产物形成过程中,不断取出培养基的同时又灌注新的培养基的培养技术。

**15.192 细胞增殖** cell proliferation
通过细胞分裂增加细胞数量的过程。是生物繁殖基础,可维持细胞数量平衡和机体正常功能。

**15.193 细胞冻存** cell cryopreserving
细胞放在低温环境中,可减少细胞代谢,以便长期储存的技术。

**15.194 细胞复苏** cell recovery
将冷冻保存的休眠细胞活化,使之重新生长并进入细胞周期的过程。

**15.195 细胞融合** cell fusion
人工的或自然发生的细胞合并形成多核细胞的现象。

**15.196 原生质体** protoplast
植物细胞去除细胞壁后的结构。包括细胞膜、细胞质和细胞核等。

**15.197 体细胞克隆** somatic cell cloning
将某种体细胞的细胞核与另一种去核的卵细胞进行体外融合,再植入代孕母体中发育成新个体的过程。

**15.198 原生质体融合** protoplast fusion
植物体细胞的两个或多个原生质体通过物理或化学等因子的诱导,合并在一起形成融合细胞的过程。

**15.199 胚胎拯救** embryo rescue
植物有性生殖过程中因胚乳的败育导致胚夭亡后,将其置于人工合成的培养基上进行幼胚培养,使其长成正常植株的方法。

## 15.03 蛋白质工程

**15.200 蛋白质工程** protein engineering
获取蛋白质的理化和分子特性信息,在此基础上对蛋白质进行有目的的创造、改造和修饰,以产生所需特性的过程。

**15.201 植物生物反应器** plant bioreactor
支持生物活性环境的植物细胞。可用于生产特定的生物活性物质,如抗体和疫苗等。

**15.202 分子农场** molecular farming
以植物作为生物反应器,利用分子生物学手段,生产具有医学或工业价值的蛋白质或其他代谢物的方法。其目标产品是植物生产出的蛋白质或代谢物,而不是植物本身。

**15.203 植物细胞工程** plant cell engineering
以植物细胞为基本单位,在体外条件下进行培养、繁殖或遗传操作,改变细胞的某些生物学特性,从而改良品种、加速繁育植物个体、获得有用物质的生物技术。

**15.204 重组蛋白** recombinant protein
用基因工程手段,由重组核酸编码表达的蛋白质。

**15.205 植物源疫苗** plant-based vaccine
以植物细胞为生物反应器生产的疫苗。如植物源鸡新城疫疫苗和植物源季节性流感疫苗等。

**15.206 植物源重组人血清白蛋白** plant-derived recombinant human serum albumin
一种以植物为生物反应器生产的重组人血清白蛋白。

**15.207 糖基化** glycosylation
在酶作用下,蛋白质或脂质分子添加糖残基的过程。

**15.208 绿色荧光蛋白** green fluorescent protein, GFP
最初从维多利亚多管发光水母中分离出来的,在蓝光至紫外线照射下激发出绿色偏蓝荧光的蛋白质。编码 GFP 蛋白的基因通过基因工程可以稳定转化进不同物种的细胞并正常表达,常用作报告基因。

**15.209 红色荧光蛋白** red fluorescent protein, RFP
最初从珊瑚虫中分离出的与绿色荧光蛋白同源的,在紫外线照射下可发射红色荧光的荧光蛋白。编码 RFP 蛋白的基因通过基因工程可以稳定转化进不同物种的细胞并正常表达,常用作报告基因。

**15.210 黄色荧光蛋白** yellow fluorescent protein, YFP
是绿色荧光蛋白的遗传突变体,相对于绿色荧光蛋白,其荧光向红色光谱偏移。编码 YFP 蛋白的基因通过基因工程可以稳定转化进不同物种的细胞并正常表达,常用作报告基因。

**15.211 转化** transformation
外源遗传物质转入受体细胞并在受体细胞中复制保存的过程。

**15.212 农杆菌渗透法** agro infiltration
通过直接注射或真空渗透将根癌农杆菌悬浮液引入植物叶片中,细菌携带的目的基因通过 T-DNA 转移到植物细胞中的方法。

**15.213 稳定表达** stable expression
外源基因导入细胞并整合入基因组,随着生长和传代能稳定存在并表达的现象。

**15.214 瞬时表达** transient expression
外源基因导入细胞后,未整合入基因组,而是在细胞中以附加体形式进行的基因表达。

**15.215 瞬时转染** transient transfection
通过脂质体介导转染法及电穿孔等技术,将靶基因导入细胞,使被转染细胞在较短时间内表达基因的方法。

**15.216 病毒载体** viral vector
由病毒序列构建的遗传物质运载工具。将遗传物质,如有研究价值的基因,携带进入靶细胞,使其在靶细胞中表达,以此来研究基因功能、进行基因治疗、开发疫苗和蛋白类药物等。

**15.217 定向进化** directed evolution
人工模拟的进化过程。通过随机突变和重组制造大量的突变,按照特定的需要和目的给予选择压力,筛选出具有期望特征的生物大分子,实现分子水平的模拟进化并满足某种特定需求。

**15.218 理性设计** rational design
根据蛋白质结构和功能等信息,对蛋白质进行合理的结构改造来获得所需功能的设计。

**15.219 分子设计** molecular design
在理论指导下,设计出的具有预期性能的新生物大分子。设计的内容包括序列、结构、特性和合成方法。

**15.220 高效表达** high-efficiency expression
通过多种途径和更有效的分子操作方法及工具,改造基因、表达载体和表达菌株等,以提高蛋白表达量的策略。

**15.221 蛋白质稳定性** protein stability
蛋白质结构,尤指三维结构,在高温、化学变性剂及蛋白酶等不利条件下,保持完整不变的能力。

**15.222 固定化酶** immobilized enzyme
水溶性酶经物理或化学方法处理后,成为不溶于水的但仍具有酶活性的一种酶衍生物。在催化反应中以固相状态作用于底物。

**15.223 同工酶** isozyme
能催化同一种化学反应,但其酶蛋白本身的分子结构和组成有所不同的一组酶。

**15.224 别构酶** allosteric enzyme
活性受别构调节物调控的酶。

**15.225 酶活性** enzyme activity
酶催化特定化学反应的能力。可用于一定条件下其所催化某一化学反应的速度表示。

**15.226 米氏常数** Michaelis constant
在酶促反应中,某一给定底物的动力学常数,是由反应中每一步反应的速度常数所合成的。根据米氏方程,其值是当酶促反应速度达到最大反应速度一半时的底物浓度。符号 $K_m$。

**15.227 盐析** salting out
增加中性盐浓度使蛋白质、气体及未带电分子溶解度降低的现象。是蛋白质分离纯化中经常使用的方法,最常用的中性盐有硫酸铵、硫酸钠和氯化钠等。

**15.228 亲和层析** affinity chromatography
利用共价连接有特异配体的层析介质,分离蛋白质混合物中能特异结合配体的目的蛋白或其他分子的层析法。

**15.229 活性中心** active center
酶分子与底物相互作用并由此结合形成酶-底物复合物的部位,或者抗体与抗原相互作用并结合形成抗原抗体复合物的部位。

**15.230 催化基团** catalytic group
底物分子的键被切断或形成新的化学键,从而进行特定的化学反应的部位。

**15.231 单体酶** monomeric enzyme
由单个多肽链或亚基组成的酶。多是催化水解反应的酶。

**15.232 寡聚酶** oligomeric enzyme
由两个或两个以上亚基组成的酶。多为调节酶,在代谢调控中起重要作用。

**15.233 多酶复合体** multienzyme complex
由两个或两个以上的酶靠非共价键连接而成的生物大分子。可催化一系列连续的反应,其中前一反应的产物为后一反应的底物,反应依次连接。

## 15.04 微生物组工程

**15.234 微生物组工程** microbiome engineering
对微生物组进行设计和改造的生物工程。包括自上而下的驯化和自下而上的合成群落策略,包含设计-构建-测试-学习等步骤。

**15.235 菌株** strain
由微生物单一细胞或病毒个体通过繁殖形成的纯系遗传群体及其后代。

**15.236 原养型菌株** prototrophic strain
营养缺陷型突变体经回复突变或重组后产生的菌株。其营养要求在表型上与野生型相同。

**15.237 营养缺陷型菌株** auxotrophic strain
丧失合成一种或多种必需生长因子能力的菌株。

**15.238 接种** inoculation
将接种物加入培养基进行组织培养或加入动植物等介质中使其增殖的操作。

**15.239 微生物发酵** microbial fermentation
微生物在特定条件下,将原料经过特定的代谢途径转化为可利用的产物或能量的过程。

**15.240 重组** recombination
由于基因的自由组合或交换产生新的基因组合的过程。

**15.241 转染** transfection
外源 DNA 进入细胞或个体,导致遗传改变的过程。

**15.242 转导** transduction
通过噬菌体感染将 DNA 转入宿主细胞并产生新性状的过程。

**15.243 接合** conjugation
细菌之间接触后进行遗传物质转移的现象。

**15.244 水平基因转移** horizontal gene transfer, HGT
遗传信息在不同物种间从一个基因组向另一个基因组的转移。

**15.245 操纵子** operon
原核生物中由启动子、结构基因、调节基因和操纵基因组成的一个转录功能单位。

**15.246 转座子** transposon
一类能在基因组内移动的转座因子。两端有反向重复序列,最外侧具有由受体靶位点形成的同向重复序列。通常含有编码转座酶的基因。

**15.247 DNA 混编** DNA shuffling
又称"DNA 改组",俗称"DNA 洗牌技术"。对一组进化上相关的 DNA 序列进行重新组合而创造新基因的手段。是分子定向进化的一种方法。

**15.248 核糖体 RNA** ribosomal RNA, rRNA
在大、小核糖体亚单位中通过非共价键连接到核糖体蛋白上的 RNA。真核生物核糖体中通常含 28S、18S、5.8S 和 5S 四种 rRNA,原核生物中则含 23S、16S 和 5S 三种 rRNA。

**15.249 噬菌体展示** phage display
全称"噬菌体表面展示"。将编码外源蛋白

或多肽的DNA序列插入到噬菌体外壳蛋白结构基因的适当位置,使外源基因随外壳蛋白的表达而展示到噬菌体表面的生物技术。

**15.250 信号分子** signaling molecule
在细胞内外或细胞之间传递信息的胞内外化学分子的总称。

**15.251 自诱导物** autoinducer
又称"自诱导子"。响应细胞群密度变化而产生的信号分子。

**15.252 群体感应** quorum sensing, QS
微生物响应细胞密度调控基因的表达而产生群体行为的现象。这些群体行为在细胞密度较高时产生,为单个或少量微生物所不具备。

**15.253 群体淬灭** quorum quenching
通过阻断微生物的群体感应信号来阻断群体感应发生的过程。

**15.254 微生物区系** microbiota
一个特定环境或者生态系统中全部活的微生物的集合。包括细菌、古菌、真菌、藻类和小型原生生物。

**15.255 微生物组** microbiome
一个特定环境或者生态系统中全部微生物及其遗传物质和功能物质。包括微生物群体的数量、基因组、蛋白质、代谢物等,其内涵包括了微生物与环境和宿主的相互作用。

**15.256 宏基因组** metagenome
又称"元基因组"。一个特定环境或者生态系统中全部微生物成员的遗传物质集合。尤指群体的遗传学潜能。

**15.257 宏代谢组** meta-metabolome
一个特定环境或者生态系统中所有代谢产物的总和。

**15.258 宏转录物组** metatranscriptome
微生物组的调控和表达层面的整体信息。利用高通量测序对微生物群的基因转录进行分析可得。

**15.259 宏蛋白质组** metaproteome
特定时间、特定环境/临床样品中的整个蛋白质组。可用液相色谱分离和质谱联用等进行多肽鉴定和大规模描述。

**15.260 植物全功能体** plant holobiont
植物与其相关微生物群落组成的,以植物为核心的多物种集合。自然条件下植物总是与微生物群落共同组成一个以植物为核心的复杂生态系统。

**15.261 植物微生物组** plant microbiome
与植物相关的全部微生物及其遗传和功能物质。包括微生物群体和数量、基因组、蛋白质及代谢物等。包括了微生物与环境及植物宿主之间的相互作用。

**15.262 土壤微生物组** soil microbiome
一个特定土壤环境中的全部微生物及其遗传和功能物质。包括微生物群体和数量、基因组、蛋白质及代谢物等。包括了微生物与土壤环境之间的相互作用。

**15.263 根际** rhizosphere
植物根系与土壤微生物之间的一个特殊界面。以植物根系为中心聚集了大量的细菌和真菌等微生物,以及蚯蚓和线虫等土壤动物,形成了一个特殊的生物群落。

**15.264 根际微生物组** rhizosphere microbiome
生活在植物根际的全部微生物及其遗传和功能物质,包括与根际环境的相互作用。这些微生物主要依赖根系的分泌物、外渗物和脱落细胞而生长,是对植物发挥有益作用的正常微生物群。

**15.265 内生微生物** endophyte
生命周期的全部或部分在宿主体内,且不对宿主产生明显的寄生或伤害的微生物。通常指细菌和真菌。

**15.266 植物内生微生物组** plant endosphere microbiome

植物根、茎、叶等组织内部的全部微生物的遗传和功能物质。包括与宿主的相互作用。

**15.267 核心微生物组** core microbiome

跨越时空尺度,在多度、频度和功能上具有重要地位的微生物组子集。

**15.268 定殖** colonization

生物占据特定生态位的过程。

**15.269 植物病原体** plant pathogen

定殖植物后能够引起特定病害的微生物。

**15.270 优先效应** priority effect

先到达的物种影响后到达物种的定殖,最终影响群落构建的现象。

**15.271 共生** symbiosis

来自不同物种的两种生物长久共同生活的现象。至少一方能从中获利,甚至是必要的。

**15.272 互利共生** mutualism

又称"互惠共生""互利共栖"。两个物种在共同生存的过程中以互相依赖和双方受益为必要条件的生存形式。

**15.273 植物互利共生体** plant mutualist

与植物具有明确互利共生关系,尤其是能形成特定共生结构的一类微生物的总称。

**15.274 共进化** coevolution

又称"协同进化""协同演化"。物种间由于生态上相互依赖的密切关系而产生的相互选择、相互适应及共同衍变的进化方式。

**15.275 植物共栖菌** plant commensal

一类和植物依赖关系相对松散的微生物。能够自由生活,在特定情况下又能被植物招募,对于植物生长发育的影响相对中性,但在特定情况下也可以对植物生长发育有利或者有害。

**15.276 固氮** nitrogen fixation

分子氮经自然界的固氮生物(如各种固氮菌)和固氮酶的催化而转化成氨的过程。是氮循环的重要阶段。

**15.277 固氮细菌** nitrogen-fixing bacteria

将大气中的氮气固定为更可用形式的细菌。

**15.278 根瘤** root nodule

含内共生固氮细菌的植物根系上生长的瘤状突起组织。

**15.279 类菌体** bacteroid

根瘤菌进入宿主根部皮层细胞后,分化成的膨大、形状各异、无繁殖能力且有很强固氮活性细胞的形态。

**15.280 共生体** symbiosome

植物根毛细胞的细胞质中,由植物起源的膜包围一个或几个分化为类菌体的根瘤菌所形成的细胞器样结构。

**15.281 互接种族** cross inoculation group

能与同一种根瘤菌结瘤而共生的多种豆科植物。

**15.282 生物固氮作用** biological nitrogen fixation, BNF

固氮生物通过固氮酶将大气中的分子态氮还原成氨的过程。

**15.283 共生固氮作用** symbiotic nitrogen fixation

由根瘤菌与豆科植物或弗氏放线菌与非豆科植物等特异性共生形成细菌与植物共生体进行的固氮作用。

**15.284 自生固氮作用** free-living nitrogen fixation

又称"非共生固氮作用(asymbiotic nitrogen fixation)"。固氮微生物自由生活时进行的固氮作用。

**15.285 联合固氮作用** associative nitrogen

fixation

由具有固氮能力的细菌进入植物根表或根系细胞间隙,形成松散联合但不形成特殊结构的固氮作用。

**15.286　菌根**　mycorrhiza

由真菌侵染植物根系形成的共生体系。包括外生菌根、丛枝菌根、杜鹃菌根、兰科菌根、浆果鹃类菌根、内外生菌根和水晶兰菌根。

**15.287　菌根真菌**　mycorrhizal fungi

与植物根系形成菌根共生关系的真菌。

**15.288　外生菌根**　ectomycorrhiza

菌丝包在植物根的外部或仅侵入植物根的表皮和皮层细胞间隙,而不侵入细胞壁内的菌根。

**15.289　丛枝菌根**　arbuscular mycorrhiza

内生真菌在植物皮层细胞内连续发生双叉分枝而形成的丛枝状的内生菌根。

## 15.05　生物大数据和人工智能

**15.290　生物大数据和人工智能**　biological big data and artificial intelligence

生物基因组数据、分子表型数据、终端表型数据、环境数据等数据类型,以及相关的计算机模拟、数据挖掘、表型预测等技术的统称。

**15.291　农业生物大数据**　agro-biological big data

与农业生物相关的,涉及农业生物育种和生产的各种大数据类型。包括基因型大数据、表型大数据和环境大数据等。

**15.292　基因组从头组装**　de novo genome assembly

在不使用参考基因组情况下,将高通量测序数据组装成基因组的过程。

**15.293　基因组重测序**　genome resequencing

在有参考基因组的前提下,用高通量测序技术,对群体中的个体进行基因组测序,然后将测序结果和参考基因组进行比对,从而获得个体基因组变异信息的过程。

**15.294　基因型分型**　genotyping

利用芯片或测序等技术,对群体或个体的基因组中含有遗传变异的区域进行测序,确定其序列状态的过程。

**15.295　测序基因分型**　genotyping by sequencing, GBS

对基因组中的特定区域进行捕获,然后进行基因型鉴定的过程。

**15.296　标记插值**　marker imputation

利用基因组中相邻近位点之间存在连锁不平衡的原理,对基因型鉴定后的缺失值进行预测的过程。

**15.297　标记密度**　marker density

基因组上单位物理距离或遗传距离区间内分子标记的个数。

**15.298　单核苷酸多态性**　single nucleotide polymorphism , SNP

在基因组水平上由单个核苷酸的变异所引起的 DNA 序列多态性。

**15.299　结构变异**　structure variation

染色体中大片段插入、缺失、异位及倒位等的结构变化。

**15.300　自然变异**　natural variation

自然群体中不同个体在基因组、表观组、转录组和蛋白质组等各个分子生物学层次上的所有变异的总和。

**15.301　连锁不平衡**　linkage disequilibrium

分属两个或两个以上基因座位的等位基因同

时出现在一条染色体上的频率高于随机出现频率的现象。

**15.302 次等位基因频率** minor allele frequency

在给定群体中,第二常见的基因型出现的频率。

**15.303 有害变异** deleterious variant

导致个体适合度降低的等位变异。包括点突变、小的插入缺失与结构变异。

**15.304 基因组进化速率评测** genomic evolutionary rate profiling

使用最大似然法对基因组具体位点的进化速率进行估算的方法。

**15.305 转录调控网络** transcriptional regulatory network

转录因子和转录调控因子调控下游基因转录本的产生所形成的网络。

**15.306 基因共表达网络** gene co-expression network

基因和基因之间通过表达量的时空相关性关系所形成的网络。

**15.307 蛋白质-蛋白质互作网络** protein-protein interaction network

蛋白质和蛋白质之间通过物理相互作用形成的网络。

**15.308 染色质可及性** chromatin accessibility

真核生物染色质 DNA 在核小体或转录因子等蛋白与其结合后,对其他蛋白能否再结合的开放程度。

**15.309 表型鉴定** phenotyping

分析生物个体或群体中由基因型产生的,可以观察的或鉴定的特征。

**15.310 连锁分析** linkage analysis

利用功能变异与分子标记间的连锁与重组,实现对功能变异位置定位的方法。

**15.311 数量性状基因座定位** quantitative trait locus mapping, QTL mapping

利用关联分析或连锁分析的方法定位数量性状位点的过程。

**15.312 加性模型** additive model

用于解释加性效应对数量性状影响的一种数量性状遗传模型。

**15.313 加性-显性模型** additive-dominance model

用于解释加性和显性效应对数量性状影响的数量性状遗传模型。

**15.314 基因型与环境互作** genotype by environment interaction

基因型在不同环境条件下表现出的不同反应和对遗传主效应的离差。

**15.315 环境协方差** covariance between environment

用来度量两个环境之间关系的指标。如果为正值,说明两个环境的变化趋势一致;如果为负值,说明两个环境的变化趋势相反;如果为0,则两个环境不相关。

**15.316 多组学[联合]分析** multi-omics analysis

在基因组、表观组、转录组、蛋白质组、代谢组和表型组等多个层面开展的关联分析和连锁分析等。

**15.317 表达数量性状基因座** expression quantitative trait locus, eQTL

和基因表达量变异相关联的数量性状位点。大部分都是单核苷酸多态性。

**15.318 代谢组关联分析** metabolome-wide association study, MWAS

将代谢组数据作为表型,与基因型数据进行关联分析,得到精准的代谢物调控基因信息的方法。

**15.319 表观全基因组关联分析** epi genome-wide association study, epiGWAS

利用表观数据进行关联分析,解析表观修饰与复杂表型关系的方法。

**15.320 混杂因素** confounding factor

可以全部或部分说明变量间的明显联系的外在变量。可产生研究变量间的伪联系或掩盖真联系。

**15.321 群体结构主成分分析** principal component analysis for population structure

通过主成分分析,对群体的基因型数据进行降维,从而表征群体结构的方法。

**15.322 亲缘关系** kinship

生物类群在系统发生上所显示的某种血缘关系。

**15.323 亲缘关系矩阵** kinship matrix

群体中两两个体之间的基因型相似度组成的矩阵。

**15.324 全基因组选择** genomic selection

一种利用覆盖全基因组的高密度标记进行选择育种的方法。可以通过早期选择缩短世代间隔,提高育种值估计准确性,进而加快遗传进展。

**15.325 全基因组预测** genomic prediction

通过参考群体的所有个体表型数据和基因型数据训练预测模型,对没有表型记录但有基因型信息的预测群体估计出基因组育种值的方法。

**15.326 训练群体** training population

在全基因组预测中用于训练基因组选择模型的群体。

**15.327 测试群体** test population

在全基因组预测中用于测试基因组选择模型的群体。

**15.328 验证群体** validation population

在全基因组预测中用于验证基因组选择模型的群体。

**15.329 基因组轮回选择** genomic recurrent selection

通过循环式多次交替进行选择和杂交,改进作物群体遗传结构,以提高群体中有利基因频率的育种方法。

**15.330 基因组估计育种值** genomic estimated breeding value, GEBV

全基因组中单核苷酸多态性的遗传效应值之和。

**15.331 单交种预测** single-cross hybrid prediction

在作物育种中对单交杂交种的农艺性状进行的预测。

**15.332 田间表型的机器学习模型** machine learning model for agronomic trait

一种利用机器学习技术从基因型数据或分子表型数据预测作物田间农艺性状的模型。

**15.333 分子表型的深度学习模型** deep learning model for molecular phenotype

一种利用深度学习技术从基因组序列预测分子表型的模型。可用于功能变异预测。

**15.334 分子表型预测** prediction of molecular phenotype

利用机器学习模型从基因组序列预测分子表型的方法。

**15.335 神经网络表型预测模型** neural network for phenotype prediction model

一种利用人工神经网络从基因型预测分子表型或终端表型的模型。

**15.336 α折叠模型** Alphafold model

一种从蛋白质序列预测其折叠方式和空间结构的神经网络模型。

## 15.06 转基因安全

**15.337 转基因生物** genetically modified organism, GMO

又称“遗传修饰生物体”。以某种非自然方式修饰和改变了遗传物质的生物体。一般指通过基因工程技术导入外源基因的动植物或微生物,且外源基因能通过繁殖而传代。

**15.338 转基因生物安全** safety of GMO

防范转基因生物对人类、动植物、微生物和生态环境构成危险或者潜在风险的措施。

**15.339 转基因生物安全性评价** safety evaluation of GMO

从分子特征、遗传稳定性、环境安全性及食用安全性等多层面评估转基因生物是否对人类、动植物、微生物和生态环境构成危险或潜在风险的过程。

**15.340 转基因生物灭活** GMO inactivation

转基因生物在废弃处理和排放之前,利用物理或化学等可靠措施将其销毁以防止扩散和污染环境的过程。通常针对安全等级Ⅱ级以上的转基因生物。

**15.341 转基因产品标识** labeling of genetically modified product

对转基因生物相关产品进行的标记识别。

**15.342 转基因成分阈值** transgenic component threshold

在转基因生物安全管理中,对于转基因成分设置的一个触发生态环境安全或人类健康安全问题的最低限值。含有较高风险的产品,阈值越低;相反,含有风险较低的产品,相应的阈值越高。

**15.343 转基因产品进境检验检疫** entry inspection and quarantine of genetically modified product

国家相关行政执法机构对进入国境的转基因生物相关产品进行检验检疫、管理认证、公证和鉴定证明的全部活动。

**15.344 转基因产品过境检验检疫** transit inspection and quarantine of genetically modified product

对于由境外启运,通过我国境内并继续运往境外的转基因生物相关产品开展检验检疫、管理认证、公证及鉴定证明的全部活动。

**15.345 转基因产品出境检验检疫** exist inspection and quarantine of genetically modified product

国家相关行政执法机构对出口至境外的转基因生物相关产品进行检验检疫、管理认证、公证和鉴定证明的全部活动。

**15.346 转基因科普** popularization of genetically modified

利用各种传播媒体,以通俗易懂的方式,让公众了解并接受转基因科学知识,为农业转基因技术健康发展创造良好舆论环境的宣传工作。

**15.347 中间试验** restricted field testing

在控制系统内或者控制条件下进行的小规模试验。

**15.348 环境释放试验** enlarged field testing

在自然条件下采取相应安全措施所进行的中规模的试验。

**15.349 生产性试验** pre-production field testing

在生产和应用前进行的较大规模的试验。

**15.350 转基因生物安全证书** GMO safety certificate

转基因生物在完成安全性评价全部流程,并经农业转基因生物安全委员会评价合格后,由国家农业行政主管部门颁发的证书。

**15.351　分子特征**　molecular characteristic
细胞或组织基于核酸和蛋白质等生物大分子水平所表现出的特征。

**15.352　遗传稳定性**　genetic stability
外源基因导入受体生物后，其生物信息能否传递给后代的特性。主要指外源基因在受体基因组中的整合和表达特性，及其生物学性状在不同世代的表现情况。

**15.353　环境安全性**　environmental safety
转基因生物是否会对原有的生态环境造成危害的特性。

**15.354　食用安全性**　dietary safety
转基因生物及其产品是否具有安全食用的特性。

**15.355　转化体**　transformant
外源遗传物质的导入使其遗传特性发生了改变的生物体。

**15.356　供体生物**　donor organism
转基因操作中提供外源基因的生物体。

**15.357　受体生物**　recipient organism
转基因操作中接受外源基因的生物体。

**15.358　目的基因**　target gene
又称“靶基因”。转基因技术体系中，通过人工构建的载体携带一个或数个具有明确功能的，且可能改变受体目标性状的基因或基因片段。

**15.359　内源基因**　endogenous gene
生物体自身基因组内固有的基因。

**15.360　外源基因**　exogenous gene
通过基因操作获得的生物基因组中原来没有的外来基因。

**15.361　隔离区**　isolation area, isolation zone
为避免转基因生物向外界传递生物活性物质而设定的一定范围的功能区。

**15.362　花期隔离**　isolation of florescent stage
根据植物开花时间或开花周期的特性，人为错开转基因生物与周边生物的开花期，以避免基因漂移的隔离方式。

**15.363　隔离植物**　isolation plant
为防止转基因生物向外界传递生物活性物质而用于物理隔离的植物。通常选择与转基因生物亲缘关系远且不容易发生杂交的物种。

**15.364　基因漂移**　gene flow, gene drift
一个生物群体的遗传物质通过特定的媒介转移到另一个生物群体中的现象。

**15.365　T-DNA 插入位点**　T-DNA insertional site
农杆菌 Ti 或 Ri 质粒中，一段能够转移并稳定整合到植物核基因组中的 DNA 序列位置。

**15.366　拷贝数**　copy number
每个细胞中所含的某一质粒或每个基因组中某一序列相同的 DNA 片段的平均分子数。

**15.367　单拷贝**　single copy
特定 DNA 片段在生物基因组中只有一个复制的现象。

**15.368　多拷贝**　multicopy
特定 DNA 片段在生物基因组中有多个复制的现象。

**15.369　转基因世代**　transgenic generation
转基因生物的各个不同生殖周期。

**15.370　目标性状评价**　target trait evaluation
对生物体通过遗传改良而期望改进的特征和特性所做的评价。

**15.371　非目标性状评价**　non-target trait evaluation
对生物体通过遗传改良而期望改进的特性之外的其他特征和特性所做出的评价。

**15.372　抗营养因子**　anti-nutritional factor

对营养素的消化、吸收和利用有抑制作用的物质。

**15.373　致敏性分析**　allergenicity evaluation
对由外源基因的导入或改变代谢途径后产生的新蛋白质是否会引起过敏反应的评估。

**15.374　急性经口毒性试验**　acute oral toxicity test
一次性或24小时内多次给实验动物饲喂大剂量转基因生物产品，以观察在短时间内是否出现毒性反应的试验。

**15.375　交互抗性**　cross resistance
对某种转基因生物产品具有一定抗性的生物群体，由于相同或相似的抗性机理而对其他新的转基因生物产品产生抗性的现象。

**15.376　生存竞争力**　survival competitiveness
同种或异种生物个体相互竞争，以维持个体生存和种族繁衍的能力。

**15.377　位置效应**　position effect
由于目的基因在染色体上整合位置的不同，导致其表达或相应表型出现差异的现象。

**15.378　剂量效应**　dosage effect
由基因转录本或蛋白质水平的变化导致表型差异的现象。

**15.379　实质等同性分析**　substantial equivalence analysis
一种生物工程食物或食物成分与其相应的传统食物或食物成分基本相同，则可以认为具有相同安全性的评估方法。

**15.380　纯合子**　homozygote
又称"纯合体"。一对同源染色体的特定基因位点上有两个相同等位基因的个体或细胞。

**15.381　杂合子**　heterozygote
又称"杂合体"。一对同源染色体的特定基因位点上有两个不同等位基因的个体或细胞。

**15.382　基因整合**　gene integration
借助同源重组等方式将外源DNA片段插入到基因组中的过程。

**15.383　随机整合**　random integration
外源DNA片段随机的插入到受体生物基因组中的过程。

**15.384　定点整合**　site-specific integration
外源DNA片段插入到受体生物基因组中特定位置的过程。

**15.385　稳定转化**　stable transformation
外源DNA片段整合到受体生物染色体之后不会随着世代变化而消失，而是能够在受体生物细胞长期稳定表达的现象。

**15.386　共转化**　co-transformation
两个或多个DNA片段同时转入到一个受体细胞的过程。

**15.387　庇护所策略**　refuge strategy
抗虫转基因作物在田间种植过程中，通过种植一定比例的非转基因作物来稀释田间抗性等位基因的变异频率，延迟害虫耐受性进化的一种解决方案。

# 16. 农 业 信 息

## 16.01 农业数据与信息

**16.001 数据元** data element
又称“数据元素”。描述数据定义、标识和允许值等的基本数据单位。

**16.002 农业数据元** agricultural data element
描述农业数据定义、标识和允许值等的基本数据单位。

**16.003 元数据** metadata
描述数据的属性、关系、结构以及数据与环境关系的数据。

**16.004 农业元数据** agricultural metadata
描述农业数据的属性、关系、结构以及数据与环境关系的数据。

**16.005 农业数据库** agricultural database, agricultural databank
存储在计算机的、有组织的、可共享的农业数据集合。

**16.006 农业数据集** agricultural data set
具有共同主题和相似属性的农业数据集合。

**16.007 农业数据仓库** agricultural data warehouse
面向主题的、集成的、相对稳定的农业数据集合。常用于数据挖掘和决策支持。

**16.008 农业数据目录** agricultural data directory
对农业数据的数据类型、数据属性、数据关联及可执行的数据操作的定义和描述。便于数据的浏览、分发和使用。

**16.009 农业数据资产** agricultural data asset
组织或个人合法拥有或控制的、有商业或交换价值的农业数据资源。

**16.010 农业数据中台** agricultural data middleground
可将农业数据整合形成全域级可复用的农业数据资产，实现数据赋能新业务和新应用的中间性支撑平台。

**16.011 数据结构** data structure
利用数据元之间存在的特定关系，组织存储以方便管理和使用的数据组织方式。

**16.012 云存储** cloud storage
把网络中的多种存储资源整合在一起，以存储服务的形式提供给用户使用的存储模式。

**16.013 分布式存储** distributed storage
将数据按照一定的分布算法分散存储在多个独立的存储节点上，实现多节点并行访问的存储方式。

**16.014 数据备份** data backup
将数据以某种方式加以保留，以便在系统遭受破坏或其他特定情况下，能够重新加以利用的数据管理方式。

**16.015 信息流** information flow
信息系统中信息的性质和运动状态的动态表示。

**16.016 结构化数据** structured data
具有预定义模式或者按照预定义格式组织的数据。

**16.017 非结构化数据** unstructured data

没有预定义模式或者不按照预定义格式组织的数据。

**16.018 半结构化数据** semi-structured data
介于结构化数据和非结构化数据之间的数据。

**16.019 异构数据** heterogeneous data
由于数据来源、数据表达、数据属性不同而形成的具有不同组织模式的数据。

**16.020 农业全息信息** agricultural holographic information
具有更多维度要素共同描述农业对象特征的信息表达方式。

**16.021 显性信息** explicit information
以文字、符号、图形等易于识别方式表达的信息。

**16.022 隐性信息** implicit information
与显性信息相对,尚未或难以用文字、符号、图形等方式表达的信息。

**16.023 数值数据** numeric data
以数值形式表示的符号记录。

**16.024 文本数据** textual data
以文本形式表示的符号记录。

**16.025 图像数据** image data
以图像形式表示的符号记录。

**16.026 音频数据** audio data
以人类能听到的声音频率形式表示的符号记录。

**16.027 视频数据** video data
以各种动态影像形式表示的符号记录。

**16.028 稀疏数据** sparse data
存在大量空值的数据。

**16.029 稠密数据** dense data
经过增加采样密度得到的数据集。

**16.030 原始数据** raw data, original data
未经处理的数据。

**16.031 敏感数据** sensitive data
需要受保护的非涉密数据。通常局限于一定范围内知晓。

**16.032 脱敏数据** masked data
通过脱敏规则对某些敏感数据进行数据变形后形成的数据。可实现敏感隐私数据的可靠保护。

**16.033 开放数据** open data
可以被任何人获得、使用、分享而不受版权等限制的数据。

**16.034 农业信息资源** agricultural information resources
农业自然资源及农业生产、经营、管理和服务过程中产生的各类信息的总称。

**16.035 农业统计数据** agricultural statistical data
在调查统计活动中所取得的反映农业生产和农村生活的数据资料。包括未经统计整理的原始数据和经过统计整理的次级数据。

**16.036 农业普查数据** agricultural census data
在农业普查中形成的原始数据和经过统计整理的次级数据。

**16.037 农业经济数据** agricultural economic data
反映农业经济活动的各类数据。

**16.038 农业科学数据** agricultural scientific data
农业科研活动中产生的数据。

**16.039 农业科学观测数据** agricultural science observation data
对农业生产要素及其动态变化进行系统地观测、监测和记录所取得的数据。

**16.040　农业试验数据**　agricultural test data, agricultural experiment data
农业科研试验过程中产生的数据。

**16.041　农业遥感数据**　agricultural remote sensing data
应用遥感技术方法获取的农业数据。

**16.042　农业调查数据**　agricultural investigation data
对农业农村调查研究所取得的数据。

**16.043　农业监测数据**　agricultural monitoring data
应用信息技术手段对农业产前、产中和产后各环节监测所取得的数据。

**16.044　农业物联网数据**　agricultural internet of things data
通过感知设备和物联网技术采集的各类农业数据。

**16.045　农业基础信息**　basic agricultural information
反映农业自然资源和社会经济活动基础情况的信息。

**16.046　农业自然资源数据**　agricultural natural resources data
反映水资源、土地资源、气候资源和生物资源等农业自然资源状况的数据。

**16.047　水资源数据**　water resources data
反映可供利用的大气降水、地表水和地下水等水资源状况的数据。

**16.048　土地资源数据**　land resources data
反映土地资源的类别、数量、质量、分布、利用和权属等情况的数据。

**16.049　土壤资源数据**　soil resources data
反映土壤资源的性状、类型、分布、面积、质量、保护、开发、利用和改良等情况的数据。

**16.050　气候资源数据**　climatic resources data
反映农业生产生活中可利用物质和能量的光、热、水、风等气候要素的数量、组合及分配状况的数据。

**16.051　生物资源数据**　biological resources data
反映动物、植物、微生物及其他各种类型生命形式的生物资源状况的数据。

**16.052　农业气象数据**　agricultural meteorological data
反映气象条件对农业生产影响情况的数据。

**16.053　农业生产数据**　agricultural production data
农业生产过程中产生的数据。

**16.054　农情信息**　agricultural information
反映农业资源、环境及农业生产状况的信息。

**16.055　四情监测数据**　four situation monitoring data
应用监测技术手段获得的苗情、墒情、病虫情和灾情等的农业生产数据。

**16.056　苗情监测数据**　seedling condition monitoring data
应用监测技术手段获得的农作物幼苗长势的数据。

**16.057　墒情监测数据**　soil moisture monitoring data
应用监测技术手段获得的田间土壤湿度的数据。

**16.058　虫情监测数据**　pest situation monitoring data
应用监测技术手段获得的农业害虫潜伏、发生和活动情况的数据。

**16.059　农业灾害数据**　agricultural disaster data
反映农业遭受各类气象灾害和病虫害等受灾

情况的数据。

**16.060　农产品市场数据**　agricultural products market data

反映农产品市场价格及市场供求等情况的数据。

**16.061　农产品价格指数**　agricultural products price index

反映不同时期农产品价格水平变化方向、趋势和程度的指标。

**16.062　市场价格指数**　market price index

反映农产品市场价格变动趋势和变动程度的指标。

**16.063　农产品现货价格**　spot price of agricultural products

农产品在现货交易中的成交价格。

**16.064　农产品期货价格**　futures price of agricultural products

农产品在期货交易中的成交价格。

**16.065　农产品库存数据**　agricultural products inventory data

反映当前储存在库房内的农产品的数据。

**16.066　农产品贸易数据**　agricultural products trade data

农产品贸易活动中形成的数据。

**16.067　农产品消费数据**　consumption data of agricultural products

反映农产品消费状况的数据。

**16.068　农产品流通数据**　circulation data of agricultural products

反映农产品流通数量及流向等状况的数据。

**16.069　农产品电子商务数据**　data for e-commerce of agricultural products

以电子交易方式开展农产品商务活动过程中产生的数据。

**16.070　农业金融数据**　agricultural financial data

在农业投资、融资和保险等金融活动中产生的数据。

**16.071　农业保险数据**　agricultural insurance data

在农业保险的投保、承保、理赔和赔付等过程中产生的数据。

**16.072　农业补贴数据**　agricultural subsidy data

政府通过财政手段对农业基础设施建设、生产、流通和贸易等环节进行的各种经济补贴数据。

**16.073　农业信贷数据**　agricultural credit data

在农业经济活动中,金融机构进行投资和贷款等信用活动时产生的数据。

**16.074　农业管理数据**　agricultural management data

在农业生产经营中,开展计划、指导、组织、监督和协调等农业管理过程时产生的数据。

**16.075　数据检索**　data retrieval

从文件、数据库或存储装置中查找和选取所需数据的过程。

**16.076　数据分发**　data dissemination

数据通过网络传递到不同节点的过程。

**16.077　数据交换**　data exchange

依据一定的原则,采取相应的技术,实现不同信息系统之间数据资源共享的过程。

**16.078　数据共享**　data sharing

不同的系统或用户使用非己有数据并进行各种操作运算与分析的过程。

**16.079　数据公开**　data opening

面向社会公众以非排他形式提供数据的行为。

**16.080　数据治理**　data governance
对数据进行处置和规范化的过程。

**16.081　数据预处理**　data preprocessing
数据分析之前所做的数据处理工作。

**16.082　数据清洗**　data cleaning
检测和修正数据集合中的错误数据项，以及对数据进行平滑处理等操作的数据预处理过程。

**16.083　数据抽取**　data extract
从数据源系统选取数据，以及从同构或异构数据源中选取数据的过程。

**16.084　数据集成**　data integration
将不同来源和不同模式的数据按照一定规则组织在一起的过程。

**16.085　数据标准化**　data standardization
按照统一规则开展数据分类分级、记录格式及转换编码等处理的过程。

**16.086　数据交互**　data interaction
按照统一协议，平台、客户端及服务器相互间进行数据请求与提供的过程。

**16.087　数据汇交**　data aggregation
将相关数据按规定进行处理、汇聚及提交的过程。

**16.088　数据质量控制**　data quality control
按照一定规则，使数据在采集、存储、传输、应用中满足相应的质量要求的过程。

**16.089　数据插值**　data interpolation
根据已知的离散数据点估计未知数据点的过程。

**16.090　数据融合**　data fusion
对不同来源的，描述同一对象的数据进行结合的过程。

**16.091　数据挖掘**　data mining
从大量不完全的有噪声数据集中识别有效和有价值的数据，并进行数据价值发现的过程。

**16.092　数据转换**　data conversion
数据从一种表示形式改变成另一种表示形式，但不改变数据所传达信息的过程。

**16.093　数据交易**　data trading
以有偿或无偿的形式让渡数据资源的所有权、使用权或收益权的行为。

## 16.02　农业信息技术

**16.094　物联网**　internet of things
通过各种信息传感设备，实时采集任何需要监控、连接和互动的物体或过程的各种信息，并与互联网结合形成可远程管理控制的巨大网络。物联网自下而上，分感知层、网络层和应用层。

**16.095　农业物联网**　agricultural internet of things
在农业生产、流通、管理和服务等领域应用的物联网系统。

**16.096　感知层**　perception layer
担负信息感知与采集功能的物联网体系组成部分。一般由无线传感器网络构成。

**16.097　传输层**　transport layer
承担物联网接入层与应用层之间数据通信任务的核心承载网络。常用的为移动通信网络。

**16.098　应用层**　application layer
担负对感知层数据的管理、处理与应用功能的物联网体系的组成部分。

**16.099　感知节点**　perceptual node

无线传感器网络中承担信息感知功能,并将其转化为数字信号进行传输与转发的器件、装置或设备。一般集成了传感器模块、信息处理模块、无线通信模块和能量供应模块。

**16.100 汇聚节点** sink node

无线传感器网络中能对从其邻近节点采集的数据进行分析、汇总和预处理,并将其发送到远程控制中心的局部中心单元。

**16.101 管理节点** management node

用于动态管理和分配整个无线传感器网络资源的功能单元。

**16.102 网关节点** gateway node

连接两个使用不同网络体系结构和协议的计算机网络的功能单元。

**16.103 自组织网络** ad-hoc network

简称"自组网"。一个所有的节点都是由移动主机构成的不需要有线基础设施支持的无线移动网络。一般是暂时的,可以在任何地方为了某个目的自发组成,并且在有限时间之后自行解散。

**16.104 射频识别技术** radio frequency identification, RFID

可通过射频信号识别特定目标并读写相关数据,而无须在系统与特定目标之间建立机械或光学接触的自动识别技术。由标签、读写器和计算机网络构成。

**16.105 射频识别标签** radio frequency identification tag, RFID tag

又称"电子标签"。由耦合元件及芯片组成的,附着在物体上用来标识目标对象的电子元器件。每个标签具有唯一的电子编码。

**16.106 条形码** barcode

将宽度不等的多个黑条和空白,按照一定的编码规则排列,用以表达一组信息的图形标识符。利用条形码扫描仪可以识读条形码所包含的信息。

**16.107 二维码** two-dimensional barcode

用某种特定的几何图形按一定规律在平面分布的、黑白相间的、记录数据符号信息的图形。利用二维码扫描仪可以识读二维码所包含的信息。

**16.108 视频采集终端** video capture terminal

用来采集视频数据及显示其采集结果的终端设备。可用于物联网感知层的视频数据获取。

**16.109 图像采集终端** image capture terminal

用来采集图像数据及显示其采集结果的终端设备。可用于物联网感知层的图像数据获取。

**16.110 激光扫码器** laser bar code scanner

以激光作为发光源的条形码扫描装置。根据黑白条码反射光的不同读取条码包含的信息。

**16.111 耳标** ear tag

用于证明牲畜身份,承载牲畜个体信息,加施于牲畜耳部的标识。可用于养殖物联网感知层的数据输入端。

**16.112 植入式生理信号芯片** implantable physiological signal chip

一种可植入到动物身体,检测动物体温及心率等生理参数的传感芯片。可用于养殖物联网感知层的数据输入端。

**16.113 移动采集终端** mobile acquisition terminal

可移动中使用的数据采集设备。以无线传输方式将采集的数据传送至网络。

**16.114 蓝牙技术** bluetooth technology

一种基于 IEEE 802.15.1 标准的短距离无线通信技术。工作频段 2.4GHz,传输距离在 10m 以内,可用于无线传感网络的感知节点间的通信。

**16.115 光谱分析技术** spectral analysis technology

根据物质的光谱来确定物质化学组成和相对含量的鉴别技术。根据被测光谱的性质有反射、吸收、辐射、发射和荧光等分析技术,根据光谱的波长范围有紫外、可见光、近红外、红外、热红外和太赫兹等分析技术。

**16.116 X射线荧光光谱分析技术** X-ray fluorescence spectral analysis technology

通过测量 X 射线激发的荧光强度来测量液体或固体样品中一种或几种元素含量的技术。常用于土壤重金属测量和食品品质分析。

**16.117 X射线计算机体层成像技术** X-ray computed tomography technology, X-CT technology

根据被测物体的 X-CT 分析其内部结构和状态的技术。常用于植物根系表型分析及瓜果与食品的内部品质分析。

**16.118 近红外光谱分析技术** near-infrared spectral analysis technology

利用物质在波长 750~2500 nm 范围内的吸收或反射光谱分析土壤、作物、食品等的化学组成、相对含量及理化特性的技术。

**16.119 红外光谱分析技术** infrared spectral analysis technology

利用物质在中红外 2.5~25μm 波长范围内的吸收或反射光谱,分析其化学组成、相对含量及理化特性的技术。

**16.120 热红外光谱分析技术** thermal infrared spectral analysis technology

通过探测物体在常温目标热辐射工作波段(3~14μm)的辐射光谱分析物体状态或特性的方法和技术。热红外光谱或热红外遥感成像常被用来监测温度和旱情。

**16.121 荧光光谱分析技术** fluorescence spectral analysis technology

利用荧光物质分子吸收激发光能量后从基态跃迁到激发态再回到基态时发出的荧光光谱鉴别样品成分和分析含量的技术。常用激发光包括 X 射线和紫外线等,广泛应用于食品品质检测和叶片叶绿素分析等。

**16.122 拉曼光谱分析技术** Raman spectroscopic analysis technology

利用光子与介质原子(分子)之间发生非弹性碰撞得到的散射光谱,研究分子或物质微观结构和含量的光谱技术。

**16.123 傅里叶光谱技术** Fourier spectroscopy

全称"傅里叶变换光谱技术(Fourier transform spectroscopy)"。以迈克尔逊干涉仪产生的干涉光作为样品测量光源,对获取的时域信号进行傅里叶变换得到的样品反射或透射光谱的技术。广泛应用于农产品的成分和品质分析。

**16.124 原子吸收光谱技术** atomic absorption spectroscopy

基于被测元素的基态原子对特征辐射的吸收程度进行定量分析的光谱技术。广泛应用于土壤微量元素及重金属等的定性与定量分析。

**16.125 原子发射光谱技术** atomic emission spectroscopy

利用处于激发态的待测元素原子回到基态时发射的特征谱线,对待测元素进行定性和定量分析的技术。广泛应用于土壤微量元素及重金属等的定性与定量分析。

**16.126 激光诱导击穿光谱技术** laser induced breakdown spectroscopy

利用高能脉冲激光作为激发源的一种原子发射光谱技术。根据带有元素成分特征的等离子体发射谱线,研究物质的特性和含量等参数。用于土壤养分与土壤重金属的快速测量。

**16.127　太赫兹技术**　terahertz technology

利用太赫兹波(100~1000 μm)可穿透衣服、聚乙烯、聚酯和其他类型覆盖物的特性及可被水和有机物选择性吸收的特性,探测样品的组成元素及内部构造等相关信息的技术。

**16.128　超声波探测技术**　ultrasonic detection technology

利用超声波在待测物体中的传播和反射特性,探测待测物体的特征和性能的技术。广泛用于农产品品质的无损检测及农业机械的无损探伤等场合。

**16.129　多普勒探测技术**　Doppler detection technology

利用信号源与测量信号传感器之间相对运动引起的频移(多普勒效应)进行探测的技术。可用于农业机械测速和定位及瓜果的硬度和成熟度检测等。

**16.130　光电检测技术**　photoelectric detection technology

利用材料受到光照后电性能发生变化的现象,进行性能、状态和程度检测的技术。检测原理包括光电导效应、光伏效应和光电子发射效应。广泛应用于各类传感器和信息感知系统。

**16.131　电磁检测技术**　electric-magnetic detection technology

根据电磁感应原理通过测量感应磁场变化或者感应电流变化进行性能、状态及程度检测的技术。可用于农产品品质检测及土壤电导率检测等。

**16.132　微机电感知技术**　micro-electro-mechanical system sensing technology

将传感器、执行器、电气(电子)和机械设备集成到单个芯片以完成感知、计算、控制及执行等任务的系统和技术。支持开发具有微传感器、控制或微执行器感知及微电子计算能力的智能设备。

**16.133　可穿戴感知技术**　wearable sensing technology

在可穿戴设备上集成微型计算机和传感器,以便在动物和移动物体自然状态下完成信息的感知、处理和传输等任务的系统与技术。

**16.134　电阻感知技术**　resistance sensing technology

通过检测待测物体电阻值的变化,获取待测物体性能、状态和程度信息的技术。

**16.135　电容感知技术**　capacitance sensing technology

通过检测待测物体电容的变化,获取待测物体性能、状态和程度信息的技术。

**16.136　电感感知技术**　inductance sensing technology

通过检测待测物体电感的变化,获取待测物体性能、状态和程度信息的技术。

**16.137　电极感知技术**　electrode sensing technology

利用电极和溶液间的氧化还原反应产生的电流来分析溶液成分或浓度的技术。为了提高电极测量结果的稳定性和精度,一般由指示电极和参比电极构成的工作电池系统进行测量。

**16.138　离子选择性电极感知技术**　ion selective electrod sensing technology

利用对某种离子有选择性响应的电极作为指示电极来测量或分析溶液成分及浓度的技术。可用于土壤养分含量的测量。

**16.139　微生物电极感知技术**　microbial electrode sensing technology

将微生物作为敏感材料固定在电极表面,构成电化学生物传感器进行测量的技术。

**16.140　生物传感技术**　biological sensing technique

利用生物活性物质分子识别的功能,将生物

活性表达的信号转换为电信号或其他可测量的信号,以实现微生物测量的技术。常用于食品品质分析和致病微生物检测。

**16.141　遥感**　remote sensing
运用传感器或遥感器远距离探测物体的电磁波辐射和反射特性,并根据其特性对物体的性质、特征和状态进行分析的技术。

**16.142　遥感平台**　remote sensing platform
安放遥感传感器或遥感器并能进行遥感作业的载体。主要包括卫星和空间站等航天遥感平台,航空器与无人机等航空遥感平台,以及车辆和高塔等地面遥感平台。

**16.143　遥感影像**　remote sensing image
遥感平台上的各种传感器从地面、空中和太空获取的地球或外星球表面的图像。

**16.144　遥感器**　remote sensor
安装在遥感平台上直接测量和记录被探测对象的电磁辐射特性或反(散)射特性的装置。

**16.145　无人机遥感**　unmanned aerial vehicle remote sensing
利用无人驾驶飞行器搭载的传感器,获取目标物电磁波信息的装置与技术。

**16.146　航空遥感**　aerial remote sensing
利用飞机、飞艇、气球等飞行器平台搭载的传感器,获取目标物电磁波信息的装置与技术。

**16.147　航天遥感**　space remote sensing
利用太空平台搭载的传感器获取目标物电磁波信息的装置与技术。

**16.148　地面遥感**　ground remote sensing
利用高塔、车、船等地面平台搭载的传感器,获取目标物电磁波信息的装置与技术。

**16.149　地理信息系统**　geographic information system, GIS
以地理空间数据为基础,采用地理模型分析方法,对各种地理空间信息进行收集、存储、分析和可视化表达的计算机软件系统。

**16.150　高分卫星**　high-resolution satellite
具有高空间分辨率的对地观测卫星。

**16.151　农作物遥感估产**　crop yield estimation by remote sensing
在收集分析作物不同生育期不同光谱特征的基础上,用遥感平台上的遥感器记录的地表信息,来辨别作物类型、监测作物长势,并在作物收获前预测作物产量的过程。

**16.152　叶面积指数监测**　leaf area index monitoring
利用传感器技术等监测单位土地面积上植物叶面积总和的过程。

**16.153　光合有效辐射监测**　photosynthetically active radiation monitoring
对太阳辐射光谱中可被绿色植物的光合色素吸收和转化,并用于合成有机物质的波段辐射能进行实时监测的过程。

**16.154　生物量监测**　biomass monitoring
利用遥感信息和方法,对单位面积上的生物物质总量进行监测的过程。

**16.155　遥感反演**　remote sensing inversion
利用遥感数据和模型求解地物生物、物理、化学等参数的方法与技术。

**16.156　地物遥感光谱分析**　spectral analysis of ground object remote sensing
遥感系统中通过接收地物对不同波谱反射的辐射能量来解析地物的结构、性质、特征和状态的过程。

**16.157　光谱校正**　spectral correction
在遥感数据分析中,对信号光谱受到干扰时的修正处理过程。

**16.158　辐射校正**　radiometric correction
对遥感图像的辐射失真或畸变进行校正,消除或改正因辐射误差而引起影像畸变的过程。

**16.159 多光谱遥感** multi-spectral remote sensing

将地物电磁波谱分割成若干个波段分别获取遥感数据或遥感影像的方法。波段数一般大于3个,光谱分辨率一般大于100nm。

**16.160 高光谱遥感** hyperspectral remote sensing

将地物电磁波谱分割成数十个以及上百个波段,分别获取遥感数据或遥感影像的方法。光谱分辨率一般小于20nm。

**16.161 遥感图像几何校正** geometry correction of remote sensing image

通过一系列的数学模型来改正和消除遥感影像几何变形及误差的过程。造成变形和误差的原因有摄影材料变形、物镜畸变、大气折光、地球曲率、地球自转和地形起伏等因素。

**16.162 遥感图像辐射定标** radiometric calibration of remote sensing image

将原始遥感影像像元亮度值转换为大气外层表观反射率(或称为辐射亮度值)的过程。目的是消除传感器本身的误差。

**16.163 模型技术** model technology

依据研究对象和特定目的,在一定的假设条件下,再现原型客体的结构、功能、属性、关系及过程等本质特征的物质或思维形式的方法。

**16.164 农业模型** agricultural model

根据农业系统学与农业科学原理,定量地和动态地描述农业系统要素内及要素间关系的定量化表达。

**16.165 统计模型** statistic model

以数据统计分析为基础的,描述农业变量关系的定量化表达。

**16.166 过程模型** process model

根据农业系统特性,动态地描述农业系统过程发展变化规律的定量化表达。

**16.167 经验[性]模型** empirical model

根据实验数据归纳而得到的描述因变量与自变量之间关系的定量化表达。

**16.168 半机理[性]模型** semi-mechanism model

又称“灰箱模型(gray box model)”。由机理过程与经验相结合,动态地描述农业对象或过程变化规律的定量化表达。

**16.169 机理[性]模型** mechanism model

又称“白箱模型(white box model)”。动态描述农业对象变化过程的内部机制或物质流与信息流的传递机理的定量化表达。

**16.170 农业气候模型** agroclimate model

农业对象或农业过程与气候和气象因子之间的相互关系及发展变化规律的定量化表达。

**16.171 农田生态系统模型** farmland ecosystem model

以作物为中心的农田中,生物群落与生态环境间能量和物质交换及相互作用关系的定量化表达。

**16.172 农业环境质量评价模型** evaluation model of agricultural environmental quality

反映农业环境总体或某些要素对农业生物生存繁衍及农业可持续发展适宜程度的定量化表达。

**16.173 农业环境预测模型** agricultural environment forecasting model

基于预测理论和农业环境基础信息,构建的全面描述或预测农业环境未来状况或发展趋势及主要污染物和污染源变化趋势的定量化表达。

**16.174 农业环境决策模型** agricultural envi-

ronmental decision model
为农业环境管理决策中解决各种结构和非结构问题而开发的形式化或定量化表达。

**16.175 水土资源管理模型** water and land resources management model
对某一区域内与农业生产相关的水资源和土地资源数据进行调查、评价、开发利用、保护、恢复及整治管理的形式化或定量化表达。

**16.176 农业水体环境质量模型** environmental quality model of agricultural water body
影响农业水体环境对生物生存、繁衍及农业可持续发展的适宜程度的定量化关系表达。

**16.177 土壤水分平衡模型** soil moisture balance model
土壤水收支与土壤贮水量变化平衡的定量化关系表达。

**16.178 土壤环境质量模型** soil environmental quality model
农业土壤环境因子对生物生存、繁衍及农业可持续发展的适宜程度的定量化表达。

**16.179 产量监测模型** yield monitoring model
应用信息技术监测产量影响因子,描述农产品产量与影响因子之间关系的定量化表达。

**16.180 价格监测模型** price monitoring model
应用多种技术手段监测农产品价格影响因子,并实现价格动态分析的定量化表达。

**16.181 产量预测模型** yield forecasting model
通过融合监测农产品产量形成的影响因素信息,构建未来一定时间内一定区域内农产品产量与影响因素间关系的定量化表达。用于预测农产品产量的未来变化趋势。

**16.182 消费预测模型** consumption forecasting model
通过融合消费因素信息,构建预测未来农产品消费量变化关系的定量化表达。用于预测农产品消费的未来变化趋势。

**16.183 价格预测模型** price forecasting model
农产品价格与影响因素间关系的定量化表达。常用于预测农产品价格的变化趋势。

**16.184 集群建模** cluster modeling
将多个模型算法按照某种方式进行汇聚和组合,以实现单一模型无法解决复杂技术难题的建模方式。

**16.185 农业知识模型** agricultural knowledge model
以形式化和结构化的知识来描述农业领域相关的专家知识的定量化表达。

**16.186 作物知识模型** crop knowledge model
以形式化和结构化的知识来描述作物–环境–措施相互关系的定量化表达。

**16.187 作物虚拟模型** crop virtual model
动态模拟作物个体或群体在三维空间中形态结构变化与生长发育状况关系的定量化表达。

**16.188 作物形态模型** crop morphological model
动态模拟作物植株或器官几何(长度、宽度、厚度和高度等)属性参数的平面或空间形态的定量化表达。

**16.189 作物结构模型** crop structural model
作物植株器官三维立体几何参数及生长时间、历期和规律的定量化表达。

**16.190 叶面积动态模型** leaf area dynamical model
在连续或离散时间内,作物叶面积变化动态的定量化表达。

**16.191 太阳辐射模型** solar radiation model
在连续或离散时间内,太阳辐射量的定量化表达。

**16.192 光合作用模型** photosynthetic model
作物群体光合作用量与环境因子之间数量关系的定量化表达。用于定量及动态计算单位时间内作物群体的二氧化碳同化量。

**16.193 水氮管理模型** water and nitrogen management model
作物各生育阶段及其所处农田环境内水分与氮素的定量化表达。

**16.194 产量形成模型** production formation model
根据作物产量形成规律,动态地描述作物光合产物和产量形成积累与环境影响因子之间关系的定量化表达。

**16.195 农业大数据** agricultural big data
具有来源多样、数据量大、结构复杂及价值密度低等特征的描述农业相关问题的数据集合。

**16.196 网络爬虫** web crawler
按照一定的规则,自动地抓取网络信息的系统。

**16.197 数据可视化** data visualization
借助于图形化手段展现数据的过程。可以对数据进行更直观和深入的观察与分析。

**16.198 聚类算法** clustering algorithm
对样本集合按相似性进行分簇的计算方法。

**16.199 优化算法** optimization algorithm
在满足约束条件下,能够找到最优方案的计算方法。

**16.200 分类算法** classification algorithm
根据信息内容、形式或应用需求等特征,对信息进行划分的计算方法。

**16.201 决策树算法** decision tree algorithm
逼近离散函数值的计算方法。是通过一系列规则对数据进行分类的过程。

**16.202 贝叶斯算法** Bayesian algorithm
通过计算最大后验概率来预测待分类数据类别的计算方法。

**16.203 关联算法** association algorithm
从数据集中发现关联事件之间相互关系的计算方法。

**16.204 进化算法** evolutionary algorithm
模拟繁殖、变异、竞争和选择等生物进化过程,寻求最优解的计算方法。

**16.205 遗传算法** genetic algorithm
模拟变异、选择、交叉等遗传过程,搜索寻求最优解的计算方法。

**16.206 特征提取** feature extraction
对模式的原始测量数据进行的一组变换。目的是抽取特征以便在维数较低的特征空间对模式进行描述或分类的过程。

**16.207 特征选择** feature selection
从给定的特征集中,按照一定准则选择出具有良好类别区分特性的子集,以提高学习效率或改善学习性能的过程。

**16.208 交互式数据分析** interactive data analysis
基于人机交互界面技术,对已存在或已计划的系统中的数据和流程进行调查研究的过程。

**16.209 数据建模** data modeling
在设计数据库时,对现实世界进行分析和抽象,并从中找出内在联系,进而确定数据结构的过程。

**16.210 云计算** cloud computing
由位于网络中的一组服务器把其计算、存储、数据等资源以服务的形式提供给请求者,以完成信息处理任务的方法和过程。

**16.211 人工智能** artificial intelligence
模拟、延伸和扩展人的智能行为的现代信息

技术。

**16.212 智能决策** intelligent decision-making
借助计算机系统和人工智能方法来解决复杂的决策问题的过程。

**16.213 人工神经网络** artificial neural network
由大量简单的处理单元按某一拓扑结构广泛连接组成的模拟人类大脑神经网络系统和功能的信息处理系统。

**16.214 深度神经网络** deep neural network
具有多级隐藏层,逐步学习逐步收敛的人工神经网络。

**16.215 卷积神经网络** convolutional neural network
包含卷积计算且具有深度结构的前馈神经网络。

**16.216 农业模糊计算** agricultural fuzzy computing
以模糊集理论为基础,模拟人脑非精确和非线性的信息处理能力,对农业信息进行处理的方法。

**16.217 计算机视觉** computer vision
使用计算机及相关设备对生物视觉进行模拟,通过对采集的图片或视频进行处理以实现对相应场景多维理解的方法。

**16.218 智能识别** intelligent recognition
利用人工智能等方法进行的模式识别。

**16.219 模式识别** pattern recognition
根据特征、属性或结构,确定一个物体、行为或现象属于某个模式类别或模式个体的过程。

**16.220 智能控制** intelligent control
利用计算机模仿生物智能对系统进行控制的过程。

**16.221 语音识别** voice recognition, speech recognition
将语音信号转换为相应的文本等相关数据的过程。

**16.222 图像识别** image recognition
对图像进行处理、分析和理解,以识别各种不同模式的目标和对象的过程。

**16.223 随机森林算法** random forest algorithm
训练时构建多个决策树的机器学习计算方法。

**16.224 深度学习** deep learning
对基于深层结构或网络表示的输入输出间映射进行机器学习的过程。

**16.225 机器学习** machine learning
计算机通过对数据、事实或自身经验的自动分析和综合获取知识的过程。

**16.226 语义引擎** semantic engine
利用语义模型进行信息检索的方法。

**16.227 边缘计算** edge computing
计算资源与服务被放置在靠近终端用户的网络边缘设备中的计算模式。

**16.228 回归分析** regression analysis
研究一个变量与另一个或多个变量之间关系的分析方法。

**16.229 主成分分析** principal component analysis
将原始数据变换到一个新的坐标系统,在最大化方差意义下,使得变换后的数据能够保持原始数据最重要信息的线性变换方法。

**16.230 聚类分析** clustering analysis
对没有类别标记的样本集合进行分簇,使得簇内数据比簇间数据更为相似的方法。

**16.231 层次分析[法]** analytic hierarchy

process

将决策有关的元素分解成目标、准则和方案等层次,在此基础上进行定性和定量分析的决策方法。

**16.232 农业监测预警** agricultural monitoring and early warning

对农业生产、农产品市场和农业资源环境等进行实时数据采集、分析预测及预警服务的过程。

**16.233 全产业链监测预警** whole industrial chain monitoring and early warning

对农产品生产、市场、消费和进出口等进行全产业链数据采集、分析预测及预警服务的过程。

**16.234 农业监测技术** agricultural monitoring technology

应用先进信息技术手段对农业生产、农产品市场和农业资源环境等相关指标进行监测的技术。

**16.235 农产品市场监测** agricultural products market monitoring

针对农产品市场要素等进行监测和数据获取的活动。

**16.236 农产品价格监测** agricultural products price monitoring

对农产品田头市场、批发市场和零售市场价格进行监测和数据获取的活动。

**16.237 农产品贸易监测** agricultural products trade monitoring

对农产品贸易进行数据获取和分析的活动。

**16.238 农业预警技术** agricultural early warning technology

基于农业数据进行分析,发现、评估和研判各类风险并发布警情警报的技术。

**16.239 产量预警技术** production early warning technology

基于产量数据进行分析,发现、评估和研判产量风险并发布警情警报的技术。

**16.240 消费预警技术** consumption early warning technology

基于消费数据进行分析,发现、评估和研判消费风险并发布警情警报的技术。

**16.241 价格预警技术** price early warning technology

基于价格数据进行分析,发现、评估和研判价格风险并发布警情警报的技术。

**16.242 病虫害预警技术** disease and pest early warning technology

基于病虫害数据进行分析,发现、评估和研判病虫害风险并发布警情警报的技术。

**16.243 灾害预警技术** disaster early warning technology

基于灾害数据进行分析,发现、评估和研判灾害风险并发布警情警报的技术。

**16.244 预警阈值** early warning threshold

触发监测预警相应等级警情警报指标的最小值或最大值。

**16.245 预警阈值算法** early warning threshold algorithm

农业监测预警中触发相应警情警报指标值的计算方法。

**16.246 农业知识图谱** agricultural knowledge graph

利用图形图像来展示农业领域知识要点和系统关系的可视化表达方法。

**16.247 专家系统** expert system

一种模拟专家思考、推理和判断机制解决实际问题的计算机程序系统。

**16.248 农业专家系统** agricultural expert system

一种模拟专家思考、推理和判断机制解决农业领域问题的计算机程序系统。

**16.249 农业决策支持系统** agricultural decision support system

利用数据、模型和知识，采用人机交互等方式，辅助决策人员进行农业决策的计算机程序系统。

**16.250 农业信息服务技术** agricultural information service technology

为农业生产、经营和管理活动提供信息产品和服务的方法与手段。

**16.251 农业产销匹配** agricultural production and marketing matching

农产品生产供给和消费需求达到时间和空间上有效衔接的状态。

**16.252 农业虚拟现实技术** agricultural virtual reality technology

应用计算机仿真系统创建虚拟农业场景和农业体验的技术方法。

**16.253 农业增强现实技术** agricultural augmented reality technology

将真实的农业环境和虚拟的物体实时叠加到同一个画面或空间，使其同时存在的技术方法。

**16.254 农业信息咨询** agricultural information consulting

针对用户问询进行农业信息搜集、加工、分析与传递，提供解决问题的方案、策略、建议或措施的活动。

**16.255 农业专家咨询** agricultural expert consultation

应用专家知识为用户生产、经营和管理活动开展农业信息服务的方式。

**16.256 农业热线服务** agricultural hotline service

为农业生产经营管理者开通的专用电话线路或其他信息通道。用以提供农业信息咨询服务。

**16.257 自动语音服务** automatic voice service

应用计算机系统自动实现电话语音服务的方式。包括语音访问控制、语音识别、合成引擎及数据库访问等服务系统和条件。

**16.258 人工在线服务** manual online service

通过互联网为用户提供实时的、人工问答的和农业生产经营管理信息的咨询服务方式。

**16.259 信息推送服务** information push service

通过一定的技术标准或协议，在互联网上定期向用户提供专题信息的服务方式。

**16.260 远程信息服务** teleinformatic service

通过网络向不同区域的农村用户开展远端信息服务的模式。

**16.261 智能咨询服务** intelligent consulting service

利用人工智能等技术手段，对用户的问题提供智能化解决方案或建议的服务方式。

## 16.03 农业信息化

**16.262 农业决策支持平台** agricultural decision support platform

用于开展农业生产经营管理领域决策支持的信息系统。

**16.263 农机调度平台** agricultural machinery dispatching platform

用于开展农机作业调度和农机服务的信息系统。

**16.264 农业大数据平台** agricultural big data platform

用于农业大数据管理、分析和应用的信息系统。

**16.265 农业全产业链大数据平台** agricultural whole industry chain big data platform

用于农业和农产品生产、流通、消费、贸易管理、分析和应用的信息系统。

**16.266 农业资源共享平台** agricultural resources sharing platform

用于不同层次、不同部门共享农业资源信息的信息系统。

**16.267 农业成果转化平台** agricultural technology application platform

为农业科技成果提供后续集成、开发、应用和推广的信息系统。

**16.268 农业信息服务平台** agricultural information service platform

为农业生产和经营管理活动提供信息产品和服务的信息系统。

**16.269 农业资源管理平台** agricultural resources management platform

对农业自然资源和社会资源等进行数字化管理的信息系统。

**16.270 农业监测预警系统** agricultural monitoring and early warning system

对农产品生产、消费、贸易及市场开展监测、分析、预警及集成服务的信息系统。

**16.271 农产品电商平台** agricultural products e-commerce platform

提供线上农产品营销和服务等活动的信息系统。

**16.272 农产品追溯信息系统** agricultural products traceability information system

利用数字化手段记录农产品生产、流通和消费等环节信息，并可进行信息追踪、分析、评价和控制的信息系统。

**16.273 无人农场** unmanned farm

对农场设施、装备和机械等远程控制，实现农事作业自主决策并完成所有农场生产和管理任务的无人化生产形态。

**16.274 农业特色小镇** agricultural characteristic town

具有明确特色农业定位、农业文化内涵和农业旅游功能的区域农业发展空间。

**16.275 单品种大数据分析** single commodity big data analysis

利用大数据等信息技术，对单个农产品开展生产、流通和消费的信息分析。

**16.276 农产品电商** e-commerce of agricultural products

借助互联网等通信网络，从事农产品销售和服务的商务过程。

**16.277 农村电商** rural e-commerce

借助互联网等通信网络，在农村开展产品销售和服务的商务活动。

**16.278 农业展望** agricultural outlook

应用大量数据与信息分析技术，预判未来农业与农产品供需趋势，形成系统化预测性信息产品的技术活动。

**16.279 农业监测预警空间** agricultural monitoring and early warning space

专门从事农业监测预警研究和会商的场所。通常具备监测展示、协同分析、实时预警与信息发布等功能。

**16.280 数字农场** digital farm

应用数字化技术对农场生产和经营过程进行数字化设计、控制和管理的农业模式。

**16.281 数字果园** digital orchard

应用数字化技术对果园生产和经营过程进行数字化设计、控制与管理的农业模式。

**16.282　智能温室**　intelligent greenhouse
利用大数据、物联网、人工智能等新一代信息技术,根据作物生长需求,实现作物生长环境、生长过程及相关作业环节的智能化管控温室。

**16.283　智慧牧场**　smart ranch
利用大数据、物联网、人工智能等新一代信息技术,根据动物生长需求,实现其生长环境、生长过程及相关作业环节的智能化管控牧场。

# 17. 农产品贮运与加工

## 17.01　农产品贮运

**17.001　采后生理学**　post-harvest physiology
研究农产品采收后生命活动及其规律的学科。

**17.002　发汗**　sweating
又称“出汗”。农产品表面凝结水珠的现象。

**17.003　果实软化**　fruit softening
果实在成熟衰老过程中由于细胞壁组分降解而引起硬度下降的现象。

**17.004　催熟**　artificially ripen
使生理成熟期的果蔬产品达到商业成熟的技术。

**17.005　催熟剂**　ripener
调节植物成熟和衰老的物质。通常指乙烯。

**17.006　呼吸跃变**　respiratory climacteric
产品从生长停止到开始进入成熟衰老期间,呼吸速率突然升高并出现一个呼吸高峰的现象。

**17.007　成熟度**　maturity
农产品在成熟阶段根据重量、大小、风味、色泽和质地等品质特征而划分的成熟情况。

**17.008　采后休眠**　post-harvest dormancy
根茎类蔬菜及种子等为适应不适宜的环境条件,不萌发且生长极为缓慢或暂时停顿的现象。

**17.009　粮食发芽**　grain germination
粮食种子从吸胀作用开始的一系列有序的生理过程。

**17.010　创伤呼吸**　wound respiration
农产品在受到机械损伤时,呼吸速率较正常状态增高的现象。

**17.011　伤乙烯**　wound-induced ethylene
农产品在采收和贮运过程中因机械损伤导致乙烯释放量较正常状态增高的部分。

**17.012　愈伤**　callusing
农产品表面受伤部分在适宜环境条件下自然形成新生组织的生物学过程。

**17.013　黄化**　etiolation
成熟的农产品表面绿色逐渐消失,呈现黄色的现象。

**17.014　局部发热**　local pyrexia
俗称“窝状发热”。农产品堆垛内个别部位发热的现象。

**17.015　柑橘枯水**　citrus granulation
柑橘类果实贮藏后期发生的一种生理病害。主要表现为果皮发泡、果皮果肉分离、囊瓣变厚变硬、汁胞粒化、营养物质大量减少、果汁减少及甜香味丧失等。包括粒化型和皱缩型。

**17.016　预冷**　precooling

农产品采收后从初始田间温度迅速降至冷藏所需温度的过程。

**17.017　真空预冷**　vacuum precooling

利用真空负压条件下农产品内的水分蒸发促使农产品冷却降温的一种方式。

**17.018　差压预冷**　pressure precooling

又称"强制通风预冷(forced ventilation precooling)"。利用抽风扇或风机,使农产品包装箱两侧产生压力差,强迫冷风进入包装箱中与产品充分接触,从而降温冷却的一种方式。

**17.019　水预冷**　water precooling

又称"水冷却"。将机械制冷装置(或冰块)降温后的冷水用水泵喷淋或浸没农产品使其冷却降温的一种方式。

**17.020　逐步降温**　step cooling

用较长时间将易发生冷害的果蔬温度逐步下降到目标温度后再进行贮藏,以降低其冷害的方法。

**17.021　贮藏保鲜**　fresh-keeping

通过物理、化学和生物等手段来延长农产品的贮藏寿命和货架期的方法。

**17.022　常温贮藏**　room temperature storage

利用环境温度随季节和昼夜变化而变化的特点,人为使贮藏场所的贮藏条件达到接近产品贮藏要求的贮藏方式。

**17.023　通风贮藏**　ventilated storage

通过通风换气降低贮藏库内的温度,来适应农产品贮藏需求的贮藏方式。

**17.024　气调贮藏**　controlled atmosphere storage

通过调整贮藏环境的气体成分(通常是增加$CO_2$浓度并降低$O_2$浓度)延长农产品的贮藏寿命及货架期的方法。

**17.025　自发气调贮藏**　modified atmosphere storage

在一定温度条件下,农产品在贮藏阶段利用自身的呼吸作用和包装材料的透气性能自行调节密闭环境中$O_2$和$CO_2$含量,使之适合气调贮藏要求的方法。

**17.026　气调库**　controlled atmosphere store

在冷藏库的基础上,通过调节贮藏环境中$O_2$、$CO_2$和$C_2H_4$等气体浓度抑制农产品呼吸作用,更好地保持农产品新鲜度的冷库。

**17.027　通风换气**　ventilation and air exchange

通过气体交换的方式将农产品在贮藏过程中产生的气体和热量从贮藏环境中去除的过程。

**17.028　间歇升温**　intermittent warming

易发生冷害的果蔬在冷藏期间,每隔一段时间,用高于冷害临界温度的温度处理一定时间,以降低其冷害的贮藏方法。

**17.029　冰温贮藏**　ice-temperature storage

在0℃以下至农产品冰点以上的温度区间内贮藏农产品的方法。

**17.030　冷藏**　refrigerated storage

冷却后的农产品在高于其冻结点条件下保藏的方法。

**17.031　冷藏库**　cold storage room

能够利用降温设备降低库内温度,起到冷藏农产品目的的贮藏库。

**17.032　蓄冷剂**　coolant

一种由有机和/或无机化合物组成的混合物。可在低温下吸收并储存大量冷量,于温度较高时又能释放冷量,可在较长时间内保持自身及周围小范围内低温环境。

**17.033　保鲜膜**　plastic wrap

通过压延拉伸形成具有保鲜特性的高分子薄膜。

**17.034 涂膜** coating
在农产品表面涂上一层高分子液态膜并干燥,以达到抑制农产品呼吸、减少微生物侵染、保持新鲜度及增加表面光泽,从而提高农产品商品价值的保鲜方式。

**17.035 涂蜡** waxing
在农产品表面涂一层蜡质的过程。

**17.036 涂被剂** coating agent
又称"被膜剂"。可以在需要保护的农产品表面形成连续保护层的物质。

**17.037 保鲜剂** preservative
能够延长农产品贮藏期及货架期的物质。

**17.038 硫处理** sulphuring treatment
用燃烧硫黄熏农产品,或用亚硫酸及其盐类配制成一定浓度的水溶液来浸渍农产品的处理流程。

**17.039 1-甲基环丙烯** 1-methylcyclopropene
能与乙烯受体结合的乙烯竞争性抑制剂。分子式 $C_4H_6$,分子量 54。

**17.040 真空包装** vacuum packaging
将包装容器内的空气抽出密封,降低微生物生存条件,延长农产品保存期的包装方法。

**17.041 充气包装** gas packaging
包装时充填一定比例气体以抑制微生物生长,保持农产品原有品质的包装方法。

**17.042 抗菌包装** antimicrobial packaging
将具有抑菌作用的分子或混合物混入高聚物包装材料中,使其具有抗菌活性的包装方法。

**17.043 物流** logistics
农产品从生产、流通、销售再到消费者的实体流动过程。

**17.044 冷链物流** cold chain logistics
为保持新鲜农产品及其制品的品质,从生产、流通、销售到消费者的各个环节中始终处于低温状态的物流活动。

**17.045 耐贮性** storage property, storability
农产品在贮藏期内保持原有品质不发生明显不良变化的特性。

**17.046 减损** loss reduction
减少农产品在贮运过程中因物理、化学和生物因素引起损耗的过程。

**17.047 货架期** shelf life
在指明的贮存条件下保持农产品或其制品的期限。即农产品或其制品能够保持其感官、理化及微生物等各项指标要求的期限。

## 17.02 加工通用名词

**17.048 清理** cleaning
为清除农产品中夹带的杂质和农产品表面的污物所采取的各种方法或工序的统称。

**17.049 去皮** peeling, shelling, husking
又称"脱皮"。利用物理、生物、化学等方法将农产品表皮去除的操作。

**17.050 分选** selecting, sorting
又称"筛分(sieving)"。农产品按品种、形状、质量和颜色等进行的挑选分类或分级。

**17.051 形状分选** shape sorting
根据农产品的形状和大小进行分选的方法。

**17.052 重力分选** gravity sorting
根据农产品的密度差进行分选的方法。

**17.053 色选** color sorting
根据农产品的颜色差异进行分选的方法。

**17.054 磁选** magnetic sorting
利用磁力将农产品中磁性杂质去除的方法。

**17.055 风选** air sorting
利用农产品与杂质之间或农产品本身空气动力学性质(悬浮速度和飞行系数)的差别,借助气流除杂或分级的方法。

**17.056 去石** de-stoning
从农产品中去除石子及砖块等杂质的工序。

**17.057 干燥** drying
在自然或人工条件下减少农产品中水分的过程。

**17.058 热风干燥** hot air drying
以热空气为干燥介质,采用自然或强制对流循环方式与物料进行湿热交换除去农产品中水分的过程。

**17.059 红外干燥** infrared drying
由红外线(包括远红外线)提供的辐射能除去农产品中水分的过程。

**17.060 微波干燥** microwave drying
由微波发生器提供的辐射能除去农产品中水分的过程。

**17.061 冷冻干燥** vacuum freeze-drying
全称“真空冷冻干燥”,又称“升华干燥(sublimation drying)”。农产品物料冻结到冰点以下(-40~-30℃)使水分变成固态的冰,然后在较高的真空度(0.1~1mmHg)下使冰升华为水蒸气的过程。

**17.062 喷雾干燥** spray drying
利用雾化器将农产品料液分散为雾滴,再由热空气干燥雾滴,从而除去水分的过程。

**17.063 挤压膨化** extrusion and puffing
借助挤压机螺杆的推动力,将农产品物料在向前挤压过程中受到混合、搅拌、摩擦及高剪切力作用,从而使组织结构改变及物料膨化的过程。

**17.064 低温真空油炸** low-temperature vacuum frying
在真空条件下,利用热油脱除农产品中水分的过程。

**17.065 提取** extraction
又称“萃取”。用化学和/或物理方法将农产品中的特定化学成分转移出来的过程。主要有溶剂提取、超临界流体提取和微波辅助提取等。

**17.066 溶剂提取** solvent extraction
又称“溶剂萃取”。依据相似相溶的原理,选择对有效成分溶解度大而对杂质成分溶解度小的溶剂,用适当的操作方法将所需化学成分尽可能从农产品组织中溶解提出的方法。

**17.067 脱溶** desolventizing
通过蒸发等方式脱除留存在提取物中溶剂的过程。

**17.068 超临界流体提取** supercritical fluid extraction
又称“超临界流体萃取”。以超临界流体为溶剂,从农产品固体或液体中分离出特定化学组分的方法。

**17.069 亚临界提取** subcritical extraction
在亚临界条件下,从农产品固体或液体中分离出特定化学组分的方法。

**17.070 微波辅助提取** microwave-assisted extraction
又称“微波辅助萃取”。利用微波辐射及所产生的电磁场原理,使农产品细胞破裂,同时加速被提取成分向提取溶剂界面扩散,从而使提取速率提高,降低提取温度,最大限度保证提取质量的方法。

**17.071 超声辅助提取** ultrasonic-assisted extraction
又称“超声波辅助萃取”。利用超声(频率大于20kHz)的空化效应、热效应和机械作用,使农产品细胞壁及整个生物体在瞬间破裂，同时超声波的振动作用加强胞内物质的释放、扩散和溶解，从而高效提取特定化学成分的方法。

**17.072 酶辅助提取** enzyme-assisted extraction

用纤维素酶或其他酶，对农产品组织进行酶解后，再用溶剂将有效成分提取出来的方法。

**17.073 树脂吸附法** resin adsorption

利用树脂作为吸附剂，在一定的 pH 条件下，使农产品提取液中的有效成分被吸附剂吸附，然后再用适当的洗脱剂将被吸附的成分从吸附剂上解吸下来，达到浓缩和提纯目的的方法。

**17.074 分子蒸馏** molecular distillation

又称“短程蒸馏(short-path distillation)”。在高真空下依据不同物质分子运动平均自由程的差异，实现物质分离的方法。

**17.075 消毒** disinfection

采用较温和的理化方法，杀死农产品中病原微生物的操作。

**17.076 热杀菌** thermal sterilization

利用加热的方法杀灭农产品中的微生物，达到商业无菌要求的操作。

**17.077 非热杀菌** non-thermal sterilization, non-thermal pasteurization

利用非热力的方法杀灭农产品中的微生物，达到巴氏杀菌要求的操作。

**17.078 超高压加工技术** ultra-high pressure processing technology

又称“高静压加工技术”“高压加工技术”。将密封于弹性容器内的食品置于水或其他液体压力系统中，利用 100 MPa 以上的压力，在常温或小于 60℃ 温度条件下对食品进行处理，实现杀菌、大分子物质改性及品质保持等目的的技术。

**17.079 压力辅助热杀菌** pressure-assisted thermal sterilization, PATS

利用温度(60~90℃)与超高压相结合，应用于生产商业无菌食品的操作。

**17.080 陈化** aging

(1)随着储存时间的延长，粮食自身发生内部结构松弛、酶活性降低、呼吸能力衰退及生活力减弱等一系列生理生化变化，造成食用品质和使用品质下降的过程。(2)在适宜的温度和湿度等条件下，茶叶形成醇和品质风味特征的过程。

## 17.03 粮 食 加 工

**17.081 小麦加工** wheat processing

以小麦为原料，采用物理、化学和生物学等手段，对其进行处理，得到各种初加工及深加工产品的过程。

**17.082 小麦皮层** wheat bran

小麦籽粒外层各层皮的总称。包括表皮、中果皮、内果皮、种皮、珠心层和糊粉层共六层。占麦粒总质量的 10.4% ~ 16.6%。

**17.083 小麦胚乳** wheat endosperm

包裹在小麦籽粒皮层内储存营养的部分。为胚和幼苗的生长发育提供养料。主要成分是淀粉和蛋白质，易被人体消化吸收。占麦粒总质量的 80.1% ~ 86.5%。

**17.084 小麦胚** wheat germ, wheat embryo

小麦籽粒结构的组成部分，位于籽粒背面的基部，由胚轴(包括胚芽和胚根)、盾片和外胚叶组成。占麦粒总质量的 2.5% ~ 3.6%。

**17.085 小麦角质** wheat vitreous

淀粉颗粒之间被蛋白质充实,呈紧密半透明状的胚乳结构。

**17.086 小麦粉质** wheat opaque
淀粉颗粒之间有空隙,组织疏松,呈石灰状的胚乳结构。

**17.087 [小麦]制粉** flour milling
小麦经过清理、着水润麦、研磨、清粉、筛理和配粉等一系列工序,最终形成预定质量面粉的过程。

**17.088 毛麦** raw wheat
进入清理车间待清理和水分调节的,含有铁屑、尘土、泥块、并肩石、荞子、大麦、燕麦、麻绳和麦秆等杂质的小麦。

**17.089 打麦** wheat scouring
利用机械的打击和摩擦作用清除麦粒表面和腹沟中的尘土和麦毛,并将泥块打碎的清理方法。是小麦表面清理的一种方法。

**17.090 刷麦** wheat brushing
利用摩擦作用刷去打麦后麦粒表面和腹沟内黏附的尘土和未完全脱落的表皮的清理方法。是小麦表面清理的一种形式。

**17.091 小麦着水** wheat dampening
将水均匀加入到小麦流中的工序。

**17.092 小麦润麦** wheat tempering
将着水后的小麦入仓存放一段时间,使水分在麦粒内部分布更加均匀,并产生一系列的物理生化变化的工序。

**17.093 小麦搭配** wheat blending
根据工艺要求将各种不同品质的小麦在入磨前按照一定的比例配合在一起的工序。

**17.094 净麦** clean wheat
经过清理、水分调节和搭配后得到的纯净且具有适宜制粉性质的入磨小麦。

**17.095 研磨系统** grinding system
皮磨系统、渣磨系统和心磨系统等的统称。每一系统均由研磨工序和相应的筛理工序所组成。

**17.096 皮磨系统** break system
剥开麦粒,提取尽可能多的麦渣和麦心,并从麸片上刮净残留胚乳的各研磨系统的统称。

**17.097 渣磨系统** scratch system
采用细牙齿辊处理来自皮磨系统或清粉系统带有麦皮的麦渣,将分离出的麦心送入心磨系统进一步研磨的系统。

**17.098 心磨系统** reduction system
将皮渣、渣磨及清粉系统所取得的麦渣、麦心和粗粉,逐道磨细成粉的研磨系统。

**17.099 清粉** intermediate stock
利用清粉机将平筛分离出来的麦渣和麦心进一步提纯的工序。

**17.100 打麸** bran finishing
利用打板,打下黏附在麸片上的胚乳颗粒,使之穿过筛孔成为筛出物的工序。

**17.101 面粉处理** flour treatment
根据使用、营养、销售等不同需要,对基础面粉进行的一系列处理的统称。是小麦加工的最后一个工段,包括面粉的收集、配置、散存、称重、杀虫、微量元素添加,以及面粉的修饰与营养强化等。

**17.102 小麦粉** wheat flour
又称“面粉”。小麦经清理、研磨、筛理等一系列工序后形成的预定质量的产品。

**17.103 稻谷加工** paddy processing
以稻谷为原料,根据其形态结构和理化性质,经过清理除杂、调质处理、砻谷、谷糙分离、糙米碾白和白米整理等工序得到成品大米、米糠和稻壳等的过程。

**17.104 砻谷** rice husking, shelling
脱去谷粒颖壳的工序。与谷壳分离、谷糙分

离、糙米精选等工序共同构成砻谷工段,安排在清理工段和碾白工段之间。

**17.105 砻下物** post-husking materials
砻谷机砻出的糙米、稻谷、糙碎和稻壳等物料的混合物。

**17.106 谷壳分离** husk separation
从砻下物中分出被脱下的谷壳,实现净化谷糙混合物和谷壳目的的工序。

**17.107 谷糙分离** husked rice separation, paddy separation
又称"选糙"。利用稻谷和糙米的粒度、密度、摩擦系数和弹性等差异,将谷糙混合物中的糙米和稻谷分开的工序。

**17.108 碾白** whitening
又称"碾米"。碾去糙米皮层的工序。与米糠分离等工序一起构成此工段,设置在砻谷工段和白米整理工段之间。

**17.109 白米整理** redressing and treatment of white rice
将碾制后的谷物籽粒中的糠粉、碎米、异色粒分离出去的工段。设置在碾白工段和包装工段之间。

**17.110 擦米** rice polishing
又称"刷米"。擦除黏附在白米表面糠粉的工序。使米粒表面光洁,提高成品的外观色泽,同时利于成品的储藏。

**17.111 凉米** rice cooling
降低白米温度的工序。一般在擦米之后进行。

**17.112 白米分级** white rice grading
将白米分成不同含碎等级的工序。

**17.113 水热处理** hydro-thermal treatment
在一定条件下,对净稻谷进行加湿和加热,使淀粉部分或全部糊化,然后进行干燥和冷却的处理过程。

**17.114 大米** white rice, milled rice, rice
稻谷经清理、砻谷、碾白和成品处理等工序加工成的主产品。

**17.115 玉米加工** corn processing
以玉米为原料,根据其形态结构、理化性质和化学成分的特点,经过清理除杂、调质处理、脱胚研磨、筛选分离及干燥等工序制成不同产品的过程。

**17.116 玉米胚** corn germ
玉米籽粒一侧中央的白色船形结构。

**17.117 脱胚破糁** degermination grits breaking
玉米脱胚的同时,利用机械的力量将玉米破碎成 4 ~ 6 瓣的工序。

**17.118 选胚提糁** germ choosing grits extraction
从破碎玉米中同时提出胚与糁的工序。

**17.119 玉米干法制粉** dry milling for corn flour
不脱胚,直接破碎研磨得到玉米粉的生产工艺。

**17.120 玉米提胚制粉** corn milling with germ extraction
同时生产玉米粉和玉米胚的生产工艺。

## 17.04 油料加工

**17.121 油料加工** processing of oilseed
以油料作物的种子和果实为原料,根据其组织特性、化学成分和理化性质,采用不同技术和方法,改变其质构状态制成各种产品的过程。

**17.122 油料预处理** pretreatment of oilseed
油料进入榨油机或浸出器之前的加工工序总称。

**17.123 油料软化** oilseed soften
调节油料的水分和温度使其变软且塑性增加的过程。

**17.124 油料轧坯** oilseed flaking
又称"油料压片"。利用机械作用将油料由颗粒状压成片状的过程。

**17.125 油料蒸炒** oilseed cooking
油料整籽或其轧坯的坯片在榨油前，于高温（120℃左右）下加热翻炒一定时间的过程。

**17.126 油料提油** extracting oil from oilseed
采用压榨或提取的方法从油料中获得油脂的过程。

**17.127 螺旋压榨** screw pressing
在榨笼中利用螺旋轴连续旋转对油料进行压榨取油的过程。

**17.128 冷榨** cold pressing
在室温下（低于 65℃），油料未经过热预处理，直接借助机械力将油脂从原料中挤压出来的过程。

**17.129 低温压榨** low temperature pressing
油料在温度低于 90℃以下，借助机械力将油脂从原料中挤压出来的过程。

**17.130 热榨** high temperature pressing
油料经过高温蒸炒（105℃以上），再借助机械力将油脂从油料中挤压出来的过程。

**17.131 油脂精炼** oil and fat refining
清除植物油中所含固体杂质、游离脂肪酸、磷脂、胶质、蜡、色素和异味等一系列工序的统称。

**17.132 水化脱胶** hydrated degumming
利用磷脂等胶溶性杂质的亲水性，将水或稀的酸、碱、盐及其他电解质水溶液加入毛油中，使其中的胶溶性杂质吸水膨胀后凝聚沉降分离的方法。

**17.133 酸炼脱胶** acid degumming
在毛油中加入一定量的酸（磷酸和柠檬酸等），以脱除磷脂和蛋白质等胶溶性杂质的精炼方法。

**17.134 膜法脱胶** membrane degumming
以静压力差为驱动力，根据毛油中的磷脂等胶质与甘油三酯、溶剂及其他物质大小和性质的不同，以及与分离膜表面相互作用的差异，来实现选择性分离的方法。

**17.135 酶法脱胶** enzymatic degumming
利用磷脂酶的催化水解特性，把毛油中的非水化磷脂转化为水化磷脂，然后通过水合作用除去水化磷脂的方法。

**17.136 吸附脱胶** adsorptive degumming
在毛油中添加对磷脂具有较强选择性吸附作用的固体吸附剂，以实现磷脂分离的精炼方法。

**17.137 碱炼** alkali refining
用烧碱和纯碱等碱类中和油脂里面的游离脂肪酸，使其生成皂脚后从油中沉淀分离的精炼方法。

**17.138 油脚** oil sediment
毛油水化后的沉淀物。

**17.139 吸附脱色** adsorption bleaching
利用具有吸附作用的吸附剂从油脂中脱除色素及其他杂质的方法。

**17.140 吸附脱酸** adsorption deacidification
利用对脂肪酸具强选择性吸附作用的固体吸附剂，除去油脂中的游离脂肪酸的精炼方法。

**17.141 蒸汽脱臭** steaming deodorization
利用水蒸气通过含有臭味组分的油脂时，水

蒸气被挥发的臭味组分所饱和,并按其分压比率逸出的性质,来脱除油中臭味的方法。

**17.142 冬化** winterization
将油冷却,使高熔点的甘油酯等组分凝结析出后,分离固体脂,得到液体油的过程。

**17.143 植物油** vegetable oil
从植物的种子、果实和胚芽中,通过压榨或提取的方式得到的油脂。如大豆油、菜籽油、花生油、棉籽油、油茶籽油、亚麻籽油、葵花籽油、稻米油、玉米(胚芽)油和橄榄油等。

## 17.05 果蔬加工

**17.144 果蔬预处理** fruit and vegetable pre-treatment
果蔬加工前进行的操作。包括分级、去皮、去核、切分、破碎和护色等工艺。

**17.145 去囊衣** removing sac membrane
利用烫漂、酸液、碱液或酶处理等方法促使柑橘瓣囊衣间的原果胶分解的操作。

**17.146 切分** cutting
采用机械或人工等方法将大块果蔬物料切分成一定大小和形状的操作。

**17.147 破碎** crushing, cracking
采用机械方法将果蔬物料粉碎成小块物料的操作。

**17.148 去核** elimination of coring
利用人工或机械等方法将果蔬中的种核去除的操作。

**17.149 去籽** elimination of seed
利用人工或机械等方法将果蔬原料中的籽去除的操作。

**17.150 修整** trimming
果蔬加工过程中,除去果肉中损伤和腐烂部分的操作。

**17.151 烫漂** blanching
又称“漂烫”“热烫”“预煮”。新鲜果蔬在蒸汽或热水中处理一定时间,达到钝化酶活性的操作。

**17.152 护色** preserving color
利用烫漂、脱氧、添加抗氧化剂或有机酸等方法防止果蔬褐变及稳定色泽的操作。

**17.153 果蔬鲜切** fresh cutting of fruit and vegetable
新鲜果蔬通过分级、清洗、修整、去皮(去核)、切分、减菌及包装等操作的过程。

**17.154 鲜切果蔬** fresh-cut fruit and vegetable
通过鲜切工艺加工而成的,保持生鲜状态的果蔬制品。

**17.155 果蔬制汁** fruit and vegetable juicing
将果蔬经挑选、洗净、榨汁或浸提等预处理制成的汁液,装入包装容器中,经密封杀菌长期保藏的方法。

**17.156 榨汁** juicing, squeezing
利用机械方法挤压出果蔬物料中所含液汁的操作。

**17.157 低温隔氧榨汁** low-temperature and low-oxygen juicing
通入惰性气体或抽真空等方式隔离氧气后,用机械方法在低温下挤压出果蔬物料中所含液汁的操作。

**17.158 打浆** pulping, mashing
又称“制浆”。利用机械方法将水果和蔬菜制成浆料并分离出皮、籽、核的操作。

**17.159 冷打浆** cold mashing
果蔬冷却或冷冻后,在低温下被制成浆料的操作。

**17.160　澄清**　clarification
利用生物、化学和物理等方法除去汁中悬浮物或浑浊物的操作。如酶解澄清、明胶澄清和超滤等。

**17.161　酶解**　enzymolysis
利用果胶酶、淀粉酶、纤维素酶等将果蔬汁中的果胶、淀粉、纤维素、半纤维素等大分子物质分解的操作。

**17.162　过滤**　filtration
利用滤布和膜等多孔性材料，对含有固体颗粒的果蔬汁非均相物系实现固液分离的操作。

**17.163　膜分离**　membrane separation
利用天然或人工合成的高分子薄膜，以外界能量或化学梯度为推动力，将双组分或多组分的溶质和溶剂进行分离、分级、提纯与富集的操作。

**17.164　浓缩**　concentration
将果蔬汁中部分水分脱去，使其可溶性物质浓度提高的操作。

**17.165　均质**　homogenization
又称“匀浆”。将果蔬浊汁中的悬浮颗粒物进行微粒化和均匀化，以提高果蔬汁悬浮液稳定性的操作。

**17.166　脱气**　degassing
利用真空、气体置换和加热等方法脱除果蔬汁中空气的操作。

**17.167　热灌装**　hot filling
果蔬汁在经过加热杀菌后不冷却，立即趁热灌装，然后密封冷却的操作。

**17.168　冷灌装**　cold filling
果蔬汁经加热杀菌后，立即冷却至5℃以下，然后灌装密封的操作。

**17.169　无菌灌装**　aseptic filling
将经灭菌的果蔬制品，在无菌条件下灌入无菌包装容器后密封的操作。

**17.170　果蔬汁**　fruit and vegetable juice
以果蔬为原料，采用物理方法（机械方法和水浸提等）制成的可发酵但未发酵的汁液制品。包括浓缩果蔬汁和浓缩还原果蔬汁。

**17.171　浓缩果蔬汁**　concentrated fruit and vegetable juice
以果蔬为原料，采用物理方法制取的果汁或蔬菜汁，再除去一定量水分而成的制品。具有加入等量除去水分即可复原的特征。

**17.172　浓缩还原果蔬汁**　fruit and vegetable juice from concentrate
又称“复原果蔬汁（reconstituted fruit and vegetable juice）”。在浓缩果蔬汁中加入其加工过程中除去的等量水分复原而成的制品。

**17.173　非浓缩还原果蔬汁**　fruit and vegetable juice not from concentrate
又称“非复原果蔬汁（unreconstituted fruit and vegetable juice）”“原榨果蔬汁（original fruit and vegetable juice）”。利用果蔬为原料，通过机械方法直接制成的原榨果汁。包括非热处理方式加工或巴氏杀菌。

**17.174　复合果蔬汁**　blended fruit and vegetable juice
含有不少于两种果汁（浆）和/或蔬菜汁（浆）的制品。

**17.175　果蔬汁饮料**　fruit and vegetable juice beverage
以果汁（浆）、浓缩果汁（浆）或蔬菜汁（浆）、浓缩蔬菜汁（浆）和水为原料，添加或不添加其他食品原辅料和/或食品添加剂，经加工制成的制品。

**17.176　果蔬罐藏**　fruit and vegetable canning
将处理过的果蔬食品装入锡罐、玻璃罐或其他包装容器中，经排气、密封、杀菌和冷却等操作工序，进行果蔬食品长期保藏的方法。

**17.177　装罐**　tinning

果蔬经处理加工后，迅速装入合适容器中的操作。过程要求保持一定顶隙度、质量基本一致及严防杂物混入罐内。

**17.178　加注罐液**　can filling

果蔬制品装罐之后，除了流体制品、糊状胶状制品和干装制品外，还需要加注液体的操作。

**17.179　顶隙度**　headspace

罐内果蔬表面层或液面与罐盖间的垂直高度。一般为6~8 mm，防止灭菌时内容物膨胀使罐头变形，并可形成一定的真空度。

**17.180　排气**　exhaust

在装罐或封顶后，将罐内顶隙间和原料组织中残留的空气排出罐外的操作。

**17.181　密封**　sealing

食品容器经封闭后能阻止微生物进入的状态。

**17.182　加压冷却**　pressurized cooling

又称“反压冷却”。罐头冷却时在杀菌锅内维持一定的压力，直至罐内压和外界大气压相接近的操作。

**17.183　果蔬腌制**　fruit and vegetable curing

又称“果蔬腌渍”。将盐、糖、酸、酱等辅料渗入果蔬食品组织内的过程。

**17.184　果蔬盐渍**　fruit and vegetable salting

又称“果蔬盐制”“果蔬盐腌”。用盐或盐溶液对果蔬进行腌制处理的方法。在高渗透压作用下盐分向食品内部扩散，同时食品内部水分向表面扩散，使食品脱水、盐分增加及水分活度降低，从而提高食品的保藏性。

**17.185　干腌**　dry curing

将食盐（可同时加入食糖、酱类和香辛料等调味品）涂擦在果蔬的表面进行腌制的方法。

**17.186　湿腌**　pickle curing

将果蔬放入预先配好的食盐溶液中浸泡腌制的方法。

**17.187　腌晒**　salting and sunning preservation

新鲜蔬菜先用单腌法盐腌，再经晾晒成蔬菜咸坯的腌制方法。

**17.188　低盐腌制**　low salt curing

将果蔬作为原料，按低于8%质量比加入食盐进行腌制的方法。

**17.189　乳酸发酵**　lactic acid fermentation

乳酸菌在低氧或缺氧条件下，分解有机物产生乳酸，同时释放能量的过程。

**17.190　同型乳酸发酵**　homolactic fermentation

又称“正型乳酸发酵”。葡萄糖经糖酵解途径，主要生成乳酸的发酵类型。

**17.191　异型乳酸发酵**　heterolactic fermentation

葡萄糖经磷酸戊糖（HMP）途径，除主要产生乳酸外，还产生乙醇、乙酸和二氧化碳等多种产物的发酵类型。

**17.192　脱盐**　desalting

除去腌制品中部分盐分的工艺过程。

**17.193　蔬菜咸坯**　salted vegetable

新鲜蔬菜经盐腌或盐渍而成的腌菜半成品。

**17.194　果蔬糖渍**　fruit and vegetable sugar-preserving

又称“果蔬糖制”“果蔬糖腌”。用糖或糖溶液对果蔬食品原料进行腌制处理的过程。

**17.195　果蔬酸渍**　fruit and vegetable vinegar-preserving

又称“果蔬醋渍”。利用食醋对果蔬食品原料进行腌制处理的过程。

**17.196　果蔬酱渍**　fruit and vegetable sauce-preserving

利用酱或酱油对果蔬食品原料进行腌制处理

的过程。

**17.197 泡菜** pickle
以新鲜蔬菜为原料，添加或不添加辅料，经食用盐或食用盐水渍制等工艺加工而成的蔬菜制品。

**17.198 酸菜** pickled Chinese cabbage
以新鲜蔬菜为原料，经过一定工艺制成的具有酸味和香气的蔬菜制品。工艺包括挑选、修整或烫漂，冷却后放入清洗干净的发酵容器中，添加食盐和水等辅料进行封闭、腌制与发酵。

**17.199 榨菜** pickled mustard tuber
以茎用芥菜的茎（青菜头）为原料，经去皮、切分、脱水、盐腌、拌料装坛（或入池）和后熟转味等工艺加工而成的制品。

**17.200 蜜饯** preserved fruit
用果蔬等为原料，经糖（或蜂蜜）渍和/或盐渍、干燥（或不干燥）等工艺制成的湿态或半干态附有糖霜的制品。

**17.201 果蔬酱** fruit and vegetable sauce
用果蔬的汁和肉加糖及其他配料，经加热浓缩制成的酱状制品。

**17.202 果酒与果醋酿造** fruit wine and vinegar fermentation
以水果为原料，经微生物的发酵作用进行饮品加工的过程。

**17.203 酒精发酵** alcoholic fermentation
酵母菌在厌氧条件下经过菌体内一系列酶的作用，把可发酵性糖转化成酒精和 $CO_2$，然后通过细胞膜把产物排出菌体外的过程。

**17.204 苹果酸-乳酸发酵** malic acid-lactic acid fermentation
乳酸菌将苹果酸转化为乳酸，同时释放出 $CO_2$ 的发酵类型。

**17.205 醋酸发酵** acetic acid fermentation
继酒精发酵之后，酒精在醋酸菌氧化酶的作用下生成醋酸的过程。

**17.206 带酒脚贮藏** sur lie
又称“酒泥陈酿”。经去渣但未过滤的酒液在贮酒容器中的贮藏过程。通常含有酵母和细小悬浮物等，经贮存后产生香气交织、酒体充实、细腻优雅、味道醇熟的效果。

**17.207 罐内发酵** tank method fermentation
又称“沙尔马二次发酵（Charmat second fermentation）”。在大罐中而不是在瓶中进行的起泡葡萄酒的二次发酵过程。是以法国创造者来命名的。

**17.208 压帽** punch down
用外力的方式将酒帽压进酒液中的操作。

**17.209 淋皮** pumping over
又称“循环喷淋浸渍（cyclic spraying and maceration）”。将发酵罐底部的葡萄汁泵送至发酵罐上部的操作。

**17.210 酒石酸沉淀** tartaric acid sediment
游离的酒石酸与钾离子和钙离子生成低溶解度的酒石酸氢钾和酒石酸钙，从而使酒产生沉淀的操作。

**17.211 二氧化碳浸渍** carbonic maceration
又称“二氧化碳浸泡”。先将整粒葡萄置于二氧化碳饱和的罐中进行浸渍，再破碎压榨进行发酵的方法。

**17.212 二氧化硫处理** sulphur dioxide treatment
又称“熏硫法（sulfur dioxide fumigation）”。将直接燃烧硫黄生成的二氧化硫，用于贮酒室贮酒和发酵容器杀菌的方法。

**17.213 瓶储** bottle aging
用玻璃瓶进行酒类储藏的方式。是一种普遍储藏方式。

**17.214 酒窖** wine cellar
储酒场所的统称。

**17.215　白葡萄酒**　white wine

选用白葡萄或浅色果皮葡萄,经过皮汁分离,取其果汁进行发酵酿制而成的葡萄酒。这类酒的色泽呈微黄带绿,近似无色或浅黄、禾秆黄及金黄色等。

**17.216　红葡萄酒**　red wine

选用皮红肉白或皮肉皆红的葡萄,进行皮汁短时间混合发酵,再分离纯酿而成的葡萄酒。这类酒的色泽呈自然深宝石红、宝石红、紫红或石榴红。

**17.217　果醋**　fruit vinegar

以水果或果汁(浆)为原料,经乙醇发酵和醋酸发酵制成的液体产品。

**17.218　果蔬干燥**　fruit and vegetable drying

在自然或人工条件下减少果蔬中水分的过程。

**17.219　果蔬制粉**　fruit and vegetable powder process

以果蔬为原料,经打浆、均质、杀菌、喷雾或冷冻干燥等工艺生产,或直接干燥打粉制成粉状果蔬产品的过程。

**17.220　再造型**　restructure

以果蔬为原料,加入或不加入其他食品物料混合后,通过挤压或模具的方式进行二次成型的加工操作。

**17.221　排湿**　exhaust of moisture

利用通风等手段降低果蔬干燥室中湿度的操作。

**17.222　回软**　softening

又称"均湿(moistening)"。将干燥后的果蔬贮藏于湿度合适的环境,使产品水分分布均匀且适当变软的工序。

**17.223　压块**　block pressing

为减小体积,在包装前将干燥后的果蔬物料进行压缩处理的操作。

**17.224　复水**　rehydration

果蔬干燥品在水中浸泡后复原的过程。

**17.225　脱水蔬菜**　dehydrated vegetable

新鲜蔬菜经挑选、清洗、去皮、切分处理后,再经脱水干燥的蔬菜制品。

**17.226　果蔬速冻**　fruit and vegetable quick freezing

新鲜果蔬经一定的预处理后,在低温下快速均匀冻结,并在-18℃条件下贮存的方法。

**17.227　单体速冻**　individual quick freezing

新鲜果蔬经一定的预处理后,以颗粒状、片状或块状实现快速冻结的方法。

**17.228　喷淋速冻**　spray quick freezing

新鲜果蔬经一定的预处理后,直接与喷淋的液态氮或液态二氧化碳等冷却介质接触而快速冻结的方法。

**17.229　干耗**　drying loss

冻结食品冻藏过程中,因冰结晶的升华作用而导致表面出现干燥或水分减少的现象。

**17.230　最大冰晶生成区**　zone of maximum ice crystal formation

又称"最大冰晶生成带"。果蔬中80%水分冻结成冰的温度范围。大多为-5 ~ -1℃。

**17.231　冷冻食品P-P-P**　frozen food product-processing-packaging, frozen food P-P-P

速冻果蔬的早期质量决定的关键要素。包括原料(product)、加工工艺(processing)和包装(packaging)等。

**17.232　冷冻食品T-T-T**　frozen food time-temperature-tolerance, frozen food T-T-T

速冻果蔬最终质量决定要素。包括生产、贮藏及流通各个环节中经历的时间(time)和经受的温度(temperature),以及对其品质的容许限度(tolerance)等。

**17.233　时间温度指示器**　time-temperature

indicator, TTI

是一种结构简单、价格便宜、能够记录时间-温度变化的装置。用于追踪和监控冷冻食品质量的工具。能够指示所监视的冷冻食品在冷链流通中经历的温度变化过程,进而估计食品的变质范围和剩余货架期。

**17.234 空气解冻** air thawing

用自然对流或强制流通的空气使冻结果蔬解冻的方法。

**17.235 水解冻** water thawing

以水为介质使冻结果蔬解冻的方法。可分为静止水解冻和流动水解冻。

**17.236 电解冻** electric thawing

利用电阻、电加热、超声波和红外辐射等内部加热方法使冻结果蔬解冻的方法。

**17.237 微波解冻** microwave thawing

用频率在915~2450MHz波段的电磁波辐射果蔬使其解冻的方法。

**17.238 汁液流失** drip loss

速冻果蔬在解冻过程中,结晶融化的水不能被细胞吸收,而成为汁液自由流失的过程。

## 17.06 茶叶加工

**17.239 茶叶初制** tea primary processing

按毛茶品质、规格要求,对鲜叶做各种技术工作(如改变外形和内质等)的总称。

**17.240 摊青** spreading fresh leave

在一定条件下,将鲜叶均匀摊放,使其适度失水的过程。

**17.241 贮青** fresh leave storage

鲜叶的保鲜与贮存过程。

**17.242 杀青** enzyme inactivation

采用适当高温加热方式,钝化氧化酶活性,阻止茶多酚类物质酶促氧化的过程。

**17.243 揉捻** rolling

通过外力作用,采用搓和揉等方式,使在制品茶形成条索状,并促使茎叶细胞组织破坏的过程。

**17.244 萎凋** withering

在一定条件下,将鲜叶均匀摊放,使其适度失水、物质转化及叶质变软的过程。

**17.245 茶叶发酵** tea fermentation

在适宜的温度和湿度等环境条件下,揉捻或揉切后的在制品茶发生多酚类物质酶促氧化,使茶叶红变的过程。

**17.246 毛火** first drying

又称“初烘”。在制品茶分多次烘干时,第一次烘干的过程。

**17.247 足火** first firing

在制品茶分多次烘干时,最后一次烘干的过程。

**17.248 熏焙** smoke baking

利用松树枝燃烧产生的热和烟,对在制品茶进行熏烘的过程。形成小种红茶特有的松烟香味。

**17.249 炒干** stir-firing

将茶叶在锅、金属槽或滚筒中受热翻炒,使茶条紧结并干燥的过程。

**17.250 二青** first-step roasting

揉捻后的在制品茶第一道干燥。一般用于炒青绿茶的加工。

**17.251 三青** second-step roasting

二青叶经摊凉后继续炒干,促进条索收紧的过程。一般用于炒青绿茶的加工。

**17.252 蒸青** steaming

利用蒸汽来破坏鲜叶中酶活性的过程。

**17.253　晒青**　sun-withering

利用日光照射促使鲜叶内含物转化，并适度散失水分的过程。一般用于乌龙茶加工。

**17.254　青锅**　first panning

鲜叶或摊青叶在锅中受热杀青，初步做形的过程。一般用于扁形炒青绿茶的加工。

**17.255　辉锅**　final panning

青锅叶经冷却回潮后，在锅中受热充分干燥，并进行压扁和定形的过程。

**17.256　理条**　striping

在制品茶在受热翻炒时，茶条受到两侧径向推力的作用，逐渐失水变直的过程。

**17.257　搓条**　twisting

在制品茶在受热翻炒时，顺同一转动方向搓揉，使其逐渐变紧成条的过程。

**17.258　提毫**　trimming and tipping

通过一定外力作用将黏附在在制品茶表面的茶毫竖起，从而使干茶茶毫更显露的过程。

**17.259　做青**　color changing

摇青和晾青多次反复交替进行的统称。

**17.260　摇青**　shaking and tumbling

通过摇青机的旋转或簸筛的平面圆周运动，叶子与筛面之间及叶子相互之间碰撞和摩擦，使叶缘组织受损并变红的过程。

**17.261　包揉**　ball rolling

利用外力将在制品茶用布包裹着反复揉压成颗粒状的过程。

**17.262　渥堆**　pile fermentation

在制品茶通过堆积，在湿热和微生物共同作用下促使其内含物质发生变化的过程。一般用于黑茶的加工。

**17.263　闷黄**　heaping for yellowing

将在制品茶趁热堆积，使其在湿热作用下适度黄变的过程。一般用于黄茶的加工。

**17.264　绿茶**　green tea

鲜叶经杀青、揉捻、炒制或烘焙等工艺制作而成的茶叶。因未经发酵，产品保留了良好的青绿色泽。

**17.265　红茶**　black tea

鲜叶经萎凋、揉捻、发酵和干燥等典型工艺制作而成的茶叶。因其色泽及冲泡的茶汤以红色为主调而得名。

**17.266　白茶**　white tea

鲜叶采摘后不经杀青或揉捻，摊放在竹席上，置于微弱的阳光下或通风透光的室内自然萎凋（微发酵），再用文火慢慢烘干而制成的茶叶。

**17.267　黄茶**　yellow tea

自然嫩黄色鲜叶在绿茶加工过程的干燥步骤前增加堆积“闷黄”工艺而制成的茶叶。具有“黄叶黄汤”之特点。

**17.268　黑茶**　dark tea

鲜叶经杀青、揉捻、渥堆和干燥制成的外观呈黑色的茶叶。

**17.269　乌龙茶**　oolong tea

鲜叶经杀青、萎凋、摇青、半发酵和烘焙等工序制成的茶叶。其品质兼具红茶的浓鲜和绿茶的清香。

**17.270　茶叶精制**　tea refining

按成品茶的品质和规格要求，对毛茶做各种技术工作（如汰除劣异、整饰外形、调剂品质和划分等级）的总称。

**17.271　毛茶**　primary tea

鲜叶经初加工形成的茶叶初级产品。

**17.272　复火**　re-firing

茶叶补火前的干燥。使茶叶适度失水的同时茶条收紧，在筛分时易于通过筛网。

**17.273　补火**　supplementary firing

在制品茶或需匀堆装箱（袋）的茶叶的最后

一道干燥。

**17.274 滚条** roll-shaping
毛茶在车色机中随滚筒的转动而翻动，使茶条滚紧且变直的精加工工序。

**17.275 车色** polishing
分筛复火后的茶叶，趁热上车色机滚动翻转的工序。可以达到色泽绿润起霜的目的。

**17.276 拣剔** sorting
拣出或剔除不符合成品茶品质要求的茶梗、筋、朴片、茶籽及非茶类杂物等的工序。

**17.277 半成品茶** semi-finished tea
已完成主要加工工序，基本符合成品质量要求且可供拼配的茶。

**17.278 拼配** tea blending
根据出厂标准样的质量标准要求（一般以实物样为标准），将多种不同的筛号茶或不同原料（半成品），按一定的比例混合成特定花色等级成品茶的工序。

**17.279 茶叶再加工** tea re-processing
按照产品品质要求，对初加工或精加工后的茶叶做各种技术工作（如改变外形和内质等）的总称。

**17.280 窨制** tea scenting
在一定条件下，利用茶叶具有较强的吸附性能，吸附可食用鲜花挥发香气的过程。

**17.281 花茶** scented tea
又称“窨制茶”。以绿茶、红茶或乌龙茶等作为茶坯，配以能够吐香的鲜花，采用窨制工艺制成的茶叶。

**17.282 鲜花养护** flower conserving
采取适当措施，使采后鲜花达到最佳吐香效果的过程。

**17.283 筛花** flower sifting
筛去青蕾和花蒂等，且将大小花朵分开的过程。

**17.284 茶坯** tea dhool
用于窨制花茶的茶叶。

**17.285 拌和** mixing tea with flower
将茶坯和鲜花充分均匀混合后，采用适当的方式堆放，以利鲜花吐香和茶坯吸香的过程。

**17.286 通花散热** cooling scented tea
茶和花拌和后的茶堆内温度升高到一定限度时，扒开茶堆通气散热的过程。

**17.287 起花** sifting out the scented flower
窨制后用筛分机械将花渣和茶坯分离的过程。

**17.288 提花** final scenting
最后一次用少量优质鲜花窨制，以提高花茶香气鲜灵度的过程。

**17.289 紧压茶** compressed tea
以黑毛茶、老青茶及做庄茶等为原料，经过渥堆、蒸、压等典型工艺过程加工而成的砖形或其他形状的茶。

**17.290 压制** compressing
将茶叶按紧压茶的规格要求进行各种技术工作（如称茶、汽蒸及加压成形等）的总称。

**17.291 压砖** pressure-formation of brick
砖形茶制品入模成型的工序。将汽蒸的定量茶坯装入模具，初压成形，再施重压进一步压制成砖的过程。

**17.292 发花** fungi growing
在制品茶在适宜条件下生成金黄色菌花［冠突散囊菌（*Eurotium cristatum*）菌落］的过程。

**17.293 茶叶深加工** tea deep processing
采用化学工程的原理和技术，从茶树鲜叶、成茶和副产品中提取分离有效活性成分的过程。

**17.294 茶氨酸** theanine

茶树中特有的化学成分之一。是茶叶鲜爽味的主要成分。又名N-乙基-γ-L-谷氨酰胺。

**17.295 茶蛋白** tea protein
茶叶中含有的水溶性蛋白、非水溶性蛋白和醇溶性蛋白的总称。

**17.296 茶多酚** tea polyphenol
茶叶中多酚类物质的总称。为白色不定形粉末。主要成分为黄烷酮类、花色素类、黄酮醇类、花白素类、酚酸及缩酚酸类,共6类化合物。

**17.297 茶多糖** tea polysaccharide
茶叶中一种结合有大量矿质元素的酸性糖蛋白。

**17.298 茶黄素** theaflavin
茶叶中一类由多酚类物质氧化形成的,能溶于乙酸乙酯的,具有苯并卓酚酮结构的化合物总称。

**17.299 茶红素** thearubigin
茶叶加工过程中形成的红色色素,是一类复杂的不均一性酚性化合物的总称。主要由儿茶素和茶黄素等缩合或聚合而成。

**17.300 茶褐素** theabrownin
黑茶中一类分子质量不均一的水溶性复杂天然高聚物。由多酚、茶黄素和茶红素进一步氧化聚合而成,颜色为棕褐色或褐红色。

**17.301 茶皂素** tea saponin
又称"茶皂苷"。茶的化学成分之一,是从茶树种子中提取出来的一类糖苷化合物。

**17.302 速溶茶** instant tea
以成品茶或鲜叶为原料通过提取、浓缩和干燥等工序加工成的一种粉末状或小颗粒状的茶制品。

**17.303 抹茶** matcha
茶鲜叶经蒸汽杀青后,再经碾磨或超微粉碎后干燥而成的绿色粉状茶制品。

**17.304 茶饮料** tea drink
用水浸泡茶叶,经抽提、过滤、澄清等工艺制成的茶汤或在茶汤中加入水、糖液、酸味剂、食用香精、果汁或植(谷)物抽提液等调制加工而成的制品。

**17.305 茶酒** tea wine
含有茶叶成分并具有茶香的酒。包括以添加茶叶原料发酵而成的酿造酒及其蒸馏酒、用白酒浸泡茶叶后过滤而成的酒,以及用茶提取液与白酒勾兑而成的酒等。

## 17.07 咖 啡 加 工

**17.306 咖啡初加工** coffee primary processing
按咖啡规格要求,对咖啡鲜果做各种技术处理工作(如剥皮、发酵脱胶和浮选等)的总称。

**17.307 湿法加工** wet processing
咖啡鲜果在水介质下,机械脱皮、发酵、机械脱胶、洗涤及干燥等一系列加工工艺的总称。

**17.308 发酵脱胶** fermentation degumming
黏附在种衣上的胶质中果皮,通过发酵作用成为可溶性物质后用水清除的过程。

**17.309 浮选** floatation
用水将采收回来的咖啡果进行初步拣选的过程。能够把干果、虫蛀的果实和外来杂质等清除,利于剥肉。

**17.310 干法加工** dry processing
又称"干制法"。将咖啡鲜果干燥成干果后,再用机械除去干果皮以制备生咖啡的加工。

**17.311 焙炒** roasting
通过热处理使生咖啡豆在结构和组成上产生化学和物理变化,颜色变暗(变黑)并发出特有香味的工艺操作。

**17.312 银皮** silver skin

咖啡豆的干种皮。外观通常呈银色或铜色。

**17.313 碳化豆** carbonized bean

焙炒过度的咖啡豆。其质地与木炭相似,手指轻压即可成细粒。

**17.314 咖啡深加工** coffee deep processing

以咖啡的鲜果、成品咖啡、咖啡废次品和下脚料等为原料,利用相应的加工技术生产出咖啡制品的过程。

**17.315 咖啡香素** caffeol

又称"咖啡香油"。在焙炒咖啡时能使咖啡豆发出咖啡香味的油状成分。分子式 $C_8H_{10}O_2$。

**17.316 咖啡因** caffeine

又称"咖啡碱"。一种中枢神经兴奋剂。分子式 $C_8H_{10}N_4O_2$。

**17.317 速溶咖啡** instant coffee

以咖啡豆为主要原料,经焙烤和粉碎后用水提取可溶物,再经蒸发和干燥得到的纯咖啡固体饮料。

**17.318 咖啡调配** coffee blending

不同品种和产地的咖啡进行合理的调配,使制出的咖啡粉质量一致,香味特定的加工过程。

# 18. 农产品质量安全

## 18.01 农产品质量安全监测

**18.001 农产品质量安全监测** agricultural products quality and safety monitoring

县级以上人民政府农业农村行政主管部门组织有关农产品质量安全管理机构和检测机构,对生产或销售的农产品进行监督管理时所开展的抽样检测,以及按规定对监测结果进行处理和信息公布的活动。

**18.002 检验** inspection

通过检测、试验或估量,结合观察和判断所进行的符合性评价。

**18.003 实验** experiment

通过实际操作来探究自然或社会规律的过程。

**18.004 试验** test

采用测试的手段来获取或验证某一结果的行为。

**18.005 检测** detection

用特殊装置和特定方法对不能直接观测的目标或现象进行观察和评价的过程。

**18.006 抽样** sampling

又称"取样"。取出物质、材料或产品的一部分,作为其整体的代表性样品进行检测或校准的一种规定程序。

**18.007 样品制备** sample preparation

又称"制样"。对抽取的样品进行分取、粉碎、混匀和缩分等处理工作的统称。

**18.008 回收率** recovery rate

测得量(或分离后测得量)与实际加入量(或原来含量)之比,反映待测物在分析过程中的损失程度。

**18.009 检出限** limit of detection

样品中可被(定性)检测,但并不需要准确定量的最低含量(或浓度),是在一定置信水平下,从统计学上与空白样品区分的最低含量(或浓度)。

**18.010　定量限**　limit of quantification

样品中被测组分被定量测定的最低浓度或最低量。分析结果应能确保一定的正确度和精密度。

**18.011　容许限**　permitted limit

对某一定量特性规定和要求的物质限值。

**18.012　重复性限**　repeatability limit

表征分析方法的最大检测能力。在误差分布遵从正态分布的条件下,能以适当的置信概率(95%)检出组分的最小含量或浓度。

**18.013　再现性限**　reproducibility limit

在再现性条件下,一个数值,两次测试结果的绝对差值不超过此数的概率为95%。

**18.014　精密度**　precision

在规定条件下,对同一或类似被测对象重复测量所得示值或测得值间的一致程度。

**18.015　准确度**　accuracy

被测量的测得值与其真值间的一致程度。

**18.016　灵敏度**　sensitivity

测量系统的示值变化除以相应被测量值变化所得的商。

**18.017　稳健度**　ruggedness

实验条件变化对分析方法的影响程度。

**18.018　自由度**　degree of freedom

和的项数减去和中逐项数的约束数。

**18.019　正确度**　trueness

由大量测试结果得到的平均数与接受参照值间的一致程度。

**18.020　偏倚**　bias

测试结果的期望与接受参照值之差。

**18.021　测量不确定度**　measurement uncertainty

根据所用到的信息,表征赋予被测量量值分散的非负参数。

**18.022　选择性**　selectivity

测量系统按规定的测量程序使用并提供一个或多个被测量的测得量值时,每个被测量的值与其他被测量或所研究的对象、物体或物质中的其他量无关的特性。

**18.023　线性范围**　linearity of calibration

目标组分与响应信号满足校准曲线参数所描述的性能的浓度范围。

**18.024　标准曲线**　calibration curve

表示目标分析物浓度或含量和响应信号之间关系的数学函数表达式或图形。

**18.025　测量区间**　measuring interval

在规定条件下,由具有一定仪器测量不确定度的测量仪器或测量系统能够测量出的一组同类量的量值。

**18.026　关注浓度水平**　level of interest concentration

对判断样品中物质或分析物是否符合法规规定和要求的有决定性意义的浓度。

**18.027　基质效应**　matrix effect

样品基质中的一种或多种成分对目标分析物检测结果的影响。

**18.028　检验方法**　inspection method

对有关特性进行测量、测试、观察或校准,并做出评价的方法。

**18.029　快速检测方法**　rapid detection method

简称“快检方法”。包括样品制备在内,能够在短时间内出具检测结果的方法。

**18.030　定性分析**　qualitative analysis

根据物质的化学、生物或物理性质对其进行鉴定的分析方法。

**18.031　定量分析**　quantitative analysis

测定被分析物质的质量或质量分数的分析方法。

**18.032 确证方法** confirmatory method
能够提供目标物全部或部分信息，依据这些信息可以明确定性，在必要时可在关注浓度水平进行定量的方法。

**18.033 筛查方法** screening method
用于检测一种或一组物质在所关注的浓度水平是否存在的方法。具有高效处理大量样品的能力。

**18.034 靶向筛查** targeted screening
检测特定物质在所关注的浓度水平是否存在的方法。

**18.035 非靶向筛查** non-targeted screening
不针对特定物质时，检测所有物质在所关注的浓度水平是否存在的方法。

**18.036 品质评价** quality evaluation
依据科学系统的方法，对外在和内在的特征进行检验分析，并与特定标准进行比较并做出评价的过程。

**18.037 质量分级** quality grade
依据科学系统的方法，对外在和内在的特征进行评价划分的过程。

**18.038 真实性鉴别** authenticity identification
依据科学系统的方法，对产品的组成性质等进行分析，验证其是否符合标称成分与营养等信息的过程。

**18.039 营养评价** nutritional evaluation
对食物营养价值的综合分析。

**18.040 危害** hazard
农产品中潜在的对人类和动植物的健康或环境产生不良效应的生物性、化学性或物理性因子。

**18.041 有毒有害物质** toxic and harmful substance
威胁人畜健康和生命安全的物质。

**18.042 残留** residue
农药与兽药等使用后，在一定时间内存留于动植物体内及土壤等环境中的现象。

**18.043 兽药残留** residue of veterinary drug
动物产品的任何可食部分所含有兽药的母体化合物、代谢物及与兽药有关的杂质。

**18.044 生物毒素** biotoxin
生物来源不可自我复制的有毒化学物质。包括动物、植物、微生物产生的对其他生物物种有毒害作用的化学物质。

**18.045 重金属** heavy metal
密度在 4 或 5 以上，元素周期表中原子序数在 24 以上，对生物毒性显著的金属。

**18.046 致病[性]微生物** pathogenic microorganism
能够引起人和动植物病害的微生物。

**18.047 产毒微生物** toxigenic microorganism
能够产生有毒有害物质的微生物。

**18.048 产毒力** toxin producing capacity
微生物产生对生物体有损伤作用的物质的能力。

**18.049 混合污染** mixed contamination
两种或两种以上的污染物共同作用造成对生物体干扰和伤害的现象。

**18.050 食品营养** food nutrition
食品对人体生命活动所提供的效能和价值。

**18.051 宏量营养素** macronutrient
人体内含量及需要量相对较多的营养素。包括蛋白质、脂肪和碳水化合物等。

**18.052 微量营养素** micronutrient
人体内含量及需要量相对较少的营养素。包括维生素和矿物质等。

**18.053 植物化学素** phytochemicals
生物进化过程中植物体产生的维持其与周围

环境相互作用的,对人类有营养、免疫与代谢调节等作用的生物活性物质。

**18.054　可见异物**　visible foreign matter
通过视觉即可发现的,有碍人食用的杂物或污染物。

**18.055　感官特性**　sensory attribute
由感觉器官感知的产品特性。一般包括外观、质地、香气、滋味、风味和口感等。

**18.056　气味**　odor
嗅觉系统对散布于空气中的某些特定分子的感受。

**18.057　滋味**　taste
口腔对所尝到食物的整体感受,即食物对舌及咽部味蕾产生的刺激。包括甜、咸、酸、辣和苦等。

**18.058　外观**　appearance
农产品的所有可见特性。

**18.059　风味**　flavour
品尝过程中感受到的嗅感、味感和三叉神经感的复合感觉。

**18.060　口感**　mouth feel
口腔对食品质地感觉的总称。包括稀稠、干湿、老嫩、松脆、油性、冷热、蜡质、粉质、丝滑和清凉等多种感觉。

**18.061　质构**　texture
通过触觉、视觉和听觉对食品产生的综合感觉(软硬、黏稠、酥脆和滑爽等)所呈现出来的食品物理性质。

**18.062　嫩度**　tenderness
肉在食用时口感的老嫩,即易于被嚼碎和吞咽的程度。

**18.063　弹性**　springiness
物体受外力作用下产生形变,当外力撤销后又恢复到原状的能力。

**18.064　脆性**　brittleness
在外力作用下仅产生很小的形变(断裂破碎)的特性。

**18.065　多汁性**　succulence
咀嚼过程中明显感受到的湿润程度。

**18.066　保水性**　water holding capacity
肌肉受外力作用时,保持原有的水分与添加水分的能力。

**18.067　黏结性**　gumminess
与产品内聚性有关的,在外力作用下黏结成团的机械质地特性。

**18.068　生物利用度**　bioavailability
食物成分或外源物质被器官或生物体吸收转运到特定部位的能力。

**18.069　农产品营养品质**　nutritional quality of agricultural products
农产品所含人体必需的蛋白质、脂肪、淀粉、维生素、矿物质及微量元素等成分的营养价值特性。

**18.070　生物活性**　biological activity
某物质能引起活体、活组织、活细胞或活性分子发生改变的能力。

**18.071　标准物质**　reference material
具有足够均匀和一种或多种精确确定的特性值,用以校准设备、评价测量方法或给材料赋值的物质。

**18.072　有证标准物质**　certified reference material
附有由权威机构发布的文件,提供使用有效程序获得的具有不确定度和溯源性的一个或多个特性值的标准物质。

**18.073　基体标准物质**　matrix reference material
具有实际样品特性的标准物质。

**18.074 质量控制** quality control

为达到质量要求所采取的作业技术和活动。

**18.075 实验室能力** laboratory capability

实验场所进行检验检测所需的信息资源、环境、物质、人员、技术和专业知识等方面的满足程度。

**18.076 计量认证** metrological certification

对为社会提供公正数据的产品质量检验机构、计量仪器和设备等实施的技术考核。目的在于确认是否具备同检验工作相适应的计量检定测试能力和可靠性。

**18.077 能力验证** proficiency test

利用实验室间比对,按照预先制定的准则评价参加者能力的过程。

**18.078 期间核查** intermediate check

根据规定程序,为了确定计量标准、标准物质或其他测量仪器是否保持其原有状态而进行的操作。

**18.079 方法确认** method validation

实验室通过试验,提供客观有效证据证明特定检测方法满足预期用途的过程。

**18.080 实验室内方法确认** in-lab method validation

在一个实验室和合理的时间间隔内,用一种方法在预定条件下对相同或不同样品进行分析试验,以证明特定检测方法满足预期用途的过程。

**18.081 实验室间方法确认** interlaboratory method validation

在2个或多个实验室之间实施的方法确认。

**18.082 方法验证** method verification

提供客观有效证据证明满足检测方法规定要求的实验室核查。

**18.083 校准** calibration

在规定条件下,确定由测量标准提供的量值与相应示值之间的关系,再用此信息确定由示值获得测量结果的一组操作。

**18.084 检定** verification

全称“计量检定(metrological verification)”。查明和确认测量仪器符合法定要求的活动。包括检查、加标记和(或)出具检定证书。

**18.085 重复性** repeatability

在一组重复性测量条件下获得的测量精密度。

**18.086 重复性测量条件** repeatability condition of measurement

简称“重复性条件”。相同测量程序、相同的操作者、相同的测量系统、相同的操作条件和相同地点,在短时间内对同一或相类似的被测量对象重复测量的一组测量条件。

**18.087 再现性** reproducibility

在再现性测量条件下获得的测量精密度。

**18.088 再现性测量条件** reproducibility condition of measurement

简称“再现性条件”。不同地点、不同操作者、不同测量系统,对同一或相类似被测对象重复测量的一组测量条件。

**18.089 复检** retest, recheck

对样品进行再次检验的活动。

**18.090 测量标准** measurement standard

具有确定的量值和相关联的测量不确定度,实现给定量定义的参照对象。

**18.091 核查标准** check standard

验证试验各方是否依从试验方案且履行承担工作情况过程中所依据的由公认机构批准、共同使用和重复使用的规范性文件。

**18.092 作业指导书** operating instruction

对实验室工作具体实施方案、方法和程序等的详细说明或指导性文件。

**18.093　计量溯源性**　metrological traceability

通过文件规定的不间断的校准链,将测量结果与参照对象联系起来的特性。校准链中的每项校准均会引入测量不确定度。

**18.094　计量比对**　metrological comparison

在规定条件下,相同量的计量基准和计量标准所复现或保持的量值之间进行比较、分析和评价的过程。

**18.095　可追溯性**　traceability

从供应链的终端到始端识别产品或产品成分来源的能力。即通过记录或标识追溯农产品的历史与位置等的能力。

**18.096　量值溯源**　quantity traceability

测量结果通过具有适当准确度的中间比较环节,逐级往上追溯至国家计量基准或国家计量标准的过程。

**18.097　农产品质量安全检测机构**　agricultural products quality and safety testing agency

省级以上人民政府农业农村行政主管部门依法授权的,为社会提供公正数据的检测机构。任务是承担授权范围的农产品质量安全的监督检验和仲裁检验等公证检验工作。

**18.098　农业投入品监督抽查**　supervision and random inspection on agricultural input

对可能危及农产品质量安全的农药、兽药、饲料和饲料添加剂及肥料等农业投入品进行质量安全监督的活动。

**18.099　农产品质量安全监督抽查**　supervision and random inspection for agricultural products quality and safety

为了监督农产品质量安全,依法对生产中或市场上销售的农产品进行抽样检测的活动。

**18.100　农产品质量安全风险监测**　risk monitoring for agricultural products quality and safety

为掌握农产品质量安全状况和开展农产品质量安全风险评估,农业行政主管部门定期组织开展的,对农产品质量安全状况进行检验、分析和评价的活动。

## 18.02　农产品质量安全标准

**18.101　农产品质量安全标准**　standard of agricultural products quality and safety

依照有关法律与行政法规规定制定和发布的,关于农产品质量安全的强制性技术规范。一般是指规定农产品质量要求和卫生条件,保障人的健康和安全的技术规范、技术要求和操作规范。

**18.102　农产品质量安全标准体系**　standard system of agricultural products quality and safety

农产品质量安全相关标准按其内在联系形成的科学有机整体。

**18.103　标准**　standard

以科学、技术、经验的综合成果为基础,以促进最佳社会效益为目的,经协商一致并经一个公认机构所批准,在一定范围内共同遵守的技术性文件。

**18.104　标准化**　standardization

以农业科学技术和实践经验为基础,运用简化、统一、协调与选优原理,把科研成果和先进技术转化为标准,在农业生产和管理中具体实施应用的过程。

**18.105　技术规范**　technical regulation

有关使用设备工序、执行工艺过程及产品、劳动、服务质量要求等方面的准则和标准。

**18.106 强制性技术规范** mandatory technical regulation

必须依照有关法律和行政法规的规定执行，不能以个人意志予以变更和排除适用的技术规范。

**18.107 国家标准** national standard

由国家标准化主管机构批准发布，在全国范围内统一使用的标准。

**18.108 行业标准** industry standard

对没有国家标准而又需要在全国某个行业范围内统一技术要求所制定的标准。不得与有关国家标准相抵触。

**18.109 地方标准** local standard

对没有国家标准和行业标准而又需要在省、自治区、直辖市范围内统一技术要求所制定的标准。在本行政区域内适用，不得与国家标准和行业标准相抵触。

**18.110 团体标准** group standard

由团体按照自行规定的标准制定程序并发布的，供团体成员或社会自愿采用的标准。

**18.111 强制性标准** mandatory standard

国家标准和行业标准中保障人身健康和财产安全的标准，以及法律和行政法规规定强制执行的标准。

**18.112 推荐性标准** recommended standard

在生产、交换、使用等方面，通过经济手段或市场调节而自愿采用的一类标准。

**18.113 标准综合体** standard-complex

综合农产品标准化对象及其相关要素，按其内在联系或功能，要求以整体效益最佳为目标形成的相关指标协调优化及相互配合的成套标准。

**18.114 农产品安全** agricultural products safety

数量满足人们生活需求，质量保障人类健康与安全的总和。

**18.115 限量** limit

最大允许含量，包括最高限量和最低限量。

**18.116 农药最大残留限量** maximum residue limit for pesticide

食品或农产品内部或表面法定允许的农药原体、有毒代谢物、降解物和杂质的最大浓度。以每千克食品或农产品中农药残留的毫克数表示。

**18.117 兽药最大残留限量** maximum residue limit for veterinary drug

动物产品的任何可食部分所含有兽药的母体化合物及代谢物的最高含量(或浓度)。

**18.118 污染物限量** contaminant limit

允许在食品或农产品表面或内部残留的污染物的最高含量(或浓度)。

**18.119 最大限量** maximum limit

允许在食品或农产品表面及内部残留的内源性或外源性化学物质的最高含量(或浓度)。

**18.120 再残留限量** re-residue limit, extraneous maximum residue limit

已禁用的持久性农药长期存在于环境中，形成食品残留，为控制其对食品的污染而制定的残留限量。以每千克食品或农产品中农药残留的毫克数表示。

**18.121 临时限量** temporary limit

每日允许摄入量的临时值。适用于缺少规范残留试验数据、没有完整毒理学结论、没有膳食消费数据，以及没有检测方法时。

**18.122 安全间隔期** safety interval

最后一次施药至作物收获时的安全允许间隔天数。

**18.123 休药期** drug withdrawal period

最后一次使用兽药到屠宰上市或其产品(蛋

和奶等)上市销售的安全允许间隔天数。

**18.124 规范残留试验** standardized residue test

在良好农业规范和良好实验室规范或相似条件下,为获取推荐使用的农药在可食用(或饲用)初级农产品和土壤中可能的最高残留值,以及农药在农产品和土壤(或水)中的消解动态而进行的试验。

**18.125 质量** quality

一组固有特性满足要求的程度。

**18.126 质量标准** quality standard

规定产品质量特性应达到的技术要求。是生产、检验和评定质量的技术依据。

**18.127 农产品质量** agricultural products quality

农产品满足规定或潜在要求的特征和特性的总和。

**18.128 质量要求** quality requirement

产品必须达到的条件或具备的能力。

**18.129 基础标准** basic standard

具有广泛的适用范围或包含一个特定领域的通用条款的标准。

**18.130 产品标准** product standard

规定产品应满足的要求以确保其适用性的标准。

**18.131 生产操作规程** production operating procedure

按照农产品生产过程客观规律的要求,对产地环境、生产技术、贮藏运输及生产记录等方面所做的规定。

**18.132 贮运标准** storage and transport standard

规定农产品贮藏与运输中设施、工具、条件、管理与记录等要求的文件。

**18.133 包装标准** packaging standard

为保障农产品在储存、运输和销售中的安全与管理需要,以包装的有关事项为对象所制定的文件。

**18.134 等级** grade

通过外在感官特性和/或内在品质的判定和/或测定,对农产品质量优劣的划分。

**18.135 级差** grade difference

相邻等级农产品间的评价指标值差值。

**18.136 规格** specification

通过农产品大小和/或质量对农产品特性的划分。

**18.137 规格差** specification difference

相邻规格农产品间的评价指标值差值。

**18.138 容许度** tolerance

单位质量或一定数量农产品中,不符合所标注等级或规格的允许百分比范围。

## 18.03 农产品质量安全管理

**18.139 风险** risk

将对人类和动植物的健康或环境产生不良效应的可能性和严重性。这种不良效应是由农产品中的某种危害所引起的。

**18.140 风险管理** risk management

根据风险评估结果,对备选的管理方案进行权衡,并且在需要时选择和实施恰当的控制措施(包括管理和监控)的过程。

**18.141 农产品质量安全事故** agricultural products quality and safety incident

因食用农产品造成的,对人体健康有危害或者可能有危害的事故。

**18.142 风险分析** risk analysis

对人类和动植物健康或环境可能产生不良效应的危害进行评价，并在此基础上采取的规避或降低危害影响的措施。由风险评估、风险管理和风险交流三个部分共同构成。

**18.143 风险评估** risk assessment

在特定条件下，对人类、动植物或环境暴露于某危害因素产生或将产生不良效应的可能性和严重性的科学评价。包括危害识别、危害描述、暴露评估和风险描述四个步骤。

**18.144 危害识别** hazard identification

对存在于农产品中或因农业生产活动带来的对人体健康和生态环境健康产生不良效应的生物、化学与物理因素进行识别的过程及活动。

**18.145 危害特征描述** hazard characterization

基于动物试验、流行病学调查、人体志愿者实验及结构活性关系等手段获取污染物引起机体毒性效应，对关注的毒性阈值终点进行分析，并对毒代毒效动力学过程进行定性和定量描述的过程。

**18.146 半数致死量** median lethal dose

使试验生物群体产生50%死亡的某种药物、毒物或其他物质的剂量。

**18.147 健康指导值** health-based guidance value

人类在一定时期内（终生或24小时）摄入某种（或某些）物质，不产生可检测到的健康危害的量。

**18.148 每日允许摄入量** acceptable daily intake

人类终生每日摄入某物质，却不产生可检测到的危害健康的估计量。以每千克体重可摄入的量表示。

**18.149 急性参考剂量** acute reference dose, ARfD

人类在24小时内，通过膳食或饮水摄入某物质后，而不产生可检测到的危害健康的估计量。以每千克体重可摄入的量表示。

**18.150 国家估算每日摄入量** national estimated daily intake, NEDI

基于每人每日平均食物消费量和规范残留试验中值计算的，长期农药残留摄入估计值。包括食品加工过程中的残留变化、其他来源的膳食摄入和有毒理学意义的转化产物。

**18.151 最大耐受剂量** maximum tolerated dose

全组受试动物全部存活的最大剂量或浓度。

**18.152 每日耐受摄入量** tolerated daily intake

非有意添加到食品中的任何物质在食物或饮用水中的含量估计值。人终生每日摄入此水平的物质不会对健康产生可觉察到的风险。

**18.153 暂定每周耐受摄入量** provisional tolerable weekly intake

对在人体内半衰期较长且有蓄积毒性的食品污染物所使用的健康指导值。人类消费健康且有营养的食品时，不可避免的每周允许摄入的污染物量。

**18.154 理论每日最大摄入量** theoretical maximum daily intake

假设某种物质在食品中以最大残留水平（限量）存在，并且每人每天的食品消费量一定，由此计算出的不同地区或消费群体的某种物质每日最大摄入量的预测值。

**18.155 最低可见不良作用水平** lowest observed adverse effect level, LOAEL

在规定实验条件下，一种物质不引起实验组和对照组目标生物的形态、功能、生长、发育或预期寿命等方面发生在统计学或生物学上具有显著差异不良改变的最低暴露浓度或剂量。

**18.156 无可见不良作用水平** no observed

adverse effect level, NOAEL

在规定的试验条件下,用现有技术手段或检测指标,未能观察到与染毒有关的有害效应的受试物最高剂量或浓度。

**18.157 膳食暴露评估** dietary exposure assessment

对生物性、化学性与物理性因子通过食品或其他与食品相关来源的摄入量进行的定量或定性预测。

**18.158 高端摄入量** large portion intake

能够代表一种食品消费量的第97.5百分位数(仅食用者)的食物消费量。来自食物消费调查中的个人消费日高端消费量,用于计算急性膳食暴露量。

**18.159 国家估算短期摄入量** national estimated short term intake, NESTI

对短期农药残留摄入的估计量。基于每人每日(餐)某种食物摄入量和规范残留试验数据计算得出。主要考虑食品可食部分的残留,包括有毒理学意义的转化产物。

**18.160 参考剂量** reference dose

人类在环境介质(空气、水、土壤和食品等)中接触某种外源化学物的日平均剂量估计值。人群(包括敏感亚群)在终生接触该剂量水平外源化学物的条件下,预期一生中发生非致癌或非致突变有害效应的危险度可低至不能检出的程度。

**18.161 膳食结构** dietary pattern

膳食消费的食物种类及其数量的相对构成关系。

**18.162 点评估** point estimation

针对自变量参数取固定单一值进行计算并获取因变量数值的评估方法。

**18.163 概率评估** probability estimation

通过概率分布来表征不同人群经口、皮和呼吸暴露化学物后产生对健康不利效应的可能性及严重程度,同时描述上述结果的变异性和不确定性的过程。

**18.164 蒙特卡罗模拟** Monte Carlo simulation

通过从各变量既定的概率分布中多次随机取值,模拟分析某个结果的概率分布。通常用于多个不确定性因素的概率分布对模型结果影响的分析。

**18.165 非参数抽样** non-parametric sampling

一种通过从样本中进行再抽样得到新的样本与统计量的方法。

**18.166 风险杯** risk cup

人体从饮食和饮水等多个途径允许接触到的农药最大残留安全限量。

**18.167 不确定系数** uncertainty factor

一种简约系数。观察到的或估计的未观察到不良作用水平除以该系数,可得到一个认为是安全的或无可察觉风险的标准。

**18.168 风险[特征]描述** risk characterization

在危害识别、危害描述和暴露评估的基础上,定性或定量估计(包括伴随的不确定性和变异性)在特定条件下相关人群产生不良作用的可能性和严重性。

**18.169 联合毒性效应评估** combined toxic effect assessment

对多种化合物通过单一途径和多种途径暴露产生的,对人类健康或环境的协同、拮抗或加和毒性效应进行的识别、分析和评价。

**18.170 蓄积性风险评估** aggregate risk assessment

对一种化合物在不同暴露途径下,联合暴露产生的对人类健康或环境的风险进行的识别、分析和评价。

**18.171 累积性风险评估** cumulative risk

assessment

对通过不同途径(经口、皮和呼吸)暴露于不同化合物中,从而对人体或环境产生的不良效应及其可能性进行的识别、分析和评价。

**18.172 无害化处理** bio-safety disposal

以物理、化学或生物的方法,对被污染的农产品进行的,确保其对人类、动物、植物和环境不构成危害的适当处理。

**18.173 逻辑预警** logical early warning

按照逻辑层次判断风险发生等级,并在危险发生之前发出警报的过程。

**18.174 农产品质量安全风险预警** early warning of agricultural products quality and safety risk

运用预警理论和方法,通过对农产品质量安全状况、风险程度及发展趋势进行科学准确判断、预测风险并及时发出警报的过程。

**18.175 农产品质量安全风险预警系统** early warning system of agricultural products quality and safety risk

通过对农产品质量安全风险信息的综合分析处理,应用预警理论和预测模型等完成特定预警功能的系统。

**18.176 农产品质量安全应急处置** emergency response of agricultural products quality and safety

对于不同性质的农产品质量安全突发事件,在发生的第一时间通过情况调查、应急监测与专项评估等有效措施,控制事态蔓延和扩散的快速应对方式。

**18.177 风险交流** risk communication

在风险分析的全过程中,风险评估人员、风险管理人员、消费者、企业、学术界和其他利益相关方就某项风险、风险所涉及的因素和风险认知进行交换信息和意见的过程。内容包括对风险评估结果的解释及风险管理决策的依据。

**18.178 风险认知** perception of risk

又称“风险感知”。个体对某个特定风险的主观感受和认识。

**18.179 认证** certification

由认证机构证明产品、服务、管理体系符合相关技术规范及其强制性要求或标准的合格评定活动。

**18.180 认证标志** certification mark

认证机构为证明产品、服务、管理体系符合相关技术规范及其强制性要求或标准而设计发布的一种专用标志。

**18.181 ISO 质量认证** ISO quality certification

第三方依据程序对产品、过程或服务符合ISO 标准规定的要求而给予书面保证(合格证书)的活动。

**18.182 审核** audit

为获得审核证据并对其进行客观评价,以确定满足审核准则的程度而进行的系统、独立、形成文件的过程。

**18.183 质量体系** quality system

为实施质量管理所需的组织结构、程序、过程和资源的总称。

**18.184 质量管理体系** quality management system

在质量方面指挥和控制组织的管理体系。

**18.185 质量控制体系** quality control system

在质量方面指挥和控制组织的控制体系。

**18.186 质量保证体系** quality assurance system

通过一定的制度、规章、方法、程序和机构等,把质量保证活动加以系统化、标准化及制度化的体系。

**18.187 农产品质量安全认证** certification on

quality and safety of agricultural products

由具有资质的专门机构证明农产品及其加工产品、服务和管理体系等符合相关技术规范要求或标准的合格评定活动。

**18.188 农产品标识** agricultural products labelling

用于表明农产品特性的各种表示的统称。包括文字、符号、数字、图形及其他说明物。

**18.189 绿色食品** green food

产自优良生态环境的，按照绿色食品标准生产的，实行全程质量控制并获得绿色食品标志使用权的农产品及相关产品。

**18.190 有机食品** organic food

来自有机农业生产体系，根据有机农业生产要求和相应标准生产加工的，通过合法独立的有机食品认证机构认证的食品。

**18.191 农产品地理标志** agricultural products geographical indication

标示农产品来源于特定地域，产品品质和相关特征主要取决于自然生态环境和历史人文因素，并以地域名称冠名的特有农产品标志。

**18.192 全程质量控制** whole process quality control

为保证农产品的质量满足规定要求而针对产前、产中及产后全过程进行的有计划的系统化活动。

**18.193 关键控制点** critical control point

能够控制并使危害得到预防，消除或降低到可以接受水平所必需的某一步骤。

**18.194 危害分析与关键控制点** hazard analysis and critical control point, HACCP

生产（加工）安全食品的一种控制手段。包括对原料、关键生产工序及影响产品安全的人为因素进行分析，确定加工过程的关键环节，建立和完善监控程序与监控标准，采取规范的纠正措施。

**18.195 良好农业规范** good agricultural practice, GAP

采用危害分析与关键控制点、质量管理体系、作物综合管理、病虫害综合治理等方法，对作物种植、畜禽养殖和水产养殖产前、产中和产后进行全面质量安全控制，促进可持续发展的一系列操作标准。

**18.196 良好操作规范** good manufacturing practice, GMP

在原料、人员、设施设备、生产过程、包装运输、质量控制等方面达到国家有关法规的要求，形成的一套可操作作业规范。

**18.197 良好实验室规范** good laboratory practice, GLP

确保试验结果客观准确，涵盖计划、实施、监督、记录、存档及报告等运行条件的一套实验室质量体系。

**18.198 承诺达标合格证** certificate of origin qualification

由农产品生产者和收购者根据质量安全控制与检测结果等开具的，保证其销售的农产品符合农产品质量安全标准的质量安全标识。

# 19. 农业经济与管理

## 19.01 应用经济

**19.001 国民总收入** gross national income, GNI

曾称“国民生产总值(gross national product, GNP)”。一个国家或地区在一定时期内所获得的初次分配收入总额。等于国内生产总值加上来自国外的初次分配收入净额。

**19.002 国内生产总值** gross domestic product, GDP

一个国家或地区在一定时期内生产活动的最终成果。有价值形态、收入形态和产品形态三种形态。通常以价值形态表达,即全部货物和服务价值与同期投入的全部非固定资产货物和服务价值的差额,即所有市场增加值之和。

**19.003 边际** margin

逐一增加或减少一个量,相对于之前累计存量的每最后一次的变化量。

**19.004 边际成本** marginal cost

一般意义为逐一增加或减少成本量,相对于之前累计成本存量的每最后一次的成本变化量。在商品经济中即生产(或购买)边际单位产品带来总成本的变化量。

**19.005 边际收益** marginal revenue

一般意义为逐一增加或减少收益量,相对于之前累计收益存量的每最后一次的收益变化量。在商品经济中即生产(或销售)边际单位产品带来总收益的变化量。

**19.006 边际消费倾向** marginal propensity to consume

可支配收入每变动一个单位引起的消费变动情况。用消费变化量与可支配收入变化量的比值来表示。

**19.007 边际储蓄倾向** marginal propensity to save

可支配收入每变动一个单位引起的储蓄变动情况。用储蓄变化量与可支配收入变化量的比值来表示。

**19.008 恩格尔定律** Engel's law

家庭收入越少,家庭收入中(或总支出中)用来购买食物的支出所占的比例就越大,随着家庭收入的增加,该支出比例会下降的规律。该定律由19世纪德国统计学家恩格尔(Ernst Engel)提出。

**19.009 恩格尔系数** Engel's coefficient

食品支出总额占家庭消费支出总额的比重。

**19.010 基尼系数** Gini coefficient

衡量一个国家或地区居民收入不公平程度的常用指标。理论上其最大值为“1”,最小值为“0”,越接近0,表明收入分配越趋向公平。该指标由意大利经济学家基尼(Corrado Gini)提出。

**19.011 洛伦兹曲线** Lorenz curve

一国人口累计百分比与收入累计百分比对应关系的曲线。反映不平等状况,由统计学家洛伦兹(Max Otto Lorenz)提出。

**19.012 购买力** purchasing power

一定时期内购买货物与服务的能力。通常以发生交易的货币总额表示。

**19.013 购买力平价** purchasing power parity,

PPP

将不同货币体系中相同商品以同一价格来计算，以此消除物价差异，便于客观比较的现象。

**19.014　经济增长**　economic growth

一定时期内一个国家或地区经济产出总水平的数值变化情况。通常用经济增长率来表示。

**19.015　经济发展**　economic development

一定时期内一个国家或地区经济质量与数量的变化。

**19.016　经济周期**　business cycle

经济活动沿着经济发展的总体趋势所经历的有规律扩张和收缩的周期性变化。分为繁荣、衰退、萧条和复苏四个阶段。

**19.017　经济韧性**　economic ductility

在外部和内部不利因素的冲击下，能通过调整来维持或努力恢复经济常态的适应能力。

**19.018　收入**　income

企业或个人在销售商品、提供服务及让渡资产权等方面形成的货币流入。

**19.019　可支配收入**　disposable income

居民在进行纳税等扣除后可自由支配的收入。

**19.020　价格**　price

商品、服务及资产价值的货币表现。

**19.021　差价**　price difference

不同商品、等级、交割期及交割地的价格差异。

**19.022　比价**　price comparison

同一时间地点，不同商品间的价格比例关系。

**19.023　名义价格**　nominal price

未经过物价因素调整的价格。

**19.024　实际价格**　real price

经过物价因素调整的价格。

**19.025　不变价格**　constant price

又称“固定价格”。为计算一定时期内不同年份的商品价值指标而使用的某一固定期的价格。旨在消除价格变动的影响，客观比较各年之间的经济发展。

**19.026　影子价格**　shadow price

用数学规划方法计算出来的反映资源最优使用效果的价格。被认为是反映产品应有的理论价值，反映了市场供求状况和资源稀缺程度。

**19.027　供给**　supply

一定时期内，在每一价格水平上生产者愿意并且能够供应的商品或服务数量。反映了生产者对于某一商品或者服务在不同价格下的供给总量。

**19.028　需求**　demand

一定时期内，在每一价格水平下消费者愿意并且能够购买的商品或服务数量。反映了消费者对于某一商品或者服务在不同价格下的需求总量。

**19.029　马斯洛需要层次论**　Maslow's hierarchical theory of needs

又称“马斯洛需求层次理论”。马斯洛(Abraham Maslow)提出的一种理论，即人类有五种需求，由低到高分别为生理需要、安全需要、社交需要、尊重需要和自我实现需要。现在通常以金字塔形式来表达这五种需求层次。

**19.030　弹性**　elasticity

经济学上指一个经济变量相对于另一个经济变量发生一定比例变化的属性。

**19.031　价格弹性**　price elasticity

价格变动引起市场需求量的变化程度。用需求量变动率与价格变动率比值表示。

**19.032　无差异曲线**　indifference curve

能给消费者带来同等程度满足的两种商品的不同数量组合点的变化轨迹。

**19.033 消费** consumption
将生产出来的物质产品或精神产品用于满足个人生活需要的行为和过程。是社会再生产过程中的一个重要环节。

**19.034 消费结构** consumption structure
各类消费支出在总消费支出中所占的比重结构。

**19.035 消费者偏好** consumer preference
消费者对特定的商品和场所等产生特殊偏爱的行为。

**19.036 消费倾向** consumption tendency
消费随着收入的增加而增加,但消费增加量一般小于收入增加量的现象。常用消费支出占收入的比例表示。

**19.037 消费水平** level of consumption
一定时期内消费者用于满足自身生活需要的各项支出总和。

**19.038 消费者剩余** consumer surplus
消费者购买某种商品时,愿意支付的价格与实际支付价格之间的差额。

**19.039 消费支出** consumption expenditure
消费者购买最终产品和服务的支出。

**19.040 一般均衡** general equilibrium
经济学常用的分析方法,即假定整个经济系统内的相关因素在相互影响而变化的条件下所处的一种平衡状态。

**19.041 局部均衡** partial equilibrium
经济学常用的分析方法,即假定整个经济系统内的一部分因素在系统其余因素保持不变的条件下所处的一种平衡状态。

**19.042 帕累托改进** Pareto improvement
又称"帕累托优化"。能使至少一个人或一个利益方的境况变好而没有人或利益方的境况变坏的资源重置。该理论由意大利经济学家维尔弗雷多·帕累托(Vilfredo Pareto)提出。

**19.043 荷兰病** Dutch disease
一国经济的某一初级产品部门异常繁荣而导致其他部门衰落的现象。20 世纪 60 年代,荷兰因石油和天然气繁荣出现这种现象,国际上称之为"荷兰病"。

**19.044 内卷化** involution
一种社会或经济模式发展到某一阶段的确定形式后便停滞不前,且内部越来越精细、越来越复杂,但始终无法转化为另一种高级模式的现象。

## 19.02 农业产业经济

**19.045 小农经济** smallholder economy, small-scale peasant economy
以家庭为单位,以生产资料个体所有制为基础,完全或主要依靠自己劳动,满足自身消费为主的小规模经营的农业经济形态。

**19.046 农场规模** farm size
反映农场经营规模大小的指标。历史上以农场土地面积作为衡量指标,地多则表明农场规模大。随着资本经济的发展,土地面积不足以全面反映农场经营规模,销售额也成为一个衡量指标。目前发达国家同时使用这两个指标。

**19.047 规模经营** scale farming
根据自然资源、社会经济和技术装备条件,将土地等生产要素适当集中,通过生产规模扩大以取得更大经济效益的农业经营形式。

**19.048　农业多功能**　agricultural versatility, agricutural multi-function

农业除具有提供农副产品的功能外,还有促进社会发展、保持政治稳定、传承历史文化、调节自然生态,以及实现国民经济协调发展等功能。各功能相互依存、相互制约、相互促进。

**19.049　劳动生产率**　labour productivity

一定时期内创造的劳动成果与其相适应的劳动消耗量的比值。

**19.050　全要素生产率**　total factor productivity, TFP

在各种生产要素投入水平的既定条件下所达到的生产效率。常被视为科技进步的重要衡量指标。

**19.051　生产者价格**　producer's price

俗称"农户价格(household price)""田头价格(price at field)"。农产品生产者直接出售其产品时的价格。

**19.052　土地报酬递减率**　diminishing rate of return on land

在一定面积的土地上连续追加生产投入,当追加量超过一定界限以后,其边际追加量与边际收获量的比例呈现下降趋势的现象。

**19.053　初级农产品**　primary agricultural products

未经过加工及未改变其基本自然性状和化学性质的农产品。

**19.054　有机农产品**　organic agricultural products

根据有机农业原则、生产方式和生产标准,生产加工出来的通过有机认证的农产品。

**19.055　生鲜农产品**　fresh agricultural products

鲜活程度与价值相关的易腐农产品。通常包括果蔬、肉蛋奶、水产品和花卉等。

**19.056　耕地**　arable land, cultivated land

专门用于种植农作物的土地。

**19.057　播种面积**　sown area

实际播种或移栽种植农作物的土地面积。

**19.058　订单生产**　producted by contract, make-to-order

企业或农户根据客户订单的需求量、质量及交货期来进行生产的安排。

**19.059　藏粮于地**　keeping up grain capacity in cropland

通过保持耕地数量、提高耕地质量和完善耕地基础设施来保障粮食生产能力的措施。

**19.060　藏粮于技**　keeping up grain capacity in technology

通过农业科技创新和应用来保障粮食生产能力的措施。

**19.061　粮食**　grain

以碳水化合物为主的食用农产品。在我国为谷物、豆类和薯类的总称。

**19.062　夏粮**　summer grain

夏天收获的粮食。在我国主要包括小麦和早稻。

**19.063　秋粮**　autumn grain

秋季收获的粮食。

**19.064　原粮**　unhusked grain

未经加工的粮食统称。

**19.065　贸易粮**　trade grain

收购、销售及调拨库存中的粮食品类的统称。

**19.066　主粮**　staple food grain

当地食用的主要粮食品种。因地域、历史时期和消费习惯而有所差异。

**19.067　杂粮**　coarse grain

水稻、小麦、玉米、大豆和薯类五大作物以外的粮豆作物。如高粱、谷子、荞麦、燕麦、大麦、糜子、黍子、薏苡、籽粒苋，以及芸豆、绿豆、赤豆、蚕豆、豌豆、豇豆、小扁豆、黑豆等。

**19.068 储备粮** reserve grain
政府储备的用于稳定粮食市场，应对重大自然灾害或者其他突发事件等情况的粮食。此外，企业也有用于应付商业周转和企业应急的商业储备粮食。

**19.069 粮食储备制度** grain reserves system
为保证粮食消费需求，调节粮食供求平衡，稳定粮食市场价格，应对重大自然灾害或其他突发事件而建立的一项物资储备制度。

**19.070 粮食禁运** grain embargo
导致粮食流通中断的政策或做法。通常发生在国际贸易中。

**19.071 粮食主产区** main grain production area
粮食生产量明显大于消费量的地区。

**19.072 粮食主销区** grain area in consumption over production
粮食生产量明显小于消费量的地区。

**19.073 粮食产销平衡区** balance area of grain supply and demand
粮食生产量和消费量基本平衡的地区。

**19.074 单产** yield
单位面积上的农产品产量。

**19.075 自给率** self-sufficiency rate
在一定时期内自己生产的产品能够满足自己消费的程度。一般以百分比表示。

**19.076 纯收入** net income
毛收入减去各项支出后剩下的收入。

**19.077 成本** cost
为达到某种目的而为此付出的代价。

**19.078 生产成本** production cost
生产主体为生产产品或提供服务而发生的各项生产费用的总和。

**19.079 直接费用** direct expense
为某一特定产品所消耗的，能够直接计入生产成本的费用。

**19.080 间接费用** indirect expense
为某一特定产品所消耗的，不能直接计入生产成本的费用。

**19.081 机会成本** opportunity cost
为采用某种决策行为所须放弃的其他多种可选行为中的最大价值。

**19.082 目标价格补贴** target price subsidy
政府为了达成某种确定目的，向生产者支付与市场差价的补贴。是一项农业支持政策。

**19.083 农资综合直接补贴** comprehensive and direct subsidy for agricultural material
政府对农民购买化肥、柴油和种子等农业生产资料实行的综合性直接补贴。

**19.084 生产者补贴** producer subsidy
政府按照实际种植面积或牲畜头数对生产者发放的补贴。

**19.085 产业链** industrial chain
产业部门上下游间基于技术经济联系而表现出的链条式关联关系。

**19.086 供应链** supply chain
将产品或服务提供给各级用户及相关主体所形成的网链体系。

**19.087 价值链** value chain
供应链各环节所呈现的价值变化链式体系。

**19.088 品牌** brand
用以识别产品或服务的名称、术语及符号设计的结合体。

**19.089 区域公用品牌** regional public brand
以区域地名来表现的品牌。品牌不属于具体

某个企业,由地方政府或组织来规定使用该品牌的条件。

**19.090 企业品牌** corporate brand, enterprise brand
企业打造的具有独占性的品牌。

**19.091 产业融合** industries integration
不同产业或同一产业不同行业相互渗透,融为一体,逐步形成新产业的动态发展过程。

**19.092 老龄化** population aging
人口结构中老年人口比重持续增长的状态。

**19.093 少子化** low fertility
生育率下降造成幼年人口越来越少的现象。

**19.094 贫困线** poverty line
在一定的时间、地域和社会发展阶段,维持家庭基本生活需要的最低收入线。一般由政府划定。

**19.095 人力资本** human capital
劳动者价值的体现。包括劳动者的知识技能、文化技术水平与健康状况等。

**19.096 小康** well-off living
介于温饱和富裕之间的比较殷实的生活状态。

**19.097 小康社会** well-off society
生活殷实、安居乐业及社会稳定的生活状态。

## 19.03 农业市场与贸易

**19.098 市场** market
发生商品和服务交易的系统或场所。既包括由参与商品和服务交换的主体、行为、规则和程序等交易要素及其维护制度组成的系统,也包含具备交易要素及发生交易行为的具体物理空间意义上的场所。

**19.099 市场结构** market structure
广义指市场各要素或商品之间的内在联系和特征;狭义指不同要素或商品(或类别)在总体市场中所占的比重。

**19.100 市场支持** market support
针对产品或服务的供给、需求和价格等市场运营的相关主体,通过制度、政策、财政和金融等手段提供的支持。

**19.101 市场失灵** market failure
通过市场配置资源不能实现最优配置及市场无法有效率地分配商品和劳务的现象。

**19.102 批发** wholesale
货物或服务销售的目标对象不是终端消费者,而是贸易商或零售商的市场交易类型。

**19.103 批发市场** wholesale market
一种专门从事批发业务的商业市场。销售方是生产商或中间批发商,购买方有中间批发商、零售商和大型消费机构。

**19.104 批发价格** wholesale price
批发市场上供需关系形成的交易价格。

**19.105 期货** futures
由期货交易场所统一制定的,将来在某一规定的时间和地点交割一定数量商品的标准化交易合约。

**19.106 期货交易** futures trading
以期货或期权为交易标的的一种交易活动。

**19.107 期货市场** futures market
进行期货交易的场所或系统。

**19.108 期权** option
交易方有权在未来某一规定时间内以特定价格买入或者卖出约定标的物的交易合约。

**19.109 期权交易** option trading
在约定时间内以一定的价格出售或购买一定

数量的标的物的权利交易。

**19.110　零售**　retail

供给方将商品直接销售给消费者的交易活动。

**19.111　零售市场**　retail market

将商品直接销售给消费者的交易活动场所和平台。包括商场、超市、专门零售店和电商等。

**19.112　零售价格**　retail price

零售商或生产者直接将商品销售给消费者的商品价格。

**19.113　拍卖**　auction

按照一定的规则公开竞价，向出价最高者出售商品的一种现货交易方式。

**19.114　市场年度**　market in year

用于统计和分析等的报告期。一般为一年，由各国划分某项商品市场活动的起点日始到终点日止。市场与公历年度可以不一致。

**19.115　招标**　invite bid

一种寻找与选择某项经济活动执行者的市场行为。经济活动需求方发布任务公告，广邀任务执行者参与候选和提出执行方案，最后发布方在众多候选者中选择最符合自己目的和条件的作为执行者。

**19.116　投标**　bid

一种参与承担某项经济活动的市场竞争行为。根据招标方发布的文件公告，提出自己完成招标任务的方案（即投标书）参与招标竞争。

**19.117　保护价**　protective price

政府为保护农产品生产者利益而制定的价格。如最低收购价和目标价格等。

**19.118　价格倒挂**　inverted price

销售价格低于购进价格的现象。

**19.119　价格剪刀差**　price scissors

对于两种或两类商品价格差异愈来愈大的长期形态的描述。工农业产品交换时，工业品价格高于价值，农产品价格低于价值所出现的差额。从较长时期看，呈现出剪刀口张开的动态形状。

**19.120　价格歧视**　price discrimination

厂商在同一时间内在同一种物品和服务上对不同消费者制定不同价格的行为。

**19.121　价格指数**　price index

反映不同时期一种或一组商品价格水平的变化。通常以报告期和基期对比的相对数来表示，如消费者价格指数和农产品收购价格指数等。

**19.122　最低收购价格政策**　policy of floor purchasing price

政府为保护农业生产者利益，促进某种或某类农产品生产而实行的收购价格政策。

**19.123　价格“双轨制”**　double-track price system

同种商品政府统一定价和市场调节价并存的价格管理制度。

**19.124　“米袋子”省长负责制**　responsibility system of provincial governor for province-side grain security

1994年以来，我国对各省级人民政府在维护国家粮食安全的事权与责任方建立的一项制度。要求各省级人民政府主要领导切实承担起保障本地区粮食安全的主体责任。

**19.125　“菜篮子”市长负责制**　responsibility system of mayer for non-staple food supply

1988年以来，我国提出的一项市政府主要领导对保障城市居民蔬菜和畜产品为主的副食供给负责制度。

**19.126　临时收储政策**　temporary purchase

and storage policy

政府根据市场供给与需求情况,制定的本年实行一次或者多次临时储备收购价格和数量的政策。

**19.127 统购统销** monopoly for purchase and marketing

我国计划经济时期实行的一项控制粮食和棉花等农产品供应和销售的计划经济政策。

**19.128 派购** purchase by quota

我国计划经济时期由农业生产者按照政府分派的任务和计划价格交售农产品的一种制度。

**19.129 地理标志** geographical indication

用于某个地区的实物和非实物产品的特殊质量和声誉等的标识。

**19.130 地理标志农产品** geographical indication of agricultural products

经过认证的,使用特定地理标志的农产品。

**19.131 食品标签** food label

食品包装上向消费者传递食品产品信息的文字、图形、符号及一切说明物。

**19.132 产品召回** product recall

产品出现可能对消费者的安全造成重大品质或安全问题时,公告客户退回产品、更换产品或消除安全问题的措施过程。

**19.133 可追溯体系** traceability system

对商品的全部流程、生产位置和流通渠道等信息予以追踪所建立的登记识别码系统。

**19.134 货物贸易** goods trade

实物商品的贸易。

**19.135 服务贸易** service trade

非实物商品的贸易。

**19.136 双边贸易** bilateral trade

两国(地区)之间的贸易。

**19.137 多边贸易** multilateral trade

两个以上的国家(地区)之间的贸易。

**19.138 南南贸易** developing country trade

发展中国家之间的贸易。因发展中国家多数处于南半球,故称为“南南贸易”。

**19.139 自由贸易区** free trade area, FTA

签订自由贸易协定的成员国区域。

**19.140 外商直接投资** foreign direct investment, FDI

投资者跨国境投入资本(现金、实物、无形资产和股权等)的活动。

**19.141 农业“走出去”** agricultural FDI, agricultural overseas investment

企业、经济组织或个人到境外进行农业领域直接投资或经营的行为。

**19.142 贴水** discount

外汇市场上,远期汇率低于即期汇率的差额。

**19.143 升水** premium

外汇市场上,远期汇率高于即期汇率的差额。

**19.144 贸易创造** trade creation

贸易国之间因降低贸易障碍而扩大的贸易增量。

**19.145 贸易转移** trade diversion

由于贸易环境的改变,一国贸易品进口或出口由A国转到B国的现象。

**19.146 贸易促进** trade promotion

为发展贸易而进行的一切活动。通常包括司法、信息、市场、培训及展销会等支持活动。

**19.147 贸易条件** terms of trade, TOT

一定时期内,一国出口一单位商品可交换多少单位进口商品的比例(即交换比价)。以此反映一国对外贸易的经济效益。

**19.148 对外贸易依存度** ratio of dependence on foreign trade

一国贸易总额占该国GDP的比重,或单项商品贸易量占该国该商品总量的比重。反映一国或单项商品对国际市场的依赖程度。

**19.149 贸易逆差** trade deficit
又称"贸易赤字""进出口逆差"。一个国家或地区在一定时期内的进口额大于出口额的现象。

**19.150 贸易顺差** trade surplus
一个国家或地区在一定时期内的出口额大于进口额的现象。

**19.151 离岸价格** free on board, FOB
卖方把货物运装到合同规定的港口及运载工具上的价格。

**19.152 到岸价格** cost, insurance and freight, CIF
卖方负担货物运至合同约定目的港所需涵盖成本、保险费和运费的价格。

**19.153 成本加运费价格** cost and freight, C&F
卖方负担货物运至合同约定目的港所需涵盖成本和运费的价格。

**19.154 出口竞争力** export competitiveness
在国外市场上取得市场份额和利润的能力。由商品价格、质量和服务等多因素决定。

**19.155 出口退税** export rebate
政府对出口商品,将已征收的国内增值税和消费税部分或全部退还给出口商的措施。

**19.156 倾销** dumping
以低于正常价值的价格出口商品的不正当竞争行为。

**19.157 反倾销** anti-dumping
进口国对在本国市场上的倾销行为采取的惩罚措施。

**19.158 反补贴** anti-subsidy
进口国对因享受国外政府补贴而损害进口国产业的进口商品所采取的惩罚措施。

**19.159 从价税** ad valorem duty
以进口货物的价值为标准计征的关税。

**19.160 从量税** specific duty
以进口货物的重量/数量、容量和长度等计量单位为标准计征的关税。

**19.161 复合税** compound duty
又称"混合税"。对进口商品同时使用从量税和从价税,酌情择一或混合比例计征的关税。

**19.162 滑动税** sliding duty
根据进出口价格或数量浮动税率进行计征的关税。

**19.163 关税高峰** tariff peak
在总体关税水平较低的情况下,对少数产品维持的高关税。起到贸易壁垒作用。

**19.164 关税升级** tariff escalation
产品链上随着产品加工程度的深化而提高不同加工产品关税的征税现象。通常是随着原料产品、初加工产品和精加工产品的深化而逐级提高关税。

**19.165 国内支持** domestic support
支持国内产业和生产者的所有补贴及其他支持措施。

**19.166 综合支持量** aggregate measurement of support, AMS
向农产品生产者提供支持的年度货币总值。主要由市场价格支持和政府预算支出组成。

**19.167 总支持[水平]估计值** total support estimate, TSE
由于实施农业支持政策,每年从纳税人和消费者转移到农业的总价值。

**19.168 生产者支持估计值** producer support

estimate, PSE
按照农产品价格测算的,由于农业支持政策,每年由消费者和纳税人转移到农业生产者的货币价值。

**19.169 消费者支持估计值** consumer support estimate, CSE
按照农产品价格测算的,由于农业支持政策,每年向农产品消费者转移的支持额的货币价值。

**19.170 一般服务支持估计值** general services support estimate, GSSE
一国政府针对整个农业部门实施的一般性服务政策的支持水平。

**19.171 名义关税** nominal tariff
海关根据关税税则对进口商品所征收的关税。

**19.172 优惠关税** preferential duty
对特定受惠国的进口货物征收低于普通税率的优惠税率关税。

**19.173 约束关税** tariff binding
缔约成员对承诺表中列举产品所能征收的最高关税税率。

**19.174 进出口许可** import and export licence
一国给进出口商签发的允许商品进出口的证书。没有许可证的进出口商一律不准进出口该商品。是国际通用的对外贸易管制手段。

**19.175 进出口配额** import and export quota
一国在一定时期内对某些进出口商品的数量或金额规定的一个最高限额。限额内商品可以进口或出口,限额外商品不准进口或出口。

**19.176 关税配额** tariff quota
一国为限制某商品的进出口而在关税上设定的数量或金额配额。配额内享受较低的关税,超过配额仍可进口,但征收较高的关税。

**19.177 原产地规则** rule of origin
确定货物生产国的具体规定。包括原产地标准、直接运输规则和书面证明书三个部分。关系到享受减免关税的待遇。

**19.178 原产地证明** certificate of origin
出口商应进口商要求而提供的,由公证机构、政府或出口商出具的证明货物原产地或制造地的证明文件。

**19.179 自愿出口限制** voluntary export restrain
出口国在进口国的要求或压力下,主动规定一定时期内某些商品对该国的出口限额。超过限额即禁止出口。

**19.180 乌拉圭回合谈判** Uruguay Round Negotiations
关税总协定于 1986 年 9 月在乌拉圭举行的全面改革多边贸易体制的新一轮谈判。最终导致关贸总协定组织转型为世界贸易组织。

**19.181 多哈回合谈判** Doha Round Negotiations
2001 年 11 月,世界贸易组织在卡塔尔首都多哈举行的第四次部长级会议。启动了新一轮多边贸易谈判。

**19.182 市场准入** market access
一国允许外国的货物、劳务与资本进入国内市场的政策。

**19.183 最低市场准入量** minimum market access
世界贸易组织成员国必须同意外国商品进入本国市场的最低数量。

**19.184 黄箱政策** amber box measures
世界贸易组织规则限制对贸易有较大扭曲作用的成员国政策的统称。

**19.185 发展箱** development box
世界贸易组织农业协定黄箱政策中规定给予发展中国家特殊差别待遇,并对促进其农业农村发展所采取的支持和补贴措施免予削减的一种承诺。

**19.186 绿箱政策** green box measure

世界贸易组织规则不限制对贸易没有或只有微小扭曲作用的成员国政策的统称。

**19.187 蓝箱政策** blue box measure

与生产限制计划相联系的直接支付,是黄箱支持中的特殊措施,可免予减让。

**19.188 新蓝箱政策** new blue box measure

世界贸易组织对蓝箱政策改革达成的新规则。不再与生产限制计划挂钩,蓝箱支持量限制在成员国农业产值的5%以内。

**19.189 技术性贸易壁垒** technical barrier to trade, TBT

一国以保护国民健康与安全等理由对进口商品制定过度严格的卫生检疫、商品参数、商品包装和标签等各种妨碍商品进口的技术标准和程序规定,以增加进口难度的做法。

**19.190 绿色壁垒** green barrier

进口国以保护自然资源和生态环境等绿色低碳名义制定的,妨碍商品进口的各种技术性标准与措施。

**19.191 非贸易关注** non-trade concern

国际贸易中未能反映的成员国多方面社会与福利问题。如粮食安全、环境保护、农村发展、就业和扶贫等。这些问题的常规解决方式有悖于世界贸易组织贸易规则,需要给予特别的豁免安排。

**19.192 生产者补贴等值** producer subsidy equivalent, PSE

欧盟计算政府对农业生产者补贴的一种方法。其数值通常包括政府对农产品产出、农业投入品和农业增值要素的支持与补贴,还包括对国内产出的一般支持。

**19.193 非特定产品支持** non-product specific support, NPS

世界贸易组织规则允许的免于削减的农产品黄箱支持。

**19.194 敏感产品** sensitive product

世界贸易组织农业谈判中,成员方认为的具有重大国计民生影响的少数产品。谈判中往往要求给予一定的特殊规则设定。

**19.195 特定产品** special product, SP

世界贸易组织规则中为照顾成员国粮食安全、生计安全和农村发展的需要而确定的享受条款优待的具体农产品。

**19.196 特殊保障条款** special safeguard provision, SSG

世界贸易组织农业协议对关税化农产品设立的一项保护条款。即当某种农产品进口量突然增加一定量或价格下跌一定额时,允许进口国对该产品征收一定的附加税。

**19.197 微量允许** de minimis(拉)

世界贸易组织规则允许扭曲贸易的国内支持量。发达国家不超过产值的5%,发展中国家不超过10%,中国不超过8.5%。

**19.198 贸易争端解决机制** trade dispute settlement mechanism

多边贸易体系下解决成员方之间产生贸易争端的规则、机构及程序的系统设计。

**19.199 贸易救济** trade remedy

国内产业由于受到不公平贸易行为或过量进口的冲击而遭受损害时,政府给予的符合国际贸易规则的救助。

**19.200 虚拟水贸易** virtual water trade

产品生产和服务所耗费的水资源被视为凝结在产品和服务中的虚拟水,进出口商品相当于在进出口虚拟水。

## 19.04 农业制度经济

**19.201 自给经济** self-sustaining economy
生产目的主要是为满足生产者家庭或组织自身需要的一种经济形态。

**19.202 商品经济** commodity economy
生产目的主要是以商品交换为目的的经济形态。

**19.203 二元经济** dual economy
发展中国家中现代工业部门和传统农业部门并存的经济形态。

**19.204 混合经济** mixed economy
明显包含不同经济运行体制的经济形态。

**19.205 股份制** shareholding system, joint stock system
以入股方式,把属于不同所有者的分散生产要素集中起来统一使用和经营,并按股分红的经济组织形式。

**19.206 股份经济** joint stock-based economy
股份制特征表现的经济形态。

**19.207 国营农场** state farm
生产资料等财产归国有的所有制农场。

**19.208 合作社** co-operative
自愿联合的人们根据互助合作的原则开展合作经营的经济形式。

**19.209 合作经济** cooperative economy
劳动者通过自愿联合、民主管理及共同经营来获得服务和利益的经济形式。

**19.210 集体经济** collective economy
生产资料和劳动产品归组织内劳动群众集体共同所有的公有制经济形式。

**19.211 家庭农场** family farm
以家庭为生产经营单位,且以家庭劳力和自我经营为主的农业经营主体。

**19.212 粗放经营** extensive management
农业生产中在单位面积上投入较少生产要素和管理的农业经营方式。

**19.213 集约经营** intensive management
农业生产中在单位面积上投入较多生产要素和管理的农业经营方式。

**19.214 集约度** intensity
单位生产面积上所投入的生产要素数量。该值越高,则集约度越高;反之越低。

**19.215 农业生产责任制** responsible system for agricultural production
农村集体经济组织对其从事生产作业的小组、家庭或个人明确规定其生产任务、经济责任和计酬办法,从而把责任、权利和劳动报酬结合起来以提高经济效益的农业生产制度。

**19.216 社会化服务** socialized service
由生产经营单位或生活单位外部提供的服务。

**19.217 生产性服务** productive service
外部向生产者提供的生产阶段各环节的服务。

**19.218 土地制度** land system
关于土地所有、占有、支配和使用诸方面的原则、方式、手段及界限等的政策、法律规范和制度体系。是在一定的社会经济条件下因土地归属和利用问题而产生的所有土地关系。

**19.219 产权** property right
法律认可的财产所有关系及依附其上的各种权益(如经营权、承包权、使用权和分配权等)的总称。

**19.220 所有权** ownership
财产的归属。所有权人享有财产占有、使用、收益和处分的权利。

**19.221 土地承包权** land contractual right
我国现阶段农村集体土地制度中,集体组织成员具有的承包土地的资格权。

**19.222 土地经营权** land management right
通过农地承包或流转获得土地上从事农业经营活动的法定权利。权利期内土地经营者对土地享有占有、使用和收益的权利。

**19.223 土地使用权** land use right
单位或者个人依法或依约,对国有土地或集体土地所享有的使用、收益和有限处分的权利。

**19.224 确权颁证** ownership certificate
依照法律和政策的规定对一定范围内的土地所有权或承包经营权的隶属关系和他项权利的确认及颁发的具有法律效用的凭证。

**19.225 农业用地** agricultural land
简称"农地"。直接或间接用于农业生产的土地。包括耕地、园地、林地、草地、养殖水面、田间道路和其他农用地等。

**19.226 建设用地** land for construction
用于建造物及相关配套设施等非农业用途的土地。如城乡住宅、公共设施、交通和通信等用地。

**19.227 经营性建设用地** mercantile constructive land
以商业经营为目的的建设用地。

**19.228 公益性建设用地** public construction land
以公共利益用途为目的的建设用地。如用于公益事业和公共设施的建设用地。

**19.229 宅基地** homestead-used land
农村村民用于建造住宅及其附属设施和庭院等的用地。在地类管理上属于农村集体的建设用地。

**19.230 土地征用** land expropriation
政府根据社会公共利益的需要,依法将集体所有或个人所有的土地收归国家,并依法给予一定补偿的行为。

**19.231 荒地** wasteland
没有耕种或利用的宜农土地。

**19.232 地租** rent, ground rent, land rent
土地所有者凭借土地所有权向土地使用者收取的转让使用费。

**19.233 绝对地租** absolute rent
土地所有者凭借土地所有权取得的地租。

**19.234 级差地租** grade difference rent, differential rent
土地所有者凭借土地所有权取得的绝对地租外,由于农地质量不同或区域位置不同而取得的额外溢价收益。

**19.235 行政村** administrative village
依据《中华人民共和国村民委员会组织法》设立的村民委员会进行村民自治的管理范围。是我国农村基层群众性自治单位。通常由一个较大的自然村或几个自然村结合组成。

**19.236 空心村** hollowed-out village
社会经济发展过程中,农村居民逐渐离开村庄,村中常住人口明显减少,大量房屋闲置的现象。

**19.237 户籍** household registration
又称"户口"。国家户政管理机构对自然人按户记载家庭人口基本信息的档案资料。被用作人口管理手段,甚至是就学、就业、社会福利等的分类管理依据。

**19.238 共同富裕** common prosperity
随着社会经济发展,每个阶层人口的收入水

平和生活水平都在提高,同时贫富差距不断缩小的状态。

**19.239 绝对贫困** absolute poverty
缺乏维持正常生存所需要的基本物质条件的状况。

**19.240 相对贫困** relative poverty
相对于社会平均生活水平有一段差距的贫困状态。

**19.241 消费扶贫** consumption for poverty alleviation
社会各界通过消费来自贫困地区和贫困人口的产品与服务,从而帮助贫困人口增收脱贫的扶贫方式。

**19.242 以工代赈** work relief
政府投资建设基础设施工程,受赈济者参加工程建设获得劳务报酬,以此取代直接救济的一种扶持政策。

**19.243 农民工** rural migrant worker
农业户籍,从事非农产业的劳动者。

**19.244 本地农民工** local rural migrant worker
户籍所在乡镇地域以内的农民工。

**19.245 外出农民工** outgoing rural migrant worker
户籍所在乡镇地域以外的农民工。

## 19.05 农业财政金融与保险

**19.246 金融** finance
货币流通和信用活动,以及与之相联系的经济活动的总称。

**19.247 正规金融** formal finance
依法批准设立的金融机构所开展的金融服务。

**19.248 非正规金融** informal finance
非金融机构的自然人、企业及财政除外的其他经济主体之间,以货币资金为代表的价值转移及本息支付。

**19.249 供应链金融** supply chain finance
银行围绕核心企业,面向供应链上成员企业的系统性金融安排。

**19.250 数字金融** digital finance
通过互联网及信息技术手段与传统金融服务业态相结合的新型金融服务。

**19.251 普惠金融** inclusive finance
金融机构立足机会平等和商业可持续原则,以可负担成本向有金融服务需求的需求者提供的适当和有效金融服务。

**19.252 合作金融** cooperative finance
按照合作制原则形成的互助互利的信用活动形式。

**19.253 金融排斥** financial exclusion
一些群体缺乏从金融体系中获得金融服务机会的状态。

**19.254 金融深化** financial deepening
又称"金融自由化(financial liberalization)"。放松过多的行政干预,放松利率和汇率,使金融体系充分发挥市场资源配置的有效措施。

**19.255 金融抑制** financial repression
政府过多干预金融体系和活动,抑制金融体系发展和金融市场的行为。

**19.256 财政年度** fiscal year
又称"预算年度(budget year)"。预算周期的起讫时间。大多数国家与日历年度一致,但有些国家与日历年度不一致,采用跨年制,如美国、英国和日本。

**19.257 狭义货币供应量** narrow money supply, M1
社会上流通货币总量与活期存款的总和。

**19.258 广义货币供应量** broad money supply, M2
狭义货币供应量(M1)加上定期存款、其他存款和证券公司客户保证金的总和。

**19.259 存款准备金** deposit reserve
为保障客户提取存款和资金清算的需要,金融机构依规在中央银行缴存的存款。

**19.260 存款准备金率** deposit reserve ratio
商业银行应中央银行要求的存款准备金占商业银行存款总额的比例。

**19.261 贷款** loan
金融机构将其所吸收的资金,按照一定的利率贷给客户,并约定归还期限的业务。

**19.262 再贷款** re-lending
中央银行为实现货币政策目标而对金融机构发放的贷款。狭义的指中央银行对金融机构贷款的总称。广义的指再融资的概念,包含票据再贴现。

**19.263 小额信贷** micro credit
为具有还款能力的人或企业提供的无需抵押担保的且金额较小的信贷服务。

**19.264 贴现** discount
商业票据持有人在汇票到期日前,为了取得资金,贴付一定利息,将票据权利转让给金融机构或他人的行为。

**19.265 再贴现** rediscount
中央银行通过买进金融机构持有的已贴现但尚未到期的商业票据,向金融机构提供融资支持的行为。

**19.266 预算** budget
经规定程序审核批准的资金收支计划。如国家财政预算、企业预算和项目预算。

**19.267 一般公共预算** general public budget
对以税收为主体的财政收支预算。

**19.268 决算** final account
根据年度预算执行结果而编制的年度会计报告。是预算执行的总结,也是预算管理的最终环节。

**19.269 债券** bond
政府、企业、银行等债务人为筹集资金,按照法定程序发行,并向债权人承诺于指定日期还本付息的有价证券。

**19.270 一般债券** general obligation bond
地方政府为缓解资金紧张或解决临时经费不足而发行的,以地方税收收入作保证的政府债券。

**19.271 专项债券** revenue bond
为了筹集资金建设某专项工程而发行的,以项目收入作为还本付息资金来源的政府债券。

**19.272 隐性债务** implicit debt
政府财政中,在法定债务预算之外需要政府直接或间接用财政资金偿还的债务。

**19.273 外汇** foreign currency, foreign exchange
拥有的外国货币、外币存款、外币有价证券和外币支付凭证的总称。是可用于国际结算的一种债权。

**19.274 汇率** exchange rate
一个经济体的货币对其他经济体货币的兑换比率。是以一种货币表示另一种货币的价格。

**19.275 实时汇率** live exchange rate
又称“即时汇率”。时点上正在发生的汇率。

**19.276 平均汇率** intermediate rate
一定周期(如天、周、月或年)内的全部即时汇率记载的算数平均数。比如日平均汇率、旬平均汇率和年平均汇率。

**19.277 外汇储备** foreign exchange reserve
为了应付国际支付的需要,一国货币当局能随时用来兑付国际收支的外汇资产。

**19.278 折旧** depreciation
固定资产在使用过程中因磨损、老化或技术陈旧等逐渐损失价值,故在有效使用期内对其成本进行系统合理分配的做法。

**19.279 农村信用合作社** rural credit cooperative
由个人集资联合组成,以互助自助为目的,为社员提供金融服务的一种农村合作金融机构。

**19.280 农村资金互助社** rural mutual financial cooperative
由农村社区居民和农村小微企业自愿入股组成,为社员提供存款、贷款和结算等业务的社区性资金互助性组织。

**19.281 土地出让收益** land transfer revenue
又称"土地出让金"。政府土地管理部门将土地使用权出让给土地使用者,并按规定向受让人收取的全部价款。

**19.282 村镇银行** village bank
经银行业监管机构依法批准,在农村地区设立的主要为当地村镇农民、农业和农村经济发展提供金融服务的银行。

**19.283 微型金融** micro finance
专门针对低收入人群和微型企业提供的小额金融服务。

**19.284 补贴** subsidy
出于特定目的,对特定产业、部门、企业单位、个人或事项给予的补助或津贴。

**19.285 保险** insurance
降低风险损失的经济行为。投保人根据合同约定,向承险人支付一定费用(即保险费),换取约定时期内出现约定风险时的依约赔偿。

**19.286 原保险** primary insurance
又称"第一次保险"。保险人向投保人收取保费,对约定风险发生时所造成的财产损失直接承担原始赔偿责任的保险。

**19.287 再保险** reinsurance
保险人在原保险合同的基础上,通过与同行签订分保合同,将其所承保的部分风险和责任向其他保险人进行保险的行为。

**19.288 农作物保险** crop insurance
以人工种植的各种农作物为标的物的保险。

**19.289 完全成本保险** full cost insurance
覆盖农产品生产中全部成本的保险。

**19.290 收入保险** income insurance
对农产品生产经营中因自然灾害、意外事件和市场风险等导致的收入损失进行赔付的保险。

**19.291 农业巨灾风险准备金** agricultural catastrophe risk reserve fund
应对农业巨灾风险而建立的一种政策性农业准备金制度。

**19.292 低保** low-income security
全称"低收入保障"。政府对家庭人均收入低于当地政府公布的最低生活标准的人口,给予一定生活保障资助的社会保障制度。

**19.293 集体资产** collective asset
产权归属集体共有的资源性资产和非资源性资产。

**19.294 生物资产** biological asset
处于生命活动过程中且同时具有经济价值的资产。通常是指活的动物和植物。

# 英 汉 索 引

## A

agriculture　农业　01.001
agriculture demonstration zone　农业示范区　01.206
agriculture industrial park　农业园区　01.205
agriculture informatization　农业信息化　01.210
agriculture infrastructure　农业基础设施　01.213
agriculture park　农业公园　01.207
agriculture products　农产品　01.216
agriculture products supply and demand　农产品供需　01.218
agricutural multi-function　农业多功能　19.048
*Agrimonia pilosa* Ldb.　龙牙草，* 仙鹤草，* 地仙草　05.271
agritourism　休闲农业　01.036
agrobacterium-mediated transformation　农杆菌介导转化　15.049
agrobacterium tumefaciens　根癌农杆菌　15.050
agrobiodiversity　农业生物多样性　01.224
agro-biological big data　农业生物大数据　15.291
agrobiology　农业生物学　01.113
agrochemical　农用化学物质　11.023
agrochemistry　农业化学　01.122
agroclimate　农业气候　13.077
agroclimate model　农业气候模型　16.170
agroclimatic analysis　农业气候分析　13.144
agroclimatic atlas　农业气候图集　13.147
agroclimatic damage　农业气候灾害　13.174
agroclimatic demarcation　农业气候区划　13.116
agroclimatic disaster　农业气候灾害　13.174
agroclimatic division　农业气候区划　13.116
agroclimatic evaluation　农业气候评价　13.146
agroclimatic index　农业气候指标　13.145
agroclimatic investigation　农业气候调查，* 农业气候考察　13.143
agroclimatic region　农业气候区　13.117
agroclimatic regionalization　农业气候区划　13.116
agroclimatic resources　农业气候资源　13.119
agroclimatic survey　农业气候调查，* 农业气候考察　13.143
agroclimatography　农业气候志　13.148
agroclimatology　农业气候学　13.076
agroecological balance　农业生态平衡　11.084
agroecology　农业生态学　01.119
agroecosystem structure　农业生态系统结构　11.071
agro-environmentology　农业环境学　01.118
agro-fishery ecosystem　农渔复合生态系统　11.069
agroforestry and animal husbandry ecosystem　农林牧复合生态系统　11.068
agrogeography　农业地理学　01.126
agro infiltration　农杆菌渗透法　15.212
agro-informatics　农业信息学　01.129
agrology　农业土壤学　01.120
agrometeorological disaster　农业气象灾害　13.173
agrometeorological disaster risk　农业气象灾害风险　13.212
agrometeorological disaster risk management　农业气象灾害风险管理　13.213
agrometeorological early warning　农业气象预警　13.252
agrometeorological experimental station　农业气象试验站　13.255
agrometeorological forecast　农业气象预报　13.248
agrometeorological index　农业气象指标　13.030
agrometeorological information　农业气象信息　13.246
agrometeorological model　农业气象模式　13.259
agrometeorological observation　农业气象观测　13.247
agrometeorological remote sensing　农业气象遥感　13.258
agrometeorological service　农业气象业务　13.254
agrometeorological station　农业气象观测站，* 农业气象站　13.256
agrometeorological yield forecast　农业气象产量预报　13.249
agrometeorology　农业气象学　01.124
agromicroclimate　农业小气候　13.090
agronomic character　农艺性状　01.200
agronomic water saving　农艺节水　08.068
agronomy　农学　01.099
agro-pastoral ecosystem　农牧复合生态系统　11.070
*Agropyron cristatum* × *A. desertorum*　杂种冰草　03.063
*Agropyron cristatum*（L.）Gaertn.　扁穗冰草　03.062
*Agropyron desertorum*（Fisch.）Schult.　沙生冰草　03.064
*Agropyron michnoi* Roshev.　根茎冰草，* 米氏冰草　03.065
*Agropyron mongolicum* Keng　蒙古冰草，* 沙芦草　03.066
agrotechnology popularization　农业技术推广　01.215
agrotopoclimate　农业地形气候　13.091
air-cured tobacco　晾烟　04.155

ammonia oxidation 氨氧化 09.242
ammonia synthesis 合成氨 09.345
ammonia volatilization 氨挥发 09.236
ammonifying bacteria 氨化细菌 09.195
ammonium-oxidizing archaea 氨氧化古菌 09.193
ammonium-oxidizing bacteria 氨氧化细菌，＊亚硝酸细菌 09.194
*Amorphophallus konjac* Durieu 魔芋 02.124
*Amorphophallus konjac* K. Koch 花魔芋，＊蒟蒻 05.200
amorphous material ＊无定形物质 09.112
amphidiploid 双二倍体 06.082
amphiploid 双倍体 06.081
amplitude of annual variation 年较差 13.133
amplitude of diurnal variation 日较差，＊日振幅 13.132
AMS 综合支持量 19.166
amylopectin 支链淀粉 07.154
amylose 直链淀粉 07.153
*Anacardium occidentale* L. 腰果，＊树花生，＊介寿果 05.113
anaerobic digestion ＊厌氧消化 14.273
anaerobic fermentation 厌氧发酵 14.273
analytic hierarchy process 层次分析[法] 16.231
*Ananas comosus*（L.）Merr. 菠萝，＊凤梨 05.101
anchor probe 锚定探针 06.473
ancient agriculture 古代农业 01.003
androgenesis 孤雄生殖 06.347
*Anemone coronaria* L. 欧洲银莲花，＊罂粟秋牡丹 05.360
*Anethum graveolens* L. 莳萝，＊土茴香 05.230
aneuploid 非整倍体 06.079
angelonia 天使花，＊香彩雀 05.337
*Angelonia angustifolia* Humb. & Bonpl. 天使花，＊香彩雀 05.337
angoumois grain moth 麦蛾，＊禾麦蛾 10.183
animal farming waste 畜禽养殖废弃物 14.209
animal husbandry climate 畜牧气候 13.080
animal manure 畜禽粪便 14.210
animal remediation 动物修复 11.052
*Annona squamosa* L. 番荔枝，＊佛头果，＊香梨 05.103
annual crop 一年生作物 01.068
annual range 年较差 13.133
annual weed 一年生杂草 10.346
antagonism 拮抗 10.059
anther culture 花药培养 06.099
anthesis-silking interval 开花-吐丝间隔期 07.048
anthocoridae bug 花蝽 10.275
Anthrosol 人为土 09.172
anthurium 花烛，＊红掌，＊安祖花 05.396
*Anthurium andraeanum* Linden 花烛，＊红掌，＊安祖花 05.396
antibiotic pollution 抗生素污染 11.034
antibiotics resistance gene 抗生素抗性基因 11.035
anti-dumping 反倾销 19.157
antifreeze protein 抗冻蛋白 07.205
antimicrobial packaging 抗菌包装 17.042
antimutagen 抗诱变剂 15.121
anti-nutritional factor 抗营养因子 15.372
*Antirrhinum majus* L. 金鱼草，＊龙口花，＊龙头花 05.332
anti-subsidy 反补贴 19.158
Aphelinidae 蚜小蜂 10.285
Aphidiidae 蚜茧蜂 10.288
*Aphis glycines* Matsumura 大豆蚜 10.155
*Aphis gossypii* Glover 棉蚜 10.149
apical dominance 顶端优势 07.016
*Apios fortunei* Maxim. 菜用土圞儿 05.202
*Apium graveolens* L. 芹菜，＊本芹，＊旱芹 05.223
*Apium graveolens* var. *rapaceum* DC. 根芹菜，＊根洋芹 05.224
*Apocynum venetum* L. 罗布麻 04.077
*Apodemus agrarius*（Pallas） 黑线姬鼠 10.381
*Apolygus lucorum*（Meyer-Dür） 绿盲蝽 10.151
apomixis 无融合生殖 06.351
apospory 无孢子生殖 06.350
appearance 外观 18.058
apple 苹果 05.011
application layer 应用层 16.098
Approaching Fullness 小满 01.158
appropriate percolation rate 适宜渗漏强度 12.182
apricot 杏 05.030
aquaporin 水孔蛋白 07.235
aquatic crop 水生作物 01.057
aquatic flower 水生花卉 05.309
aquatic vegetable 水生蔬菜 05.204
aqueduct 渡槽 12.041

atomic absorption spectroscopy　原子吸收光谱技术　16. 124
atomic emission spectroscopy　原子发射光谱技术　16. 125
*Atriplex hortensis* L.　榆钱菠菜，＊洋菠菜　05. 234
auction　拍卖　19. 113
audio data　音频数据　16. 026
audit　审核　18. 182
*Auricularia cornea* Ehrenb.　毛木耳，＊粗木耳，＊黄背木耳　05. 279
*Auricularia heimuer* F. Wu, B. K. Cui & Y. C. Dai　黑木耳，＊木耳，＊云耳，＊桑耳　05. 280
authenticity identification　真实性鉴别　18. 038
autoinducer　自诱导物，＊自诱导子　15. 251
automatic agrometeorological observation　农业气象自动观测　13. 257
automatic navigation system　自动导航系统　14. 359
automatic voice service　自动语音服务　16. 257
autopoietic system　自我再生系统　15. 096
autopolyhaploid　同源多元单倍体　06. 091
autopolyploid　同源多倍体　06. 086
autotetraploid　同源四倍体　06. 083
Autumn Equinox　秋分　01. 166
autumn grain　秋粮　19. 063
autumn harvesting crop　秋收作物　01. 074
autumn sesame　秋芝麻　04. 114
autumn sown crop　秋播作物　01. 072
autumn zephyr lily　葱莲　05. 443
auxotrophic strain　营养缺陷型菌株　15. 237
available nutrient　有效养分　09. 087
available precipitation　有效降水量　13. 050
*Avena fatua* L.　野燕麦　10. 352
*Avena nuda* L.　裸燕麦，＊莜麦，＊玉麦　02. 057
*Avena sativa* L.　皮燕麦，＊雀麦，＊野麦　02. 056
*Averrhoa carambola* L.　阳桃，＊洋桃，＊五敛子　05. 094
avirulence effector　无毒效应因子　10. 066
avocado　油梨，＊鳄梨　05. 108
awnless cleistogenes　无芒隐子草　03. 075
axial flow pump　轴流泵　12. 020
Azalea　杜鹃花，＊映山红　05. 458
azotobacteria　固氮菌　09. 188

# B

baby corn　笋玉米　02. 068
*Bacillus* spp.　芽孢杆菌　10. 292
*Bacillus subtilis* (Ehrenberg) Cohn　枯草芽孢杆菌　10. 294
*Bacillus thuringiensis* E. Berliner　苏云金芽孢杆菌　10. 293, 15. 055
backcross　回交　06. 195
backcross inbred line　回交近交系　06. 200
backcross recombinant inbred line　回交重组自交系　06. 198
background selection　背景选择　06. 476
background survey　本底调查　01. 180
background value of soil　土壤背景值，＊土壤本底值　11. 125
back mutation　回复突变　15. 151
backwater levee　回水堤　12. 202
*Bacopa monnieri* (L.) Wettst　假马齿苋　05. 336
bacterial canker of kiwifruit　猕猴桃细菌性溃疡病菌　10. 336
bacterial canker of tomato　番茄细菌性溃疡病菌　10. 335
bacterial fruit blotch　瓜类果斑病菌　10. 334
bacterial pathogen　病原细菌　10. 017
bacteroid　类菌体　15. 279
*Bactrocera dorsalis* (Hendel)　橘小实蝇　10. 321
*Bactrocera minax* (Enderlein)　柑橘大实蝇　10. 176
bailinggu　白灵侧耳，＊白灵菇，＊阿魏蘑　05. 299
baines lotononis　罗顿豆　03. 027
bait station　毒饵站　10. 403
balance area of grain supply and demand　粮食产销平衡区　19. 073
baler　打捆机　14. 096
balloon flower　桔梗，＊包袱花，＊铃铛花，＊僧帽花　05. 270
ball rolling　包揉　17. 261
bamboo fungus　竹荪，＊竹笙　05. 294
bamboo shoot　竹笋，＊绿竹笋，＊麻竹笋　05. 261
banana　香蕉，＊矮脚蕉，＊香牙蕉　05. 090
banana burrowing nematode　香蕉穿孔线虫　10. 328
*Bandicota indica* (Bechstein)　板齿鼠　10. 382

blue box measure　蓝箱政策　19.187
blue oat mite　麦圆蜘蛛　10.143
bluetooth technology　蓝牙技术　16.114
BMP　生化产甲烷潜力　14.278
BNF　生物固氮作用　15.282
boat-shaped tractor　船式拖拉机，*船形拖拉机，*机滚船　14.033
boat tractor　船式拖拉机，*船形拖拉机，*机滚船　14.033
*Boehmeria nivea* L.　苎麻　04.057
bog blueberry　笃斯越橘，*乌丝越橘　05.079
*Boletus edulis* Bull.　美味牛肝菌　05.281
bolls formed at three growth periods　三桃　04.010
boll-to-row method　铃行法　06.299
bolting stage　抽薹期　07.045
bond　债券　19.269
booting stage　孕穗期　07.043
border irrigation　畦灌　12.061
botanical pesticide　植物源农药　10.259
*Bothriochloa ischaemum* (Linn.) Keng　白羊草　03.067
bottle aging　瓶储　17.213
bottle gourd　瓠瓜，*瓠子，*扁蒲　05.177
bottle palm　酒瓶兰，*象腿树　05.470
*Bougainvillea spectabilis* Willd.　叶子花，*三角梅，*九重葛　05.373
boundary effect　边行效应　08.015
bouquet larkspur　大花飞燕草，*翠雀　05.356
bowstring-hemp　虎尾兰　05.422
*Brachiaria brizantha* Stapf　珊状臂形草　03.068
*Brachiaria decumbens* Stapf　俯仰臂形草，*伏生臂形草　03.069
*Brachiaria dictyoneura* (Fig. & De Not.) Stapf　网脉臂形草　03.070
*Brachiaria ruziziensis* G. & E.　刚果臂形草　03.071
bracken　蕨菜，*拳头菜　05.273
bracketplant　吊兰　05.411
brackish water　微咸水　12.006
Braconidae　茧蜂　10.287
brahmi　假马齿苋　05.336
branch binding　绑蔓　08.136
branch canal　支渠　12.055
branch grafting　枝接　08.089
branch holding　压蔓　08.137
branch traction　牵引　08.135
brand　品牌　19.088
brandt's vole　布氏田鼠　10.391
bran finishing　打麸　17.100
*Brasenia schreberi* J. F. Gmel.　莼菜，*马蹄草，*湖菜　05.212
*Brassica campestris* ssp. *chinensis* var. *chinensis* Tsen et Lee　小白菜，*青菜，*飘儿白，*小油菜　05.144
*Brassica campestris* ssp. *chinensis* var. *parachinensis* Tsen et Lee　菜心，*菜薹　05.146
*Brassica campestris* ssp. *chinensis* var. *rosularis* Tsen et Lee　乌塌菜，*塌地菘，*塌棵菜，*黑菜　05.145
*Brassica campestris* ssp. *chinensis* var. *taitsai* Hort　薹菜　05.147
*Brassica campestris* ssp. *pekinensis* Olsson　大白菜，*结球白菜，*包心白菜　05.143
*Brassica campestris* ssp. *rapifera* (Matzg) Sinsk　芜菁，*蔓菁，*圆根　05.148
*Brassica carinata* A. Braun　*埃芥　04.082
*Brassica juncea* Coss.　*芥菜　04.080
*Brassica napus* L.　*欧洲油菜　04.079
*Brassica napus* var. *napobrassica* (L.) Reichenb　芜菁甘蓝，*洋蔓菁，*洋大头菜　05.149
*Brassica oleracea* var. *acephala*　羽衣甘蓝　05.140
*Brassica oleracea* var. *alboglabra*　芥蓝　05.138
*Brassica oleracea* var. *botrytis*　花椰菜，*花菜　05.136
*Brassica oleracea* var. *capitata*　结球甘蓝，*甘蓝，*卷心菜，*包心菜，*洋白菜　05.132
*Brassica oleracea* var. *gemmifera*　抱子甘蓝　05.135
*Brassica oleracea* var. *gongylodes*　球茎甘蓝，*苤蓝　05.139
*Brassica oleracea* var. *italica*　青花菜，*西蓝花　05.137
*Brassica oleracea* var. *italica* Group × *alboglabra* Group　西蓝薹　05.141
*Brassica oleracea* var. *rubra*　紫甘蓝　05.133
*Brassica oleracea* var. *sabauda*　皱叶甘蓝　05.134
*Brassica rapa* L.　*芸薹　04.081
breakdown value　稀懈值　07.157
breaking elongation　断裂伸长率　04.044
breaking tenacity　断裂比强度　04.041
break system　皮磨系统　17.096
breather pipe　通气管　12.052
breeder right　*育种者权利　06.550
breeder seed　原原种　06.498
breeder's seed　育种家种子　06.501

# C

cotton harvested after first frost　霜后花　04.024
cotton harvester　棉花收获机　14.089
cotton linter　棉短绒，＊棉籽绒　04.018
cotton maturity　棉纤维成熟度　04.045
cotton notarial inspection　棉花公证检验　04.033
cotton picker　＊采棉机　14.089
cotton price index　棉花价格指数　04.049
cotton seed　棉籽　04.017
cottonseed cake　棉籽饼　04.020
cotton seed delinting　棉籽脱绒　04.019
cottonseed meal　棉籽粕　04.021
cotton stripper　＊摘[棉]铃机　14.089
cotton verticillium wilt　棉花黄萎病　10.088
cotton whitefly　烟粉虱　10.166
cotton yield monitor　棉花产量监测器　14.384
covariance between environment　环境协方差　15.315
cover crop　覆盖作物　01.063
cowpea　豇豆，＊豆角　02.105
cowpea thrips　豆大蓟马，＊普通大蓟马，＊豆花蓟马　10.169
$CO_2$ compensation point　二氧化碳补偿点　07.097
$CO_2$ enrichment　二氧化碳施肥　14.191
$CO_2$ generator　二氧化碳发生器　14.192
$CO_2$ saturation point　二氧化碳饱和点　07.098
crabapple　花红，＊沙果　05.012
cracking　破碎　17.147
crassicolumna tea　厚轴茶　05.478
*Crataegus pinnatifida* Bge.　山楂，＊山里红　05.017
crawler tractor　履带拖拉机，＊链轨拖拉机　14.031
creative agriculture　创意农业　01.035
creeping inchplant　铺地锦竹草　03.125
creeping liriope　山麦冬　05.413
crested wheatgrass　扁穗冰草　03.062
*Cricetulus barabensis* (Pallas)　黑线仓鼠　10.386
crimson clover　绛三叶　03.048
CRISPR/Cas system　CRISPR/Cas 系统　15.069
criteria of agricultural drainage　农田排水标准　12.177
critical control point　关键控制点　18.193
critical day-length　临界昼长，＊临界日长　13.017
critical groundwater table　地下水临界深度　12.184
critical humidity　临界湿度　13.064
critical nitrogen concentration　临界氮浓度　07.271
critical period of crop water requirement　作物需水临界期　07.248
critical stage of nutrition　营养临界期　09.231
critical value of soil pollution　土壤污染物临界值　11.128
critical water depth　临界水深　12.252
*Crocus sativus* L.　番红花，＊藏红花　05.429
crop　作物，＊农作物　01.037
crop appearance　作物长相　07.063
crop chlorophyll sensor　作物叶绿素传感器　14.330
crop climatic adaptation　作物气候适应性　13.153
crop climatic ecotype　作物气候生态型　13.152
crop composition and distribution　作物布局　08.002
crop cultivation and geoponics　耕作与栽培学　01.108
crop cultivation physiology　作物栽培生理学　07.261
crop cytomics　作物细胞组学　06.366
crop development　作物发育　07.008
crop disease　作物病害　10.011
crop disease and pest sensor　作物病虫害传感器　14.331
crop drought resistance experiment　作物受旱试验　12.281
crop ecological factor　作物生态因子　08.038
crop ecology　作物生态学　01.107
crop ecophysiology　作物生态生理学　07.260
crop genetics　作物遗传学　01.102
crop genomics　作物基因组学　06.362
crop growing period　作物生育期　08.076
crop growth　作物生长　07.003
crop growth model　作物生长模型，＊作物模型　13.260
crop growth rate　作物生长率　07.060
crop growth simulation　作物生长模拟　07.265
crop growth status　作物长势　07.062
crop insect pest　作物虫害　10.091
crop insurance　农作物保险　19.288
crop introduction　作物引种　06.015
crop knowledge model　作物知识模型　16.186
cropland ecosystem　农田生态系统　11.067
crop leaf area index sensor　作物叶面积指数传感器　14.332
crop -livestock integration　农牧结合　08.043
crop marginal effect　＊作物边际效应　01.194
crop metabolomics　作物代谢组学　06.365
crop meteorology　作物气象学　13.001
crop morphological model　作物形态模型　16.188
crop morphology　作物形态学　01.104

# D

# E

exchange adsorption　交换吸附　09. 104
exchange rate　汇率　19. 274
exhaust　排气　17. 180
exhaust fan　排风机　14. 146
exhaust of moisture　排湿　17. 221
exhaust valve　排气阀　12. 118
exist inspection and quarantine of genetically modified product　转基因产品出境检验检疫　15. 345
exogenous gene　外源基因　15. 360
exon　外显子　15. 006
exotic species　外来物种　10. 309
experiment　实验　18. 003
experimental treatment　＊试验处理　01. 182
experiment and verification of agricultural machinery　农机试验鉴定　14. 011
expert system　专家系统　16. 247
explant　外植体　15. 175
explicit information　显性信息　16. 021
export competitiveness　出口竞争力　19. 154
export-oriented agriculture　外向型农业　01. 013
export rebate　出口退税　19. 155
exposure　暴露度　13. 216
expressed sequence tag sequencing technique　表达序列标签测序技术　06. 451
expression pattern　表达模式　06. 446
expression quantitative trait locus　表达数量性状基因座　15. 317
*ex situ* conservation　异位保存，＊异地保存　06. 046
extensive agriculture　粗放农业　01. 007
extensive management　粗放经营　19. 212
external exposure　外照射　15. 133
extinction coefficient　消光系数　07. 106
extracting oil from oilseed　油料提油　17. 126
extraction　提取，＊萃取　17. 065
extraneous maximum residue limit　再残留限量　18. 120
extreme weather and climate event　极端天气气候事件　13. 237
extrusion and puffing　挤压膨化　17. 063

# F

faba bean　蚕豆，＊胡豆，＊罗汉豆　02. 101
faber cymbidium　蕙兰　05. 462
facility agricultural climate　设施农业气候　13. 081
facility agriculture　设施农业　01. 021
facility and structure　设施建筑与结构　14. 108
facility crop　设施作物　01. 067
factory nursery　工厂化育苗　08. 116
facultative composting　兼性堆肥　11. 097
facultative parasite　兼性寄生物　10. 040
*Fagopyrum dibotrys* (D. Don) Hara　金荞麦，＊万年荞，＊老虎荞　02. 086
*Fagopyrum esculentum* Moench　甜荞麦，＊普通荞麦，＊乌麦，＊三角麦　02. 084
*Fagopyrum tataricum* ( L. ) Gaertn.　苦荞麦，＊鞑靼荞麦　02. 085
fall armyworm　草地贪夜蛾　10. 316
fallow　休耕，＊休闲　08. 022
false cleavers　拉拉藤，＊猪殃殃　10. 371
false dragonhead　随意草，＊假龙头花　05. 342
false spirea　珍珠梅　05. 452
family farm　家庭农场　19. 211
fan　风机　14. 145
fan and pad cooling　湿帘风机降温　14. 157
fan ventilation　风机通风　14. 139
far east achnatherum　远东芨芨草　03. 061
farinaceous endosperm　粉质胚乳　07. 144
farm implement　农机具　14. 017
farming system　耕作制度，＊农作制度　01. 235
farmland　农田　01. 079
farmland atmosphere monitoring　农田大气监测　11. 112
farmland drainage and runoff　农田排水，＊农田退水　11. 006
farmland drainage system　农田排水系统　12. 167
farmland ecosystem model　农田生态系统模型　16. 171
farmland potential productivity　农田生产潜力　08. 039
farmland water balance　农田水分平衡，＊农田水量差额　13. 167
farm size　农场规模　19. 046
farmyard manure　＊农家肥料　09. 293
fa-tsai　发菜，＊地毛菜，＊发状念珠藻　05. 274
FDI　外商直接投资　19. 140
feature extraction　特征提取　16. 206
feature selection　特征选择　16. 207
fecundity　生殖力　10. 095

foreign currency　外汇　19.273
foreign direct investment　外商直接投资　19.140
foreign exchange　外汇　19.273
foreign exchange reserve　外汇储备　19.277
forest land　林地　01.097
forestry climate　林业气候　13.079
formal finance　正规金融　19.247
formula blend　配方掺混　09.346
formulated fertilization　配方施肥　08.067
*Fortunella japonica* (Thunb.) Swingle　圆金柑，*罗纹，*金橘　05.058
*Fortunella margarita* (Lour.) Swingle　长金柑，*罗浮，*牛奶金橘　05.059
forward genetics　正向遗传学　15.027
forward mutation　正向突变　06.480
foundation seed　原种　06.499
foundation seed nursery　原种圃　06.500
Fourier spectroscopy　傅里叶光谱技术　16.123
Fourier transform spectroscopy　*傅里叶变换光谱技术　16.123
four-o'clock　紫茉莉　05.372
four situation monitoring data　四情监测数据　16.055
four-stage seed-production system　四级种子生产体系　06.560
foxglove　毛地黄，*洋地黄，*钟花　05.335
fox grape　美洲葡萄　05.064
foxtail millet　谷子，*粟　02.078
*Fragaria ananassa* Duch.　草莓，*洋莓，*地莓，*红莓　05.036
*Fragaria chiloensis* Duch.　智利草莓　05.037
fragrant plantain lily　玉簪　05.403
fragrant taro　香芋，*地栗子，*黄栗　02.122
frameshift　移码，*读框移位　06.108
frameshift mutation　移码突变　15.148
framing　支架　08.134
*Frankliniella occidentalis* (Pergande)　西花蓟马，*西方蓟马，*苜蓿蓟马　10.170
free-living nitrogen fixation　自生固氮作用　15.284
free on board　离岸价格　19.151
free radical　自由基　15.142
freesia　小苍兰，*香雪兰　05.427
*Freesia refracta* (Jacq.) Klatt　小苍兰，*香雪兰　05.427
free trade area　自由贸易区　19.139
freeze-thaw erosion　冻融侵蚀　12.297
freezing rain　冻雨　13.199
freezing resistance　抗冻性　07.202
freezing temperature　冻结温度　13.048
French marigold　孔雀草，*小万寿菊　05.320
frequency curve of irrigation water use　灌溉用水量频率曲线　12.011
frequency factor　*频率因子　14.300
fresh agricultural products　生鲜农产品　19.055
fresh-cut fruit and vegetable　鲜切果蔬　17.154
fresh cutting of fruit and vegetable　果蔬鲜切　17.153
Fresh Green　清明　01.155
fresh-keeping　贮藏保鲜　17.021
fresh leave storage　贮青　17.241
fried chicken mushroom　荷叶离褶伞，*鹿茸菇，*荷叶蘑　05.290
fringed bromegrass　缘毛雀麦　03.073
*Fritillaria imperialis* L.　皇冠贝母　05.408
frost-free day　无霜日　13.134
frost-free season　无霜期　13.135
frost heaving　冻拔　13.193
frost injury　霜冻　13.184
frozen food P-P-P　冷冻食品 P-P-P　17.231
frozen food product-processing-packaging　冷冻食品 P-P-P　17.231
frozen food time-temperature-tolerance　冷冻食品 T-T-T　17.232
frozen food T-T-T　冷冻食品 T-T-T　17.232
frozen rain　冻雨　13.199
fructan　果聚糖　07.191
fructus momordicae　罗汉果，*拉汗果，*假苦瓜　05.117
fruit　果实　01.042
fruit and vegetable canning　果蔬罐藏　17.176
fruit and vegetable curing　果蔬腌制，*果蔬腌渍　17.183
fruit and vegetable drying　果蔬干燥　17.218
fruit and vegetable juice　果蔬汁　17.170
fruit and vegetable juice beverage　果蔬汁饮料　17.175
fruit and vegetable juice from concentrate　浓缩还原果蔬汁　17.172
fruit and vegetable juice not from concentrate　非浓缩还原果蔬汁　17.173
fruit and vegetable juicing　果蔬制汁　17.155

# G

geothermal gradient　地温梯度，＊地热梯度　13.032
geothermal heating rate　＊地热增温率　13.032
geranium　天竺葵　05.391
gerbera　非洲菊，＊扶郎花，＊太阳花　05.322
*Gerbera jamesonii* Bolus　非洲菊，＊扶郎花，＊太阳花　05.322
germ choosing grits extraction　选胚提糁　17.118
germination index　种子发芽指数　11.101
germination test　发芽试验　06.528
germplasm　种质　06.038
germplasm enhancement　种质创新　06.062
germplasm nursery　种质圃　06.049
germplasm resources　种质资源　06.039
germplasm storage　种质储存　06.044
GFP　绿色荧光蛋白　15.208
GI　种子发芽指数　11.101
giant onion　大花葱　05.417
gilli-flower　紫罗兰　05.347
ginger　姜，＊生姜，＊川姜　05.199
Gini coefficient　基尼系数　19.010
ginkgo　银杏，＊白果，＊公孙树，＊鸭掌树　05.087
*Ginkgo biloba* L.　银杏，＊白果，＊公孙树，＊鸭掌树　05.087
ginned cotton　皮棉　04.012
girdling　环割　08.127
GIS　地理信息系统　16.149
gladiolus　唐菖蒲，＊剑兰　05.428
*Gladiolus gandavensis* Van Houtte　唐菖蒲，＊剑兰　05.428
*Glandularia × hybrida* (Groenland & Rümpler) G. L. Nesom & Pruski　美女樱　05.355
glass greenhouse　玻璃温室　14.116
glasshouse　玻璃温室　14.116
glaze　雨凇　13.060
glazing material　透光材料　14.111
*Glebionis coronaria* (L.) Cass. ex Spach　茼蒿，＊蓬蒿　05.245
*Glechoma longituba* (Nakai) Kupr.　活血丹　05.346
gleyization　潜育化[过程]　09.138
gliadin　醇溶蛋白　07.165
*Gliocladium* spp.　黏帚霉　10.301
global navigation satellite system　全球导航卫星系统　14.361
global path planning　全局路径规划　14.369
*Globodera rostochiensis* (Wollenweber)　马铃薯金线虫　10.326
globulin　球蛋白　07.164
gloxinia　大岩桐　05.390
GLP　良好实验室规范　18.197
glucosinolate　硫苷　04.093
glutathione　谷胱甘肽　07.222
glutelin　谷蛋白　07.166
gluten　面筋　07.159
glutenin macropolymer　谷蛋白大聚合体　07.167
gluten strength　面筋强度　07.160
glutinous rice　糯稻　02.022
glutinous sorghum　糯高粱　02.075
*Glycine gracilis* Skvortsov　半野生大豆　02.095
*Glycine max* (L.) Merr.　栽培大豆　02.096，秣食豆，＊饲用大豆　03.016，毛豆，＊菜用大豆　05.160
*Glycine soja* Sieb. et Zucc.　野生大豆　02.094
glycomics　糖组学　06.373
glycosylation　糖基化　15.207
GMO　转基因生物，＊遗传修饰生物体　15.337
GMO inactivation　转基因生物灭活　15.340
GMO safety certificate　转基因生物安全证书　15.350
GMP　良好操作规范　18.196
GNI　国民总收入　19.001
GNP　＊国民生产总值　19.001
GNSS　全球导航卫星系统　14.361
golden fungus　金耳，＊黄金银耳　05.293
golden genome　金标基因组　06.357
*Gomphrena globosa* L.　千日红，＊百日红　05.330
good agricultural practice　良好农业规范　18.195
good laboratory practice　良好实验室规范　18.197
good manufacturing practice　良好操作规范　18.196
goods trade　货物贸易　19.134
gooseberry　醋栗　05.042
goosegrass　牛筋草　10.351
gordon euryale　芡，＊鸡头，＊鸡头米　05.209
*Gossypium arboreum* L.　亚洲棉，＊中棉　04.004
*Gossypium barbadense* L.　海岛棉，＊长绒棉　04.003
*Gossypium herbaceum* L.　草棉，＊非洲棉，＊粗绒棉　04.005
*Gossypium hirsutum* L.　陆地棉，＊细绒棉，＊高原棉　04.002
gossypol　棉酚　04.022
gourd vegetable　瓜类蔬菜　05.166

# H

# I

# J

# K



# L

# M

# N

# O

# P

pear fire blight 梨火疫病菌 10.333
pearleaf crabapple 楸子，＊海棠果 05.013
pearl millet 珍珠粟，＊蜡烛稗，＊御谷，＊美洲狼尾草 02.079
pecan 长山核桃，＊薄壳山核桃，＊美国山核桃 05.082
*Pectinophora gossypiella* (Saunders) 棉红铃虫 10.154
pedigree 系谱 06.150
pedigree analysis 系谱分析 06.151
pedigree method 系谱法 06.296
pedosphere 土壤圈 09.003
peeling 去皮，＊脱皮 17.049
peg 果针 04.107
*Pelargonium hortorum* Bailey 天竺葵 05.391
penetrating agent 渗透剂 10.219
pennisetum 杂交狼尾草 03.102
*Pennisetum alopecuroides* (L.) Spreng. 狼尾草，＊狗尾巴草 03.101
*Pennisetum americanum* ×*P. purpureum* 杂交狼尾草 03.102
*Pennisetum clandestinum* Hochst. ex Chiov. 东非狼尾草 03.103
*Pennisetum glaucum* L. 珍珠粟，＊蜡烛稗，＊御谷，＊美洲狼尾草 02.079
*Pennisetum polystachion* (L.)Schult. 多穗狼尾草 03.104
*Pennisetum purpureum* Schum. 象草，＊紫狼尾草 03.105
*Penthaleus major* (Dugès) 麦圆蜘蛛 10.143
pepino 香瓜茄，＊人参果 05.154
pepper 辣椒 05.155，胡椒 04.148
percentage of wetted soil 土壤湿润比 12.109
perception layer 感知层 16.096
perception of risk 风险认知，＊风险感知 18.178
perceptual node 感知节点 16.099
perennial buckwheat 金荞麦，＊万年荞，＊老虎荞 02.086
perennial crop 多年生作物 01.069
perennial flower 宿根花卉 05.307
perennial rice 多年生水稻 02.019
perennial ryegrass 多年生黑麦草，＊宿根黑麦草 03.096
perennial weed 多年生杂草 10.348
perfoliate rosinweed 串叶松香草 03.133
perfused culture 灌流培养 15.191
*Pericallis hybrida* (Regel) B. Nord 瓜叶菊，＊千日莲，＊瓜叶莲 05.318
pericarp 果皮 01.043
periclinal chimera 周缘嵌合体 15.169
*Perilla frutescens* (L.) Britt. 紫苏，＊桂荏，＊白苏 05.259
permanent basic farm 永久基本农田 01.083
permanent charge 永久电荷 09.094
permanent $F_2$ population 永久 $F_2$ 群体 06.173
permanent sprinkler irrigation system 固定式喷灌系统 12.136
permitted limit 容许限 18.011
peroxidase 过氧化物酶 07.220
perpetual snow 积雪 13.138
*Persea americana* Mill. 油梨，＊鳄梨 05.108
Persian buttercup 花毛茛 05.359
persian walnut 核桃，＊胡桃 05.080
persimmon 柿 05.066
persistent organic pollutant 持久性有机污染物 11.026
persistent virus 持久性病毒 10.036
Peruvian lily 六出花 05.446
pesticide 农药 10.192
pesticide adjuvant 农药助剂 10.214
pesticide bioassay 农药生物测定 10.238
pesticide carrier 农药载体 10.215
pesticide formulation 农药剂型 10.199
pesticide median lethal concentration 农药致死中浓度 10.236
pesticide median lethal dose 农药半数致死量 10.235
pesticide non-observed adverse effect level 农药无作用剂量 10.247
pesticide pollution 农药污染 11.027
pesticide residue 农药残留 10.243
pesticide resistance 抗药性 10.234
pesticide risk assessment 农药风险评估 10.254
pest situation monitoring data 虫情监测数据 16.058
petroleum agriculture ＊石油农业 01.010
*Petroselinum crispum* (Mill.) Fuss 香芹菜，＊洋芫荽，＊欧芹 05.225
petunia 矮牵牛 05.328
*Petunia hybrida* (Hook.) E. Vilm. 矮牵牛 05.328
phage display 噬菌体展示，＊噬菌体表面展示 15.249

plant quarantine　植物检疫　10. 003
plant spacing　株距　08. 060
plant to field　* 定植　08. 126
plant-to-row method　株行法　06. 298
plant training　整枝　08. 133
plant transpiration　植物蒸腾　13. 069
plasmid　质粒　15. 040
plastic greenhouse　塑料温室　14. 117
plastic mulching　地膜覆盖　08. 164
plastic mulch layer　铺膜机，* 地膜覆盖机　14. 060
plastic pollution　塑料污染　11. 032
plastic tunnel　塑料大棚　14. 113
plastic wrap　保鲜膜　17. 033
plateau agriculture　高原农业　01. 028
plateau climate　高原气候　13. 105
plateau pika　高原鼠兔　10. 395
plateau zokor　高原鼢鼠　10. 388
platform　台地　01. 093
*Platycodon grandiflorus* (Jacq. ) A. DC.　桔梗，* 包袱花，* 铃铛花，* 僧帽花　05. 270
*Plectranthus scutellarioides* (L. ) R. Br.　彩叶草　05. 338
pleiotropism　一因多效　06. 126
*Pleurotus eryngii* (DC. ) Quél.　刺芹侧耳，* 杏鲍菇　05. 296
*Pleurotus ostreatus* (Jacq. ) P. Kumm　糙皮侧耳，* 平菇，* 北风菌　05. 297
*Pleurotus pulmonarius* (Fr. ) Quél.　肺形侧耳，* 凤尾菇，* 秀珍菇　05. 298
*Pleurotus tuoliensis* (C. J. Mou) M. R. Zhao & Jin X. Zhang　白灵侧耳，* 白灵菇，* 阿魏蘑　05. 299
*Plodia interpunctella* (Hübner)　印度谷螟，* 印度谷蛾　10. 182
plot arrangement　小区排列　01. 191
plot combine　小区联合收割机　14. 045
plot combine harvester　小区联合收割机　14. 045
plot seeder　小区播种机　14. 044
ploughing boat　* 机耕船　14. 033
plough layer　耕层　08. 142
plow pan　犁底层　09. 064
plow tillage　翻耕　08. 145
plow with rototiller　耕耙犁　14. 058
plug seedling　穴盘育苗　08. 118
plug tray　穴盘　14. 193
plug tray washer　穴盘清洗机　14. 194
plum blossom　梅花　05. 451
plum pox virus　李痘病毒　10. 340
plum rain　梅雨，* 黄梅天，* 霉雨　13. 136
*Plutella xylostella* (L. )　小菜蛾　10. 164
PMTV　马铃薯帚顶病毒　10. 337
POD　过氧化物酶　07. 220
pod-filling stage　鼓粒期　07. 050
pod-setting stage　结荚期　07. 049
pod shattering resistant rapeseed　耐裂角油菜　04. 098
podzolization　灰化作用　09. 146
poinsettia　一品红，* 圣诞花，* 猩猩木　05. 455
point estimation　点评估　18. 162
point mutation　点突变　15. 145
point source pollution　点源污染　11. 002
poison bait　饵剂　10. 226
*Polianthes tuberosa* L.　晚香玉，* 夜来香　05. 442
policy of floor purchasing price　最低收购价格政策　19. 122
polima cytoplasmic male sterile line　波里马胞质雄性不育系　04. 087
polishing　车色　17. 275
pollen culture　花粉培养　06. 097
pollen mentor　花粉蒙导　06. 273
pollen sterility　花粉不育[性]　06. 246
pollen tube pathway method　花粉管通道法　15. 053
pollination　授粉　06. 262
pollution charging system　排污收费制度　11. 119
pollution source control　污染源控制　11. 038
polyamine　多胺　07. 188
polycarbonate sheet greenhouse　聚碳酸酯板温室，* PC 板温室　14. 120
polycephalous ixeris　苦荬菜　03. 135
polycross　多系杂交　06. 215
polycyclic aromatic hydrocarbon　多环芳烃　11. 031
polycyclic disease　多循环病害　10. 054
polygenic resistance　多基因抗性　06. 321
*Polygonum bungeanum* Turcz.　柳叶刺蓼　10. 369
polyhaploid　多元单倍体　06. 090
polymerase chain reaction　聚合酶链式反应　15. 036
polymorphic information content　多样性信息指数　06. 057
polyphagy　多食性　10. 109
polyploid　多倍体　06. 092
polyploid breeding　多倍体育种　06. 093

# Q



# R

# S

shaggy mane　毛头鬼伞，*鸡腿菇　05.277
shajiang black soil　砂姜黑土　09.168
shaking and tumbling　摇青　17.260
shallot　胡葱，*火葱，*蒜头葱　05.188
shape sorting　形状分选　17.051
shareholding system　股份制　19.205
sheepgrass　羊草　03.092
shelf life　货架期　17.047
shelling　去皮，*脱皮　17.049，砻谷　17.104
shell pan-genome　*壳泛基因组　06.358
shepherd's purse　荠菜，*荠，*花花菜　05.218
shifting cultivation　撂荒　08.023
shiitake fungus　香菇　05.292
shining bird of paradise　蝎尾蕉　05.387
ship-type tractor　船式拖拉机，*船形拖拉机，*机滚船　14.033
shortawn foxtail　看麦娘　10.353
shortawn wildryegrass　短芒披碱草　03.079
short-day crop　短日照作物　08.078
short-path distillation　*短程蒸馏　17.074
short tandem repeat　*短串联重复　15.087
short-throated flume　短喉道量水槽　12.261
showy bleeding heart　荷包牡丹，*荷包花　05.377
showy stonecrop　八宝景天　05.435
shrubby stylo　灌木状柱花草，*西卡柱花草　03.046
shrubby sweetvetch　山竹岩黄芪　03.018
shrub lespedeza　二色胡枝子　03.022
shuttle breeding　穿梭育种　06.316
Siberian crabapple　山荆子，*山定子，*山丁子　05.014
siberian hazelnut　榛子，*榛　05.084
Siberian wild rye　老芒麦，*西伯利亚披碱草　03.081
sickle alfalfa　黄花苜蓿，*野苜蓿，*黄苜蓿　03.030
side deep fertilization　侧深施肥　09.280
side dresser　侧深施肥装置　14.076
side-dressing device　侧深施肥装置　14.076
side-roll wheel sprinkler irrigation system　滚移式喷灌机　12.142
sieving　*筛分　17.050
sifting out the scented flower　起花　17.287
signaling molecule　信号分子　15.250
signalomics　信号组学，*信号转导蛋白质组学　06.376
silage corn　青贮玉米　02.073
silk banana　龙牙蕉，*过沙香　05.092
silking stage　吐丝期　07.047
*Silphium perfoliatum* L.　串叶松香草　03.133
silver ear fungus　银耳，*白木耳，*雪耳　05.303
silver skin　银皮　17.312
singe fertilization　单受精　15.103
single-axle tractor　手扶拖拉机　14.029
single-cell omics　单细胞组学　06.367
single commodity big data analysis　单品种大数据分析　16.275
single copy　单拷贝　15.367
single cropping rice　单季稻　02.016
single cross　单交　06.177
single cross hybrid　单交种　06.178
single-cross hybrid prediction　单交种预测　15.331
single element fertilizer　*单元肥料　09.304
single embryo seed　单胚种，*单粒种　04.130
single marker analysis　单标记分析法　06.444
single nucleotide polymorphism　单核苷酸多态性　15.298
single seed descent　单粒传法　06.312
single seed sowing　单粒播种技术　06.564
single trait selection　单[一]性状选择　06.293
sink activity　库活性　07.125
sink capacity　库容量　07.124
sink limitation of grain yield　产量库限制　07.138
sink node　汇聚节点　16.100
sink organ　库器官　07.123
sink strength　库强度　07.126
*Sinningia speciosa* Hiern　大岩桐　05.390
siphoning mouthpart pest　虹吸式口器害虫　10.114
sisal　剑麻，*西沙尔麻　04.076
site-specific integration　定点整合　15.384
*Sitobion miscanthi* (Takahashi)　荻草谷网蚜　10.137
*Sitodiplosis mosellana* (Géhin)　麦红吸浆虫　10.134
*Sitophilus oryzae* (L.)　米象　10.180
*Sitophilus zeamais* (Motschulsky)　玉米象，*玉米象甲　10.179
*Sitotroga cerealella* (Olivier)　麦蛾，*禾麦蛾　10.183
skeletal soil　粗骨土　09.166
sky-blue sage　天蓝鼠尾草　05.341
slat moldboard plow　栅条犁　14.048
slat plow　栅条犁　14.048
slenderbranch sweetvetch　细枝岩黄芪　03.020

soil self-purification 土壤自净 11.064
soil sensor 土壤传感器 14.315
soil solid phase 土壤固相 09.017
soil solute diffusion 土壤溶质扩散 09.076
soil solute transfer 土壤溶质运移 09.075
soil solution 土壤溶液 09.047
soil specific gravity 土壤比重 09.015
soil specific surface area 土壤比表面 09.114
soil specimen 土壤标本 09.131
soil stony desertification 土壤石漠化，＊土壤石质荒漠化 09.206
soil structure 土壤结构 09.020
soil succession 土壤演替 09.137
soil sulphur cycle 土壤硫循环 09.181
soil surface chemistry 土壤表面化学 09.113
soil taxonomy 土壤系统分类 09.159
soil test 土壤测试 09.254
soil testing and fertilizer recommendation 测土施肥 09.270
soil texture 土壤质地 09.054
soil thermal conductivity ＊土壤导温率 09.027
soil tillage 土壤耕作 08.141
soil tillage practice 土壤耕法 08.156
soil tillage system 土壤耕作制 08.155
soil trace element sensor 土壤微量元素传感器 14.324
soil treatment 土壤处理 10.227
soil water balance 土壤水平衡 09.041
soil water content 土壤含水量 09.031
soil water potential 土壤水势 09.034
soil water stress 土壤水分胁迫 09.039
soil water suction 土壤吸力 09.038
solanaceous vegetable 茄果类蔬菜 05.151
*Solanum lycopersicum* L. 番茄，＊西红柿，＊番柿 05.152
*Solanum melongena* L. 茄子，＊紫茄，＊落苏 05.153
*Solanum muricatumn* Aiton 香瓜茄，＊人参果 05.154
*Solanum tuberosum* L. 马铃薯，＊土豆，＊洋芋 02.117
solar cell 太阳能电池 14.237
solar collector 太阳能集热器 14.238
solar drying 太阳能干燥 14.245
solar energy 太阳能，＊太阳辐射能 14.235
solar greenhouse 日光温室 14.115
solar house 太阳房 14.244
solar infrared radiation 太阳红外辐射 13.005
solar photovoltaic electric power generation 太阳能光伏发电 14.236
solar plant factory 太阳光型植物工厂 14.131
solar radiation 太阳辐射，＊日射 13.002
solar radiation model 太阳辐射模型 16.191
solar thermal energy storage 太阳能热储存 14.243
solar ultraviolet radiation 太阳紫外辐射 13.006
solar water heater 太阳能热水器，＊太阳能热水系统 14.242
sole cropping 单作，＊纯种，＊清种，＊净种 08.003
*Solenopsis invicta* Buren 红火蚁 10.324
solenopsis mealybug 扶桑绵粉蚧 10.323
solid set sprinkler irrigation system 固定式喷灌系统 12.136
solid waste carbonization 固废炭化 11.105
solonchak 盐土 09.169
solonetz 碱土 09.170
soluble concentrate 可溶液剂 10.209
solute transfer 溶质运移 09.049
solvent extraction 溶剂提取，＊溶剂萃取 17.066
somaclonal variation 体细胞无性系变异 15.170
somatic cell cloning 体细胞克隆 15.197
somatic chromosome doubling 体细胞染色体加倍 06.094
somatogamy 体细胞接合 06.132
*Sonchus oleraceus* L. 苦苣菜，＊滇苦菜，＊苦荬菜 05.244
*Sonchus wightianus* DC. 苣荬菜 10.365
*Sophora davidii* (Franch.) Skeels 白刺花 03.043
*Sorbaria sorbifolia* (L.) A. Braun 珍珠梅 05.452
sorghum 高粱，＊蜀黍，＊蜀秫 02.074
sorghum aphid 高粱蚜 10.147
*Sorghum bicolor* cv. *dochna* (Forssk.) Snowden 甜高粱，＊糖高粱，＊芦粟 02.076
*Sorghum bicolor* (L.) Moench 高粱，＊蜀黍，＊蜀秫 02.074
*Sorghum bicolor* × *S. sudanense* 高丹草 03.117
*Sorghum halepense* (L.) Pers. 石茅，＊假高粱 10.341
*Sorghum sudanense* (Piper) Stapf 苏丹草 03.118
sorghum sudangrass hybrid 高丹草 03.117
sorting 分选 17.050，拣剔 17.276
SOS repair SOS 修复 15.171

# T

# U



# V

# W

waxy corn　糯玉米，＊蜡质型玉米，＊黏玉米　02.064
waxy ripe　蜡熟　07.055
waxy wheat　糯小麦　02.044
weak gluten wheat　弱筋小麦　02.043
wearable sensing technology　可穿戴感知技术　16.133
weather index agricultural insurance　天气指数农业保险　13.211
weathering　风化作用　09.134
web crawler　网络爬虫　16.196
weed　杂草　10.345
weed community　杂草群落　10.374
weed control　除草　08.065
weed science　杂草学　01.112
weeping mulberry　垂枝桑　04.176
well　井　12.022
well-facilitated farmland　高标准农田　01.082
well irrigation　井灌　12.031
well irrigation district　井灌区　12.226
well-off living　小康　19.096
well-off society　小康社会　19.097
welsh onion　大葱，＊青葱，＊汉葱　05.186
western flower thrips　西花蓟马，＊西方蓟马，＊苜蓿蓟马　10.170
wet climate　湿润气候　13.111
wet damage　湿害　13.198
wet processing　湿法加工　17.307
wettable powder　可湿性粉剂　10.201
wetting agent　湿润剂　10.217
wet tolerance　耐湿性　13.209
WGS　全基因组测序　15.032
wheat　小麦　02.028
wheat blending　小麦搭配　17.093
wheat bran　小麦皮层　17.082
wheat brushing　刷麦　17.090
wheat dampening　小麦着水　17.091
wheat embryo　小麦胚　17.084
wheat endosperm　小麦胚乳　17.083
wheat flour　小麦粉，＊面粉　17.102
wheat germ　小麦胚　17.084
wheat opaque　小麦粉质　17.086
wheat powdery mildew　小麦白粉病　10.082
wheat processing　小麦加工　17.081
wheat scouring　打麦　17.089
wheat stripe rust　小麦条锈病　10.080
wheat tempering　小麦润麦　17.092
wheat vitreous　小麦角质　17.085
wheeled tractor　轮式拖拉机　14.030
wheel tractor　轮式拖拉机　14.030
white-backed planthopper　白背飞虱　10.133
white box model　＊白箱模型　16.169
white button mushroom　双孢蘑菇，＊洋蘑菇　05.276
white Chinese olive　橄榄，＊青果　05.088
white clover　白三叶　03.051
White Dew　白露　01.165
white-flowered gourd　瓠瓜，＊瓠子，＊扁蒲　05.177
white-flowered pea　白花豌豆　02.104
white grub　蛴螬　10.122
white leadtree　银合欢　03.026
whitening　碾白，＊碾米　17.108
white pollution　＊白色污染　11.032
white quinoa　白藜麦　02.088
white rice　大米　17.114
white rice grading　白米分级　17.112
white sweet clover　白花草木樨　03.036
white tea　白茶　17.266
white tephrosia　山毛豆，＊白灰毛豆　03.047
white wine　白葡萄酒　17.215
whole female hemp　全雌大麻　04.071
whole genome sequencing　全基因组测序　15.032
whole industrial chain monitoring and early warning　全产业链监测预警　16.233
whole process mechanization　全程机械化　14.004
whole process quality control　全程质量控制　18.192
wholesale　批发　19.102
wholesale market　批发市场　19.103
wholesale price　批发价格　19.104
wild clover　野火球　03.049
wild oat　野燕麦　10.352
wild relatives　野生近缘种　06.014
wild rice　野生稻　02.003
wild rice with warts　疣粒野生稻　02.006
wild snapdragon　柳穿鱼　05.334
wild soybean　野生大豆　02.094，秣食豆，＊饲用大豆　03.016
wild tobacco　野生烟草　04.152
wild vegetable　野生蔬菜　05.128
wilting coefficient　＊萎蔫系数　09.033
wilting point　萎蔫含水量　09.033

# X



# Y

# Z

# 汉 英 索 引

## A



## B

白花草木樨　white sweet clover, *Melilotus albus* Desr.　03.036
白花豌豆　white-flowered pea, *Pisum sativum* var. *sativum* L.　02.104
*白灰毛豆　white tephrosia, *Tephrosia candida* DC.　03.047
白僵菌　*Beauveria* spp.　10.298
白肋烟　burley tobacco　04.157
白梨　Chinese white pear, *Pyrus bretschneideri* Rehd.　05.005
白藜麦　white quinoa　02.088
白灵侧耳　bailinggu, *Pleurotus tuoliensis* (C. J. Mou) M. R. Zhao & Jin X. Zhang　05.299
*白灵菇　bailinggu, *Pleurotus tuoliensis* (C. J. Mou) M. R. Zhao & Jin X. Zhang　05.299
白露　White Dew　01.165
白毛茶　pubilimba tea, *Camellia sinensis* var. *pubilimba* Chang　05.475
白米分级　white rice grading　17.112
白米整理　redressing and treatment of white rice　17.109
*白木耳　snow fungus, snow ear, silver ear fungus, *Tremella fuciformis* Berk.　05.303
白葡萄酒　white wine　17.215
白三叶　white clover, *Trifolium repens* L.　03.051
*白色污染　white pollution　11.032
*白苏　purple common perilla, *Perilla frutescens* (L.) Britt.　05.259
*白箱模型　white box model　16.169
白羊草　yellow bluestem, *Bothriochloa ischaemum* (Linn.) Keng　03.067
百合　lily　05.407
*百日红　common globe-amaranth, *Gomphrena globosa* L.　05.330
百日菊　elegant zinnia, *Zinnia elegans* Jacq.　05.321
*百香果　passion fruit, *Passiflora caerulea* L.　05.119
*百子莲　amaryllis, *Hippeastrum striatum* (Lam.) H. E. Moore　05.441
百子莲　African lily, *Agapanthus africanus* (L.)　05.416
稗　barnyard grass, *Echinochloa crus-galli* (L.) P. Beauv.　03.078, 10.356
*稗草　barnyard grass, *Echinochloa crus-galli* (L.) P. Beauv.　03.078
*稗子　barnyard grass, *Echinochloa crus-galli* (L.) P. Beauv.　03.078
斑玉蕈　beech mushroom, *Hypsizygus marmoreus* (Peck) H. E. Bigelow　05.291
板齿鼠　greater bandicoot rat, *Bandicota indica* (Bechstein)　10.382
板栗　Chinese chestnut, *Castanea mollissima* Blume　05.083
*PC板温室　polycarbonate sheet greenhouse　14.120
半边莲　lobelia, *Lobelia sessilifolia* Lour.　05.352
半成品茶　semi-finished tea　17.277
半冬性油菜　semi-winter rapeseed　04.085
半封闭温室　semi-closed greenhouse　14.126
半干旱气候　semi-arid climate　13.110
半固定式喷灌系统　semi-fixed sprinkler irrigation system　12.137
半机理[性]模型　semi-mechanism model　16.168
半结构化数据　semi-structured data　16.018
半履带拖拉机　half-track tractor, semi-crawler tractor　14.032
半马齿玉米　semi-dent corn, *Zea mays semindentata* Kulesh　02.061
半湿润气候　subhumid climate　13.112
半数致死量　median lethal dose　18.146
半同胞交配　half-sib mating　06.205
半悬挂式农业机械　semi-mounted agricultural machinery　14.022
半野生大豆　semi-wild soybean, *Glycine gracilis* Skvortsov　02.095
*半支莲　moss rose, sun plant, *Portulaca grandiflora* Hook.　05.331
拌和　mixing tea with flower　17.285
拌种　seed dressing　06.545
绑蔓　branch binding　08.136
*包袱花　balloon flower, *Platycodon grandiflorus* (Jacq.) A. DC.　05.270
包膜肥料　coated fertilizer　09.323
包揉　ball rolling　17.261
*包心白菜　Chinese cabbage, *Brassica campestris* ssp. *pekinensis* Olsson　05.143
*包心菜　cabbage, *Brassica oleracea* var. *capitata*　05.132
包装标准　packaging standard　18.133
*苞谷　corn, maize, *Zea mays* L.　02.058
*苞米　corn, maize, *Zea mays* L.　02.058

# C

# D

# E

# F

非参数抽样　non-parametric sampling　18.165
非常规水安全利用试验　safety utilization test of unconventional water　12.282
非常规水资源　non-conventional water resources　12.003
非持久性病毒　non-persistent virus　10.037
非充分灌溉　deficit irrigation　12.090
非地带性土壤　non-zonality soil　09.156
＊非点源污染　non-point source pollution　11.003
＊非复原果蔬汁　unreconstituted fruit and vegetable juice　17.173
＊非共生固氮作用　asymbiotic nitrogen fixation　15.284
非寄主抗性　non-host resistance, NHR　10.073
非加性效应　non-additive effect　06.113
非结构化数据　unstructured data　16.017
非结构性物质　non-structural matter　07.119
非晶态物质　non-crystalline material　09.112
非轮回亲本　non-recurrent parent　06.197
非贸易关注　non-trade concern　19.191
非密度制约因子　density-independent factor　10.099
非目标性状评价　non-target trait evaluation　15.371
非浓缩还原果蔬汁　fruit and vegetable juice not from concentrate　17.173
非气孔限制　non-stomatal limitation　07.102
非侵染性病害　non-infectious disease　10.013
非热杀菌　non-thermal sterilization, non-thermal pasteurization　17.077
非特定产品支持　non-product specific support, NPS　19.193
＊非特异性抗病性　non-specific disease resistance　06.322
非同源重组　non-homologous recombination　15.045
非同源染色体　non-homologous chromosome　06.121
＊非再生能源　non-renewable energy　14.226
非整倍体　aneuploid　06.079
非正规金融　informal finance　19.248
＊非洲凤仙　busy lizzie, *Impatiens walleriana* Hook. f.　05.361
非洲狗尾草　African bristlegrass, *Setaria anceps* Stapf　03.116
＊非洲堇　African violet, *Saintpaulia ionantha* Wendl　05.389
非洲菊　gerbera, *Gerbera jamesonii* Bolus　05.322
＊非洲棉　herbaceous cotton, *Gossypium herbaceum* L.　04.005
非洲油棕　*Elaeis guineensis* Jacq.　04.173
非洲栽培稻　African cultivated rice, *Oryza glaberrima* Steud.　02.009
非洲紫罗兰　African violet, *Saintpaulia ionantha* Wendl　05.389
＊非专化性抗性　non-specific resistance　06.322
非专性吸附　non-specific adsorption　09.098
＊BB 肥　BB fertilizer　09.316
肥料　fertilizer　09.292
肥料包膜　fertilizer coating　09.343
肥料防潮剂　fertilizer moisture-proof agent　09.333
肥料粉尘　fertilizer dust　09.354
肥料工艺　fertilizer process　09.337
肥料机械　fertilizer machinery　09.355
肥料挤压造粒　compaction granulation of fertilizer　09.341
肥料减量　fertilizer reduction　11.043
肥料结晶体　fertilizer crystal　09.340
肥料结块性　agglomeration of fertilizer　09.353
肥料颗粒硬度　granule hardness of fertilizer　09.351
肥料粒级　particle size ratio of fertilizer　09.349
肥料密度　bulk density of fertilizer　09.350
肥料偏生产率　fertilizer partial productivity　09.229
＊肥料添加剂　fertilizer additive　09.330
肥料田间试验　field trial for fertilizer　09.271
肥料团粒　fertilizer agglomerate　09.344
肥料吸湿性　hygroscopicity of fertilizer　09.352
肥料效应　fertilizer response　09.224
肥料效应函数　fertilizer response function　09.272
[肥料]造粒　granulation　09.338
肥料增效剂　fertilizer enhancer　09.329
肥水农业养殖　fertilized water agricultural aquaculture　11.046
＊榧子　Chinese torreya, *Torreya grandis* Fort.　05.086
肺形侧耳　phoenix mushroom, *Pleurotus pulmonarius* (Fr.) Quél.　05.298
分布式存储　distributed storage　16.013
分层施肥　separated layer fertilization　09.281
分葱　bunching onion, *Allium fistulosum* var. *caespitosum* Makino　05.190
分段式机械收获　sectional mechanical harvesting　04.132
分段作业　operation by stage　14.025
分类算法　classification algorithm　16.200
分离定律　law of segregation　06.155

# G

＊观音莲　calla lily, arum lily, *Zantedeschia aethiopica* (L.) Spreng.　05.397
＊观音苋　gynura, *Gynura bicolor* DC.　05.249
冠层结构　canopy structure　07.110
冠-气温差　canopy-air temperature difference　07.111
管理节点　management node　16.101
管理节水　management water saving　08.070
惯性测量单元　inertial measurement unit, IMU　14.362
灌溉定额　irrigation quota　12.086
灌溉管道系统　irrigation pipe system　12.034
灌溉农业　irrigation farming　01.023
灌溉排水试验　irrigation and drainage test　12.270
灌溉渠道系统　irrigation channel system　12.035
灌溉设计保证率　probability of irrigation water requirement　12.111
灌溉施肥　fertigation　09.276
灌溉适宜水温　suitable temperature of irrigation water　12.015
灌溉水利用系数　irrigation water use efficiency　12.102
灌溉水生产力　irrigation water productivity　12.104
灌溉水质标准　water quality standard for irrigation　12.013
灌溉效益　irrigation efficiency　12.273
灌溉用水过程线　histogram of irrigation water use　12.010
灌溉用水量　irrigation water use　12.007
灌溉用水量频率曲线　frequency curve of irrigation water use　12.011
灌溉制度　irrigation scheduling　12.082
灌溉制度试验　irrigation scheduling test　12.279
灌浆期　filling stage　07.051
灌流培养　perfused culture　15.191
灌木状柱花草　shrubby stylo, *Stylosanthes scabra* Vogel　03.046
[灌排]泵站　pumping station　12.017
灌区　irrigation district　12.223
灌区工程管理　engineering management in irrigation district　12.231
灌区管理　irrigation district management　12.224
灌区环境管理　environment management in irrigation district　12.235
灌区经营管理　operating management in irrigation district　12.234
灌区量水　water measurement in irrigation district　12.251
灌区用水管理　water use management in irrigation district　12.233
灌区组织管理　organization management in irrigation district　12.232
灌水定额　irrigation quota on each application　12.085
灌水定额管理　irrigation quota management　12.241
灌水方法　irrigation method　12.059
灌水技术试验　irrigation technology experiment　12.280
灌水均匀度　irrigation uniformity　12.103
灌水率　irrigation modulus　12.110
灌水器　emitter　12.143
灌水器设计工作压力　designed operating pressure of emitter　12.079
灌水器设计流量　designed flow rate of emitter　12.080
灌水深度　irrigation depth　12.088
灌水周期　irrigation cycle　12.087
罐内发酵　tank method fermentation　17.207
光饱和点　light saturation point　07.096
光保护作用　photoprotection　07.199
光补偿点　light compensation point　07.095
光电检测技术　photoelectric detection technology　16.130
＊光稃稻　African cultivated rice, *Oryza glaberrima* Steud.　02.009
光伏温室　photovoltaic greenhouse　14.119
光管散热器　pipe radiator　14.167
光合“午休”　midday depression of photosynthesis　07.099
光合补光　supplementary lighting for photosynthesis　14.186
光合光子通量密度　photosynthetic photon flux density, PPFD　07.103
＊光合强度　photosynthetic intensity　07.087
＊光合生产率　photosynthetic production rate　07.061
光合生产潜力　photosynthetic potential productivity　13.124
光合势　photosynthetic potential　07.091
光合速率　photosynthetic rate　07.087
光合效率　photosynthetic efficiency　07.084
光合性能　photosynthetic performance　07.073
光合有效辐射　photosynthetically active radiation, PAR　13.004
光合有效辐射监测　photosynthetically active radiation

# H

＊红梗菜　Indian kalimeris herb, *Kalimeris indica* (L.) Sch. Bip.　05.250
＊红姑娘　physalis, *Physalis alkekengi* L.　05.156
红河橙　Honghe papeda, *Citrus hongheensis* YLDL.　05.055
红花　safflower, *Carthamus tinctorius* L.　04.139
红花菜豆　scarlet runner bean, *Phaseolus coccineus* L.　05.159
红花烟草　*Nicotiana tabacum* L.　04.150
红花油　safflower oil　04.140
＊红花籽油　safflower oil　04.140
红花酢浆草　pink sorrel, *Oxalis corymbosa* DC.　05.448
红火蚁　red fire ant, *Solenopsis invicta* Buren　10.324
红藜麦　red quinoa　02.089
＊红萝卜　carrot, *Daucus carota* var. *sativa* Hoffm.　05.222
红麻　kenaf, *Hibiscus cannabinus* L.　04.074
红毛丹　rambutan, *Nephelium lappaceum* L.　05.098
＊红莓　strawberry, *Fragaria ananassa* Duch.　05.036
红葡萄酒　red wine　17.216
红壤　red earth　09.160
红三叶　red clover, *Trifolium pratense* L.　03.050
红色荧光蛋白　red fluorescent protein, RFP　15.209
＊红薯　sweet potato, *Dioscorea esculenta* (Lour.) Burkill　02.118
红外干燥　infrared drying　17.059
红外光谱分析技术　infrared spectral analysis technology　16.119
红苋　red amaranth, *Amaranthus cruentus* L.　03.121
＊红掌　anthurium, *Anthurium andraeanum* Linden　05.396
宏代谢组　meta-metabolome　15.257
宏蛋白质组　metaproteome　15.259
宏基因组　metagenome　15.256
宏进化　macro-evolution　06.021
宏量营养素　macronutrient　18.051
宏转录物组　metatranscriptome　15.258
虹吸式口器害虫　siphoning mouthpart pest　10.114
洪涝　flood　13.196
＊猴面花　pansy, *Viola tricolor* L.　05.353
猴面花　monkeyflower, *Erythran the* × *hybrida* Wettst.　05.333
＊猴头菇　lion's mane mushroom, monkey head mushroom, *Hericium erinaceus* (Bull.) Pers.　05.289
猴头菌　lion's mane mushroom, monkey head mushroom, *Hericium erinaceus* (Bull.) Pers.　05.289
后备耕地　reserve farmland　01.094
后茬　later crop　08.032
后代　progeny　06.146
后代测验　progeny test　06.222
＊后作　later crop　08.032
厚皮菜　leaf beet, *Beta vulgaris* var. *cicla* L.　05.233
厚轴茶　crassicolumna tea, *Camellia crassicolumna* Hung T. Chang　05.478
＊呼吸强度　respiration intensity　07.088
＊呼吸商　respiration quotient　07.089
呼吸速率　respiration rate　07.088
呼吸系数　respiratory coefficient　07.089
呼吸跃变　respiratory climacteric　17.006
胡葱　shallot, *Allium ascalonicum* L.　05.188
＊胡豆　broad bean, field bean, faba bean, *Vicia faba* L.　02.101
＊胡瓜　cucumber, *Cucumis sativus* L.　05.167
胡椒　pepper, *Piper nigrum* L.　04.148
胡萝卜　carrot, *Daucus carota* var. *sativa* Hoffm.　05.222
胡敏酸　humic acid　09.121
＊胡蒜　garlic, *Allium sativum* L.　05.196
＊胡桃　persian walnut, *Juglans regia* L.　05.080
＊湖菜　water shield, *Brasenia schreberi* J. F. Gmel.　05.212
蝴蝶豆　butterfly pea, *Centrosema pubescens* Benth.　03.012
蝴蝶兰　moth orchid　05.467
糊粉层　aleurone layer　07.145
＊虎豆　velvet bean, *Mucuna sempervzrens* Hems L.　02.114
虎耳草　saxifrage, *Saxifraga stolonifera* Meerb.　05.382
虎尾兰　bowstring-hemp, *Sansevieria trifasciata* Prain　05.422
虎眼万年青　star-of-bethlehem, *Ornithogalum caudatum* Jacq.　05.410
互补效应　complementary effect　06.120
＊互惠共生　mutualism　15.272
＊互交　reciprocal cross　06.184
互交　intercrossing　06.194
互接种族　cross inoculation group　15.281
＊互利共栖　mutualism　15.272

# J

井渠结合灌溉　irrigation with surface water and groundwater　12.032
景天　stonecrop　05.432
净辐射　net radiation, radiation balance　13.009
净灌溉水量　net irrigation water requirement　12.009
净光合作用　net photosynthesis　07.092
净麦　clean wheat　17.094
净同化率　net assimilation rate　07.061
*净种　sole cropping　08.003
竞争吸附　competitive adsorption　09.105
*竞争优势　competitive advantage　06.166
静置培养　static culture　15.186
*九层塔　sweet basil, *Ocimum basilicum* L.　05.258
*九重葛　great bougainvillea, *Bougainvillea spectabilis* Willd.　05.373
韭菜　Chinese chive, *Allium tuberosum* Rottler ex Sprengle　05.194
韭葱　leek, *Allium porrum* L.　05.192
酒窖　wine cellar　17.214
酒精发酵　alcoholic fermentation　17.203
*酒泥陈酿　sur lie　17.206
酒瓶兰　bottle palm, *Beaucarnea recurvata* Lem.　05.470
酒石酸沉淀　tartaric acid sediment　17.210
*救荒野豌豆　common vetch, *Vicia sativa* L.　03.056
局部发热　local pyrexia　17.014
局部均衡　partial equilibrium　19.041
局部路径规划　local path planning　14.370
局地气候　local climate　13.088
桔梗　balloon flower, *Platycodon grandiflorus* (Jacq.) A. DC.　05.270
橘小实蝇　oriental fruit fly, *Bactrocera dorsalis* (Hendel)　10.321
菊花　chrysanthemum, *Chrysanthemum × morifolium* Ramat.　05.324
菊花脑　vegetable chrysanthemum, *Chrysanthemum indicum* L.　05.248
*菊花头　vegetable chrysanthemum, *Chrysanthemum indicum* L.　05.248
*菊花叶　vegetable chrysanthemum, *Chrysanthemum indicum* L.　05.248
菊苣　chicory, *Cichorium intybus* L.　03.134
菊芋　jerusalem artichoke, *Helianthus tuberosus* L.　02.125
咀嚼式口器害虫　chewing mouthpart pest　10.112
*蒟蒻　elephant-foot yam, *Amorphophallus konjac* K. Koch　05.200
*巨瓣豆　butterfly pea, *Centrosema pubescens* Benth.　03.012
苣荬菜　field sowthistle, *Sonchus wightianus* DC.　10.365
锯齿棉　saw ginned cotton　04.013
锯齿屋面温室　sawtooth roof greenhouse　14.121
聚光型太阳能集热器　concentrating solar collector　14.241
聚合草　comfrey, *Symphytum officinale* L.　03.137
聚合回交法　convergent backcross　06.202
聚合酶链式反应　polymerase chain reaction, PCR　15.036
聚合杂交　convergent hybridization　06.212
聚类分析　clustering analysis　16.230
聚类算法　clustering algorithm　16.198
聚碳酸酯板温室　polycarbonate sheet greenhouse　14.120
卷被机　quilt roller　14.177
卷积神经网络　convolutional neural network　16.215
*卷帘机　quilt roller　14.177
卷膜器　film roller　14.148
卷膜通风　rolling up-down ventilation　14.140
*卷心菜　cabbage, *Brassica oleracea* var. *capitata*　05.132
决策控制系统　decision control system　14.367
决策树算法　decision tree algorithm　16.201
决算　final account　19.268
绝对地租　absolute rent　19.233
绝对贫困　absolute poverty　19.239
绝对湿度　absolute humidity　13.061
蕨菜　bracken, *Pteridium aquilinum* var. *latiusculum* (Desv.) underw. ex A. Heller　05.273
*均湿　moistening　17.222
均质　homogenization　17.165
君迁子　dateplum, *Diospyros lotus* L.　05.067
*莙荙菜　leaf beet, *Beta vulgaris* var. *cicla* L.　05.233
菌根　mycorrhiza　15.286
菌根真菌　mycorrhizal fungi　15.287
*菌桂　cinnamon, *Cinnamomum cassia* (L.) D. Don　04.146
菌株　strain　15.235

# K

# L

05.379
喇叭水仙　common daffodil, *Narcissus pseudonarcissus* L. 05.439
蜡蚧刺束梗孢菌　*Akanthomyces lecanii* (Zimmerman) 10.304
蜡熟　waxy ripe　07.055
*蜡质型玉米　waxy corn, *Zea mays* var. *ceratina* Kulesh.　02.064
*蜡烛稗　pearl millet, *Pennisetum glaucum* L.　02.079
*辣菜　mustard vegetable　05.150
辣根　horse-radish, *Armoracia rusticana* G. Gaertn., B. Mey. & Scherb.　05.219
辣椒　pepper, *Capsicum annuum* L.　05.155
来檬　lime, *Citrus aurantifolia* Swingle　05.052
*莱菔　radish, *Raphanus sativus* L.　05.217
*赖母　lime, *Citrus aurantifolia* Swingle　05.052
*癞葡萄　bitter gourd, *Momordica charantia* L.　05.182
*兰花菇　Chinese mushroom, straw mushroom, *Volvariella volvacea* (Bull.) Singer　05.305
*兰香　sweet basil, *Ocimum basilicum* L.　05.258
拦沙坝　sediment trapping dam　12.315
拦污栅　trash rack　12.053
蓝花棘豆　*Oxytropis coerulea* (Pall.) DC.　03.040
蓝花鼠尾草　sage, *Salvia farinacea* Benth.　05.340
蓝花子　raphanistrum-like radish, *Raphanus sativus* var. *raphanistroides* (Makino) Makino　03.131
蓝色农业　blue agriculture　01.006
蓝箱政策　blue box measure　19.187
蓝牙技术　bluetooth technology　16.114
狼尾草　Chinese fountaingrass, *Pennisetum alopecuroides* (L.) Spreng.　03.101
劳动生产率　labour productivity　19.049
*老虎耳　saxifrage, *Saxifraga stolonifera* Meerb. 05.382
*老虎荞　perennial buckwheat, *Fagopyrum dibotrys* (D. Don) Hara　02.086
老龄化　population aging　19.092
老芒麦　Siberian wild rye, *Elymus sibiricus* L.　03.081
*老少年　amaranth, *Amaranthus tricolor* L.　05.235
*老鸦谷　red amaranth, *Amaranthus cruentus* L. 03.121
涝[灾]　surface waterlogging　12.148
*耢地　dragging, smoothing　08.150
蕾期授粉　bud pollination　06.271
肋脉野豌豆　ribbed vetch, *Vicia costata* Ledeb.　03.053
类菌体　bacteroid　15.279
累积肥料利用率　utilization rate of cumulative fertilizer 09.226
累积性风险评估　cumulative risk assessment　18.171
冷藏　refrigerated storage　17.030
冷藏库　cold storage room　17.031
冷打浆　cold mashing　17.159
冷冻干燥　vacuum freeze-drying　17.061
冷冻食品 P-P-P　frozen food product-processing-packaging, frozen food P-P-P　17.231
冷冻食品 T-T-T　frozen food time-temperature-tolerance, frozen food T-T-T　17.232
冷灌装　cold filling　17.168
冷浸发芽　cold soak germination　06.532
冷链物流　cold chain logistics　17.044
冷夏　cool summer　13.194
冷榨　cold pressing　17.128
离岸价格　free on board, FOB　19.151
离体保存　*in vitro* conservation　06.047
离体诱变　*in vitro* mutagenesis　15.118
离心泵　centrifugal pump　12.019
离心过滤器　centrifugal filter　12.122
离子束育种　ion beam irradiation breeding　15.122
离子选择性电极感知技术　ion selective electrod sensing technology　16.138
离子注入　ion implantation　15.119
梨火疫病菌　pear fire blight, *Erwinia amylovora* (Burrill) Winslow et al.　10.333
梨小食心虫　oriental fruit moth, *Grapholita molesta* (Busck)　10.172
犁底层　plow pan　09.064
*藘芭菜　malabar spinach, ceylon spinach, *Basella alba* L.　05.255
藜　lambsquarters, *Chenopodium album* L.　10.363
*藜谷　quinoa, *Chenopodium quinoa* Willd.　02.087
*藜蒿　seleng wormwood, *Artemisia selengensis* Turcz. ex Bess.　05.252
藜麦　quinoa, *Chenopodium quinoa* Willd.　02.087
穋檬　canton lemon, *Citrus limonia* Osbeck　05.051
黧豆　velvet bean, *Mucuna sempervzrens* Hems L. 02.114
李　Chinese plum, *Prunus salicina* Lindl.　05.026
李痘病毒　plum pox virus, PPV　10.340

*临界日长　critical day-length　13.017
临界湿度　critical humidity　13.064
临界水深　critical water depth　12.252
临界昼长　critical day-length　13.017
临时收储政策　temporary purchase and storage policy　19.126
临时限量　temporary limit　18.121
淋皮　pumping over　17.209
淋溶层　eluvial horizon　09.150
淋溶过程　eluviating process　09.141
淋溶侵蚀　leaching erosion　12.293
淋洗需要量　leaching requirement　12.183
磷肥　phosphorus fertilizer　09.306
*磷细菌　phosphobacteria　09.189
*鳞茎类蔬菜　allium vegetable　05.185
灵敏度　sensitivity　18.016
灵芝　reishi, lingzhi, *Ganoderma lingzhi* Sheng H. Wu, Y. Cao & Y. C. Dai　05.287
*铃铛花　balloon flower, *Platycodon grandiflorus* (Jacq.) A. DC.　05.270
铃兰　lily of the valley, *Convallaria keiskei* Miq.　05.421
铃行法　boll-to-row method　06.299
菱　water caltrop, *Trapa natans* L.　05.210
*菱角　water caltrop, *Trapa natans* L.　05.210
零磁空间　magnetic free field　15.128
零售　retail　19.110
零售价格　retail price　19.112
零售市场　retail market　19.111
留湖蓄涝　reserving lake capacity for retarding runoff　12.173
流滴性　drop-less　14.183
流化床包衣机　fluid-bed coating machine　09.361
流量调节器　flow regulator　12.127
流域产沙量　watershed sediment yield　12.305
流域输沙量　watershed sediment delivery amount　12.306
硫处理　sulphuring treatment　17.038
硫肥　sulphur fertilizer　09.310
硫苷　glucosinolate　04.093
硫黄熏蒸器　sulphur fumigator　14.198
硫组学　thiolomics　06.377
榴莲　durian, *Durio zibethinus* Murr.　05.104
柳穿鱼　toadflax, wild snapdragon, *Linaria vulgaris* subsp. *chinensis* (Bunge ex Debeaux) D. Y. Hong　05.334
柳叶刺蓼　Bunge's smartweed, *Polygonum bungeanum* Turcz.　10.369
六出花　Peruvian lily, *Alstroemeria aurea* Graham　05.446
*六六六　hexachlorocyclohexane　11.029
六氯环己烷　hexachlorocyclohexane　11.029
*龙口花　common snapdragon, *Antirrhinum majus* L.　05.332
龙舌兰　agave, *Agave americana* L.　05.469
龙舌兰麻　agave　04.075
龙生型花生　*Arachis hypogaea* var. *hirsuta* Kohler　04.102
*龙头花　common snapdragon, *Antirrhinum majus* L.　05.332
龙牙草　hairyvein agrimony, *Agrimonia pilosa* Ldb.　05.271
龙牙蕉　silk banana　05.092
龙眼　longan, *Dimocarpus longan* Lour.　05.096
龙爪稷　finger millet, *Eleusine coracana* (L.) Gaertn.　02.081
砻谷　rice husking, shelling　17.104
砻下物　post-husking materials　17.105
垄作　ridge cultivation　08.157
蒌蒿　seleng wormwood, *Artemisia selengensis* Turcz. ex Bess.　05.252
楼葱　storey onion, *Allium fisulosum* var. *viviparum* Makino　05.191
蝼蛄　mole cricket　10.120
搂草机　rake　14.095
*芦菔　radish, *Raphanus sativus* L.　05.217
*芦蒿　seleng wormwood, *Artemisia selengensis* Turcz. ex Bess.　05.252
芦荟　aloe, *Aloe vera* (L.) Burm. f.　05.412
*芦粟　sweet sorghum, *Sorghum bicolor* cv. *dochna* (Forssk.) Snowden　02.076
*芦笋　asparagus, *Asparagus officinalis* L.　05.264
*鲁冰花　lupine, *Lupinus micranthus* Guss.　02.112
*陆稻　aerobic rice, upland rice　02.012
陆地棉　upland cotton, *Gossypium hirsutum* L.　04.002
*鹿梨　Callery pear, *Pyrus calleryana* Dcne.　05.009
*鹿茸菇　fried chicken mushroom, *Lyophyllum decastes* (Fr.) Singer　05.290
露　dew　13.058
露地栽培　field culture　08.121

# M

* 马兰头　Indian kalimeris herb, *Kalimeris indica* (L.) Sch. Bip.　05.250
马里兰烟　Maryland tobacco　04.156
* 马莲　Chinese small iris, *Iris lactea* Pall.　05.424
马蔺　Chinese small iris, *Iris lactea* Pall.　05.424
马铃薯　potato, *Solanum tuberosum* L.　02.117
马铃薯甲虫　colorado potato beetle, *Leptinotarsa decemlineata* (Say)　10.319
马铃薯金线虫　potato golden nematode, *Globodera rostochiensis* (Wollenweber)　10.326
马铃薯块茎蛾　potato tuberworm, *Phthorimaea operculella* (Zeller)　10.148
马铃薯晚疫病　potato late blight　10.086
马铃薯帚顶病毒　potato mop-top virus, PMTV　10.337
* 马萝卜　horse-radish, *Armoracia rusticana* G. Gaertn., B. Mey. & Scherb.　05.219
* 马斯洛需求层次理论　Maslow's hierarchical theory of needs　19.029
马斯洛需要层次论　Maslow's hierarchical theory of needs　19.029
马唐　common crabgrass, *Digitaria sanguinalis* (L.) Scop.　10.350
* 马蹄　Chinese water chestnut, *Eleocharis dulcis* (Burm. f.) Trin. ex Hensch.　05.208
* 马蹄草　water shield, *Brasenia schreberi* J. F. Gmel.　05.212
马蹄莲　calla lily, arum lily, *Zantedeschia aethiopica* (L.) Spreng.　05.397
* 马牙形玉米　dent corn, *Zea mays* var. *indentata* Sturt.　02.060
埋茬起浆机　residue-burying and puddling of paddy field machine　14.057
* 麦葱　Mongolian wild onion, *Allium mongolicum* Regel　05.193
麦蛾　angoumois grain moth, *Sitotroga cerealella* (Olivier)　10.183
麦二叉蚜　greenbug, *Schizaphis graminum* (Rondani)　10.136
麦红吸浆虫　orange wheat blossom midge, *Sitodiplosis mosellana* (Géhin)　10.134
麦黄吸浆虫　yellow wheat blossom midge, *Contarinia tritici* (Kirby)　10.135
麦圆蜘蛛　blue oat mite, *Penthaleus major* (Dugès)　10.143
* 曼佗罗　Yunnan camellia, *Camellia reticulata* Lindl.　05.454
* 蔓豆　rice bean, *Phaseolus calcaratus* Roxb.　02.107
* 蔓菁　turnip, *Brassica campestris* ssp. *rapifera* (Matzg) Sinsk　05.148
漫灌　flooding irrigation　12.065
慢病性　slow disease　06.324
慢速渗透系统　slow infiltration system　11.049
慢性毒性　chronic toxicity　10.245
慢性辐照　chronic irradiation　15.131
* 芒果　mango, *Mangifera indica* L.　05.114
芒种　Harvesting and Sowing　01.159
杧果　mango, *Mangifera indica* L.　05.114
* 莽吉柿　mangosteen, *Garcinia mangostana* L.　05.109
* 猫儿脸　pansy, *Viola tricolor* L.　05.353
猫尾草　timothygrass, *Phleum pratense* L.　03.107
毛茶　primary tea　17.271
毛地黄　foxglove, *Digitalis purpurea* L.　05.335
毛豆　vegetable soybean, green soybean, *Glycine max* (L.) Merr.　05.160
* 毛瓜　hairy gourd, *Benincasa hispida* var. *chieh-qua* How　05.179
毛灌溉水量　gross irrigation water requirement　12.008
毛花雀稗　Dallis grass, *Paspalum dilatatum* Poir.　03.100
毛火　first drying　17.246
* 毛荔枝　rambutan, *Nephelium lappaceum* L.　05.098
毛麦　raw wheat　17.088
毛木耳　hairy wood ear, cloud ear fungus, *Auricularia cornea* Ehrenb.　05.279
毛渠　field ditch　12.058
* 毛薯　winged yam, *Dioscorea alata* L.　02.120
毛穗赖草　pabo leymus, *Leymus paboanus* (Claus) Pilger　03.093
毛头鬼伞　shaggy mane, shaggy inkcap, *Coprinus comatus* (O. F. Müll.) Pers.　05.277
毛叶枣　green jujube, *Ziziphus mauritiana* Lam.　05.070
毛樱桃　nanking cherry, *Prunus tomentosa* Thunb.　05.035
锚定探针　anchor probe　06.473
* 贸易赤字　trade deficit　19.149
贸易创造　trade creation　19.144
贸易促进　trade promotion　19.146
贸易救济　trade remedy　19.199

贸易粮　trade grain　19.065
贸易逆差　trade deficit　19.149
贸易顺差　trade surplus　19.150
贸易条件　terms of trade, TOT　19.147
贸易争端解决机制　trade dispute settlement mechanism　19.198
贸易转移　trade diversion　19.145
玫瑰　rugosa rose, *Rosa rugosa* Thunb.　05.450
*眉豆　hyacinth bean, *Lablab purpureus* (L.) Sweet　05.163
梅　mei, *Prunus mume* Sieb. et Zucc.　05.029
梅花　plum blossom, *Prunus mume* Sieb. & Zucc.　05.451
梅氏画眉草　maire lovegrass, *Eragrostis mairei* Hack.　03.083
梅雨　meiyu, plum rain　13.136
酶法脱胶　enzymatic degumming　17.135
酶辅助提取　enzyme-assisted extraction　17.072
酶活性　enzyme activity　15.225
酶解　enzymolysis　17.161
酶学诊断　enzymology diagnosis　09.259
*霉雨　meiyu, plum rain　13.136
每日耐受摄入量　tolerated daily intake　18.152
每日允许摄入量　acceptable daily intake　18.148
美国薄荷　scarlet beebalm, *Monarda didyma* L.　05.344
*美国山核桃　pecan, *Carya illinoinensis* Koch.　05.082
美丽胡枝子　beautiful bushclover, *Lespedeza thunbergii* subsp. *formosa* (Vogel) H. Ohashi　03.025
美丽月见草　evening primrose, *Oenothera speciosa* Nutt.　05.394
美女樱　common garden verbena, *Glandularia × hybrida* (Groenland & Rümpler) G. L. Nesom & Pruski　05.355
美味牛肝菌　king bolete, porcino, *Boletus edulis* Bull.　05.281
*美洲狼尾草　pearl millet, *Pennisetum glaucum* L.　02.079
美洲李　American plum, *Prunus americana* Marsh.　05.028
*美洲南瓜　summer squash, zucchini, *Cucurbita pepo* L.　05.175
美洲葡萄　fox grape, *Vitis labrusca* L.　05.064
美洲油棕　*Elaeis oleifera* (Kunth) Cortés　04.174
镁肥　magnesium fertilizer　09.309
闷黄　heaping for yellowing　17.263
蒙古冰草　Mongolian wheatgrass, *Agropyron mongolicum* Keng　03.066
*蒙古葱　Mongolian wild onion, *Allium mongolicum* Regel　05.193
蒙特卡罗模拟　Monte Carlo simulation　18.164
蒙脱石　montmorillonite　09.109
*孟德尔第一定律　Mendel's first law　06.155
*孟德尔自由组合定律　law of independent assortment　06.154
弥雾降温　mist spraying cooling　14.155
迷迭香　rosemary, *Rosmarinus officinalis* L.　05.345
猕猴桃　Chinese gooseberry, *Actinidia chinensis* Planch.　05.075
猕猴桃细菌性溃疡病菌　bacterial canker of kiwifruit, *Pseudomonas syringae* pv. *actinidiae*　10.336
"米袋子"省长负责制　responsibility system of provincial governor for province-side grain security　19.124
*米豆　rice bean, *Phaseolus calcaratus* Roxb.　02.107
*米氏冰草　michno wheatgrass, *Agropyron michnoi* Roshev.　03.065
米氏常数　Michaelis constant　15.226
*米氏棍蓟马　stick tea thrip, *Dendrothrips minowai* Priesner　10.185
米象　rice weevil, *Sitophilus oryzae* (L.)　10.180
*米长蠹　lesser grain borer, *Rhyzopertha dominica* (Fabricius)　10.181
密矮早植棉　dense-short-early cotton planting　04.027
密度制约因子　density-dependent factor　10.098
密封　sealing　17.181
密码子　codon　15.018
*密码子偏好性　codon bias　15.021
密码子偏倚　codon bias　15.021
密码子优化　codon optimization　15.022
密穗小麦　club wheat, *Triticum compactum* Host.　02.035
密植效应　dense planting effect　08.013
*蜜瓜　cantaloupe, *Cucumis melo* var. *saccharinus*　05.169
蜜环菌　honey mushroom, *Armillaria mellea* (Vahl.) P. Kumm.　05.278
蜜饯　preserved fruit　17.200
*棉　cotton　04.001

# N

黏化过程　clayification　09.140
黏结性　gumminess　18.067
黏土　clay　09.056
黏土矿物　clay mineral　09.107
＊黏玉米　waxy corn, *Zea mays* var. *ceratina* Kulesh. 02.064
黏着剂　sticker　10.220
黏帚霉　*Gliocladium* spp.　10.301
＊莘雾　wax apple, *Syzygium samarangense* (Bl.) Merr. et Perry　05.107
碾白　whitening　17.108
＊碾米　whitening　17.108
茑萝　cypress vine, *Quamoclit pennata* (Desr.) Boj. 05.378
脲酶抑制剂　urease inhibitor　09.334
脲醛肥料　urea aldehyde fertilizer　09.325
啮齿动物　rodent　10.376
柠檬　lemon, *Citrus limon* (L.) Burm. f.　05.050
柠条锦鸡儿　korshinskii peashrub, *Caragana korshinskii* Kom.　03.007
牛蒡　great burdock, *Arctium lappa* L.　05.237
牛筋草　goosegrass, *Eleusine indica* (L.) Gaertn. 10.351
＊牛奶金橘　oval kumquat, *Fortunella margarita* (Lour.) Swingle　05.059
牛膝菊　smallflower galinsoga, *Galinsoga parviflora* Cav. 10.367
农产品　agriculture products　01.216
农产品安全　agricultural products safety　18.114
农产品标识　agricultural products labelling　18.188
农产品地理标志　agricultural products geographical indication　18.191
农产品电商　e-commerce of agricultural products　16.276
农产品电商平台　agricultural products e-commerce platform　16.271
农产品电子商务数据　data for e-commerce of agricultural products　16.069
农产品供需　agriculture products supply and demand 01.218
农产品加工废弃物　agricultural products processing waste 14.211
农产品价格监测　agricultural products price monitoring 16.236
农产品价格指数　agricultural products price index 16.061
农产品库存数据　agricultural products inventory data 16.065
农产品流通数据　circulation data of agricultural products 16.068
农产品贸易监测　agricultural products trade monitoring 16.237
农产品贸易数据　agricultural products trade data 16.066
农产品期货价格　futures price of agricultural products 16.064
农产品市场监测　agricultural products market monitoring 16.235
农产品市场数据　agricultural products market data 16.060
农产品现货价格　spot price of agricultural products 16.063
农产品消费数据　consumption data of agricultural products　16.067
农产品营养品质　nutritional quality of agricultural products　18.069
农产品质量　agricultural products quality　18.127
农产品质量安全标准　standard of agricultural products quality and safety　18.101
农产品质量安全标准体系　standard system of agricultural products quality and safety　18.102
农产品质量安全风险监测　risk monitoring for agricultural products quality and safety　18.100
农产品质量安全风险预警　early warning of agricultural products quality and safety risk　18.174
农产品质量安全风险预警系统　early warning system of agricultural products quality and safety risk　18.175
农产品质量安全监测　agricultural products quality and safety monitoring　18.001
农产品质量安全监督抽查　supervision and random inspection for agricultural products quality and safety 18.099
农产品质量安全检测机构　agricultural products quality and safety testing agency　18.097
农产品质量安全认证　certification on quality and safety of agricultural products　18.187
农产品质量安全事故　agricultural products quality and safety incident　18.141
农产品质量安全应急处置　emergency response of agri-

# O



# P

# Q

# R

05.364
＊日射　solar radiation　13.002
＊日长　day length, daylength　13.128
＊日照时间　sunshine duration, sunshine hour　13.127
日照时数　sunshine duration, sunshine hour　13.127
＊日振幅　diurnal range, amplitude of diurnal variation　13.132
日中性作物　day-neutral crop　08.079
绒毛草　common velvetgrass, *Holcus lanatus* L.　03.089
容积比热　volumetric specific heat　13.025
容许度　tolerance　18.138
容许限　permitted limit　18.011
溶杆菌　*Lysobacter* spp.　10.296
＊溶剂萃取　solvent extraction　17.066
溶剂提取　solvent extraction　17.066
溶质势　osmotic potential　09.036
溶质运移　solute transfer　09.049
柔性传感器　flexible sensor　14.348
揉捻　rolling　17.243
肉桂　cinnamon, *Cinnamomum cassia* (L.) D. Don　04.146
乳化剂　emulsifier　10.216
乳熟　milky ripe　07.054
乳酸发酵　lactic acid fermentation　17.189
乳油　emulsifiable concentrate　10.203
入侵物种风险评估　risk assessment for alien invasive species　10.312
软枣猕猴桃　kiwi berry, *Actinidia arguta* (Sieb. et Zucc.) Planch. ex Miq.　05.076
软质小麦　soft wheat　02.040
＊软质型玉米　soft corn, *Zea mays* var. *amylacea* Sturt.　02.066
弱筋小麦　weak gluten wheat　02.043
弱势粒　inferior grain　07.133

# S

撒播　broadcast sowing　08.052
撒播机　broadcaster, seed broadcaster, broadcast seeder, broadcast spreader　14.064
撒肥机　fertilizer spreader, fertilizer distributor　14.075
三代测序技术　high fidelity reads, Hi-Fi reads　06.403
三化螟　paddy yellow stem borer, *Scirpophaga incertulas* (Walker)　10.129
三基点温度　three fundamental points temperature　13.034
三交　three-way cross　06.181
＊三角麦　common buckwheat, *Fagopyrum esculentum* Moench　02.084
＊三角梅　great bougainvillea, *Bougainvillea spectabilis* Willd.　05.373
＊三联体密码　triplet code　15.018
＊三裂叶野葛　topical kudzu, *Pueraria phaseoloides* (Roxb.) Benth.　03.042
三圃制　three-nursery system　06.559
三青　second-step roasting　17.251
三色堇　pansy, *Viola tricolor* L.　05.353
三桃　bolls formed at three growth periods　04.010
三维基因组学　3D genomics　06.384
＊三系法杂交水稻　three-line hybrid rice　02.024
三系杂交稻　three-line hybrid rice　02.024
三系杂种　three-line hybrid　06.260
三叶草斑潜蝇　American serpentine leaf miner, *Liriomyza trifolii* (Brugess)　10.322
＊三叶佛甲草　stringy stonecrop herb, *Sedum sarmentosum* Bunge　05.433
三叶期　trefoil stage　07.034
＊三叶橡胶树　natural rubber tree, *Hevea brasiliensis* (Willd. ex A. Juss.) Müll. Arg.　04.168
散热器　radiator　14.166
散射辐射　diffuse radiation　13.008
＊散装掺混肥料　bulk blended fertilizer　09.316
桑　mulberry　04.175
＊桑船甲　mulberry small weevil, *Baris deplanata* Roelofs　10.188
＊桑船象甲　mulberry small weevil, *Baris deplanata* Roelofs　10.188
＊桑毒蛾　mulberry tussock moth, *Euproctis similis* (Füessly)　10.187
＊桑耳　wood ear, *Auricularia heimuer* F. Wu, B. K. Cui & Y. C. Dai　05.280
＊桑耳　sanghuang mushroom　05.300
桑黄　sanghuang mushroom　05.300
桑毛虫　mulberry tussock moth, *Euproctis similis* (Füessly)　10.187

# T

＊甜茴香　florence fennel, *Foeniculum vulgare* var. *dulce* (Mill.) Batt. & Trab.　05.228
甜加糯玉米　sweet plus waxy corn　02.065
甜荞麦　common buckwheat, *Fagopyrum esculentum* Moench　02.084
＊甜豌豆　sugar pod garden pea, *Pisum sativum* var. *hortense* Poir.　05.162
甜樱桃　sweet cherry, *Prunus avium* L.　05.033
甜玉米　sweet corn, *Zea mays* var. *saccharata* Sturt.　02.063
＊甜质型玉米　sweet corn, *Zea mays* var. *saccharata* Sturt.　02.063
条播　drill sowing　08.053
条播机　seed drill, drill seeder　14.065
条垛式堆肥　windrow composting　14.272
条施　strip fertilization　09.290
条形码　barcode　16.106
调亏灌溉　regulated deficit irrigation　12.092
调料作物　spice crop　01.052
贴水　discount　19.142
贴现　discount　19.264
＊铁兰　tillandsias, air plant, *Tillandsia cyanea* Linden ex K. Koch　05.380
铁线莲　Asian virginsbower, *Clematis florida* Thunb.　05.357
庭院生态工程　ecological engineering of home garden　11.081
通风　ventilation　14.137
通风窗　vent　14.144
通风换气　ventilation and air exchange　17.027
通风量　ventilation rate　14.150
通风贮藏　ventilated storage　17.023
通花散热　cooling scented tea　17.286
通气管　breather pipe, vent pipe　12.052
＊通心菜　water spinach, *Ipomoea aquatica* Forsk　05.253
通用机架　tool carrier, toolframe, toolbar　14.023
同工酶　isozyme　15.223
同化物分配　assimilate partitioning　07.120
＊同伸器官　synchronous growth organ　07.017
同型乳酸发酵　homolactic fermentation　17.190
同义突变　synonymous mutation　15.146
同源重组　homologous recombination, HR　15.044
同源多倍体　autopolyploid　06.086
同源多元单倍体　autopolyhaploid　06.091
同源四倍体　autotetraploid　06.083
同质性　homogeneity　06.133
茼蒿　garland chrysanthemum, *Glebionis coronaria* (L.) Cass. ex Spach　05.245
统购统销　monopoly for purchase and marketing　19.127
统计模型　statistic model　16.165
投标　bid　19.116
透光材料　glazing material　14.111
透光率　light transmittance　14.181
透雨　soaking rain　13.055
秃房茶　gymnogyna tea, *Camellia gymnogyna* Hung T. Chang　05.479
突变　mutation　15.143
突变频率　mutation frequency　15.155
突变品种　mutant variety　15.159
突变谱　mutation spectrum　06.340
突变体　mutant　15.157
突变体库　mutant library　15.158
突变压　mutation pressure　06.341
突变种质　mutant germplasm　15.160
突变组学　mutagenomics　06.371
图位克隆　map-based cloning　06.442
图像采集终端　image capture terminal　16.109
图像识别　image recognition　16.222
图像数据　image data　16.025
图形泛基因组　graph-based pan-genome　06.360
图形基因组　graph-based genome　06.359
涂被剂　coating agent　17.036
涂层造粒　coating granulation　09.342
涂蜡　waxing　17.035
涂膜　coating　17.034
土传病害　soil-borne disease　10.023
土地报酬递减率　diminishing rate of return on land　19.052
土地承包权　land contractual right　19.221
土地承载力　land carrying capacity　11.127
＊土地出让金　land transfer revenue　19.281
土地出让收益　land transfer revenue　19.281
土地当量比　land equivalent ratio　08.012
土地经营权　land management right　19.222
土地流转　rural land transfer　01.234
土地生产潜力　land potential productivity　08.040
土地使用权　land use right　19.223

# W

污染土壤修复　contaminated soil remediation　11.060
污染物限量　contaminant limit　18.118
污染源控制　pollution source control　11.038
污水农业净化　wastewater agricultural purification　11.045
污水土地处理　wastewater land treatment　11.048
屋面清洗机　roof washer　14.202
无坝取水　water intake without dam　12.027
无孢子生殖　apospory　06.350
无差异曲线　indifference curve　19.032
* 无定形物质　amorphous material　09.112
无毒效应因子　avirulence effector　10.066
无沟铺管机　trenchless plow　12.214
无害化处理　harmless treatment　11.093
无害化处理　bio-safety disposal　18.172
* 无核蜜橘　satsuma mandarin, *Citrus unshiu* Marc.　05.044
无喉道量水槽　cut-throat flume　12.262
无花果　fig, *Ficus carica* L.　05.073
* 无花果叶瓜　fig-leaf gourd, melaber gourd, *Cucurbita ficifolia* Bouche.　05.176
无机肥料　inorganic fertilizer　09.303
无机农业　inorganic agriculture　01.010
无机污染　inorganic pollution　11.022
无级变速　continuously variable transmission, CVT　14.039
无菌灌装　aseptic filling　17.169
无可见不良作用水平　no observed adverse effect level, NOAEL　18.156
无芒雀麦　smooth bromegrass, *Bromus inermis* Leyss.　03.074
无芒隐子草　awnless cleistogenes, *Cleistogenes songorica* (Roshev.) Ohwi　03.075
无人机遥感　unmanned aerial vehicle remote sensing　16.145
无人农场　unmanned farm　16.273
无融合生殖　apomixis　06.351
无霜期　frost-free season, duration of frost-free period　13.135
无霜日　day without frost, frost-free day　13.134
无土栽培　soilless culture　08.123
无限生长[型]　indeterminate growth　08.082
无效分蘖　unproductive tiller　07.039
无效降水量　uneffective precipitation　13.051
无效养分　non-available nutrient　09.088
无性繁殖　vegetative propagation　06.346, asexual propagation　08.085
* 无性繁殖系　clonal line　06.345
无性系品种　clonal cultivar　06.353
无性杂交　vegetative hybridization　06.217
* 无义密码子　non-sense codon　15.020
无义突变　non-sense mutation　15.147
芜菁　turnip, *Brassica campestris* ssp. *rapifera* (Matzg) Sinsk　05.148
芜菁甘蓝　rutabaga, *Brassica napus* var. *napobrassica* (L.) Reichenb　05.149
* 五方草　purslane, *Portulaca oleracea* L.　05.236
* 五敛子　carambola, *Averrhoa carambola* L.　05.094
* 勿忘我　sea lavender, *Limonium sinuatum* (Girard) Kuntze　05.393
物候观测　phenological observation　13.161
物候历　phenological calendar　13.157
物候谱　phenospectrum　13.159
物候期　phenophase, phenological phase　13.160
物候图　phenogram, phenological chart　13.158
物候现象　phenological phenomenon　13.154
物候学　phenology　13.155
物候学定律　phenology law　13.156
物理防治　physical control　10.007
物理控制　physical management　10.397
物理图谱　physical map　15.034
物理吸附　physisorption　09.102
物理诱变剂　physical mutagen　15.115
物理增效剂　physical synergist　09.330
物联网　internet of things　16.094
物流　logistics　17.043
* 物种结构　species structure　11.072
雾　fog　13.057
雾度　haze　14.182
雾化程度　degree of mist　12.070
雾培　aeroponic　08.140
雾凇　rime　13.059

# X

* 西伯利亚披碱草　Siberian wild rye, *Elymus sibiricus* L.　03.081
西番莲　passion fruit, *Passiflora caerulea* L.　05.119
* 西方蓟马　western flower thrips, *Frankliniella occidentalis* (Pergande)　10.170
西府海棠　Kaido crabapple, *Malus micromalus* Makino　05.015
西瓜　watermelon, *Citrullus lanatus* (Thunb.) Matsum & Nakai　05.172
* 西红柿　tomato, *Solanum lycopersicum* L.　05.152
西葫芦　summer squash, zucchini, *Cucurbita pepo* L.　05.175
西花蓟马　western flower thrips, *Frankliniella occidentalis* (Pergande)　10.170
* 西卡柱花草　shrubby stylo, *Stylosanthes scabra* Vogel　03.046
* 西蓝花　broccoli, *Brassica oleracea* var. *italica*　05.137
西蓝薹　broccolini, *Brassica oleracea* var. *italica* Group × *alboglabra* Group　05.141
* 西梅　European plum, *Prunus domestica* L.　05.027
* 西沙尔麻　sisal　04.076
* 西洋菜　watercress, *Nasturtium officinale* R. Br.　05.211
* 西洋梨　European pear, *Pyrus communis* L.　05.007
* 西洋耧斗菜　European clumbine, *Aquilegia vulgaris* Pall.　05.358
* 西洋牛蒡　salsify, *Tragopogon porrifolius* L.　05.238
* 西洋樱桃　sweet cherry, *Prunus avium* L.　05.033
* 西印度瓜德罗普香草兰　*Vanilla pompona* Schiede　04.143
吸附脱胶　adsorptive degumming　17.136
吸附脱色　adsorption bleaching　17.139
吸附脱酸　adsorption deacidification　17.140
吸湿系数　hygroscopic coefficient　13.072
吸收剂量　absorbed dose　15.126
吸水管　relief drain　12.205
稀疏数据　sparse data　16.028
稀特蔬菜　rare vegetable　05.129
稀懈值　breakdown value　07.157
* DNA 洗牌技术　DNA shuffling　15.247
喜凉作物　chimonophilous crop　08.080
* 喜马拉雅葛藤　himalaya Kudzu, *Haymondia wallichii* (DC.) A. N. Egan & B. Pan bis　03.017
喜温作物　thermophilic crop　08.081
系×测验系法　line × tester method　06.315
系谱　pedigree　06.150
系谱法　pedigree method　06.296
系谱分析　pedigree analysis　06.151
CRISPR/Cas 系统　clustered regularly interspaced short palindromic repeats/Cas system, CRISPR/Cas system　15.069
系统获得性抗性　systemic acquired resistance　10.072
细胞冻存　cell cryopreserving　15.193
细胞复苏　cell recovery　15.194
细胞工厂　cell factory　15.089
细胞工程　cell engineering　15.101
细胞核雄性不育　nucleus male sterility　06.249
细胞膜稳定性　membrane stability　07.195
细胞培养　cell culture　06.102
细胞全能性　cell totipotency　15.179
细胞融合　cell fusion　15.195
细胞系　cell line　06.483
细胞增殖　cell proliferation　15.192
细胞质不亲和性　cytoplasmic incompatibility　06.238
细胞质突变　cytoplasmic mutation　06.337
细胞质雄性不育　cytoplasmic male sterility　06.248
细度　fineness　04.043
* 细绒棉　upland cotton, *Gossypium hirsutum* L.　04.002
细香葱　chive, *Allium schoenoprasum* L.　05.189
细枝岩黄芪　slenderbranch sweetvetch, *Hedysarum scoparium* Fisch. et Mey.　03.020
狭叶野豌豆　narrow leaved vetch, *Vicia sativa* subsp. *nigra* Ehrhart　03.057
狭义货币供应量　narrow money supply, M1　19.257
下垫面　underlying surface　13.163
夏播花生　summer sown peanut　04.106
夏播作物　summer sown crop　01.071
夏大豆　summer soybean　02.098
夏粮　summer grain　19.062

夏收作物　summer harvesting crop　01. 073
＊夏威夷果　macadamia nut, *Macadamia integrifolia* Maiden et Betche　05. 116
夏玉米　summer corn　02. 070
夏芝麻　summer sesame　04. 113
夏至　Summer Solstice　01. 160
＊仙鹤草　hairyvein agrimony, *Agrimonia pilosa* Ldb.　05. 271
仙客来　cyclamen, *Cyclamen persicum* Mill.　05. 369
仙人掌　cactus, *Opuntia stricta* var. *dillenii* (Ker Gawl.) Haw.　05. 468
先锋作物　pioneer crop　01. 062
纤毛鹅观草　ciliate roegneria, *Roegneria ciliaris* (Trin.) Nevski　03. 111
纤维比强度　fiber specific strength　07. 171
纤维强度　fiber strength　07. 170
纤维细度　fiber fineness　07. 169
纤维作物　fiber crop, textile crop　01. 048
籼稻　hsien rice, indica rice, *Oryza sativa* ssp. *hsien* Ting　02. 020
鲜花养护　flower conserving　17. 282
鲜茎出麻率　fiber content in fresh stem, fiber content in wet stem　04. 053
鲜切果蔬　fresh-cut fruit and vegetable　17. 154
显热通量　sensible heat flux　13. 021
显性　dominant　06. 114
显性突变　dominant mutation　15. 149
显性信息　explicit information　16. 021
显性致死　dominant lethal　06. 117
苋菜　amaranth, *Amaranthus tricolor* L.　05. 235
现代农业　modern agriculture　01. 005
限量　limit　18. 115
线粒体互补　mitochondrial complementation　06. 169
＊线麻　hemp, *Cannabis sativa* L.　04. 069
线密度　linear density　04. 040
线性范围　linearity of calibration　18. 023
乡村振兴　rural revitalization　01. 236
乡镇村落监测　township and village monitoring　11. 113
相变储放热　phase change heat storage and release　14. 172
相对贫困　relative poverty　19. 240
相对生长率　relative growth rate　07. 059
相对湿度　relative humidity　13. 062
相对性状　relative character　06. 125
＊香彩雀　angelonia, *Angelonia angustifolia* Humb. & Bonpl.　05. 337
＊香菜　coriander, *Coriandrum sativum* L.　05. 229
香草兰　vanilla　04. 141
香椿　Chinese mahogang, *Toona sinensis* (A. Juss.) M. Roem.　05. 262
香榧　Chinese torreya, *Torreya grandis* Fort.　05. 086
香菇　shiitake fungus, *Lentinula edodes* (Berk.) Pegler　05. 292
香瓜茄　pepino, *Solanum muricatumn* Aiton　05. 154
＊香果　rose-apple, *Syzygium jambos* Alston　05. 106
＊香果兰　vanilla　04. 141
＊香荚兰　vanilla　04. 141
香蕉　banana, *Musa nana* Lour.　05. 090
香蕉穿孔线虫　banana burrowing nematode, *Radopholus similis* (Cobb) Thorne　10. 328
香蕉枯萎病菌4号小种　pathogen of fusarium wiltrace 4, *Fusarium oxysporum*. f. sp. *cubense* (Race 4)　10. 331
＊香梨　sugarapple, *Annona squamosa* L.　05. 103
香料烟　oriental tobacco　04. 159
香料作物　aromatic crop　01. 051
＊香铃子　Chinese mahogang, *Toona sinensis* (A. Juss.) M. Roem.　05. 262
香蒲　common cattail　05. 214
香芹菜　parsley, *Petroselinum crispum* (Mill.) Fuss　05. 225
香石竹　carnation, *Dianthus caryophyllus* L.　05. 327
香豌豆　sweet pea, *Lathyrus odoratus* L.　05. 366
香辛类蔬菜　condiment vegetable　05. 126
＊香雪兰　freesia, *Freesia refracta* (Jacq.) Klatt　05. 427
香雪球　sweet alyssum, *Lobularia maritima* (L.) Desv.　05. 350
＊香牙蕉　banana, *Musa nana* Lour.　05. 090
香芋　fragrant taro, *Colocasia esculenta* (L.) Schoot　02. 122
＊香橼　citron, *Citrus medica* L.　05. 056
＊香子兰　vanilla　04. 141
＊香紫罗兰　common wallflower, *Erysimum×cheiri* (L.) Grantz　05. 348
＊向导RNA　guide RNA　15. 071
向日葵　sunflower, *Helianthus annuus* L.　04. 117
向日葵黑茎病菌　pathogen of sunflower phoma black stem, *Leptosphaeria lindquistii* Frezzi　10. 332

向日葵螟 Eurasian sunflower moth, *Homoeosoma nebulella* (Denis et Schiffermüller) 10.162
象草 napiergrass, *Pennisetum purpureum* Schum. 03.105
*象腿树 bottle palm, *Beaucarnea recurvata* Lem. 05.470
橡胶树 natural rubber tree, *Hevea brasiliensis* (Willd. ex A. Juss.) Müll. Arg. 04.168
消毒 disinfection 17.075
消费 consumption 19.033
消费扶贫 consumption for poverty alleviation 19.241
消费结构 consumption structure 19.034
消费倾向 consumption tendency 19.036
消费水平 level of consumption 19.037
消费预测模型 consumption forecasting model 16.182
消费预警技术 consumption early warning technology 16.240
消费者偏好 consumer preference 19.035
消费者剩余 consumer surplus 19.038
消费者支持估计值 consumer support estimate, CSE 19.169
消费支出 consumption expenditure 19.039
消光系数 extinction coefficient 07.106
硝化细菌 nitrifying bacteria 09.196
硝化抑制剂 nitrification inhibitor 09.335
硝化作用 nitrification 09.234
硝酸[盐]还原 nitrate reduction 09.243
小白菜 pakchoi, *Brassica campestris* ssp. *chinensis* var. *chinensis* Tsen et Lee 05.144
小孢子培养 microspore culture 15.182
小扁豆 lentil, *Lens culinaris* Medic. 02.111
小菜蛾 diamond-back moth, *Plutella xylostella* (L.) 10.164
小苍兰 freesia, *Freesia refracta* (Jacq.) Klatt 05.427
*小葱 bunching onion, *Allium fistulosum* var. *caespitosum* Makino 05.190
*小豆 red bean, adsuki bean, *Phaseolus angularis* Wight 02.108
小额信贷 micro credit 19.263
小蜂 Chalcidoidea 10.286
小贯小绿叶蝉 green tea leafhopper, *Empoasca onukii* Matsuda 10.184
小寒 Minor Cold 01.173
*小寒豆 pea, *Pisum sativum* L. 02.102
*小核桃 cathay hickory, *Carya cathayensis* Sarg. 05.081
小黑麦 triticale, *Secale sylvestre* Host 02.054
小花碱茅 thinflower alkaligrass, *Puccinellia tenuiflora* (Turcz.) Scribn. et Merr. 03.110
小花育性 floret fertility 07.130
小家鼠 house mouse, *Mus musculus* (L.) 10.380
小康 well-off living 19.096
小康社会 well-off society 19.097
小粒种咖啡 arabica coffee, *Coffea arabica* L. 04.162
小流域 small watershed 12.310
小流域综合治理 comprehensive management of small watershed 12.311
小麦 wheat 02.028
小麦白粉病 wheat powdery mildew 10.082
小麦赤霉病 fusarium head blight of wheat 10.081
小麦搭配 wheat blending 17.093
小麦粉 wheat flour 17.102
小麦粉质 wheat opaque 17.086
小麦加工 wheat processing 17.081
小麦角质 wheat vitreous 17.085
小麦胚 wheat germ, wheat embryo 17.084
小麦胚乳 wheat endosperm 17.083
小麦皮层 wheat bran 17.082
小麦润麦 wheat tempering 17.092
小麦条锈病 wheat stripe rust 10.080
小麦网腥黑穗病菌 pathogen of wheat common bunt, *Tilletia caries* (DC.) Tui. & C. Tul. 10.329
小麦着水 wheat dampening 17.091
[小麦]制粉 flour milling 17.087
小满 Approaching Fullness 01.158
小农经济 smallholder economy, small-scale peasant economy 19.045
小气候 microclimate 13.089
小区播种机 plot seeder 14.044
小区联合收割机 plot combine, plot combine harvester 14.045
小区排列 plot arrangement 01.191
*小三色堇 viola cornuta, horned violet, *Viola cornuta* L. 05.354
小暑 Minor Heat 01.161
*小万寿菊 French marigold, *Tagetes patula* L. 05.320
小雪 First Snowfall 01.170

## Y

# Z

(SCPC-BZBEZG25-0024)
ISBN 978-7-03-082732-6
定价：368.00 元